U0172994

桩-土体系纵向耦合振动理论与方法

崔春义　孟　坤　著

科学出版社
北　京

内 容 简 介

本书是一部融合土动力学、岩土工程学与桩基动力工程学的交叉学科体系学术专著，集合了作者近十年来在桩-土相互作用体系纵向耦合振动理论领域的科研成果，同时也较为全面地总结了该领域的最新国内外研究现状。

本书共8章，涉及 Novak 平面应变理论、三维连续介质力学理论、Biot 多孔介质理论、De Boar 多孔介质理论以及 Ontology（本体）理论和语义网技术。在内容上，涵盖桩体-桩侧土体系纵向耦合振动分析模型、桩体-桩端土体系纵向耦合振动分析模型、桩身纵向振动分析模型以及缺陷桩振动与识别等多个层面。此外，本书所有改进建立的振动分析解析模型和推得的对应解答，均通过与已有解答进行多维退化对比分析，验证了其合理性和精度。

本书可作为从事与土动力学、桩基动力学和岩土工程相关的科研和工程技术人员参考书，也可作为土建类等相近专业的研究生教材或教学用书，特别是岩土工程、防灾减灾工程、桥梁与隧道工程、道路与铁道工程、海岸与近海工程专业的研究生教材或教学参考书。

图书在版编目(CIP)数据

桩-土体系纵向耦合振动理论与方法/崔春义，孟坤著.—北京：科学出版社，2022.2

ISBN 978-7-03-070414-6

Ⅰ.①桩…　Ⅱ.①崔…　②孟…　Ⅲ.①桩基础-岩土动力学-研究　Ⅳ.①TU4

中国版本图书馆 CIP 数据核字（2021）第 223492 号

责任编辑：赵敬伟　田轶静 / 责任校对：彭珍珍
责任印制：吴兆东 / 封面设计：无极书装

科学出版社 出版
北京东黄城根北街16号
邮政编码：100717
http://www.sciencep.com

北京虎彩文化传播有限公司 印刷
科学出版社发行　各地新华书店经销
*
2022年2月第　一　版　开本：720×1000 B5
2022年2月第一次印刷　印张：20 3/4
字数：418 000

定价：168.00元

（如有印装质量问题，我社负责调换）

序　一

桩-土动力相互作用分析涉及土动力学、波动力学和岩土工程以及地震、爆炸、冲击、振动与波浪等动力作用方面的知识，一直是土木工程领域的国际热点研究方向之一。其中，桩-土体系耦合振动解析理论与方法是重要的研究课题，对科学认识规律和形成实用设计方法意义重大。该书主要介绍了作者在桩-土动力相互作用体系纵向耦合振动理论与方法方面的成果，不仅有重要创新，而且论述系统，反映了国际最新的研究成果。

书中首先系统地介绍了桩-土体系纵向耦合振动专题的国内外研究现状，包括 Novak 平面应变理论、三维连续介质力学理论、Biot 多孔介质理论、De Boar 多孔介质理论以及 Ontology（本体）理论和语义网技术等。然后，介绍了作者的成果，包括系列桩-土体系耦合纵向振动解析模型建立与求解以及对比验证等。内容涵盖桩体-桩侧土体系纵向耦合振动分析模型、桩体-桩端土体系纵向耦合振动分析模型、桩身纵向振动分析模型以及缺陷桩振动与识别等多个层面。

该书第一作者崔春义于 2013 年进入北京工业大学土木工程博士后流动站从事博士后研究工作。博士后在站期间，本人作为合作导师建议他将“土-结相互作用”研究聚焦在“桩-土动力相互作用”问题上。他勤奋好学，刻苦钻研，在桩-土体系耦合振动解析理论与方法方面取得了丰硕成果。对他取得的成绩表示祝贺，并希望他再接再厉，精益求精，在未来工作中取得更加突出的创新研究成果。

杜修力

北京工业大学教授
中国工程院院士
2021 年 12 月于北京

序　二

欣闻崔春义教授的著作《桩-土体系纵向耦合振动理论与方法》即将由科学出版社出版。桩土体系纵向耦合振动问题涉及到土动力学、波动力学、结构动力学、桩基动力工程等学科领域。本书是一部融合连续介质动力学、岩土工程学与桩基动力工程学的交叉学科体系学术专著。

崔春义教授于2003年春在大连理工大学岩土工程研究所攻读博士研究生，师从我的同事和挚友栾茂田教授，本人亦参与了其博士学位论文部分内容的指导工作。博士毕业后，他进入大连海事大学土木工程系从事教学科研岗位工作。十几年来，崔春义教授一直从事土-结相互作用专题理论研究，并取得了诸多研究成果。作为其老师，多年来见其一步一个脚印逐步地成长起来，欣慰之余更乐而代为之书序。

这部《桩-土体系纵向耦合振动理论与方法》具有如下特色：

（1）数学力学理论性较强，建立了一系列桩-土体系纵向耦合振动分析模型，并分别推导和验证了对应闭合解析解答；

（2）所有模型和对应闭合解答均进行了验证对比分析，具有良好的多维可退化性、完备性和精度；

（3）首次将协同化知识库本体模型和语义网技术引入到了桩土体系纵向耦合振动分析当中；

（4）完整给出了协同化知识库模型开发流程和桩基完整性评价程序程序代码。

该书可作为从事与土动力学、桩基动力学和岩土工程相关的科研和工程技术人员理论参考书，也可作为土建类等相近专业的研究生教材或教学用书。相信该书的出版发行，对推动岩土工程学科相关的教学、研究和工程实践大有裨益。也衷心地希望崔春义教授在未来工作中能更上层楼，再创佳绩。

大连理工大学教授

2021年12月于大连

前　言

桩土体系纵向耦合振动一直以来都是土动力学、岩土工程和桩基工程等学科方向的交叉研究热点。桩土体系纵向耦合振动专题作为桩-土动力相互作用领域的重要方向，其涉及结构动力学、岩土饱和介质弹性波、数学物理解析方法、土与结构动力相互作用、桩基振动分析与检测等相关知识。

自 2003 年春考入大连理工大学岩土工程研究所，师从我国著名岩土工程学者栾茂田教授，栾教授将我引入了岩土工程领域，随后一直从事土与结构相互作用专题方向研究。此后，我于 2013 年进入北京工业大学土木工程博士后流动站从事博士后研究工作，在合作导师中国工程院院士杜修力教授的悉心指导下，将“土-结相互作用”专题的工作重心转到了“动力相互作用”层面，并完成了“径向非均质单相土中桩基纵向耦合振动若干解析模型与解答”相关研究工作。两位导师的大力培养、指导与鼓励，对我的学术和职业生涯影响颇深。

本书是作者近十年中桩土体系纵向耦合振动相关研究成果的系统集成，其理论涉及 Novak 平面应变理论、三维连续介质力学理论、Biot 多孔介质理论、De Boar 多孔介质理论以及 Ontology（本体）理论和语义网技术。在内容上，其涵盖桩体桩侧土体系纵向耦合振动分析模型、桩体桩端土体系纵向耦合振动分析模型、桩身纵向振动分析模型以及缺陷桩振动与识别等多个方面。书中所有改进建立的振动分析解析模型和推得的对应解答，均通过与已有解答进行多维退化对比分析，验证了其合理性和精度。此外，本书还较为系统地论述了桩土体系纵向耦合振动专题的国内外研究现状。

本书的研究成果包括作者本人博士后期间的研究成果，也包括与所指导博士研究生孟坤、梁志孟、张石平，硕士研究生赵会杰一起完成的研究成果。在撰写过程中，博士研究生梁志孟、辛宇协助完成了书稿整理的大量辅助工作。本书内容的相关研究工作，先后得到国家重点研发计划（2021YFB2601100）、国家自然科学基金（52178315、51878109）、北京博士后基金、国家近海与海岸工程重点实验室开放基金（大连理工大学）、教育部城市与工程安全减灾重点实验室开放基金（北京工业大学）、教育部岩土力学与堤坝工程重点实验室开放基金（河海大学）等资助；得到了北京工业大学城市建设学部杜修力院士、许成顺教授，大连理工大学岩土工程研究所杨庆教授、浙江大学王奎华教授、大连海事大学靳志宏教授、计明军教授、尤再进教授和孙先念教授的大力支持；得到了大连海事大学科技处、研究生院、交通运输工程学院的大力支持。现以此专著致谢上述有关部门和个人的支持与帮助！

作者虽然长期从事桩土相互作用领域的科研与教学工作，但限于水平和知识面的局限性，书中不免有疏漏之处，敬请读者斧正建议。

崔春义

2021 年 12 月

于大连海事大学 路桥楼

目　录

第1章　绪　论

1.1　概　述

桩基础因其具有能适应复杂地质条件和荷载类型等特点，而被广泛应用于高耸结构物、重型厂房、道路桥梁、核电站、海岸结构物及动力机器基础等工程实践当中。桩基础除了承受上部结构传递的静载作用外，还可能会受到诸如机械振动、交通荷载等各类循环、冲击纵向动载作用。这样，桩-土体系纵向耦合振动理论的发展，对桩基抗震、防振设计及动力桩测技术具有重要的指导和促进作用，一直以来都是岩土工程和固体力学的热点问题。目前，桩-土体系纵向耦合振动问题主要包括解析、数值及模型试验等研究方法，而桩基纵向振动解析方法则是桩-土体系纵向耦合振动问题的重要理论基础[1-5]。桩-土体系纵向耦合振动问题及应用范围如图1-1所示。

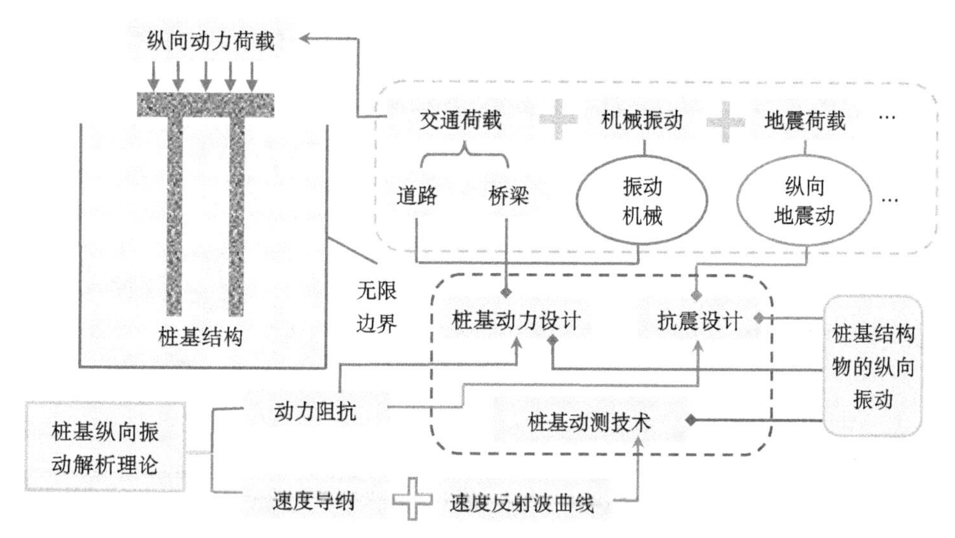

图1-1　桩-土体系纵向耦合振动问题及应用范围

桩-土耦合纵向振动解析理论的核心问题在于如何建立桩-桩侧土体系纵向耦合

振动模型、桩-桩端土体系纵向耦合振动模型和桩身纵向振动模型三个方面[6]。①桩-桩侧土体系纵向耦合振动模型的发展，历经 Winkler 模型、Novak 平面应变模型和轴对称连续介质模型，发展已趋于成熟[7]。②对于桩-桩端土体系纵向耦合振动模型，端承桩仅采用固端支承考虑桩底土影响，即可满足计算精度要求[8]。但由于桩底土对浮承桩振动效应具有显著影响，如何建立桩底土模型对于浮承桩显得尤为重要。③在桩身纵向振动模型方面，Euler-Bernoulli 杆简化模型适用于细长桩的纵向振动问题，Rayleigh-Love 杆模型虽能通过引入泊松比对横向惯性效应加以考虑，但亦无法真实考虑桩体自身的三维波动效应[9]。这样，如何建立能考虑桩身三维波动效应的桩体纵向振动模型，亦是桩-土耦合纵向振动解析理论问题的关键。

此外，对各类桩承建筑进行合理、准确、快速的桩基完整性评价至关重要。在工程实践中，多基于模糊定性指标，依据检测人员工程经验进行桩身完整性评价，从而无法合理地对桩身缺陷进行定量评价，存在诸多的不确定性[10]。如何应用桩-土耦合纵向振动理论更好地指导桩身完整性评价，并建立桩基完整性评价知识库本体模型和开发简单易用的评价程序，对于桩基动测技术的进一步发展和完善具有重要意义。

经过国内外诸多学者几十年的关注与努力，在桩-土耦合纵向振动解析理论方面取得了较为丰硕的成果。下面将分别围绕桩-桩侧土体系纵向耦合振动模型、桩-桩端土体系纵向耦合振动模型和桩身纵向振动模型三个方面对国内外研究现状进行阐述。

1.2 桩-土相互作用体系纵向耦合振动理论研究现状

1.2.1 桩-桩侧土体系纵向耦合振动模型

Winkler 动力地基模型通过一系列与桩侧土参数相关的弹簧和阻尼器组合，描述桩侧土对桩基的动力相互作用，因其应用简便和计算量小等优点而得到广泛应用。而后，Novak 等[11-14]得出了 Winkler 弹簧和阻尼器系数与土体性质相关的经验公式，并将推导所得桩体动力阻抗频域解析解与现场试验结果进行对比验证。Nogami 等[15,16]将桩侧土体简化为三个 Voigt 体串联以进一步考虑土体的非均匀性，在忽略弹簧和阻尼器系数与频率相关性的基础上，把 Novak 所得频域解答拓展到时域，对非均质土中桩基动力响应进行了分析。在此基础上，Nogami 等[17]和 EL Naggar 等[18]基于非线性弹簧和阻尼器提出了一种非线性 Winkler 模型，并用该模型模拟桩侧近场区域土体的塑性，远场区域土体则采用线性元件，这种方法可以同时考虑桩侧土体的非线性特性和非均匀性。王奎华等[19,20]将桩侧土简化为一个并联的线性弹簧和阻尼器，考虑桩底弹性支承，分别用非齐次方程法和广义函数法求得了纵向稳态正弦激振下有限长桩振动问题的解析解答。进一步，王奎华等[21,22]提出了一种多元件黏弹性桩侧土模型（三个广义 Voigt 体串联），对层状地基中桩基纵向振动特性和动力响应进行求解。

Winkler 理论模型虽得到不断发展和改进，但其本质仍为离散的、一系列相互独立的弹簧和阻尼器，忽略了土体应力应变的连续性，且相关参数确定存在一定的人为主观因素，理论上存在较大的局限性，无法合理考虑桩-土耦合作用和桩周土波动效应。基于此点考虑，Novak 等[23]在 Winkler 理论模型的基础上提出了一种桩侧土平面应变模型，其假设土体为无限延伸的均质、各向同性黏弹性介质，通过对土体动力平衡方程进行求解，得到桩侧土体对桩基作用的动刚度和阻尼表达式，从而通过解析的方法求得桩基纵向振动特性。进一步地，Novak 等[24,25]将桩侧土体分为内部区域和外部区域考虑土体径向非均匀性，忽略内部区域土体质量并将其视为软化土体，求解了桩侧土体对桩身的纵向动力阻抗作用。Veletsos 等[26,27]在此基础上，进一步考虑内部区域土体质量，对桩侧土的动力阻抗作用进行了求解，并系统分析了桩侧土体软化程度对桩基纵向振动特性的影响规律。Vaziri 等[28]和 Han 等[29,30]假设内部区域土体剪切模量随径向位置呈抛物线变化，且与外部区域土体界面连续，分析了内部土层硬化和软化程度对桩-土动力响应的影响。EL Naggar 等[31]将桩侧内部区域土体沿径向分为多个圈层，将求解得到的每个圈层和外部区域土体复刚度串联，提出了一种基于多弹簧串联的多圈层平面应变模型。王奎华等[32-34]和杨冬英等[35]在土体为滞回阻尼材料情况下，基于桩侧土体各圈层界面上位移连续和应力平衡条件将 El Naggar 模型改进为复刚度传递多圈层平面应变模型，并对两种模型的精度进行对比分析。随后，杨冬英[36]同时考虑土体纵向成层特性和径向非均质性，基于复刚度传递平面应变模型对复杂非均质土中桩基纵向振动特性进行了系统分析。Wu 等[37]则对变截面锥形桩在径向非均质土中的振动特性进行了解析求解，分析了锥形桩锥角角度对桩顶动力阻抗的影响规律。崔春义等[38-41]将土体材料阻尼考虑为适用性更广泛的黏性阻尼，提出了基于黏性阻尼的复刚度传递多圈层平面应变模型，对非均质土中管桩的动力响应进行求解，并详细分析了阻尼材料及土体非均匀性对管桩纵向振动特性的影响规律。

平面应变模型虽可近似反映土体径向波动效应和辐射阻尼，但其未考虑土体应力、变形随深度的变化，理论上仍不够严格。因此，Nogami 等[42,43]考虑土体竖向位移沿径向和纵向的变化，最早提出了桩侧土体轴对称连续介质模型，首先采用分离变量法求解得到土体振动模态和阻抗因子解析解，通过对桩振动模态进行假设，最终得到桩纵向振动特性频域内解析解。在此基础上，胡昌斌等[44,45]去除了对桩振动模态的相关假定，结合桩-桩侧土界面完全耦合条件，求解得到了考虑土体三维波动效应的桩-土相互作用动力响应解析解。王奎华等[46]和阙仁波等[47]分别采用滞回阻尼和黏性阻尼模拟土体材料阻尼，提出了可以同时考虑土体竖向、径向位移沿纵向和径向变化的真三维轴对称模型，并通过引入势函数对土体动力平衡方程进行解耦，得到桩侧土体位移基本解，再通过引入边界条件解析求解了桩身纵向振动特性。Ding 等[48,49]和 Zheng 等[50,51]分别基于土体三维轴对称和真三维轴对称模型，同时考虑桩侧土和桩芯土的作用，对均质土中现浇薄壁管桩的纵向振动特性进行了分析。值得强调的是，相比 Winkler 地基模型和平面应变模型，轴对称连续介质模型能更好地描述土体三维波动效应，但因其求解复杂，所以在考虑土体非均质特性时，数学求解亦更加困难。此外，栾茂田等[52,53]和周铁桥等[54]在考虑桩侧土内部存在一层软化或硬化区域的基础上，探讨了三维轴对称土体径向性质突变对桩-土体系动力相互作用的影响。胡昌斌等[55]则基于三维轴对称模型考虑土体纵向成层特性，土体纵向层间简化为分布式 Winkler 线性弹簧，分析了桩侧土纵向夹层对桩-土振动特性的影响。Yang 等[56-58]将桩侧三维轴对称土体模型沿径向划分为内部扰动区域和外部半无限未扰动区域，其中内部扰动区域被再次分为任意多圈层，利用圈层间复刚度传递以及桩-土完全耦合条件求解了桩-土动力平衡方程。

上述研究均假设桩侧土体为单相介质，不考虑其多孔多相介质性的影响，而土体作为典型的多孔介质，采用此种假设会引起不可忽视的误差。Biot 等[59,60]假设土体骨架为线弹性，通过热力学原理，运用拉格朗日方程，提出了饱和两相介质波动理论。Halpern[61]、Kassir 等[62]、Bougacha 等[63]、Jin 等[64-66]、陈龙珠等[67-69]和 Chen 等[70]基于 Biot 动力方程，对饱和地基上刚性圆盘或条形基础的纵向振动特性进行了系统研究。Senjuntichai 等[71]和 Hasheminejad 等[72,73]引入势函数对 Biot 饱和土体动力控制方程进行解耦，通过分离变量法求解得到了含圆孔的三维轴对称饱和土体位移基本解。李强等[74-76]采用上述方法并结合饱和土-桩界面耦合条件求解得到饱和土中桩基纵向振动特性解析解。余俊等[77]则在不引入势函数的情况下，直接通过算子分解理论和分离变量法得到饱和土-桩相互作用体系的纵向振动解析解。Li 等[78,79]和程泽海等[80]考虑桩侧土受施工挤压引起的孔压升高现象，建立了桩侧存在非均质饱和挤土区的桩纵向振动计算模型，研究了饱和土挤密区挤土阶段和孔压消散阶段对桩振动的影响。郑长杰等[81]、应跃龙等[82]和 Liu 等[83]分别基于土体平面应变和三维轴对称模型，并结合 Biot 饱和介质波动理论，同时考虑桩侧土和桩芯土的作用对饱和土中管桩纵向振动特性进行了解析研究。此外，刘林超等[84,85]和 Yang 等[86]基于 Bowen[87,88]建立的混合物理论描述饱和土体的多孔性，系统研究了混合物物性参数对饱和土-桩耦合体系动力学行为的影响。

1.2.2 桩-桩端土体系纵向耦合振动模型

目前，应用最为广泛的桩-桩端土动力相互作用模型主要包括固定支承模型、Kelvin-Voigt 黏弹性支承模型、弹性半空间模型和单相虚土桩模型。其中固定支承模型多用于端承桩纵向振动特性分析，Kelvin-Voigt 黏弹性支承模型、弹性半空间模型和单相虚土桩模型则可用于浮承桩纵向振动理论研究。West 等[8]、D'Appolonia 等[89]、Gazetas 等[90]、Sharnouby 等[91]和 Rovithis 等[92]采用桩端固定支承模型对端承桩的振动特性和动力响应进行相关研究。针对浮承桩，Kelvin-Voigt 黏弹性支承模型由于其简便易用的优点受到诸多学者的关注[93-98]，但该模型将桩端土简化为弹簧和阻尼器组合，忽略了桩端土体波动效应对桩基振动特性的影响，且参数取值的主观因素较重，存在一定的理论缺陷。

Muki 等[99]最早提出了一种单相弹性半空间模型，结合虚拟杆叠加方法避免了桩端黏弹性支承的假设，并可考虑桩端土波动效应对桩-土耦合振动体系的影响。弹性半空间模型虽可考虑桩端土体波动效应的影响，但其仅适用于桩端土无限厚的情况，且无法考虑桩端土厚度和分层特性对浮承桩振动特性的影响。基于此点考虑，杨冬英等[100]将桩端土柱假设为与桩及周围土体完全耦合的一维 Euler-Bernoulli 杆，参数按所在土层对应取值，提出了单相虚土桩的概念（计算简图如图 1-2 所示），并对该方法的可行性进行了探讨。随后，Wu 等[101-103]和 Wang 等[104-106]应用单相虚土桩模型对桩基纵向振动特性进行了解析求解，并分别探讨了桩端土层参数和桩端沉渣对桩基动力响应的影响。王宁等[107]和王奎华等[108]考虑应力扩散影响对上述单相虚土桩模型进行改进，探讨了单相虚土桩扩散角对桩纵向振动特性的影响规律。

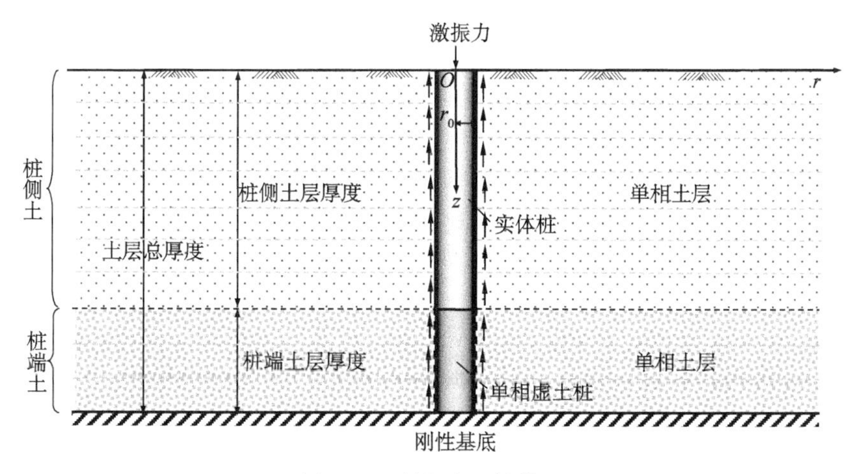

图 1-2 单相虚土桩模型

针对饱和土中浮承桩纵向振动问题，李强等[109]将桩端土体简化为黏弹性支承模型，基于 Biot 理论考虑土体饱和特性，对饱和土中浮承桩纵向振动特性问题进行解析求解。Zeng 等[110,111]则结合 Biot 动力波动理论，将单相弹性半空间模型拓展到饱和土中，研究了埋置在饱和半空间内部无质量的刚性薄圆板的稳态竖向振动问题，并分析了埋置深度、排水条件和饱和介质参数对薄圆板竖向振动特性的影响。随后，Wang 等[112]、周香莲等[113]、陆建飞等[114]、Cai 等[115]、Hu 等[116]和王小岗[117]采用基于 Biot 动力波动理论的饱和半空间模型，结合积分方程和 Hankle 变换方法求解了饱和土中浮承桩动力响应问题，并在此基础上对桩-饱和土耦合振动的影响因素进行了系统分析。Zheng 等[118]结合桩侧土 Novak 平面应变模型和桩端土饱和弹性半空间模型，探讨了饱和土中浮承桩纵向振动特性的影响因素。Cui 等[119−122]和 Zhang 等[123−125]提出了一种基于 Bowen 混合物理论的饱和弹性半空间模型，采用积分变换和微分算子分解方法对饱和土体控制方程进行求解，结合桩-土界面混合边值条件推导得出了桩顶动力阻抗解析解和速度时域响应半解析解，探讨了混合物物性参数及土体饱和特性对桩-土耦合动力响应的影响。

综上所述，在对饱和土中浮承桩纵向振动特性进行分析时，桩端土模型均采用简化的 Kelvin-Voigt 黏弹性支承模型或饱和弹性半空间模型，无法合理考虑桩端土层厚度及成层特性等因素的影响。

1.2.3　桩身纵向振动模型

Euler-Bernoulli 杆模型假定杆件在变形时横截面保持为平面，轴向应力沿杆截面均匀分布，是典型的一维杆件模型，因其物理概念清晰、计算工作量小等优点，迄今为止仍被广泛应用到桩-土耦合纵向振动研究中。尽管 Euler-Bernoulli 杆模型应用于细长桩时能很好地满足计算精度要求，但随着桩径增大，杆件中质点存在明显的横向运动，不再是简单的一维应力状态，此时若仍采用基于平截面假定的 Euler-Bernoulli 杆模型，会引起较大误差[126]。针对这一问题，Krawczuk 等[127]和 Stephen 等[128]引入泊松比考虑桩身横向惯性效应对 Euler-Bernoulli 杆模型进行校正，提出了 Rayleigh-Love 杆模型。基于此点考虑，吴文兵等[129,130]将桩侧土考虑为平面应变模型，基于 Rayleigh-Love 杆模拟桩基对纵向成层土中大直径桩纵向振动特性进行求解。进一步地，Lü 等[131−133]建立了轴对称连续介质土-大直径桩振动体系，分析了横向惯性效应对桩基动力阻抗及动力响应的影响规律。Li 等[134,135]则通过考虑大直径施工引起的桩侧土径向非均质效应，探讨了土体复杂非均质性对大直径桩振动特性的影响。Zheng 等[136]基于 Rayleigh-Love 杆模型对大直径管桩的纵向动力响应进行了分析。

虽然 Rayleigh-Love 杆模型考虑了桩体中质点横向运动的惯性作用，在一定程度上提高了计算精度，能更好地用于大直径桩振动特性研究。但该模型并未考虑桩身应力和位移沿径向的变化，即忽略了桩身的三维应力状态，理论上仍不够严格。刘汉龙等[137]基于“径向不变假定”建立了考虑三维应力状态的自由环形杆件波动方程，采用分离变量法和常数变易法对方程进行求解，探讨了平截面假定对薄壁环形物动力响应的影响深度。丁选明等[138,139]对刘汉龙建立的三维环形杆件模型进行改进，并将其应用到管桩纵向振动特性分析中，其中桩侧土和桩芯土采用Winkler模型描述。为进一步考虑土体三维波动效应影响，杨骁等[140]和刘林超等[141]把土和桩均视为轴对称连续介质，桩端边界条件考虑为固端支承，建立了三维轴对称的桩-土完全耦合振动体系，分别得到大直径端承实体桩和管桩振动特性解析解，并将所得解与桩身 Euler-Bernoulli 杆模型解进行对比分析，说明了桩身轴对称连续介质模型在应用到大直径振动特性研究时的先进性。因轴对称连续介质波动方程求解较为复杂，上述三维轴对称桩-土完全耦合模型假设桩端边界条件为固端支承，使得其仅适用于端承大直径桩。

1.2.4 缺陷桩振动与识别

王奎华等[142,143]利用弹簧阻尼器模型考虑桩侧土和桩端支承作用，将桩身分为不同阻抗值的三段，并对桩身缺陷进行概化处理，利用广义函数法推导得出缺陷桩半正弦脉冲激励下的桩顶速度时域响应，并将所得结果与现场试验检测数据进行对比验证了该模型的合理性。王腾等[144,145]和冯世进等[146]对任意段变截面桩桩顶动力响应进行解析求解，研究了缺陷类型和缺陷长度对桩顶速度导纳和速度时域响应的影响规律。刘东甲[147]进一步考虑土层纵向非均质性，利用 Laplace 变换及分段矩阵相乘的方法，得到了多缺陷桩桩顶速度导纳函数的解析解，并提出了多缺陷桩曲线评价的单因数分析法。Wang 等[148]将桩侧土体简化为三个串联的 Voigt 体，得出任意层土中变阻抗桩瞬态半正弦脉冲作用下桩顶纵向时域响应的半解析解，并将所得解与桩侧土典型 Winkler 模型解进行对比分析。阙仁波等[149,150]采用三维轴对称模型考虑桩侧土体三维波动效应，求解得到纵向层状土中变截面及变模量桩桩顶速度频域和时域解，并分析了桩身缺陷和桩侧土纵向夹层对桩顶动力响应的影响规律。王奎华等[151]和 Gao 等[152]提出了一种桩缺陷界面与三维轴对称土体接触模型，探讨了此类接触对缺陷桩桩顶速度时域响应的影响。崔春义等[153]基于桩侧土平面应变模型，土体采用黏性阻尼材料，同时考虑土体径向非均质效应，求解了不同缺陷管桩的动力响应，系统分析了缺陷各参数对管桩桩顶速度反射波曲线的影响规律。王奎华等[154]利用 Biot 动力波动理论建立了平面应变条件下饱和桩侧土控制方程，基于 Rayleigh-Love 杆模型考虑大直径桩横向惯性效应，求解得到饱和土中带缺陷大直径桩桩顶速度时域响应半解析解，探讨了水体积分数、桩身泊松比和不同桩身缺陷对桩顶反射波曲线的影响。

在桩基缺陷识别应用研究方面，Lin 等[155]和 Fischer 等[156]建立了混凝土桩-土相互作用有限元模型，并将数值计算结果与现场试验数据进行对比分析，探讨了通过频域曲线或反射波曲线识别缺陷尺寸的问题。Liao 等[157]基于三维轴对称有限元方法研究了桩身缺陷的定位问题，指出在桩顶反射波曲线上可较好地识别缺陷位置，但无法精确地评估缺陷的长度，且缺陷评估难度随缺陷埋深的增加而加大。Li 等[158]提出了一种基于取芯检测并结合工程师经验预测桩身发生缺陷概率的方法。Huang 等[159]采用三维轴对称有限元模型，研究了缺陷尺寸、深度及桩-土刚度比对低应变反射检测结果的影响，并给出了评估缺陷尺寸的公式。Chai 等[160,161]提出了利用桩底反射波在桩顶位置处的反射信号来评估浅层缺陷的方法。上述缺陷可识别性相关研究可更好地指导桩基完整性评价，并为建立更合理的桩基缺陷识别和完整性评价方法提供参考。在实际工程应用中，桩身缺陷识别多采用模糊定性指标并依据检测人员工程经验粗略估计桩身完整性类别，存在诸多不确定性，且所给出的评价结果主观性较强。基于此点考虑，蔡棋瑛等[162]和王成华等[163]分别将桩基低应变信号的功率谱特征和波形曲线，作为 BP 神经网络输入，通过对实际工程桩基数据进行学习，从而实现桩身完整性定性评价。刘明贵等[164,165]则利用有限元方法得到大量带缺陷桩基动测信号样本，并结合小波分析- BP（Back Propagation，逆传播）神经网络法和自适应杂交变异概率改进的遗传算法，对桩基缺陷定量识别进行了研究。

1.3 问题的提出与本书主要内容

1.3.1 问题的提出

桩-土耦合纵向振动解析理论作为桩基抗震、防振设计及动测技术的理论基础，一直以来亦是岩土工程领域研究的热点问题。国内外学者经过几十年不断努力，取得了较为系统的丰硕成果，但由于以往计算技术和理论的局限，尚有诸多问题需要完善和发展。综上所述，基于桩-土耦合纵向振动解析理论的国内外研究现状，概括地说有如下几个特点：

（1）桩周土体在桩基施工过程中会产生沿桩基径向的不均匀性，而此种径向非均质效应对桩基纵向振动特性的影响不可忽视。已有研究考虑此种效应时土体材料阻尼大多采用滞回阻尼模型（与频率及应变速率无关），其在解决非谐和激振问题时会在概念上引起矛盾，此时采用黏性阻尼模型更为合理。

（2）对于浮承桩情况，则多采用简化 Winkler 支承模型，其无法合理考虑桩底土体波动效应的影响。弹性半空间连续介质模型虽可考虑桩底土波动效应，但无法考虑桩底土厚度及成层特性对桩基纵向振动特性的影响。而桩与桩底土完全耦合单相介质虚土桩模型，可考虑桩底土厚度和成层特性的影响，但未考虑桩底土的饱和两相介质性。

(3) Euler-Bernoulli 杆简化模型适用于细长桩的纵向振动问题，尽管应用于细长桩时能很好地满足计算精度要求，但随着桩径增大，杆件中质点存在明显的横向运动，此时仍采用基于平截面假定的 Euler-Bernoulli 杆模型，会引起较大误差。Rayleigh-Love 杆虽能通过引入泊松比对横向惯性效应加以考虑，但亦无法真实考虑桩体自身的三维波动效应。

(4) 用来描述饱和桩周土的 Biot 波动理论尽管应用于诸多工程领域中，但 Biot 波动控制方程中质量守恒方程和动量守恒方程存在一定局限性，Biot 理论本质上是一种工程描述方法，在数学逻辑上和物理本质上仅具有近似的一致性。

(5) 在实际工程应用中，桩身缺陷识别多采用模糊定性指标并依据检测人员工程经验粗略估计桩身完整性类别，存在诸多不确定性，且所给出的评价结果主观性较强。

1.3.2 本书的主要内容

根据上述所提出问题，本书将围绕以下内容展开：

(1) 基于 Novak 理论的径向非均质单相土中桩基纵向振动解析模型与解答；

(2) 基于三维连续介质理论的径向非均质单相土中桩基纵向振动解析模型与解答；

(3) 径向非均质单相土中大直径桩基纵向振动解析模型与解答；

(4) 考虑桩体径向波动效应的桩基纵向振动解析模型与解答；

(5) 基于 Biot 多孔介质理论的虚土模型中桩基纵向耦合振动解析模型与解答；

(6) 基于 Boer 多孔介质理论的饱和土-桩基体系纵向耦合振动解析模型与解答；

(7) 桩基完整性评价的协同化知识库本体模型和识别程序开发。

第2章　基于 Novak 理论的非均质单相土中桩基纵向振动解析模型与解答

2.1　问题的提出

在桩基施工过程中，由于挤土效应，桩周土会因施工扰动在径向上呈现出非均质性。到目前为止，还没有建立出能全面考虑土体非均质性的桩基振动模型，以往的研究结果都只是近似解，而不是严格意义上的非均质土体中桩-土动力耦合振动解析解。因此，建立一个更加实用、有效的非均质土体中桩-土耦合动力模型是非常有必要的。本章正是为了更好地模拟桩周土的径向非均质性，通过将桩周土划分为多个圈层来呈现桩周土的径向非均质性，划分的各个圈层之间相互独立、为均质各向同性线性黏弹性体，各圈层接触面上的应力、位移连续。圈层数划分得越多，越接近实际情况，在数学、力学理论上更加严密。分别基于平面应变模型和三维连续介质模型，建立了更符合实际的径向非均质土体中桩基受任意竖向瞬态激振作用下的桩-土动力耦合模型，研究单桩和管桩在纵向动力荷载作用下的振动特性，为桩基振动理论发展作出贡献。

2.2　基于 Novak 理论的径向非均质土中管桩纵向振动解析解答

2.2.1　力学简化模型与定解问题

基于平面应变模型，对任意激振下黏弹性支承管桩-径向多圈层土体纵向耦合振动特性进行研究，力学简化模型如图 2-1 所示。桩顶作用任意激振力 $p(t)$，桩芯土和桩周土对桩身产生的切应力分别为 f_0 和 f_1，桩长、内半径、外半径、桩身密度、弹性模量和桩底黏弹性支承常数分别为 H、r_0、r_1、ρ_p、E_p 和 δ_p、k_p，桩周第 i 圈层土的密度、剪切模量、黏性阻尼系数分别为 ρ_i、G_i、η_i，桩芯土的密度、剪切模量、黏性阻尼系数分别为 ρ_0、G_0、η_0。

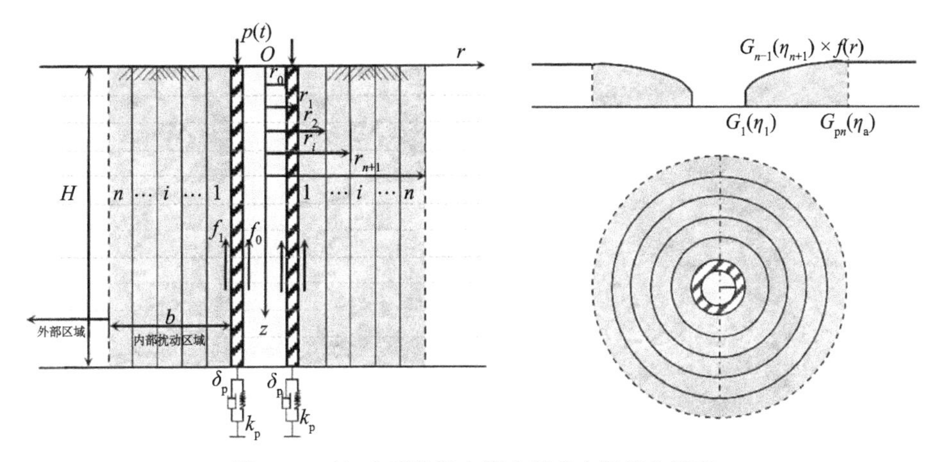

图 2-1　桩-土系统纵向耦合振动力学简化模型

基本假定如下：

（1）桩周土和桩芯土为一系列相互独立的薄层，忽略土层间相互作用；

（2）桩周土体分为内部区域和外部区域，内部区域划分任意圈层，各圈层土体均质，土体材料阻尼采用黏性阻尼模型；

（3）各圈层土界面两侧位移连续、应力平衡，且桩-土系统振动为小变形，桩-土界面完全接触，无脱开和滑移[45]；

（4）桩身混凝土为线弹性，应力波在桩身中的传播满足平截面假定。

假设内部区域径向厚度为 b，内外部区域界面处的半径为 r_{n+1}，内部区域第 j 圈层土体的剪切模量和黏性阻尼系数G_i、η_i根据该圈层内边界半径 r_i，按式（2-1）和式（2-2）确定。

$$G(r)=\begin{cases}G_1, & r=r_1\\ G_{n+1}f(r), & r_1<r<r_{n+1}\\ G_{n+1}, & r\geqslant r_{n+1}\end{cases}\tag{2-1}$$

$$\eta(r)=\begin{cases}\eta_1, & r=r_1\\ \eta_{n+1}f(r), & r_1<r<r_{n+1}\\ \eta_{n+1}, & r\geqslant r_{n+1}\end{cases}\tag{2-2}$$

式中，G_1、η_1、G_{n+1}、η_{n+1}分别为桩-土、内外区域界面处土体剪切模量、黏性阻尼系数；$f(r)$ 参照文献［33］采用二次函数描述桩周土内部区域土体性质变化。

设桩周第 i 圈层土体位移为 $u_i(r,t)$，桩芯土体位移为 $u_0(r,t)$，平面应变条件下桩周、桩芯土体振动方程如下：

桩周土体

$$G_i \frac{\partial^2 u_i(r,t)}{\partial r^2} + \eta_i \frac{\partial^3 u_i(r,t)}{\partial t\,\partial r^2} + \frac{G_i}{r}\frac{\partial u_i(r,t)}{\partial r} + \frac{\eta_i}{r}\frac{\partial^2 u_i(r,t)}{\partial t\,\partial r} = \rho_i \frac{\partial^2 u_i(r,t)}{\partial t^2} \tag{2-3}$$

桩芯土体

$$G_0 \frac{\partial^2 u_0(r,t)}{\partial r^2} + \eta_0 \frac{\partial^3 u_0(r,t)}{\partial t\,\partial r^2} + \frac{G_0}{r}\frac{\partial u_0(r,t)}{\partial r} + \frac{\eta_0}{r}\frac{\partial^2 u_0(r,t)}{\partial t\,\partial r} = \rho_0 \frac{\partial^2 u_0(r,t)}{\partial t^2} \tag{2-4}$$

设桩身位移为 $u_{\mathrm{p}}(z,t)$，则符合平截面假定的桩身纵向振动基本方程为

$$\frac{\partial^2 u_{\mathrm{p}}(z,t)}{\partial z^2} - \frac{2\pi r_0 f_0}{E_{\mathrm{p}}A_{\mathrm{p}}} - \frac{2\pi r_1 f_1}{E_{\mathrm{p}}A_{\mathrm{p}}} = \frac{\rho_{\mathrm{p}}}{E_{\mathrm{p}}}\frac{\partial^2 u_{\mathrm{p}}(z,t)}{\partial t^2} \tag{2-5}$$

边界条件：

(1) 桩芯土。当 $r=0$ 时，位移为有限值

$$\lim_{r\to 0} u_0(r,t) = \text{有限值} \tag{2-6}$$

桩芯土与桩位移及力连续条件

$$u_0(r_0,t) = u_{\mathrm{p}}(r,t) \tag{2-7}$$

$$f_0 = \tau_0(r)\big|_{r=r_0} \tag{2-8}$$

其中剪应力顺时针为正。

(2) 桩周土。当 $r=\infty$ 时，位移为零

$$\lim_{r\to\infty} u_{n+1}(r,t) = 0 \tag{2-9}$$

式中，$u_{n+1}(r,t)$ 代表外部区域土体位移。

桩周土与桩位移及力连续条件：

$$u_1(r_1,t) = u_{\mathrm{p}}(r_1,t) \tag{2-10}$$

$$f_1 = -\tau_1(r)\big|_{r=r_1} \tag{2-11}$$

(3) 桩身。桩顶作用力为 $p(t)$

$$E_{\mathrm{p}}A_{\mathrm{p}} \frac{\partial u_{\mathrm{p}}(z,t)}{\partial z}\bigg|_{z=0} = p(t) \tag{2-12}$$

桩端处边界条件

$$E_{\mathrm{p}}A_{\mathrm{p}} \frac{\partial u_{\mathrm{p}}(z,t)}{\partial z}\bigg|_{z=H} = -\left(k_{\mathrm{p}}u_{\mathrm{p}}(z,t) + \delta_{\mathrm{p}}\frac{\partial u_{\mathrm{p}}(z,t)}{\partial t}\right) \tag{2-13}$$

2.2.2 定解问题求解

对方程 (2-3) 进行 Laplace 变换得

$$G_i \frac{\partial^2 U_i(r,s)}{\partial r^2} + \eta_i s \frac{\partial^2 U_i(r,s)}{\partial r^2} + \frac{G_i}{r}\frac{\partial U_i(r,s)}{\partial r} + \frac{\eta_i s}{r}\frac{\partial U_i(r,s)}{\partial r} = \rho_i s^2 U_i(r,s) \tag{2-14}$$

式中，$U_i(r,s)$ 是 $u_i(r,t)$ 的 Laplace 变换，进一步整理式 (2-14) 可得

$$\frac{\partial^2 U_i(r,s)}{\partial r^2} + \frac{1}{r}\frac{\partial U_i(r,s)}{\partial r} = q_i^2 U_i(r,s) \tag{2-15}$$

式中，$q_i^2 = \dfrac{\rho_i s^2}{G_i + \eta_i s}$。

方程（2-15）的通解为

$$U_i(r,s) = A_i K_0(q_i r) + B_i I_0(q_i r) \tag{2-16}$$

式中，$I_0(q_i r)$、$K_0(q_i r)$ 分别为零阶第一类、第二类修正 Bessel 函数；A_i、B_i 为待定系数。

对式（2-9）进行 Laplace 变换，代入式（2-16）可得 $B_{n+1}=0$，因此有

$$U_{n+1}(r,s) = A_{n+1} K_0(q_{n+1} r) \tag{2-17}$$

则外部区域土体任意点的竖向剪切应力为

$$\tau_{n+1} = (G_{n+1} + \eta_{n+1} s)\frac{\partial U_{n+1}(r,s)}{\partial r} = -(G_{n+1} + \eta_{n+1} s) q_{n+1} A_{n+1} K_1(q_{n+1} r) \tag{2-18}$$

内、外部区域分界面处，内部区域受到外部区域的竖向剪切刚度为

$$KK_{n+1} = \frac{2\pi r_{n+1} \tau_{n+1}(r_{n+1})}{U_{n+1}(r_{n+1},s)} = 2\pi r_{n+1}(G_{n+1} + \eta_{n+1} s) q_{n+1} \frac{K_1(q_{n+1} r_{n+1})}{K_0(q_{n+1} r_{n+1})} \tag{2-19}$$

内部区域圈层 i 中任意点处的竖向剪切力为

$$\tau_i = (G_i + \eta_i s)\frac{\partial U_i(r,s)}{\partial r} = -(G_i + \eta_i s) q_i [A_i K_1(q_i r) - B_i I_1(q_i r)] \tag{2-20}$$

则 i 圈层的外边界（$r=r_{i+1}$）和内边界（$r=r_i$）处的竖向剪切刚度为

$$KK_{i+1} = \frac{2\pi r_{i+1} \tau_i(r_{i+1})}{U_i(r_{i+1},s)} = 2\pi r_{i+1}(G_i + \eta_i s) q_i \frac{A_i K_1(q_i r_{i+1}) - B_i I_1(q_i r_{i+1})}{A_i K_0(q_i r_{i+1}) + B_i I_0(q_i r_{i+1})} \tag{2-21}$$

$$KK_i = \frac{2\pi r_i \tau_i(r_i)}{U_i(r_i,s)} = 2\pi r_i(G_i + \eta_i s) q_i \frac{A_i K_1(q_i r_i) - B_i I_1(q_i r_i)}{A_i K_0(q_i r_i) + B_i I_0(q_i r_i)} \tag{2-22}$$

由此可得基于黏性阻尼的多圈层平面应变模型，土层剪切刚度递推公式

$$KK_i = 2\pi r_i q_i (G_i + \eta_i s)\frac{C_i + E_i KK_{i+1}}{D_i + F_i KK_{i+1}} \tag{2-23}$$

式中，

$$C_i = 2\pi r_{i+1} q_i (G_i + \eta_i s)[I_1(q_i r_{i+1}) K_1(q_i r_i) - K_1(q_i r_{i+1}) I_1(q_i r_i)] \tag{2-24}$$

$$D_i = 2\pi r_{i+1} q_i (G_i + \eta_i s)[I_1(q_i r_{i+1}) K_0(q_i r_i) + K_1(q_i r_{i+1}) I_0(q_i r_i)] \tag{2-25}$$

$$E_i = I_0(q_i r_{i+1}) K_1(q_i r_i) + K_0(q_i r_{i+1}) I_1(q_i r_i) \tag{2-26}$$

$$F_i = I_0(q_i r_{i+1}) K_0(q_i r_i) - K_0(q_i r_{i+1}) I_0(q_i r_i) \tag{2-27}$$

对方程（2-4）进行 Laplace 变换可得

$$G_0\frac{\partial^2 U_0(r,s)}{\partial r^2}+\eta_0 s\frac{\partial^2 U_0(r,s)}{\partial r^2}+\frac{G_0}{r}\frac{\partial U_0(r,s)}{\partial r}+\frac{\eta_0 s}{r}\frac{\partial U_0(r,s)}{\partial r}=\rho_0 s^2 U_0(r,s) \tag{2-28}$$

式中，$U_0(r,s)$ 是 $u_0(r,t)$ 的 Laplace 变换，进一步整理式（2-28）可得

$$\frac{\partial^2 U_0(r,s)}{\partial r^2}+\frac{1}{r}\frac{\partial U_0(r,s)}{\partial r}=q_0^2 U_0(r,s) \tag{2-29}$$

式中，$q_0^2=\frac{\rho_0 s^2}{G_0+\eta_0 s}$。

方程（2-29）的通解为

$$U_0(r,s)=A_0K_0(q_0r)+B_0I_0(q_0r) \tag{2-30}$$

对式（2-6）进行 Laplace 变换，代入式（2-30）可得 $A_0=0$，因此有

$$U_0(r,s)=B_0I_0(q_0r) \tag{2-31}$$

由式（2-7）和（2-31）可得管桩内壁受到桩芯土体的剪切刚度为

$$KK_0=-\frac{2\pi r_0\tau_0(r_0)}{U_{\mathrm{p}}}=-2\pi r_0(G_0+\eta_0 s)q_0\frac{I_1(q_0r_0)}{I_0(q_0r_0)} \tag{2-32}$$

对式（2-5）进行 Laplace 变换，并将由式（2-23）递推所得桩周最内层土体与桩接触面上剪切刚度 KK_1 和式（2-32）代入可得

$$\frac{\partial^2 U_{\mathrm{p}}(z,s)}{\partial z^2}-\alpha^2U_{\mathrm{p}}(z,s)=0 \tag{2-33}$$

式中，$\alpha^2=\frac{KK_1}{E_{\mathrm{p}}A_{\mathrm{p}}}-\frac{KK_0}{E_{\mathrm{p}}A_{\mathrm{p}}}+\frac{\rho_{\mathrm{p}}}{E_{\mathrm{p}}}s^2$，$U_{\mathrm{p}}(z,\ s)$ 是 $u_{\mathrm{p}}(r,\ t)$ 的 Laplace 变换。

方程（2-33）的通解为

$$U_{\mathrm{p}}(z,s)=C\mathrm{e}^{\alpha z}+D\mathrm{e}^{-\alpha z} \tag{2-34}$$

式中，C、D 为由边界条件确定的待定系数。

进一步对式（2-12）、（2-13）进行 Laplace 变换，并将式（2-34）代入后可得

$$C=\frac{\xi P(s)}{\alpha(\xi-1)E_{\mathrm{p}}A_{\mathrm{p}}} \tag{2-35}$$

$$D=\frac{P(s)}{\alpha(\xi-1)E_{\mathrm{p}}A_{\mathrm{p}}} \tag{2-36}$$

式中，$\xi=\frac{\alpha E_{\mathrm{p}}-(k_{\mathrm{p}}-\delta_{\mathrm{p}}s)}{\alpha E_{\mathrm{p}}+(k_{\mathrm{p}}+\delta_{\mathrm{p}}s)}\mathrm{e}^{-2\alpha H}$。

将式（2-35）、（2-36）代入（2-34）可得

$$U_{\mathrm{p}}(z,s)=\frac{(\xi\mathrm{e}^{\alpha z}+\mathrm{e}^{-\alpha z})P(s)}{\alpha(\xi-1)E_{\mathrm{p}}A_{\mathrm{p}}} \tag{2-37}$$

式中，令 $s=\mathrm{i}\omega$，则 Laplace 变换相当于单边的傅里叶变换，因此可以得到管桩位移频域响应函数为 $U_{\mathrm{p}}(z,\mathrm{i}\omega)$。

由此可得桩顶复刚度：

$$K_d = \frac{P(\mathrm{i}\omega)}{U_p(z,\mathrm{i}\omega)}\bigg|_{z=0} = \frac{\alpha(\xi-1)E_pA_p}{\xi+1} = \frac{E_pA_p}{H}K'_d \tag{2-38}$$

$$K'_d = \frac{\bar{\alpha}(\xi-1)}{\xi+1} \tag{2-39}$$

式中，$\bar{\alpha}=\alpha H$，$P(\mathrm{i}\omega)$ 为 $p(t)$ 的傅里叶变换，K'_d 为无量纲复刚度。令 $K'_d = K_r+\mathrm{i}K_i$，其中K_r代表动刚度，K_i代表动阻尼。

则桩顶速度导纳函数为

$$H_v = \frac{\mathrm{i}\omega U_p(z,\mathrm{i}\omega)}{P(\mathrm{i}\omega)}\bigg|_{z=0} = \frac{\mathrm{i}\omega(\xi+1)}{\alpha(\xi-1)E_pA_p} = \frac{1}{\rho_pA_pV_p}H'_v \tag{2-40}$$

$$H'_v = \frac{\mathrm{i}\theta(\xi+1)}{\bar{\alpha}(\xi-1)} \tag{2-41}$$

式中，H'_v为无量纲桩顶速度导纳函数，$V_p^2=E_p/\rho_p$，$\theta=\omega T_c$，$T_c=H/V_p$。

根据傅里叶变换性质，由式（2－40）可得单位脉冲激励的时域响应为

$$h(t) = \mathrm{IFT}[H_v(\mathrm{i}\omega)] = \frac{1}{2\pi}\int_{-\infty}^{\infty} -\frac{1}{\rho_pA_pV_p}H'_v e^{\mathrm{i}\theta t'}\mathrm{d}\theta \tag{2-42}$$

式中，$t'=t/T_c$为无量纲时间。

进一步地，由卷积定理可知，任意激振力 $p(t)$ 桩顶时域速度响应函数为

$$g(t) = p(t) * h(t) = \mathrm{IFT}[P(\mathrm{i}\omega)\cdot H(\mathrm{i}\omega)] \tag{2-43}$$

当桩顶受到半正弦脉冲激励 $p(t)=Q_{max}\sin\frac{\pi}{T}t$，$t\in(0,T)$，$T$ 为脉冲宽度，由式（2－43）可得半正弦脉冲激振力作用下桩顶时域速度响应的半解析解答为

$$g(t) = Q_{max}\mathrm{IFT}\left[\frac{1}{\rho_pA_pV_p}H'_v\frac{\pi T(1+e^{-\mathrm{i}\omega T})}{\pi^2-T^2\omega^2}\right] = -\frac{Q_{max}}{\rho_pA_pV_p}V'_v \tag{2-44}$$

$$V'_v = \frac{1}{2\pi}\int_{-\infty}^{\infty} H'_v\frac{\pi T'}{\pi^2-T'^2\theta^2}(1+e^{-\mathrm{i}\theta T'})e^{\mathrm{i}\theta t'}\mathrm{d}\theta \tag{2-45}$$

式中，$T'=T/T_c$ 为无量纲脉冲宽度因子。

2.2.3　解析模型验证与对比分析

本节基于图 2－1 所示径向非均质黏弹性土体中管桩耦合振动力学模型，采用前述推导所得管桩纵向振动动力阻抗解析解答，如无特殊说明，具体土层参数取值如下：桩长 6m，外直径 1.0m，壁厚 0.12m，桩身混凝土弹性模量 25GPa，密度 2500kg/m^3；桩周土和桩芯土参数相同，剪切模量为 5MPa，密度为 2000kg/m^3，黏性阻尼系数为 η= 10kN·s/m^2，桩底刚度系数 k_p=1000kN/m^3，阻尼系数 δ_p=100kN/m^3。

当桩周土体径向圈层数大于 20 时[33]，径向圈层的数目对计算结果的影响是可以忽略的。因此，随后的分析将桩周围土体的内部区域划分为 20 个圈层。假定外部区域剪切波速 $V_{n+1}(V_{n+1}=\sqrt{G_{n+1}/\rho_{n+1}})$ 至第 1 圈层剪切波速 V_1 呈现线性变化，

并定义施工扰动系数 $\beta=V_1/V_{n+1}$ 以描述施工扰动影响。桩周土体的黏性阻尼系数从外区到第 1 圈呈现二次函数变化，并且 $\beta=\sqrt{\eta_1/\eta_{n+1}}$。$\beta$ 取值不同代表施工扰动程度不同，$\beta>1$ 代表施工硬化，$\beta<1$ 代表施工软化，取 $\eta_{n+1}=5\text{kN}\cdot\text{s/m}^3$，$V_{n+1}=50\text{m/s}$，$b=r_1$，$\beta=2.0$，施工扰动引起桩周、桩芯土参数变化示意如图 2-2 所示。

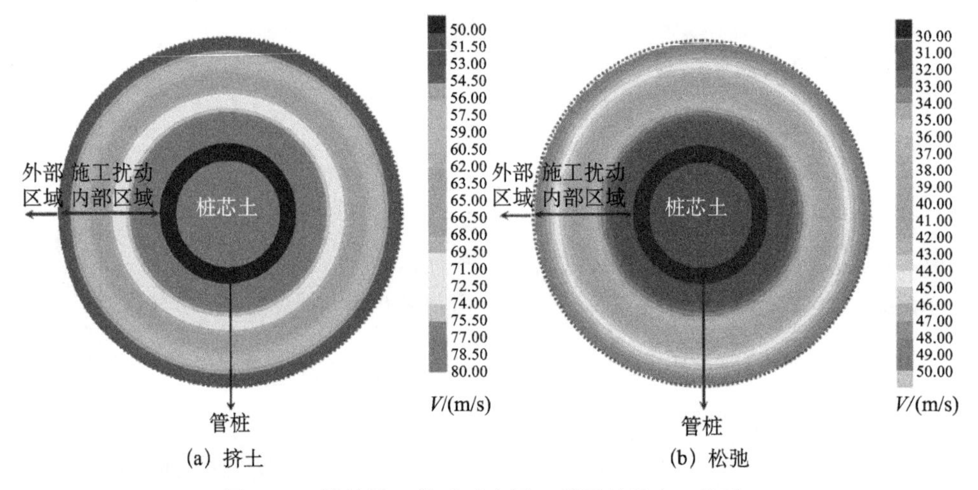

(a) 挤土　　(b) 松弛

图 2-2　管桩施工扰动示意图（彩图见封底二维码）

为了验证本节所推导的径向非均质土中管桩纵向振动动力阻抗解析解答的合理性，桩周围非均质土退化为均质与文献［166］中给出的解析解比较见图 2-3。此外，管桩退化为实体桩（阻尼系数取 0），与文献［34］已有解析解进行对比验证，如图 2-4 所示。图中无量纲频率 θ 为以特征频率为单位的频率计量，其中特征频率为 $\omega_c=V_p/H$，$V_p=\sqrt{E_p/\rho_p}$ 为桩身压缩波速，则 $\theta=\omega/\omega_c=\omega H/V_p$。由图可知，本节退化解答曲线与文献［166］和文献［34］中结果吻合。

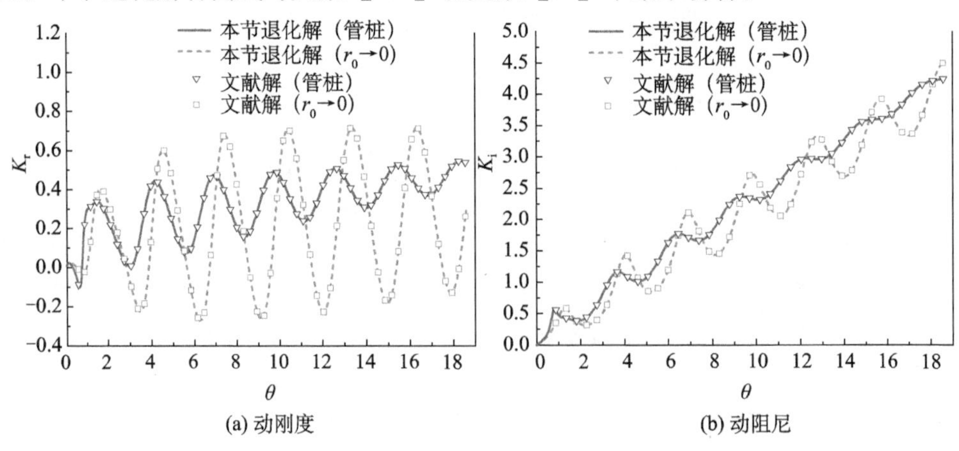

(a) 动刚度　　(b) 动阻尼

图 2-3　桩顶动力阻抗本节退化解与文献［166］解对比情况

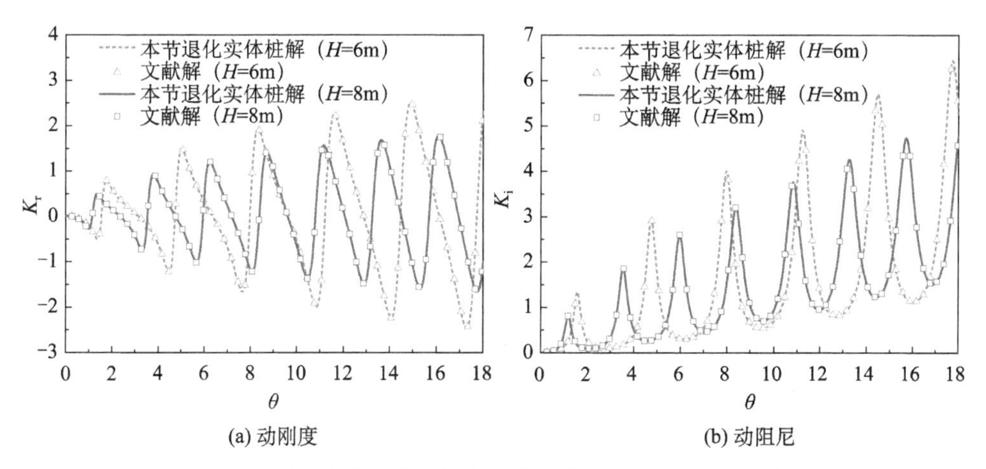

(a) 动刚度　　(b) 动阻尼

图 2-4　本节管桩退化到实体桩所得桩顶动力阻抗与文献［34］解对比

2.2.4　纵向振动参数化分析

图 2-5 所示为管桩长径比对桩顶动力阻抗的影响情况。管桩长径比一般控制在 50 以内，此处取长径比 10、15、20、25、30 进行对比分析。由图可见，管桩-土长径比对桩顶动力阻抗曲线影响较大。管桩内外壁侧摩阻力随管桩长径比增加而增大，这就使得桩顶动力阻抗曲线振幅、共振频率均有所减小。桩长径比增大对桩顶动力阻抗影响呈现衰减趋势，当其达到一定幅值后此种影响效应趋于稳定。

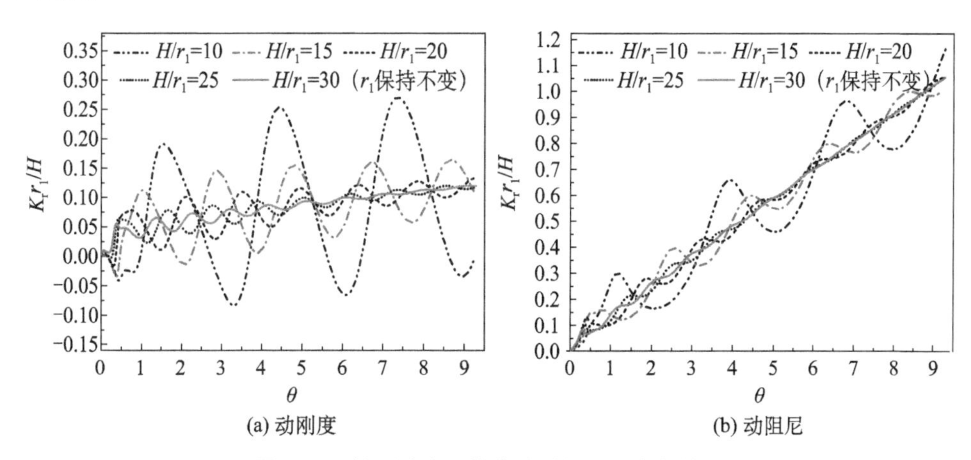

(a) 动刚度　　(b) 动阻尼

图 2-5　桩顶动力阻抗曲线随长径比变化情况

图 2-6 所示为桩顶动力阻抗随管桩内外径比的变化情况。由图可见，动力阻抗曲线的振幅、共振频率均随着管桩内外径比减小而增大。当 $r_0/r_1=0$（实体桩）时，桩顶动力阻抗曲线振幅最大，由此可知桩芯土能对管桩桩体起到减振作用。

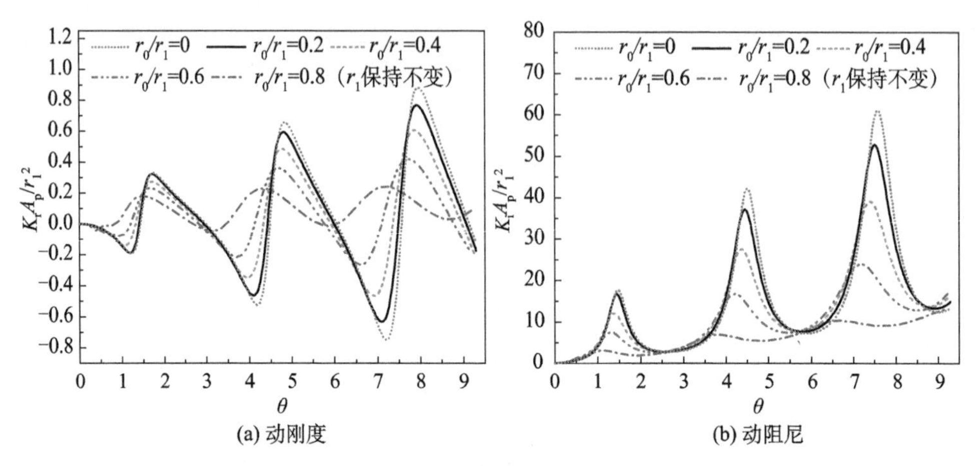

(a) 动刚度　　(b) 动阻尼

图 2-6　桩顶动力阻抗曲线随管桩内外径比的变化情况

图 2-7 为桩弹性模量对桩顶动力阻抗曲线的影响规律。由图可见，随着管桩弹性模量增加，桩顶动力阻抗曲线振幅均逐步增大，且管桩弹性模量对管桩动刚度影响较动阻尼更为显著。不同地，管桩弹性模量增大仅引起桩顶动阻尼共振频率小幅减小。管桩弹性模量变化对桩顶动刚度和动阻尼的影响程度逐步衰减，当其达到一定幅值后此种影响趋于稳定。

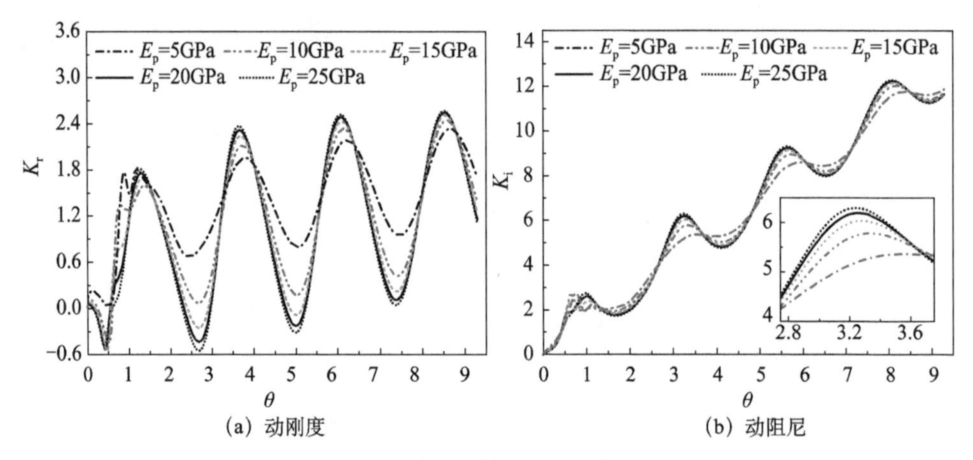

(a) 动刚度　　(b) 动阻尼

图 2-7　桩顶动力阻抗随管桩弹性模量的变化情况

图 2-8 所示为桩周土体黏性阻尼系数对桩顶动力阻抗的影响情况。由图可见，桩顶动刚度和动阻尼振幅和共振频率均随桩周土体黏性阻尼系数增加而显著减小，且桩周土体黏性阻尼系数变化对桩顶动刚度和动阻尼的影响程度随其增加而逐步衰减。

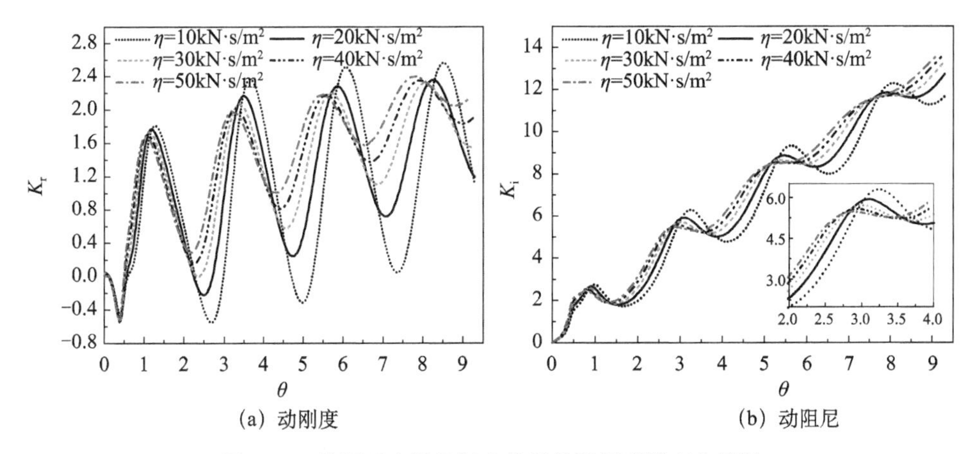

(a) 动刚度　　(b) 动阻尼

图 2-8　桩顶动力阻抗随土体黏性阻尼系数变化情况

桩身施工扰动会引起原土质较松散或不够密实的砂土、粉土在靠近桩身的内部区域土体硬化。不同地，原土质为密实的砂土、粉土以及高灵敏度黏土、软土时，靠近桩身的内部区域土体在桩身施工扰动影响下则产生软化效应。基于此，本节对管桩施工扰动引起的桩周土体软化、硬化对桩顶动力阻抗的影响进行分析。

图 2-9 和图 2-10 所示分别为桩周土软化、硬化程度对桩顶动力阻抗曲线的影响规律。从图中可以看出，桩周土的软化和硬化程度对桩顶动力阻抗曲线的幅值有明显的影响，即动力阻抗曲线振幅随桩周土体软化程度升高而增大，随桩周土体硬化程度升高而减小。但桩周土软化、硬化程度对桩顶动力阻抗共振频率影响较小。

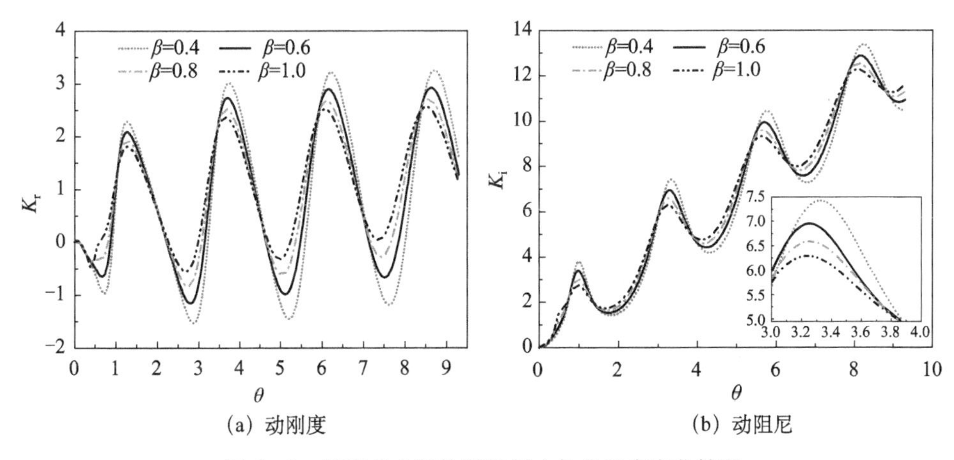

(a) 动刚度　　(b) 动阻尼

图 2-9　桩顶动力阻抗随桩周土软化程度变化情况

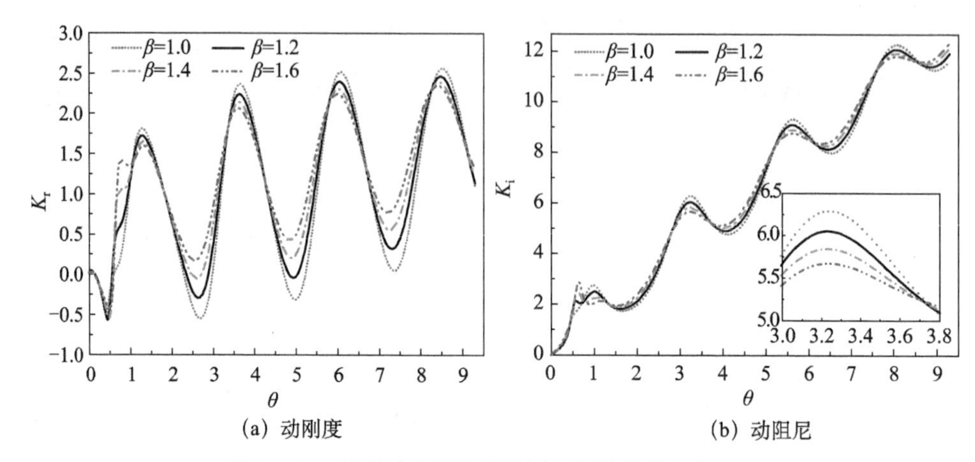

(a) 动刚度　　(b) 动阻尼

图 2-10　桩顶动力阻抗随桩周土硬化程度变化情况

图 2-11 和图 2-12 分别为土体软化和硬化范围对桩顶动力阻抗的影响。从图中可以看出，土体软化和硬化范围对桩顶动力阻抗曲线的幅值有明显影响，振幅随桩周土软化范围增加而增大，随桩周土体硬化范围增加而减小。但与实体桩不同，此种影响由于桩芯土的存在仅在近桩小范围内较为明显，超出该范围即大幅衰减至稳定。

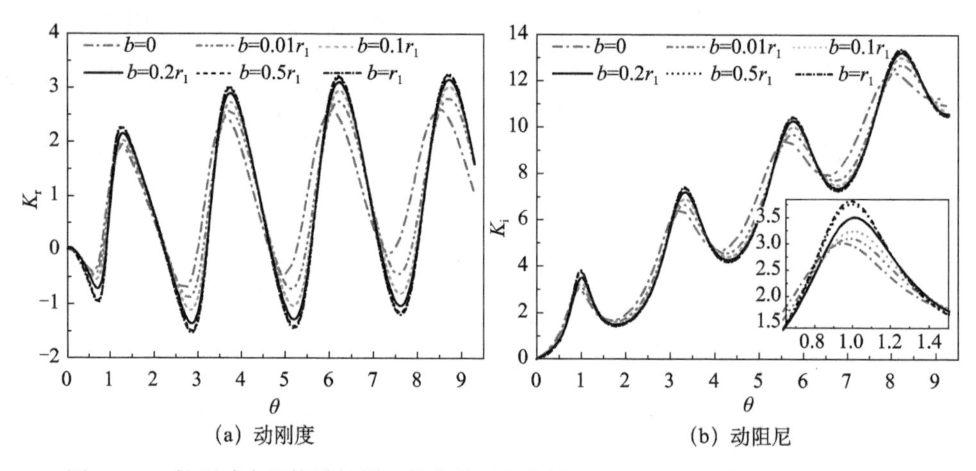

(a) 动刚度　　(b) 动阻尼

图 2-11　桩顶动力阻抗随桩周土软化范围变化情况（$\beta=0.4$）（彩图见封底二维码）

图 2-13 所示为管桩长径比对管桩桩顶动力响应特性的影响情况。由图可见，管桩长径比对桩顶速度导纳和反射波曲线影响显著。具体地，随管桩长径比增加，管桩内、外壁桩侧摩阻力增大（桩内、外径不变），桩顶速度导纳曲线振幅水平降低，共振频率减小。由反射波曲线可以看出，随着管桩长径比增加，反射波曲线上桩尖反射信号幅值变小，且当长径比增大到一定幅值水平后（本节中当 $H/r_1=20$ 时），第二次反射信号的幅值已衰减为趋于零的较小值。

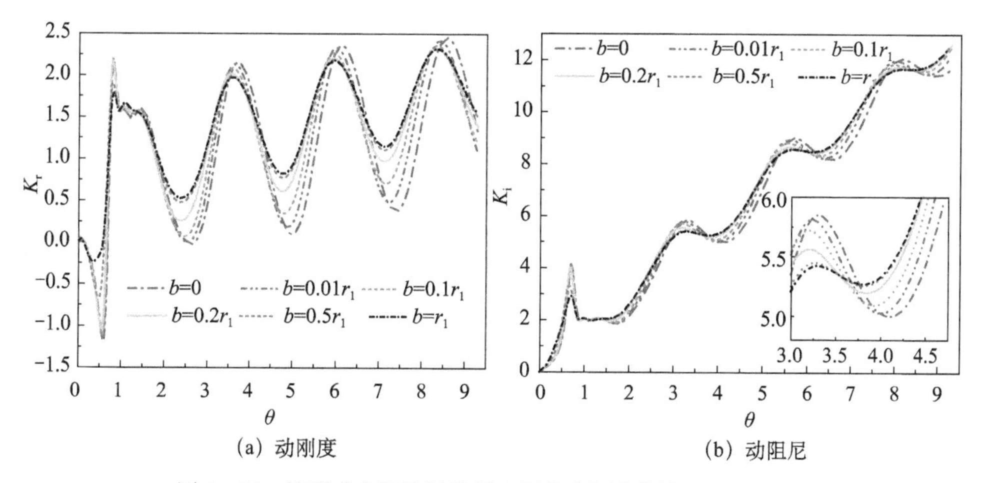

(a) 动刚度　　(b) 动阻尼

图 2-12　桩顶动力阻抗随桩周土硬化范围变化情况（β=2.0）

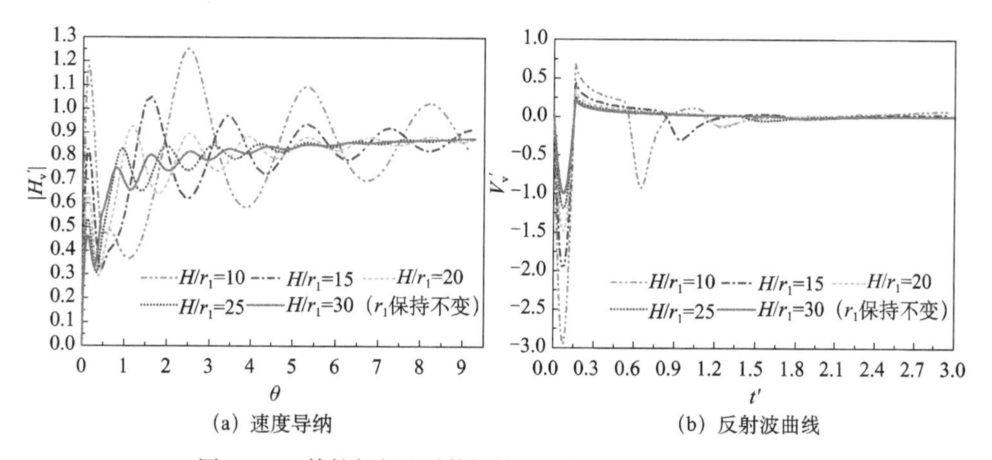

(a) 速度导纳　　(b) 反射波曲线

图 2-13　管桩长径比对管桩桩顶动力响应特性的影响情况

管桩内、外径对桩顶动力响应特性的影响情况如图 2-14 所示。不难看出，管桩内、外径变化对桩顶速度导纳和反射波曲线影响显著。具体地，随着管桩内外径比的减小（即外径不变，增厚管壁），桩顶速度导纳曲线的振幅水平和共振频率均显著增大。特别地，当 $r_0/r_1=0$（即 $r_0\to 0$）退化为实体桩时，桩顶速度导纳曲线振幅水平最高。此外，随着管桩内外径比的减小，反射波能量在历次反射中的消耗程度亦随之减小，桩尖处多次反射波信号幅值均增大。

图 2-15 所示为管桩桩顶动力响应特性随管桩弹性模量的变化情况。由图可见，随着管桩弹性模量增加，管桩桩顶速度导纳曲线振幅增大，共振频率小幅减小，桩尖反射信号幅值增大。管桩弹性模量变化对桩顶速度导纳曲线和反射波曲线的影响程度逐步衰减，当其达到一定幅值后此种影响趋于稳定。

图 2-16 所示为桩周土体黏性阻尼系数对桩顶动力响应特性的影响情况。由图可见，随着桩周土体黏性阻尼系数的增加，桩顶速度导纳的振幅和共振频率以及

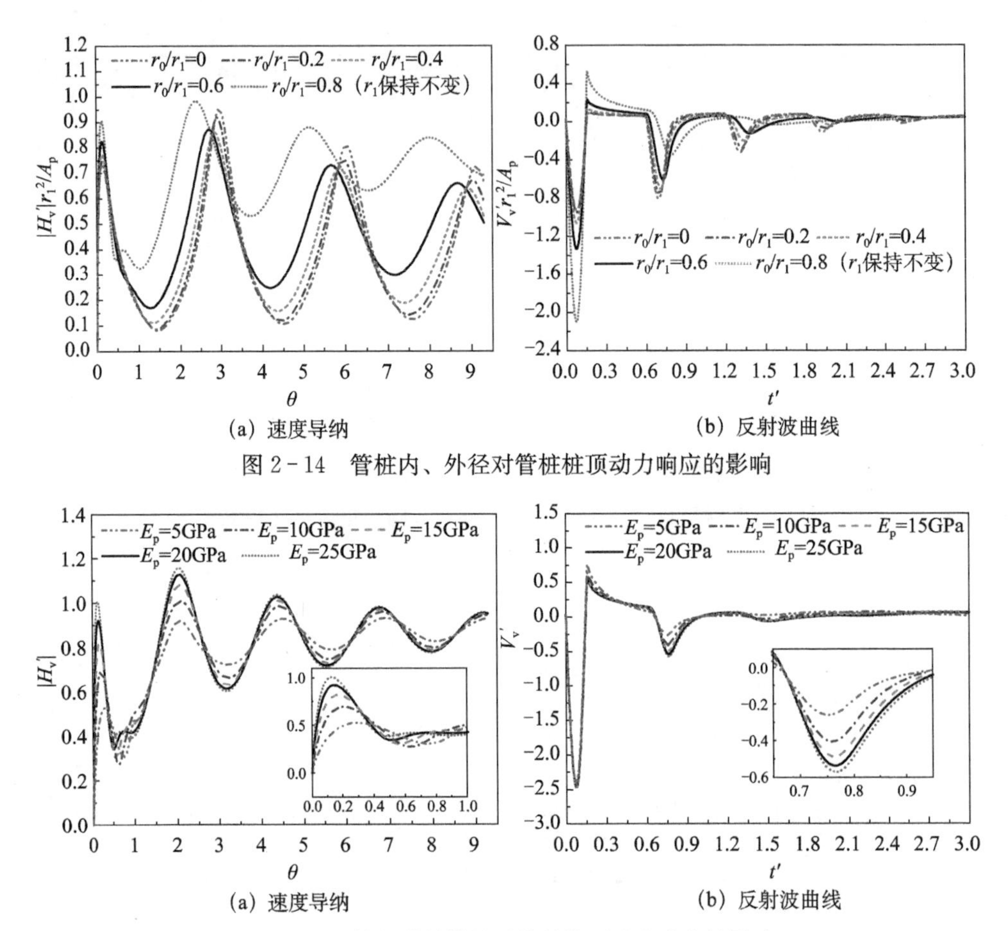

(a) 速度导纳 (b) 反射波曲线

图 2-14 管桩内、外径对管桩桩顶动力响应的影响

(a) 速度导纳 (b) 反射波曲线

图 2-15 管桩弹性模量对管桩桩顶动力响应的影响

桩尖反射信号幅值均显著减小，且桩周土体黏性阻尼系数变化对桩顶速度导纳的影响程度随其增加而逐步衰减。

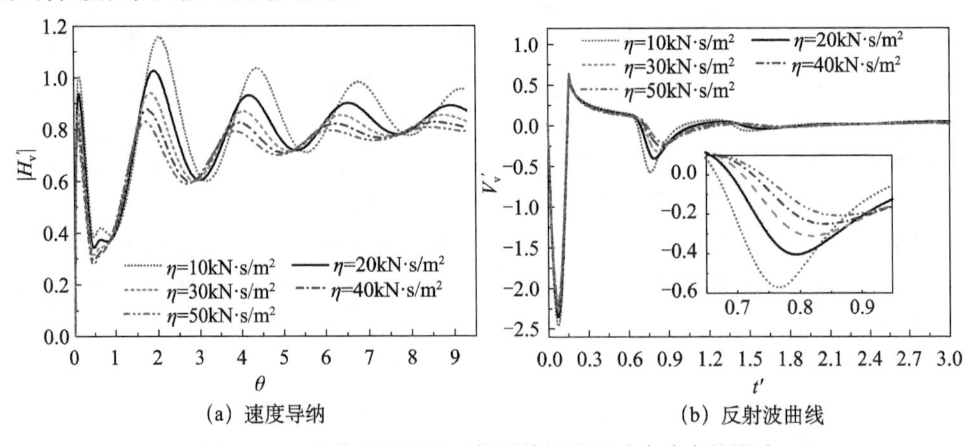

(a) 速度导纳 (b) 反射波曲线

图 2-16 土体黏性阻尼系数对管桩桩顶动力响应的影响

管桩桩顶动力响应特性随施工扰动引起桩周土软化程度的变化情况如图 2 - 17 所示。由图可见，桩周土软化程度对桩顶速度导纳振幅影响显著。具体地，在频率相同情况下，桩周土体软化程度越高，桩顶速度导纳曲线振幅越大。相对而言，桩周土软化程度对桩顶速度导纳曲线共振频率影响较小。此外，施工扰动引起管桩桩周土体软化程度越高，桩尖反射信号幅值水平越高。

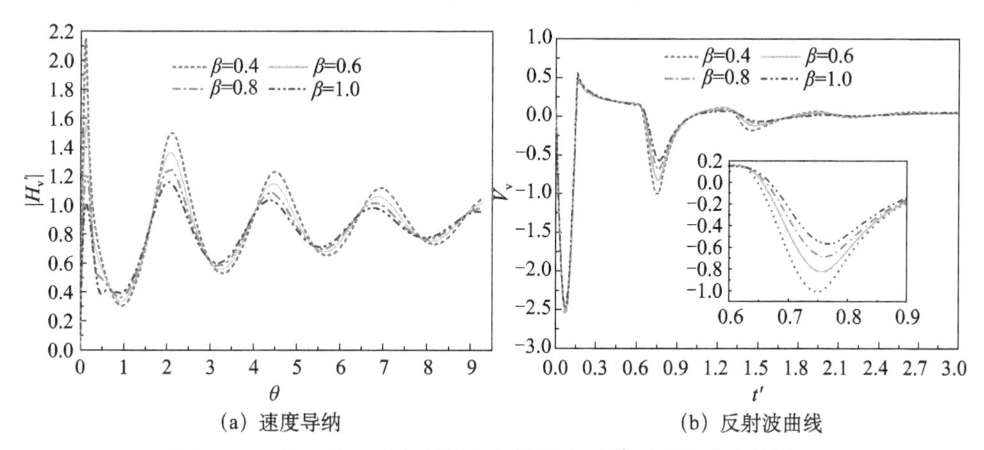

(a) 速度导纳　　(b) 反射波曲线

图 2 - 17　施工扰动引起桩周土软化程度对桩顶动力响应的影响

图 2 - 18 所示为管桩桩顶动力响应曲线随施工扰动引起桩周土硬化程度的变化情况。由图可见，施工扰动引起桩周土硬化程度对桩顶速度导纳振幅影响显著。具体地，在频率相同的情况下，桩周土体硬化程度越高，桩顶速度导纳曲线振幅越小。与桩周土软化程度影响类似，桩周土硬化程度对桩顶速度导纳共振频率影响较小。此外，施工扰动引起管桩桩周土硬化程度越高，桩尖反射信号越弱。

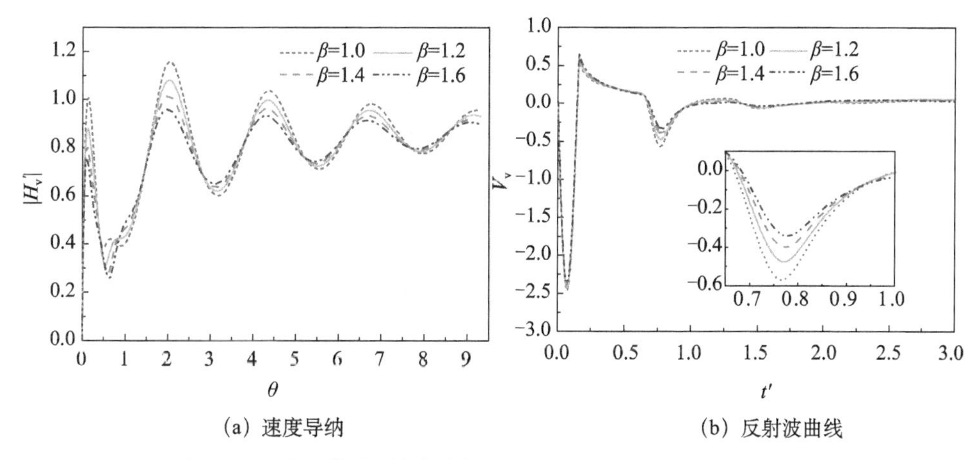

(a) 速度导纳　　(b) 反射波曲线

图 2 - 18　施工扰动引起桩周土硬化程度对桩顶动力响应的影响

图 2-19 所示为施工扰动引起桩周土软化范围对桩顶动力响应特性的影响情况。由图可见，桩顶速度导纳曲线振幅和桩尖反射波信号幅值随桩周土软化范围增加而增大，速度导纳共振频率变化可以忽略。桩周土软化范围变化对桩顶速度导纳和反射波曲线的影响程度逐步衰减，当其达到一定幅值后此种影响趋于稳定。

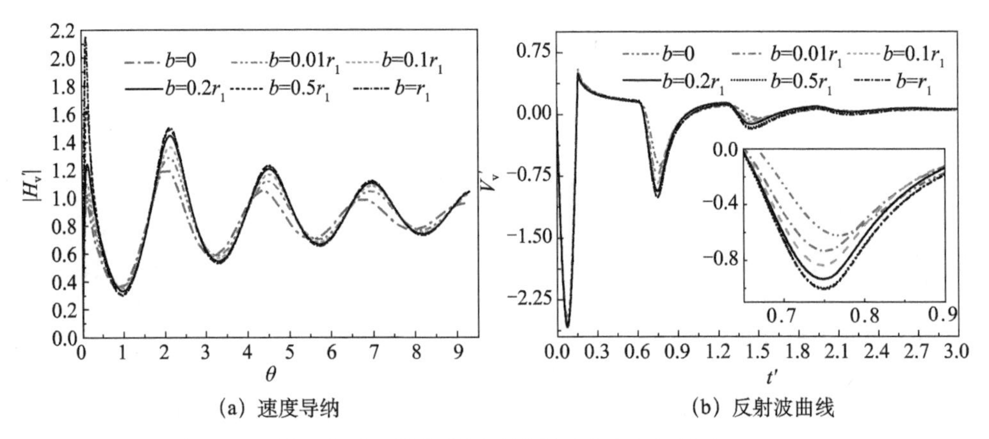

图 2-19 施工扰动土软化范围对桩顶动力响应的影响（$\beta=0.4$）

施工扰动引起桩周土硬化范围对桩顶动力响应特性的影响情况如图 2-20 所示。由图可见，桩顶速度导纳曲线振幅和桩尖反射波信号幅值随桩周土硬化范围增加而减小，速度导纳共振频率变化可以忽略。桩周土硬化范围变化对桩顶速度导纳和反射波曲线的影响程度逐步衰减，当其达到一定幅值后此种影响趋于稳定。

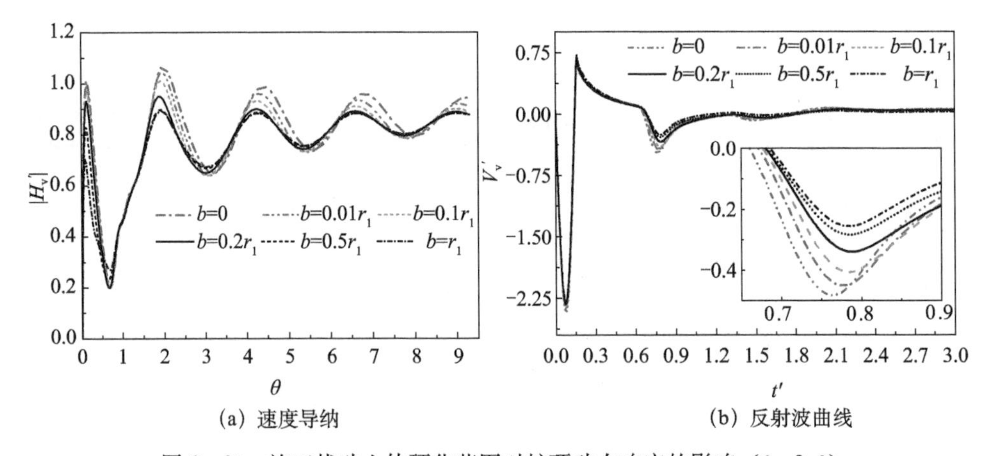

图 2-20 施工扰动土体硬化范围对桩顶动力响应的影响（$\beta=2.0$）

2.3　基于 Novak 理论的非均质土中管桩纵向振动解析解答[40,153]

2.3.1　力学简化模型与定解问题

根据土体纵向成层特性，将桩周土-管桩-桩芯土相互作用体系分成 m 个层段，各层段自桩身底部依次编号为 1，2，…，i，…，m，厚度为l_1，l_2，…，l_i，…，l_m，顶部埋深为h_1，h_2，…，h_i，…，h_m。管桩面积、弹性模量、密度、内径和外径分别为 A_i^{p}、E_i^{p}、ρ_i^{p}、r_{i0}和 r_{i1}，桩底支承阻尼系数和刚度系数分别为δ_{p} 和k_{p}。第 i 层段桩芯土密度、剪切模量和黏性阻尼系数分别为ρ_{i0}、G_{i0} 和η_{i0}。第 i 层段桩周土体厚度为b_i的内部扰动区域划分为 n 个径向圈层，其中第 j 圈层桩周土的密度、剪切模量和黏性阻尼系数分别为ρ_{ij}、G_{ij} 和η_{ij}，其值按式（2-46）和式（2-47）确定。

$$G_{ij}(r)=\begin{cases}G_{i1}, & r=r_{i1}\\ G_{i(n+1)}\times f_i(r), & r_{i1}<r<r_{i(n+1)}\\ G_{i(n+1)}, & r\geqslant r_{i(n+1)}\end{cases}\tag{2-46}$$

$$\eta_{ij}(r)=\begin{cases}\eta_{i1}, & r=r_{i1}\\ \eta_{i(n+1)}\times f_i(r), & r_{i1}<r<r_{i(n+1)}\\ \eta_{i(n+1)}, & r\geqslant r_{i(n+1)}\end{cases}\tag{2-47}$$

式中，$f_i(r)$ 为二次函数形式[45]。

桩-土耦合振动体系力学简化模型如图 2-21 所示。本节基本假定参照文献［33］相关描述。

平面应变条件下基于土体黏性阻尼模型的桩周土和桩芯土纵向振动控制方程为

$$G_{ij}\frac{\partial^2 u_{ij}^{\mathrm{s}_1}(r,t)}{\partial r^2}+\eta_{ij}\frac{\partial^3 u_{ij}^{\mathrm{s}_1}(r,t)}{\partial t\,\partial r^2}+\frac{G_{ij}}{r}\frac{\partial u_{ij}^{\mathrm{s}_1}(r,t)}{\partial r}+\frac{\eta_{ij}}{r}\frac{\partial^2 u_{ij}^{\mathrm{s}_1}(r,t)}{\partial t\,\partial r}=\rho_{ij}\frac{\partial^2 u_{ij}^{\mathrm{s}_1}(r,t)}{\partial t^2}\tag{2-48}$$

$$G_{i0}\frac{\partial^2 u_{i}^{\mathrm{s}_0}(r,t)}{\partial r^2}+\eta_{i0}\frac{\partial^3 u_{i0}^{\mathrm{s}_0}(r,t)}{\partial t\,\partial r^2}+\frac{G_{i0}}{r}\frac{\partial u_{i0}^{\mathrm{s}_0}(r,t)}{\partial r}+\frac{\eta_{i0}}{r}\frac{\partial^2 u_{i0}^{\mathrm{s}_0}(r,t)}{\partial t\,\partial r}=\rho_{i0}\frac{\partial^2 u_{i0}^{\mathrm{s}_0}(r,t)}{\partial t^2}\tag{2-49}$$

式中，$u_i^{\mathrm{s}_0}(r,t)$ 和 $u_{ij}^{\mathrm{s}_1}(r,t)$ 分别为桩芯土体和桩周土体位移。

设第 i 层段桩身位移为 $u_i^{\mathrm{p}}(z,t)$，则桩身纵向振动方程为

$$\frac{\partial^2 u_i^{\mathrm{p}}(z,t)}{\partial z^2}-\frac{2\pi r_{i0}f_i^{\mathrm{s}_0}}{E_i^{\mathrm{p}}A_i^{\mathrm{p}}}-\frac{2\pi r_{i1}f_i^{\mathrm{s}_1}}{E_i^{\mathrm{p}}A_i^{\mathrm{p}}}=\frac{\rho_i^{\mathrm{p}}}{E_i^{\mathrm{p}}}\frac{\partial^2 u_i^{\mathrm{p}}(z,t)}{\partial t^2}\tag{2-50}$$

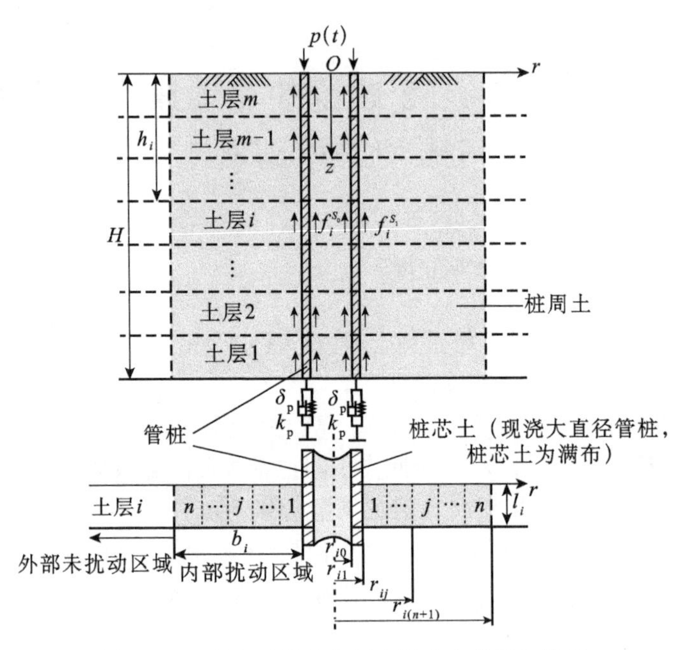

图 2-21　桩土系统纵向耦合振动力学简化模型

式中，$f_i^{s_0}$ 和 $f_i^{s_1}$ 分别为第 i 层段桩芯土和桩周土对桩身产生的切应力。

边界条件如下：

（1）桩芯土

$$\lim_{r\to 0} u_i^{s_0}(r,t) = \text{有限值} \tag{2-51}$$

$$u_i^{s_0}(r,t) = u_i^{p}(r,t) \tag{2-52}$$

$$f_i^{s_0} = \tau_i^{s_0}(r)\big|_{r=r_{i0}} \tag{2-53}$$

（2）桩周土

$$\lim_{r\to \infty} u_{i(n+1)}^{s_1}(r,t) = 0 \tag{2-54}$$

$$u_{i1}^{s_1}(r_{i1},t) = u_i^{p}(r_{i1},t) \tag{2-55}$$

$$f_i^{s_1} = -\tau_{i1}^{s_1}(r)\big|_{r=ri_1} \tag{2-56}$$

（3）桩身

$$E_m^{p} A_m^{p} \left.\frac{\partial u_m^{p}(z,t)}{\partial z}\right|_{z=z_0} = p(t) \tag{2-57}$$

$$E_1^{p} \left.\frac{\partial u_1^{p}(z,t)}{\partial z}\right|_{z=H} = -\left(k_p u_1^{p}(z,t) + \delta_p \frac{\partial u_1^{p}(z,t)}{\partial t}\right) \tag{2-58}$$

2.3.2　定解问题求解

对方程（2-48）进行 Laplace 变换得

$$G_{ij}\frac{\partial^2 U_{ij}^{s_1}(r,s)}{\partial r^2}+\eta_{ij}s\frac{\partial^3 U_{ij}^{s_1}(r,s)}{\partial r^2}+\frac{G_{ij}}{r}\frac{\partial u_{ij}^{s_1}(r,s)}{\partial r}+\frac{\eta_{ij}s}{r}\frac{\partial^2 U_{ij}^{s_1}(r,s)}{\partial r}=\rho_{ij}s^2 U_{ij}^{s_1}(r,s) \tag{2-59}$$

式中，$U_{ij}^{s_1}(r,s)$ 为 $u_{ij}^{s_1}(r,t)$ 的 Laplace 变换。

进一步对式（2-59）进行整理可得

$$\frac{\partial^2 U_{ij}^{s_1}(r,s)}{\partial r^2}+\frac{1}{r}\frac{\partial u_{ij}^{s_1}(r,s)}{\partial r}=(q_{ij}^{s_1})^2 U_{ij}^{s_1}(r,s) \tag{2-60}$$

式中，$q_{ij}^{s_1}=\sqrt{\dfrac{\rho_{ij}s^2}{G_{ij}+\eta_{ij}s}}$。

求解可得方程（2-60）的通解为

$$U_{ij}^{s_1}(r,s)=A_{ij}^{s_1}K_0(q_{ij}^{s_1}r)+B_{ij}^{s_1}I_0(q_{ij}^{s_1}r) \tag{2-61}$$

式中，$I_0(q_{ij}^{s_1}r)$、$K_0(q_{ij}^{s_1}r)$ 分别为零阶第一类、第二类修正 Bessel 函数；$A_{ij}^{s_1}$、$B_{ij}^{s_1}$ 为待定系数。

进一步利用桩周土体边界条件及各圈层的连续条件可得土层剪切刚度递推公式：

$$\mathrm{KK}_{ij}^{s_1}=2\pi r_{ij}q_{ij}^{s_1}(G_{ij}+\eta_{ij}s)\frac{C_{ij}^{s_1}+E_{ij}^{s_1}\mathrm{KK}_{i(j+1)}^{s_1}}{D_{ij}^{s_1}+F_{ij}^{s_1}\mathrm{KK}_{i(j+1)}^{s_1}} \tag{2-62}$$

式中，$\mathrm{KK}_{ij}^{s_1}$、$\mathrm{KK}_{i(j+1)}^{s_1}$ 分别为第 i 层段 j 圈层中外边界（$r=r_{i(j+1)}$）和内边界（$r=r_{ij}$）处的剪切刚度；

$$C_{ij}^{s_1}=2\pi r_{i(j+1)}q_{ij}^{s_1}(G_{ij}+\eta_{ij}s)[I_1(q_{ij}^{s_1}r_{i(j+1)})K_1(q_{ij}^{s_1}r_{ij})-K_1(q_{ij}^{s_1}r_{i(j+1)})I_1(q_{ij}^{s_1}r_{ij})]$$

$$D_{ij}^{s_1}=2\pi r_{i(j+1)}q_{ij}^{s_1}(G_{ij}+\eta_{ij}s)[I_1(q_{ij}^{s_1}r_{i(j+1)})K_0(q_{ij}^{s_1}r_{ij})+K_0(q_{ij}^{s_1}r_{i(j+1)})I_1(q_{ij}^{s_1}r_{ij})]$$

$$E_{ij}^{s_1}=I_0(q_{ij}^{s_1}r_{i(j+1)})K_1(q_{ij}^{s_1}r_{ij})+K_0(q_{ij}^{s_1}r_{i(j+1)})I_1(q_{ij}^{s_1}r_{ij})$$

$$F_{ij}^{s_1}=I_0(q_{ij}^{s_1}r_{i(j+1)})K_0(q_{ij}^{s_1}r_{ij})-K_0(q_{ij}^{s_1}r_{i(j+1)})I_0(q_{ij}^{s_1}r_{ij})$$

对方程（2-49）进行 Laplace 变换可得

$$G_{i0}\frac{\partial^2 U_i^{s_0}(r,s)}{\partial r^2}+\eta_{i0}s\frac{\partial^3 U_{i0}^{s_0}(r,s)}{\partial r^2}+\frac{G_{i0}}{r}\frac{\partial U_{i0}^{s_0}(r,s)}{\partial r}+\frac{\eta_{i0}s}{r}\frac{\partial^2 U_{i0}^{s_0}(r,s)}{\partial r}=\rho_{i0}s^2 U_i^{s_0}(r,s) \tag{2-63}$$

式中，$U_i^{s_0}(r,s)$ 是 $u_i^{s_0}(r,s)$ 的 Laplace 变换。

进一步对式（2-63）进行整理可得

$$\frac{\partial^2 U_i^{s_0}(r,s)}{\partial r^2}+\frac{1}{r}\frac{\partial u_i^{s_0}(r,s)}{\partial r}=(q_i^{s_0})^2 U_i^{s_0}(r,s) \tag{2-64}$$

式中，$q_i^{s_0}=\sqrt{\dfrac{\rho_{i0}s^2}{G_{i0}+\eta_{i0}s}}$。

对方程（2-64）进行求解并利用桩芯土体边界条件可得管桩内壁受到桩芯土体的剪切刚度为

$$\mathrm{KK}_i^{s_0}=-\frac{2\pi r_{i0}\tau_i^{s_0}(r_{i0})}{U_i^{\mathrm{p}}}=-2\pi r_{i0}(G_{i0}+\eta_{i0}s)q_i^{s_0}\frac{I_1(q_i^{s_0}r_{i0})}{I_0(q_i^{s_0}r_{i0})} \tag{2-65}$$

式中，$U_i^{\mathrm{p}}(r,s)$ 是 $u_i^{\mathrm{p}}(r,t)$ 的 Laplace 变换。

对式（2-50）进行 Laplace 变换，并将由式（2-62）递推所得 $\mathrm{KK}_{ij}^{s_1}$ 和式(2-65)计算所得 $\mathrm{KK}_i^{s_0}$ 代入可得

$$\frac{\partial^2 U_i^{\mathrm{p}}(z,s)}{\partial z^2}-\alpha_i^2 U_i^{\mathrm{p}}(z,s)=0 \tag{2-66}$$

式中，$\alpha_i^2=\frac{\mathrm{KK}_{ij}^{s_1}}{E_i^{\mathrm{p}}A_i^{\mathrm{p}}}-\frac{\mathrm{KK}_i^{s_0}}{E_i^{\mathrm{p}}A_i^{\mathrm{p}}}+\frac{\rho_i^{\mathrm{p}}}{E_i^{\mathrm{p}}}s^2$；$U_i^{\mathrm{p}}(r,s)$ 是 $u_i^{\mathrm{p}}(r,t)$ 的 Laplace 变换。

求解可得方程（2-66）的通解为

$$U_i^{\mathrm{p}}(r,s)=C_i^{\mathrm{p}}\mathrm{e}^{\overline{\alpha_i}z/l_i}+D_i^{\mathrm{p}}\mathrm{e}^{-\overline{\alpha_i}z/l_i} \tag{2-67}$$

式中，$\overline{\alpha_i}=\alpha_i l_i$；$C_i^{\mathrm{p}}$、$D_i^{\mathrm{p}}$为待定系数。

进一步利用阻抗函数传递性可得管桩桩顶动力阻抗函数$Z_m^{\mathrm{p}}(z,s)$

$$Z_m^{\mathrm{p}}\big|_{z=h_m=0}=-\frac{E_m^{\mathrm{p}}A_m^{\mathrm{p}}\overline{\alpha_m}(\beta_m-1)}{l_m(\beta_m+1)}=-\frac{E_m^{\mathrm{p}}A_m^{\mathrm{p}}}{l_m}Z_m^{\mathrm{p}\prime} \tag{2-68}$$

式中，$Z_m^{\mathrm{p}\prime}=\frac{\overline{\alpha_m}(\beta_m-1)}{\beta_m+1}$为无量纲桩顶阻抗；$\beta_m=\frac{E_m^{\mathrm{p}}A_m^{\mathrm{p}}\overline{\alpha_m}-Z_{m-1}^{\mathrm{p}}l_m}{E_m^{\mathrm{p}}A_m^{\mathrm{p}}\overline{\alpha_m}+Z_{m-1}^{\mathrm{p}}l_m}\mathrm{e}^{-2h_m\overline{\alpha_m}/l_m}$；$Z_m^{\mathrm{p}\prime}=K_{\mathrm{r}}+\mathrm{i}K_{\mathrm{i}}$，$K_{\mathrm{r}}$代表桩顶动刚度，$K_{\mathrm{i}}$代表桩顶动阻尼。

通过式（2-68）中所得桩顶位移阻抗函数，可进一步推得桩顶位移响应函数为

$$H_{\mathrm{u}}(z,s)=\frac{1}{Z_m^{\mathrm{p}}}=-\frac{l_m(\beta_m+1)}{E_m^{\mathrm{p}}A_m^{\mathrm{p}}\overline{\alpha_m}(\beta_m-1)} \tag{2-69}$$

式中，令 $s=\mathrm{i}\omega$，则 Laplace 变换相当于单边的傅里叶变换，可以得到管桩位移频率响应函数为 $H_{\mathrm{u}}(z,\ \mathrm{i}\omega)$，由此可得桩顶速度频率响应函数为

$$H_{\mathrm{v}}=-\frac{\mathrm{i}\omega l_m(\beta_m+1)}{E_m^{\mathrm{p}}A_m^{\mathrm{p}}\overline{\alpha_m}(\beta_m-1)}=-\frac{1}{\rho_m^{\mathrm{p}}A_m^{\mathrm{p}}V_m^{\mathrm{p}}}H_{\mathrm{v}}' \tag{2-70}$$

$$H_{\mathrm{v}}'=\frac{\mathrm{i}\theta\overline{t_m}(\beta_m+1)}{\overline{\alpha_m}(\beta_m-1)} \tag{2-71}$$

式中，H_{v}'为速度导纳无量纲参数，$V_m^{\mathrm{p}}=\sqrt{E_m^{\mathrm{p}}/\rho_m^{\mathrm{p}}}$，$\theta=\omega T_{\mathrm{c}}$，$T_{\mathrm{c}}=H/V_m^{\mathrm{p}}$，$t_m=l_m/V_m^{\mathrm{p}}$，$\overline{t_m}=t_m/T_{\mathrm{c}}$。

根据傅里叶变换性质，由式（2-70）可得单位脉冲激励的时域响应为

$$h(t)=\mathrm{IFT}[H_{\mathrm{v}}(\mathrm{i}\omega)]=\frac{1}{2\pi}\int_{-\infty}^{\infty}-\frac{1}{\rho_m^{\mathrm{p}}A_m^{\mathrm{p}}V_m^{\mathrm{p}}}H_{\mathrm{v}}'\mathrm{e}^{\mathrm{i}\theta t'}\mathrm{d}\theta \tag{2-72}$$

式中，$t'=t/T_{\mathrm{c}}$为无量纲时间。由卷积定理可知，任意激振力 $p(t)$（$P(\mathrm{i}\omega)$为 $p(t)$ 的傅里叶变换），桩顶时域速度响应为

$$g(t)=p(t)*h(t)=\mathrm{IFT}[P(\mathrm{i}\omega)\cdot H(\mathrm{i}\omega)] \tag{2-73}$$

当桩顶受到半正弦脉冲激励 $p(t)=Q_{\max}\sin\frac{\pi}{T}t, t\in(0,T)$，$T$ 为脉冲宽度，由式（2－73）可得半正弦脉冲激振力作用下桩顶时域速度响应的半解析解为

$$g(t)=\mathrm{IFT}\left[-\frac{Q_{\max}}{\rho_m^{\mathrm{p}}A_m^{\mathrm{p}}V_m^{\mathrm{p}}}H_{\mathrm{v}}'\mathrm{e}^{\mathrm{i}\theta t'}\ \frac{\pi T(1+\mathrm{e}^{-\mathrm{i}\omega T})}{\pi^2-T^2\omega^2}\right]=-\frac{Q_{\max}}{\rho_m^{\mathrm{p}}A_m^{\mathrm{p}}V_m^{\mathrm{p}}}V_{\mathrm{v}}' \tag{2-74}$$

$$V_{\mathrm{v}}'=\frac{1}{2\pi}\int_{-\infty}^{\infty}H_{\mathrm{v}}'\ \frac{\pi T'}{\pi^2-T'^2\omega^2}(1+\mathrm{e}^{-\mathrm{i}\theta T'})\mathrm{e}^{\mathrm{i}\theta t'}\mathrm{d}\theta \tag{2-75}$$

式中，$T'=T/T_{\mathrm{c}}$为无量纲脉冲宽度因子。

2.3.3　解析模型验证与对比分析

参照已有相关文献[33]取径向圈层数 $n=20$，纵向层段取 $m=5$，如无特殊说明，管桩具体参数取值如下：$r_{i0}=0.38\mathrm{m}$，$r_{i1}=0.50\mathrm{m}$，$\rho_i^{\mathrm{p}}=2500\mathrm{kg/m^3}$，$E_i^{\mathrm{p}}=25\mathrm{GPa}$，$H=6\mathrm{m}$，$k_{\mathrm{p}}=1000\mathrm{kN/m^3}$，$\delta_{\mathrm{p}}=100\mathrm{kN/m^3}$。桩周各圈层土体相关参数按如下方式取值：$\rho_{ij}=2000\mathrm{kg/m^3}$，$b_i=r_{ij}$，$\beta_i=V_{i1}/V_{i(n+1)}$为施工扰动系数，具体取 $V_{i(n+1)}=50\mathrm{m/s}$，$\eta_{i(n+1)}=10\mathrm{kN\cdot s/m^2}$，$\beta_i=2.0$。

为了验证本节推导所得解析解答的合理性，将纵向成层土退化到均质情况与文献［34］已有解析解进行对比验证，对比情况如图 2－22 所示。进一步地，将管桩退化到实体桩（阻尼系数取 0），与文献［44］已有解析解进行对比验证，如图 2－23 所示。图中 $\theta=\omega/\omega_{\mathrm{c}}=\omega H/V_{\mathrm{p}}$ 为无量纲频率，$\omega_{\mathrm{c}}=V_{\mathrm{p}}/H$，$V_{\mathrm{p}}=\sqrt{E_{\mathrm{p}}/\rho_{\mathrm{p}}}$。由图可见，本节退化解与文献［34］和文献［44］中对应结果吻合。

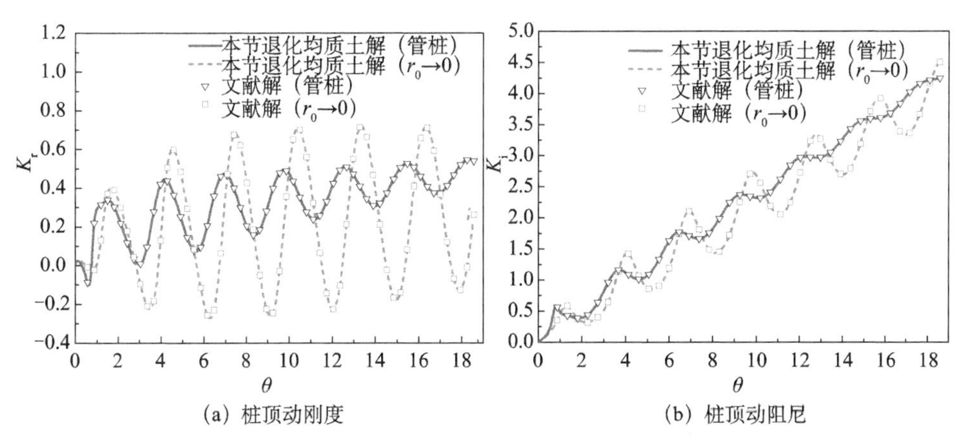

(a) 桩顶动刚度　　(b) 桩顶动阻尼

图 2－22　本节退化解与文献［34］解对比情况

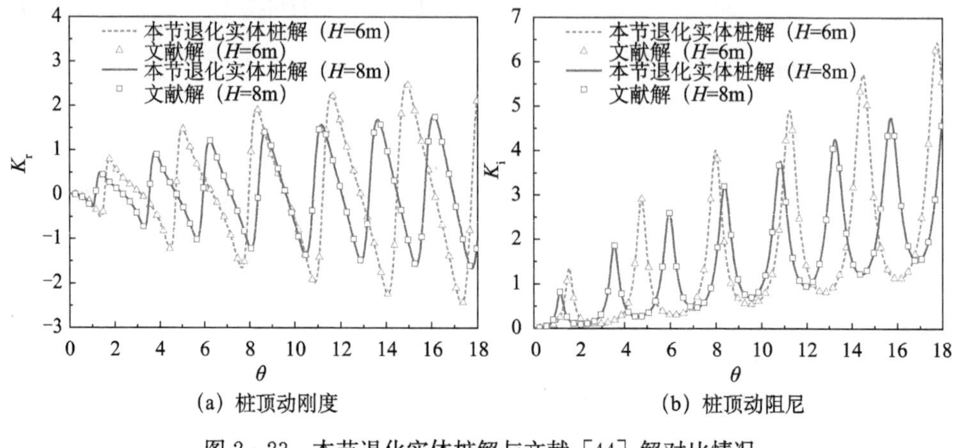

(a) 桩顶动刚度　　(b) 桩顶动阻尼

图 2-23　本节退化实体桩解与文献［44］解对比情况

2.3.4　纵向振动参数化分析

图 2-24 所示为桩周土体纵向软、硬夹层对管桩桩顶动力阻抗的影响。假设桩周存在一个参数不同的某纵向夹层，其厚度为 1m，距桩顶距离为 3.8m。定义 λ 为该夹层土体剪切波速与其余土层剪切波速的比值，当 $\lambda<1$ 时为软夹层，$\lambda>1$ 时为硬夹层。由图可见，软、硬夹层的存在对共振频率的影响可以忽略，但对一定低频区间内动力阻抗振幅水平影响显著。剪切波速比越小（大），夹层越软（硬），共振频率处对应的动力阻抗振幅水平越高（低），当夹层剪切波速比为 1.8 时，相比均匀夹层（$\lambda=1$）动力阻抗共振幅值减小约 25%，当夹层剪切波速比为 0.6 时，动力阻抗共振幅值增大约 19%。

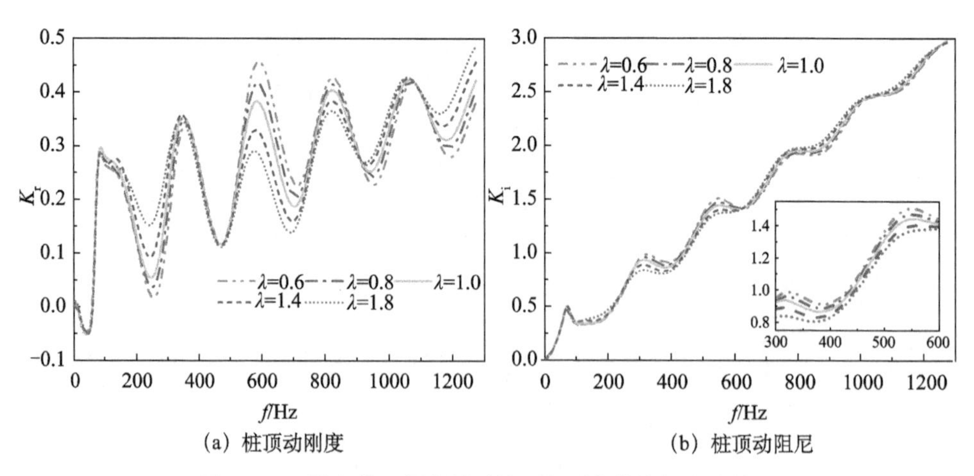

(a) 桩顶动刚度　　(b) 桩顶动阻尼

图 2-24　纵向软、硬夹层对桩顶复刚度曲线的影响情况

众所周知，不同深度范围施工扰动引起的桩周土径向软化程度亦不同。桩周土纵向第 i 层段施工扰动系数 q_i 随施工软化程度、硬化程度工况变化情况如表 2-1 所列（$i=1$，2，…，5）。

表 2-1　桩周各层段施工软化程度和硬化程度工况表

工况	q_1	q_2	q_3	q_4	q_5
S1	0.60	0.55	0.50	0.45	0.40
S2	0.80	0.75	0.70	0.65	0.60
S3	1.0	0.95	0.90	0.85	0.80
S4	1.0	1.0	1.0	1.0	1.0
H1	1.0	1.0	1.0	1.0	1.0
H2	1.2	1.15	1.10	1.05	1.0
H3	1.4	1.35	1.30	1.25	1.2
H4	1.60	1.55	1.50	1.45	1.40

图 2-25 和图 2-26 所示分别为施工扰动引起管桩桩周土径向软（硬）化程度对桩顶复刚度曲线的影响情况。综合图 2-25、图 2-26 和表 2-1 可知，桩周土软（硬）化程度对管桩桩顶复刚度曲线的共振幅值及共振频率均有显著影响。具体地，桩周土体软化程度越高，桩顶复刚度曲线振幅和共振频率均越大；桩周土体硬化程度越高，桩顶复刚度曲线振幅和共振频率均越小。当桩周土软化到未扰动土的 60%时，桩顶动力阻抗曲线共振幅值增大约 38%；当桩周土比未扰动土硬 60%时，桩顶动力阻抗曲线共振幅值减小约 17%。这就说明在对管桩纵向振动特性进行分析时，不考虑桩周土体的软化和硬化效应计算所得桩顶纵向振动特性存在较大误差，将会对管桩抗振防振设计产生不利影响。

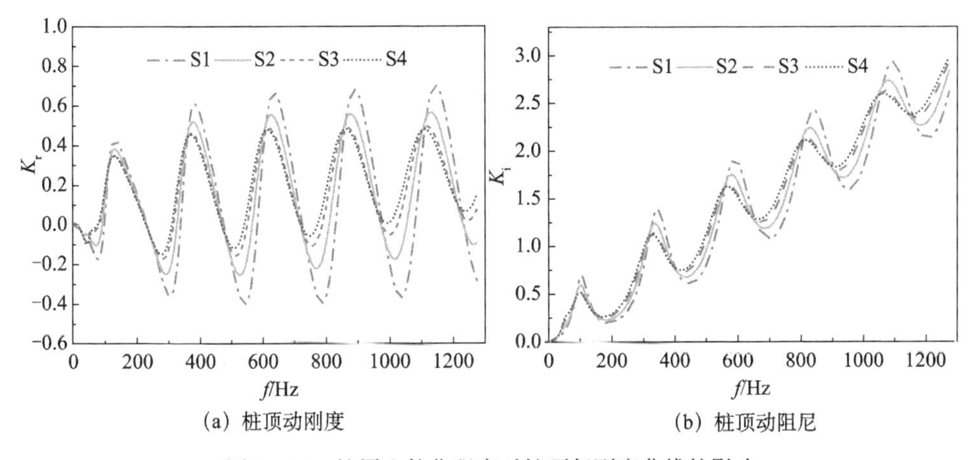

(a) 桩顶动刚度　　(b) 桩顶动阻尼

图 2-25　桩周土软化程度对桩顶复刚度曲线的影响

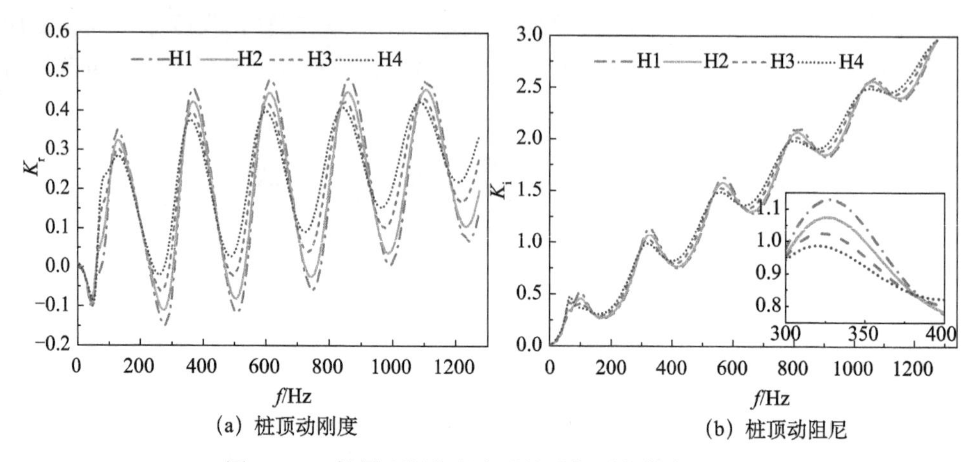

(a) 桩顶动刚度

(b) 桩顶动阻尼

图 2－26　桩周土硬化程度对桩顶复刚度曲线的影响

图 2－27 和图 2－28 所示分别为施工扰动引起管桩桩周土径向软（硬）化范围对桩顶复刚度曲线的影响情况。由图可见，施工扰动土体软（硬）化范围主要影响管桩桩顶复刚度曲线的共振幅值，对共振频率影响较小。具体地，桩顶复刚度曲线共振幅值水平，随桩周土软（硬）化范围的增加而增高（降低）。另外，即使桩周土体扰动范围很小（$0.1r_1=0.05\mathrm{m}$），管桩施工仅影响桩身附近几厘米厚度范围内土体性质，其对桩顶动力阻抗特性的影响同样不可忽略，这就说明考虑施工扰动效应的影响对管桩纵向振动特性进行研究的必要性。

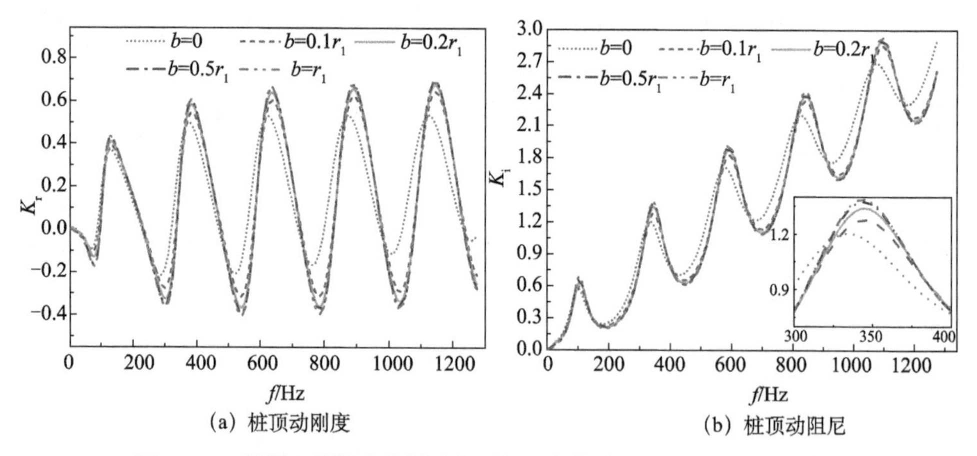

(a) 桩顶动刚度

(b) 桩顶动阻尼

图 2－27　桩周土体软化范围对桩顶复刚度曲线的影响（软化工况 S1）

图 2－29 所示为桩身模量突变对管桩桩顶动力响应特性的影响。由图可见，均质管桩（$\lambda=1$ 时）桩顶速度导纳曲线振幅逐渐衰减，而变模量管桩桩身存在反射界面，其桩顶速度导纳曲线振幅存在叠加现象，即具有大、小峰值交替循环特征。相较于均匀桩而言，当 $\lambda<1$ 时，桩顶速度导纳曲线的大、小峰幅值差随 λ 减小而

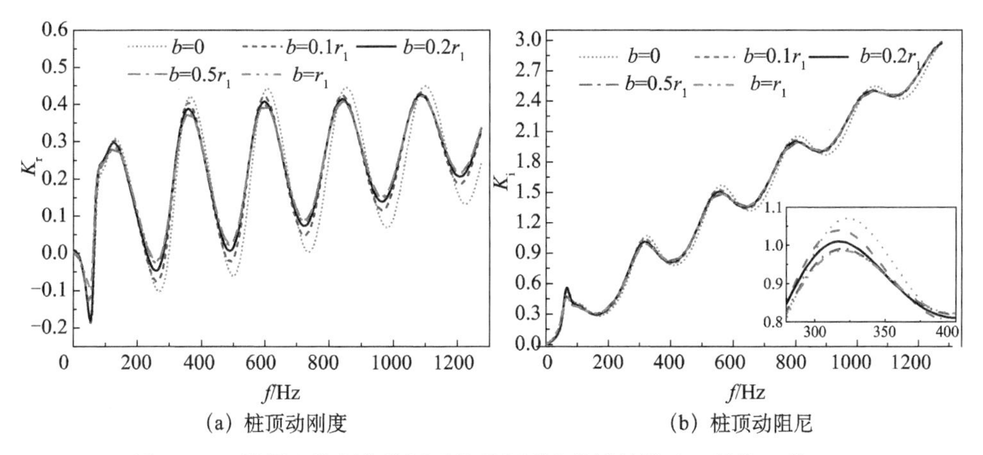

(a) 桩顶动刚度　　(b) 桩顶动阻尼

图 2-28　桩周土体硬化范围对桩顶复刚度曲线的影响（硬化工况 H4）

增大，共振频率随 λ 减小而减小，且均小于均质桩共振频率。当 $\lambda>1$ 时，桩顶速度导纳曲线上的大、小峰幅值差和共振频率均随 λ 增加而增大，且对应共振频率均大于均质桩情况。桩顶反射波曲线中显著呈现出模量突变界面处的反射信号。具体地，当 $\lambda>1$ 时，由于桩身模量在突变段上界面处增大，从而呈现出与桩尖处反相的反射信号，在突变段下界面处桩身弹性模量减小，则呈现出与桩尖处同相的反射信号，即当 $\lambda>1$ 时，模量突变界面反射信号特征为先反相后同相。相反，当 $\lambda<1$时，模量突变界面反射信号特征为先同相后反相。

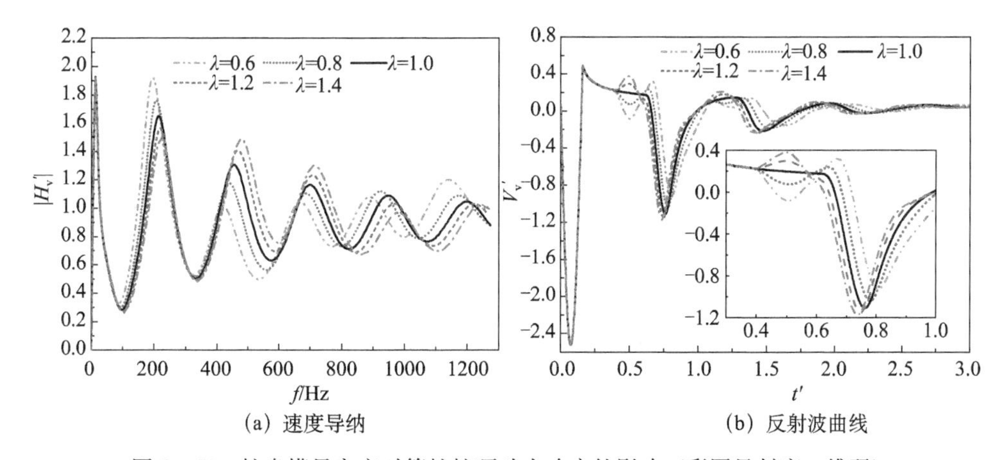

(a) 速度导纳　　(b) 反射波曲线

图 2-29　桩身模量突变对管桩桩顶动力响应的影响（彩图见封底二维码）

图 2-30 所示为管桩桩身模量突变段深度位置对桩顶动力响应特性的影响。由图可见，管桩桩身模量突变段深度位置对桩顶速度导纳曲线影响显著。具体地，较均质桩而言，管桩桩身模量突变段位置深度越大，其桩顶速度导纳曲线中的大、小峰幅值差越小，其对速度导纳曲线的峰值水平影响亦越小。由反射波曲线可以

看出，管桩桩身模量突变段位置深度越小，桩身模量突变界面处反射波信号出现的时间越早，反射信号幅值水平也越高。

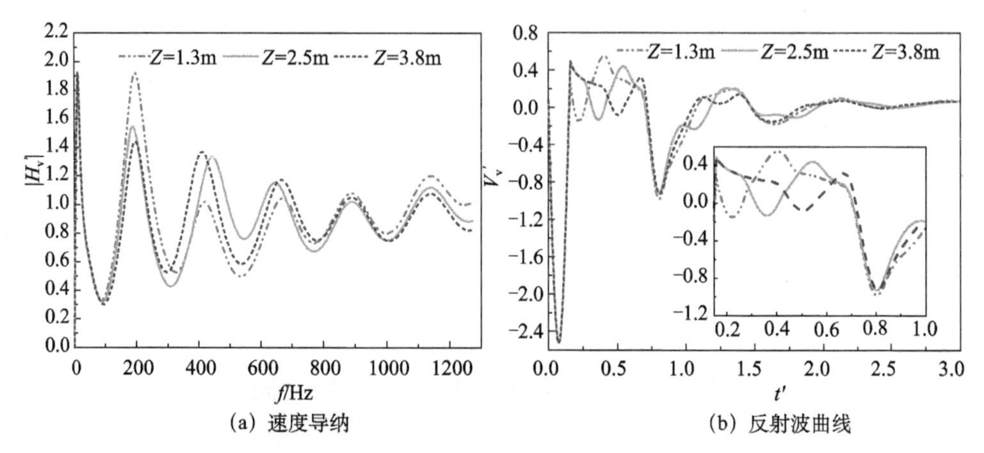

(a) 速度导纳　　(b) 反射波曲线

图 2-30　桩身模量突变段深度位置对桩顶动力响应的影响（λ=0.6）

为分析桩身缩颈对桩顶动力响应特性的影响规律，假设在埋深 3.8m 处存在一长度为 1m 的缩颈段，管桩桩身等壁厚缩颈的内、外径工况变化如表 2-2 所列，其中工况 Case1 为均匀截面桩工况。图 2-31 为所列内、外径工况下管桩桩顶速度导纳和反射波曲线变化情况。

表 2-2　桩身缩颈工况

缩颈工况	外径/m	内径/m
Case1	0.50	0.38
Case2	0.45	0.38
Case3	0.50	0.43
Case4	0.48	0.41

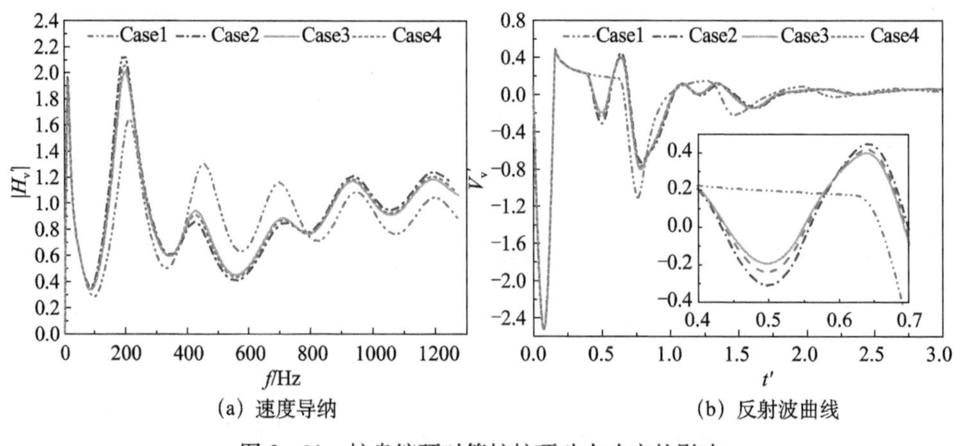

(a) 速度导纳　　(b) 反射波曲线

图 2-31　桩身缩颈对管桩桩顶动力响应的影响

综合图 2－31 和表 2－2 可知，相对于均匀截面桩而言，缩颈桩速度导纳曲线呈现大、小峰值交替现象。在所列各工况中，仅外径减小引起的速度导纳曲线大、小峰幅值差最大，而外径减小且内径增大工况次之，仅内径增大引起的大、小峰幅值差最小。管桩桩顶反射波曲线显著呈现出桩身缩颈界面处的反射信号。具体地，由于桩身截面在缩颈段上界面处减小，从而呈现同相反射信号，在缩颈段下界面处桩身截面增大则呈现反相反射信号。即桩身出现缩颈段时，缩颈段界面反射信号特征为先同相后反相。此外，较均匀截面桩而言，桩身缩颈段的存在使得桩尖反射波信号幅值水平降低。

图 2－32 所示为管桩桩身缩颈段深度位置对桩顶动力响应特性的影响情况。由图可见，管桩桩身缩颈段深度位置对桩顶速度导纳曲线影响显著。具体地，较均匀截面桩而言，管桩桩身缩颈段位置深度越大，其桩顶速度导纳曲线中的大、小峰幅值差越小，其对速度导纳曲线的峰值水平影响亦越小。由反射波曲线可以看出，管桩桩身缩颈段位置深度越小，桩身缩颈段界面处反射波信号出现的时间越早，反射信号幅值水平也越高。

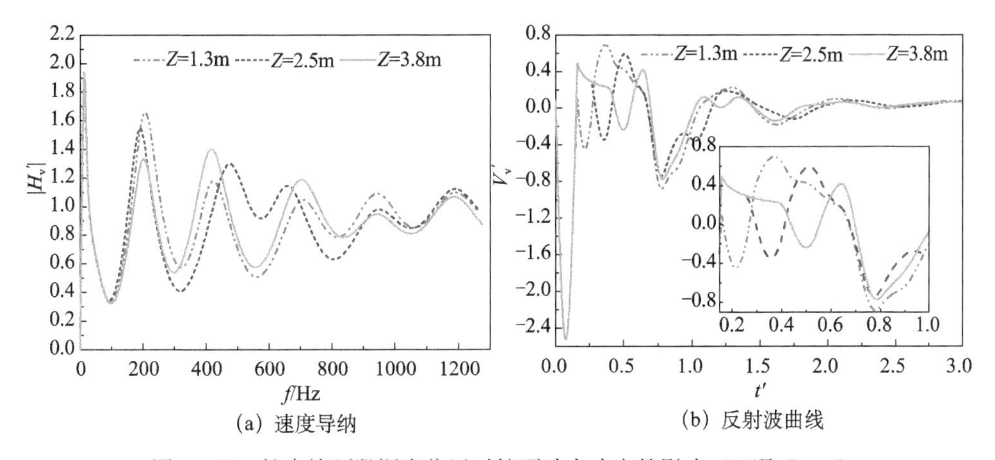

图 2－32　桩身缩颈段深度位置对桩顶动力响应的影响（工况 Case4）

为分析桩身扩颈对桩顶动力响应特性的影响规律，假设在埋深 3.8m 处存在一长度为 1m 的扩颈段，管桩桩身等壁厚扩颈的内、外径工况变化如表 2－3 所列，其中工况 Case5 为均匀截面桩工况。图 2－33 为所列内、外径工况下管桩桩顶速度导纳和反射波曲线变化情况。综合图 2－33 和表 2－3 可知，相对于均匀截面管桩而言，扩颈管桩桩顶速度导纳曲线呈现大、小峰值交替现象。在所列各工况中，仅内径减小引起的速度导纳曲线大、小峰幅值差最大，而仅外径增大工况次之，外径增大且内径减小工况引起的大、小峰幅值差则最小。管桩桩顶反射波曲线显著呈现出桩身扩颈界面处的反射信号。具体地，由于桩身截面在扩颈段上界面处增大，从而呈现出与桩尖处反相的反射信号，在扩颈段下界面处桩身截面减小则呈现出与桩尖处同相的反射信号。即桩身出现扩颈段时，扩颈段界面反射信号特征为先反相后同相。

表 2-3　桩身扩颈工况

扩颈工况	外径/m	内径/m
Case5	0.50	0.38
Case6	0.55	0.38
Case7	0.50	0.33
Case8	0.52	0.35

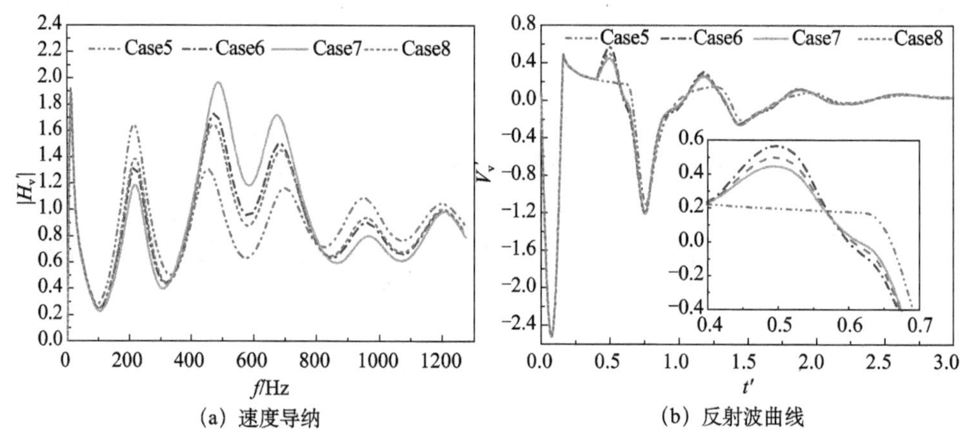

(a) 速度导纳　　(b) 反射波曲线

图 2-33　桩身扩颈对管桩桩顶动力响应的影响

图 2-34 所示为管桩桩身扩颈段深度位置对桩顶动力响应特性的影响情况。由图可见，管桩桩身扩颈段深度位置对桩顶速度导纳曲线影响显著。具体地，较均匀截面桩而言，管桩桩身扩颈段位置深度越大，其桩顶速度导纳曲线中的大、小峰幅值差越小，其对速度导纳曲线的峰值水平影响亦越小。由反射波曲线可以看出，管桩桩身扩颈段位置深度越小，桩身扩颈段界面处反射波信号出现的时间越早，反射信号幅值水平也越高。

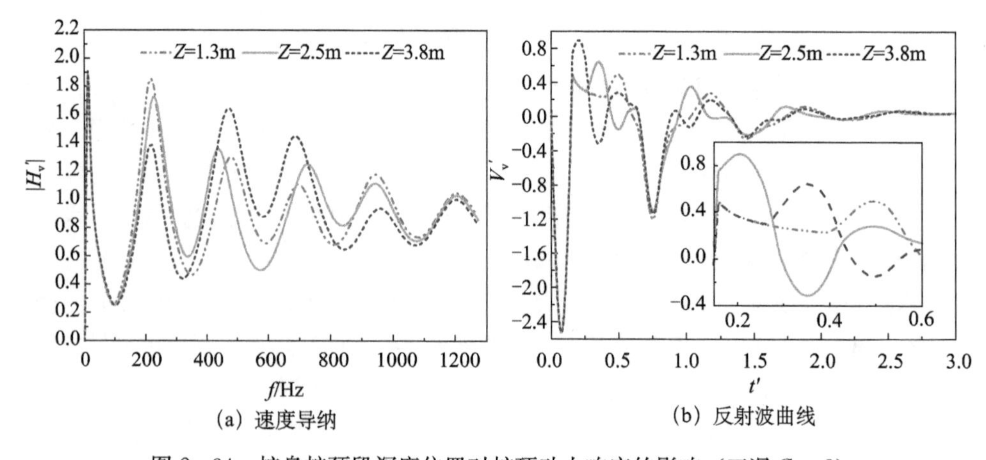

(a) 速度导纳　　(b) 反射波曲线

图 2-34　桩身扩颈段深度位置对桩顶动力响应的影响（工况 Case8）

第3章 基于三维连续介质理论的非均质单相土中桩基纵向振动解析模型与解答

3.1 问题的提出

为考虑桩周土的径向非均质效应，国内外诸多学者展开了较多的相关研究工作。Novak平面应变理论因其概念清晰和简单方便，被广泛应用于径向非均质单相土桩基纵向振动分析中。Novak平面应变模型虽可近似反映土体径向波动效应和辐射阻尼，但其未考虑土体应力、变形随深度的变化，理论上仍不够严格。这样，进一步采用基于三维连续介质力学理论的桩基纵向振动分析模型显得十分必要。基于此点考虑，本章基于复刚度传递径向多圈层，采用黏性阻尼模型描述桩周土材料阻尼，通过将桩简化为等截面弹性体，分别建立了三维轴对称径向非均质、纵向成层土体中实体、管桩桩基纵向振动简化分析模型，并采用Laplace变换和复刚度传递方法，递推得出桩周土体与桩体界面处复刚度，利用桩-土完全耦合条件和阻抗函数传递性推导得出桩顶频域响应解析解，进而利用卷积定理和傅里叶逆变换得到桩顶时域响应半解析解，并与已有相关解析解进行退化验证其合理性。在此基础上，通过进一步参数化分析探讨了桩周土施工扰动范围和扰动程度等因素对桩基纵向振动动力响应特性的影响规律。

3.2 基于三维连续介质模型径向非均质土中实体桩纵向振动解析解答[167]

本节基于径向非均质黏性阻尼土模型的三维轴对称桩-土体系耦合纵向振动模型，对任意圈层土中黏弹性支承桩的纵向振动特性进行研究，力学简化模型如图3-1所示。桩长、半径、桩身密度、弹性模量和桩底黏弹性支承常数分别为H、r_1、ρ^p、E^p和k^p、δ^p，桩顶作用任意激振力r_{i1}。将桩周土体沿径向划分为内部扰动区域和外部区域，桩周土体内部扰动区域径向厚度为b，并将内部扰动区域沿

径向划分为 m 个圈层，第 j 圈层土体拉梅常量、剪切模量、黏性阻尼系数、密度和土层底部黏弹性支承常数分别为λ_j^s、G_j^s、c_j^s、ρ_j^s和 k_j^s、δ_j^s，桩周土对桩身的侧壁剪切应力（摩阻力）为 $f^s(z,t)$。第 $j-1$ 个圈层与第 j 圈层的界面处半径为 r_j。特别地，内部区域和外部区域界面处的半径为 r_{m+1}，外部区域则为径向半无限均匀黏弹性介质。

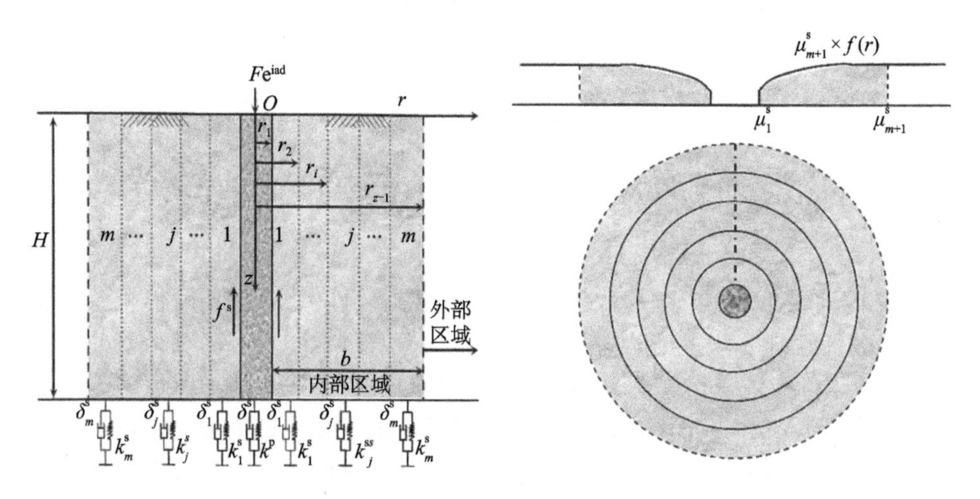

图 3-1　力学简化模型图

基本假定如下：

(1) 桩身假定为均质等截面弹性体，桩体底部为黏弹性支承。

(2) 桩周土体内部扰动区域沿径向所划分的 m 个圈层为均质、各向同性黏弹性体；外部区域为径向半无限均匀黏弹性介质。

(3) 桩-土耦合振动系统满足线弹性和小变形条件。

(4) 桩周土与桩壁界面上产生的剪应力，通过桩-土界面剪切复刚度传递给桩身。

(5) 各层段中桩周土剪切波速从外部区域至内部扰动区域最内圈层呈现线性变化，即剪切模量呈现二次函数变化规律，桩周土体黏性阻尼系数变化规律与剪切模量相同。

3.2.1　力学简化模型与定解问题

设桩周第 j 圈层土体位移为 $u_j^s(r,z,t)$，根据弹性动力学基本理论，建立轴对称条件下土体的振动方程为

$$(\lambda_j^s+2G_j^s)\frac{\partial^2}{\partial z^2}u_j^s(r,z,t)+G_j^s\left(\frac{1}{r}\frac{\partial}{\partial r}+\frac{\partial^2}{\partial r^2}\right)u_j^s(r,z,t)$$

$$+c_j^s \frac{\partial}{\partial t}\left[\left(\frac{\partial^2}{\partial z^2}+\frac{1}{r}\frac{\partial}{\partial r}+\frac{\partial^2}{\partial r^2}\right)u_j^s(r,z,t)\right]=\rho_j^s \frac{\partial^2}{\partial t^2}u_j^s(r,z,t) \quad (3-1)$$

对于黏性阻尼土，桩周土对桩身单位面积的侧壁切应力 $\tau_1^s(r,z,t)$ 为

$$\tau_1^s(r,z,t)=\left(G_1^s \frac{\partial u_1^s(r,z,t)}{\partial r}+c_1^s \frac{\partial^2 u_1^s(r,z,t)}{\partial t\,\partial r}\right) \quad (3-2)$$

令 $u^p(z,t)$ 为桩身质点纵向振动位移，m^p 为桩的单位长度质量，取桩身微元体作动力平衡分析，可得桩作纵向振动的基本方程如下：

$$E^pA^p \frac{\partial^2 u^p(z,t)}{\partial z^2}-m^p \frac{\partial^2 u^p(z,t)}{\partial t^2}-2\pi r_1 f_1^s(z,t)=0 \quad (3-3)$$

式中，$f^s(z,t)=\tau_1^s(r,z,t)\big|_{r=r_1}$，$A^p=\pi r_1^2$，$m^p=\rho^p A^p$。

式（3-1）、（3-3）即为基于黏性阻尼土模型的三维轴对称桩-土体系耦合纵向振动控制方程。

边界条件如下：

（1）土层边界条件

$$\left.\frac{\partial u_j^p(r,z,t)}{\partial z}\right|_{z=0}=0 \quad (3-4)$$

$$\left.\frac{\partial u_j^s(r,z,t)}{\partial z}+\frac{k_j^s u_j(r,z,t)}{E_j^s}+\frac{\delta_j^s}{E_j^s}\frac{\partial u_j^s(r,z,t)}{\partial t}\right|_{z=H}=0 \quad (3-5)$$

当 $r\to\infty$ 时，位移为零：

$$\lim_{r\to\infty}u_{m+1}^s(r,z,t)=0 \quad (3-6)$$

式中，$u_{m+1}^s(r,z,t)$ 代表外部区域土体位移。

（2）桩身。桩顶作用力为 $p(t)$：

$$\left.E^pA^p\frac{\partial u^p(z,t)}{\partial z}\right|_{z=0}=-p(t) \quad (3-7)$$

桩端处边界条件：

$$\frac{\partial u^p(z,t)}{\partial z}+\frac{\delta^p}{E^pA^p}\frac{\partial u^p(z,t)}{\partial t}+\frac{k^p}{E^pA^p}u^p(z,t)\Big|_{z=0}=0 \quad (3-8)$$

（3）桩-土耦合协调条件

$$u_1^s(r,z,t)\big|_{r=r_1}=u^p(z,t) \quad (3-9)$$

3.2.2　定解问题求解

对方程（3-1）进行 Laplace 变换得

$$(\lambda_j^s+2G_j^s)\frac{\partial^2}{\partial z^2}U_j^s(r,z,s)+G_j^s\left(\frac{1}{r}\frac{\partial}{\partial r}+\frac{\partial^2}{\partial r^2}\right)U_j^s(r,z,s)$$

$$+c_j^s s\left(\frac{\partial^2}{\partial z^2}+\frac{1}{r}\frac{\partial}{\partial r}+\frac{\partial^2}{\partial r^2}\right)U_j^s(r,z,s)=\rho_j^s s^2 U_j^s(r,z,s) \quad (3-10)$$

式中，$U_j^s(r,z,s)$ 是 $u_j^s(r,z,s)$ 的 Laplace 变换。

采用分离变量法，令$U_j^s(r,z,s)=R_j^s(r)Z_j^s(z)$，将此式代入式（3-10），化简可得

$$(\lambda_j^s+G_j^s+\delta_j^s s)\frac{1}{Z_j^s}\frac{\partial^2 Z_j^s}{\partial z^2}-\rho_j^s s+(G_j^s+c_j^s s)\frac{1}{Z_j^s}\left(\frac{1}{r}\frac{\partial^2 R_j^s}{\partial r}+\frac{\partial^2 R_j^s}{\partial r^2}\right)=0 \tag{3-11}$$

式（3-11）可以分解为两个常微分方程：

$$\frac{d^2 Z_j^s}{dz^2}+(h_j^s)^2 Z_j^s=0 \tag{3-12}$$

$$\frac{d^2 R_j^s}{dr^2}+\frac{1}{r}\frac{dR_j^s}{dr}-(q_j^s)^2 R_j^s=0 \tag{3-13}$$

式中，h_j^s，q_j^s为常数，并满足下列关系：

$$-(\lambda_j^s+2G_j^s+c_j^s s)(h_j^s)^2+(G_j^s+c_j^s s)(q_j^s)^2=\rho_j^s s^2 \tag{3-14}$$

由此可得

$$q_j^s=\frac{(\lambda_j^s+2G_j^s+c_j^s s)(h_j^s)^2+\rho_j^s s^2}{G_j^s+c_j^s s} \tag{3-15}$$

则式（3-12）、(3-13）的解分别为

$$Z_j^s(z)=C_j^s\cos(h_j^s z)+D_j^s\sin(h_j^s z) \tag{3-16}$$

$$R_j^s(r)=A_j^s I_0(q_j^s r)+B_j^s K_0(q_j^s r) \tag{3-17}$$

式（3-16）、(3-17）中，$I_0(q_j^s r)$、$K_0(q_j^s r)$为零阶第一类、第二类虚宗量贝塞尔函数。A_j^s、B_j^s、C_j^s、D_j^s为由边界条件决定的积分常数，对土层边界条件式（3-4）～（3-6）进行 Laplace 变换可得

$$\left.\frac{\partial Z_j^s(z)}{\partial z}\right|_{z=0} \tag{3-18}$$

$$\left.\frac{\partial Z_j^s(z)}{\partial z}+\frac{k_j^s Z_j^s(z)}{E_j^s}+\frac{\delta_j^s s}{E_j^s}Z_j^s(z)\right|_{z=H} \tag{3-19}$$

$$R_{m+1}^s(r)\big|_{r\to\infty}=0 \tag{3-20}$$

将式（3-18）代入式（3-16）可得$D_j^s=0$，而将式（3-19）代入式（3-16）可得

$$\tan(h_j^s H)=\frac{\overline{K}_j^s}{h_j^s H} \tag{3-21}$$

式中，$K_j^s=K_j^s H/E_j^s$表示土层底部弹簧复刚度的无量纲参数，$K_j^s=k_j^s+\delta_j^s s$。

式（3-21）为超越方程，具体通过 MATLAB 编程求解得到无穷多个特征值h_j^s，记为h_{jn}^s，并将h_{jn}^s代入式（3-15）可得q_{jn}^s。

综合式（3-18）～（3-20）可得

$$U_j^s(r,z,s)=\sum_{n=1}^{\infty}A_{jn}^s K_0(q_{jn}^s r)\cos(h_{jn}^s z)\quad\sum_{n=1}^{\infty}[B_{jn}^s I_0(q_{jn}^s r)+C_{jn}^s K_0(q_{jn}^s r)]\cos(h_{jn}^s z)$$

$$(j=m,\cdots,2,1) \tag{3-22}$$

式中，A_{jn}^{s}，B_{jn}^{s}，C_{jn}^{s}为一系列待定常数。

进一步地，圈层 j 与圈层 $j-1$ 之间的侧壁剪切应力可化简为

$$\tau_j^s=\begin{cases}(G_j^s+c_j^s s)\sum_{n=1}^{\infty}[A_{jn}^s q_{jn}^s K_1(q_{jn}^s r)\cos(h_{jn}^s z)] \quad (j=m+1)\\(G_j^s+c_j^s s)\sum_{n=1}^{\infty}q_{jn}^s\{[-B_{jn}^s I_1(q_{jn}^s r)+C_{jn}^s K_1(q_{jn}^s r)]\cos(h_{jn}^s z)\}\\(j=m,\cdots,2,1)\end{cases} \tag{3-23}$$

根据各圈层土之间位移连续、应力平衡及固有函数的正交性，化简计算可得常数B_{jn}^{s}与C_{jn}^{s}比值p_{jn}^{s}如下：

当 $j=m$ 时

$$p_{mn}^s=\frac{(G_m^s+c_m^s s)q_{mn}^s K_1(q_{mn}^s r_m)K_0(q_{(m+1)n}^s r_m)-(G_{m+1}^s+c_{m+1}^s s)K_0(q_{mn}^s r_m)K_1(q_{(m+1)n}^s r_m)}{(G_m^s+c_m^s s)q_{mn}^s I_1(q_{mn}^s r_m)K_0(q_{(m+1)n}^s r_m)+(G_{m+1}^s+c_{m+1}^s s)q_{(m+1)n}^s I_0(q_{mn}^s r_m)K_1(q_{(m+1)n}^s r_m)} \tag{3-24}$$

当 $j=m-1$，…，2，1 时

$$p_{jn}^s=\frac{(G_j^s+c_j^s s)q_{jn}^s K_1(q_{jn}^s r_j)[P_{(j+1)n}^s I_0(q_{(j+1)n}^s r_j)+K_0(q_{(j+1)n}^s r_j)]-(G_{j+1}^s+c_{j+1}^s s)q_{(j+1)n}^s K_0(q_{jn}^s r_j)[P_{(j+1)n}^s I_0(q_{(j+1)n}^s r_j)-K_0(q_{(j+1)n}^s r_j)]}{(G_j^s+c_j^s s)q_{jn}^s I_1(q_{jn}^s r_j)[P_{(j+1)n}^s I_0(q_{(j+1)n}^s r_j)+K_0(q_{(j+1)n}^s r_j)]-(G_{j+1}^s+c_{j+1}^s s)q_{(j+1)n}^s I_0(q_{jn}^s r_j)[P_{(j+1)n}^s I_1(q_{(j+1)n}^s r_j)-K_1(q_{(j+1)n}^s r_j)]} \tag{3-25}$$

对式（3-3）进行 Laplace 变换，并将式（3-2）代入后可得

$$(V^p)^2\frac{\partial^2 U^p(z,s)}{\partial z^2}-s^2U^p(z,s)-\frac{2\pi r_1}{\rho^p A^p}(G_1^s+c_1^s s)\times\sum_{n+1}^{\infty}q_{1n}^s\{[-B_{1n}^s I_1(q_{1n}^s r_1)+C_{1n}^s K_1(q_{1n}^s r_1)]\cos(h_{1n}^s z)\}=0 \tag{3-26}$$

式中，$V^p=\sqrt{E^p/\rho^p}$，取 $\omega^2=-s^2$，则方程（3-26）的通解为

$$U^{p'}=D_1^p\cos\left(\frac{\omega}{V^p}z\right)+D_2^p\sin\left(\frac{\omega}{V^p}z\right) \tag{3-27}$$

且方程（3-26）的特解形式可写为

$$U^{p*}=\sum_{n=1}^{\infty}M_n^s\cos(h_{1n}^s z) \tag{3-28}$$

其中，D_1^p，D_2^p为由边界条件得到的常系数，M_n^s 为待定系数。

将式（3-28）代入式（3-26）并化简可以得到

$$\sum_{n=1}^{\infty}(M_n^s(V^p h_{1n}^s)^2+s^2M_n^s+B_n^s)\cos(h_{1n}^s z)=0 \tag{3-29}$$

式中，$B_n^s=\dfrac{2\pi r_1 q_{1n}^s}{\rho^p A^p}(G_1^s+c_1^s s)[-B_{1n}^s I_n^s(q_{1n}^s r_1)+C_{1n}^s K_1(q_{1n}^s r_1)]$。

整理式（3-29）可得出

$$M_n^s = \frac{2\pi r_1 q_{1n}^s}{\rho^p A^p} \frac{G_1^s + c_1^s s}{(V_1^s h_{1n}^s)^2 + s^2} [B_{1n}^s I_n^s(q_{1n}^s r_1) - C_{1n}^s K_1(q_{1n}^s r_1)] \tag{3-30}$$

则式（3-26）的定解为

$$U^p = D_1^p \cos\left(\frac{\omega}{V^p} z\right) + D_2^p \sin\left(\frac{\omega}{V^p} z\right) + \sum_{n=1}^{\infty} M_n^s \cos(h_{1n}^s z) \tag{3-31}$$

进一步，对式（3-9）进行 Laplace 变化，由式（3-22）、（3-31）可得

$$\sum_{n=1}^{\infty} [B_{1n}^s I_0(q_{1n}^s r_1) + C_{1n}^s K_0(q_{1n}^s r_1)] \cos(h_{1n}^s z) = D_1^p \cos\left(\frac{\omega}{V^p} z\right) + D_2^p \sin\left(\frac{\omega}{V^p} z\right) + \sum_{n=1}^{\infty} M_n^s \cos(h_{1n}^s z) \tag{3-32}$$

根据式（3-24）、（3-25）、（3-32）及固有函数正交性可得到桩的位移幅值表达式为

$$U^p = D_1^p \left[\cos\left(\frac{\omega}{V^p} z\right) + \sum_{n=1}^{\infty} \gamma_n' \cos(h_{1n}^s z)\right] + D_2^p \left[\sin\left(\frac{\omega}{V^p} z\right) - \sum_{n=1}^{\infty} \gamma_n'' \cos(h_{1n}^s z)\right] \tag{3-33}$$

式中，

$$\gamma_n' = \gamma_n \left[\frac{1}{\omega/V^p - h_{1n}^s} \sin((\omega/V^p - h_{1n}^s)H)\right] + \frac{1}{\omega/V^p - h_{1n}^s} \sin((\omega/V^p - h_{1n}^s)H)$$

$$\gamma_n'' = \gamma_n \left\{\frac{1}{\omega/V^p - h_{1n}^s}(\cos((\omega/V^p - h_{1n}^s)H) - 1) + \frac{1}{\omega/V^p - h_{1n}^s}[\cos((\omega/V^p - h_{1n}^s)H) - 1]\right\}$$

$$\gamma_n = -\frac{(1 + \mathrm{i}G_c'\bar{\omega})\, \bar{q}_{1n}^s\, \bar{\rho}_1\, \bar{v}_1^2}{\bar{r}_1((\bar{h}_{1n}^s)^2 - \bar{\omega}^2)\, \phi_n^s\, L_n^s} [K_1(\bar{q}_{1n}^s \bar{r}_1) - p_{1n}^s I_1(\bar{q}_{1n}^s \bar{r}_1)]$$

$$\phi_n^s = p_{1n}^s \left[I_0(\bar{q}_{1n}^s \bar{r}_1) - \frac{2\pi r_1 q_{1n}^s}{\rho^p A^p} \frac{(G_1^s + c_1^s s)}{(V^p h_{1n}^s)^2 - \omega^2} I_1(\bar{q}_{1n}^s \bar{r}_1)\right] + K_0(\bar{q}_{1n}^s \bar{r}_1) + \frac{2\pi r_1 q_{1n}^s}{\rho^p A^p} \frac{G_1^s + c_1^s s}{(V^p h_{1n}^s)^2 - \omega^2} K_1(\bar{q}_{1n}^s \bar{r}_1)$$

$$L_n^s = \int_0^H \cos^2(h_{1n}^s z)\,\mathrm{d}z$$

其中，$\bar{h}_{1n}^s = H h_{1n}^s$，$\bar{\omega} = \omega T_c$，$T_c = H/V^p$，$\bar{r}_1 = r_1/H$，$\bar{v}_1 = V_1^s/V^p$，$\bar{\rho}_1 = \rho_1^s/\rho^p$，$G_c' = c_1^s/(G_1^s T_c)$，$\mathrm{i} = \sqrt{-1}$ 均为无量纲参数。

对式（3-7）、（3-8）进行 Laplace 变换，可得

$$\left.\frac{\mathrm{d}U^p}{\mathrm{d}z}\right|_{z=0} = -\frac{P(s)}{E^p A^p} \tag{3-34}$$

$$\frac{\mathrm{d}U^p}{\mathrm{d}z} + \left(s\frac{\delta^p}{E^p A^p} + \frac{k^p}{E^p A^p}\right) U^p \Big|_{z=H} = 0 \tag{3-35}$$

式中，$P(s)$ 为桩顶激振力 $p(t)$ 的 Laplace 变换表达式。

令 $R=\dfrac{k^{\rm p}}{E^{\rm p}A^{\rm p}}H$，$A_{\rm b}=\dfrac{\delta^{\rm p}}{E^{\rm p}A^{\rm p}}H$ 可得桩顶位移阻抗函数为

$$Z(s)=\frac{P(s)}{U^{\rm p}(z,s)}=-\frac{E^{\rm p}A^{\rm p}\,\bar{\omega}}{H}\left[\frac{1}{(D_1^{\rm p}/D_2^{\rm p})(1+\sum\limits_{n=1}^{\infty}\gamma_n')-\sum\limits_{n=1}^{\infty}\gamma_n''}\right] \tag{3-36}$$

式中，$\dfrac{D_1^{\rm p}}{D_2^{\rm p}}=\dfrac{\bar{\omega}\cos\bar{\omega}+\sum\limits_{n=1}^{\infty}+(sA_{\rm b}+R)\left[\gamma_n''h_{1n}^{\rm s}\sinh_{1n}^{\rm s}\cos\bar{\omega}-\sum\limits_{n=1}^{\infty}\gamma_n''\cosh_{1n}^{\rm s}\right]}{\bar{\omega}\sin\bar{\omega}+\sum\limits_{n=1}^{\infty}-(sA_{\rm b}+R)\left[\gamma_n'h_{1n}^{\rm s}\sinh_{1n}^{\rm s}\cos\bar{\omega}-\sum\limits_{n=1}^{\infty}\gamma_n'\cosh_{1n}^{\rm s}\right]}$。

由式（3-36）可得桩顶位移响应函数为

$$H_{\rm u}(s)=-\frac{H}{E^{\rm p}A^{\rm p}\,\bar{\omega}}\left[(D_1^{\rm p}/D_2^{\rm p})(1+\sum_{n=1}^{\infty}\gamma'_n)-\sum_{n=1}^{\infty}\gamma_n''\right]=\frac{H}{E^{\rm p}A^{\rm p}\,\bar{\omega}}H_{\rm u}' \tag{3-37}$$

式中，$H_{\rm u}'=-\left[(D_1^{\rm p}/D_2^{\rm p})(1+\sum\limits_{n=1}^{\infty}\gamma_n')-\sum\limits_{n=1}^{\infty}\gamma_n''\right]/\,\bar{\omega}$，令 $s={\rm i}\omega$，则 Laplace 变换相当于单边的傅里叶变换，可以得到桩顶位移频率响应函数为 $H_{\rm u}(z,{\rm i}\omega)$，由此可得桩顶速度频率响应函数为

$$H_{\rm v}({\rm i}\omega)=-\frac{H{\rm i}\omega}{E^{\rm p}A^{\rm p}\,\bar{\omega}}\left[(D_1^{\rm p}/D_2^{\rm p})(1+\sum_{n=1}^{\infty}\gamma_n')-\sum_{n=1}^{\infty}\gamma_n''\right]=-\frac{H}{\rho^{\rm p}A^{\rm p}V^{\rm p}}H_{\rm v}' \tag{3-38}$$

式中，$H_{\rm v}'={\rm i}\left[(D_1^{\rm p}/D_2^{\rm p})(1+\sum\limits_{n=1}^{\infty}\gamma_n')-\sum\limits_{n=1}^{\infty}\gamma_n''\right]$。

由式（3-36）可进一步得出桩顶复刚度为

$$K_{\rm d}=\frac{E^{\rm p}A^{\rm p}\,\bar{\omega}}{H}\left[\frac{1}{(D_1^{\rm p}/D_2^{\rm p})(1+\sum\limits_{n=1}^{\infty}\gamma_n')-\sum\limits_{n=1}^{\infty}\gamma_n''}\right]=\frac{E^{\rm p}A^{\rm p}\,\bar{\omega}}{H}K_{\rm d}' \tag{3-39}$$

式中，$K_{\rm d}'=-\dfrac{\bar{\omega}}{(D_1^{\rm p}/D_2^{\rm p})(1+\sum\limits_{n=1}^{\infty}\gamma_n')-\sum\limits_{n=1}^{\infty}\gamma_n''}$ 为无量纲复刚度。令 $K_{\rm d}'=K_{\rm r}+{\rm i}K_{\rm i}$，其中 $K_{\rm r}$ 代表桩顶动刚度，$K_{\rm i}$ 代表桩顶动阻尼。

根据傅里叶变换的性质，由桩顶速度频率响应函数式（3-38）可得单位脉冲激励作用下桩顶时域速度响应为

$$h(t)={\rm IFT}[H_{\rm v}({\rm i}\omega)]=\frac{1}{2\pi}\int_{-\infty}^{\infty}-\frac{\rm i}{T_{\rm c}\,\rho^{\rm p}A^{\rm p}V^{\rm p}}\left[(D_1^{\rm p}/D_2^{\rm p})(1+\sum_{n=1}^{\infty}\gamma_n')-\sum_{n=1}^{\infty}\gamma_n''\right]{\rm e}^{{\rm i}\theta t}\,{\rm d}\theta \tag{3-40}$$

式中，$t'=t/T_{\rm c}$ 为无量纲时间。由卷积定理知，在任意激振力 $p(t)$（$P({\rm i}\omega)$ 为 $p(t)$ 的傅里叶变换），桩顶时域速度响应为

$$g(t)=p(t)*h(t)={\rm IFT}[P({\rm i}\omega)\times H({\rm i}\omega)] \tag{3-41}$$

特别地，当桩顶处激励 $p(t)$ 为半正弦脉冲时，即

$$p(t)=Q_{\max}\sin\frac{\pi}{T}t,\quad t\in(0,T) \tag{3-42}$$

其中，T 为脉冲宽度。

进一步由式（3-40）可得半正弦脉冲激振力作用下桩顶时域速度响应半解析解为

$$g(t)=Q_{\max}\mathrm{IFT}\left[-\frac{1}{\rho^{\mathrm{p}}A^{\mathrm{p}}V^{\mathrm{p}}}H_{\mathrm{v}}'\frac{\pi T}{\pi^2-T^2\omega^2}(1+\mathrm{e}^{\mathrm{i}\omega t})\right]=-\frac{Q_{\max}}{\rho^{\mathrm{p}}A^{\mathrm{p}}V^{\mathrm{p}}}V_{\mathrm{v}}' \tag{3-43}$$

式中，$V_{\mathrm{v}}'=\frac{1}{2\pi}\int_{-\infty}^{\infty}\left[H_{\mathrm{v}}'\frac{\pi T}{\pi^2-T^2\omega^2}(1+\mathrm{e}^{\mathrm{i}\omega t})\right]\mathrm{e}^{\mathrm{i}\theta t'}\mathrm{d}\theta$，$T'=T/T_{\mathrm{c}}$为无量纲脉冲宽度因子。

3.2.3 解析模型验证与对比分析

本节算例基于图 3-1 所示桩-土体系耦合纵向振动力学模型，采用前述推导求解所得基于黏性阻尼模型的径向非均质三维轴对称土体中桩顶纵向振动动力阻抗解。

已有研究结果表明，当桩周土体径向圈层数量 $m=20$ 以上时[33]，可以忽略划分圈层数对计算结果的影响。这样，在后续分析中将桩周土体内部区域统一沿径向划分为 20 个圈层。

如无特殊说明，具体参数取值如下：第 j 圈层桩周土密度为$\rho_j^{\mathrm{s}}=2000\mathrm{kg/m^3}$，泊松比$\nu_j=0.4$，假定外部区域剪切波速 V_{m+1}^{s}（$V_{m+1}^{\mathrm{s}}=\sqrt{G_{m+1}^{\mathrm{s}}/\rho_{m+1}^{\mathrm{s}}}$）至内部扰动区域第 1 圈层剪切波速 V_1^{s} 呈现线性变化，即剪切模量呈现二次函数变化规律。同时，定义施工扰动系数 $\beta=V_1^{\mathrm{s}}/V_{m+1}^{\mathrm{s}}$以描述桩周土体施工扰动程度，具体取 $V_{m+1}^{\mathrm{s}}=100\mathrm{m/s}$，$\beta=1.5$（$\beta>1$ 代表施工硬化，$\beta<1$ 代表施工软化），取施工扰动范围 $b=r_1$。桩周土体黏性阻尼系数从外部区域至内部扰动区域第 1 圈层亦呈现二次函数变化，且有 $\beta=\sqrt{c_1^{\mathrm{s}}/c_{m+1}^{\mathrm{s}}}$，具体取$c_{m+1}^{\mathrm{s}}=10\mathrm{kN\cdot s/m^2}$。土层底部支承刚度系数$K_j^{\mathrm{s}}=0.1E_j^{\mathrm{s}}$，桩底支承无量纲参数 $R=0.69$、$A_{\mathrm{b}}=0.001$。桩长、半径、密度和波速分别为 $H=12\mathrm{m}$、$r_1=0.3\mathrm{m}$、$\rho^{\mathrm{s}}=2500\mathrm{kg/m^3}$和 $V^{\mathrm{p}}=5000\mathrm{m/s}$（$V^{\mathrm{p}}=\sqrt{E^{\mathrm{p}}/\rho^{\mathrm{p}}}$）。

胡昌斌等[44]对桩与均质黏性阻尼土耦合纵向振动进行了解析求解，为了验证本节推导所得三维轴对称径向非均质黏性阻尼土体中桩顶纵向振动动力阻抗解析解的合理性，将径向非均质桩周土退化到均质土情况，并与文献［44］已有均质土中桩纵向动力阻抗解析解进行对比验证。图 3-2 所示为本节推导所得桩纵向振动动力阻抗退化解随无量纲频率$\overline{\omega}$的变化曲线，以及其与文献［44］已有阻抗解的对比情况。从图中不难看出，本节所推导的径向非均质土体中桩纵向振动动力阻抗退化解曲线与文献［44］中对应结果吻合。

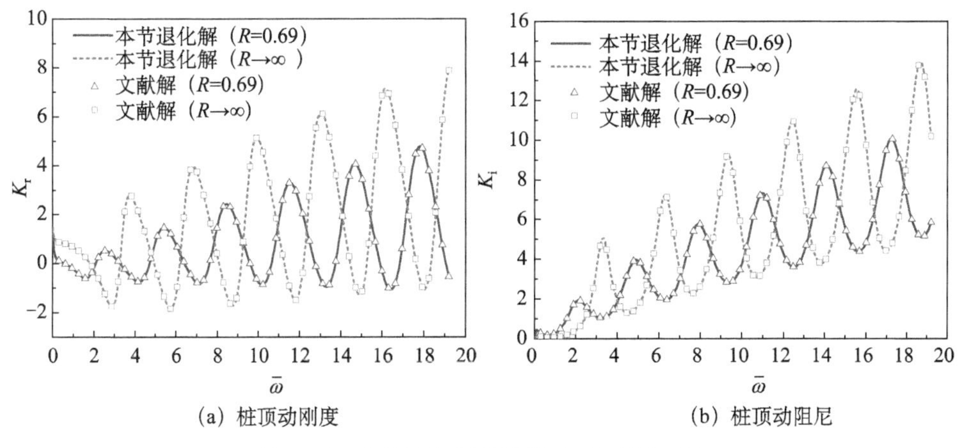

(a) 桩顶动刚度　　(b) 桩顶动阻尼

图 3-2　本节解与胡昌斌等［44］解的对比

3.2.4　纵向振动参数化分析

图 3-3 所示为桩周土体黏性阻尼系数对桩顶动力阻抗的影响情况。由图可见，桩周土体黏性阻尼系数对桩顶动力阻抗曲线振幅影响显著，随着黏性阻尼系数增加，动刚度和动阻尼曲线振幅水平降低。不同地，桩周土体黏性阻尼系数对桩顶动力阻抗曲线共振频率影响可以忽略。

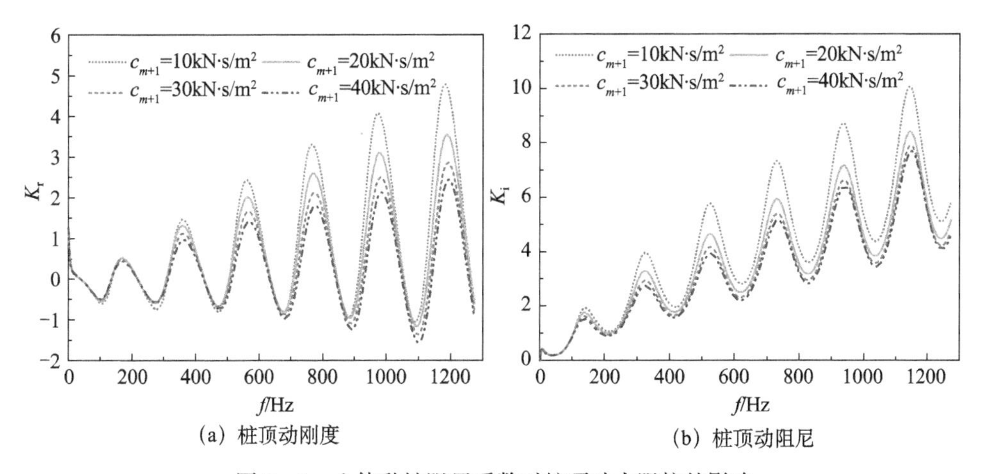

(a) 桩顶动刚度　　(b) 桩顶动阻尼

图 3-3　土体黏性阻尼系数对桩顶动力阻抗的影响

图 3-4 所示为桩底土刚度因子对桩顶动力阻抗的影响情况。由图可见，桩底土刚度因子对桩顶动力阻抗曲线影响显著。桩底土刚度因子增加，桩顶动力阻抗曲线共振峰值和共振频率均增大，在低频段，端承桩（$R=5$）与摩擦桩（$R=1$）桩顶动力阻抗曲线存在明显的相位差。此外，随着频率增加，桩底土刚度因子变

化对桩顶动力阻抗曲线的影响减弱。

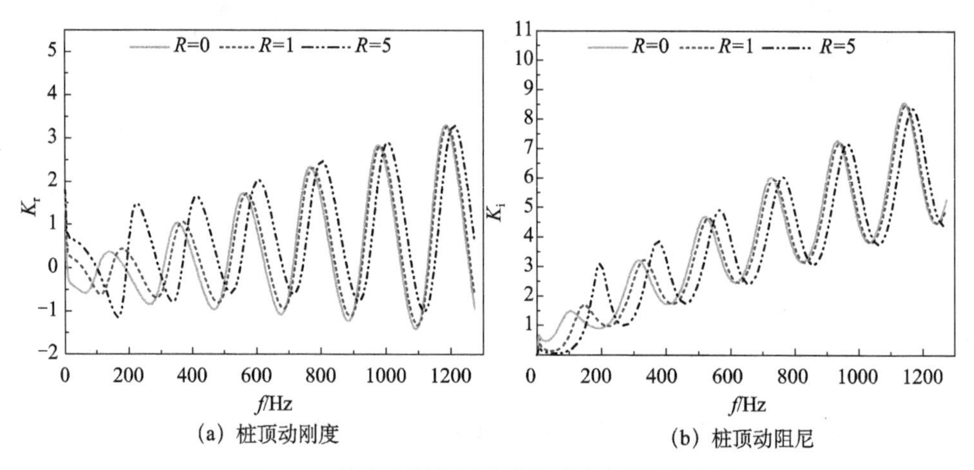

(a) 桩顶动刚度　　(b) 桩顶动阻尼

图 3-4　桩底土刚度因子对桩顶动力阻抗的影响

图 3-5 所示为桩底土阻尼因子对桩顶动力阻抗的影响情况。由图可见，桩底土阻尼因子对桩顶动力阻抗曲线的共振峰值影响显著，随着桩底土阻尼因子增加，桩顶动力阻抗曲线共振峰值减小。不同地，桩底土阻尼因子变化对桩顶动力阻抗曲线共振频率的影响可以忽略。

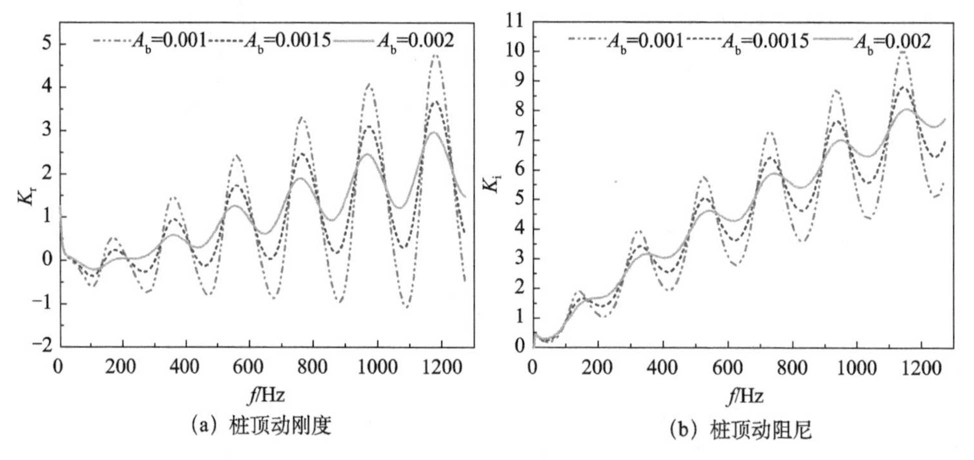

(a) 桩顶动刚度　　(b) 桩顶动阻尼

图 3-5　桩底土阻尼因子对桩顶动力阻抗的影响

图 3-6 所示为桩顶动力阻抗曲线随施工扰动引起桩周土软化程度的变化情况。由图可见，桩周土软化程度对桩顶动刚度和动阻尼振幅影响显著。具体地，桩周土体软化程度越高，桩顶动刚度和动阻尼曲线振幅越大。不同地，桩周土软化程度对桩顶动力阻抗曲线的共振频率影响很小。

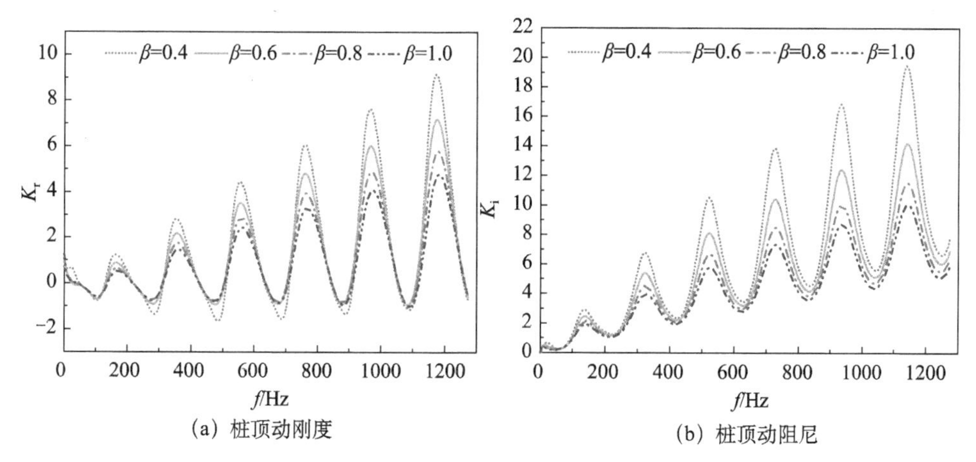

(a) 桩顶动刚度　　(b) 桩顶动阻尼

图 3 - 6　施工扰动引起桩周土软化程度对桩顶动力阻抗的影响

图 3 - 7 所示为桩顶动力阻抗曲线随桩周土体硬化程度的变化情况。由图可见，施工扰动引起桩周土硬化程度对桩顶动力阻抗曲线振幅影响显著。具体地，桩周土体硬化程度越高，桩顶动刚度和动阻尼曲线振幅越小。与桩周土软化程度影响类似，桩周土硬化程度对桩顶动力阻抗共振频率影响较小。

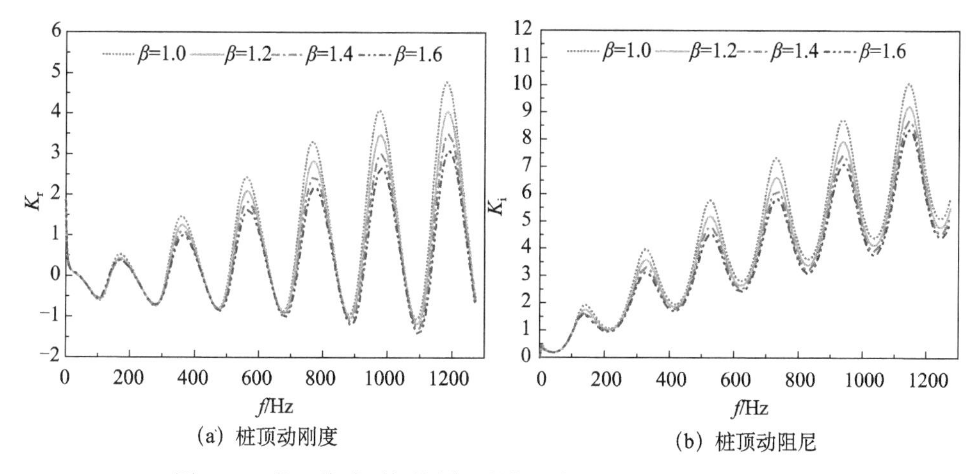

(a) 桩顶动刚度　　(b) 桩顶动阻尼

图 3 - 7　施工扰动引起桩周土硬化程度对桩顶动力阻抗的影响

图 3 - 8 所示为施工扰动土体软化范围对桩顶动力阻抗的影响情况。由图可见，施工扰动土体软化范围对桩顶动力阻抗振幅影响显著，桩顶动力阻抗振幅随桩周土软化范围增加而增大。桩周土软化范围变化对桩顶动刚度振幅的影响程度随其增加而大幅增大，当其达到一定幅值后（本节中当 $b=0.5r_1$ 时），此种影响效应趋于稳定。不同地，桩周土软化范围改变对桩顶动力阻抗共振频率影响较小，桩顶动力阻抗共振频率随桩周土软化范围增加仅有小幅增大。

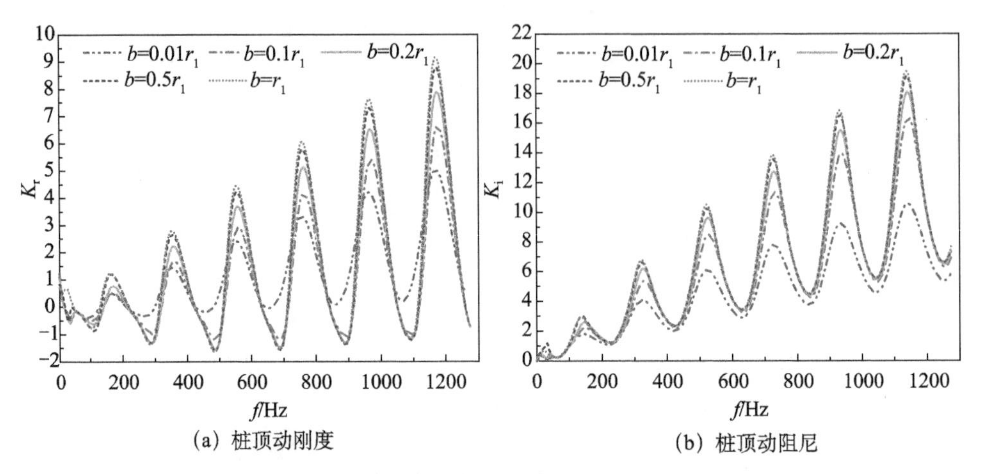

(a) 桩顶动刚度
(b) 桩顶动阻尼

图 3-8 施工扰动土体软化范围对桩顶动力阻抗的影响（$\beta=0.4$）

施工扰动硬化范围对桩顶动力阻抗的影响情况如图 3-9 所示。由图可见，桩顶动力阻抗振幅随施工扰动引起的桩周土硬化范围增加而显著减小。与施工扰动软化范围变化相同，桩周土硬化范围变化对桩顶动刚度振幅的影响程度随其增加而大幅衰减，当其达到一定幅值（本节中当 $b=0.5r_1$ 时）后，此种影响趋于稳定。不同地，桩周土硬化范围改变对桩顶动力阻抗共振频率影响较小，桩顶动力阻抗共振频率随桩周土硬化范围增加仅有小幅减小。

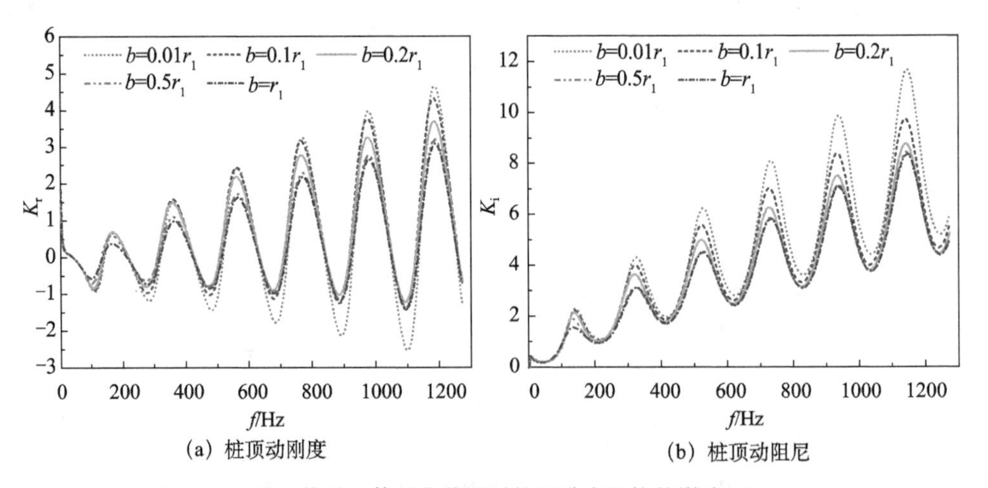

(a) 桩顶动刚度
(b) 桩顶动阻尼

图 3-9 施工扰动土体硬化范围对桩顶动力阻抗的影响（$\beta=1.6$）

图 3-10 所示为桩周土体黏性阻尼系数对桩顶动力响应特性的影响情况。由图可见，随着桩周土体黏性阻尼系数增加，桩顶速度导纳振幅减小，桩周土黏性阻尼系数对桩顶速度导纳共振频率影响较小。对于反射波曲线，随着桩周土体黏性阻尼系数增加，桩底反射信号幅值减小。不同地，桩周土体黏性阻尼系数对反射

波曲线波形的影响可忽略。

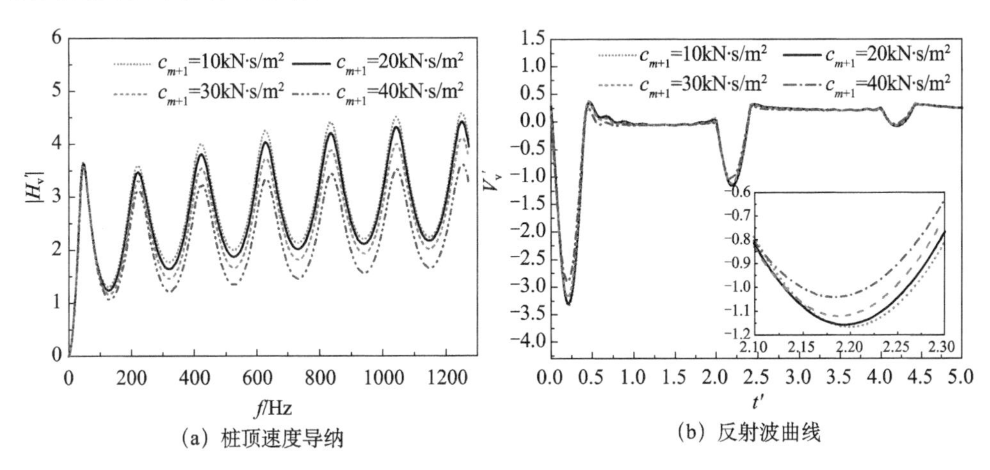

(a) 桩顶速度导纳　　(b) 反射波曲线

图 3－10　土体黏性阻尼系数对桩顶动力响应的影响

图 3－11 所示为桩底土刚度因子对桩顶动力响应特性的影响情况。由图可见，桩底土刚度因子增加，桩顶速度导纳曲线共振峰值和共振频率均增大，在低频段，端承桩（R＝5）与摩擦桩（R＝1）桩顶速度导纳曲线存在明显的相位差。此外，随着频率增加，桩底土刚度因子变化对桩顶速度导纳曲线的影响逐步衰减。由反射波曲线可见，桩底土刚度变化只影响桩底反射信号曲线的形状特征，但对于反射信号幅值影响较小。并且，随着桩底土刚度增大，桩底反射波从与入射脉冲同相逐渐过渡为与其反相。

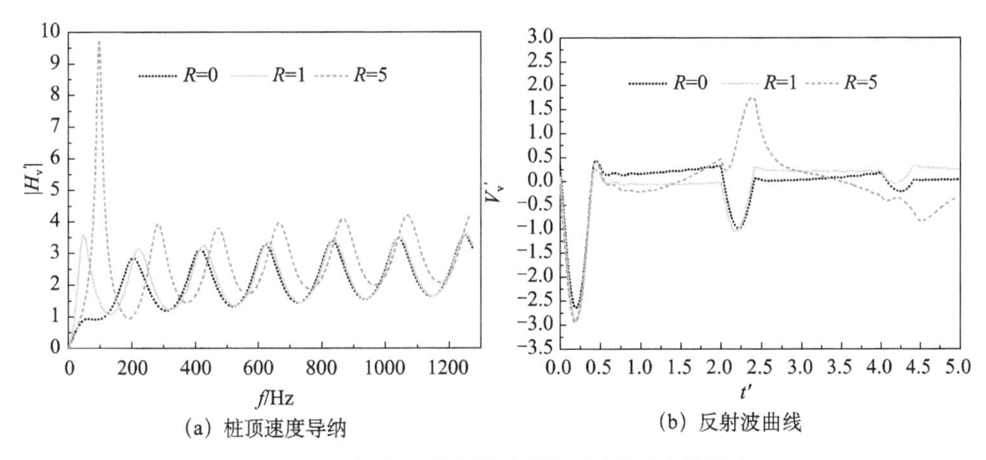

(a) 桩顶速度导纳　　(b) 反射波曲线

图 3－11　桩底土刚度因子对桩顶动力响应的影响

图 3－12 所示为桩底土阻尼因子对桩顶动力响应特性的影响情况。由图可见，桩底土阻尼因子对桩顶速度导纳曲线的共振峰值影响显著，且随着桩底土阻尼因子增加，桩顶速度导纳曲线共振峰幅值减小，而桩底土阻尼因子对桩顶速度导纳

曲线共振频率的影响可以忽略。对于反射波曲线而言，桩底土阻尼因子越大，桩底反射信号幅值越小，且多次反射信号幅值衰减速度亦随桩底阻尼因子的增加而加快。

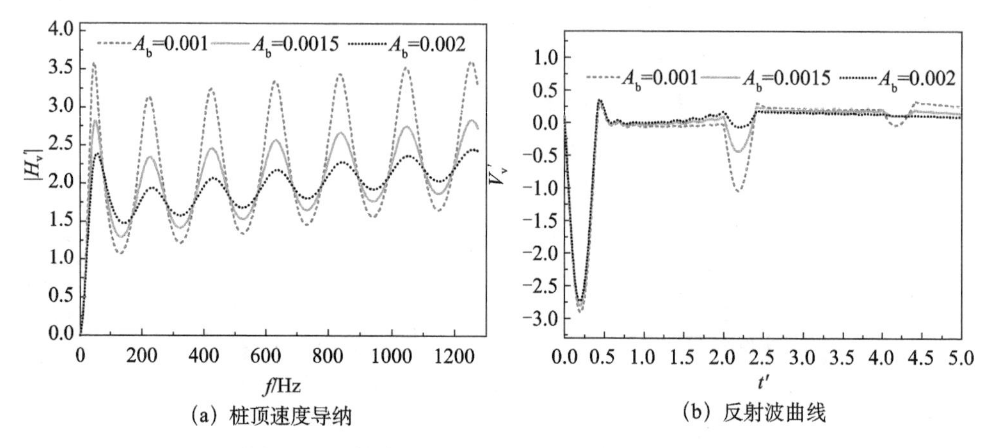

(a) 桩顶速度导纳　　(b) 反射波曲线

图 3-12　桩底土阻尼因子对桩顶动力响应的影响

桩顶动力响应特性随施工扰动引起桩周土软化程度的变化情况如图 3-13 所示。由图可见，桩周土软化程度对桩顶速度导纳振幅影响显著。具体地，在频率相同的情况下，桩周土体软化程度越高，桩顶速度导纳曲线振幅越大。不同地，桩周土软化程度对桩顶速度导纳曲线共振频率影响很小。此外，施工扰动引起桩周土体软化程度越大，桩尖反射信号幅值水平越高。

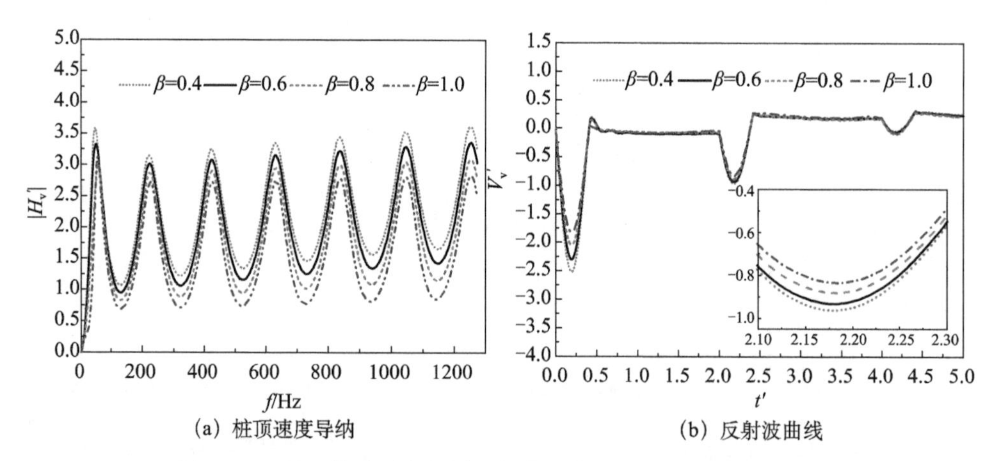

(a) 桩顶速度导纳　　(b) 反射波曲线

图 3-13　施工扰动引起桩周土软化程度对桩顶动力响应的影响

图 3-14 所示为桩顶动力响应曲线随施工扰动引起桩周土硬化程度的变化情况。由图可见，施工扰动引起桩周土硬化程度对桩顶速度导纳振幅影响显著。具体地，在频率相同的情况下，桩周土体硬化程度越高，桩顶速度导纳曲线振幅水

平越低。与桩周土软化程度影响类似，桩周土硬化程度对桩顶速度导纳共振频率影响很小。此外，随着施工扰动引起桩周土硬化程度的增大，桩尖反射信号水平仅发生小幅降低。

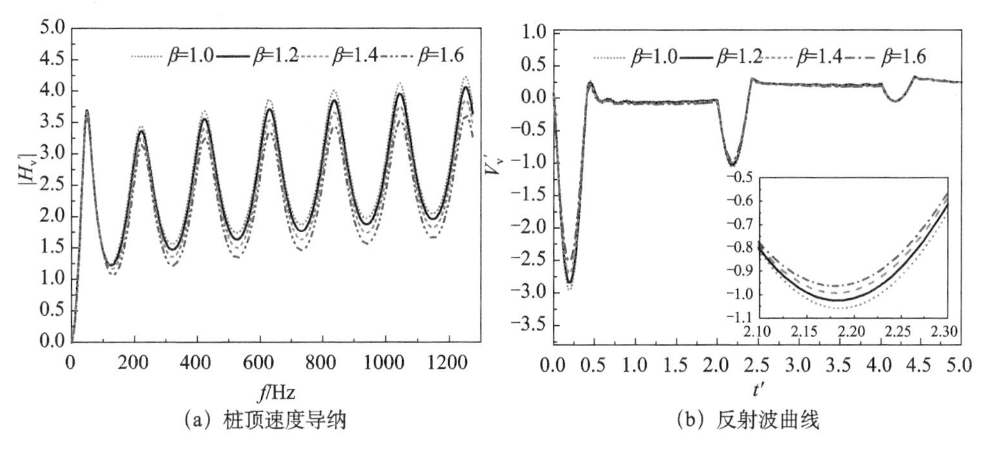

(a) 桩顶速度导纳　　(b) 反射波曲线

图 3 - 14　施工扰动引起桩周土硬化程度对桩顶动力响应的影响

图 3 - 15 所示为施工扰动引起桩周土软化范围对桩顶动力响应特性的影响情况。由图可见，桩顶速度导纳曲线振幅和桩尖反射波信号幅值水平随桩周土软化范围增加而增高，而速度导纳共振频率变化则可以忽略。此外，桩周土软化范围变化对桩顶速度导纳和反射波曲线的影响程度会随其增加而逐步衰减，当桩周土软化范围达到一定幅值后，此种影响趋于稳定。

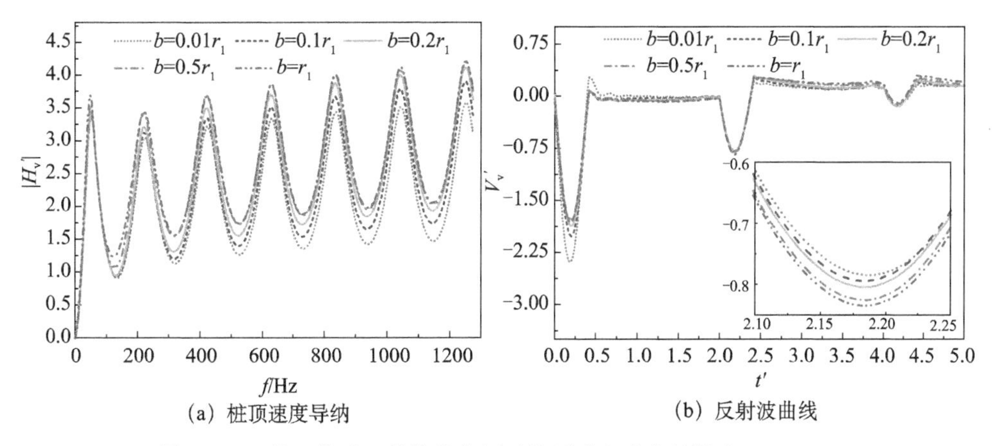

(a) 桩顶速度导纳　　(b) 反射波曲线

图 3 - 15　施工扰动土体软化范围对桩顶动力响应的影响（β=0.4）

施工扰动引起桩周土硬化范围对桩顶动力响应特性的影响情况如图 3 - 16 所示。由图可见，桩顶速度导纳曲线振幅和桩尖反射波信号幅值随桩周土硬化范围增加而减小，而速度导纳共振频率变化则可以忽略。与桩周土软化范围类似，硬化范围变化对桩顶速度导纳和反射波曲线的影响程度亦会随其增加而逐步衰减至趋于稳定。

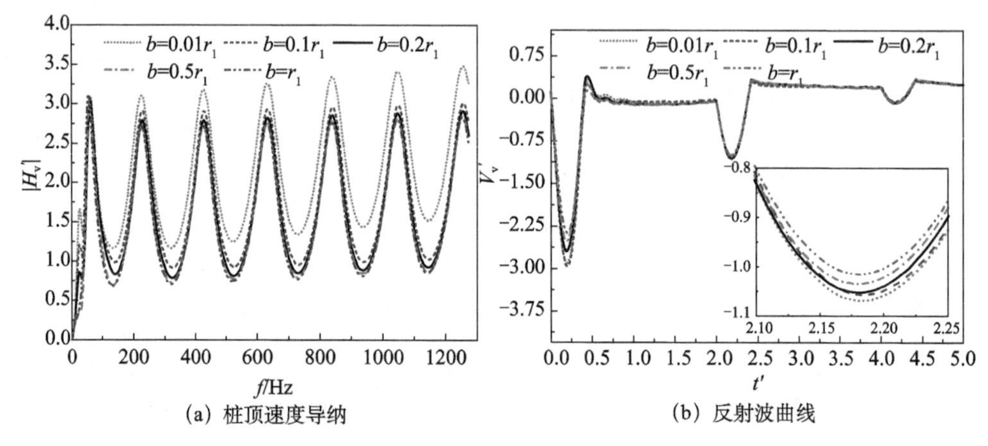

(a) 桩顶速度导纳　　(b) 反射波曲线

图 3-16　施工扰动土体硬化范围对桩顶动力响应的影响（β=1.6）

3.3　基于三维连续介质模型径向非均质土中管桩纵向振动解析解答[168]

3.3.1　力学简化模型与定解问题

本节基于能考虑桩周土竖向波动效应的三维轴对称模型，对任意圈层土中的黏弹性支承管桩的纵向振动特性进行研究。桩长、内径、外径、桩身密度、弹性模量和桩底黏弹性支承常数分别为 H、r_0、r_1、ρ^{p}、E^{p}和k^{p}、δ^{p}，桩顶作用任意激振力 $p(t)$。将桩周土体沿径向划分为内部扰动区域和外部区域，桩周土体内部扰动区域径向厚度为 b，并将内部扰动区域沿径向划分为 m 个圈层，第 j 圈层土体拉梅常量、剪切模量、黏性阻尼系数、密度和土层底部黏弹性支承常数分别为λ_j^{s}、G_j^{s}、c_j^{s}、ρ_j^{s}和k_j^{s}、δ_j^{s}，桩周土对桩身的侧壁剪切应力（摩阻力）为 $f_j^{\mathrm{s}}(z,t)$。第 $j-1$ 个圈层与第 j 圈层的界面处半径为 r_j。特别地，内部区域和外部区域界面处的半径为 r_{m+1}，外部区域则为径向半无限均匀黏弹性介质。桩芯土体拉梅常量、剪切模量、黏性阻尼系数、密度和土层底部黏弹性支承常数分别为λ_0^{s}、G_0^{s}、c_0^{s}、ρ_0^{s} 和k_0^{s}、δ_0^{s}，桩芯土对桩身的侧壁剪切应力（摩阻力）为 $f_0^{\mathrm{s}}(z,t)$。桩-土耦合振动体系力学简化模型如图 3-17 所示。

基本假定如下：

（1）桩身假定为均质等截面弹性体，桩体底部为黏弹性支承。

（2）桩周土体内部扰动区域沿径向所划分的 m 个圈层为均质、各向同性黏弹性体；外部区域为径向半无限均匀黏弹性介质。

（3）桩-土体耦合振动系统满足线弹性和小变形条件。

（4）桩周土与桩壁界面上产生的剪应力，分别通过各自桩-土界面剪切复刚度传递给桩身，桩-土之间完全接触。

（5）多圈层模型土体划分见图3-17，内部区域每个同心环圈层内土质均匀，土体剪切模量和黏性阻尼系数根据该圈层内边界半径，按式（3-44）和式（3-45）确定。

$$G(r)=\begin{cases}G_1, & r=r_1\\ G_{n+1}f(r), & r_1<r<r_{n+1}\\ G_{n+1}, & r\geqslant r_{n+1}\end{cases} \tag{3-44}$$

$$c(r)=\begin{cases}c_1, & r=r_1\\ c_{n+1}f(r), & r_1<r<r_{n+1}\\ c_{n+1}, & r\geqslant r_{n+1}\end{cases} \tag{3-45}$$

式中，G_1、c_1、G_{n+1}、c_{n+1}分别为桩-土界面处及桩周土体内、外部区域分界面处的剪切模量和黏性阻尼系数，$f(r)$ 为描述桩周土内部区域土体性质变化的函数，参照文献［2］采用二次函数进行分析计算。

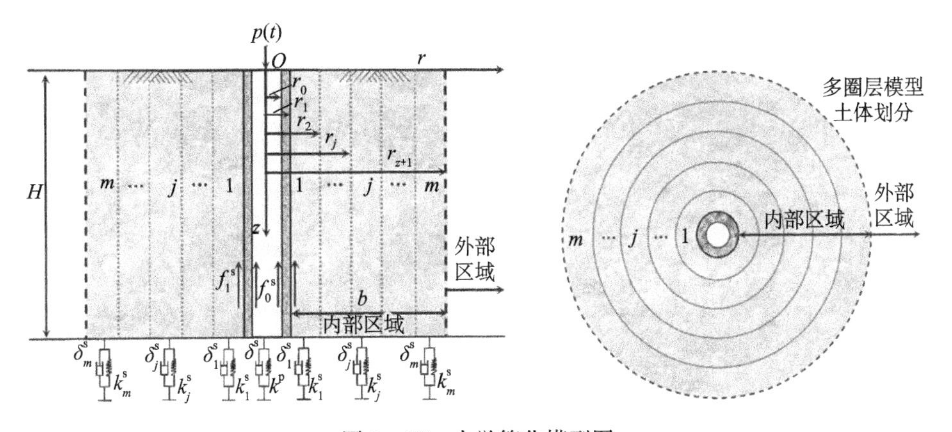

图3-17　力学简化模型图

设桩芯土体位移为 $u_0^{\mathrm{s}}(r,z,t)$，桩周第 j 圈层土体位移为 $u_j^{\mathrm{s}}(r,z,t)$，根据弹性动力学基本理论，建立轴对称条件下桩芯土、桩周土的振动方程分别如下：

桩芯土体：

$$(\lambda_0^{\mathrm{s}}+2G_0^{\mathrm{s}})\frac{\partial^2}{\partial z^2}u_0^{\mathrm{s}}(r,z,t)+G_0^{\mathrm{s}}\left(\frac{1}{r}\frac{\partial}{\partial r}+\frac{\partial^2}{\partial r^2}\right)u_0^{\mathrm{s}}(r,z,t)$$
$$+c_0^{\mathrm{s}}\frac{\partial}{\partial t}\left[\left(\frac{\partial^2}{\partial z^2}+\frac{1}{r}\frac{\partial}{\partial r}+\frac{\partial^2}{\partial r^2}\right)u_0^{\mathrm{s}}(r,z,t)\right]=\rho_0^{\mathrm{s}}\frac{\partial^2}{\partial t^2}u_0^{\mathrm{s}}(r,z,t) \tag{3-46}$$

桩周土体：

$$(\lambda_j^s + 2G_j^s)\frac{\partial^2}{\partial z^2}u_j^s(r,z,t) + G_j^s\left(\frac{1}{r}\frac{\partial}{\partial r}+\frac{\partial^2}{\partial r^2}\right)u_j^s(r,z,t)$$

$$+c_j^s\frac{\partial}{\partial t}\left[\left(\frac{\partial^2}{\partial z^2}+\frac{1}{r}\frac{\partial}{\partial r}+\frac{\partial^2}{\partial r^2}\right)u_j^s(r,z,t)\right]=\rho_j^s\frac{\partial^2}{\partial t^2}u_j^s(r,z,t) \quad (3-47)$$

对于黏性阻尼土，桩芯土、桩周土对桩身单位面积的侧壁切应力分别为 $\tau_0^s(r,z,t)$ 、$\tau_1^s(r,z,t)$ ：

$$\tau_0^s(r,z,t) = G_0^s\frac{\partial u_0^s(r,z,t)}{\partial r} + c_0^s\frac{\partial^2 u_0^s(r,z,t)}{\partial t\partial r} \quad (3-48)$$

$$\tau_1^s(r,z,t) = G_1^s\frac{\partial u_1^s(r,z,t)}{\partial r} + c_1^s\frac{\partial^2 u_1^s(r,z,t)}{\partial t\partial r} \quad (3-49)$$

令 $u^p(z,t)$ 为桩身质点纵向振动位移，m^p 为桩的单位长度质量，取桩身微元体作动力平衡分析，可得桩作纵向振动的基本方程如下：

$$E^pA^p\frac{\partial^2 u^p(z,t)}{\partial z^2} - m^p\frac{\partial^2 u^p(z,t)}{\partial t^2} - 2\pi r_1 f_0^s(z,t) - 2\pi r_1 f_1^s(z,t) = 0 \quad (3-50)$$

式中，$A^p=\pi r_1^2-\pi r_0^2$，$m^p=\rho^p A^p$ 为单位长度桩的质量。式（3-46）、（3-47）和（3-50）即是桩-土纵向耦合振动的控制方程。

边界条件如下：

（1）桩周土

$$\left.\frac{\partial u_j^s(r,z,t)}{\partial z}\right|_{z=0} = 0 \quad (3-51)$$

$$\left.\frac{\partial u_j^s(r,z,t)}{\partial z} + \frac{k_j^s u_j(r,z,t)}{E_j^s} + \frac{\delta_j^s}{E_j^s}\frac{\partial u_j^s(r,z,t)}{\partial t}\right|_{z=H} = 0 \quad (3-52)$$

当 $r\to\infty$ 时，位移为零：

$$\lim_{r\to\infty} u_{m+1}^s(r,z,t) = 0 \quad (3-53)$$

式中，$u_{m+1}^s(r,z,t)$ 代表外部区域土体位移。

（2）桩芯土

$$\left.\frac{\partial u_0^s(r,z,t)}{\partial z}\right|_{z=0} = 0 \quad (3-54)$$

$$\left.\frac{\partial u_0^s(r,z,t)}{\partial z} + \frac{k_0^s u_0(r,z,t)}{E_0^s} + \frac{\delta_0^s}{E_0^s}\frac{\partial u_0^s(r,z,t)}{\partial t}\right|_{z=H} = 0 \quad (3-55)$$

当 $r\to 0$ 时，位移为有限值：

$$\lim_{r\to 0} u_0^s(r,z,t) = \text{有限值} \quad (3-56)$$

（3）桩身。桩顶作用力为 $p(t)$：

$$\left.E^pA^p\frac{\partial u^p(z,t)}{\partial z}\right|_{z=0} = -p(t) \quad (3-57)$$

桩端处边界条件：

$$\frac{\partial u^{\mathrm{p}}(z,t)}{\partial z}+\frac{\delta^{\mathrm{p}}}{E^{\mathrm{p}}A^{\mathrm{p}}}\frac{\partial u^{\mathrm{p}}(z,t)}{\partial t}+\frac{k^{\mathrm{p}}}{E^{\mathrm{p}}A^{\mathrm{p}}}u^{\mathrm{p}}(z,t)\bigg|_{z=H}=0 \tag{3-58}$$

（4）桩-土耦合条件。应力平衡条件（剪应力顺时针为正）：

$$f_0^{\mathrm{s}}(z,t)=\tau_0^{\mathrm{s}}(r,z,t)\big|_{r=r_0} \tag{3-59}$$

$$f_1^{\mathrm{s}}(z,t)=-\tau_1^{\mathrm{s}}(r,z,t)\big|_{r=r_1} \tag{3-60}$$

位移连续条件：

$$u_0^{\mathrm{s}}(r,z,t)\big|_{r=r_0}=u^{\mathrm{p}}(z,t) \tag{3-61}$$

$$u_1^{\mathrm{s}}(r,z,t)\big|_{r=r_1}=u^{\mathrm{p}}(z,t) \tag{3-62}$$

3.3.2　定解问题求解

对方程（3－46）进行 Laplace 变换得

$$(\lambda_0^{\mathrm{s}}+2G_0^{\mathrm{s}})\frac{\partial^2}{\partial z^2}U_0^{\mathrm{s}}(r,z,s)+G_0^{\mathrm{s}}\left(\frac{1}{r}\frac{\partial}{\partial r}+\frac{\partial^2}{\partial r^2}\right)U_0^{\mathrm{s}}(r,z,s)$$

$$+c_0^{\mathrm{s}}s\left[\left(\frac{\partial^2}{\partial z^2}+\frac{1}{r}\frac{\partial}{\partial r}+\frac{\partial^2}{\partial r^2}\right)U_0^{\mathrm{s}}(r,z,s)\right]=\rho_0^{\mathrm{s}}s^2U_0^{\mathrm{s}}(r,z,s) \tag{3-63}$$

式中，$U_0^{\mathrm{s}}(r,z,s)$ 是 $u_0^{\mathrm{s}}(r,z,t)$ 的 Laplace 变换。

令 $U_0^{\mathrm{s}}(r,z,s)=R_0^{\mathrm{s}}(r)Z_0^{\mathrm{s}}(z)$，式（3－63）可分解为两个常微分方程：

$$\frac{\mathrm{d}^2Z_0^{\mathrm{s}}}{\mathrm{d}z^2}+(h_0^{\mathrm{s}})^2Z_0^{\mathrm{s}}=0 \tag{3-64}$$

$$\frac{\mathrm{d}^2R_0^{\mathrm{s}}}{\mathrm{d}r^2}+\frac{1}{r}\frac{\mathrm{d}R_0^{\mathrm{s}}}{\mathrm{d}r}-(q_0^{\mathrm{s}})^2R_0^{\mathrm{s}}=0 \tag{3-65}$$

式中，h_0^{s}，q_0^{s} 为常数，并满足下列关系：

$$(q_0^{\mathrm{s}})^2=\frac{(\lambda_0^{\mathrm{s}}+2G_0^{\mathrm{s}}+c_0^{\mathrm{s}}s)(h_0^{\mathrm{s}})^2+\rho_0^{\mathrm{s}}s^2}{G_0^{\mathrm{s}}+c_0^{\mathrm{s}}s} \tag{3-66}$$

则式（3－64）、(3－65）的通解为

$$Z_0^{\mathrm{s}}(z)=C_0^{\mathrm{s}}\cos(h_0^{\mathrm{s}}z)+D_0^{\mathrm{s}}\sin(h_0^{\mathrm{s}}z) \tag{3-67}$$

$$R_0^{\mathrm{s}}(z)=A_0^{\mathrm{s}}I_0(q_0^{\mathrm{s}}r)+B_0^{\mathrm{s}}K_0(q_0^{\mathrm{s}}r) \tag{3-68}$$

式（3－67）、(3－68）中，$I_0(q_0^{\mathrm{s}}r)$、$K_0(q_0^{\mathrm{s}}r)$ 为零阶第一类，第二类虚宗量贝塞尔函数。A_0^{s}、B_0^{s}、C_0^{s}、D_0^{s} 为由边界条件决定的积分常数，对土层边界条件式（3－54）～（3－56）进行 Laplace 变换可得

$$\frac{\partial Z_0^{\mathrm{s}}}{\partial z}\bigg|_{z=0}=0 \tag{3-69}$$

$$\frac{\partial Z_0^{\mathrm{s}}(z)}{\partial z}+\frac{k_0^{\mathrm{s}}Z_0^{\mathrm{s}}(z)}{E_0^{\mathrm{s}}}+\frac{\delta_0^{\mathrm{s}}s}{E_0^{\mathrm{s}}}Z_0^{\mathrm{s}}(z)\bigg|_{z=H}=0 \tag{3-70}$$

$$R_0^{\mathrm{s}}(r)\big|_{r\to 0}=\text{有限值} \tag{3-71}$$

将式（3－69）代入式（3－67）可得 $D_0^{\mathrm{s}}=0$，而将式（3－70）代入式（3－67）

可得

$$\tan(h_0^s H) = \frac{\overline{K}_0^s}{h_0^s H} \tag{3-72}$$

式中，$\overline{K}_0^s = K_0^s H / E_0^s$ 表示土层底部弹簧复刚度的无量纲参数，$K_0^s = k_0^s + \delta_0^s s$。

式（3-72）为一超越方程，具体通过 MATLAB 编程求解得到无穷多个特征值 h_0^s，记为 h_{0n}^s，并将 h_{0n}^s代入式（3-66）可得 q_{0n}^s。

将式（3-71）代入式（3-68），则有 $B_0^s = 0$，综合可得

$$U_0^s(r,z,s) = \sum_{n=1}^{\infty} N_{0n}^s I_0(q_0^s r)\cos(h_{0n}^s z) \tag{3-73}$$

对方程（3-47）进行 Laplace 变换得

$$(\lambda_j^s + 2G_j^s)\frac{\partial^2}{\partial z^2}U_j^s(r,z,s) + G_j^s\left(\frac{1}{r}\frac{\partial}{\partial r} + \frac{\partial^2}{\partial r^2}\right)U_j^s(r,z,s)$$
$$+ c_j^s s\left[\left(\frac{\partial^2}{\partial z^2} + \frac{1}{r}\frac{\partial}{\partial r} + \frac{\partial^2}{\partial r^2}\right)U_j^s(r,z,s)\right] = \rho_j^s s^2 U_j^s(r,z,s) \tag{3-74}$$

式中，$U_j^s(r,z,s)$ 是 $u_j^s(r,z,s)$ 的 Laplace 变换。

令 $U_j^s(r,z,s) = R_j^s(r)Z_j^s(z)$，式（3-74）可分解为两个常微分方程：

$$\frac{\mathrm{d}^2 Z_j^s}{\mathrm{d}z^2} + (h_j^s)^2 Z_j^s = 0 \tag{3-75}$$

$$\frac{\mathrm{d}^2 R_j^s}{\mathrm{d}r^2} + \frac{1}{r}\frac{\mathrm{d}R_j^s}{\mathrm{d}r} - (q_j^s)^2 R_j^s = 0 \tag{3-76}$$

式中，h_j^s，q_j^s 为常数，且有

$$(q_j^s)^2 = \frac{(\lambda_j^s + 2G_j^s + c_j^s s)(h_j^s)^2 + \rho_j^s s^2}{(G_j^s + c_j^s s)} \tag{3-77}$$

则式（3-75）、(3-76）的解为

$$Z_j^s(z) = C_j^s\cos(h_j^s z) + D_j^s\sin(h_j^s z) \tag{3-78}$$

$$R_j^s(z) = A_j^s I_0(q_j^s r) + B_j^s K_0(q_j^s r) \tag{3-79}$$

式（3-78）、（3-79）中，A_j^s、B_j^s、C_j^s、D_j^s 为由边界条件决定的积分常数，对土层边界条件式（3-51）～(3-53）进行 Laplace 变换可得

$$\left.\frac{\partial Z_j^s}{\partial z}\right|_{z=0} = 0 \tag{3-80}$$

$$\left.\frac{\partial Z_j^s(z)}{\partial z} + \frac{k_j^s Z_j^s(z)}{E_j^s} + \frac{\delta_j^s s}{E_j^s}Z_j^s(z)\right|_{z=H} = 0 \tag{3-81}$$

$$R_{m+1}^s(r)\big|_{r\to\infty} = 0 \tag{3-82}$$

将式（3-80）代入式（3-78）则有 $D_j^s = 0$，进一步将式（3-81）代入式（3-78）可得

$$\tan(h_j^s H) = \frac{\overline{K}_j^s}{h_j^s H} \tag{3-83}$$

式中，$\overline{K}_j^s=K_j^s H/E_j^s$ 表示土层底部弹簧复刚度的无量纲参数，$K_j^s=k_j^s+\delta_j^s s$。

式（3-83）为超越方程，通过 MATLAB 编程可得无穷多个特征值，记为 h_{jn}^s，并将 h_{jn}^s 代入式（3-77）可得 q_{jn}^s，则

$$U_j^s(r,z,s)=\begin{cases}\sum_{n=1}^{\infty}A_{jn}^s K_0(q_{jn}^s r)\cos(h_{jn}^s z) & (j=m+1)\\ \sum_{n=1}^{\infty}[B_{jn}^s I_0(q_{jn}^s r)+C_{jn}^s K_0(q_{jn}^s r)]\cos(h_{jn}^s z) & (j=m,\cdots,2,1)\end{cases} \tag{3-84}$$

式中，A_{jn}^s，B_{jn}^s，C_{jn}^s 为一系列待定常数。

则圈层 j 与圈层 $j-1$ 之间侧壁剪切应力为

$$\tau_j^s=\begin{cases}(G_j^s+c_j^s s)\sum_{n=1}^{\infty}A_{jn}^s q_{jn}^s K_1(q_{jn}^s r)\cos(h_{jn}^s z) & (j=m+1)\\ (G_j^s+c_j^s s)\sum_{n=1}^{\infty}q_{jn}^s\{[-B_{jn}^s I_1(q_{jn}^s r)+C_{jn}^s K_1(q_{jn}^s r)]\cos(h_{jn}^s z)\} & (j=m,\cdots,2,1)\end{cases} \tag{3-85}$$

据各圈层位移连续条件、应力平衡条件及固有函数正交性化简计算可得常数 B_{jn}^s 与 C_{jn}^s 比值 p_{jn}^s 如下：

当 $j=m$ 时

$$p_{mn}^s=\frac{(G_m^s+c_m^s s)q_{mn}^s K_1(q_{mn}^s r_m)K_0(q_{(m+1)n}^s r_m)-(G_{m+1}^s+c_{m+1}^s s)K_0(q_{mn}^s r_m)K_1(q_{(m+1)n}^s r_m)}{(G_m^s+c_m^s s)q_{mn}^s I_1(q_{mn}^s r_m)K_0(q_{(m+1)n}^s r_m)+(G_{m+1}^s+c_{m+1}^s s)q_{(m+1)n}^s I_0(q_{mn}^s r_m)K_1(q_{(m+1)n}^s r_m)} \tag{3-86}$$

当 $j=m-1$，…，2，1 时

$$p_{jn}^s=\frac{(G_j^s+c_j^s s)q_{jn}^s K_1(q_{jn}^s r_j)[p_{(j+1)n}^s I_0(q_{(j+1)n}^s r_j)+K_0(q_{(j+1)n}^s r_j)]-(G_{j+1}^s+c_{j+1}^s s)q_{(j+1)n}^s K_0(q_{jn}^s r_j)[p_{(j+1)n}^s I_1(q_{(j+1)n}^s r_j)-K_1(q_{(j+1)n}^s r_j)]}{(G_j^s+c_j^s s)q_{jn}^s I_1(q_{jn}^s r_j)[p_{(j+1)n}^s I_0(q_{(j+1)n}^s r_j)+K_0(q_{(j+1)n}^s r_j)]-(G_{j+1}^s+c_{j+1}^s s)q_{(j+1)n}^s I_0(q_{jn}^s r_j)[p_{(j+1)n}^s I_1(q_{(j+1)n}^s r_j)-K_1(q_{(j+1)n}^s r_j)]} \tag{3-87}$$

由此可得

$$U_1^s(r,z,s)=\sum_{n=1}^{\infty}N_{1n}^s[p_{1n}^s I_0(q_{1n}^s r_1)+K_0(q_{1n}^s r_1)]\cos(h_{1n}^s z) \tag{3-88}$$

对式（3-48）、（3-49）、（3-59）和（3-60）进行 Laplace 变化并将式（3-73）和式（3-88）代入可得

$$F_0^s(z,s)=L[f_0^s(z,t)]-(G_0^s+c_0^s s)\sum_{n=1}^{\infty}N_{0n}^s q_{0n}^s I_1(q_{0n}^s r_0)\cos(h_{0n}^s z) \tag{3-89}$$

$$F_1^s(z,s)=L[f_1^s(z,t)]=(G_1^s+c_1^s s)\sum_{n=1}^{\infty}N_{1n}^s q_{1n}^s[-p_{1n}^s I_1(q_{1n}^s r_1)+K_1(q_{1n}^s r_1)]\cos(h_{1n}^s z) \tag{3-90}$$

对式（3-50）进行 Laplace 变换并将式（3-89）、(3-90）代入得

$$(V^{p})^{2}\frac{\partial^{2}U^{p}(z,s)}{\partial z^{2}}-s^{2}U^{p}(z,s)-\frac{2\pi r_{0}}{\rho^{p}A^{p}}(G_{0}^{s}+c_{0}^{s}s)\sum_{n=1}^{\infty}N_{0n}^{s}q_{0n}^{s}I_{1}(q_{0n}^{s}r_{0})\cos(h_{0n}^{s}z)$$

$$+\frac{2\pi r_{1}}{\rho^{p}A^{p}}(G_{1}^{s}+c_{1}^{s}s)\sum_{n=1}^{\infty}N_{1n}^{s}q_{1n}^{s}[p_{1n}^{s}I_{1}(q_{1n}^{s}r_{1})-K_{1}(q_{1n}^{s}r_{1})]\cos(h_{1n}^{s}z)=0 \tag{3-91}$$

式中，$U^{p}(z,s)$ 为 $u^{p}(z,t)$ 的 Laplace 变换。取 $s=\mathrm{i}\omega$，则 $\omega^{2}=-s^{2}$，方程（3-91）对应的齐次方程的通解为

$$U^{p}=D_{1}^{p}\cos\left(\frac{\omega}{V^{p}}z\right)+D_{2}^{p}\sin\left(\frac{\omega}{V^{p}}z\right) \tag{3-92}$$

式中，D_{1}^{p}，D_{2}^{p} 为由边界条件得到的常系数。

方程（3-91）的特解形式可写为

$$U^{p*}=\sum_{n=1}^{\infty}[M_{0n}^{s}\cos(h_{0n}^{s}z)+M_{1n}^{s}\cos(h_{1n}^{s}z)] \tag{3-93}$$

式中，$M_{0n}^{s}=\beta_{0n}^{s}N_{0n}^{s}$，$M_{1n}^{s}=\beta_{1n}^{s}N_{1n}^{s}$，$\beta_{0n}^{s}=-\frac{2\pi r_{0}q_{0n}^{s}}{\rho^{p}A^{p}((V^{p}h_{0n}^{s})^{2}+s^{2})}(G_{0}^{s}+c_{0}^{s}s)I_{1}(q_{0n}^{s}r_{0})$，

$\beta_{1n}^{s}=-\frac{2\pi r_{1}q_{1n}^{s}}{\rho^{p}A^{p}((V^{p}h_{1n}^{s})^{2}+s^{2})}(G_{1}^{s}+c_{1}^{s}s)[p_{1n}^{s}I_{1}(q_{1n}^{s}r_{1})-K_{1}(q_{1n}^{s}r_{1})]$。

则式（3-91）的定解为

$$U^{p}(z,s)=D_{1}^{p}\cos\left(\frac{\omega}{V^{p}}z\right)+D_{2}^{p}\sin\left(\frac{\omega}{V^{p}}z\right)+\sum_{n=1}^{\infty}\beta_{0n}^{s}N_{0n}^{s}\cos(h_{0n}^{s}z)+\sum_{n=1}^{\infty}\beta_{1n}^{s}N_{1n}^{s}\cos(h_{1n}^{s}z) \tag{3-94}$$

根据桩的边界条件以及桩-土位移连续条件确定待定系数 D_{1}^{p}，D_{2}^{p}，N_{0n}^{s}，N_{1n}^{s}。对式（3-57）进行 Laplace 变换并将式（3-92）代入可得

$$D_{2}^{p}=-\frac{V^{p}P(s)}{E^{p}A^{p}\omega} \tag{3-95}$$

式中，$P(s)$ 为 $p(t)$ 的 Laplace 变换。

对式（3-58）进行 Laplace 变换并将式（3-94）代入可得

$$\begin{aligned}&-\frac{\omega}{V^{p}}D_{1}^{p}\sin\left(\frac{\omega}{V^{p}}H\right)+\frac{\omega}{V^{p}}D_{2}^{p}\cos\left(\frac{\omega}{V^{p}}H\right)-\sum_{n=1}^{\infty}\beta_{0n}^{s}N_{0n}^{s}h_{0n}^{s}\sin(h_{0n}^{s}H)\\&-\sum_{n=1}^{\infty}\beta_{1n}^{s}N_{1n}^{s}h_{1n}^{s}\sin(h_{1n}^{s}H)+\frac{k^{p}+\delta^{p}s}{E^{p}A^{p}}\Big[D_{1}^{p}\cos\left(\frac{\omega}{V^{p}}H\right)+D_{2}^{p}\sin\left(\frac{\omega}{V^{p}}H\right)\\&+\sum_{n=1}^{\infty}\beta_{0n}^{s}N_{0n}^{s}\cos(h_{0n}^{s}H)+\sum_{n=1}^{\infty}\beta_{1n}^{s}N_{1n}^{s}\cos(h_{1n}^{s}H)\Big]=0\end{aligned} \tag{3-96}$$

同样地，对式（3-61）、(3-62）进行 Laplace 变换，并将式（3-73）、(3-88）和（3-94）代入可得

$$\sum_{n=1}^{\infty}N_{0n}^{s}I_{0}^{s}(q_{0n}^{s}r_{0})\cos(h_{0n}^{s}z)=D_{1}^{p}\cos\left(\frac{\omega}{V^{p}}z\right)+D_{2}^{p}\sin\left(\frac{\omega}{V^{p}}z\right)+\sum_{n=1}^{\infty}\beta_{0n}^{s}N_{0n}^{s}\cos(h_{0n}^{s}z)$$

$$+\sum_{n=1}^{\infty}\beta_{1n}^{s}N_{1n}^{s}\cos(h_{1n}^{s}z) \tag{3-97}$$

$$\sum_{n=1}^{\infty}N_{1n}^{s}[p_{1n}^{s}I_0(q_{1n}^{s}r_1)+K_0(q_{1n}^{s}r_1)]\cos(h_{1n}^{s}z)$$
$$=D_1^{p}\cos\left(\frac{\omega}{V^{p}}z\right)+D_2^{p}\sin\left(\frac{\omega}{V^{p}}z\right)+\sum_{n=1}^{\infty}\beta_{0n}^{s}N_{1n}^{s}\cos(h_{0n}^{s}z)+\sum_{n=1}^{\infty}\beta_{1n}^{s}N_{1n}^{s}\cos(h_{1n}^{s}z) \tag{3-98}$$

联立式（3－95）和（3－96）可得

$$\sum_{n=1}^{\infty}N_{1n}^{s}[p_{1n}^{s}I_0(q_{1n}^{s}r_1)+K_0(q_{1n}^{s}r_1)]\cos(h_{1n}^{s}z)=\sum_{n=1}^{\infty}N_{0n}^{s}I_0(q_{0n}^{s}r_0)\cos(h_{0n}^{s}z) \tag{3-99}$$

可认为 $\overline{K}_0^{s}=\overline{K}_1^{s}$，即 $h_{0n}^{s}=h_{1n}^{s}$，令 $h_n^{s}=h_{0n}^{s}=h_{1n}^{s}$，由式（3－99）可得

$$N_{1n}^{s}=\frac{I_0(q_{0n}^{s}r_0)}{p_{1n}^{s}I_0(q_{1n}^{s}r_1)+K_0(q_{1n}^{s}r_1)}N_{0n}^{s} \tag{3-100}$$

利用 $\cos(h_n^{s}z)$ 在区间 $[0, H]$ 上的正交性，对式（3－97）两边同乘以 $\cos(h_n^{s}z)$，并对其进行积分，可得

$$N_{1n}^{s}[p_{1n}^{s}I_0(q_{1n}^{s}r_1)+K_0(q_{1n}^{s}r_1)-\beta_{1n}^{s}]L_{1n}^{s}$$
$$=\beta_{0n}^{s}N_{0n}^{s}L_{1n}^{s}\int_0^H\left[D_1^{p}\cos\left(\frac{\omega}{V^{p}}z\right)+D_2^{p}\sin\left(\frac{\omega}{V^{p}}z\right)\right]\cos(h_n^{s}z)\mathrm{d}z \tag{3-101}$$

式中，$L_{1n}^{s}=\int_0^H\cos^2(h_n^{s}z)\mathrm{d}z$ 。

将式（3－100）代入式（3－101）中，可得

$$N_{0n}^{s}=[p_{1n}^{s}I_0(q_{1n}^{s}r_1)+K_0(q_{1n}^{s}r_1)](\xi_{1n}^{s}D_1^{p}+\xi_{1n}^{s}D_2^{p}) \tag{3-102}$$

$$\xi_{1n}^{s}=\frac{\int_0^H\cos\left(\frac{\omega}{V^{p}}z\right)\cos(h_n^{s}z)\mathrm{d}z}{L_{1n}^{s}\{I_0(q_{0n}^{s}r_0)[p_{1n}^{s}I_0(q_{1n}^{s}r_1)+K_0(q_{1n}^{s}r_1)-\beta_{1n}^{s}]-\beta_{0n}^{s}[p_{1n}^{s}I_0(q_{1n}^{s}r_1)+K_0(q_{1n}^{s}r_1)]\}} \tag{3-103}$$

$$\xi_{2n}^{s}=\frac{\int_0^H\sin\left(\frac{\omega}{V^{p}}z\right)\cos(h_n^{s}z)\mathrm{d}z}{L_{1n}^{s}\{I_0(q_{0n}^{s}r_0)[p_{1n}^{s}I_0(q_{1n}^{s}r_1)+K_0(q_{1n}^{s}r_1)-\beta_{1n}^{s}]-\beta_{0n}^{s}[p_{1n}^{s}I_0(q_{1n}^{s}r_1)+K_0(q_{1n}^{s}r_1)]\}} \tag{3-104}$$

由此可解出

$$N_{1n}^{s}=I_0(q_{0n}^{s}r_0)(\xi_{1n}^{s}D_1^{p}+\xi_{1n}^{s}D_2^{p})\left\{\frac{\omega}{V^{p}}\cos\left(\frac{\omega}{V^{p}}H\right)-\sum_{n=1}^{\infty}\beta_{1n}^{s}I_0(q_{0n}^{s}r_0)\xi_{2n}^{s}h_{1n}^{s}\sin(h_{1n}^{s}H)\right.$$
$$-\sum_{n=1}^{\infty}\beta_{0n}^{s}[p_{1n}^{s}I_0(q_{1n}^{s}r_1)+K_0(q_{1n}^{s}r_1)]\xi_{2n}^{s}h_{0n}^{s}\sin(h_{0n}^{s}H)+\frac{k^{p}+\delta^{p}s}{E^{p}A^{p}}\left[\sin\left(\frac{\omega}{V^{p}}H\right)\right.$$
$$\left.\left.+\sum_{n=1}^{\infty}\beta_{1n}^{s}I_0(q_{0n}^{s}r_0)\xi_{2n}^{s}\cos(h_{1n}^{s}H)+\sum_{n=1}^{\infty}\beta_{0n}^{s}[p_{1n}^{s}I_0(q_{1n}^{s}r_1)+K_0(q_{1n}^{s}r_1)]\xi_{2n}^{s}\cos(h_{0n}^{s}H)\right]\right\} \tag{3-105}$$

令

$$\xi^{\mathrm{p}}=\frac{D_1^{\mathrm{p}}}{D_2^{\mathrm{p}}}=\left\{\frac{\omega}{V^{\mathrm{p}}}\sin\left(\frac{\omega}{V^{\mathrm{p}}}H\right)+\sum_{n=1}^{\infty}\beta_{1n}^{\mathrm{s}}I_0(q_{0n}^{\mathrm{s}}r_0)\xi_{1n}^{\mathrm{s}}h_{1n}^{\mathrm{s}}\sin(h_{1n}^{\mathrm{s}}H)+\sum_{n=1}^{\infty}\beta_{0n}^{\mathrm{s}}[p_{1n}^{\mathrm{s}}I_0(q_{1n}^{\mathrm{s}}r_1)\right.$$

$$+K_0(q_{1n}^{\mathrm{s}}r_1)]\xi_{1n}^{\mathrm{s}}h_{0n}^{\mathrm{s}}\sin(h_{0n}^{\mathrm{s}}H)-\frac{k^{\mathrm{p}}+\delta^{\mathrm{p}}s}{E^{\mathrm{p}}A^{\mathrm{p}}}\left[\cos\left(\frac{\omega}{V^{\mathrm{p}}}H\right)+\sum_{n=1}^{\infty}\beta_{1n}^{\mathrm{s}}I_0(q_{0n}^{\mathrm{s}}r_0)\xi_{1n}^{\mathrm{s}}\cos(h_{1n}^{\mathrm{s}}H)\right.$$

$$\left.\left.+\sum_{n=1}^{\infty}\beta_{0n}^{\mathrm{s}}[p_{1n}^{\mathrm{s}}I_0(q_{1n}^{\mathrm{s}}r_1)+K_0(q_{1n}^{\mathrm{s}}r_1)]\xi_{1n}^{\mathrm{s}}\cos(h_{0n}^{\mathrm{s}}H)\right]\right\}$$

则桩身位移为

$$U^{\mathrm{p}}(z,s)=-\frac{V^{\mathrm{p}}P(s)}{\omega E^{\mathrm{p}}A^{\mathrm{p}}}\left[\xi^{\mathrm{p}}\cos\left(\frac{\omega}{V^{\mathrm{p}}}z\right)+\sin\left(\frac{\omega}{V^{\mathrm{p}}}z\right)+\sum_{n=1}^{\infty}\beta_{1n}^{\mathrm{s}}I_0(q_{1n}^{\mathrm{s}}r_0)(\xi_{1n}^{\mathrm{s}}\xi^{\mathrm{p}}+\xi_{2n}^{\mathrm{s}})\cos(h_{1n}^{\mathrm{s}}z)\right.$$

$$\left.+\sum_{n=1}^{\infty}\beta_{0n}^{\mathrm{s}}[p_{1n}^{\mathrm{s}}I_0(q_{1n}^{\mathrm{s}}r_1)+K_0(q_{1n}^{\mathrm{s}}r_1)](\xi_{1n}^{\mathrm{s}}\xi^{\mathrm{p}}+\xi_{2n}^{\mathrm{s}})\cos(h_{0n}^{\mathrm{s}}z)\right]\tag{3-106}$$

令 $s=\mathrm{i}\omega$，则 Laplace 变换相当于单边的傅里叶变换，可得到管桩桩顶复刚度表达式为

$$K_{\mathrm{d}}=\frac{P(\mathrm{i}\omega)}{U^{\mathrm{p}}(0,\mathrm{i}\omega)}=-\frac{\omega E^{\mathrm{p}}A^{\mathrm{p}}}{V^{\mathrm{p}}}\Big/\left[\xi^{\mathrm{p}}+\sum_{n=1}^{\infty}\beta_{1n}^{\mathrm{s}}I_0(q_{0n}^{\mathrm{s}}r_0)(\xi_{1n}^{\mathrm{s}}\xi^{\mathrm{p}}+\xi_{2n}^{\mathrm{s}})\cos(h_{1n}^{\mathrm{s}}z)\right.$$

$$\left.+\sum_{n=1}^{\infty}\beta_{0n}^{\mathrm{s}}[p_{1n}^{\mathrm{s}}I_0(q_{0n}^{\mathrm{s}}r_0)+K_0(q_{0n}^{\mathrm{s}}r_1)](\xi_{1n}^{\mathrm{s}}\xi^{\mathrm{p}}+\xi_{2n}^{\mathrm{s}})\cos(h_{0n}^{\mathrm{s}}z)\right]$$

$$=\frac{E^{\mathrm{p}}A^{\mathrm{p}}}{H}K_{\mathrm{d}}'\tag{3-107}$$

式中，K_{d}'为无量纲复刚度，令 $T_{\mathrm{c}}=H/V^{\mathrm{p}}$，$\theta=\omega T_{\mathrm{c}}$，$\kappa=\xi^{\mathrm{p}}+\sum_{n=1}^{\infty}\beta_{1n}^{\mathrm{s}}I_0(q_{0n}^{\mathrm{s}}r_0)(\xi_{1n}^{\mathrm{s}}\xi^{\mathrm{p}}+\xi_{2n}^{\mathrm{s}})\cos(h_{1n}^{\mathrm{s}}z)+\sum_{n=1}^{\infty}\beta_{0n}^{\mathrm{s}}[p_{1n}^{\mathrm{s}}I_0(q_{0n}^{\mathrm{s}}r_0)+K_0(q_{0n}^{\mathrm{s}}r_1)](\xi_{1n}^{\mathrm{s}}\xi^{\mathrm{p}}+\xi_{2n}^{\mathrm{s}})\cos(h_{0n}^{\mathrm{s}}z)$，则 $K_{\mathrm{d}}'=-\theta/\kappa$。令 $K_{\mathrm{d}}'=k_{\mathrm{r}}+\mathrm{i}k_{\mathrm{i}}$，其中 k_{r} 代表桩顶动刚度，k_{i} 代表桩顶动阻尼。

根据傅里叶变换的性质，单位脉冲激励作用下桩顶时域速度响应为

$$h(t)=\mathrm{IFT}[H_{\mathrm{v}}(\mathrm{i}\omega)]=\frac{1}{2\pi}\int_{-\infty}^{+\infty}-\frac{\mathrm{i}}{T_{\mathrm{c}}\rho^{\mathrm{p}}A^{\mathrm{p}}V^{\mathrm{p}}}\left[(D_1^{\mathrm{p}}/D_2^{\mathrm{p}})\left(1+\sum_{n=1}^{\infty}\gamma_n'\right)-\sum_{n=1}^{\infty}\gamma_n''\right]\mathrm{e}^{\mathrm{i}\theta t'}\mathrm{d}\theta\tag{3-108}$$

式中，$t'=t/T_{\mathrm{c}}$ 为无量纲时间。

由卷积定理知，在任意激振力 $p(t)$（$P(\mathrm{i}\omega)$ 为 $p(t)$ 的傅里叶变换），桩顶时域速度响应为

$$g(t)=p(t)*h(t)=\mathrm{IFT}[P(\mathrm{i}\omega)\times H(\mathrm{i}\omega)]\tag{3-109}$$

特别地，当桩顶处激励 $p(t)$ 为半正弦脉冲时，即

$$p(t)=Q_{\max}\sin\frac{\pi}{T}t,\quad t\in(0,T)\tag{3-110}$$

其中，T 为脉冲宽度。

进一步由式（3-86）可得半正弦脉冲激振力作用下桩顶时域速度响应半解析解为

$$g(t)=Q_{\max}\mathrm{IFT}\left[-\frac{1}{\rho^{\mathrm{p}}A^{\mathrm{p}}V^{\mathrm{p}}}H'_{\mathrm{v}}\frac{\pi T}{\pi^2-T^2\omega^2}(1+\mathrm{e}^{-\mathrm{i}\omega T})\right]=-\frac{Q_{\max}}{\rho^{\mathrm{p}}A^{\mathrm{p}}V^{\mathrm{p}}}V'_{\mathrm{v}}$$

（3-111）

式中，$V'_{\mathrm{v}}=\frac{1}{2\pi}\int_{-\infty}^{+\infty}\left[H'_{\mathrm{v}}\frac{\pi T'}{\pi^2-T'^2\theta^2}(1+\mathrm{e}^{-\mathrm{i}\omega T'})\right]\mathrm{e}^{-\mathrm{i}\omega t'}\mathrm{d}\theta$，$T'=T/T_{\mathrm{c}}$ 为无量纲脉冲宽度因子。

3.3.3　解析模型验证与对比分析

本节算例基于图3-17所示考虑桩周土竖向波动效应的管桩-土体系耦合纵向振动力学模型，采用前述推导求解所得的基于黏性阻尼模型的径向非均质三维轴对称土体中桩顶纵向振动动力阻抗解析解。

已有研究结果表明，当桩周土体径向圈层数量 $m=20$ 以上时，可以忽略划分圈层数对计算结果的影响[33]。这样，在后续分析中将桩周土体内部区域统一沿径向划分为20个圈层。如无特殊说明，具体参数取值如下：第 j 圈层桩周土密度为 $\rho_j^{\mathrm{s}}=2000\mathrm{kg/m^3}$，泊松比 $\nu_j=0.4$，假定外部区域剪切波速 V_{m+1}^{s}（$V_{m+1}^{\mathrm{s}}=\sqrt{G_{m+1}^{\mathrm{s}}/\rho_{m+1}^{\mathrm{s}}}$）至内部扰动区域第1圈层剪切波速 V_1^{s} 呈现线性变化，即剪切模量呈现二次函数变化规律。同时，定义施工扰动系数 $\beta=V_1^{\mathrm{s}}/V_{m+1}^{\mathrm{s}}$ 以描述桩周土体施工扰动程度，具体取 $V_{m+1}^{\mathrm{s}}=50\mathrm{m/s}$，$\beta=0.6$（$\beta>1$ 代表施工硬化，$\beta<1$ 代表施工软化，如图3-18所示），取施工扰动范围 $b=r_1$。桩周土体黏性阻尼系数从外部区域至内部区域第1圈层亦呈现二次函数变化，且有 $\beta=\sqrt{c_1^{\mathrm{s}}/c_{m+1}^{\mathrm{s}}}$，取 $c_{m+1}^{\mathrm{s}}=5\mathrm{kN\cdot s/m^2}$。

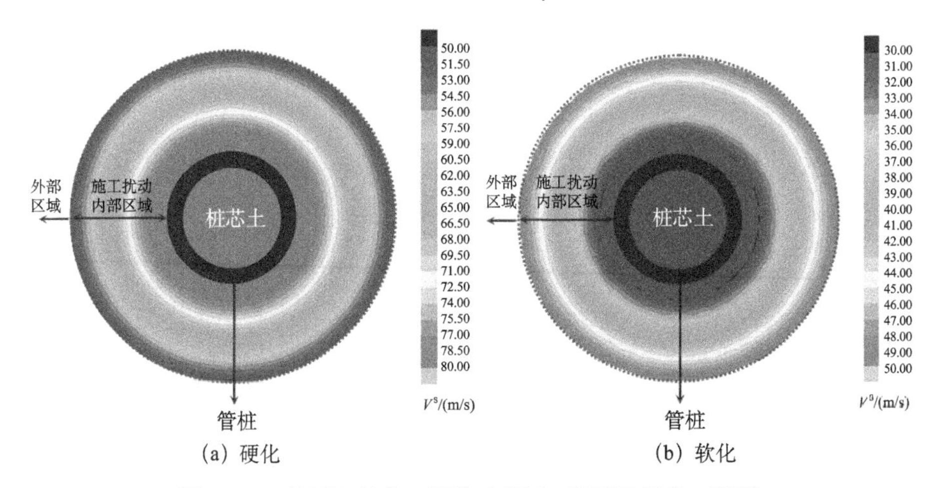

图3-18　桩周土软化、硬化示意图（彩图见封底二维码）

土层底部支承刚度系数 $K_j^s=0.1E_j^s$，桩芯土与第 1 圈层桩周土各参数取值相同。桩长、内半径、外半径、密度、波速、桩底弹性系数和阻尼系数分别为 $H=0.5\text{m}$、$r_0=0.38\text{m}$、$r_1=0.5\text{m}$、$\rho_j^p=2500\text{kg/m}^3$、$V^p=3200\text{m/s}$（$V^p=\sqrt{E^p/\rho^p}$）、$k^p=10^6\text{N/m}$、$\delta^p=10^6\text{N}\cdot\text{s/m}^2$。

为验证本节所推导考虑桩周土竖向波动效应的三维轴对称径向非均质黏性阻尼土体中管桩桩顶纵向振动动力阻抗解析解的合理性，将径向非均质桩周土退化成均质土与文献［49］已有均质土中桩纵向动力阻抗解析解进行对比验证，如图 3-19 所示。进一步地，将管桩退化到实体桩（黏性阻尼系数取为 0），与文献［169］已有径向非均质滞回阻尼土（滞回阻尼比取为 0）中实体桩纵向动力阻抗解析解进行对比验证，如图 3-20 所示。从图中不难看出，本节所推导径向非均质土体中管桩纵向振动动力阻抗退化解曲线与文献［49］和文献［169］中结果吻合。

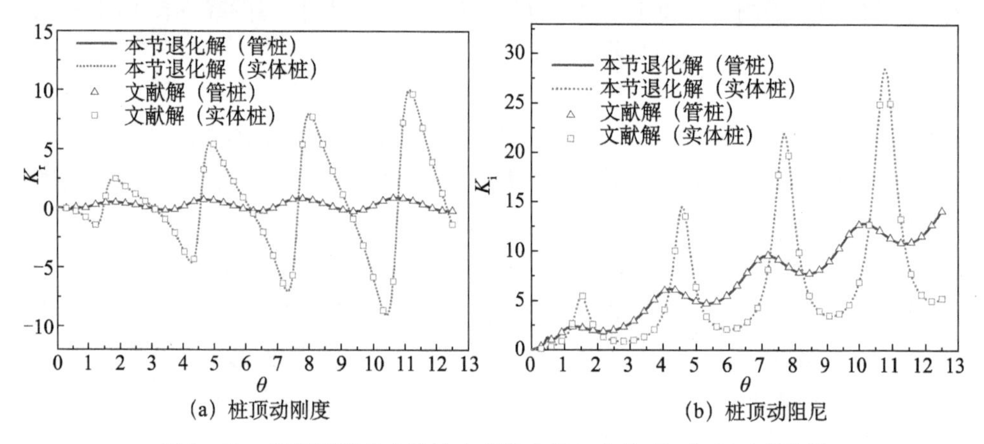

(a) 桩顶动刚度　　(b) 桩顶动阻尼

图 3-19　管桩桩顶动力阻抗本节退化解与文献［49］解对比情况

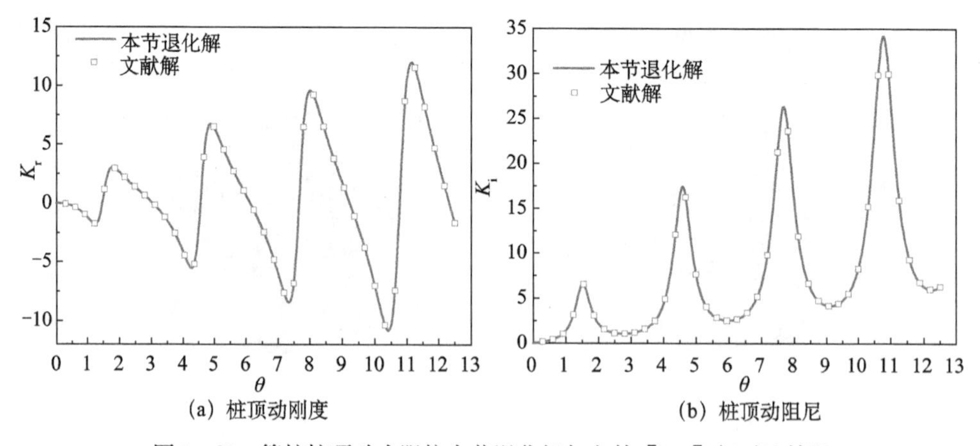

(a) 桩顶动刚度　　(b) 桩顶动阻尼

图 3-20　管桩桩顶动力阻抗本节退化解与文献［169］解对比情况

3.3.4 纵向振动参数化分析

图3-21所示为管桩桩长对桩顶动力阻抗的影响情况。由图可见，管桩桩长对桩顶动力阻抗变化的影响显著。具体地，随着管桩桩长增加，管桩内外壁的桩侧摩阻力增大，动力阻抗曲线振幅水平降低，共振频率减小。桩长变化对桩顶动力阻抗的影响随其增加而逐步衰减趋于稳定。

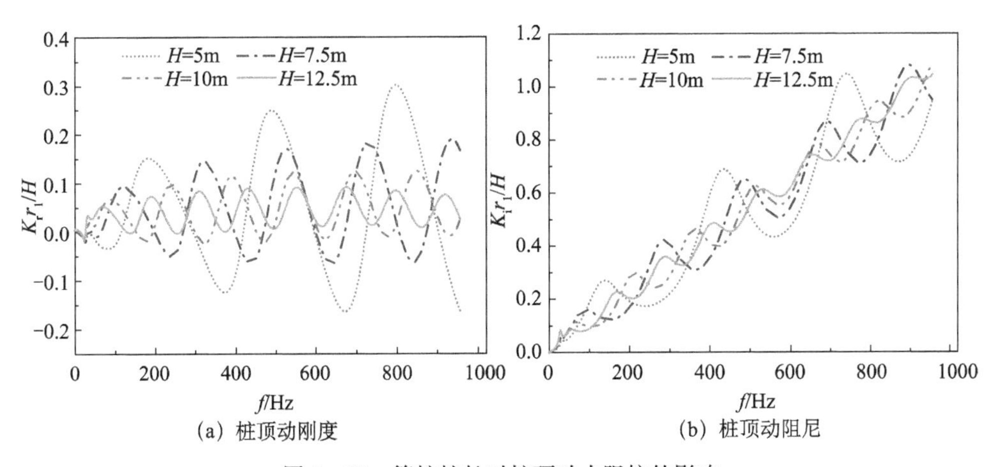

图3-21　管桩桩长对桩顶动力阻抗的影响

图3-22所示为管桩内径对桩顶动力阻抗的影响情况。不难看出，随着管桩内径的减小，动力阻抗曲线的振幅水平和共振频率均显著增加。特别地，当 $r_0=0$（即退化为实体桩）时，桩顶动力阻抗曲线振幅水平最高，由此可见，管桩桩芯土体的存在对管桩桩体具有一定的减振效应，且管桩内径变化对桩顶动刚度和动阻尼的影响呈现逐步衰减的趋势。

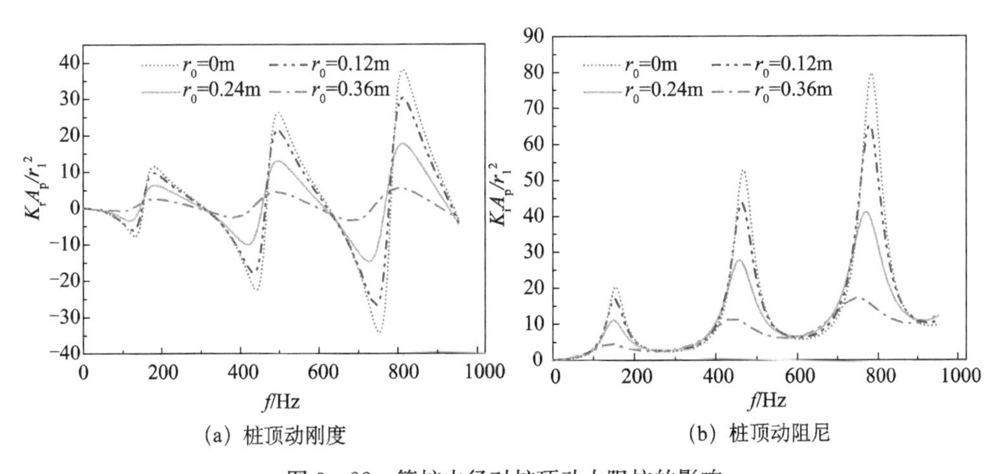

图3-22　管桩内径对桩顶动力阻抗的影响

图 3 - 23 所示为管桩桩顶动力阻抗曲线随施工扰动引起桩周土软化程度变化情况。由图可见，桩周土软化程度对桩顶动力阻抗振幅影响显著。具体地，桩周土体软化程度越高，桩顶动刚度和动阻尼曲线振幅越大。相对振幅而言，桩周土软化程度对桩顶动力阻抗共振频率影响较小，随软化程度增大仅有小幅增加。

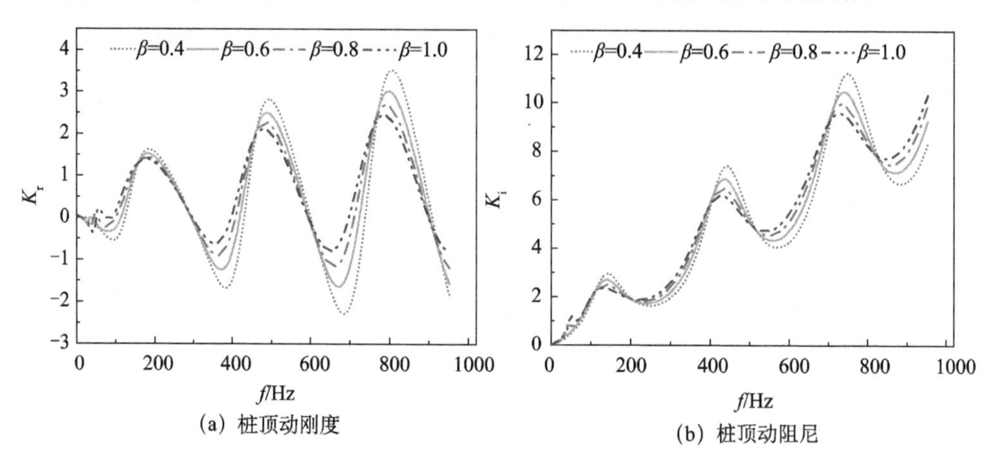

(a) 桩顶动刚度　　(b) 桩顶动阻尼

图 3 - 23　施工扰动引起桩周土软化程度对桩顶动力阻抗的影响

图 3 - 24 所示为管桩桩顶动力阻抗曲线随桩周土体硬化程度的变化情况。由图可见，施工扰动引起桩周土硬化程度对桩顶动力阻抗曲线振幅影响显著。具体地，桩周土体硬化程度越高，桩顶动刚度和动阻尼曲线振幅越小。与桩周土软化程度影响类似，桩周土硬化程度对桩顶动力阻抗共振频率影响相对较小，随硬化程度增大仅有小幅降低。

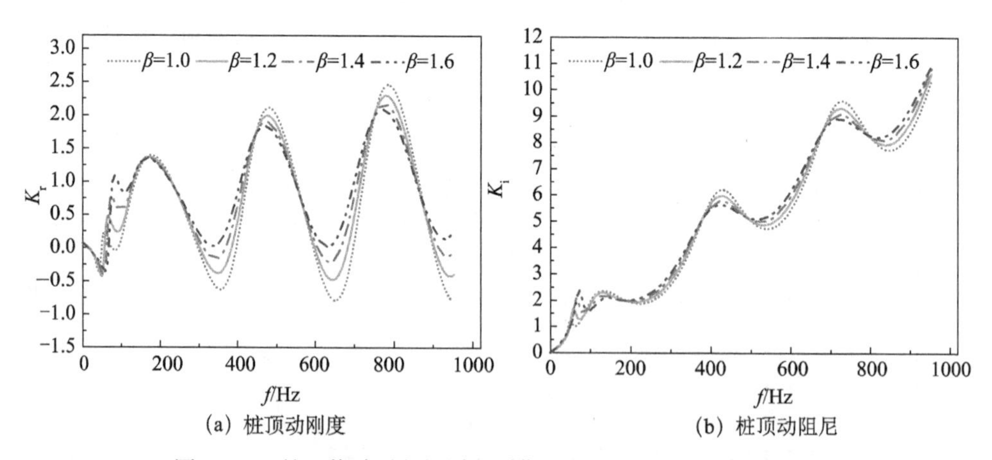

(a) 桩顶动刚度　　(b) 桩顶动阻尼

图 3 - 24　施工扰动引起桩周土硬化程度对桩顶动力阻抗的影响

图 3 - 25 所示为施工扰动土体软化范围对桩顶动力阻抗的影响情况。由图可见，桩顶动力阻抗振幅随桩周土软化范围增加而增大。与实体桩不同的是，由于

存在桩芯土，管桩仅有近桩小范围内桩周土施工扰动对其动力阻抗产生实质影响。这样，桩周土软化范围变化对桩顶动刚度振幅的影响程度随其增加而增大，且当其达到一定幅值后（本节当 $b=0.5r_1$ 时）此种影响效应趋于稳定。不同地，桩周土软化范围的改变对管桩桩顶动力阻抗共振频率影响较小，桩顶动力阻抗共振频率随桩周土软化范围增加仅有小幅增大。

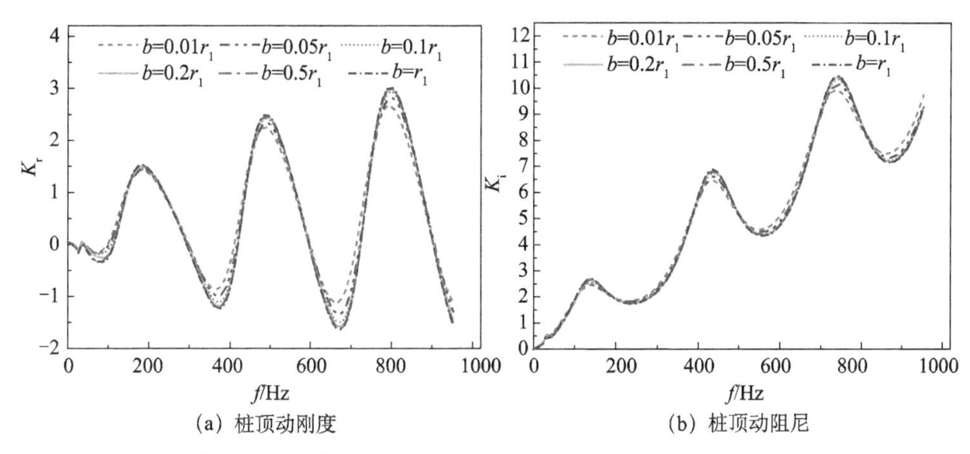

(a) 桩顶动刚度　　(b) 桩顶动阻尼

图 3－25　施工扰动土体软化范围对桩顶动力阻抗的影响（$\beta=0.6$）（彩图见封底二维码）

施工扰动硬化范围对桩顶动力阻抗的影响情况如图 3－26 所示。由图可见，桩顶动力阻抗振幅随施工扰动引起桩周土硬化范围增加而减小。由于管桩仅是桩周土近桩小范围内施工扰动对其桩顶动力阻抗产生实质影响，桩周土硬化范围变化对桩顶动刚度振幅影响程度随其增加而大幅衰减，当其达到一定幅值（本节中当 $b=0.5r_1$）后此种影响趋于稳定。不同地，桩周土硬化范围改变对管桩桩顶动力阻抗共振频率影响较小，桩顶动力阻抗共振频率随桩周土硬化范围增加仅有小幅减小。

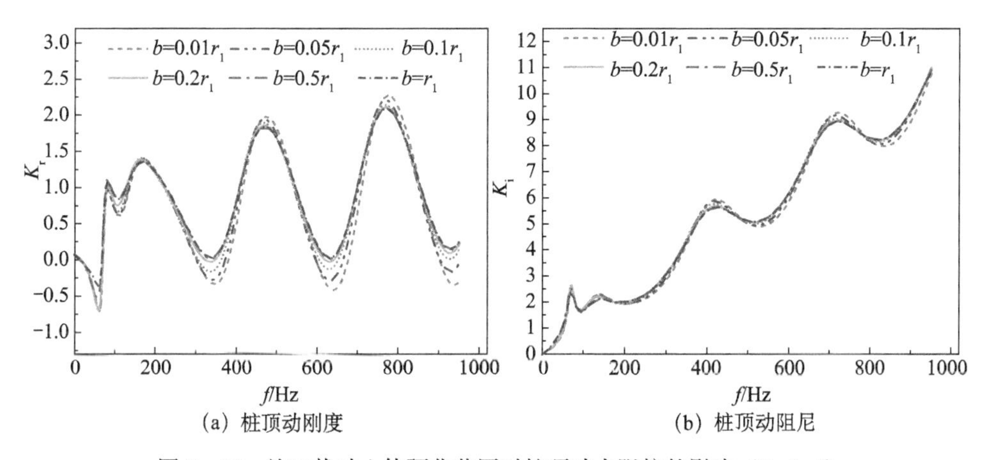

(a) 桩顶动刚度　　(b) 桩顶动阻尼

图 3－26　施工扰动土体硬化范围对桩顶动力阻抗的影响（$\beta=1.6$）

图 3－27 所示为管桩桩长对桩顶动力响应特性的影响情况。由图可见，管桩桩长对桩顶速度导纳和反射波曲线影响显著。具体地，随着管桩桩长增加，管桩内、外壁桩侧摩阻力增大，桩顶速度导纳曲线振幅水平降低，共振频率减小。由反射波曲线可以看出，随着管桩桩长增加，反射波曲线上桩尖反射信号幅值变小，且当桩长增大到一定幅值水平后（本节当 H=12.5m 时），第二次反射信号的幅值已衰减为趋于零的极小值。

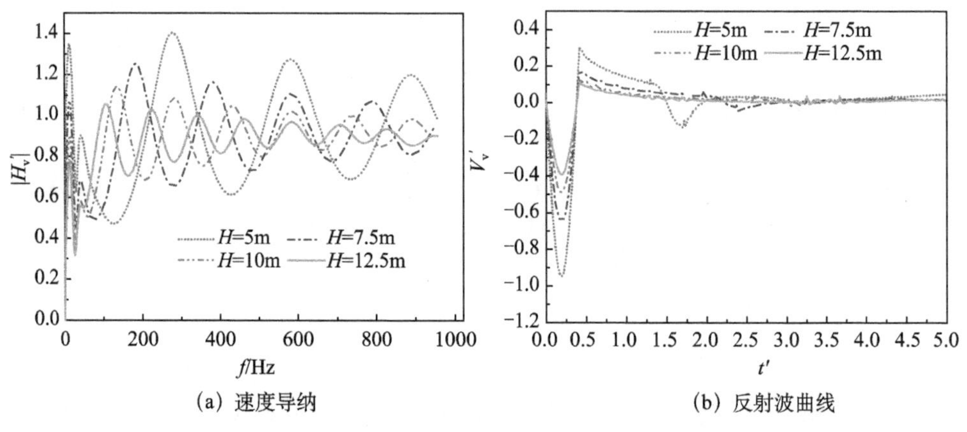

(a) 速度导纳　　(b) 反射波曲线

图 3－27　管桩桩长对桩顶动力响应特性的影响情况

管桩内径对桩顶动力响应特性的影响情况如图 3－28 所示。不难看出，随着管桩内径减小，桩顶速度导纳曲线的振幅水平和共振频率均显著增大。特别地，当退化为实体桩时，桩顶速度导纳曲线振幅水平最高。此外，随着管桩内径的减小，反射波能量在历次反射中消耗程度亦随之减小，桩尖处多次反射波信号幅值均随之增大。

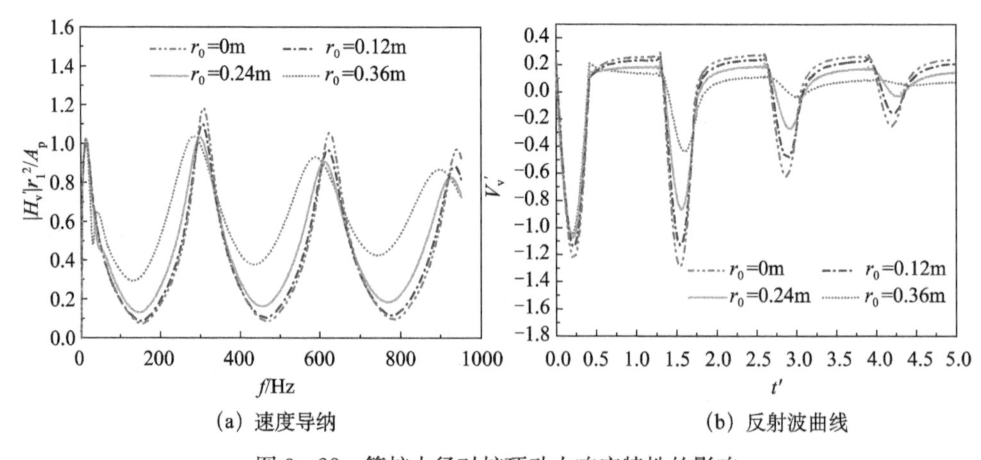

(a) 速度导纳　　(b) 反射波曲线

图 3－28　管桩内径对桩顶动力响应特性的影响

图3-29所示为桩周土体黏性阻尼系数对桩顶动力响应特性的影响情况。由图可见，随着桩周土体黏性阻尼系数增加，桩顶速度导纳振幅和共振频率以及桩尖反射信号幅值均显著减小，且桩周土体黏性阻尼系数变化对桩顶速度导纳的影响程度随其增加而逐步衰减至稳定。

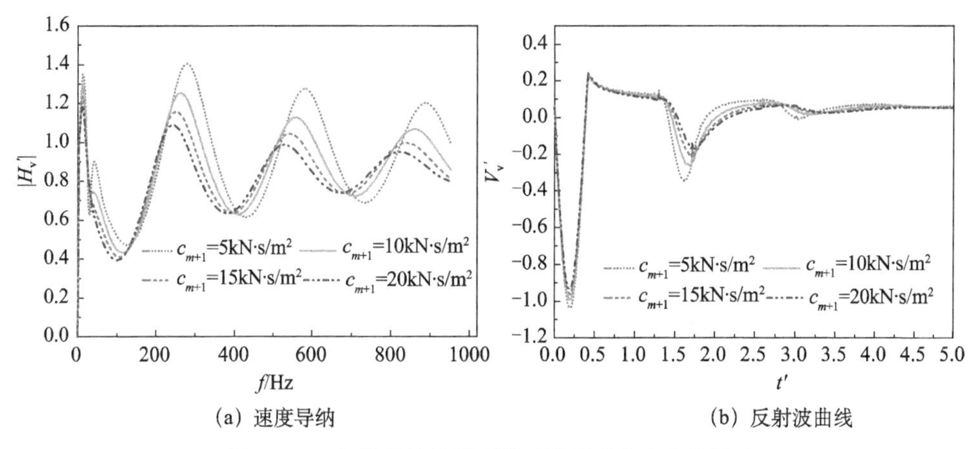

(a) 速度导纳　　(b) 反射波曲线

图3-29　土体黏性阻尼系数对桩顶动力响应的影响

管桩桩顶动力响应特性随施工扰动引起桩周土软化程度的变化情况如图3-30所示。由图可见，在频率相同的情况下，桩周土体软化程度越高，桩顶速度导纳曲线振幅越大。相对而言，桩周土软化程度对桩顶速度导纳曲线共振频率影响较小。具体地，桩顶速度导纳曲线共振频率随软化程度增大仅有小幅增加。此外，施工扰动引起管桩桩周土体软化程度越高，桩尖反射信号幅值水平越高。

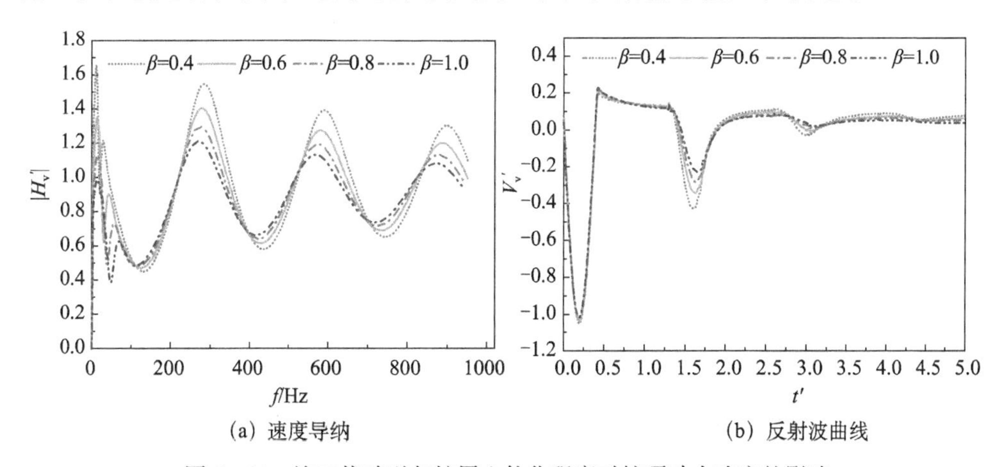

(a) 速度导纳　　(b) 反射波曲线

图3-30　施工扰动引起桩周土软化程度对桩顶动力响应的影响

图3-31所示为桩顶动力响应曲线随施工扰动引起桩周土硬化程度的变化情况。由图可见，施工扰动引起桩周土硬化程度对桩顶速度导纳振幅有显著影响。

具体地，在频率相同情况下，桩周土体硬化程度越高，桩顶速度导纳曲线振幅越小。与桩周土软化程度影响类似，桩周土硬化程度对桩顶速度导纳共振频率影响较小，随硬化程度增大仅有小幅降低。此外，施工扰动引起的管桩桩周土硬化程度越高，桩尖反射信号越弱。

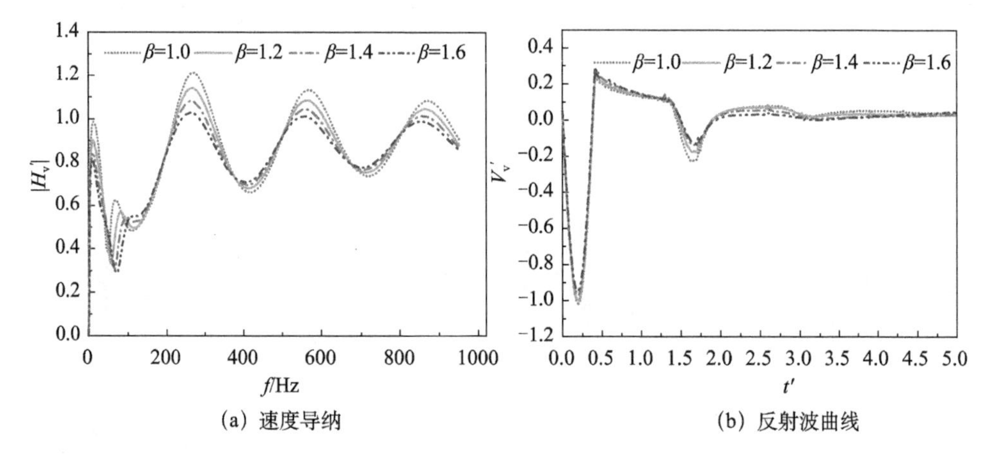

(a) 速度导纳　　(b) 反射波曲线

图 3-31　施工扰动引起桩周土硬化程度对桩顶动力响应的影响

图 3-32 所示为施工扰动引起桩周土软化范围对桩顶动力响应特性的影响情况。由图可见，桩顶速度导纳曲线振幅和桩尖反射波信号幅值随桩周土软化范围增加而增大，而速度导纳共振频率变化可以忽略。桩周土硬化范围变化对桩顶速度导纳和反射波曲线的影响程度逐步衰减至趋于稳定。

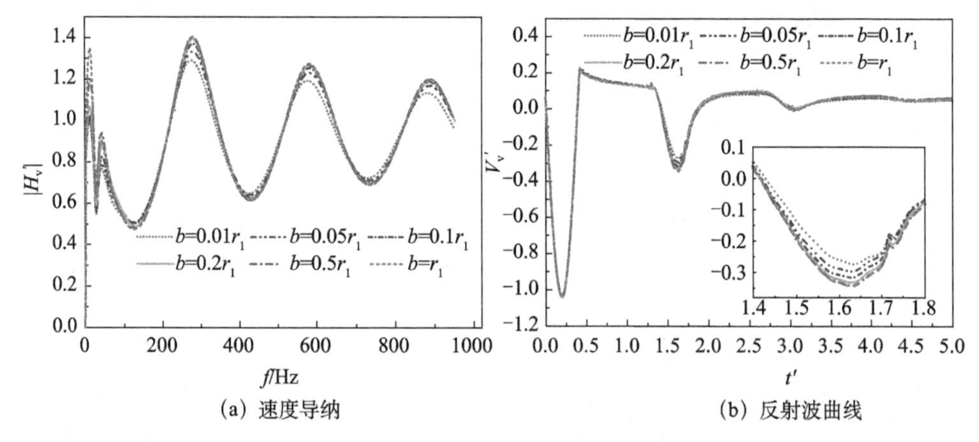

(a) 速度导纳　　(b) 反射波曲线

图 3-32　施工扰动土体软化范围对桩顶动力响应的影响（$\beta=0.6$）

施工扰动引起桩周土硬化范围对桩顶动力响应特性的影响情况如图 3-33 所示。由图可见，桩顶速度导纳曲线振幅和桩尖反射波信号幅值随桩周土硬化范围增加而减小，而速度导纳共振频率变化可以忽略。桩周土硬化范围变化对桩顶速度导纳和反射波曲线的影响程度逐步衰减，当其达到一定幅值后此种影响亦趋于稳定。

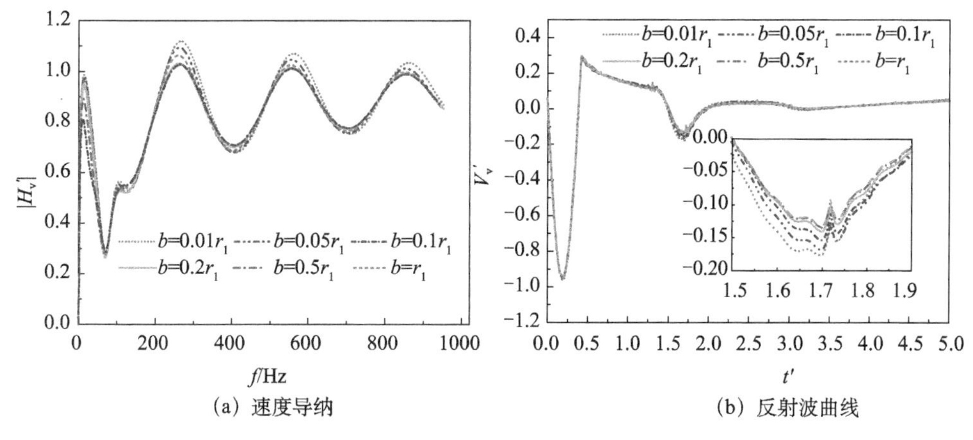

(a) 速度导纳　　(b) 反射波曲线

图 3-33　施工扰动土体硬化范围对桩顶动力响应的影响（β=1.6）

3.4　基于三维连续介质模型双向非均质土中实体桩纵向振动解析解答

3.4.1　力学简化模型与定解问题

将桩-土体耦合振动系统沿纵向分成 m 个层段，将桩长为 H 的桩自桩身底部由下往上依次编号为 1，2，…，i，…，m 层段，各层段厚度分别为 l_1，l_2，…，l_i，…，l_m，各层段顶部埋深分别为 h_1，h_2，…，h_i…，h_m。第 i 层段桩半径、截面积、密度和弹性模量分别为 r_{i1}、A_i^p、ρ_i^p 和 E_i^p，桩底黏弹性支承刚度系数为 δ_p、k_p。同时，将纵向第 i 层段桩周土体沿径向划分为内部扰动区域和外部区域，桩周土体内部扰动区域径向厚度为 b_i，并将内部扰动区域沿径向划分 m' 个圈层，第 j 圈层土体拉梅常量、剪切模量、弹性模量、黏性阻尼系数、密度和土层底部黏弹性支承常数分别为 λ_{ij}^s、G_{ij}^s、E_{ij}^s、c_{ij}^s、ρ_{ij}^s 和 k_{1j}^s、δ_{1j}^s，第 $j-1$ 个圈层与第 j 圈层的界面处半径为 r_{ij}。特别地，内部区域和外部区域界面处的半径为 $r_{i(m'+1)}$，外部区域则为径向半无限均匀黏弹性介质。桩顶作用任意激振力 $p(t)$，桩周土对桩身产生的切应力为 f_i^s，各纵向层段的相互作用简化为 Winkler 分布式黏弹性 Voigt 体，第 $i-1$ 层段对第 i 层段作用的 Voigt 体弹簧系数和阻尼系数为 k_{ij}^s、δ_{ij}^s，第 $i+1$ 层段对第 i 层段作用的 Voigt 体弹簧系数和阻尼系数为 $k_{(i+1)j}^s$、$\delta_{(i+1)j}^s$，桩-土耦合振动体系力学简化模型如图 3 - 34 所示。

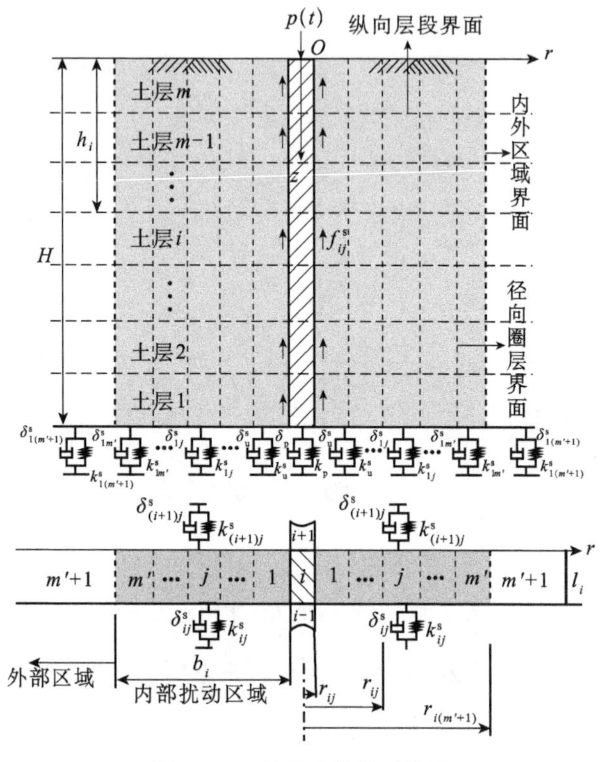

图 3 - 34　计算力学模型简图

基本假定如下：

(1) 各层段桩身假定为均质等截面弹性体，桩体底部为黏弹性支承。

(2) 桩周土体内部扰动区域沿径向所划分的 m' 个圈层为均质、各向同性黏弹性体；外部区域为径向半无限均匀黏弹性介质。

(3) 桩-土体耦合振动系统满足线弹性和小变形条件。

(4) 桩周土与桩壁界面上产生的剪应力，通过桩-土界面剪切复刚度传递给桩身，桩-土之间完全接触。

(5) 各层段中桩周土剪切波速从外部区域至内部扰动区域最内圈层呈现线性变化，即剪切模量呈现二次函数变化规律，桩周土体黏性阻尼系数与剪切模量相同。

设第 i 层段第 j 圈层土体位移为 $u_{ij}^{s}(r,z,t)$，根据弹性动力学基本理论，建立轴对称条件下土体的振动方程为

$$(\lambda_{ij}^{s}+2G_{j}^{s})\frac{\partial^{2}}{\partial z^{2}}u_{ij}^{s}(r,z,t)+G_{ij}^{s}\left(\frac{1}{r}\frac{\partial}{\partial r}+\frac{\partial^{2}}{\partial r^{2}}\right)u_{ij}^{s}(r,z,t)$$

$$+c_{ij}^{s}\frac{\partial}{\partial t}\left[\left(\frac{\partial^{2}}{\partial z^{2}}+\frac{1}{r}\frac{\partial}{\partial r}+\frac{\partial^{2}}{\partial r^{2}}\right)u_{ij}^{s}(r,z,t)\right]=\rho_{ij}^{s}\frac{\partial^{2}}{\partial t^{2}}u_{ij}^{s}(r,z,t) \qquad (3-112)$$

对于黏性阻尼土，第 i 层段土对桩身单位面积的侧壁切应力 $\tau_{i1}^{s}(r,z,t)$ 为

$$\tau_{i1}^{s}(r,z,t)=G_{i1}^{s}\frac{\partial u_{i1}^{s}(r,z,t)}{\partial r}+c_{i1}^{s}\frac{\partial^{2}u_{i1}^{s}(r,z,t)}{\partial t\,\partial r} \tag{3-113}$$

令 $u_{i}^{p}(z,t)$ 为第 i 层段桩身质点纵向振动位移，m_{i}^{p} 为桩的单位长度质量，取桩身微元体作动力平衡分析，可得桩作纵向振动基本方程如下：

$$E_{i}^{p}A_{i}^{p}\frac{\partial^{2}u_{i}^{p}(z,t)}{\partial z^{2}}-m_{i}^{p}\frac{\partial^{2}u_{i}^{p}(z,t)}{\partial t^{2}}-2\pi r_{i1}f_{i}^{s}(z,t)=0 \tag{3-114}$$

式中，$f_{i}^{s}(z,t)=\tau_{i1}^{s}(r,z,t)\big|_{r=r_{i1}}$，$m_{i}^{p}=\rho_{i}^{p}A_{i}^{p}$，$A_{i}^{p}=\pi r_{i1}^{2}$。

上述式（3－112）、（3－114）即为基于黏性阻尼土模型的桩-土体系耦合纵向振动控制方程。

第 i 层段桩-土体系耦合振动问题定解条件如下：

（1）土层边界条件。土层顶面：

$$\left.\frac{\partial u_{ij}^{s}(r,z,t)}{\partial z}\right|_{z=H}=-\left(\frac{k_{(i+1)j}^{s}u_{ij}^{s}(r,z,t)}{E_{ij}^{s}}+\frac{\delta_{(i+1)j}^{s}}{E_{ij}^{s}}\frac{\partial u_{ij}^{s}(r,z,t)}{\partial t}\right) \tag{3-115}$$

土层底面：

$$\left.\frac{\partial u_{ij}^{s}(r,z,t)}{\partial z}\right|_{z=h_{i}+l_{i}}=-\left(\frac{k_{ij}^{s}u_{ij}^{s}(r,z,t)}{E_{ij}^{s}}+\frac{\delta_{ij}^{s}}{E_{ij}^{s}}\frac{\partial u_{ij}^{s}(r,z,t)}{\partial t}\right) \tag{3-116}$$

相邻各圈层间应力平衡、位移连续：

$$\left.u_{ij}^{s}(r,z,t)\right|_{r=r_{i(j+1)}}=\left.u_{i(j+1)}^{s}(r,z,t)\right|_{r=r_{i(j+1)}} \tag{3-117}$$

$$\left.G_{ij}^{s}\frac{\partial u_{ij}^{s}(r,z,t)}{\partial r}+c_{ij}^{s}\frac{\partial^{2}u_{ij}^{s}(r,z,t)}{\partial t\,\partial r}\right|_{r=r_{j+1}}$$

$$=\left.G_{i(j+1)}^{s}\frac{\partial u_{i(j+1)}^{s}(r,z,t)}{\partial r}+c_{i(j+1)}^{s}\frac{\partial^{2}u_{i(j+1)}^{s}(r,z,t)}{\partial t\,\partial r}\right|_{r=r_{i(j+1)}} \tag{3-118}$$

（2）桩段边界条件。顶部：

$$\left.\frac{\mathrm{d}u_{i}^{p}}{\mathrm{d}z}\right|_{z=h_{i}}=-\frac{Z_{i}^{p}u_{i}^{p}}{E_{i}^{p}A_{i}^{p}} \tag{3-119}$$

底部：

$$\left.\frac{\mathrm{d}u_{i}^{p}}{\mathrm{d}z}\right|_{z=h_{i}+l_{i}}=-\frac{Z_{i-1}^{p}u_{i}^{p}}{E_{i}^{p}A_{i}^{p}} \tag{3-120}$$

式中，Z_{i-1}^{p}、Z_{i}^{p} 分别为桩底部和顶部阻抗值。相邻桩段满足力平衡和位移连续条件，由此可得桩段界面两侧阻抗值相等。

（3）桩、土界面位移连续条件

$$u_{i1}^{s}(r,z,t)\big|_{r=r_{i1}}=u_{i}^{p}(z,t) \tag{3-121}$$

3.4.2　定解问题求解

对方程（3－112）进行 Laplace 变换得

$$(\lambda_{ij}^{s}+2G_{ij}^{s})\frac{\partial^2}{\partial z^2}U_{ij}^{s}(r,z,s)+G_{ij}^{s}\left(\frac{1}{r}\frac{\partial}{\partial r}+\frac{\partial^2}{\partial r^2}\right)U_{ij}^{s}(r,z,s)$$
$$+c_{ij}^{s}s\left(\frac{\partial^2}{\partial z^2}+\frac{1}{r}\frac{\partial}{\partial r}+\frac{\partial^2}{\partial r^2}\right)U_{ij}^{s}(r,z,s)=\rho_{ij}^{s}s^2U_{ij}^{s}(r,z,s) \tag{3-122}$$

式中，$U_{ij}^{s}(r,z,s)$ 是 $u_{ij}^{s}(r,z,s)$ 的 Laplace 变换。

利用局部坐标进行变换 $z'=z-h_i$，并采用分离变量法求解，令

$$U_{ij}^{s}(r,z,s)=R_{ij}^{s}(r)Z_{ij}^{s}(z') \tag{3-123}$$

将式（3-123）代入式（3-122），化简可得

$$(\lambda_{ij}^{s}+2G_{ij}^{s}+c_{ij}^{s}s)\frac{1}{Z_{ij}^{s}}\frac{\partial^2 Z_{ij}^{s}}{\partial z^2}-\rho_{j}^{s}s^2+(G_{ij}^{s}+c_{ij}^{s}s)\frac{1}{R_{ij}^{s}}\left(\frac{1}{r}\frac{\partial R_{ij}^{s}}{\partial r}+\frac{\partial^2 R_{ij}^{s}}{\partial r^2}\right)=0 \tag{3-124}$$

式（3-124）可以分解为两个常微分方程：

$$\frac{d^2 Z_{ij}^{s}}{dz^2}+(h_{ij}^{s})^2Z_{ij}^{s}=0 \tag{3-125}$$

$$\frac{d^2 R_{ij}^{s}}{dr^2}+\frac{1}{r}\frac{dR_{ij}^{s}}{dr}-(q_{ij}^{s})^2R_{ij}^{s}=0 \tag{3-126}$$

式中，h_{ij}^{s}，q_{ij}^{s} 为常数，并满足下列关系：

$$-(\lambda_{ij}^{s}+2G_{ij}^{s}+c_{ij}^{s}s)(h_{ij}^{s})^2+(G_{ij}^{s}+c_{ij}^{s}s)(q_{ij}^{s})^2=\rho_{ij}^{s}s^2 \tag{3-127}$$

由此可得

$$(q_{ij}^{s})^2=\frac{(\lambda_{ij}^{s}+2G_{ij}^{s}+c_{ij}^{s}s)(h_{ij}^{s})^2+\rho_{ij}^{s}s^2}{(G_{ij}^{s}+c_{ij}^{s}s)} \tag{3-128}$$

则式（3-125）、（3-126）的解为

$$Z_{ij}^{s}(z')=C_{ij}^{s}\cos(h_{ij}^{s}z')+D_{ij}^{s}\sin(h_{ij}^{s}z') \tag{3-129}$$

$$R_{ij}^{s}(r)=A_{ij}^{s}I_0(q_{ij}^{s}r)+B_{ij}^{s}K_0(q_{ij}^{s}r) \tag{3-130}$$

式（3-129）、（3-130）中，$I_0(q_{ij}^{s}r)$、$K_0(q_{ij}^{s}r)$ 为零阶第一类、第二类虚宗量贝塞尔函数。A_{ij}^{s}、B_{ij}^{s}、C_{ij}^{s}、D_{ij}^{s} 为由边界条件决定的积分常数。

对土层边界条件式（3-115）、（3-116）进行 Laplace 变换，并进行局部坐标变换，将式（3-123）代入可得

$$\left.\frac{dZ_{ij}^{s}}{dz'}\right|_{z'=0}=\frac{k_{2j}^{s}+s\delta_{2j}^{s}}{E_{1j}^{s}}Z_{ij}^{s} \tag{3-131}$$

$$\left.\frac{dZ_{ij}^{s}}{dz'}\right|_{z'=l_1}=\frac{k_{1j}^{s}+s\delta_{1j}^{s}}{E_{1j}^{s}}Z_{ij}^{s} \tag{3-132}$$

将式（3-129）代入（3-131）、（3-132）可得

$$\tan(h_{ij}^{s}l_1)=\frac{(\overline{K}_{1j}^{s}+\overline{K}_{1j}^{s'})h_{1j}^{s}l_1}{(h_{1j}^{s}l_1)^2-\overline{K}_{1j}^{s}\overline{K}_{1j}^{s'}} \tag{3-133}$$

式中，$\overline{K}_{1j}^{s}=K_{1j}^{s}l_1/E_{1j}^{s}$，$\overline{K}_{1j}^{s'}=K_{2j}^{s}l_1/E_{1j}^{s}$，$K_{1j}^{s}=k_{1j}^{s}+s\delta_{1j}^{s}$，$K_{2j}^{s}=k_{2j}^{s}+s\delta_{2j}^{s}$。

式（3-133）为超越方程，具体通过 MATLAB 编程求解得到无穷多个特征值

h_{1jn}^{s}，将 h_{1jn}^{s} 代入式（3－128）可得 q_{1jn}^{s}。

根据最外圈层（$j=m'+1$）$r\to\infty$时应力、位移为0，并综合式（3－131）、（3－132）可得

$$U_{1j}^{s}=\begin{cases}\sum_{n=1}^{\infty}A_{1jn}^{s}K_0(q_{1jn}^{s}r)\cos(h_{1jn}^{s}z-\varphi_{1jn}^{s}) & (j=m'+1)\\ \sum_{n=1}^{\infty}[B_{1jn}^{s}I_0(q_{1jn}^{s}r)+C_{1jn}^{s}K_0(q_{1jn}^{s}r)]\cos(h_{1jn}^{s}z-\varphi_{1jn}^{s}) & (j=m',\cdots,2,1)\end{cases} \tag{3-134}$$

式中，$\varphi_{1jn}^{s}=\arctan(\overline{K}_{1j}^{s'}/h_{1jn}^{s}l_1)$，$A_{1jn}^{s}$，$B_{1jn}^{s}$，$C_{1jn}^{s}$ 为一系列待定常数。

进一步地，圈层 j 与圈层 $j-1$ 之间侧壁剪切应力可化简为

$$\tau_{1j}^{s}=\begin{cases}(G_{1j}^{s}+c_{1j}^{s}s)\sum_{n=1}^{\infty}A_{1jn}^{s}q_{1jn}^{s}K_2(q_{1jn}^{s}r)\cos(h_{1jn}^{s}z'-\varphi_{1jn}^{S}) & (j=m'-1)\\ (G_{1j}^{s}+c_{1j}^{s}s)\sum_{n=1}^{\infty}[B_{1jn}^{s}I_2q_{1jn}^{s}(q_{1jn}^{s}r)-C_{1jn}^{s}q_{1jn}^{s}K_2(q_{1jn}^{s}r)]\cos(h_{1jn}^{s}z'-\varphi_{1jn}^{s}) & \\ & (j=m'-2,\cdots,2,1)\end{cases} \tag{3-135}$$

式中，$I_2(q_{1ij}^{s}r)$、$K_2(q_{1ij}^{s}r)$ 分别为一阶第一类、第二类虚宗量贝塞尔函数。

根据式（3－117）、（3－118）及固有函数的正交性可得常数 B_{1jn}^{s} 与 C_{1jn}^{s} 比值 P_{1jn}^{s} 如下：

当 $j=m'$时，

$$P_{1m'n}^{s}=\frac{\begin{array}{c}(G_{1m'}^{s}+c_{1m'}^{s}s)q_{1m'n}^{s}K_1(q_{1m'n}^{s}r_{1(m'+1)})K_0(q_{1m'n}^{s}r_{1(m'+1)})\\ -(G_{1(m'+1)}^{s}+c_{1(m'+1)}^{s})K_0(q_{1m'n}^{s}r_{1m'})K_1(q_{1(m'+1)}^{s}r_{1(m'+1)})\end{array}}{\begin{array}{c}(G_{1m'}^{s}+c_{1m'}^{s}s)q_{1m'n}^{s}I_1(q_{1m'n}^{s}r_1(m'+1))K_0(q_{1(m'+1)n}^{s}r_{1(m'+1)})\\ +(G_{1(m'+1)}^{s}+c_{1(m'+1)}^{s}s)q_{1(m'+1)n}^{s}I_1(q_{1(m'+1)n}^{s}r_{1(m'+1)})K_2(q_{1(m'+1)n}^{s}r_{1(m'+1)})\end{array}} \tag{3-136}$$

当 $j=m'-1$，…，2，1时，

$$P_{1jn}^{s}=\frac{\begin{array}{c}(G_{1j}^{s}+c_{ij}^{s}s)q_{1jn}^{s}K_2(q_{1jn}^{s}r_{1(j+1)})[p_{1(j+1)n}^{s}I_0(q_{1(j+1)n}^{s}r_{1(j+1)})+K_0(q_{1(j+1)n}^{s}r_{1(j+1)})]\\ -(G_{1(j+1)}^{s}+c_{1(j+1)}^{s}s)q_{1(j+1)n}^{s}K_0(q_{1jn}^{s}r_j)[p_{1(j+1)n}^{s}I_1(q_{1(j+1)n}^{s}r_{1(j+1)})-K_1(q_{1(j+1)n}^{s}r_{1(j+1)})]\end{array}}{\begin{array}{c}(G_{1j}^{s}+c_{ij}^{s}s)q_{1jn}^{s}I_2(q_{1jn}^{s}r_{1(j+1)})[p_{1(j+1)n}^{s}I_1(q_{1(j+1)n}^{s}r_{1(j+1)n})+K_1(q_{1(j+1)n}^{s}r_{1(j+1)n})]\\ -(G_{1(j+1)}^{s}+c_{1(j+1)}^{s}s)q_{1(j+1)n}^{s}I_0(q_{1jn}^{s}r_{1(j+1)})[p_{1(j+1)n}^{s}I_1(q_{1(j+1)n}^{s}r_{1(j+1)})-K_1(q_{1(j+1)n}^{s}r_{1(j+1)})]\end{array}} \tag{3-137}$$

对式（3－114）进行Laplace变换，并将式（3－113）计算结果代入后可得

$$(V_1^{p})^2\frac{d^2U_1^{p}(z',s)}{dz^2}-s^2U_1^{p}(z',s)-\frac{2(G_{11}^{s}+c_{11}^{s}s)}{\rho_1^2A_1^{p}} \times\sum_{n=1}^{\infty}q_{11n}^{s}\{-B_{11n}^{s}I_1(q_{11n}^{s}r_{11})+C_{11n}^{s}K_1(q_{11n}^{s}r_{11})\}\cos(h_{11n}^{s}z'-\varphi_{11n}^{s})=0 \tag{3-138}$$

式中，$V_1^{p}=\sqrt{E_1^{p}/\rho_1^{p}}$，$U_1^{p}(z',s)$ 是 $u_1^{p}(z',s)$ 的Laplace变换。取 $s=\mathrm{i}\omega$，则方程

(3－138) 的通解为

$$U_1^{p'}=D_1^{p}\cos\left(\frac{\omega}{V_1^{p}}z'\right)+D_1^{p'}\sin\left(\frac{\omega}{V_1^{p}}z'\right) \tag{3-139}$$

式中，D_1^{p}，$D_1^{p'}$ 为由边界条件得到的常系数。

方程 (3－138) 的特解形式可写为

$$U_1^{p*}=\sum_{n=1}^{\infty}M_{1n}^{s}\cos(h_{11n}^{s}z'-\varphi_{11n}^{s}) \tag{3-140}$$

式中，$M_{1n}^{s}=\frac{2\pi r_{11}^{2}q_{11n}^{s}}{\rho_1^{p}A_1^{p}}\frac{(G_{11}^{s}+c_{11}^{s}s)}{(V_1^{p})^{2}(h_{11n}^{s})^{2}-\omega^{2}}\times\sum_{n=1}^{\infty}\{B_{11n}^{s}I_1(q_{11n}^{s}r_{11})-C_{11n}^{s}K_1(q_{11n}^{s}r_{11})\}$。

则式 (3－138) 的定解为

$$U_1^{p}=D_1^{p}\cos\left(\frac{\omega}{V_1^{p}}z'\right)+D_1^{p'}\sin\left(\frac{\omega}{V_1^{p}}z'\right)+\sum_{n=1}^{\infty}M_{1n}^{s}\cos(h_{11n}^{s}z'-\varphi_{11n}^{s}) \tag{3-141}$$

进一步，利用式 (3－121) 的连续条件可得

$$\begin{aligned}&\sum_{n=1}^{\infty}[B_{11n}^{s}I_0(q_{11n}^{s}r_{11})+C_{11n}^{s}K_0(q_{11n}^{s}r_{11})]\cos(h_{11n}^{s}z'-\varphi_{11n}^{s})\\&=D_1^{p}\cos\left(\frac{\omega}{V_1^{p}}z'\right)+D_1^{p'}\sin\left(\frac{\omega}{V_1^{p}}z'\right)+\sum_{n=1}^{\infty}M_{1n}^{s}\cos(h_{11n}^{s}z'-\varphi_{11n}^{s})\end{aligned} \tag{3-142}$$

根据式 (3－136)、(3－137)、(3－141)、(3－142) 及固有函数正交性可求得

$$\begin{aligned}U_1^{p}=&D_1^{p}\left[\cos\left(\frac{\omega}{(V_1^{p})^{2}}z'\right)+\sum_{n=1}^{\infty}\gamma'_{1n}\cos(h_{11n}^{s}z'-\varphi_{11n}^{s})\right]\\&+D_1^{p'}\left[\sin\left(\frac{\omega}{(V_1^{p})^{2}}z'\right)-\sum_{n=1}^{\infty}\gamma''_{1n}\cos(h_{11n}^{s}z'-\varphi_{11n}^{s})\right]\end{aligned} \tag{3-143}$$

式中，$\gamma'_{1n}=\gamma_{1n}\left[\frac{\sin\left[\left(\frac{\omega}{V_1^{p}}-h_{11n}^{s}\right)l_1+\varphi_{11n}^{s}\right]-\sin\varphi_{11n}^{s}}{\frac{\omega}{V_1^{p}}-h_{11n}^{s}}+\frac{\sin\left[\left(\frac{\omega}{V_1^{p}}-h_{11n}^{s}\right)l_1+\varphi_{11n}^{s}\right]+\sin\varphi_{11n}^{s}}{\frac{\omega}{V_1^{p}}+h_{11n}^{s}}\right]$，

$\gamma''_{1n}=\gamma_{1n}\left[\frac{\cos\left[\left(\frac{\omega}{V_1^{p}}-h_{11n}^{s}\right)l_1-\varphi_{11n}^{s}\right]-\cos\varphi_{11n}^{s}}{\frac{\omega}{V_1^{p}}+h_{11n}^{s}}+\frac{\cos\left[\left(\frac{\omega}{V_1^{p}}-h_{11n}^{s}\right)l_1+\varphi_{11n}^{s}\right]-\cos\varphi_{11n}^{s}}{\frac{\omega}{V_1^{p}}-h_{11n}^{s}}\right]$，

$\gamma_{1n}=-\frac{(1+\mathrm{i}G'_{1c}\zeta_1)\bar{q}_{11n}^{s}\bar{\rho}_{11}\bar{v}_{11}^{2}}{\bar{r}_{11}L_{1n}^{s}\varphi_{1n}^{s}((\bar{h}_{11n}^{s})^{2}-\theta_1^{\ 2})}[K_1(\bar{q}_{11n}^{s}\bar{r}_{11})-P_{11n}^{s}\bar{r}_{11}I_1(\bar{q}_{11n}^{s}\bar{r}_{11})]$，$L_{1n}^{s}=\int_0^{l_1}\cos^{2}(h_{11n}^{s}z'-\varphi_{11n}^{s})\mathrm{d}z'$，$\varphi_{1n}^{s}=-P_{11n}^{s}\left[I_0(q_{11n}^{s}r_{11})-\frac{2\pi r_{11}^{2}q_{11n}^{s}}{\rho_1^{p}A_1^{p}}\frac{G_{11}^{s}+c_{11}^{s}s}{(V_1^{p})^{2}(h_{11n}^{s})^{2}-\omega^{2}}I_1(q_{11n}^{s}r_{11})\right]$ $+\left[K_0(q_{11n}^{s}r_{11})+\frac{2\pi r_{11}^{2}q_{11n}^{s}}{\rho_1^{p}A_1^{p}}\frac{G_{11}^{s}+c_{11}^{s}s}{(V_1^{p})^{2}(h_{11n}^{s})^{2})-\omega^{2}}K_1(q_{11n}^{s}r_{11})\right]$，$t_{1c}=l_1/V_1^{p}$，其中，$\bar{h}_{11n}^{s}=l_1h_{11n}^{s}$，$\theta_1=\omega t_{1c}$，$\bar{r}_{11}=r_{11}/l_1$，$\bar{v}_{11}=V_{11}^{s}/V_1^{p}$，$\bar{\rho}_{11}=\rho_{11}^{s}/\rho_1^{p}$，$G'_{1c}=c_{11}^{s}/(G_{11}^{s}t_{1c})$，$\mathrm{i}=\sqrt{-1}$ 均为无量纲参数。

对第1段桩顶部及桩底部边界条件即式（3-119）、（3-120）进行 Laplace 变换，可得

$$\left.\frac{\mathrm{d}U_1^{\mathrm{p}}}{\mathrm{d}z'}\right|_{z'=0}=-\frac{Z_1^{\mathrm{p}}U_1^{\mathrm{p}}}{E_1^{\mathrm{p}}A_1^{\mathrm{p}}} \tag{3-144}$$

$$\left.\frac{\mathrm{d}U_1^{\mathrm{p}}}{\mathrm{d}z'}\right|_{z'=l_1}=-\frac{Z_0^{\mathrm{p}}U_1^{\mathrm{p}}}{E_1^{\mathrm{p}}A_1^{\mathrm{p}}} \tag{3-145}$$

式中，Z_0^{p}、Z_1^{p} 分别为第1段桩身底部和顶部阻抗值 z_0^{p}、z_1^{p} 的 Laplace 变换，$z_0^{\mathrm{p}}=k^{\mathrm{p}}+\mathrm{i}\omega\delta^{\mathrm{p}}$。

则第1段桩身顶部位移阻抗函数为

$$Z_1^{\mathrm{p}}(\omega)=\frac{F_1}{U_1^{\mathrm{p}}}=-E_1^{\mathrm{p}}A_1^{\mathrm{p}}\frac{\dfrac{D_1^{\mathrm{p}}}{D_1^{\mathrm{p}'}}\sum\limits_{n=1}^{\infty}\gamma'_{1n}h_{11n}^{\mathrm{s}}\sin(\varphi_{11n}^{\mathrm{s}})+\dfrac{\omega}{V_1^{\mathrm{p}}}-\sum\limits_{n=1}^{\infty}\gamma''_{1n}h_{11n}^{\mathrm{s}}\sin(\varphi_{11n}^{\mathrm{s}})}{\dfrac{D_1^{\mathrm{p}}}{D_1^{\mathrm{p}'}}\left(1+\sum\limits_{n=1}^{\infty}\gamma'_{1n}\cos(\varphi_{11n}^{\mathrm{s}})\right)-\sum\limits_{n=1}^{\infty}\gamma''_{1n}\cos(\varphi_{11n}^{\mathrm{s}})} \tag{3-146}$$

式中，F_1 为第1段桩顶部作用力，即第2段桩对第1段桩的作用力，$\dfrac{D_1^{\mathrm{p}}}{D_1^{\mathrm{p}'}}=$

$$\frac{\theta_1\cos(\theta_1)+\sum\limits_{n=1}^{\infty}\gamma''_{1n}\bar{h}_{11n}^{\mathrm{s}}\sin(\bar{h}_{11n}^{\mathrm{s}}-\varphi_{11n}^{\mathrm{s}})+\dfrac{z_0^{\mathrm{p}}l_1}{E_1^{\mathrm{p}}A_1^{\mathrm{p}}}\left[\sin(\zeta_1)-\sum\limits_{n=1}^{\infty}\gamma'_{1n}\cos(\bar{h}_{11n}^{\mathrm{s}}-\varphi_{11n}^{\mathrm{s}})\right]}{\theta_1\sin(\theta_1)+\sum\limits_{n=1}^{\infty}\gamma'_{1n}\bar{h}_{11n}^{\mathrm{s}}\sin(\bar{h}_{11n}^{\mathrm{s}}-\varphi_{11n}^{\mathrm{s}})-\dfrac{z_0^{\mathrm{p}}l_1}{E_1^{\mathrm{p}}A_1^{\mathrm{p}}}\left[\theta_1\sin(\zeta_1)-\sum\limits_{n=1}^{\infty}\gamma'_{1n}\cos(\bar{h}_{11n}^{\mathrm{s}}-\varphi_{11n}^{\mathrm{s}})\right]}。$$

同理，可求得第 i 段桩身顶部位移阻抗函数：

$$Z_i^{\mathrm{p}}(\omega)=\frac{F_i}{U_i^{\mathrm{p}}}=-E_i^{\mathrm{p}}A_i^{\mathrm{p}}\frac{\dfrac{D_i^{\mathrm{p}}}{D_i^{\mathrm{p}'}}\sum\limits_{n=1}^{\infty}\gamma'_{in}h_{i1n}^{\mathrm{s}}\sin(\varphi_{i1n}^{\mathrm{s}})+\dfrac{\omega}{V_i^{\mathrm{p}}}-\sum\limits_{n=1}^{\infty}\gamma''_{in}h_{i1n}^{\mathrm{s}}\sin(\varphi_{i1n}^{\mathrm{s}})}{\dfrac{D_i^{\mathrm{p}}}{D_i^{\mathrm{p}'}}\left(1+\sum\limits_{n=1}^{\infty}\gamma'_{in}\cos(\varphi_{i1n}^{\mathrm{s}})\right)-\sum\limits_{n=1}^{\infty}\gamma''_{in}\cos(\varphi_{i1n}^{\mathrm{s}})} \tag{3-147}$$

式中，

$$\frac{D_i^{\mathrm{p}}}{D_i^{\mathrm{p}'}}=\frac{\theta_i\cos(\zeta_i)+\sum\limits_{n=1}^{\infty}\gamma''_{in}\bar{h}_{i1n}^{\mathrm{s}}\sin(\bar{h}_{i1n}^{\mathrm{s}}-\varphi_{i1n}^{\mathrm{s}})+\dfrac{Z_{i-1}^{\mathrm{p}}l_i}{E_i^{\mathrm{p}}A_i^{\mathrm{p}}}\left[\sin(\zeta_i)-\sum\limits_{n=1}^{\infty}\gamma'_{in}\cos(\bar{h}_{i1n}^{\mathrm{s}}-\varphi_{i1n}^{\mathrm{s}})\right]}{\theta_i\sin(\zeta_i)+\sum\limits_{n=1}^{\infty}\gamma'_{in}\bar{h}_{i1n}^{\mathrm{s}}\sin(\bar{h}_{i1n}^{\mathrm{s}}-\varphi_{i1n}^{\mathrm{s}})-\dfrac{Z_{i-1}^{\mathrm{p}}l_i}{E_i^{\mathrm{p}}A_i^{\mathrm{p}}}\left[\cos(\zeta_i)-\sum\limits_{n=1}^{\infty}\gamma'_{in}\cos(\bar{h}_{i1n}^{\mathrm{s}}-\varphi_{i1n}^{\mathrm{s}})\right]}$$

$$\gamma'_{1n}=\gamma_{1n}\left[\frac{\sin\left[\left(\dfrac{\omega}{V_i^{\mathrm{p}}}-h_{i1n}^{\mathrm{s}}\right)l_1+\varphi_{i1n}^{\mathrm{s}}\right]-\sin(\varphi_{i1n}^{\mathrm{s}})}{\dfrac{\omega}{V_i^{\mathrm{p}}}-h_{i1n}^{\mathrm{s}}}+\frac{\sin\left[\left(\dfrac{\omega}{V_i^{\mathrm{p}}}-h_{i1n}^{\mathrm{s}}\right)l_i+\varphi_{i1n}^{\mathrm{s}}\right]+\sin(\varphi_{i1n}^{\mathrm{s}})}{\dfrac{\omega}{V_i^{\mathrm{p}}}+h_{i1n}^{\mathrm{s}}}\right]$$

$$\gamma''_{1n}=\gamma_{1n}\left[\frac{\cos\left[\left(\dfrac{\omega}{V_i^{\mathrm{p}}}-h_{i1n}^{\mathrm{s}}\right)l_i+\varphi_{i1n}^{\mathrm{s}}\right]-\cos(\varphi_{i1n}^{\mathrm{s}})}{\dfrac{\omega}{V_i^{\mathrm{p}}}+h_{i1n}^{\mathrm{s}}}+\frac{\cos\left[\left(\dfrac{\omega}{V_i^{\mathrm{p}}}-h_{i1n}^{\mathrm{s}}\right)l_i+\varphi_{i1n}^{\mathrm{s}}\right]-\cos(\varphi_{i1n}^{\mathrm{s}})}{\dfrac{\omega}{V_i^{\mathrm{p}}}-h_{i1n}^{\mathrm{s}}}\right]$$

$$\gamma_{in}=-\frac{(1+\mathrm{i}G'_{i1c}\zeta_i)\bar{q}_{i1n}^{\mathrm{s}}\bar{\rho}_{i1}\bar{v}_{i1}^2}{\bar{r}_{i1}L_{in}^{\mathrm{s}}\phi_{in}^{\mathrm{s}}(\bar{h}_{i1n}^{\mathrm{s}}-\theta_i{}^2)}\left[K_1(\bar{q}_{i1n}^{\mathrm{s}}\bar{r}_{i1})-P_{i1n}^{\mathrm{s}}I_1(\bar{q}_{i1n}^{\mathrm{s}}\bar{r}_{i1})\right],L_{in}^{\mathrm{s}}=\int_0^{l_i}\cos^2(h_{i1n}^{\mathrm{s}}z'-\varphi_{i1n}^{\mathrm{s}})\mathrm{d}z'$$

$\phi_{in}^{s}=P_{i1n}^{s}\left[I_0(q_{i1n}^{s}r_{i1})+\frac{2\pi r_{i1}^2 q_{i1n}^{s}}{\rho_i^{p}A_i^{p}}\frac{(G_{i1}^{s}+c_{i1}^{s}s)}{(V_i^{p})^2(h_{i1n}^{s})^2)-\omega^2}I_1(q_{i1n}^{s}r_{i1})\right]-\left[K_0(q_{i1n}^{s}r_{i1})+\frac{2\pi r_{i1}^2 q_{i1n}^{s}}{\rho_i^{p}A_i^{p}}\frac{(G_{i1}^{s}+c_{i1}^{s}s)}{(V_i^{p})^2(h_{i1n}^{s})^2-\omega^2}K_1(q_{i1n}^{s}r_{i1})\right]$ $t_{ic}=l_i/V_i^{p}$，$\varphi_{i1n}^{s}=\arctan(\overline{K}_{i1}^{s'}/h_{i1n}^{s}l_i)$，$\overline{h}_{i1n}^{s}=l_ih_{i1n}^{s}$，$\overline{q}_{i1n}^{s}=l_iq_{i1n}^{s}$，$\theta_i=\omega t_{ic}$，$\overline{r}_{i1}=r_{i1}/l_i$，$\overline{v}=V_{i1}^{s}/V_i^{p}$，$\overline{\rho}_{i1}=\rho_{i1}^{s}/\rho_i^{p}$，$G'_{i1c}=c_{i1}^{s}/(G_{i1}^{s}t_{ic})$，$\mathrm{i}=\sqrt{-1}$ 为无量纲参数，F_i 为第 i 段桩身顶部作用力，P_{i1n}^{s}的求解过程同 P_{11n}^{s}。

利用阻抗函数传递性，递推得到第 m 段桩身顶部阻抗函数：

$$Z_m^{p}(\omega)=\frac{F_m}{U_m^{p}}=-E_m^{p}A_m^{p}\frac{\frac{D_m^{p}}{D_m^{p'}}\sum_{n=1}^{\infty}\gamma'_{mn}h_{m1n}^{s}\sin(\varphi_{m1n}^{s})+\frac{\omega}{V_m^{p}}-\sum_{n=1}^{\infty}\gamma''_{mn}h_{m1n}^{s}\sin(\varphi_{m1n}^{s})}{\frac{D_m^{p}}{D_m^{p'}}\left(1+\sum_{n=1}^{\infty}\gamma_{mn}\cos(\varphi_{m1n}^{s})\right)-\sum_{n=1}^{\infty}\gamma''_{mn}\cos(\varphi_{m1n}^{s})}=\frac{E_m^{p}A_m^{p}}{l_m}K'_{\mathrm{d}} \tag{3-148}$$

式中，$K'_{\mathrm{d}}=\dfrac{\frac{D_m^{p}}{D_m^{p'}}\sum_{n=1}^{\infty}\gamma'_{mn}\overline{h}_{m1n}^{s}\sin(\varphi_{m1n}^{s})+\theta_m-\sum_{n=1}^{\infty}\gamma''_{mn}\overline{h}_{m1n}^{s}\sin(\varphi_{m1n}^{s})}{\frac{D_m^{p}}{D_m^{p'}}\left(1+\sum_{n=1}^{\infty}\gamma'_{mn}\cos(\varphi_{m1n}^{s})\right)-\sum_{n=1}^{\infty}\gamma''_{mn}\cos(\varphi_{m1n}^{s})}$为无量纲复刚度，令 $K'_{\mathrm{d}}=K_{\mathrm{r}}+\mathrm{i}K_{\mathrm{i}}$，其中 K_{r} 代表桩顶动刚度，K_{i} 代表桩顶动阻尼，$\dfrac{D_m^{p}}{D_m^{p'}}=$

$$\frac{\theta_m\cos(\theta_m)+\sum_{n=1}^{\infty}\gamma''_{mn}\overline{h}_{m1n}^{s}\sin(\overline{h}_{m1n}^{s}-\varphi_{m1n}^{s})+\frac{Z_{m-1}^{p}l_m}{E_m^{p}A_m^{p}}\left[\sin(\theta)-\sum_{n=1}^{\infty}\gamma'_{n}\cos(\overline{h}_{1n}^{s}-\varphi_{m1n}^{s})\right]}{\theta_m\sin(\theta_m)+\sum_{n=1}^{\infty}\gamma'_{mn}\overline{h}_{m1n}^{s}\sin(\overline{h}_{m1n}^{s}-\varphi_{m1n}^{s})-\frac{Z_{m-1}^{p}l_m}{E_m^{p}A_m^{p}}\left[\cos(\theta)+\sum_{n=1}^{\infty}\gamma'_{n}\cos(\overline{h}_{1n}^{s}-\varphi_{m1n}^{s})\right]},$$

F_m 为桩顶作用力 $p(t)$ 的 Laplace 变换。

则桩顶位移频率响应函数为

$$H_{\mathrm{u}}(\omega)=\frac{1}{Z_m^{p}(\omega)}=-\frac{l_m}{E_m^{p}A_m^{p}}\frac{\frac{D_m^{p}}{D_m^{p'}}\left(1+\sum_{n=1}^{\infty}\gamma'_{mn}\cos(\varphi_{m1n}^{s})\right)-\sum_{n=1}^{\infty}\gamma''_{mn}\cos(\varphi_{m1n}^{s})}{\frac{D_m^{p}}{D_m^{p'}}\sum_{n=1}^{\infty}\gamma'_{mn}\overline{h}_{m1n}^{s}\sin(\varphi_{m1n}^{s})+\theta_m-\sum_{n=1}^{\infty}\gamma''_{mn}\overline{h}_{m1n}^{s}\sin(\varphi_{m1n}^{s})}=-\frac{l_m}{E_m^{p}A_m^{p}}H'_{\mathrm{u}}(\omega) \tag{3-149}$$

式中，$H'_{\mathrm{u}}(\omega)=\dfrac{\frac{D_m^{p}}{D_m^{p'}}\left(1+\sum_{n=1}^{\infty}\gamma'_{mn}\cos(\varphi_{m1n}^{s})\right)-\sum_{n=1}^{\infty}\gamma''_{mn}\cos(\varphi_{m1n}^{s})}{\frac{D_m^{p}}{D_m^{p'}}\sum_{n=1}^{\infty}\gamma'_{mn}\overline{h}_{m1n}^{s}\sin(\varphi_{m1n}^{s})+\theta_m-\sum_{n=1}^{\infty}\gamma''_{mn}\overline{h}_{m1n}^{s}\sin(\varphi_{m1n}^{s})}$为位移导纳无量纲参数。

进一步地，可以得到桩顶速度频率响应函数（即速度导纳函数）为

$$H_{\mathrm{v}}(\omega)=\mathrm{i}\omega H_{\mathrm{u}}(\omega)=-\mathrm{i}\theta_m\frac{\frac{D_m^{\mathrm{p}}}{D_m^{\mathrm{p}'}}\left(1+\sum_{n=1}^{\infty}\gamma'_{mn}\cos(\varphi_{m1n}^{\mathrm{s}})\right)-\sum_{n=1}^{\infty}\gamma''_{mn}\cos(\varphi_{m1n}^{\mathrm{s}})}{\frac{D_m^{\mathrm{p}}}{D_m^{\mathrm{p}'}}\sum_{n=1}^{\infty}\gamma'_{mn}\bar{h}_{m1n}^{\mathrm{s}}\sin(\varphi_{m1n}^{\mathrm{s}})+\theta_m-\sum_{n=1}^{\infty}\gamma''_{mn}\bar{h}_{m1n}^{\mathrm{s}}\sin(\varphi_{m1n}^{\mathrm{s}})}$$

$$=\frac{H'_{\mathrm{v}}(\omega)}{\rho_m^{\mathrm{p}}A_m^{\mathrm{p}}V_m^{\mathrm{p}}}\tag{3-150}$$

式中，$H'_{\mathrm{v}}(\omega)=-\mathrm{i}\theta\frac{\frac{D_m^{\mathrm{p}}}{D_m^{\mathrm{p}'}}\left(1+\sum_{n=1}^{\infty}\gamma'_{mn}\cos(\varphi_{m1n}^{\mathrm{s}})\right)-\sum_{n=1}^{\infty}\gamma''_{mn}\cos(\varphi_{m1n}^{\mathrm{s}})}{\frac{D_m^{\mathrm{p}}}{D_m^{\mathrm{p}'}}\sum_{n=1}^{\infty}\gamma'_{mn}\bar{h}_{m1n}^{\mathrm{s}}\sin(\varphi_{m1n}^{\mathrm{s}})+\theta_m-\sum_{n=1}^{\infty}\gamma''_{mn}\bar{h}_{m1n}^{\mathrm{s}}\sin(\varphi_{m1n}^{\mathrm{s}})}$为速度导纳无量纲参数。

根据傅里叶变换的性质，据桩顶速度响应函数式（3 - 150）可得单位脉冲激励作用下桩顶时域速度响应为

$$h(t)=\mathrm{IFT}[H_{\mathrm{v}}(\omega)]$$

$$=\frac{1}{2\pi}\int_{-\infty}^{\infty}-\frac{\mathrm{i}\theta_m}{T_{\mathrm{c}}\rho_m^{\mathrm{p}}A_m^{\mathrm{p}}V_m^{\mathrm{p}}}\frac{\frac{D_m^{\mathrm{p}}}{D_m^{\mathrm{p}'}}\left(1+\sum_{n=1}^{\infty}\gamma'_{mn}\cos(\varphi_{m1n}^{\mathrm{s}})\right)-\sum_{n=1}^{\infty}\gamma''_{mn}\cos(\varphi_{m1n}^{\mathrm{s}})}{\frac{D_m^{\mathrm{p}}}{D_m^{\mathrm{p}'}}\sum_{n=1}^{\infty}\gamma'_{mn}\bar{h}_{m1n}^{\mathrm{s}}\sin(\varphi_{m1n}^{\mathrm{s}})+\theta_m-\sum_{n=1}^{\infty}\gamma''_{mn}\bar{h}_{m1n}^{\mathrm{s}}\sin(\varphi_{m1n}^{\mathrm{s}})}\mathrm{e}^{\mathrm{i}\omega t}\,\mathrm{d}\bar{\omega}\tag{3-151}$$

式中，$t'=t/T_{\mathrm{c}}$ 为无量纲时间，$T_{\mathrm{c}}=\sum_{i=1}^{m}t_{i\mathrm{c}}$，$\bar{\omega}=\omega T_{\mathrm{c}}$。

由卷积定理知，在任意激振力 $p(t)$（$P(\mathrm{i}\omega)$ 为 $p(t)$ 的傅里叶变换），桩顶时域速度响应为

$$g(t)=p(t)*h(t)=\mathrm{IFT}[P(\mathrm{i}\omega)\times H(\mathrm{i}\omega)]\tag{3-152}$$

特别地，当桩顶处激励 $p(t)$ 为半正弦脉冲时，即

$$p(t)=Q_{\max}\sin\frac{\pi}{T}t,\quad t\in(0,T)\tag{3-153}$$

式中，T 为脉冲宽度。

进一步地，由式（3 - 152）可得半正弦脉冲激振力作用下桩顶时域速度响应半解析解

$$g(t)=Q_{\max}\mathrm{IFT}\left[-\frac{1}{\rho_m^{\mathrm{p}}A_m^{\mathrm{p}}V_m^{\mathrm{p}}}H'_{\mathrm{v}}\frac{\pi T}{\pi^2-T^2\omega^2}(1+\mathrm{e}^{-\mathrm{i}\omega T})\right]$$

$$=-\frac{Q_{\max}}{\rho_m^{\mathrm{p}}A_m^{\mathrm{p}}V_m^{\mathrm{p}}}V'_{\mathrm{v}}\tag{3-154}$$

式中，$V'_{\mathrm{v}}=\frac{1}{2\pi}\int_{-\infty}^{+\infty}\left[H'_{\mathrm{v}}\frac{\pi\bar{T}}{\pi^2-\bar{T}^2\bar{\omega}^2}(1+\mathrm{e}^{-\mathrm{i}\bar{\omega}\bar{T}})\right]\mathrm{e}^{\mathrm{i}\bar{\omega}\bar{T}}\mathrm{d}\bar{\omega}$，$\bar{T}=T/T_{\mathrm{c}}$ 为无量纲脉冲宽度因子。

3.4.3　解析模型验证与对比分析

本节算例基于图 3 - 34 所示桩-土体系耦合纵向振动力学模型，采用前述推导

求解所得的基于黏性阻尼模型的径向非均质、纵向成层三维轴对称土体中桩顶纵向振动动力阻抗函数解析解。

已有研究结果表明，当桩周土体径向圈层数量 $m=20$ 以上时[174]，可以忽略划分圈层数对计算结果的影响。这样，在后续分析中将桩周土体内部区域统一沿径向划分为 20 个圈层。

如无特殊说明，具体参数取值如下：第 j 圈层桩周土密度为 $\rho_{ij}^{s}=2000\text{kg/m}^3$，泊松比 $\nu_j=0.4$，假定外部区域剪切波速 V_{m+1}^{s}（$V_{m+1}^{s}=\sqrt{G_{m+1}^{s}/\rho_{m+1}^{s}}$）至内部扰动区域第 1 圈层剪切波速 V_1^{s} 呈现线性变化，即剪切模量呈现二次函数变化规律。同时，定义施工扰动系数 $\beta=V_1^{s}/V_{m+1}^{s}$ 以描述桩周土体施工扰动程度，具体取 $V_{m+1}^{s}=100\text{m/s}$，$\beta=0.6$（$\beta>1$ 代表施工硬化，$\beta<1$ 代表施工软化），取施工扰动范围 $b=r_1$。桩周土体黏性阻尼系数从外部区域至内部扰动区域第 1 圈层亦呈现二次函数变化，且有 $\beta=c_1^{s}/c_{m+1}^{s}$，具体取 $c_{m+1}^{s}=1000\text{N}\cdot\text{s/m}^2$。桩底支承刚度 $k^{p}=1\times10^5\text{kN/m}^3$，$\delta^{p}=1\times10^5\text{kN/m}^3$。桩长、半径、密度和波速分别为 $H=20\text{m}$、$r_1=0.5\text{m}$、$\rho^{p}=2500\text{kg/m}^3$ 和 $V^{p}=3200\text{m/s}$。

为了验证本节推导所得三维轴对称径向非均质、纵向成层黏性阻尼土体中桩顶纵向振动动力阻抗解析解的合理性，分别将径向非均质、纵向成层桩周土退化至黏性阻尼均质土体和滞回阻尼非均质土体中，并与胡昌斌等[55]和杨冬英等[58]已有的桩纵向动力阻抗解析解进行对比验证。如图 3－35 和图 3－36 所示为本节推导所得桩纵向振动动力阻抗退化解随频率变化的曲线，以及其与胡昌斌等[55]和杨冬英等[58]已有阻抗解的对比情况。从图中不难看出，本节所推导的径向非均质、纵向成层土体中桩纵向振动动力阻抗退化解曲线与胡昌斌等[55]和杨冬英等[58]提出的解的曲线对应结果吻合。

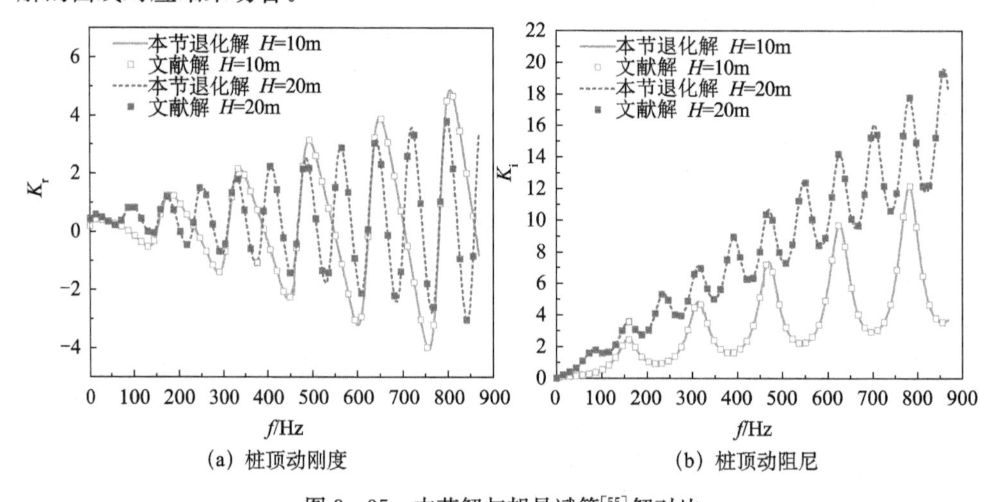

(a) 桩顶动刚度　　(b) 桩顶动阻尼

图 3－35　本节解与胡昌斌等[55]解对比

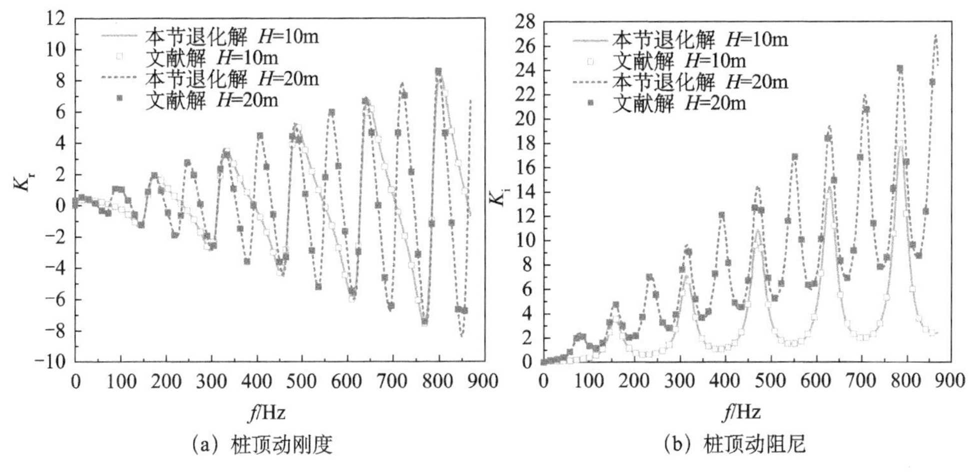

(a) 桩顶动刚度　　(b) 桩顶动阻尼

图 3-36　本节解与杨冬英等[58]解对比

3.4.4　纵向振动参数化分析

为探讨桩身模量突变对桩顶动力阻抗的影响，设在埋深 9m 处桩身存在一长度为 2m 的模量突变段，且定义变模量系数 λ_E 为该突变段桩身弹性模量与相邻段桩身弹性模量比值。

图 3-37 所示为桩身模量突变对桩顶动力阻抗的影响情况。由图可见，桩身模量突变对桩顶动力阻抗曲线影响显著。相较于均匀桩而言，存在模量突变段桩的桩顶动力阻抗曲线呈现大、小峰交替现象。当 $\lambda_E<1$ 时，动力阻抗曲线的大、小峰幅值差随 λ_E 减小而增大，共振频率随 λ_E 减小而减小，且均小于均匀桩共振频率。当 $\lambda_E>1$ 时，动力阻抗曲线上的大、小峰幅值差和共振频率均随 λ_E 增加而增大，且对应共振频率均大于均匀桩情况。

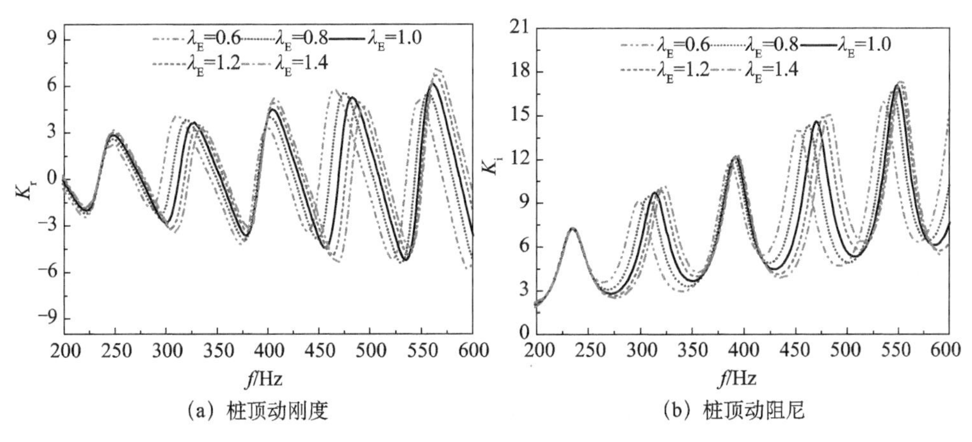

(a) 桩顶动刚度　　(b) 桩顶动阻尼

图 3-37　桩身模量突变对桩顶动力阻抗影响

图 3－38 所示为桩顶时域动力响应曲线随桩身模量突变的变化情况。由图可见，桩身模量突变对桩顶动力响应曲线影响显著。相较于均匀桩而言，存在模量突变段桩的桩顶速度导纳曲线呈现大、小峰交替现象，当桩身模量突变 $\lambda_E<1$ 和 $\lambda_E>1$ 时，出现大、小峰交替的顺序相反。随着桩身模量突变程度加大，两种情况的大、小峰差值幅度均增大。由反射波曲线可见，当桩身模量突变 $\lambda_E<1$ 时，桩底反射前接收到一个同向反射的反射波信号，且 λ_E 越小，即模量突变程度越大，反射波幅值越大；当桩身模量突变 $\lambda_E>1$ 时，桩底反射前接收到一个反向反射的反射波信号，且 λ_E 越大，即模量突变程度越大，反射波幅值越大。

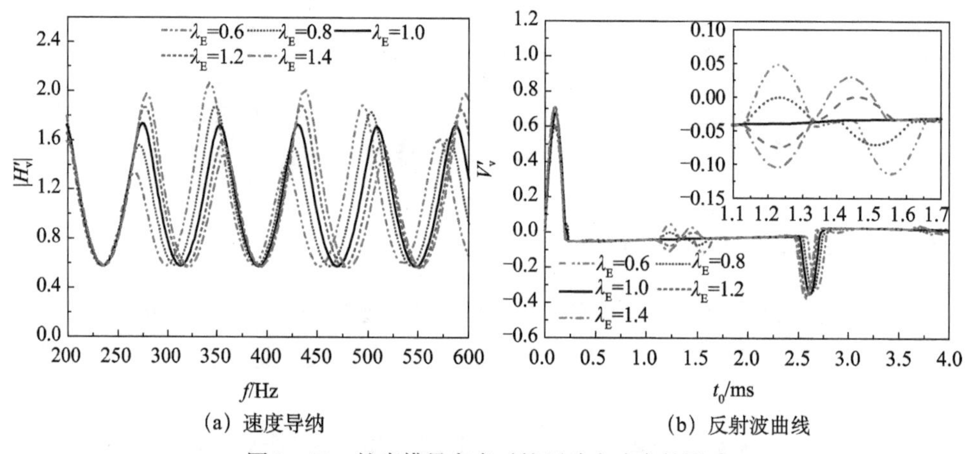

(a) 速度导纳　　(b) 反射波曲线

图 3－38　桩身模量突变对桩顶动力响应的影响

图 3－39 所示为桩身模量突变段深度位置对桩顶动力阻抗的影响情况。由图可见，桩身变模量突变段深度位置对桩顶动力阻抗曲线影响显著。具体地，较均匀桩而言，桩身模量突变段的埋深越大，其桩顶动力阻抗曲线中的大、小峰幅值差越小，其对动力阻抗曲线的峰值水平影响亦越小。

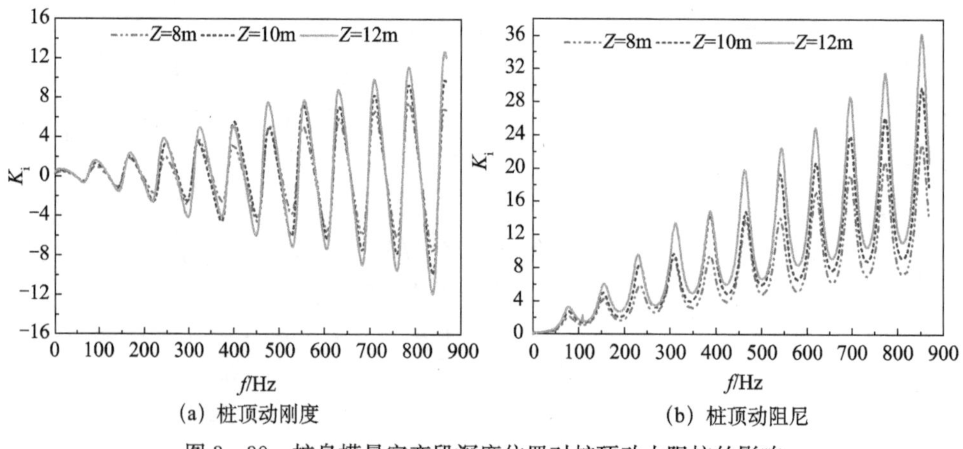

(a) 桩顶动刚度　　(b) 桩顶动阻尼

图 3－39　桩身模量突变段深度位置对桩顶动力阻抗的影响

如图 3－40 所示为桩顶时域动力响应曲线随桩身模量突变位置的变化情况。由图可见，桩身模量突变位置不同，桩顶速度导纳曲线振幅幅值呈现大小振荡。从反射波曲线来看，突变位置距离桩顶越近，越早接收到截面反射信号，且信号幅值也越大。

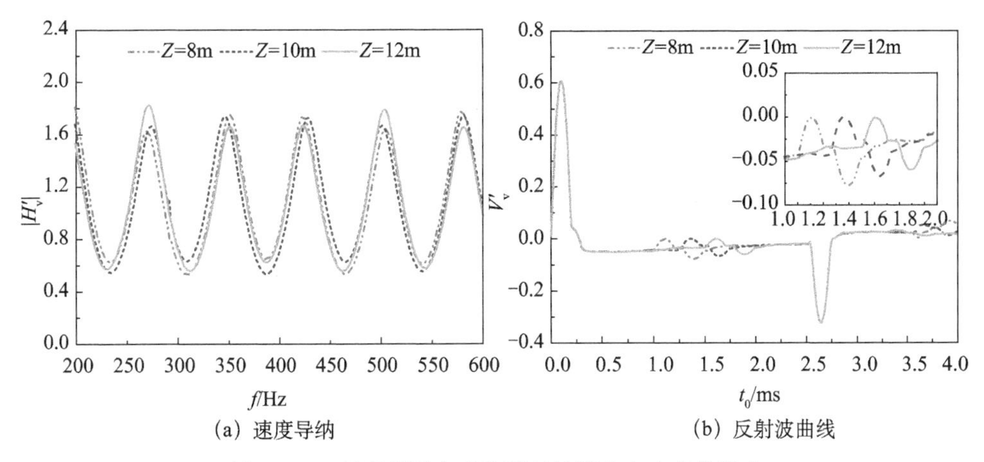

(a) 速度导纳　　(b) 反射波曲线

图 3－40　桩身模量突变位置对桩顶动力响应的影响

为分析桩身缩颈、扩颈对桩顶动力阻抗的影响，假设在埋深 9m 处存在一长度为 2m 的桩径突变段，定义桩径突变系数 λ_R 为该突变段桩身半径与相邻段桩身半径的比值（$\lambda_R<1$ 代表缩颈，$\lambda_R>1$ 代表扩颈）。

图 3－41 所示为桩身缩颈对桩顶动力阻抗曲线的影响。相对于均匀截面桩而言，缩颈桩动力阻抗曲线呈现大、小峰值交替现象。随着 λ_R 的增大即缩颈程度减小，大小峰幅值差减小，其对动力阻抗曲线的峰值水平影响亦减小。

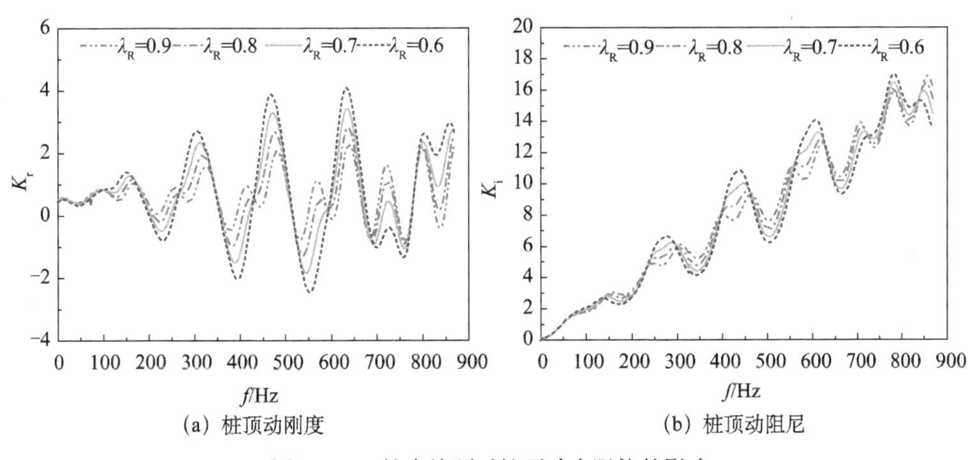

(a) 桩顶动刚度　　(b) 桩顶动阻尼

图 3－41　桩身缩颈对桩顶动力阻抗的影响

如图 3－42 所示为桩顶时域动力响应曲线随桩身缩颈程度的变化情况。由图可见，桩缩颈程度对桩顶速度导纳振幅影响显著。具体地，缩颈桩导纳曲线呈现大、小峰值交替现象。随着缩颈程度增大，大小峰幅值差增大。由反射波曲线可以看出，桩身缩颈程度越高，缺陷处的反射信号幅值水平越高。

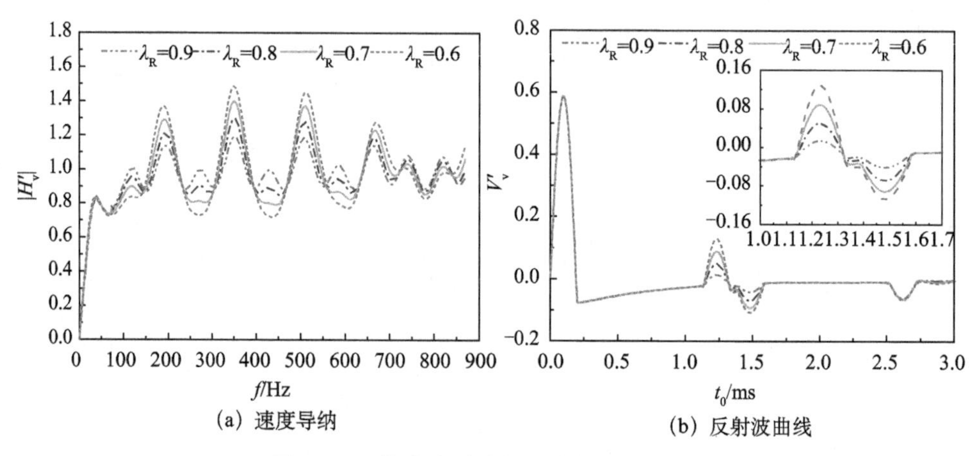

(a) 速度导纳　　(b) 反射波曲线

图 3－42　桩身缩颈对桩顶动力响应的影响

图 3－43 所示为桩身缩颈段深度位置对桩顶动力阻抗的影响情况。由图可见，桩身缩颈段深度位置对桩顶动力阻抗曲线影响显著。具体地，较均匀桩而言，桩身缩颈段的埋深越大，其桩顶动力阻抗曲线中的大、小峰幅值差越小，其对动力阻抗曲线的峰值水平影响亦越小。

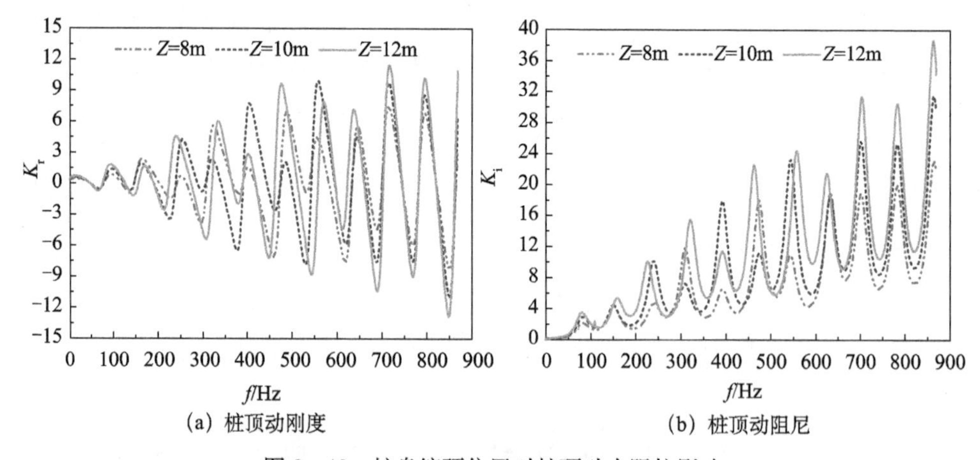

(a) 桩顶动刚度　　(b) 桩顶动阻尼

图 3－43　桩身缩颈位置对桩顶动力阻抗影响

如图 3－44 所示为桩顶时域动力响应曲线随桩身缩颈段位置的变化情况。由图可见，桩身缩颈段位置不同，桩顶速度导纳曲线振幅振荡差异很大，且幅值大小振荡，共振频率也不同。从反射波曲线来看，缩颈段距离桩顶越近，越早接收到截面反射信号，且信号幅值也越大。此外，桩身存在缩颈现象时，反射波的反射信号是先同向反射后反向反射。

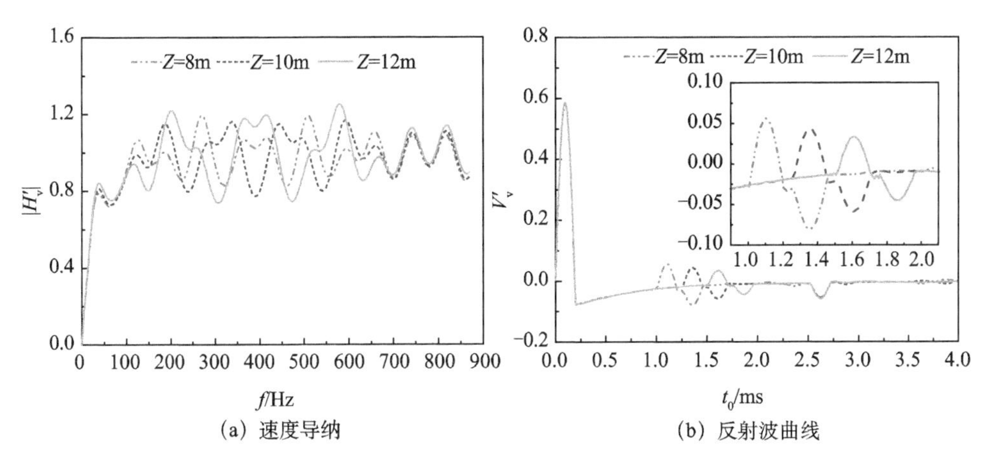

(a) 速度导纳　　(b) 反射波曲线

图 3-44　桩身缩颈段位置对桩顶动力响应的影响

图 3-45 所示为桩身扩颈对桩顶动力阻抗曲线的影响。相对于均匀截面桩而言，扩颈桩动力阻抗曲线呈现大、小峰值交替现象。随着 λ_R 的增大，即扩颈程度增大，大、小峰幅值差增大，其对动力阻抗曲线的峰值水平影响亦增大。

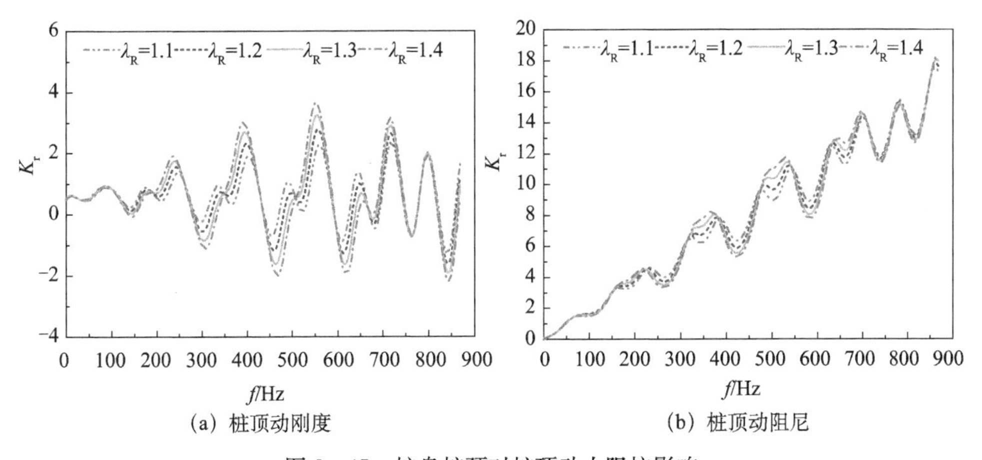

(a) 桩顶动刚度　　(b) 桩顶动阻尼

图 3-45　桩身扩颈对桩顶动力阻抗影响

图 3-46 所示为桩顶时域动力响应曲线随桩身扩颈程度的变化情况。由图可见，桩扩颈程度对桩顶速度导纳振幅影响显著。具体地，扩颈桩速度导纳曲线呈现大、小峰值交替现象。随着扩颈程度增大，大、小峰幅值差增大。由反射波曲线可以看出，桩身扩颈程度越高，缺陷处的反射信号幅值水平越高。

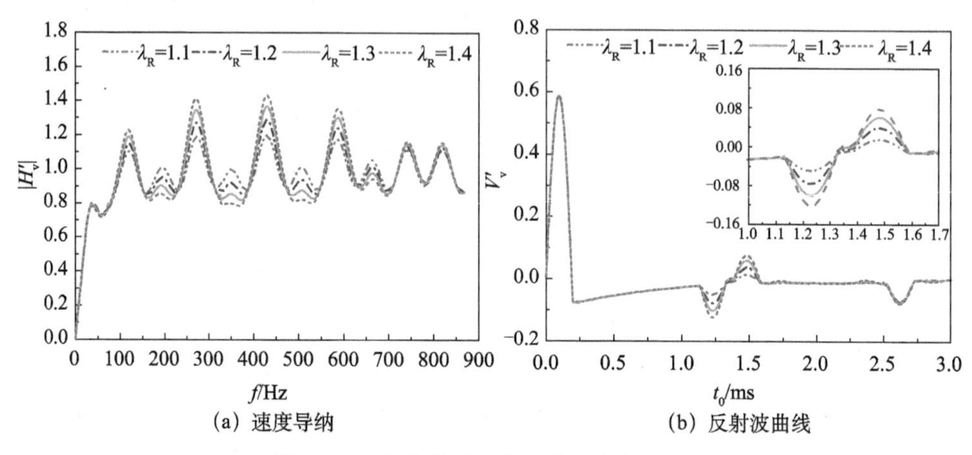

(a) 速度导纳　　(b) 反射波曲线

图 3-46　桩身扩颈对桩顶动力响应的影响

图 3-47 所示为桩身扩颈段深度位置对桩顶动力阻抗的影响情况。由图可见，桩身扩颈段深度位置对桩顶动力阻抗曲线影响显著。具体地，较均匀桩而言，桩身扩颈段的埋深越大，其桩顶动力阻抗曲线中的大、小峰幅值差越小，其对动力阻抗曲线的峰值水平影响亦越小。

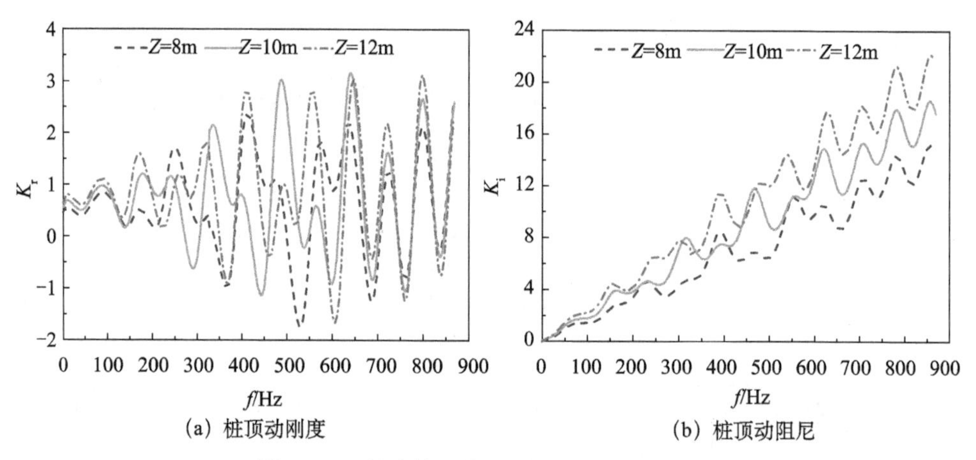

(a) 桩顶动刚度　　(b) 桩顶动阻尼

图 3-47　桩身扩颈位置对桩顶动力阻抗影响

图 3-48 所示为桩顶时域动力响应曲线随桩身扩颈段位置的变化情况。由图可见，桩身扩颈段位置不同，桩顶速度导纳曲线振幅振荡差异很大，且幅值大小振荡，共振频率也不同。从反射波曲线来看，扩颈段距离桩顶越近，越早接收到截面反射信号，且信号幅值也越大。此外，桩身存在扩颈现象时，反射波的反射信号是先反向反射后同向反射。

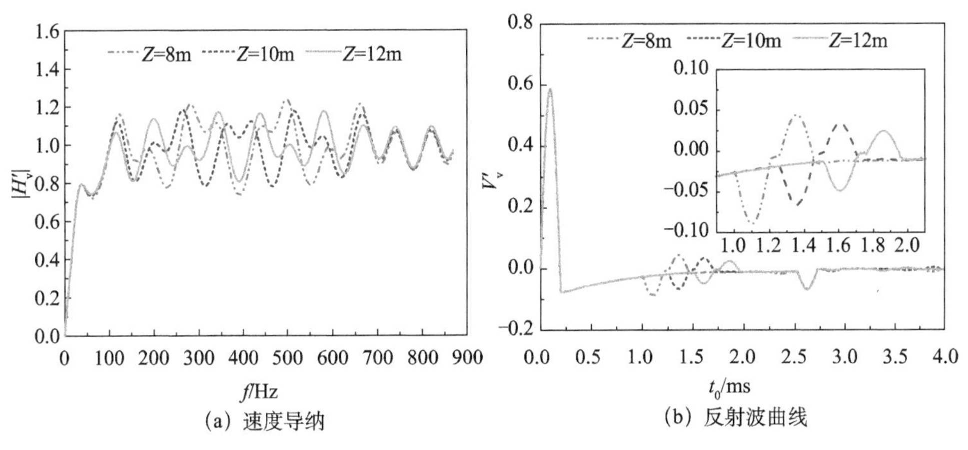

(a) 速度导纳　　(b) 反射波曲线

图 3-48　桩身扩颈段位置对桩顶动力响应的影响

第 4 章　非均质单相土中大直径桩基纵向振动解析模型与解答

4.1　问题的提出

Euler-Bernoulli 杆模型假定杆件在变形时横截面保持为平面，轴向应力沿杆截面均匀分布，是典型的一维杆件模型，因其物理概念清晰、计算工作量小等优点，迄今为止仍被广泛应用到桩-土耦合纵向振动研究中。尽管 Euler-Bernoulli 杆模型应用于细长桩时能很好地满足计算精度要求，但随着桩径的增大，杆件中的质点存在明显的横向运动，不再是简单的一维应力状态，此时仍采用基于平截面假定的 Euler-Bernoulli 杆模型，会引起较大误差[127]。针对这一问题，Krawczuk 等[127]和 Stephen 等[128]引入泊松比考虑桩身横向惯性效应对 Euler-Bernoulli 杆进行校正，提出了基于 Rayleigh-Love 杆理论的桩身振动解析模型。基于此点考虑，本章将大直径桩基简化为 Rayleigh-Love 杆件以考虑桩体横向惯性效应，并分别基于 Novak 平面应变理论和三维连续介质理论，建立了径向非均质、纵向成层土中大直径实体桩、管桩纵向振动力学模型。通过 Laplace 变换和复刚度传递法，求解出土体与大直径管桩接触面处的复刚度表达式，进而采用桩-土完全耦合条件和阻抗函数传递性，推导得出了简化模型对应的大直径实体桩、管桩桩顶动力阻抗解析解答，并与已有相关解析解进行退化对比分析，以验证其合理性。在此基础上，通过进一步参数化分析，探讨了桩身横向惯性效应、内外径以及桩侧土施工扰动效应对大直径管桩纵向振动动力阻抗的影响规律。

4.2　径向非均质土单相土中大直径实体桩纵向振动解析解答[170]

4.2.1　力学简化模型与定解问题

本节基于径向非均质土体模型的三维轴对称桩-土体系耦合纵向振动模型，对任意圈层土中黏弹性支承桩的纵向振动特性进行研究，力学简化模型如图 4 - 1 所示。桩长、半径、桩身密度、弹性模量、泊松比和桩底黏弹性支承常数分别为 H、r_1、ρ^{p}、E^{p}、ν^{p} 和k^{p}、ρ^{p}，桩顶作用任意激振力 $p(t)$。桩周土体沿径向划分为内部扰动区域和外部区域，桩周土体内部扰动区域径向厚度为 b，并将内部扰动区域沿径向划分 m 个圈层，第 j 圈层土体拉梅常量、剪切模量、弹性模量、黏性阻尼系数、密度和土层底部黏弹性支承常数分别为 λ_j^{s}、G_j^{s}、E_j^{s}、c_j^{s}、ρ_j^{s}和 k_j^{s}、δ_j^{s}。桩周土对桩身的侧壁剪切应力（摩阻力）为 f^{s}，第 $j-1$ 个圈层与第 j 圈层的界面处半径为r_j。特别地，内部区域和外部区域界面处的半径为r_{m+1}，外部区域则为径向半无限均匀黏弹性介质。

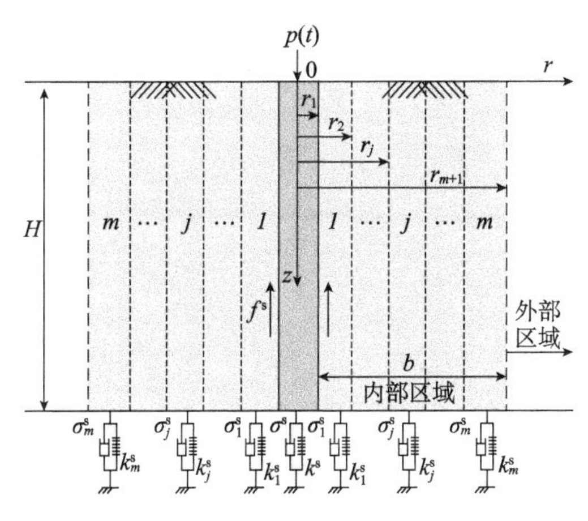

图 4 - 1　力学简化模型图

基本假定如下：

（1）桩身假定为均质等截面弹性体，桩体底部为黏弹性支承。

（2）桩周土体内部扰动区域沿径向所划分的 m 个圈层为均质、各向同性黏弹性体；外部区域为径向半无限均匀黏弹性介质。

（3）桩-土耦合振动系统满足线弹性和小变形条件。

（4）桩周土与桩壁界面上产生的剪应力，通过桩-土界面剪切复刚度传递给桩身，桩-土之间完全接触。

（5）各层段中桩周土复值切变模量从外部区域至内部扰动区域最内圈层呈现二次函数变化规律。

设桩周第 j 圈层土体位移为 $u_j^{\mathrm{s}}(r,z,t)$，根据弹性动力学基本理论，建立轴对称条件下土体的振动方程为

$$(\lambda_j^{\mathrm{s}}+2G_j^{\mathrm{s}})\frac{\partial^2}{\partial z^2}u_j^{\mathrm{s}}(r,z,t)+G_j^{\mathrm{s}}\left(\frac{1}{r}\frac{\partial}{\partial r}+\frac{\partial^2}{\partial r^2}\right)u_j^{\mathrm{s}}(r,z,t)$$

$$+c_j^s\frac{\partial}{\partial t}\left[\left(\frac{\partial^2}{\partial z^2}+\frac{1}{r}\frac{\partial}{\partial z^2}+\frac{\partial^2}{\partial r^2}\right)u_j^s(r,z,t)\right]=\rho_j^s\frac{\partial}{\partial t^2}u_j^s(r,z,t) \qquad (4-1)$$

对于黏性阻尼土，第 i 层段土对桩身单位面积的侧壁切应力 $\tau_i^s(r,z,t)$ 为

$$\tau_i^s(r,z,t)=\left(G_1^s\frac{\partial u_1^s(r,z,t)}{\partial r}+c_1^s\frac{\partial^2 u_1^s(r,z,t)}{\partial t\partial r}\right) \qquad (4-2)$$

令 $u^p(z,t)$ 为桩身质点纵向振动位移，m^p 为桩的单位长度质量，取桩身微元体作动力平衡分析，可得桩作纵向振动基本方程如下：

$$E^pA^p\frac{\partial^2 u^p(z,t)}{\partial z^2}-m^p\left(\frac{\partial^2 u^p(z,t)}{\partial t^2}+(\nu^p r_1)2\frac{\partial^4 u^p(z,t)}{\partial z^2\partial t^2}\right)-2\pi r_1 f^s(z,t)=0 \qquad (4-3)$$

式中，$f^s(z,t)=\tau^s(r,z,t)|r-r_1, m^p=\rho^pA^p, A^p=\pi r_1^2$。

上述式（4-1）、(4-3）即为基于黏性阻尼土模型的桩-土体系耦合纵向振动控制方程。

桩-土体系耦合振动边界条件如下：

（1）土层边界条件

$$\left.\frac{\partial u_j^s(r,z,t)}{\partial z}\right|_{z=0}=0 \qquad (4-4)$$

$$\left.\frac{\partial u_j^s(r,z,t)}{\partial z}\right|_{z=H}=-\left(\frac{k_j^s u_j^s(r,z,t)}{E_j^s}+\frac{\delta_j^s}{E_j^s}\frac{\partial u_j^s(r,z,t)}{\partial z}\right) \qquad (4-5)$$

当 $r\to\infty$时，位移为零：

$$\lim_{r\to\infty}u_{m+1}^s(r,z,t)=0 \qquad (4-6)$$

式中，$u_{m+1}^s(r,z,t)$ 代表外部区域土体竖向位移幅值。

相邻各圈层间位移连续、应力平衡：

$$u_j^s(r,z,t)_{r=r+1}=u_{j+1}^s(r,z,t)|_{r=r_{j+1}} \qquad (4-7)$$

$$\left.G_j^s\frac{\partial u_j^s(r,z,t)}{\partial r}+c_j^s\frac{\partial u_j^s(r,z,t)}{\partial t\partial r}\right|_{r=r_{j+1}}=\left.G_{j+1}^s\frac{\partial u_{j+1}^s(r,z,t)}{\partial r}+c_{j+1}^s\frac{\partial u_{j+1}^s(r,z,t)}{\partial t\partial r}\right|_{r=r_{j+1}} \qquad (4-8)$$

（2）桩身

$$\left.\left[E^pA^p\frac{du^p}{dz}+\rho^pA^p(\nu^p r_1 s)^2\frac{du^p}{dz}\right]\right|_{z=0}=-F \qquad (4-9)$$

$$\left.\frac{k^p+s\delta^p}{E^pA^p}u^p+\frac{du^p}{dz}+\frac{\rho^pA^p(\nu^p r_1 s)^2}{E^pA^p}\frac{du^p}{dz}\right|_{z=H}=0 \qquad (4-10)$$

（3）桩、土界面位移连续条件

$$u_j^s(r,t,z)|_{r=r_1}=u^p(z,t) \qquad (4-11)$$

4.2.2 定解问题求解

对方程（4-1）进行 Laplace 变换得

$$(\lambda_j^s+2G_j^s)\frac{\partial^2}{\partial z^2}U_j^s(r,z,s)+G_j^s\left(\frac{1}{r}\frac{\partial}{\partial r}+\frac{\partial^2}{\partial r^2}\right)U_j^s(r,z,s)$$

$$+c_j^s s\left(\frac{\partial^2}{\partial z^2}+\frac{1}{r}\frac{\partial}{\partial r}+\frac{\partial^2}{\partial r^2}\right)U_j^s(r,z,s)=\rho_j^s s^2U_j^s(r,z,s) \tag{4-12}$$

式中，$U_j^s(r,z,s)$是$u_j^s(r,z,s)$的 Laplace 变换。

采用分离变量法求解，令

$$U_j^s(r,\ z,\ s)=R_j^s(r)Z_j^s(z) \tag{4-13}$$

将式（4 - 13）代入式（4 - 12），化简可得

$$(\lambda_j^s+G_j^s+c_j^s s)\frac{1}{Z_j^s}\frac{\partial^2 Z_j^s}{\partial z'^2}-\rho_j^s s+(G_j^s+c_j^s s)\frac{1}{R_j^s}\left(\frac{1}{r}\frac{\partial^2 R_j^s}{\partial r}+\frac{\partial^2 R_j^s}{\partial r^2}\right)=0 \tag{4-14}$$

式（4 - 14）可以分解为两个常微分方程：

$$\frac{\mathrm{d}^2 Z_j^s}{\mathrm{d}z^2}+(h_j^s)^2Z_j^s=0 \tag{4-15}$$

$$\frac{\mathrm{d}^2 R_j^s}{\mathrm{d}r^2}+\frac{1}{r}\frac{\mathrm{d}R_j^s}{\mathrm{d}r}-(q_j^s)^2R_j^s=0 \tag{4-16}$$

式中，h_j^s，q_j^s为常数，并满足下列关系：

$$-(\lambda_j^s+2G_j^s+c_j^s s)(h_j^s)^2+(G_j^s+c_j^s s)(q_j^s)^2=\rho_j^s s^2 \tag{4-17}$$

由此可得

$$(q_j^s)^2=\frac{(\lambda_j^s+2G_j^s+c_j^s s)(h_j^s)^2+\rho_j^s s^2}{(G_j^s+c_j^s s)} \tag{4-18}$$

则式（4 - 15）、（4 - 16）的解为

$$Z_j^s(z)=C_j^s\cos(h_j^s z)+D_j^s\sin(h_j^s z) \tag{4-19}$$

$$R_j^s(r)=A_j^sI_0(q_j^s r)+B_j^sK_0(q_j^s r) \tag{4-20}$$

式（4 - 19）、（4 - 20）中，$I_0(q_j^s r)$、$K_0(q_j^s r)$为零阶第一类、第二类虚宗量贝塞尔函数。A_j^s、B_j^s、C_j^s、D_j^s为由边界条件决定的积分常数。

将$U_j^s(r,\ z,\ s)=R_j^s(r)Z_j^s(z)$代入边界条件式（4 - 4）可得$D_j^s=0$，代入式（4 - 5）可得

$$\tan(h_j^s H)=\frac{\overline{K}_j^s}{h_j^s H} \tag{4-21}$$

式中，$\overline{K}_j^s=K_j^s H/E_j^s$表示土层底部弹簧复刚度的无量纲参数，$K_j^s=k_j^s+\delta_j^s s$。

式（4 - 21）为超越方程，具体通过 MATLAB 编程求解得到无穷多个特征值h_j^s，记为h_{jn}^s，并将h_{jn}^s代入式（4 - 18）可得q_{jn}^s。

综合土层边界条件式（4 - 4）～（4 - 6）可得各圈层土竖向位移幅值U_j^s的表达式：

$$U_j^s(r,z,s)=\begin{cases}\sum_{n=1}^{\infty}A_{jn}^s K_0(q_{jn}^s r)\cos(h_{jn}^s z) & (j=m+1)\\ \sum_{n=1}^{\infty}[B_{jn}^s I_0(q_{jn}^s r)+C_{jn}^s K_0(q_{jn}^s r)]\cos(h_{jn}^s z) & (j=m,\cdots,2,1)\end{cases}\tag{4-22}$$

式中，A_{jn}^s，B_{jn}^s，C_{jn}^s 为一系列待定常数。

进一步地，圈层 j 与圈层 $j-1$ 之间侧壁剪切应力可化简为

$$\tau_j^s=\begin{cases}(G_j^s+c_j^s s)\sum_{n=1}^{\infty}[A_{jn}^s q_{jn}^s K_1(q_{jn}^s r)\cos(h_{jn}^s z)] & (j=m+1)\\ (G_j^s+c_j^s s)\sum_{n=1}^{\infty}q_{jn}^s\{[-B_{jn}^s I_1(q_{jn}^s r)+C_{jn}^s K_1(q_{jn}^s r)]\cos(h_{jn}^s z)\} & (j=m,\cdots,2,1)\end{cases}\tag{4-23}$$

根据各圈层土之间位移连续（4-7）、应力平衡（4-8）及固有函数正交性，化简计算可得常数 B_{jn}^s 与 C_{jn}^s 比值 p_{jn}^s。

当 $j=m$ 时

$$p_{mn}^s=\frac{(G_m^s+c_m^s s)q_{mn}^s K_1(q_{mn}^s r_m)K_0(q_{(m+1)n}^s r_m)-(G_{m+1}^s+c_{m+1}^s s)K_0(q_{mn}^s r_m)K_1(q_{(m+1)n}^s r_m)}{(G_m^s+c_m^s s)q_{mn}^s I_1(q_{mn}^s r_m)K_0(q_{(m+1)n}^s r_m)+(G_{m+1}^s+c_{m+1}^s s)q_{(m+1)n}^s I_0(q_{mn}^s r_m)K_1(q_{(m+1)n}^s r_m)}\tag{4-24}$$

当 $j=m-1$，…，2，1 时

$$p_{jn}^s=\frac{\begin{array}{l}(G_j^s+c_j^s s)q_{jn}^s K_1(q_{jn}^s r_j)[P_{(j+1)n}^s I_0(q_{(j+1)n}^s r_j)+K_0(q_{(j+1)n}^s r_j)]\\-(G_{j+1}^s+c_{j+1}^s s)q_{(j+1)n}^s K_0(q_{jn}^s r_j)[P_{(j+1)n}^s I_0(q_{(j+1)n}^s r_j)-K_0(q_{(j+1)n}^s r_j)]\end{array}}{\begin{array}{l}(G_j^s+c_j^s s)q_{jn}^s I_1(q_{jn}^s r_j)[P_{(j+1)n}^s I_0(q_{(j+1)n}^s r_j)+K_0(q_{(j+1)n}^s r_j)]\\-(G_{j+1}^s+c_{j+1}^s s)q_{(j+1)n}^s I_0(q_{jn}^s r_j)[P_{(j+1)n}^s I_1(q_{(j+1)n}^s r_j)-K_1(q_{(j+1)n}^s r_j)]\end{array}}\tag{4-25}$$

对式（4-8）进行 Laplace 变换，并将式（4-7）的计算结果代入后可得

$$\begin{aligned}&[(V^p)^2+(\nu^p r_1 s)^2]\frac{\partial^2 U_1^p(z,s)}{\partial z^2}-s^2U^p(z,s)-\frac{2\pi r_1}{\rho^p A^p}(G_1^s+c_1^s s)\\&\times\sum_{n+1}^{\infty}q_{1n}^s\{[-B_{1n}^s I_1(q_{1n}^s r_1)+C_{1n}^s K_1(q_{1n}^s r_1)]\cos(h_{1n}^s z)\}=0\end{aligned}\tag{4-26}$$

式中，$V^p=\sqrt{E^p/\rho^p}$，$U^p=(z,s)$ 是 $u^p=(z,s)$ 的 Laplace 变换。取 $s=\mathrm{i}\omega$，$\mathrm{i}=\sqrt{-1}$，则方程（4-26）的通解和特解形式分别为

$$U^{p'}=D_1^p\cos\left(\frac{\omega}{\eta}z\right)+D_2^p\sin\left(\frac{\omega}{\eta}z\right)\tag{4-27}$$

$$U^{p^*}=\sum_{n=1}^{\infty}M_n^s\cos(h_{1n}^s z) \tag{4-28}$$

其中，D_1^p，D_2^p为由边界条件得到的常系数，M_n^s 为待定系数，$\eta=\sqrt{(V^p)^2+(\nu^p r_1 s)^2}$。

将式（4-28）代入式（4-26）并化简可以得到

$$M_n^s=\frac{2\pi r_1 q_{1n}^s}{\rho^p A^p}\frac{(G_1^s+sc_1^s)\left[B_{1n}^s I_1(q_{1n}^s r_1)-C_{1n}^s K_1(q_{1n}^s r_1)\right]}{\left[(V^p)^2+(\nu^p r_1 s)^2\right](h_{1n}^s)^2-\omega^2} \tag{4-29}$$

则式（4-26）的定解为

$$U^p=D_1^p\cos\left(\frac{\omega}{\eta}z\right)+D_2^p\sin\left(\frac{\omega}{\eta}z\right)+\sum_{n=1}^{\infty}M_n^s\cos(h_{1n}^s z) \tag{4-30}$$

根据式（4-24）、（4-25）、（4-30）及桩-土位移连续条件（4-11）和固有函数正交性可得桩位移幅值表达式：

$$U^p=D_1^p\left[\cos\left(\frac{\omega}{\eta}z\right)+\sum_{n=1}^{\infty}\gamma_n'\cos(h_{1n}^s z)\right]+D_2^p\left[\sin\left(\frac{\omega}{\eta}z\right)-\sum_{n=1}^{\infty}\gamma''_n\cos(h_{1n}^s z)\right] \tag{4-31}$$

式中，

$$\gamma_n'=\gamma_n\left[\frac{1}{\omega/\eta-h_{1n}^s}\sin((\omega/\eta-h_{1n}^s)H)\right]+\frac{1}{\omega/\eta-h_{1n}^s}\sin[(\omega/\eta-h_{1n}^s)H]$$

$$\gamma_n''=\gamma_n\left[\frac{1}{\omega/\eta-h_{1n}^s}\cos((\omega/\eta-h_{1n}^s)H)-1+\left(\frac{1}{\omega/\eta-h_{1n}^s}\cos[(\omega/\eta-h_{1n}^s)H]-1\right)\right]$$

$$\gamma_n=-\frac{(1+\mathrm{i}\,G_{1c}'\theta)\bar{q}_{1n}^s\bar{\rho}_1\bar{v}_1^2}{\bar{r}((\bar{h}_{1n}^s)^2-\theta^2)\phi_n^s L_n^s}\left[K_1(\bar{q}_{1n}^s\bar{r}_1)-p_{1n}^s I_1(\bar{q}_{1n}^s\bar{r}_1)\right]$$

$$\phi_n^s=-p_{1n}^s\left[I_0(q_{1n}^s r_1)-\frac{2\pi r_1\tau_{1n}^s}{\rho^p A^p}\frac{(G_1^s+sc_1^s)}{(\eta h_{1n}^s)^2-\omega^2}I_1(q_{1n}^s r_1)\right]$$

$$+\left[K_0(q_{1n}^s r_1)-\frac{2\pi r_1\tau_{1n}^s}{\rho^p A^p}\frac{(G_1^s+sc_1^s)}{(\eta h_{1n}^s)^2-\omega^2}K_1(q_{1n}^s r_1)\right]$$

$$L_n^s=\int_0^H\cos^2(h_{1n}^s z)\,\mathrm{d}z$$

$$T_c=H/\eta$$

$$G'_{1c}=c_1^s/(G_1^s T_c)$$

其中，$\bar{h}_{1n}^s=Hh_{1n}^s$，$\bar{q}_{1n}^s=Hq_{1n}^s$，$\theta=\omega T_c$，$\bar{r}_1=r_1/H$，$\bar{v}_1=V_1^s/\eta$，$\bar{\rho}_1=\rho_1^s/\rho^p$ 均为无量纲参数。

结合桩身边界条件式（4-9）和式（4-10），可得桩顶位移阻抗函数为

$$Z(\theta)=\frac{P(s)}{U^p(z,s)}=\frac{E^p A^p}{H}\frac{\left[1-(\nu^p\bar{r}_1\theta\eta)^2/(V^p)^2\right]\theta}{\dfrac{D_1^p}{D_2^p}\left(1+\sum\limits_{n=1}^{\infty}\gamma_n'\right)-\sum\limits_{n=1}^{\infty}\gamma_n'} \tag{4-32}$$

式中，$K'_d=\theta[1-(\nu^p\bar{r}_1\theta\eta)^2/(V^p)^2]\Big/\left[\frac{D_1^p}{D_2^p}(1+\sum_{n=1}^{\infty}\gamma'_n)-\sum_{n=1}^{\infty}\gamma'_n\right]$为无量纲复刚度，令$K'_d=K_r+\mathrm{i}K_i$，其中$K_r$代表桩顶动刚度，$K_i$代表桩顶动阻尼，

$$\frac{D_1^p}{D_2^p}=\frac{\sum_{n=1}^{\infty}\gamma'_n h_{1n}^s\sin(h_{1n}^s)+(R+sA_b)\left[\sin(\theta)-\sum_{n=1}^{\infty}\gamma'_n\cos(h_{1n}^s)\right]+\left(\frac{V^p\bar{r}_1\theta\eta}{V^p}\right)^2\left[\sum_{n=1}^{\infty}\gamma'_n(\bar{h}^s_{1n})\sin(\bar{h}^s_{1n})+\theta\cos(\theta)\right]+\theta\cos(\theta)}{\sum_{n=1}^{\infty}\gamma'_n h_{1n}^s\sin(h_{1n}^s)+(R+sA_b)\left[\cos(\theta)-\sum_{n=1}^{\infty}\gamma'_n\cos(h_{1n}^s)\right]+\left(\frac{V^p\bar{r}_1\theta\eta}{V^p}\right)^2\left[\sum_{n=1}^{\infty}\gamma'_n(\bar{h}_{1n}^s)\sin(\bar{h}_{1n}^s)+\theta\sin(\theta)\right]+\theta\sin(\theta)},$$

$R=\frac{k^p}{E^pA^p}H, A_b=\frac{\delta^p}{E^pA^p}H$。

由式（4-32）可得桩顶位移响应函数为

$$H_v(\theta)=\frac{U^p}{F}=\frac{H}{E^pA^p}\frac{\frac{D_1^p}{D_2^p}(1+\sum_{n=1}^{\infty}\gamma'_n)-\sum_{n=1}^{\infty}\gamma'_n}{[1-(\nu^p\bar{r}_1\theta\eta)^2/(V^p)^2]\theta}\tag{4-33}$$

由此可得桩顶速度频率响应函数为

$$H_v(\theta)=\frac{\mathrm{i}\eta}{\rho^pA^p(V^p)^2}\frac{\frac{D_1^p}{D_2^p}(1+\sum_{n=1}^{\infty}\gamma'_n)-\sum_{n=1}^{\infty}\gamma'^{n}_{n}}{[1-(\nu^p\bar{r}_1\theta\eta)^2/(V^p)^2]}=\frac{1}{\rho^pA^pV^p}H'_v\tag{4-34}$$

式中，$H'_v=\frac{\mathrm{i}\eta\left[\frac{D_1^p}{D_2^p}(1+\sum_{n=1}^{\infty}\gamma'_n)-\sum_{n=1}^{\infty}\gamma'^{n}_{n}\right]}{V^p[1-(\nu^p\bar{r}_1\theta\eta)^2/(V^p)^2]}$。

根据傅里叶变换的性质，由桩顶速度频率响应函数式（4-34）可得单位脉冲激励作用下桩顶时域速度响应为

$$h(t)=\mathrm{IFT}[H_v(\theta)]=\frac{1}{2\pi}\int_{-\infty}^{\infty}\frac{1}{T_c\rho^pA^pV^p}H'_v\mathrm{e}^{\mathrm{i}\theta\bar{t}}\mathrm{d}\theta\tag{4-35}$$

式中，$\bar{t}=t/T_c$为无量纲时间。

由卷积定理知，在任意激振力$f(t)$（$F(\mathrm{i}\omega)$为$f(t)$的傅里叶变换）下，桩顶时域速度响应为

$$g(t)=f(t)*h(t)=\mathrm{IFT}[F(\mathrm{i}\omega)\times H_v(\mathrm{i}\omega)]\tag{4-36}$$

特别地，当桩顶处激励$f(t)$为半正弦脉冲时，即

$$f(t)=Q_{max}\sin\frac{\pi}{T}t,\quad t\in(0,T)\tag{4-37}$$

式中，T 为脉冲宽度。

进一步由式（4－36）可得半正弦脉冲激振力作用下桩顶时域速度响应半解析解为

$$g(t) = Q_{\max}\mathrm{IFT}\,\frac{1}{T_c\,\rho^{p}A^{p}V^{p}}H'_{v}\frac{\pi T}{\pi^2 - T^2\omega^2}(1+\mathrm{e}^{\mathrm{i}\omega T})] = \frac{Q_{\max}}{\rho^{p}A^{p}V^{p}}V'_{v} \tag{4-38}$$

式中，$V'_{v}=\frac{1}{2\pi}\int_{-\infty}^{\infty}\left[H'_{v}\frac{\pi\overline{T}}{\pi^2-\overline{T}^2\theta^2}(1+\mathrm{e}^{-\mathrm{i}\theta\overline{T}})\right]\mathrm{e}^{\mathrm{i}\theta\overline{T}}\mathrm{d}\theta$，$\overline{T}=T/T_c$ 为无量纲脉冲宽度因子。

4.2.3　解析模型验证与对比分析

本节算例基于图 4－1 所示桩-土体系耦合纵向振动力学模型，采用前述推导求解所得基于黏性阻尼模型的径向非均质三维轴对称土体中大直径桩顶纵向振动动力阻抗解。

假定外部区域剪切波速 V^{s}_{m+1} 至内部扰动区域第 1 圈层剪切波速 V^{s}_{1} 呈现线性变化，即剪切模量（$G^{s}_{j}=(V^{s}_{j})^2\rho^{s}_{j}$）呈现二次函数变化规律。桩周土体黏性阻尼系数 c^{s}_{j} 从外部区域至内部扰动区域第 1 圈层亦呈现二次函数变化。此外，桩周土体施工扰动系数 β 定义为

$$\beta=\sqrt{G^{s}_{n+1}/\rho^{s}_{n+1}}=\sqrt{\eta^{s}_{1}/\eta^{s}_{n+1}}=V^{s}_{1}/V^{s}_{n+1} \tag{4-39}$$

其中，$\beta<1$ 代表施工软化；$\beta>1$ 代表施工硬化。

如无特殊说明，具体参数取值如下：$r_1=b=0.5\mathrm{m}$，$\rho^{p}=2500\mathrm{kg/m^3}$，$V^{p}=4000\mathrm{m/s}$；$H=10\mathrm{m}$，$k^{p}=1\times10^5\mathrm{kN/m^3}$，$\delta^{p}=1\times10^5\mathrm{kN\cdot s/m^2}$，$\nu^{p}=0.25$，$\nu^{s}_{j}=0.25$，$\rho^{s}_{j}=2000\mathrm{kg/m^3}$，$V^{s}_{m+1}=100\mathrm{m/s}$，$c^{s}_{m+1}=1\mathrm{kN/m^2}$，$\beta=1.5$，$m=20$。

Yang 等[56]考虑桩周土径向非均质性，Lü 等[131]考虑桩身横向惯性效应，结合桩-土界面耦合条件求解得到桩顶纵向振动解析解，为了验证本节推导所得考虑横向惯性效应径向非均质土体中桩顶纵向振动动力阻抗解析解的合理性，分别将本节解退化到滞回阻尼模型不考虑横向惯性效应时的情况和不考虑桩周土径向非均质效应时的情况，与文献［56］和文献［131］进行退化对比验证。图 4－2 和图 4－3所示为本节推导所得桩顶纵向振动动力阻抗退化解随频率的变化曲线，以及其分别与文献［56］和文献［131］已有阻抗解的对比情况。从图中不难看出，本节推导所得考虑横向惯性效应径向非均质土体中桩顶纵向振动动力阻抗退化解答曲线与文献［56］和文献［131］中对应结果吻合。

4.2.4　纵向振动参数化分析

图 4－4 所示为桩身泊松比对桩顶动力阻抗的影响情况。由图可见，桩身泊松比在低频段对桩顶动力阻抗曲线的影响可忽略。而在高频段，桩顶动刚度和动阻尼曲线振幅和共振频率均随桩身泊松比的增大而减小，且频率越高此种减小幅度越明显。

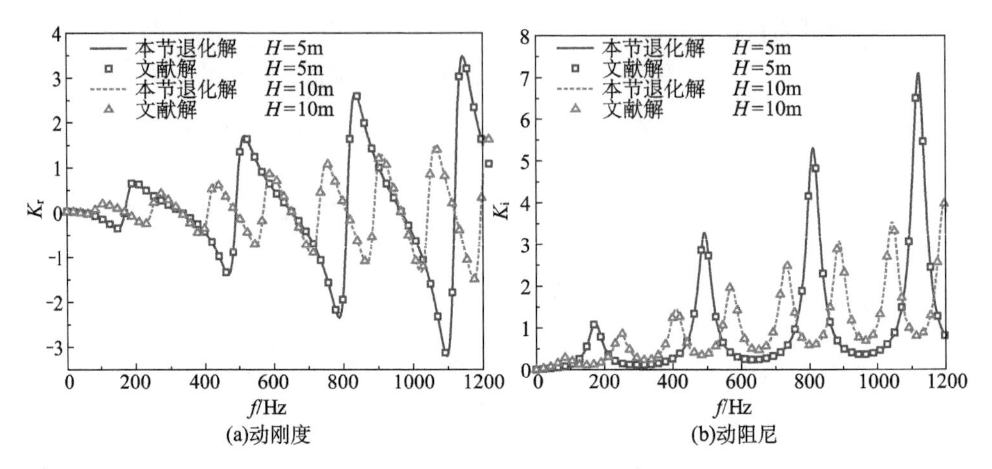

图 4-2 本节解与杨冬英等[56]解对比

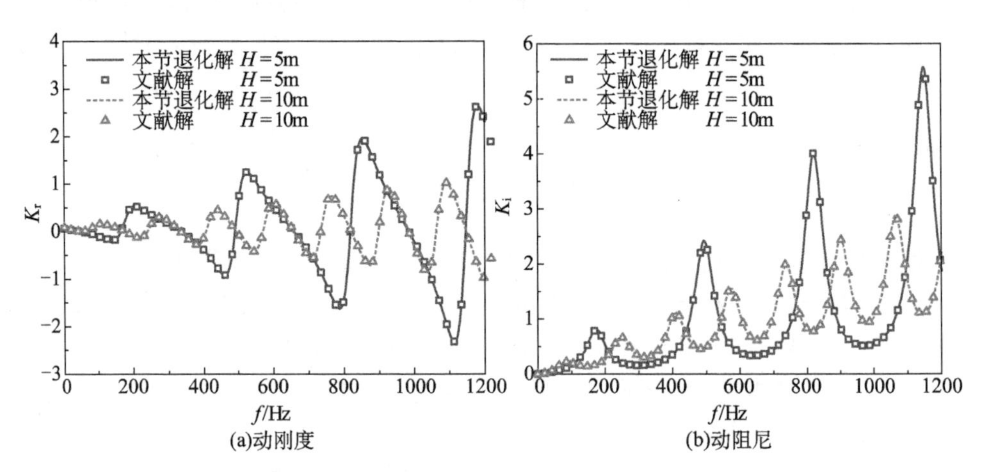

图 4-3 本节解与 Lü 等[131]解对比

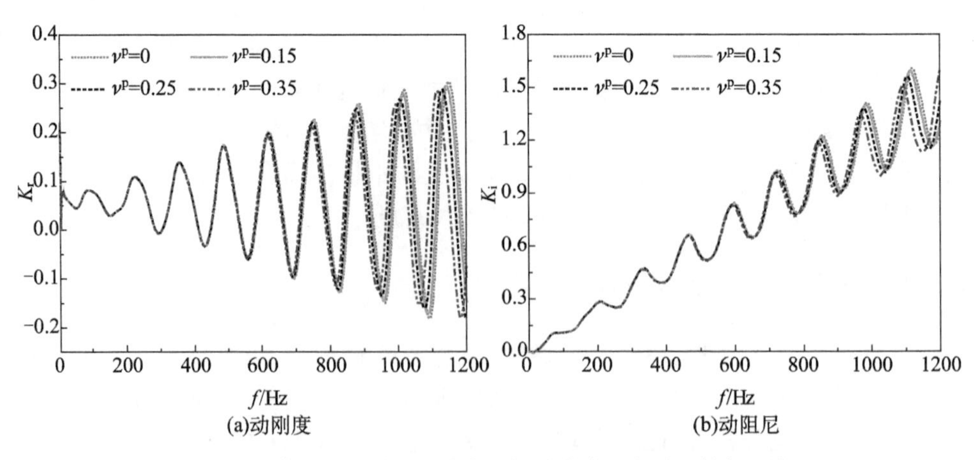

图 4-4 桩身泊松比对桩顶动力阻抗的影响（彩图见封底二维码）

图 4－5 所示为考虑和不考虑桩身横向惯性效应时桩长对桩顶动力阻抗的影响情况。由图可见，无论考虑横向惯性与否，桩长都是桩顶动力阻抗的主要影响因素。具体地，随着桩长增加，桩顶动刚度和动阻尼曲线振幅和共振频率均减小。不同的，考虑横向惯性效应时，在第 4 共振峰值处随着桩长增加，横向惯性效应对桩顶动力阻抗曲线振动幅值和共振频率的影响逐渐减小。

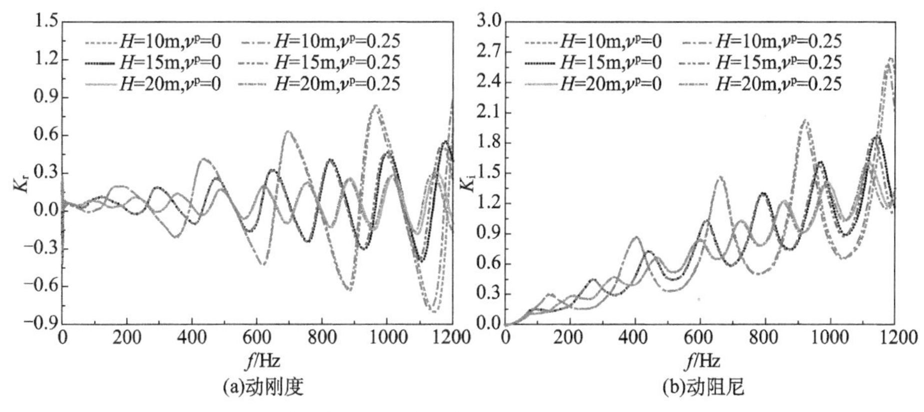

图 4－5　桩长对桩顶动力阻抗的影响（彩图见封底二维码）

图 4－6 所示为考虑和不考虑桩身横向惯性效应时桩周土软化程度对桩顶动力阻抗的影响情况。由图可见，桩周土软化程度对桩顶动刚度和动阻尼振幅影响显著。具体地，随着桩周土软化程度的增大，桩顶动刚度和动阻尼曲线振幅均增大。不同的，桩周土软化程度对桩顶动力阻抗曲线的共振频率的影响较小。此外，考虑横向惯性效应时，桩顶动力阻抗曲线的共振幅值和共振频率均有所减小。

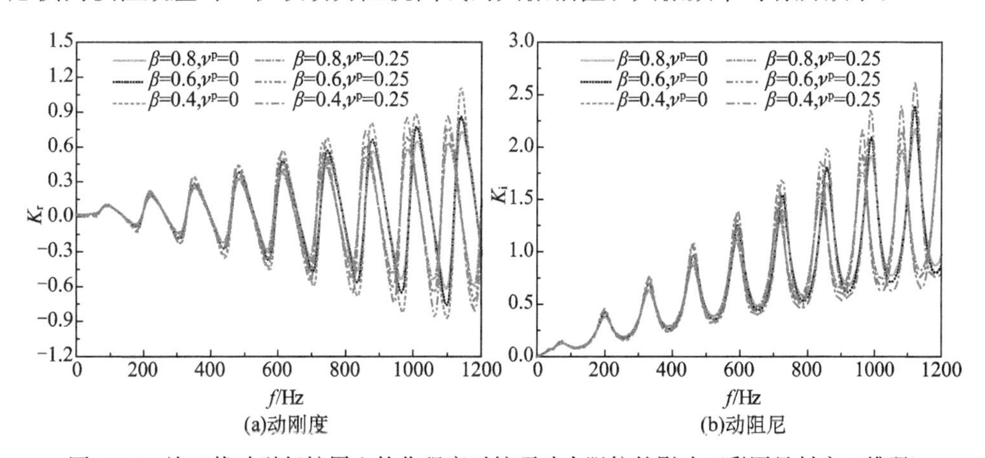

图 4－6　施工扰动引起桩周土软化程度对桩顶动力阻抗的影响（彩图见封底二维码）

图 4－7 所示为考虑和不考虑桩身横向惯性效应时桩周土硬化程度对桩顶动力阻抗的影响情况。由图可见，桩周土硬化程度对桩顶动刚度和动阻尼振幅影响显

著。具体地，随着桩周土硬化程度增大，桩顶动刚度和动阻尼曲线振幅均减小。不同的，桩周土硬化程度对桩顶动力阻抗曲线的共振频率的影响较小。此外，考虑横向惯性效应时，桩顶动力阻抗曲线的共振幅值和共振频率均有所减小。

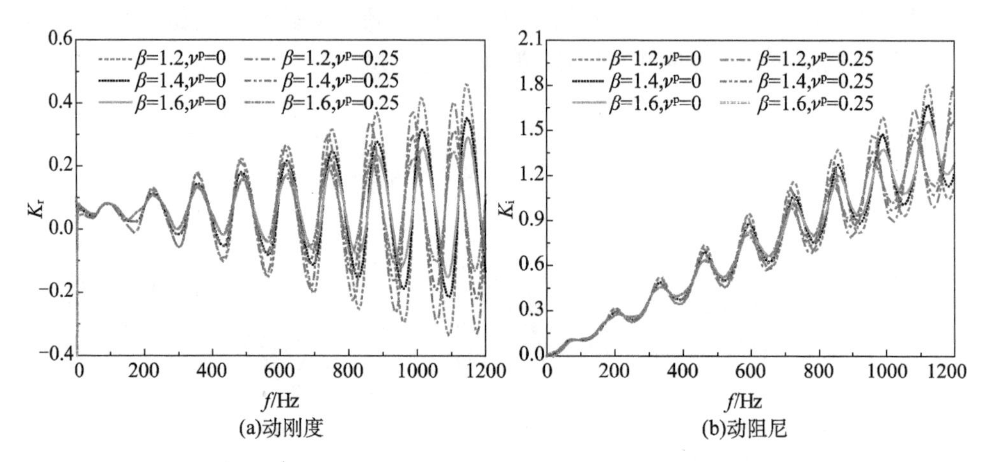

图 4-7　施工扰动引起桩周土硬化程度对桩顶动力阻抗的影响（彩图见封底二维码）

图 4-8 所示为考虑和不考虑桩身横向惯性效应时施工扰动土体软化范围对桩顶动力阻抗的影响情况。由图可见，施工扰动土体软化范围对桩顶动力阻抗振幅影响较大，桩顶动力阻抗振幅随桩周土软化范围增加而增大。桩周土软化范围变化对桩顶动刚度振幅的影响程度随其增加而衰减，当其达到一定幅值后（本节中当 $b=0.5r_1$ 时），此种影响效应趋于稳定。不同地，桩周土软化范围改变对桩顶动力阻抗共振频率影响较小，桩顶动力阻抗共振频率随桩周土软化范围增加仅有小幅增大。此外，考虑横向惯性效应时，桩顶动力阻抗曲线的共振幅值和共振频率均有所减小。

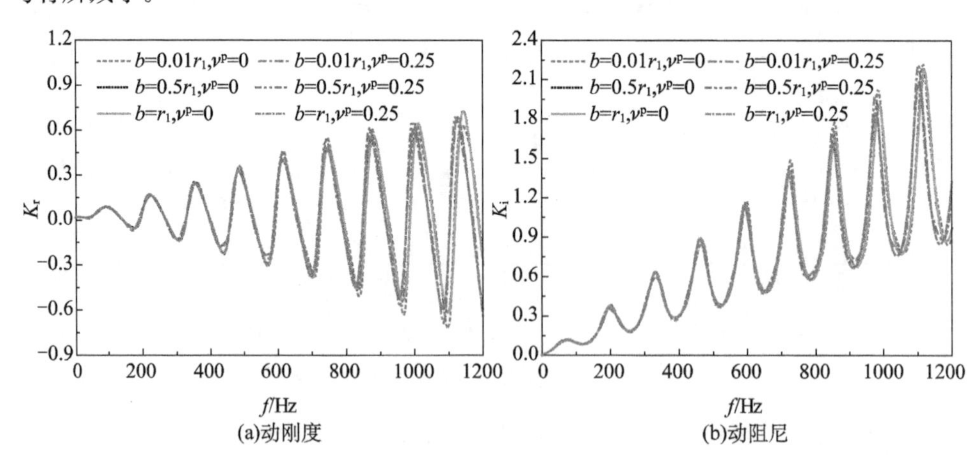

图 4-8　施工扰动引起桩周土软化范围对桩顶动力阻抗的影响（彩图见封底二维码）

图 4－9 所示为考虑和不考虑桩身横向惯性效应时施工扰动硬化范围对桩顶动力阻抗的影响情况。由图可见，桩顶动力阻抗振幅随施工扰动引起的桩周土硬化范围增加而显著减小。与施工扰动软化范围变化相同，桩周土硬化范围变化对桩顶动刚度振幅的影响程度随其增加而大幅衰减，当其达到一定幅值（本节中当 $b=0.5r_1$ 时）后此种影响趋于稳定。而桩周土硬化范围改变对桩顶动力阻抗共振频率影响较小，桩顶动力阻抗共振频率随桩周土硬化范围增加仅有小幅减小。当考虑横向惯性效应时，桩顶动力阻抗曲线的共振幅值和共振频率均有所减小。

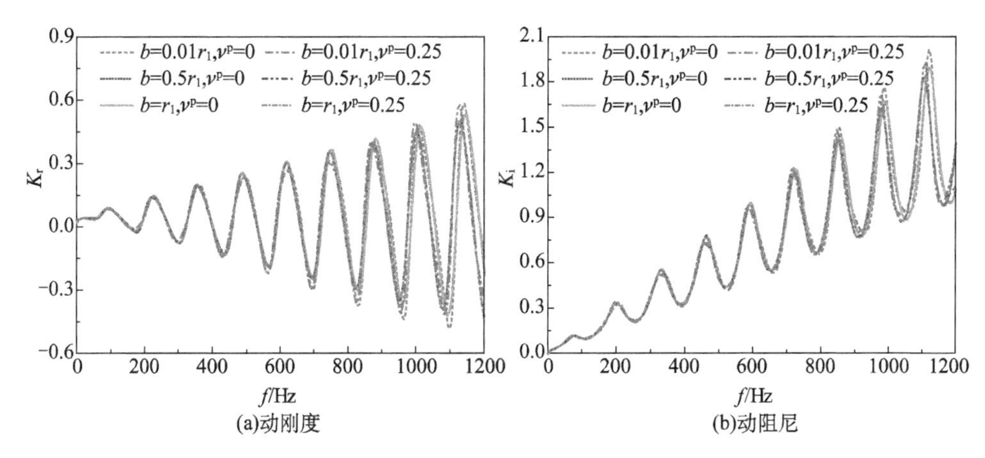

图 4－9　施工扰动引起桩周土硬化范围对桩顶动力阻抗的影响（彩图见封底二维码）

图 4－10 所示为考虑和不考虑桩身横向惯性效应时桩身波速对桩顶动力阻抗的影响情况。由图可见，随着桩身波速的增加，桩顶动刚度和动阻尼曲线振幅和共振频率均增大。当考虑桩的横向惯性效应时，随着桩身波速的增加，桩顶动力阻抗曲线共振幅值和共振频率的减小幅度逐渐减弱。

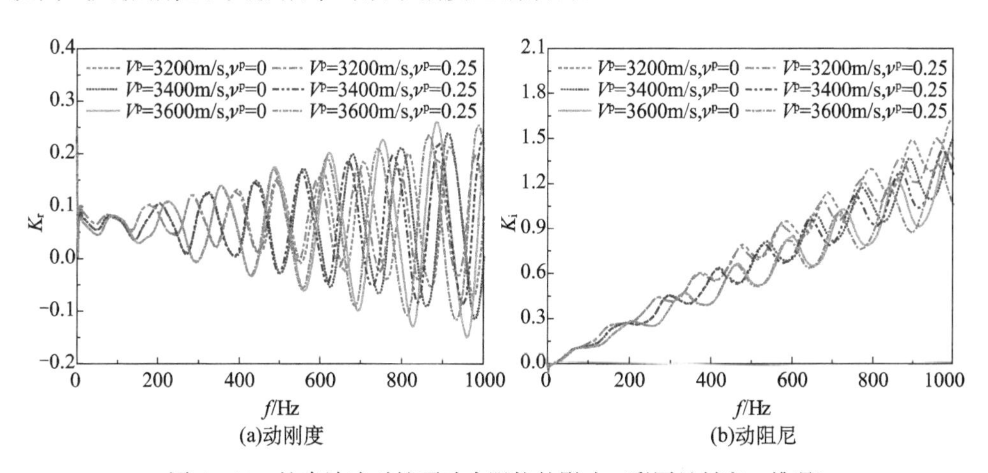

图 4－10　桩身波速对桩顶动力阻抗的影响（彩图见封底二维码）

图 4－11 所示为桩身泊松比对桩顶动力响应特性的影响情况。桩身泊松比在低频段对桩顶动力阻抗曲线的影响可忽略。而在高频段，桩顶速度导纳曲线的振幅和共振频率均随桩身泊松比的增大而减小，且频率越高此种减小幅度越明显。对于反射波曲线，随着桩身泊松比的增大，桩底反射信号幅值减小，桩底反射信号曲线的振荡程度增大，且桩底反射信号随泊松比增大而出现延迟，此种延迟在第二次反射信号处更为明显。

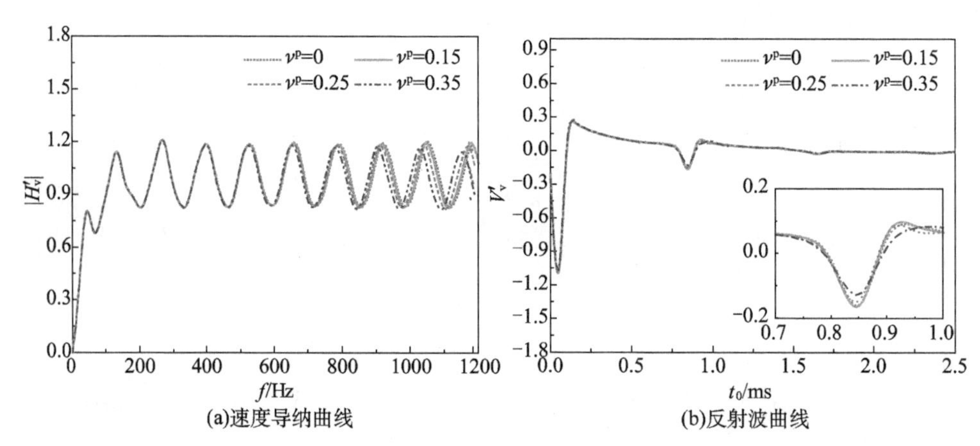

图 4－11　桩身泊松比对桩顶动力响应的影响（彩图见封底二维码）

图 4－12 所示为考虑和不考虑桩身横向惯性效应时桩长对桩顶动力响应特性的影响情况。由图可见，当考虑桩的横向惯性效应时，随着桩长增加，桩顶速度导纳曲线共振幅值和共振频率的减小幅度逐渐减弱。对于反射波曲线，随着桩长增大，桩底反射信号后移，反射信号的幅值减小。考虑横向惯性效应时，桩底反射信号幅值减小，桩底反射信号曲线的振荡程度增大，且桩底反射信号出现延迟。

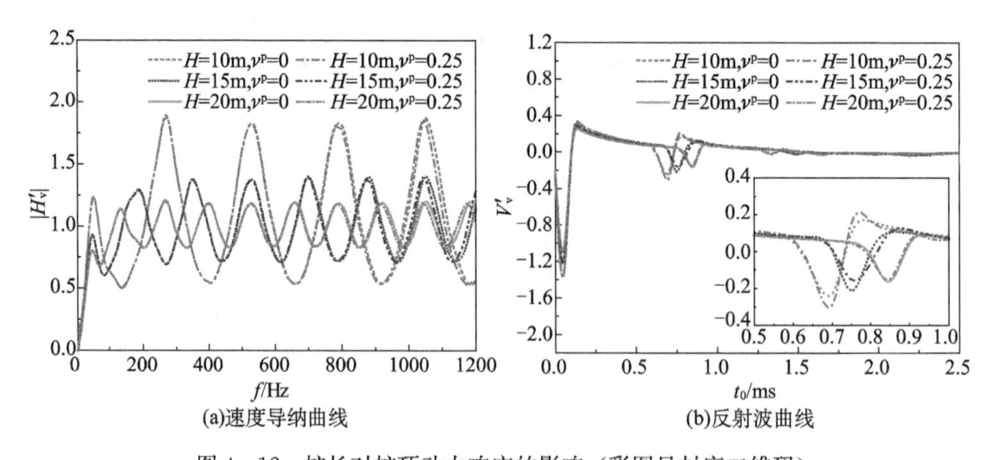

图 4－12　桩长对桩顶动力响应的影响（彩图见封底二维码）

考虑和不考虑横向惯性效应时桩顶动力响应特性随施工扰动引起桩周土软化程度的变化情况如图 4－13 所示。由图可见，随着桩周土软化程度的增大，桩顶速度导纳曲线振幅增大。不同的，桩周土软化程度对桩顶速度导纳曲线的共振频率的影响较小。此外，考虑横向惯性效应时，桩顶速度导纳曲线的共振幅值和共振频率均有所减小。对于反射波曲线，随着桩周土软化程度增大，桩底反射信号幅值增大。考虑横向惯性效应时，桩底反射信号幅值减小，桩底反射信号曲线的振荡程度增大，且桩底反射信号出现延迟。

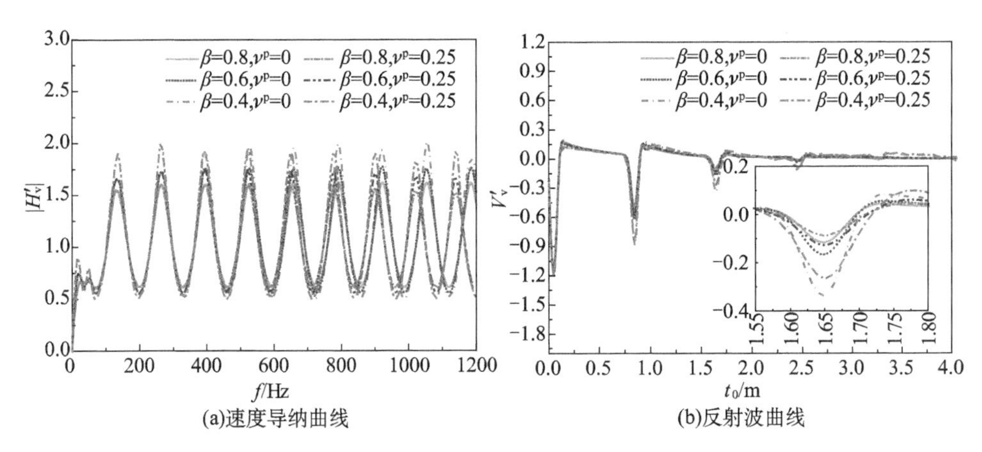

图 4－13　施工扰动引起桩周土软化程度对桩顶动力响应的影响（彩图见封底二维码）

图 4－14 所示为考虑和不考虑横向惯性效应时桩顶动力响应曲线随施工扰动引起桩周土硬化程度的变化情况。由图可见，随着桩周土硬化程度的增大，桩顶速度导纳曲线振幅减小。不同的，桩周土硬化程度对桩顶速度导纳曲线的共振频率的影响较小。此外，考虑横向惯性效应时，桩顶速度导纳曲线的共振幅值和共振

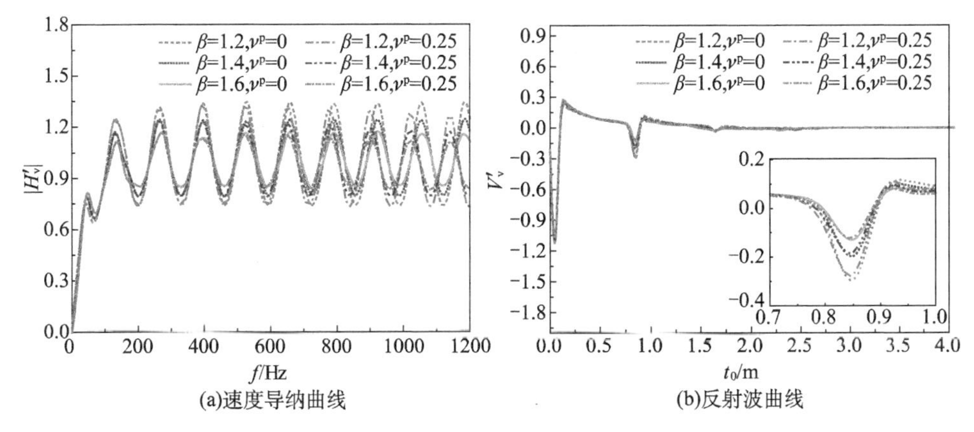

图 4－14　施工扰动引起桩周土硬化程度对桩顶动力响应的影响（彩图见封底二维码）

频率均有所减小。对于反射波曲线，随着桩周土硬化程度增大，桩底反射信号幅值减小。考虑横向惯性效应时，桩底反射信号幅值减小，桩底反射信号曲线的振荡程度增大，且桩底反射信号出现延迟。

考虑和不考虑横向惯性效应时桩顶动力响应特性随施工扰动引起桩周土软化范围的变化情况如图 4-15 所示。由图可见，随着桩周土软化范围的增大，桩顶速度导纳曲线振幅增大。不同的，桩周土软化范围对桩顶速度导纳曲线的共振频率的影响较小。此外，考虑横向惯性效应时，桩顶速度导纳曲线的共振幅值和共振频率均有所减小。对于反射波曲线，随着桩周土软化范围增大，桩底反射信号幅值增大。考虑横向惯性效应时，桩底反射信号幅值减小，桩底反射信号曲线的振荡程度增大，且桩底反射信号出现延迟。

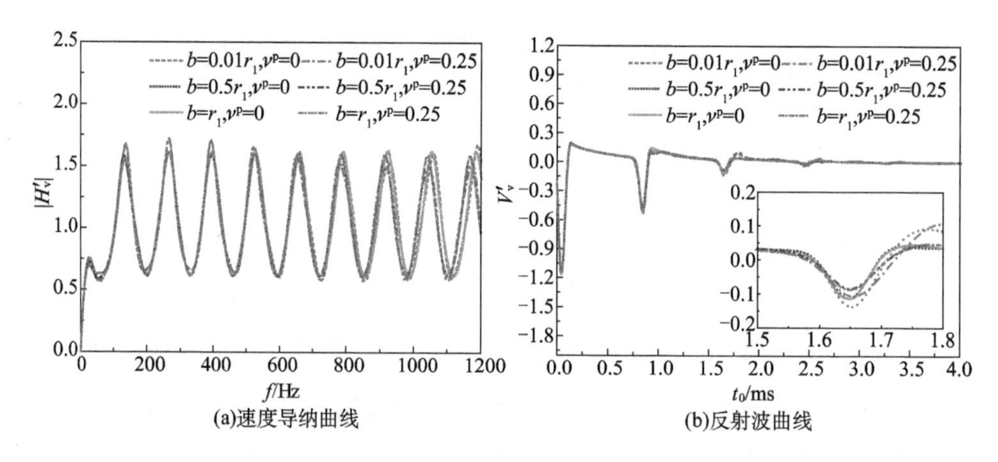

(a)速度导纳曲线 (b)反射波曲线

图 4-15　施工扰动引起桩周土软化范围对桩顶动力响应的影响（彩图见封底二维码）

图 4-16 所示为考虑和不考虑横向惯性效应时桩顶动力响应曲线随施工扰动引起桩周土硬化范围的变化情况。由图可见，随着桩周土硬化范围的增大，桩顶速度导纳曲线振幅减小。不同的，桩周土硬化范围对桩顶速度导纳曲线的共振频率的影响较小。此外，考虑横向惯性效应时，桩顶速度导纳曲线的共振幅值和共振频率均有所减小。对于反射波曲线，随着桩周土硬化范围增大，桩底反射信号幅值减小。考虑横向惯性效应时，桩底反射信号幅值减小，桩底反射信号曲线的振荡程度增大，且桩底反射信号出现延迟。

图 4-17 所示为考虑和不考虑横向惯性效应时桩身波速对桩顶动力响应特性的影响情况。由图可见，随着桩身波速增大，桩顶速度导纳曲线和反射波曲线中桩尖反射信号的幅值均增大。考虑桩的横向惯性效应时，桩顶速度导纳曲线共振频率、共振幅值的减小幅度和桩尖反射信号的后移量均随桩身波速增大而减弱。

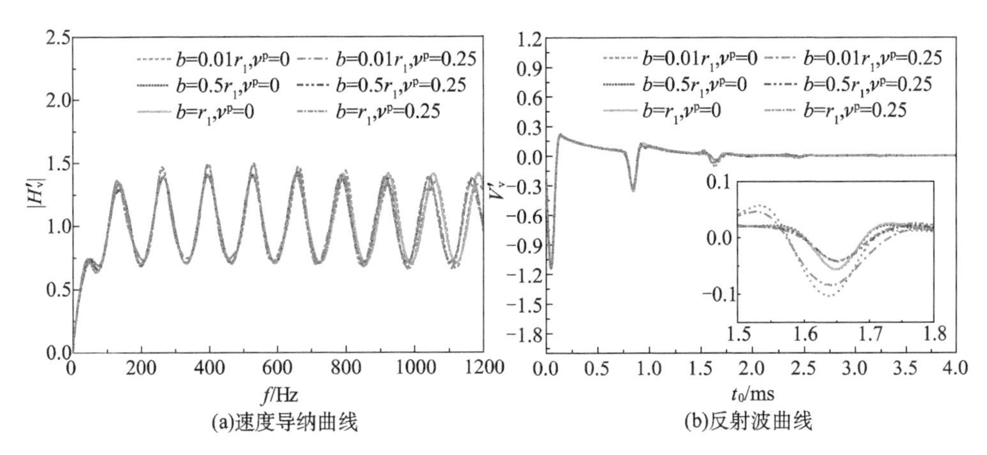

图 4-16　施工扰动引起桩周土硬化范围对桩顶动力响应的影响（彩图见封底二维码）

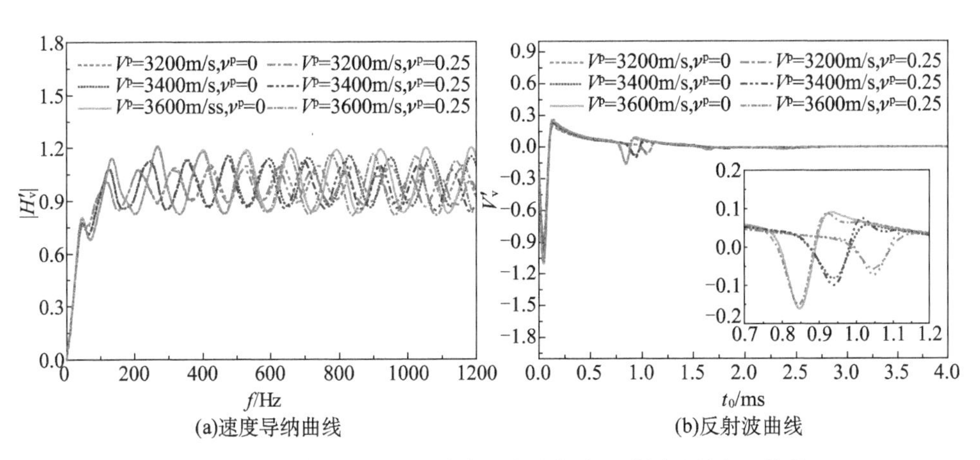

图 4-17　桩身波速对桩顶动力响应的影响（彩图见封底二维码）

4.3　径向非均质单相土中大直径管桩纵向振动解析解答[171]

4.3.1　力学简化模型与定解问题

本节基于 Rayleigh-Love 杆理论，考虑大直径管桩桩身横向惯性效应，建立平面应变条件下桩-土体系耦合纵向振动模型，对任意激振作用下径向非均质黏弹性支承大直径管桩振动特性进行研究，力学简化模型如图 4-18 所示。桩长、内半径、外半径、桩身密度、弹性模量、泊松比和桩底黏弹性支承常数分别为 H、r_0、r_1，ρ^{p}、E^{p}、ν^{p} 和 δ^{p}、k^{p}，桩顶作用任意激振力 $p(t)$。桩芯土的密度、剪切模量、黏性阻尼系数分别为 G_0^{s}、ρ_0^{s}、η_0^{s}。桩侧土体沿径向划分为内部扰动区域和外部未扰动区域，并将内部扰动区域沿径向划分 n 个圈层，内部扰动区域径向厚度为 b，内外部区域界面处的半径为r_{n+1}。桩侧第 j 圈层土的密度、剪切模量、黏性阻尼系数分别为 G_j^{s}、ρ_j^{s}、η_j^{s}，桩芯土和桩侧土对桩身产生的切应力分别为 f_0^{s} 和 f_1^{s}。

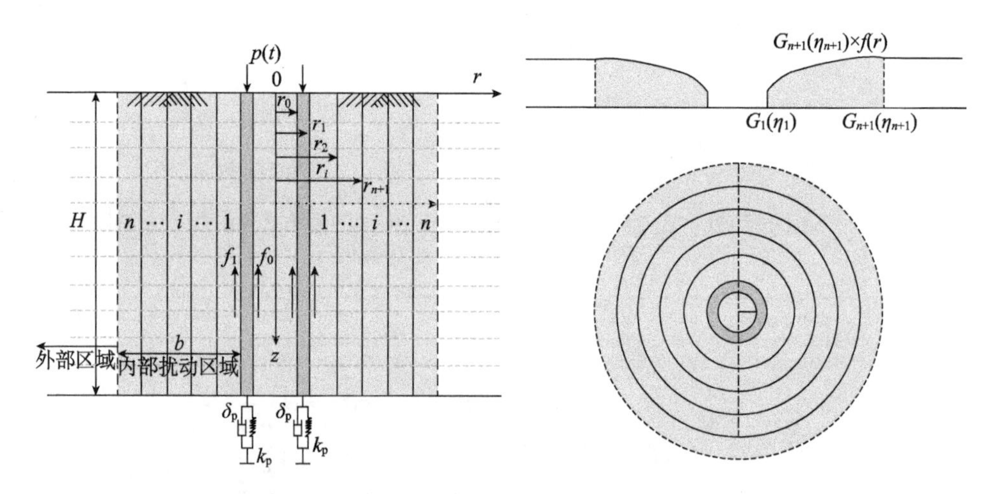

图 4-18　桩-土系统纵向耦合振动力学简化模型

基本假定如下：

(1) 大直径管桩等效为线弹性均质等圆截面 Rayleigh-Love 杆件。桩体底部为黏弹性支承；

(2) 桩周土和桩芯土为一系列相互独立的薄层，忽略土层间相互作用，桩芯土为满布；

(3) 桩侧土内部区域各圈层土体均质、各向同性黏弹性体，土体材料阻尼采用黏性阻尼模型；

(4) 桩-土系统振动为小变形，桩-土界面完全接触，无脱开和滑移现象[33]，各圈层土界面两侧位移连续、应力平衡。

假设内部区域径向厚度为 b，内外部区域界面处的半径为 r_{n+1}，内部区域第 j 圈层土体的剪切模量和黏性阻尼系数为 G_j^{s}、η_j^{s}，根据该圈层内边界半径 j，按式 (4-40) 和式 (4-41) 确定。

$$G_j^{\mathrm{s}}(r)=\begin{cases}G_1^{\mathrm{s}}, & r=r_1\\ G_{n+1}^{\mathrm{s}}\times f(r), & r_1<r<r_{n+1}\\ G_{n+1}^{\mathrm{s}}, & r\geqslant r_{n+1}\end{cases} \tag{4-40a}$$

$$\eta_j^s(r)=\begin{cases}\eta_1^s, & r=r_1\\ \eta_{n+1}^s\times f(r), & r_1<r<r_{n+1}\\ \eta_{n+1}^s, & r\geqslant r_{n+1}\end{cases} \tag{4-40b}$$

式中，G_1^s、G_{n+1}^s、η_1^s、η_{n+1}^s分别为桩-土、内外区域界面处土体剪切模量、黏性阻尼系数。$f(r)$ 参照文献［33］采用二次函数描述桩周土内部区域土体性质的变化。

设桩周第 j 圈层土体位移为 $u_j^s(r,\ t)$，桩芯土体位移为 $u_0^s(r,\ t)$，建立平面应变条件下土体振动控制方程如下。

桩侧土体：

$$G_j^s\frac{\partial^2}{\partial r^2}u_j^s(r,t)+\eta_j^s\frac{\partial^3}{\partial t\partial r^2}u_j^s(r,t)+\frac{G_j^s}{r}\frac{\partial}{\partial r}u_j^s(r,t)+\frac{\eta_j^s}{r}\frac{\partial^3}{\partial t\partial r}u_j^s(r,t)=\rho_j^s\frac{\partial^2}{\partial t^2}u_j^s(r,t) \tag{4-41}$$

桩芯土体：

$$G_0^s\frac{\partial^2}{\partial r^2}u_0^s(r,t)+\eta_0^s\frac{\partial^3}{\partial t\partial r^2}u_0^s(r,t)+\frac{G_0^s}{r}\frac{\partial}{\partial r}u_0^s(r,t)+\frac{\eta_0^s}{r}\frac{\partial^3}{\partial t\partial r}u_0^s(r,t)=\rho_0^s\frac{\partial^2}{\partial t^2}u_0^s(r,t) \tag{4-42}$$

设桩身位移为$u^p(r,\ t)$，则符合平截面假定的桩身纵向振动基本方程为

$$E^pA^p\frac{\partial^2u^p(z,t)}{\partial z^2}-m^p\left(\frac{\partial^2u^p(z,t)}{\partial t^2}+(\nu^pR^p)^2\frac{\partial^4u^p(z,t)}{\partial z^2\partial t^2}\right)-2\pi r_1f_1^s(z,t)-2\pi r_0f_0^s(z,t)=0 \tag{4-43}$$

式中，$m^p=\rho^pA^p$，$A^p=\pi r_1^2-\pi r_0^2$，$R^p=\sqrt{\dfrac{r_1^2+r_0^2}{2}}$。

桩-土体系耦合振动系统边界条件：

（1）桩芯土。当 $r=0$ 时，位移为有限值：

$$\lim_{r\to0}u_0^s(r,\ t)=\text{有限值} \tag{4-44}$$

桩芯土与桩接触界面处位移及力连续性条件：

$$u_0^s(r_0,\ t)=u^p(r_0,\ t) \tag{4-45}$$

$$f_0^s=\tau_0^s(r)\big|_{r=r_0} \tag{4-46}$$

其中，剪应力顺时针为正。

（2）桩侧土。当 $r=\infty$时，位移为零：

$$\lim_{r\to\infty}u_{n+1}^s(r,\ t)=0 \tag{4-47}$$

式中，u_{n+1}^s代表外部区域土体位移。

桩侧土与桩接触界面处位移和力连续性条件：

$$u_1^s(r_1,\ t)=u^p(r_1,\ t) \tag{4-48}$$

$$f_1^s = -\tau_1^s(r)\big|_{r=r_1} \tag{4-49}$$

（3）桩身

$$\left[E^p A^p \frac{\partial u^p(z,t)}{\partial z} + \rho^p A^p (\nu^p R^p)^2 \frac{\partial^3 u^p(z,t)}{\partial z \partial t^2}\right]\bigg|_{z=0} = -p(t) \tag{4-50}$$

$$\left[E^p A^p \frac{\partial u^p(z,t)}{\partial z} + \rho^p A^p (\nu^p R^p)^2 \frac{\partial^3 u^p(z,t)}{\partial z \partial t^2} + \left(k^p u^p(z,t) + \delta^p \frac{\partial u^p(z,t)}{\partial t}\right)\right]\bigg|_{z=H} = 0 \tag{4-51}$$

4.3.2 定解问题求解

对方程（4-41）进行 Laplace 变换得

$$G_j^s \frac{\partial^2}{\partial r^2} U_j^s(r,s) + \eta_j^s s \frac{\partial^2}{\partial r^2} U_j^s(r,s) + \frac{G_j^s}{r} \frac{\partial}{\partial r} U_j^s(r,s) + \frac{\eta_j^s s}{r} \frac{\partial}{\partial r} U_j^s(r,s) = \rho_j^s s^2 U_j^s(r,s) \tag{4-52}$$

式中，$U_j^s(r,s)$ 是 $u_j^s(r,t)$ 的 Laplace 变换，$s=\mathrm{i}\omega$，$\mathrm{i}=\sqrt{-1}$。

对式（4-52）进一步整理可得

$$\frac{\partial^2}{\partial r^2} U_j^s(r,s) + \frac{1}{r} \frac{\partial}{\partial r} U_j^s(r,s) = (q_j^s)^2 U_j^s(r,s) \tag{4-53}$$

式中，$q_j^s = \sqrt{\dfrac{\rho_j^s s^2}{G_j^s + \eta_j^s s}}$。

因此，可求得方程（4-53）的通解为

$$U_j^s(r,s) = A_j^s K_0(q_j^s r) + B_j^s I_0(q_j^s r) \tag{4-54}$$

式中，$I_0(q_j^s r)$、$K_0(q_j^s r)$ 分别为零阶第一类、第二类修正 Bessel 函数；A_j^s、B_j^s 为待定系数。

对式（4-47）进行 Laplace 变换，代入式（4-54）可得 $B_{n+1}^s = 0$，因此有

$$U_{n+1}^s(r,s) = A_{n+1}^s K_0(q_{n+1}^s r) \tag{4-55}$$

则外部区域土体任意点的竖向剪切应力为

$$\tau_{n+1}^s = (G_{n+1}^s + \eta_{n+1}^s s) \frac{\partial}{\partial r} U_{n+1}^s(r,s) = -(G_{n+1}^s + \eta_{n+1}^s s) q_{n+1}^s A_{n+1}^s K_1(q_{n+1}^s r) \tag{4-56}$$

在内、外部区域分界面处，内部区域受到外部区域的竖向剪切刚度为

$$\mathrm{KK}_{n+1} = -\frac{2\pi r_{n+1} \tau_{n+1}^s(r_{n+1})}{U_{n+1}^s(r_{n+1},s)} = 2\pi r_{n+1} (G_{n+1}^s + \eta_{n+1}^s s) q_{n+1}^s \frac{K_1(q_{n+1}^s r_{n+1})}{K_0(q_{n+1}^s r_{n+1})} \tag{4-57}$$

内部区域圈层 j 中任意点处的竖向剪切力为

$$\tau_j^s = (G_j^s + \eta_j^s s) \frac{\partial U_j^s(r,s)}{\partial r} = -(G_j^s + \eta_j^s s) q_j^s [A_j^s K_1(q_j^s r) - B_j^s I_1(q_j^s r)] \tag{4-58}$$

则 j 圈层的外边界（$r=r_{j+1}$）和内边界（$r=r_j$）处的竖向剪切刚度为

$$\mathrm{KK}_{j+1}^{s}=-\frac{2\pi r_{j+1}\tau_j^s(r_{j+1})}{U_j^s(r_{j+1},s)}=2\pi r_{j+1}(G_j^s+\eta_j^s s)q_j^s\frac{A_j^sK_1(q_j^sr_{j+1})-B_j^sI_1(q_j^sr_{j+1})}{A_j^sK_0(q_j^sr_{j+1})+B_j^sI_0(q_j^sr_{j+1})} \tag{4-59}$$

$$\mathrm{KK}_{j}^{s}=-\frac{2\pi r_j\tau_j^s(r_j)}{U_j^s(r_j,s)}=2\pi r_j(G_j^s+\eta_j^s s)q_j^s\frac{A_j^sK_1(q_j^sr_j)-B_j^sI_1(q_j^sr_j)}{A_j^sK_0(q_j^sr_j)+B_j^sI_0(q_j^sr_j)} \tag{4-60}$$

综上，可求得土层剪切刚度递推公式为

$$\mathrm{KK}_{j}^{s}=2\pi r_j(G_j^s+\eta_j^s s)q_j^s\frac{C_j^s+E_j^s\mathrm{KK}_{j+1}^{s}}{D_j^s+F_j^s\mathrm{KK}_{j+1}^{s}} \tag{4-61}$$

式中，$C_j^s=2\pi r_{j+1}(G_j^s+\eta_j^s s)q_j^s[K_1(q_j^sr_j)I_1(q_j^sr_{j+1})-K_1(q_j^sr_{j+1})I_1(q_j^sr_j)]$，$D_j^s=2\pi r_{j+1}(G_j^s+\eta_j^s s)q_j^s[K_0(q_j^sr_j)\ I_1(q_j^sr_{j+1})-K_1(q_j^sr_{j+1})I_0(q_j^sr_j)]$，$E_j^s=K_1(q_j^sr_j)\times I_0(q_j^sr_{j+1})+K_0(q_j^sr_{j+1})I_1(q_j^sr_j)$，$F_j^s=K_0(q_j^sr_j)I_0(q_j^sr_{j+1})-K_0(q_j^sr_{j+1})I_0(q_j^sr_j)$。

对方程（4-42）进行 Laplace 变换可得

$$G_0^s\frac{\partial^2}{\partial r^2}U_0^s(r,\ s)+\eta_0^s s\frac{\partial^2}{\partial r^2}U_0^s(r,\ s)+\frac{G_0^s}{r}\frac{\partial}{\partial r}U_0^s(r,\ s)+\frac{\eta_0^s s}{r}\frac{\partial}{\partial r}U_0^s(r,\ s)=\rho_0^s s^2U_0^s(r,\ s) \tag{4-62}$$

式中，$U_0^s(r,\ s)$ 是 $u_0^s(r,\ t)$ 的 Laplace 变换。

对式（4-62）进一步整理可得

$$\frac{\partial^2}{\partial r^2}U_0^s(r,s)+\frac{1}{r}\frac{\partial}{\partial r}U_0^s(r,s)=(q_0^s)^2U_0^s(r,s) \tag{4-63}$$

式中，$q_0^s=\sqrt{\dfrac{\rho_0^s s^2}{G_0^s+\eta_0^s s}}$。

方程（4-63）的通解为

$$U_0^s(r,s)=A_0^s\ K_0(q_0^sr)+B_0^s\ I_0(q_0^sr) \tag{4-64}$$

对式（4-44）进行 Laplace 变换，代入式（4-59）可得 $A_0^s=0$，因此有

$$U_0^s(r,s)=B_0^s\ I_0(q_0^sr) \tag{4-65}$$

由式（4-45）和（4-65）可得大直径管桩内壁受到桩芯土体的剪切刚度为

$$\mathrm{KK}_0=-\frac{2\pi r_0\tau_0^s(r_0)}{U^{\mathrm{p}}}=-2\pi r_0(G_0^s+\eta_0^s s)q_0^s\frac{I_1(q_0^s\ r_0)}{I_0(q_0^s\ r_0)} \tag{4-66}$$

对式（4-43）进行 Laplace 变换，并将由式（4-61）递推所得桩周最内层土体与桩接触面上剪切刚度 KK_1 和式（4-66）代入可得

$$\frac{\partial^2U^{\mathrm{p}}(z,s)}{\partial z^2}-\alpha^2U^{\mathrm{p}}(z,s)=0 \tag{4-67}$$

式中，$\alpha^2=\dfrac{\rho^{\mathrm{p}}A^{\mathrm{p}}s^2+\mathrm{KK}_1-\mathrm{KK}_0}{A^{\mathrm{p}}[E^{\mathrm{p}}+\rho^{\mathrm{p}}(\nu^{\mathrm{p}}R^{\mathrm{p}}s)^2]}$，$U^{\mathrm{p}}(z,s)$ 是 $u^{\mathrm{p}}(z,t)$ 的 Laplace 变换。

方程（4-67）的通解为

$$U^{p}(z,s)=C^{p}e^{\alpha z}+D^{p}e^{-\alpha z} \tag{4-68}$$

式中，C^{p}、D^{p} 为由边界条件确定的待定系数。

进一步，对式（4-50）、（4-51）进行 Laplace 变换，并将式（4-68）代入后可得

$$C^{p}=\frac{\xi^{s}P(s)}{E^{p}A^{p}\alpha(\xi^{s}-1)} \tag{4-69}$$

$$D^{p}=\frac{P(s)}{E^{p}A^{p}\alpha(\xi^{s}-1)} \tag{4-70}$$

式中，$\xi^{s}=\dfrac{\alpha E^{p}+\rho^{p}A^{p}(\nu^{p}R^{p}s)^{2}-(k^{p}+\delta^{p}s)}{\alpha E^{p}+\rho^{p}A^{p}(\nu^{p}R^{p}s)^{2}+(k^{p}+\delta^{p}s)}e^{-2\alpha H}$。

将式（4-69）、（4-70）代入（4-68）可得

$$U^{p}(z,s)=\frac{(\xi^{s}e^{-\alpha z}+e^{-\alpha z})}{E^{p}A^{p}\alpha(\xi^{s}-1)}P(s) \tag{4-71}$$

由此，可求得大直径管桩桩顶复动刚度为

$$K_{d}=\frac{P(i\omega)}{U^{p}(z,i\omega)}=\frac{E^{p}A^{p}\alpha(\xi^{s}-1)}{(\xi^{s}+1)}=\frac{E^{p}A^{p}}{H}K_{d}' \tag{4-72}$$

式中，$K_{d}'=\dfrac{\bar{\alpha}(\xi^{s}-1)}{(\xi^{s}+1)}$，$\bar{\alpha}=\alpha H$，$P(i\omega)$ 为 $p(t)$ 的 Laplace 变换形式，K_{d}'为无量纲复刚度。令$K_{d}'=K_{r}+iK_{i}$，其中K_{r}代表动刚度，K_{i}代表动阻尼。

由式（4-72）可进一步推得桩顶位移响应函数为

$$H_{u}(z,s)=1/K_{d}=-\frac{(\xi^{s}+1)}{E^{p}A^{p}\alpha(\xi^{s}-1)} \tag{4-73}$$

进一步地，可求得桩顶速度频率响应函数为

$$H_{v}=-\frac{i\omega(\xi^{s}+1)}{E^{p}A^{p}\alpha(\xi^{s}-1)}=-\frac{1}{\rho^{p}A^{p}V^{p}}H_{v}' \tag{4-74}$$

式中，$H_{v}'=\dfrac{i\theta(\xi^{s}+1)}{\bar{\alpha}(\xi^{s}-1)}$，$H_{v}'$为速度导纳无量纲参数，$V^{p}=\sqrt{E^{p}/\rho^{p}}$，$\theta=\omega T_{c}$，$T_{c}=H/V^{p}$。

根据傅里叶变换的性质，由式（4-74）可得单位脉冲激励的时域响应为

$$h(t)=\mathrm{IFT}[H_{v}(i\omega)]=\frac{1}{2\pi}\int_{-\infty}^{\infty}-\frac{1}{\rho^{p}A^{p}V^{p}}H_{v}'e^{i\theta t'}d\theta \tag{4-75}$$

式中，$t'=t/T_{c}$ 为无量纲时间。

由卷积定理可知，任意激振力 $p(i\omega)$，桩顶时域速度响应为

$$g(t)=p(t)*h(t)=\mathrm{IFT}[P(i\omega)\times H_{v}(i\omega)] \tag{4-76}$$

若桩顶受到半正弦脉冲激励 $p(t)=Q_{max}\sin\frac{\pi}{T}t$，$t\in(0, T)$，$T$ 为脉冲宽度，由式（4-76）可得半正弦脉冲激振力作用下桩顶时域速度响应的半解析解为

$$g(t)=Q_{max}\mathrm{IFT}\left[\frac{1}{T_{c}\rho^{p}A^{p}V^{p}}H_{v}'\frac{\pi T}{\pi^{2}-T^{2}\omega^{2}}(1+e^{-i\omega T})\right]=-\frac{Q_{max}}{\rho^{p}A^{p}V^{p}}V_{v}' \tag{4-77}$$

$$V'_{\mathrm{v}}=\frac{1}{2\pi}\int_{-\infty}^{\infty}\left[H'_{\mathrm{v}}\frac{\pi\overline{T}}{\pi^2-\overline{T}^2\theta^2}(1+\mathrm{e}^{-i\theta\overline{T}})\right]\mathrm{e}^{i\theta\overline{T}}\mathrm{d}\theta \tag{4-78}$$

式中，$\overline{T}=T/T_{\mathrm{c}}$为无量纲脉冲宽度因子。

4.3.3　解析模型验证与对比分析

本节算例基于图 4-18 所示桩-土体系耦合振动力学模型，采用前述推导求解所得基于 Rayleigh-Love 杆模型的大直径管桩纵向振动动力响应解析解。已有研究结果表明，计算中桩周土内扰动区域径向圈层数 n 最大值取 20 即可满足其计算精度[33]。假定外部区域剪切波速 V_{n+1}^{s} 至内部扰动区域第 1 圈层剪切波速 V_1^{s} 呈现线性变化，即剪切模量（$G_j^{\mathrm{s}}=(V_j^{\mathrm{s}})^2\rho_j^{\mathrm{s}}$）呈现二次函数变化规律。桩周土黏性阻尼系数 η_j^{s} 从外区到第 1 圈呈现二次函数变化，此外，桩周土体施工扰动系数 β 定义为

$$\beta=\sqrt{G_{n+1}^{\mathrm{s}}/\rho_{n+1}^{\mathrm{s}}}=\sqrt{\eta_1^{\mathrm{s}}/\eta_{n+1}^{\mathrm{s}}}=V_1^{\mathrm{s}}/V_{n+1}^{\mathrm{s}} \tag{4-79}$$

其中，$\beta>1$ 代表施工硬化，$\beta<1$ 代表施工软化，$\beta=1$ 代表土体均质。

如无特殊说明，具体参数取值如下：

$H=6\mathrm{m}$，$r_0=0.38\mathrm{m}$，$r_1=b=0.5\mathrm{m}$，$\rho^{\mathrm{p}}=2500\mathrm{kg/m^3}$，$V^{\mathrm{p}}=3200\mathrm{m/s}$，$k^{\mathrm{p}}=1\times10^3\mathrm{kN/m^3}$，$\delta^{\mathrm{p}}=1\times10^3\mathrm{kN\cdot s/m^2}$，$V_{m+1}^{\mathrm{s}}=V_0^{\mathrm{s}}=50\mathrm{m/s}$，$\eta_{n+1}^{\mathrm{s}}=\eta_0^{\mathrm{s}}=10\mathrm{kN\cdot s/m^2}$，$\rho_j^{\mathrm{s}}=\rho_0^{\mathrm{s}}=2000\mathrm{kg/m^3}$，$\nu^{\mathrm{p}}=0.25$，$\beta=1.4$。

为了验证本节推导所得考虑横向惯性效应径向非均质土体中大直径管桩桩顶纵向振动动力阻抗解析解的合理性，将本节所得解退化后与已有文献解进行对比验证。首先，令 $\nu^{p}=0$，将本节 Rayleigh-Love 杆模型退化至 Euler-Bernoulli 杆模型中，即将本节所得解退化至不考虑横向惯性效应的情况，并与崔春义[39]相应解进行对比，如图 4-19 所示。其次，令 $\beta=1$，将本节解退化至均质土情况，并与丁

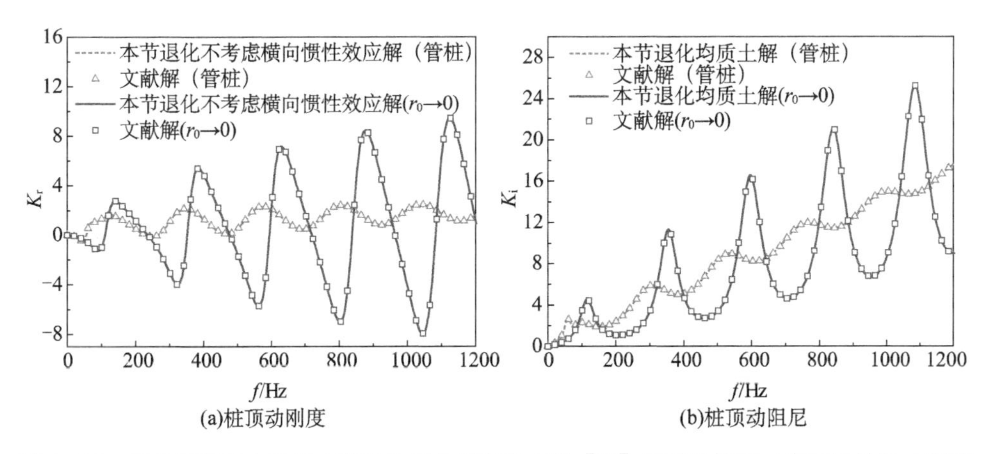

(a)桩顶动刚度　(b)桩顶动阻尼

图 4-19　管桩桩顶动力阻抗本节退化解与崔春义文献［39］解对比情况（彩图见封底二维码）

选明[166]已有解进行对比，如图 4－20 所示。从图中不难看出，本节推导所得考虑横向惯性效应径向非均质土中大直径管桩纵向振动动力阻抗退化解曲线与文献［39］和文献［166］中对应计算结果均吻合较好。

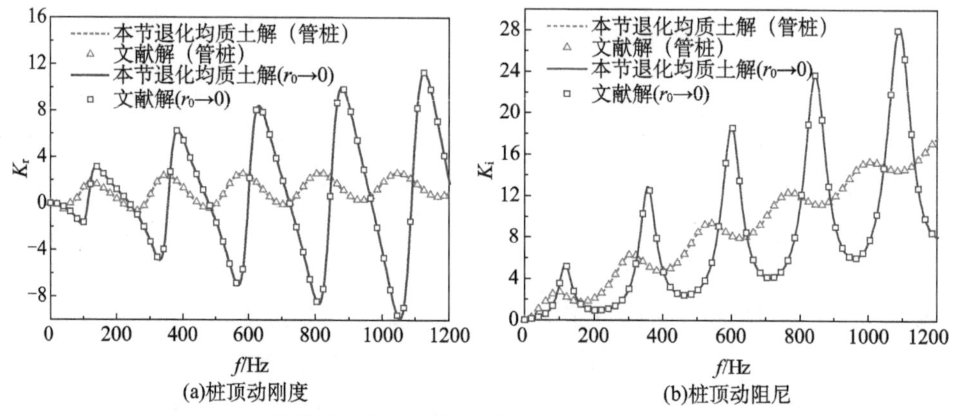

图 4－20　本节管桩退化到实体桩所得桩顶动力阻抗与丁选明文献［166］解对比

4.3.4　纵向振动参数化分析

图 4－21 所示为桩身泊松比对大直径管桩桩顶动力响应曲线的影响情况。由图可见，桩身泊松比对桩顶速度导纳曲线在低频处的影响基本可以忽略。而在高频段，桩顶速度导纳曲线的共振振幅和共振频率随桩身泊松比的增大而减小，且频率越高此种减小幅度越明显。对于反射波曲线，随着桩身泊松比的增大，桩底反射信号幅值逐渐减小，且桩底反射信号出现显著后移现象，此种后移幅度随桩身泊松比的增大而逐渐增大，表明横向惯性效应对大直径管桩的影响随桩身泊松比的增大而逐渐增强。

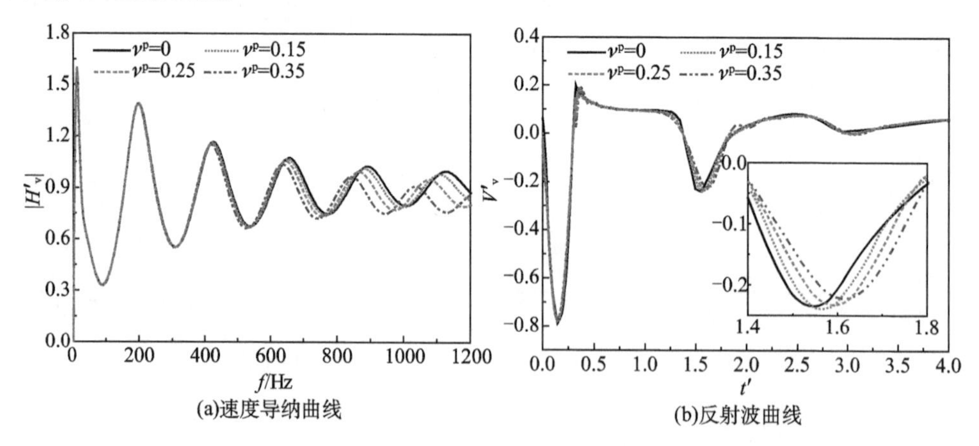

图 4－21　桩身泊松比对桩顶动力响应的影响（彩图见封底二维码）

为进一步分析本节所采用的 Rayleigh-Love 杆模型与 Euler-Bernoulli 杆模型的区别，在保持其他参数变化一致外，将大直径管桩桩身泊松比分别采用 $\nu^p=0$ 和 $\nu^p=0.25$ 两种情况进行对比研究，探讨考虑与不考虑横向惯性效应下桩-土各类参数变化对大直径管桩桩顶动力响应特性的影响规律。

图 4-22 对比分析了 $\nu^p=0$ 和 $\nu^p=0.25$ 时大直径管桩内外径比对桩顶动力响应特性的影响情况。由图可见，无论考虑横向惯性与否，桩顶速度导纳曲线的共振振幅和共振频率以及反射波曲线中桩底反射信号幅值均随内外径比的增加而显著减小，且桩底反射信号出现明显后移。考虑横向惯性效应时，桩顶速度导纳曲线在高频处的共振幅值和共振频率有所减小，且频率越大此种减小幅度越显著。此外，反射波曲线出现明显振荡现象，桩底反射信号后移现象增强，且此种后移幅度在第二次桩底反射信号处较第一次桩底反射信号处更为明显。

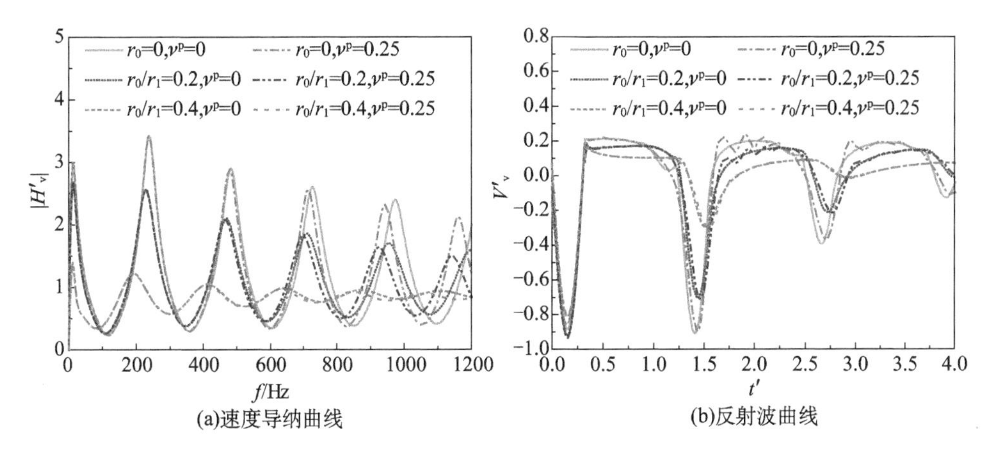

图 4-22　内外径比对桩顶动力响应的影响（彩图见封底二维码）

图 4-23 对比分析了 $\nu^p=0$ 和 $\nu^p=0.25$ 时桩身波速对桩顶动力响应特性的影响情况。由图可见，随着大直径管桩桩身波速增大，桩顶速度导纳曲线的共振振幅和共振频率以及反射波曲线中桩底反射信号的幅值均明显增大。考虑横向惯性效应时，桩顶速度导纳曲线的共振幅值和共振频率的减小幅度以及桩低反射信号的后移量均随桩身波速增大而逐渐减小，表明横向惯性效应对大直径管桩桩顶动力响应特性的影响逐渐减弱。

图 4-24 和图 4-25 对比分析了 $\nu^p=0$ 和 $\nu^p=0.25$ 时桩周土软（硬）化程度对桩顶动力响应特性的影响情况。由图可见，随着桩周土软（硬）化程度的增大，桩顶速度导纳曲线共振幅值和反射波曲线中桩底反射信号幅值均显著增大（减小）。而桩周土软（硬）化程度对桩顶速度导纳曲线共振频率的影响很小。当考虑桩身横向惯性效应时，桩顶速度导纳曲线在高频处的共振幅值和共振频率均显著减小，且此种减小幅度随频率的升高而增大。此外，反射波曲线中桩底反射信号

出现明显后移现象。表明横向惯性效应强化了桩周土扰动程度对大直径管桩动力响应特性的影响。

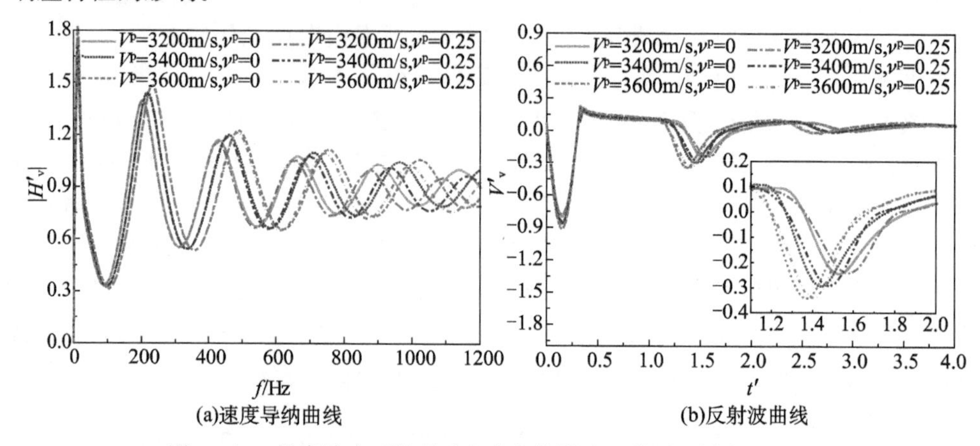

(a)速度导纳曲线　　(b)反射波曲线

图 4-23　桩身波速对桩顶动力响应的影响（彩图见封底二维码）

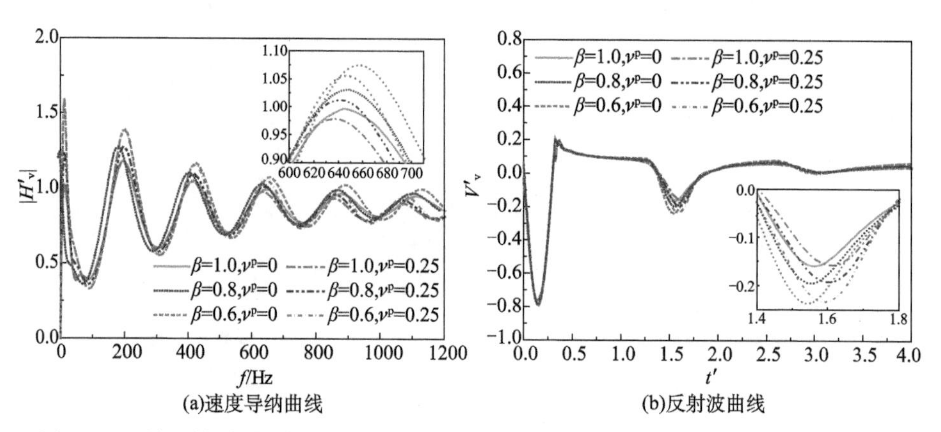

(a)速度导纳曲线　　(b)反射波曲线

图 4-24　施工扰动引起桩周土软化程度对桩顶动力响应的影响（彩图见封底二维码）

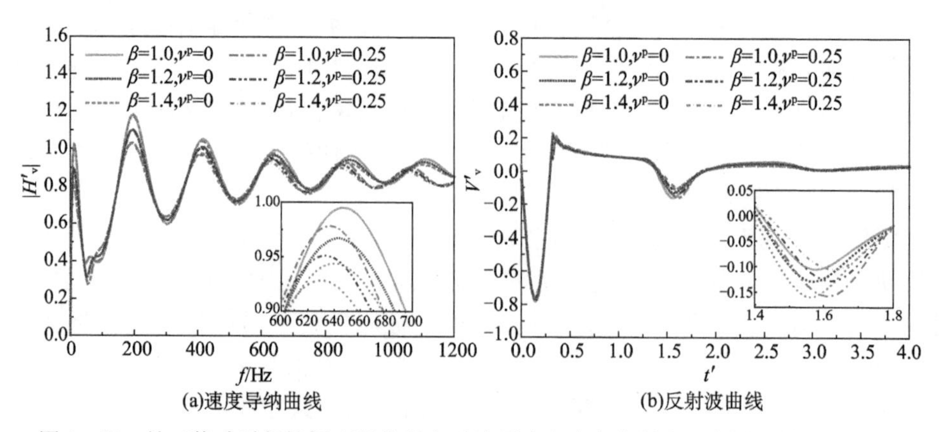

(a)速度导纳曲线　　(b)反射波曲线

图 4-25　施工扰动引起桩周土硬化程度对桩顶动力响应的影响（彩图见封底二维码）

图 4-26 和图 4-27 对比分析了 $\nu^{p}=0$ 和 $\nu^{p}=0.25$ 时桩周土扰动范围对桩顶动力响应特性的影响情况。由图可见，随着桩周土软（硬）化范围的增大，桩顶速度导纳曲线的共振振幅以及桩底反射信号幅值均显著增大（减小）。不同的，桩周土软（硬）化范围对桩顶速度导纳曲线共振频率的影响较小。特别地，当桩周土软（硬）化范围增加到一定幅值后（本节中当 $b=0.5\,r_1$ 时），施工扰动范围的变化对桩顶速度导纳曲线以及反射波曲线的影响基本可以忽略。而当考虑桩身横向惯性效应时，桩顶速度导纳曲线的共振幅值和共振频率均明显减小，反射波曲线中桩底反射信号出现显著延迟现象。表明近桩土体对大直径管桩桩顶动力响应特性的影响较远桩土体更为明显，且不能忽略桩身横向惯性效应的影响。

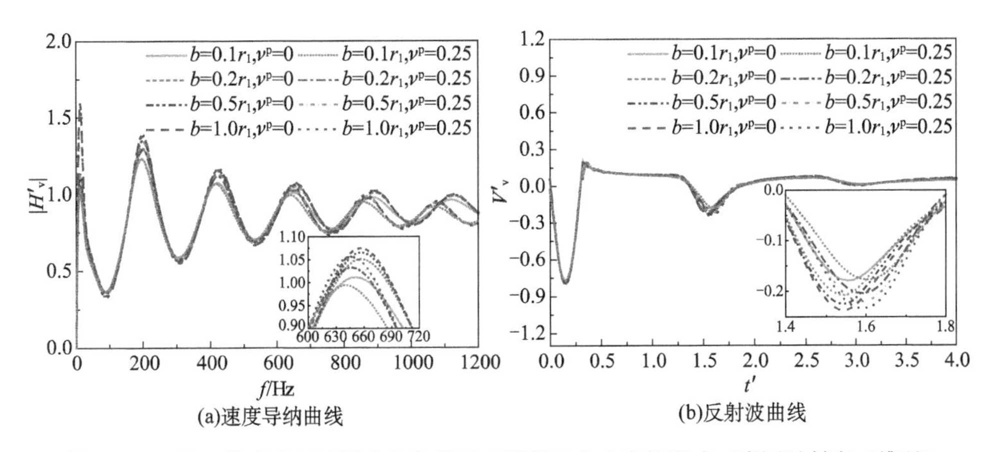

图 4-26　施工扰动引起桩周土软化范围对桩顶动力响应的影响（彩图见封底二维码）

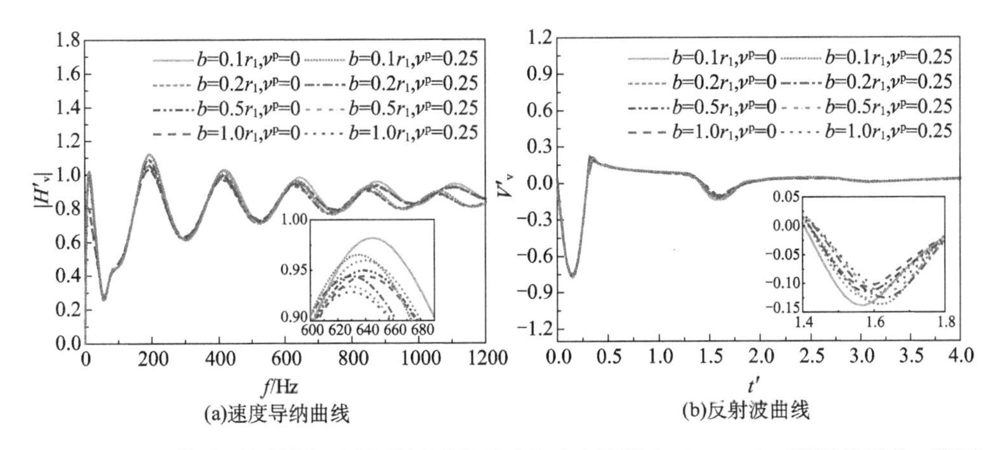

图 4-27　施工扰动引起桩周土硬化范围对桩顶动力响应的影响（$\beta=1.4$）（彩图见封底二维码）

4.4 双向非均质土中大直径缺陷管桩纵向振动解析解答[172]

4.4.1 力学简化模型与定解问题

首先，根据桩身缺陷截面以及桩侧土体的性质不同，将桩-土耦合振动系统沿纵向划分成 m 段，并定义层段从桩身底部自下而上依次编号为 1，2，…，i，…，m，各层段厚度分别为l_1，l_2，…，l_i，…，l_m，各层段距顶部埋深分别为h_1，h_2，…，h_i，…，h_m。在第 i 层段管桩中，管桩内径为r_{i0}、外径为r_{i1}、桩段截面积为 A_i^{p}、密度为 ρ_i^{p}、弹性模量为 E_i^{p}，桩底黏弹性支承的弹簧系数和阻尼系数分别为 k^{p} 和 δ^{p}。且定义桩芯土体在纵向第 i 层段中的密度、剪切模量和黏性阻尼系数分别为 $\rho_i^{s_0}$、$G_i^{s_0}$、$n_i^{s_0}$。

其次，定义纵向第 i 层段的桩侧土体沿径向划分为内部扰动区域和外部区域，桩侧土体内部扰动区域径向厚度为b_i，并将内部扰动区域沿径向划分 n 个圈层，第 j 圈层土体密度、剪切模量和黏性阻尼系数分别为 $\rho_{ij}^{s_1}$、$G_{ij}^{s_1}$、$n_{ij}^{s_1}$，第 $j-1$ 圈层与第 j 圈层的界面处半径为r_{ij}。特别地，内部区域和外部区域界面处的半径为$r_{i(n+1)}$，外部区域则为径向半无限均匀黏弹性介质。大直径管桩桩顶受任意激振力 $p(t)$ 的作用，第 i 层段桩芯土和桩侧土对桩身产生的切应力分别为 $f_i^{s_0}$ 和 $f_i^{s_1}$，桩-土耦合振动系统力学简化模型如图 4-28 所示。

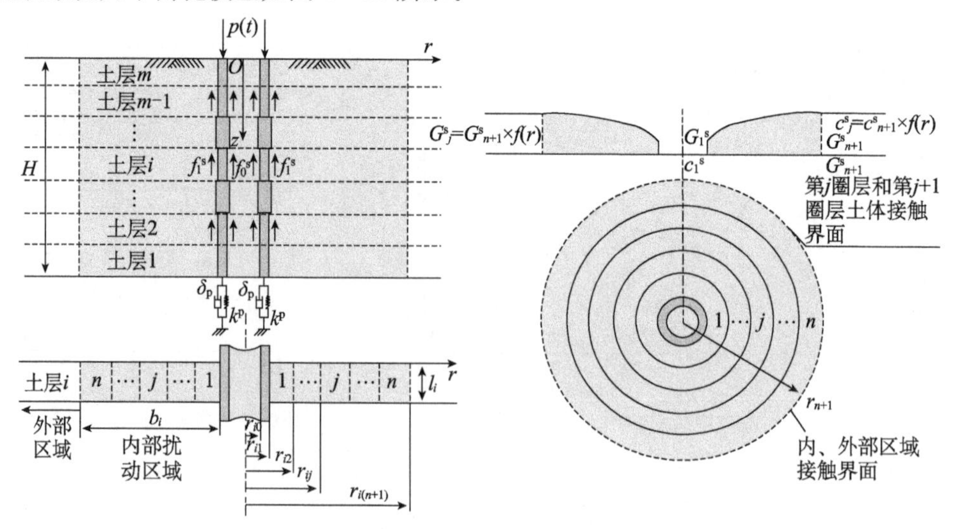

图 4-28 力学模型简图

基本假定如下：

（1）大直径管桩第 i 段桩身等效为线弹性均质圆形等截面 Rayleigh-Love 杆件，桩体底部为黏弹性支承，桩身相邻层段之间满足位移连续和力平衡条件。

（2）第 i 层段桩侧土体内部扰动区域沿径向所划分的 n 个圈层和桩芯土体都为均质、各向同性黏弹性体；外部区域为径向半无限均匀黏弹性介质。

（3）管桩-土体耦合振动系统满足线弹性和小变形条件，桩-土之间完全接触，桩芯土为满布。

（4）第 i 层段第 j 圈层土体的剪切模量和黏性阻尼系数 $G_{ij}^{s_1}$、$\eta_{ij}^{s_1}$ 根据该圈层内边界半径 r_{ij}，按式（4－80a）和式（4－80b）确定。

$$G_{ij}^{s_1}(r)=\begin{cases}G_{i1}^{s_1}, & r=r_{i1}\\ G_{i(n+1)}^{s_1}\times f(r), & r_{i1}<r<r_{i(n+1)}\\ G_{i(n+1)}^{s_1}, & r\geqslant r_{i(n+1)}\end{cases} \tag{4-80a}$$

$$\eta_{ij}^{s_1}(r)=\begin{cases}\eta_{i1}^{s_1}, & r=r_{i1}\\ \eta_{i(n+1)}^{s_1}\times f(r), & r_{i1}<r<r_{i(n+1)}\\ \eta_{i(n+1)}^{s_1}, & r\geqslant r_{i(n+1)}\end{cases} \tag{4-80b}$$

式中，$f(r)$为描述第 i 层桩侧土内部区域土体性质变化的函数,采用二次函数进行分析计算。

在桩-土耦合系统纵向第 i 层段中，假设桩侧径向第 j 圈层土体位移和桩芯土体位移分别为 $u_{ij}^{s_1}(r,t)$、$u_i^{s_1}(r,t)$，根据弹性动力学基本理论，建立平面应变条件下土体振动控制方程如下。

桩侧土体：

$$G_i^{s_1}\frac{\partial^2}{\partial r^2}u_i^{s_1}(r,t)+\eta_{ij}^{s_1}\frac{\partial^3}{\partial t\partial r^2}u_i^{s_1}(r,t)+\frac{G_{ij}^{s_1}}{r}\frac{\partial}{\partial r}u_i^{s_1}(r,t)+\frac{\eta_{ij}^{s_1}}{r}\frac{\partial^3}{\partial t\partial r}u_{ij}^{s_1}(r,t)=\rho_{ij}^{s_1}\frac{\partial^2}{\partial t^2}u_{ij}^{s_1}(r,t) \tag{4-81}$$

桩芯土体：

$$G_i^{s_0}\frac{\partial^2}{\partial r^2}u_i^{s_0}(r,t)+\eta_i^{s_0}\frac{\partial^3}{\partial t\partial r^2}u_i^{s_0}(r,t)+\frac{G_i^{s_0}}{r}\frac{\partial}{\partial r}u_i^{s_0}(r,t)+\frac{\eta_i^{s_0}}{r}\frac{\partial^3}{\partial t\partial r}u_i^{s_0}(r,t)=\rho_i^{s_0}\frac{\partial^2}{\partial t^2}u_i^{s_0}(r,t) \tag{4-82}$$

设第 i 层段桩身位移为 $u_i^{\mathrm{p}}(z,t)$，则桩身纵向振动控制方程为

$$E^{\mathrm{p}}A^{\mathrm{p}}\frac{\partial^2 u^{\mathrm{p}}(z,t)}{\partial z^2}-m^{\mathrm{p}}\left(\frac{\partial^2 u^{\mathrm{p}}(z,t)}{\partial t^2}+(\nu^{\mathrm{p}}R^{\mathrm{p}})^2\frac{\partial^4 u^{\mathrm{p}}(z,t)}{\partial z^2\partial t^2}\right)-2\pi r_1 f_1^{s_1}(z,t)-2\pi r_{i0}f_i^{s_0}(z,t)=0 \tag{4-83}$$

式中，$m_1^{\mathrm{p}}=\rho_1^{\mathrm{p}}A_1^{\mathrm{p}}$，$A^{\mathrm{p}}=\pi r_{i1}^2-\pi r_{i0}^2$，$R_1^{\mathrm{p}}=\sqrt{\dfrac{r_{i1}^2+r_{i0}^2}{2}}$。

桩-土系统边界条件：

（1）桩芯土。当 $r=0$ 时，位移为有限值：

$$\lim_{r\to 0} u_i^{s}(r,t)=\text{有限值} \tag{4-84}$$

桩与桩芯土接触面处位移和力连续性条件：

$$u_i^{s}(r_{i0},t)=u_i^{p}(r_{i0},\ t) \tag{4-85}$$

$$f_i^{s_0}=\tau_i^{s_0}(r)\big|_{r=r_{i0}} \tag{4-86}$$

（2）桩侧土。当 $r=\infty$ 时，位移为零

$$\lim_{r\to \infty} u_{i(n+1)}^{s_1}(r,t)=0 \tag{4-87}$$

桩与桩侧土接触面处位移和力连续条件：

$$u_{i1}^{s}(r_1,t)=u_i^{p}(r_{i1},t) \tag{4-88}$$

$$f_{i1}^{s_1}=-\tau_{i1}^{s_1}(r)\big|_{r=r_{i1}} \tag{4-89}$$

（3）桩身

$$\left[E_m^{p}A_m^{p}\frac{\partial u_m^{p}(z,t)}{\partial z}+\rho_m^{p}A_m^{p}(\nu_m^{p}R_m^{p})^2\frac{\partial^3 u_m^{p}(z,t)}{\partial z\partial t^2}\right]\Bigg|_{z=0}=-p(t) \tag{4-90}$$

$$\left[E_1^{p}A_1^{p}\frac{\partial u_1^{p}(z,t)}{\partial z}+\rho_1^{p}A_1^{p}(\nu_1^{p}R_1^{p})^2\frac{\partial^3 u_1^{p}(z,t)}{\partial z\partial t^2}+(k^{p}u_1^{p}(z,t)\ +\delta^{p}\frac{\partial u_1^{p}(z,t)}{\partial t})\right]\Bigg|_{z=H}=0 \tag{4-91}$$

4.4.2 定解问题求解

对方程（4-81）进行 Laplace 变换得

$$G_{ij}^{s_1}\frac{\partial^2}{\partial r^2}U_{ij}^{s_1}(r,s)+\eta_{ij}^{s_1}s\frac{\partial^3}{\partial t\partial r^2}U_{ij}^{s_1}(r,s)+\frac{G_{ij}^{s_1}}{r}\frac{\partial}{\partial r}U_{ij}^{s_1}(r,s)+\frac{\eta_{ij}^{s_1}}{r}\frac{\partial^3}{\partial t\partial r}U_{ij}^{s_1}(r,s)=\rho_{ij}^{s_1}s^2U_{ij}^{s_1}(r,s) \tag{4-92}$$

式中，$U_{ij}^{s_1}(r,s)$ 是 $u_{ij}^{s_1}(r,s)$ 的 Laplace 变换形式。

对式（4-92）进一步整理可得

$$\frac{\partial^2}{\partial r^2}U_{ij}^{s_1}(r,s)+\frac{1}{r}\frac{\partial}{\partial r}U_{ij}^{s_1}(r,s)=(q_{ij}^{s_1})^2U_{ij}^{s_1}(r,s) \tag{4-93}$$

式中，$q_{ij}^{s_1}=\sqrt{\dfrac{\rho_{ij}^{s_1}s^2}{G_{ij}^{s_1}+\eta_{ij}^{s_1}s}}$。

因此，可求得方程（4-93）的通解为

$$U_{ij}^{s_1}(r,s)=A_{ij}^{s_1}K_0(q_{ij}^{s_1}r)+B_{ij}^{s_1}I_0(q_{ij}^{s_1}r) \tag{4-94}$$

式中，$I_0(q_{ij}^{s_1}r)$、$K_0(q_{ij}^{s_1}r)$ 分别为零阶第一类、第二类修正 Bessel 函数；$A_{ij}^{s_1}$、$B_{ij}^{s_1}$ 为待定系数。

对式（4-87）进行 Laplace 变换，代入式（4-94）可得 $B_{i(n+1)}^{s}=0$，$B_{i(n+1)}^{s}=0$，因此有

$$U_{i(n+1)}^{s_1}(r,s)=A_{i(n+1)}^{s_1}K_0(q_{i(n+1)}^{s_1}r) \tag{4-95}$$

则第 i 层段外部区域土体任意点的竖向剪切应力为

$$\tau_{i(n+1)}^{s_1}=(G_{i(n+1)}^{s_1}+\eta_{i(n+1)}^{s_1}s)\ \frac{\partial}{\partial r}U_{i(n+1)}^{s_1}(r,s)$$
$$=-(G_{i(n+1)}^{s_1}+\eta_{i(n+1)}^{s_1}s)\ q_{i(n+1)}^{s_1}A_{i(n+1)}^{s_1}K_1\ (q_{i(n+1)}^{s_1}r) \tag{4-96}$$

在第 i 层段土体的内外部区域的分界面处，内部区域受到外部区域的竖向剪切刚度为

$$\mathrm{KK}_{i(n+1)}^{s_1}=-\frac{2\pi r_{i(n+1)}\tau_{i(n+1)}^{s_1}(r_{i(n+1)})}{U_{i(n+1)}^{s_1}(r_{i(n+1)},s)}=2\pi r_{i(n+1)}(G_{i(n+1)}^{s_1}+\eta_{i(n+1)}^{s_1}s)q_{i(n+1)}^{s_1}\frac{K_1(q_{i(n+1)}^{s_1}r_{i(n+1)})}{K_0(q_{i(n+1)}^{s_1}r_{i(n+1)})} \tag{4-97}$$

第 i 层段土体内部区域圈层 j 中任意点处的竖向剪切力为

$$\tau_{ij}^{s_1}=(G_{ij}^{s_1}+\eta_{ij}^{s_1}s)\frac{\partial U_{ij}^{s_1}(r,s)}{\partial r}=-(G_{ij}^{s_1}+\eta_{ij}^{s_1}s)q_{ij}^{s_1}[A_{ij}^{s_1}K_1(q_{ij}^{s_1}r)-B_{ij}^{s_1}I_1(q_{ij}^{s_1}r)] \tag{4-98}$$

则第 i 层段土体内部区域圈层 j 中的外边界（$r_{i(j+1)}$）和内边界（$r=r_{ij}$）处的竖向剪切刚度为

$$\mathrm{KK}_{i(j+1)}^{s_1}=-\frac{2\pi r_{i(j+1)}\tau_{i(j+1)}^{s_1}r_{i(j+1)}}{U_{i(j+1)}^{s_1}(r_{i(j+1)},s)}=2\pi r_{i(j+1)}(G_{ij}^{s_1}+\eta_{ij}^{s_1}s)q_{ij}^{s_1}\frac{A_{ij}^{s_1}K_1(q_{ij}^{s_1}r_{i(j+1)})-B_{ij}^{s_1}I_1(q_{ij}^{s_1}r_{i(j+1)})}{A_{ij}^{s_1}K_0(q_{ij}^{s_1}r_{i(j+1)})+B_{ij}^{s_1}I_0(q_{ij}^{s_1}r_{i(j+1)})} \tag{4-99}$$

$$\mathrm{KK}_{ij}^{s_1}=-\frac{2\pi r_{ij}\tau_{ij}^{s_1}(r_j)}{U_{ij}^{s_1}(r_{ij},s)}=2\pi r_{ij}(G_{ij}^{s_1}+\eta_{ij}^{s_1}s)q_j^{s}\frac{A_{ij}^{s_1}K_1(q_{ij}^{s_1}r_{ij})-B_{ij}^{s_1}I_1(q_{ij}^{s_1}r_{ij})}{A_{ij}^{s_1}K_0(q_{ij}^{s_1}\mathrm{r}_{ij})+B_{ij}^{s_1}I_0(q_{ij}^{s_1}r_{ij})} \tag{4-100}$$

综上，可求得土层剪切刚度递推关系式为

$$\mathrm{KK}_{ij}^{s_1}=2\pi r_{ij}(G_{ij}^{s_1}+\eta_{ij}^{s_1}s)q_{ij}^{s_1}\frac{C_{ij}^{s_1}+E_{ij}^{s_1}\mathrm{KK}_{i(j+1)}^{s_1}}{D_{ij}^{s_1}+F_{ij}^{s_1}\mathrm{KK}_{i(j+1)}^{s_1}} \tag{4-101}$$

式中，

$$C_{ij}^{s_1}=2\pi r_{i(j+1)}(G_{ij}^{s_1}+\eta_{ij}^{s_1}s)q_{ij}^{s_1}[K_1(q_{ij}^{s_1}r_{ij})I_1(q_{ij}^{s_1}r_{i(j+1)})-K_1(q_{ij}^{s_1}r_{i(j+1)})I_1(q_{ij}^{s_1}r_{i(j+1)})] \tag{4-102}$$

$$D_{ij}^{s_1}=2\pi r_{i(j+1)}(G_{ij}^{s_1}+\eta_{ij}^{s_1}s)q_{ij}^{s_1}[K_0(q_{ij}^{s_1}\mathrm{r}_{ij})I_1(q_{ij}^{s_1}r_{i(j+1)})-K_1(q_{ij}^{s_1}r_{i(j+1)})I_0(q_{ij}^{s_1}r_{ij})] \tag{4-103}$$

$$E_{ij}^{s_1}=K_1(q_{ij}^{s_1}r_{ij})I_0(q_{ij}^{s_1}r_{i(j+1)})+K_0(q_{ij}^{s_1}r_{i(j+1)})I_1(q_{ij}^{s_1}r_{ij}) \tag{4-104}$$

$$F_{ij}^{s_1}=K_0(q_{ij}^{s_1}r_{ij})I_0(q_{ij}^{s_1}r_{i(j+1)})-K_0(q_{ij}^{s_1}r_{i(j+1)})I_0(q_{ij}^{s_1}r_{ij}) \tag{4-105}$$

对方程（4-82）进行 Laplace 变换可得

$$G_i^{s_0}\ \frac{\partial^2}{\partial r^2}U_i^{s_0}(r,s)+\eta_i^{s_0}s\ \frac{\partial^2}{\partial r^2}U_i^{s_0}(r,s)+\frac{G_i^{s_0}}{r}\frac{\partial}{\partial r}U_i^{s_0}(r,s)+\frac{\eta_i^{s_0}s}{r}\frac{\partial}{\partial r}U_i^{s_0}(r,s)=\rho_i^{s_0}s^2U_i^{s_0}(r,s) \tag{4-106}$$

式中，$U_i^{s_0}(r,s)$ 是 $u_i^{s_0}(r,t)$ 的 Laplace 变换。

对式（4－106）进一步整理可得

$$\frac{\partial^2}{\partial r^2}U_i^{s_0}(r,s)+\frac{1}{r}\frac{\partial}{\partial r}U_i^{s_0}(r,s)=(q_i^{s_0})^2U_i^{s_0}(r,s) \tag{4-107}$$

式中，$q_i^{s_0}=\sqrt{\dfrac{\rho_i^{s_0}s^2}{G_i^{s_0}+\eta_i^{s_0}s}}$。

对方程（4－107）进行求解可得其通解为

$$U_i^{s_0}(r,s)=A_i^{s_0}K_0(q_0^s r)+B_i^{s_0}I_0(q_i^{s_0}r) \tag{4-108}$$

进一步地，对式（4－84）进行 Laplace 变换，代入式（4－108）可得 $A_i^{s_0}=0$，因此有

$$U_i^{s_0}(r,s)=B_i^{s_0}I_0(q_i^{s_0}r) \tag{4-109}$$

结合式（4－85）、（4－86）和（4－109）可求得管桩内壁受到桩芯土体的剪切刚度为

$$\mathrm{KK}_i^{s_0}=-\frac{2\pi r_i\tau_i^{s_0}(r_0)}{U_i^p}=-2\pi r_{i0}(G_i^{s_0}+\eta_i^{s_0}s)q_i^{s_0}\frac{I_1(q_i^{s_0}r_{i0})}{I_0(q_i^{s_0}r_{i0})} \tag{4-110}$$

式中，$U_i^p(r,s)$ 是 $u_i^p(r,t)$ 的 Laplace 变换形式。

对式（4－83）进行 Laplace 变换，并结合式（4－101）和（4－110）可求得

$$\frac{\partial^2U_i^p(z,s)}{\partial z^2}-\alpha_i^2U_i^p(z,s)=0 \tag{4-111}$$

式中，$\alpha_i^2=\dfrac{\rho_i^pA_i^ps^2+\mathrm{KK}_{i1}^{s_1}-\mathrm{KK}_i^{s_0}}{A_i^p[E_i^p+\rho_i^p(\nu_i^pR_i^ps)^2]}$，$U_i^p(z,s)$ 是 $u_i^p(z,t)$ 的 Laplace 变换形式。

对方程（4－111）进行求解可得其通解为

$$U_i^p(z,s)=C_i^p\mathrm{e}^{\bar{\alpha}_iz/l_i}+D_i^p\mathrm{e}^{-\bar{\alpha}_iz/l_i} \tag{4-112}$$

式中，$\bar{\alpha}_i=\alpha_il_i$ 为无量纲特征值，C_i^p、D_i^p为待定系数。

进一步地，根据阻抗函数的定义可求得第 1 层段桩底部（$z=h_0$，即桩底）截面处的位移阻抗函数解析表达式为

$$Z_0^p\big|_{z=h_0}=\left.\frac{-E_1^pA_1^p\dfrac{\partial}{\partial z}U_1^p(z,s)}{U_1^p(z,s)}\right|_{z=h_0}=\frac{E_1^pA_1^p\bar{\alpha}_1(C_1^p\mathrm{e}^{\bar{\alpha}_1h_0/l_1})}{(C_1^p\mathrm{e}^{\bar{\alpha}_1h_0/l_1}+D_1^p\mathrm{e}^{-\bar{\alpha}_1h_0/l_1})l_1}=A_1^p(k^p+\delta^ps) \tag{4-113}$$

式中，$h_0=H$。

第 1 层段桩顶部（$z=h_1$）截面处的位移阻抗函数解析表达式为

$$Z_1^p\big|_{z=h_1}=\left.\frac{-E_1^pA_1^p\dfrac{\partial}{\partial z}U_1^p(z,s)}{U_1^p(z,s)}\right|_{z=h_1}=\frac{E_1^pA_1^p\bar{\alpha}_1(C_1^p\mathrm{e}^{\bar{\alpha}_1h_0/l_1}-D_1^p\mathrm{e}^{-\bar{\alpha}_1h_0/l_1})}{(C_1^p\mathrm{e}^{\bar{\alpha}_1h_0/l_1}+D_1^p\mathrm{e}^{-\bar{\alpha}_1h_0/l_1})\ l_1} \tag{4-114}$$

结合式（4－113）和（4－114）可求得阻抗函数的递推公式为

$$Z_1^{\mathrm{p}}=-\frac{E_1^{\mathrm{p}}A_1^{\mathrm{p}}\bar{\alpha}_1(\beta_1\mathrm{e}^{\bar{\alpha}_1h_0/l_1}-\mathrm{e}^{-\bar{\alpha}_1h_0/l_1})}{(\beta_1\mathrm{e}^{\bar{\alpha}_1h_0/l_1}+\mathrm{e}^{-\bar{\alpha}_1h_0/l_1})\ l_1} \tag{4-115}$$

式中，$\beta_1=-\dfrac{E_1^{\mathrm{p}}A_1^{\mathrm{p}}\bar{\alpha}_1-Z_0^{\mathrm{p}}l_1}{E_1^{\mathrm{p}}A_1^{\mathrm{p}}\bar{\alpha}_1+Z_0^{\mathrm{p}}l_1}\mathrm{e}^{-2\bar{\alpha}_1h_1/l_1}$。

根据桩身相邻层段界面处力平衡和位移连续性条件，利用阻抗函数递推方法，可求得第 i 层段桩段顶部（$z=h_i$）界面处位移阻抗函数为

$$Z_i^{\mathrm{p}}=-\frac{E_i^{\mathrm{p}}A_i^{\mathrm{p}}\bar{\alpha}_i(\beta_i\mathrm{e}^{\bar{\alpha}_ih_i/l_i}-\mathrm{e}^{-\bar{\alpha}_ih_i/l_i})}{(\beta_i\mathrm{e}^{\bar{\alpha}_ih_i/l_i}+\mathrm{e}^{-\bar{\alpha}_ih_i/l_i})l_i} \tag{4-116}$$

式中，$\beta_i=-\dfrac{E_i^{\mathrm{p}}A_i^{\mathrm{p}}\bar{\alpha}_i-Z_{i-1}^{\mathrm{p}}l_i}{E_i^{\mathrm{p}}A_i^{\mathrm{p}}\bar{\alpha}_i+Z_i^{\mathrm{p}}l_i}\mathrm{e}^{-2\bar{\alpha}_ih_{i-1}/l_i}$。

进一步地，由式（4-116）可求得桩顶顶部（即桩顶）阻抗函数为

$$Z_m^{\mathrm{p}}\big|_{z=h_m=0}=-\frac{E_m^{\mathrm{p}}A_m^{\mathrm{p}}\bar{\alpha}_m(\beta_m-1)}{(\beta_m+1)l_m}=-\frac{E_m^{\mathrm{p}}A_m^{\mathrm{p}}}{l_m}Z_m^{\mathrm{p}'} \tag{4-117}$$

式中，$\beta_m=-\dfrac{E_m^{\mathrm{p}}A_m^{\mathrm{p}}\bar{\alpha}_m-Z_{m-1}^{\mathrm{p}}l_m}{E_m^{\mathrm{p}}A_m^{\mathrm{p}}\bar{\alpha}_m+Z_m^{\mathrm{p}}l_m}\mathrm{e}^{-2\bar{\alpha}_mh_{m-1}/l_m}$，$Z_m^{\mathrm{p}'}=\dfrac{\bar{\alpha}_m(\beta_m-1)}{(\beta_m+1)}$为无量纲桩顶复阻抗，令 $Z_m^{\mathrm{p}'}=K_{\mathrm{r}}+\mathrm{i}\,K_{\mathrm{i}}$，其中$K_{\mathrm{r}}$代表动刚度，$K_{\mathrm{i}}$代表动阻尼。

由式（4-117）可推导出桩顶位移响应函数为

$$w_k^{\mathrm{r}}(r_0,z,t)=0,\quad u_k^{\mathrm{r}}(r_0,z,t)=0 \tag{4-118}$$

式中，令 $s=\mathrm{i}\omega$。故桩顶速度频率响应函数为

$$H_{\mathrm{u}}(z,s)=1/Z_m^{\mathrm{p}}=-\frac{(\beta_m+1)l_m}{E_m^{\mathrm{p}}A_m^{\mathrm{p}}\bar{\alpha}_m(\beta_m-1)} \tag{4-119}$$

式中，$H_{\mathrm{v}}'=\dfrac{\mathrm{i}\theta\bar{t}_m(\beta_m+1)}{\bar{\alpha}_m(\beta_m-1)}$，$H_{\mathrm{v}}'$为速度导纳无量纲参数，$\theta=\omega T_{\mathrm{c}}$，$T_{\mathrm{c}}=H/V_m^{\mathrm{p}}$，$t_m=l_m/V_m^{\mathrm{p}}$，$\overline{t_m}=t_m/T_{\mathrm{c}}$。

根据傅里叶变换的性质，由式（4-119）可得单位脉冲激励的时域响应为

$$h(t)=\mathrm{IFT}[H_{\mathrm{v}}(\mathrm{i}\omega)]=\frac{1}{2\pi}\int_{-\infty}^{\infty}-\frac{1}{\rho_m^{\mathrm{p}}A_m^{\mathrm{p}}V_m^{\mathrm{p}}}H_{\mathrm{v}}'\mathrm{e}^{\mathrm{i}\theta t'}\mathrm{d}\theta \tag{4-120}$$

式中，$t'=t/T_{\mathrm{c}}$ 为无量纲时间。

由卷积定理可知，任意激振力 $p(t)$（$p(\mathrm{i}\omega)$ 为 $p(t)$ 的傅里叶变换）下，桩顶时域速度响应为

$$g(t)=p(t)*h(t)=\mathrm{IFT}[P(\mathrm{i}\omega)\times H_{\mathrm{v}}(\mathrm{i}\omega)] \tag{4-121}$$

当桩顶受到半正弦脉冲激励 $p(t)=Q_{\max}\sin\dfrac{\pi}{T}t$，$t\in(0,T)$，$T$ 为脉冲宽度，由式（4-120）可求得半正弦脉冲激振力作用下桩顶时域速度响应的半解析解表达式为

$$g(t)=Q_{\max}\mathrm{IFT}\left[-\frac{1}{T_{\mathrm{c}}\rho_m^{\mathrm{p}}A_m^{\mathrm{p}}V_m^{\mathrm{p}}}H_{\mathrm{v}}'\frac{\pi T}{\pi^2-T^2\omega^2}(1+\mathrm{e}^{-\mathrm{i}\omega T})\right]=-\frac{Q_{\max}}{\rho_m^{\mathrm{p}}A_m^{\mathrm{p}}V_m^{\mathrm{p}}}V_{\mathrm{v}}' \tag{4-122}$$

$$V_{\mathrm{v}}'=\frac{1}{2\pi}\int_{-\infty}^{\infty}\left[H_{\mathrm{v}}'\frac{\pi\overline{T}}{\pi^2-\overline{T}^2\theta^2}(1+\mathrm{e}^{-\mathrm{i}\theta\overline{T}})\right]\mathrm{e}^{\mathrm{i}\theta\overline{T}}\mathrm{d}\theta \tag{4-123}$$

式中，$\overline{T}=T/T_c$ 为无量纲脉冲宽度因子。

4.4.3 解析模型验证与对比分析

本节算例基于图 4-28 所示考虑横向惯性效应时双向非均质黏性阻尼土中大直径缺陷管桩振动力学模型，采用前述推导求解所得大直径管桩桩顶时域响应函数解。根据已有的研究结果，当桩侧土体径向圈层数量 $n=20$ 以上时[33]，即可满足精度要求。因此，在本节的分析中，将桩-土系统沿纵向分成五层，各层段的内部扰动区域沿径向划分为 20 个圈层。

假定第 i 层土体剪切模量 $G_{ij}^{s_1}$ 和黏性阻尼系数 $\eta_{ij}^{s_1}$ 从外部区域至内部扰动区域第 1 圈层呈现二次函数变化规律，故第 i 层段桩侧土体施工扰动程度系数 β_i 定义为

$$\beta_i=\sqrt{G_{i1}^{s_1}/\rho_{i(n+1)}^{s_1}}=\sqrt{\eta_{i1}^{s_1}/\eta_{i(n+1)}^{s_1}}=V_{i1}^{s_1}/V_{i(n+1)}^{s_1} \tag{4-124}$$

其中，$\beta_i<1$ 代表施工软化，$\beta_i>1$ 代表施工硬化，$\beta_i=1$ 代表土体均质。

如无特殊说明，具体参数取值如下：

$H=6\text{m}$，$r_{i0}=0.38\text{m}$，$r_{i1}=b_i=0.5\text{m}$，$\rho_i^p=2500\text{kg/m}^3$，$V_i^p=3200\text{m/s}$，$k^p=1\times10^3\text{kN/m}^3$，$\delta^p=1\times10^3\text{kN}\cdot\text{s/m}^2$，$V_{i(n+1)}^{s_1}=V_i^{s_0}=50\text{m/s}$，$\eta_{i(n+1)}^{s_1}=\eta_i^{s_0}=10\text{kN}\cdot\text{s/m}^2$，$\rho_{i(n+1)}^{s_1}=\rho_i^{s_0}=2000\text{kg/m}^3$，$\nu_i^p=0.25$，$\beta_1=1.2$，$\beta_2=1.25$，$\beta_3=1.3$，$\beta_4=1.35$，$\beta_5=1.4$。

为了验证本节所推导考虑横向惯性效应时双向非均质土中大直径缺陷管桩纵向振动动力响应解析解答的合理性，首先，$\nu_i^p=0$，即本节解析解退化为不考虑桩身横向惯性效应解，与文献 [39] 中已有的解析解进行对比见图 4-29。其次，令 $\beta_i=1$，即将桩侧双向非均质土退化至均质土中，与文献 [166] 已有解析解进行对比见图 4-30。由图可见，本节所推导的考虑桩身横向惯性效应时双向非均质土中大直径缺陷管桩纵向振动动力阻抗退化解答曲线与文献 [39] 和文献 [166] 中已有结果吻合较好。

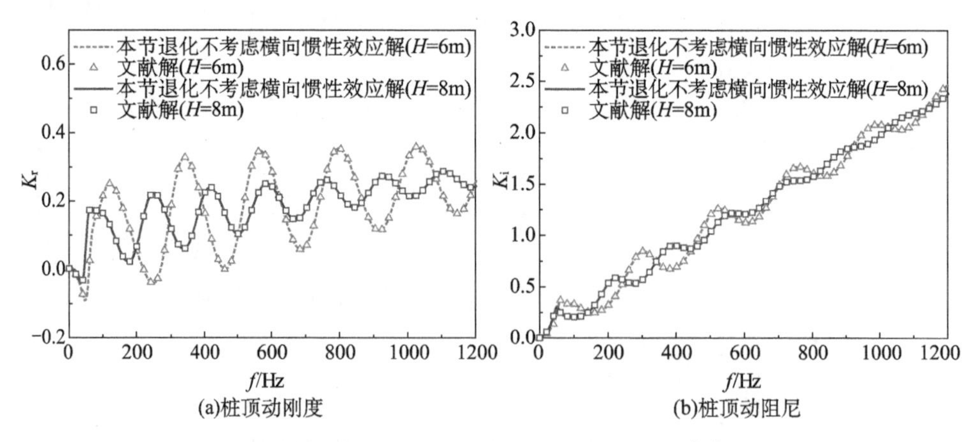

图 4-29 本节管桩桩顶动力阻抗本节退化解与崔春义[39]解对比情况

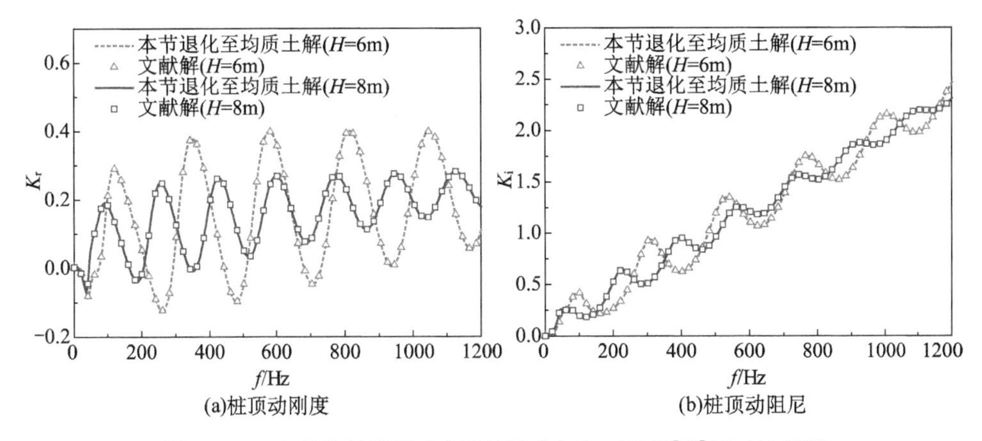

图 4-30　本节管桩桩顶动力阻抗退化解与丁选明[166]解对比情况

4.4.4　纵向振动参数化分析

为分析桩身缺陷对大直径管桩桩顶动力响应特性的影响情况，假设在距桩顶 2.5m 处存在长度为 1m 的模量突变段，并定义变模量比例系数 λ^{p} 为模量突变段与其余正常桩段模量比，$\lambda^{p}=1$ 为均匀管桩（即不存在缺陷段），$\lambda^{p}<1$ 为突变段模量变小，$\lambda^{p}>1$ 为突变段模量变大。

图 4-31 和图 4-32 所示为考虑和不考虑桩身横向惯性效应时桩身模量突变对管桩桩顶动力响应特性的影响情况。由图可见，模量突变段无论 $\lambda^{p}<1$ 还是 $\lambda^{p}>1$，与均质管桩（$\lambda^{p}=1$ 时）相比，桩顶速度导纳曲线均出现大小峰交替的情形。相对于均匀桩而言，当 $\lambda^{p}<1(\lambda^{p}>1)$ 时，桩顶速度导纳曲线的大、小峰幅值差随 λ^{p} 减小（增大）而增大，共振频率随 λ^{p} 减小（增大）而减小（增大），且均小于（大

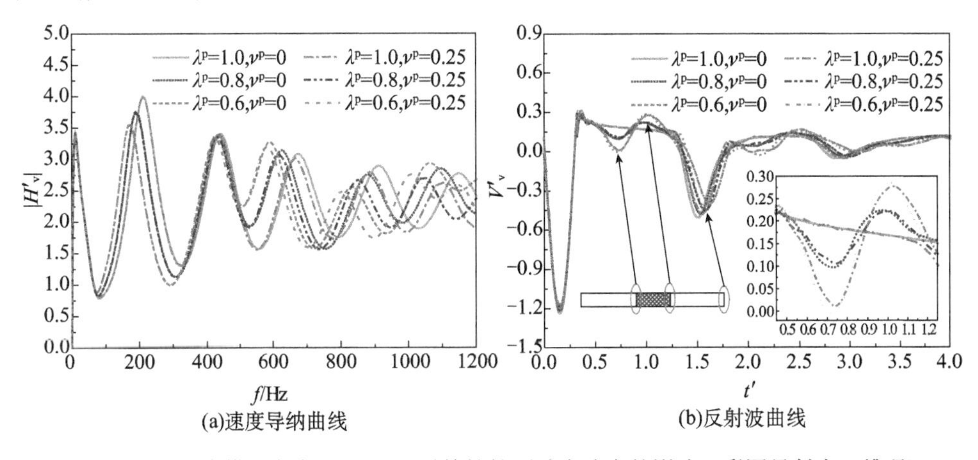

图 4-31　桩身模量突变（$\lambda^{p}<1$）对管桩桩顶动力响应的影响（彩图见封底二维码）

于）均质桩共振频率。当考虑横向惯性效应时，桩顶速度导纳曲线的共振振幅和共振频率在高频处均显著减小。对于桩顶反射波曲线而言，当 $\lambda^{p}<1(\lambda^{p}>1)$ 时，由于桩身模量在突变段上界面处减小（增大），从而反射出与桩尖处同相（反相）的反射信号，在突变段下界面处桩身弹性模量增大（减小）则反射出与桩尖处反相（同相）的反射信号，即当 $\lambda^{p}<1(\lambda^{p}>1)$ 时，模量突变分界面处的反射信号特征为先同（反）相后反（同）相。当考虑桩身横向惯性效应时，无论是桩顶反射信号还是模量突变分界面处的反射信号，反射信号幅值均明显减小，且均出现往后延迟现象。

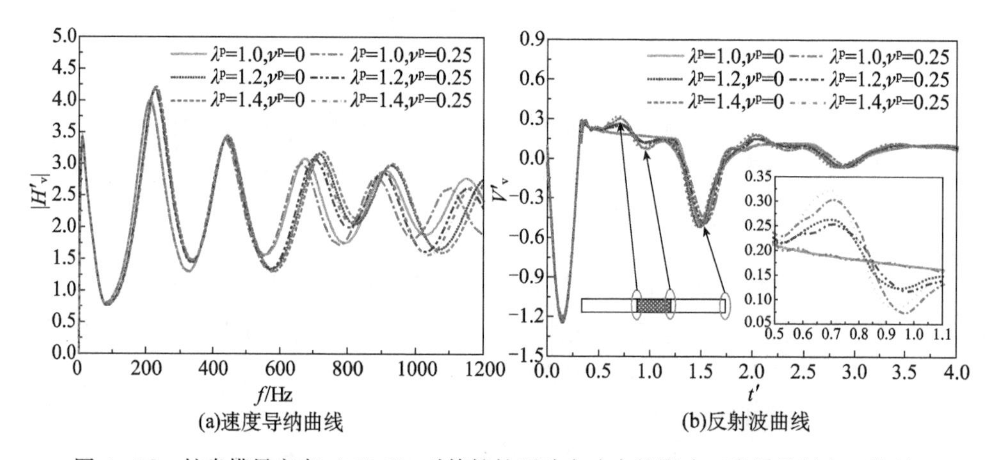

图 4-32　桩身模量突变（$\lambda^{p}>1$）对管桩桩顶动力响应的影响（彩图见封底二维码）

图 4-33 所示分析了考虑和不考虑桩身横向惯性效应时管桩桩身模量突变段深度位置对桩顶动力响应特性的影响情况。由图可见，管桩桩身模量突变段位置越深，桩顶速度导纳曲线的大小峰幅值差越小。对于反射波曲线而言，管桩桩身模

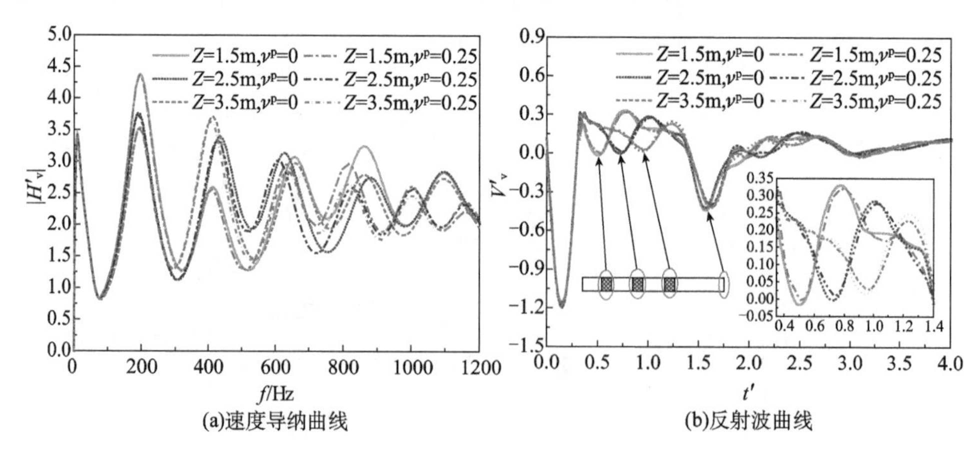

图 4-33　桩身模量突变段位置对桩顶动力响应的影响（$\lambda^{p}=0.6$）（彩图见封底二维码）

量突变段位置深度越浅，就越早出现模量突变界面处的反射信号，反射信号幅值水平也越高。当考虑桩身横向惯性效应时，桩顶速度导纳曲线在高频处的峰值和共振频率以及反射波曲线的幅值均明显减小，且桩底反射信号出现明显的后移现象。

为进一步分析桩身缩颈对大直径管桩桩顶动力响应特性的影响情况，假设在距桩顶2.5m处存在长度为1m的缩颈段，管桩桩身等壁厚缩颈的内、外径工况变化如表4-1所列，其中工况Case1为均匀截面桩工况。图4-34所示为所列内、外径工况下管桩桩顶速度导纳和反射波曲线变化情况。

表4-1　桩身缩颈工况

缩颈工况	外径/m	内径/m
Case1	0.50	0.38
Case2	0.45	0.38
Case3	0.50	0.43
Case4	0.48	0.41

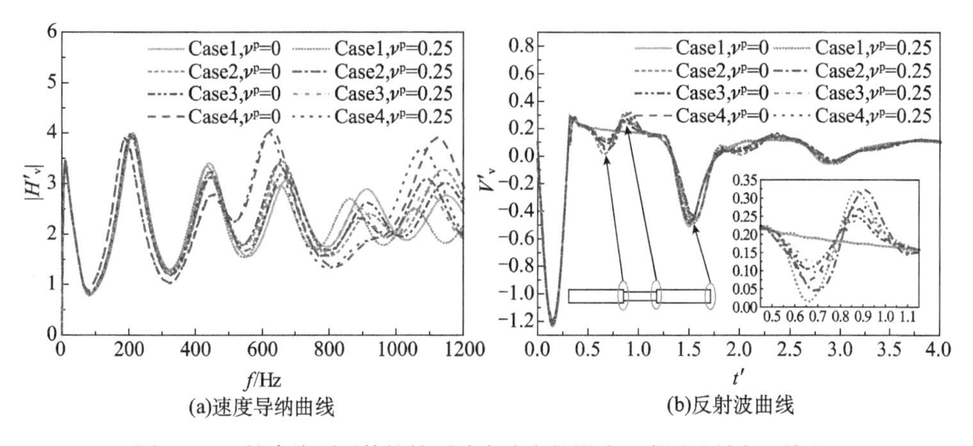

(a)速度导纳曲线　(b)反射波曲线

图4-34　桩身缩颈对管桩桩顶动力响应的影响（彩图见封底二维码）

综合图4-34和表4-1可得，相对于均质管桩而言，桩身缩颈导致桩顶速度导纳曲线呈现出大小峰交替现象，表4-1列出的各类缩颈工况中，速度导纳曲线大小峰值差最大的是外径减小且内径增大的工况，大小幅值差最小则是仅内径增大的工况。对于管桩桩顶反射波曲线而言，因桩身截面在缩颈段上界面处缩小而在下界面处增大，从而导致反射波曲线呈现出先同相后反相的界面反射信号。特别地，当考虑横向惯性效应时，桩顶速度导纳曲线的共振振幅和共振频率均显著减小，缩颈分界面处的反射信号以及桩底反射信号均呈现出明显的延迟现象。

图 4-35 所示为考虑和不考虑桩身横向惯性效应时桩身缩颈段埋深对桩顶动力响应特性的影响情况。由图可见，管桩桩身缩颈段位置越深，桩顶速度导纳曲线的大小峰幅值差越小。对于反射波曲线而言，管桩桩身缩颈段埋深越浅，就会越早出现缩颈界面处的反射信号，反射信号幅值水平也越高。特别地，当考虑桩身横向惯性效应时，桩顶速度导纳曲线在高频处的共振峰值和共振频率以及反射波反射信号幅值均明显减小，且桩底反射信号出现往后延迟现象。

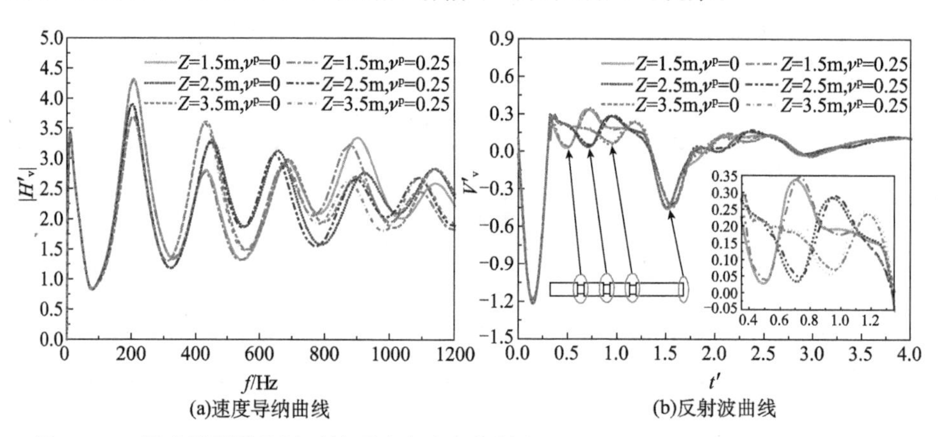

图 4-35　桩身缩颈段位置对桩顶动力响应的影响（工况 Case4）（彩图见封底二维码）

同理，为进一步分析桩身扩颈对考虑横向惯性效应时大直径管桩桩顶动力响应特性的影响情况，假设在距桩顶 2.5m 处存在一长度为 1m 的扩颈段，管桩桩身等壁厚扩颈的内、外径工况变化如表 4-2 所列，其中工况 Case1 为均匀截面桩工况。图 4-36 所示为所列内、外径工况下管桩桩顶速度导纳和反射波曲线变化情况。综合图 4-36 和表 4-2 可得，相对于均质管桩而言，桩身扩颈导致桩顶速度导纳曲线呈现出大小峰交替现象，表 4-2 列出的各类扩颈工况中，速度导纳曲线大小峰值差最大的是外径增大且内径减小的工况，大小幅值差最小则是仅内径减小的工况。对于管桩桩顶反射波曲线而言，因桩身截面在扩颈段上界面处增大而在下界面处缩小，从而导致反射波曲线呈现出先反相后同相的界面反射信号。特别地，当考虑横向惯性效应时，桩顶速度导纳曲线的振幅和共振频率以及扩颈分界处的反射信号幅值均显著减小，且反射波信号出现明显后移现象。

表 4-2　桩身扩颈工况

扩颈工况	外径/m	内径/m
Case5	0.50	0.38
Case6	0.52	0.35
Case7	0.50	0.33
Case8	0.55	0.38

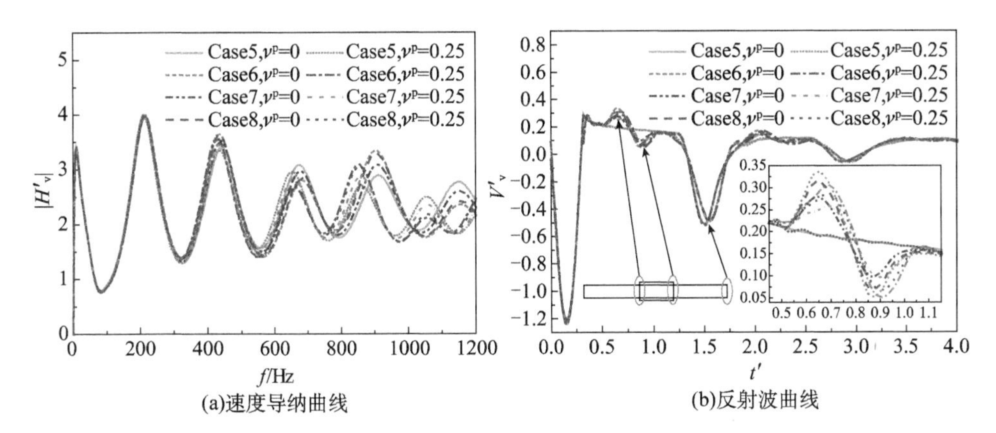

(a)速度导纳曲线　(b)反射波曲线

图 4-36　桩身扩颈对管桩桩顶动力响应的影响（彩图见封底二维码）

图 4-37 所示为考虑和不考虑桩身横向惯性效应时管桩桩身扩颈段深度位置对桩顶动力响应特性的影响情况。由图可见，管桩桩身扩颈段埋深位置越深，桩顶速度导纳曲线的大小峰幅值差越小。对于反射波曲线而言，管桩桩身扩颈段埋深位置越浅，就会越早出现扩颈界面处的反射信号，且反射信号幅值水平也越高。特别地，当考虑桩身横向惯性效应时，桩顶速度导纳曲线在高频处的峰值和共振频率均明显减小。反射信号幅值亦显著减小，且出现往后延迟现象。

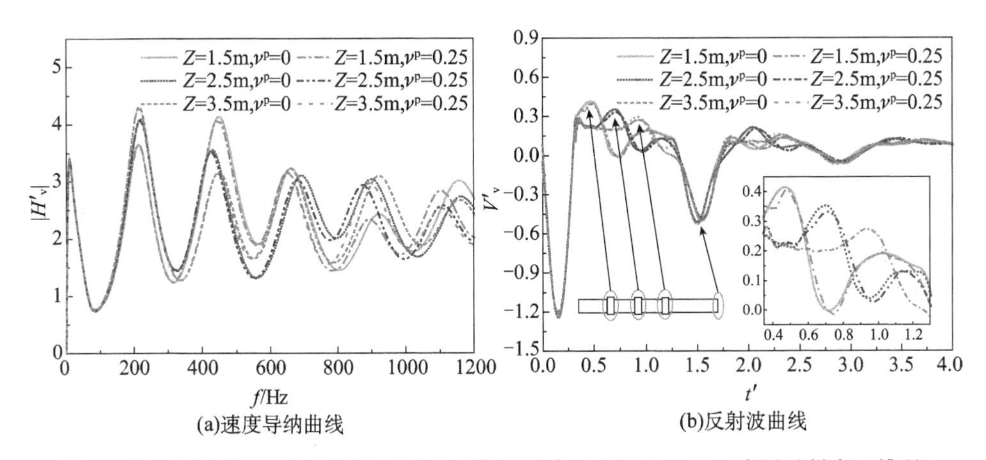

(a)速度导纳曲线　(b)反射波曲线

图 4-37　桩身扩颈段位置对桩顶动力响应的影响（工况 Case6）（彩图见封底二维码）

第 5 章　考虑桩体径向波动效应的桩基纵向振动解析模型与解答

5.1　问题的提出

虽然 Rayleigh-Love 杆模型考虑了桩体中质点横向运动的惯性作用，在一定程度上提高了计算精度，能更好地适用于大直径桩振动特性研究，但该模型并未考虑桩身应力和位移沿径向的变化，即忽略了桩身的三维应力状态，理论上仍不够严谨。因桩体轴对称连续介质波动方程求解较为复杂，已有研究成果中三维轴对称桩-土完全耦合模型仅考虑桩端固端支承，这使得其仅适用于端承大直径桩。基于此点考虑，本章基于桩体三维轴对称模型考虑其径向波动效应，将桩及桩周土分别视为弹性和黏弹性连续介质，分别建立了三维轴对称实体桩-地基、管桩-地基耦合系统纵向振动分析模型。具体采用分离变量法分别求得桩身及桩周土位移基本解，进而利用桩-土完全耦合条件推导得出频域内桩顶动力阻抗解析解，并将所得解析解与已有解答进行比较验证其合理性。在此基础上，通过进一步参数化分析探讨了桩底支承刚度系数、桩身径向波动效应及桩长对桩顶动力阻抗的影响规律。

5.2　考虑径向波动效应的黏弹性支承实体桩纵向振动特性分析[9]

5.2.1　力学简化模型与定解问题

本节基于三维轴对称桩-土耦合系统纵向振动分析模型，同时考虑桩身和土体三维波动效应，对谐和激振力作用下黏弹性支承桩纵向振动特性进行研究。桩长、半径、桩身密度、剪切模量、弹性模量、泊松比、拉梅常量和桩底黏弹性支承常数分别为 H、r_0、ρ^{p}、G^{p}、E^{p}、ν^{p}、λ^{p} 和 k^{p}、δ^{p}。桩顶作用均布谐和激振力 $\widetilde{F}_0 \mathrm{e}^{\mathrm{i}\omega t}$，其中 $\mathrm{i}=\sqrt{-1}$ 为虚数单位，ω 为圆频率。桩周土体拉梅常量、复值切变模量、剪切模量、弹性模量、滞回阻尼比、密度、泊松比和土层底部黏弹性支承常数分别为 λ^{s}、μ^{s}、G^{s}、E^{s}、ξ^{s}、ρ^{s}、ν^{s} 和 k^{s}、δ^{s}，其中 $\lambda^{s}=2\nu^{s}G^{s}/(1-2\nu^{s})$，$\mu^{s}=G^{s}(1+2\xi^{s}i)$。考虑桩端黏弹性支承条件的谐和激振作用三维轴对称桩-土耦合系统纵向振动分析模型如图 5-1 所示。

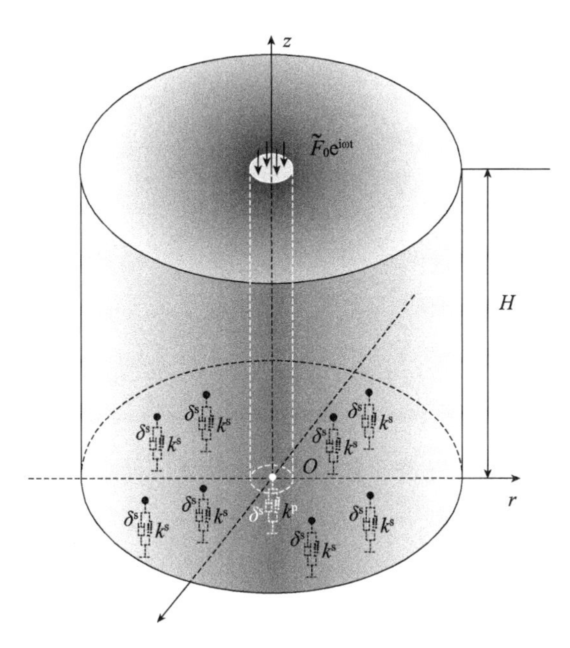

图 5-1　力学模型简图

基本假定如下：

(1) 桩身为均质等截面弹性体，桩体底部为黏弹性支承，忽略桩身径向位移，考虑桩身纵向位移和应变沿径向的变化。

(2) 桩周土体材料阻尼采用与频率无关的滞回阻尼，忽略桩周土体径向位移。

(3) 土层上表面为自由边界，无正应力、剪应力。

(4) 桩-土耦合振动系统满足线弹性和小变形条件，桩周土与桩界面位移连续、应力平衡。

设桩周土体和桩身位移分别为 u^{s}、u^{p}，根据弹性动力学基本理论，建立轴对称条件下桩周土体和桩身的振动方程为

$$(\lambda^{s}+\mu^{s})\frac{\partial^{2}u^{s}}{\partial z^{2}}+\mu^{s}\left(\frac{1}{r}\frac{\partial}{\partial r}+\frac{\partial^{2}}{\partial r^{2}}+\frac{\partial^{2}}{\partial z^{2}}\right)u^{s}=\rho^{s}\frac{\partial^{2}u^{s}}{\partial t^{2}} \tag{5-1}$$

$$(\lambda^{p}+G^{p})\frac{\partial^{2}u^{p}}{\partial z^{2}}+G^{p}\left(\frac{1}{r}\frac{\partial}{\partial r}+\frac{\partial^{2}}{\partial r^{2}}+\frac{\partial^{2}}{\partial z^{2}}\right)u^{p}=\rho^{p}\frac{\partial^{2}u^{p}}{\partial t^{2}} \tag{5-2}$$

桩顶作用谐和激振力，桩-土体系也将做稳态振动，则桩周土体和桩身竖向位移满足 $u^{s}=\tilde{u}^{s}e^{i\omega t}$、$u^{p}=\tilde{u}^{p}e^{i\omega t}$，其中$\tilde{u}^{s}$、$\tilde{u}^{p}$分别为桩周土体和桩身纵向振动幅值，i

为虚数单位，ω 为激振荷载频率。则式（5-1）、（5-2）可化简为

$$(1+2\xi^s \mathrm{i})\left(\frac{1}{r}\frac{\partial}{\partial r}+\frac{\partial^2}{\partial r^2}+\frac{\partial^2}{\partial z^2}\right)\tilde{u}^s+\frac{(1+2\xi^s i)}{1-2\nu^s}\frac{\partial^2 \tilde{u}^s}{\partial z^2}=-\left(\frac{\omega}{V^s}\right)^2\frac{\partial^2 \tilde{u}^s}{\partial t^2} \tag{5-3}$$

$$\left(\frac{1}{r}\frac{\partial}{\partial r}+\frac{\partial^2}{\partial r^2}+\frac{\partial^2}{\partial z^2}\right)\tilde{u}^p+\frac{1}{1-2\nu^p}\frac{\partial^2 \tilde{u}^p}{\partial z^2}=-\left(\frac{\omega}{V^p}\right)^2\frac{\partial^2 \tilde{u}^p}{\partial t^2} \tag{5-4}$$

式中，$V^s=\sqrt{G^s/\rho^s}$，$V^p=\sqrt{G^p/\rho^p}$ 分别为土体和桩身的剪切波速。

边界条件如下：

（1）土层边界条件。土层表面自由：

$$\left.\frac{\partial \tilde{u}^s}{\partial z}\right|_{z=H}=0 \tag{5-5}$$

土层底面黏弹性支承：

$$\frac{\partial \tilde{u}^s}{\partial z}+\frac{k^s+\mathrm{i}\,\omega\delta^s}{E^s}\tilde{u}^s\Big|_{z=0}=0 \tag{5-6}$$

当 $r\to\infty$ 时，位移为零：

$$\lim_{r\to\infty}\tilde{u}^s=0 \tag{5-7}$$

（2）桩身。桩顶作用均布谐和激振力 $\tilde{F}_0 e^{\mathrm{i}\omega t}$：

$$G^p\frac{2-2\nu^p}{1-2\nu^p}\left.\frac{\partial \tilde{u}^p}{\partial z}\right|_{z=H}=\tilde{F}_0 \tag{5-8}$$

式中，$\tilde{F}_0$ 为桩顶谐和激振力幅值。

桩底黏弹性支承：

$$\frac{\partial \tilde{u}^p}{\partial z}+\frac{k^p+\mathrm{i}\,\omega\delta^p}{E^p}\tilde{u}^p\Big|_{z=0}=0 \tag{5-9}$$

5.2.2 定解问题求解

令 $\tilde{u}^s(r,z)=R^s(r)Z^s(z)$，式（5-3）可分解为两个常微分方程：

$$\frac{\mathrm{d}^2 Z^s}{\mathrm{d}z^2}+(h^s)^2 Z^s=0 \tag{5-10}$$

$$\frac{\mathrm{d}^2 R^s}{\mathrm{d}r^2}+\frac{1}{r}\frac{\mathrm{d}R^s}{\mathrm{d}r}-(q^s)^2 R^s=0 \tag{5-11}$$

式中，h^s，q^s 为常数，并满足下列关系：

$$(q^s)^2=\frac{\left[\dfrac{(1+2\xi^s \mathrm{i})(2-2\nu^s)}{(1-2\nu^s)}\right](h^s)^2-\left(\dfrac{\omega}{V^s}\right)^2}{1+2\xi^s \mathrm{i}} \tag{5-12}$$

则式（5-10）、（5-11）的解分别为

$$Z^s(z)=C^s\cos(h^s z)+D^s\sin(h^s z) \tag{5-13}$$

$$R^s(r)=M^s K_0(q^s r)+N^s I_0(q^s r) \tag{5-14}$$

式中，$I_0(q^s r)$、$K_0(q^s r)$ 为零阶第一类、第二类虚宗量贝塞尔函数。C^s、D^s、M^s、N^s 为由边界条件决定的待定积分常数。

综合边界条件式（5－5）、（5－6）可得

$$\tan(h^s H) = -\overline{K}^s/(h^s H) \tag{5-15}$$

式中，$\overline{K}^s = K^s H/E^s$ 表示土层底部弹簧复刚度的无量纲参数，$K^s = k^s + \mathrm{i}\omega\delta^s$。

式（5－15）为超越方程，具体通过 MATLAB 编程求解得到无穷多个特征值，记为 $h_n^s(n=1, 2, \cdots, \infty)$，并将 h_n^s 代入式（5－12）可得 q_n^s。

综合土层边界条件式（5－5）～（5－7）可得桩周土纵向振动位移幅值$\widetilde{u}^s$的表达式

$$\widetilde{u}^s = \sum_{n=1}^{\infty} A_n^s K_0(q_n^s r)\cos(h_n^s z - h_n^s H) \tag{5-16}$$

式中，A_n^s 为一系列待定常数。

由于桩顶为非齐次边界条件，为得到桩身纵向振动位移响应幅值，需将定解问题进行分解：

$$\widetilde{u}^p(z,r) = \widetilde{u}_1^p(z,r) + \widetilde{u}_2^p(z,r) \tag{5-17}$$

式中，$\widetilde{u}_1^p(z, r)$满足如式（5－18）所列定解问题，而$\widetilde{u}_2^p(z, r)$为同时满足式（5－4）和边界条件式（5－8）、（5－9）的待定函数。

$$\begin{cases} \left(\dfrac{1}{r}\dfrac{\partial}{\partial r} + \dfrac{\partial^2}{\partial r^2} + \dfrac{\partial^2}{\partial z^2}\right)\widetilde{u}^p + \dfrac{1}{1-2\nu^p}\dfrac{\partial^2 \widetilde{u}^p}{\partial z^2} = -\left(\dfrac{\omega}{V^p}\right)^2 \dfrac{\partial^2 \widetilde{u}^p}{\partial t^2} \\ G^p \dfrac{2-2\nu^p}{1-2\nu^p}\dfrac{\partial \widetilde{u}^p}{\partial z}\bigg|_{z=H} = 0 \\ \dfrac{\partial \widetilde{u}^p}{\partial z} + \dfrac{k^p + \mathrm{i}\omega\delta^p}{E^p}\widetilde{u}^p\bigg|_{z=0} = 0 \end{cases} \tag{5-18}$$

对上述定解问题进行求解可得

$$\widetilde{u}_1^p = \sum_{n=1}^{\infty} A_n^p I_0(q_n^p r)\cos(h_n^p z - h_n^p H) \tag{5-19}$$

式中，$h_n^p(n=1, 2, \cdots, \infty)$ 为满足超越方程 $\tan(h^p H) = -\overline{K}^p/(h^p H)$ 的无穷多个特征值，$\overline{K}^p = K^p H/E^p$ 表示桩身底部弹簧复刚度的无量纲参数，$K^p = k^p + \mathrm{i}\omega\delta^p$，$q_n^p$ 与 h_n^p 满足如下关系式：

$$(q_n^p)^2 = [(2-2\nu^p)/(1-2\nu^p)](h_n^p)^2 - (\omega/V^p)^2 \tag{5-20}$$

进一步将$\widetilde{u}_2^p(z)$代入式(5－4）可得

$$\frac{\mathrm{d}\,\widetilde{u}_2^p}{\mathrm{d}z^2} + (d^p)^2\,\widetilde{u}_2^p = 0 \tag{5-21}$$

式中，$d^p = \dfrac{\omega}{V^p}\sqrt{\dfrac{1-2\nu^p}{2-2\nu^p}}$。

求解可得式（5-21）的通解为

$$\widetilde{u}_2^{\mathrm{p}}(z)=a^{\mathrm{p}}\cos(d^{\mathrm{p}}z)+b^{\mathrm{p}}\sin(d^{\mathrm{p}}z) \tag{5-22}$$

式中，a^{p}、b^{p} 为待定系数，将式（5-22）代入边界条件式（5-8）、（5-9）可解得

$$a^{\mathrm{p}}=\frac{H\widetilde{F}_0(2\nu^{\mathrm{p}}-1)}{(2-2\nu^{\mathrm{p}})G^{\mathrm{p}}[\overline{K}^{\mathrm{p}}\cos(d^{\mathrm{p}}H)+d^{\mathrm{p}}H\sin(d^{\mathrm{p}}H)]} \tag{5-23}$$

$$b^{\mathrm{p}}=\frac{\overline{K}^{\mathrm{p}}\widetilde{F}_0(1-2\nu^{\mathrm{p}})}{(2-2\nu^{\mathrm{p}})G^{\mathrm{p}}d^{\mathrm{p}}[\overline{K}^{\mathrm{p}}\cos(d^{\mathrm{p}}H)+d^{\mathrm{p}}H\sin(d^{\mathrm{p}}H)]} \tag{5-24}$$

将式（5-19）、式（5-22）～(5-24）代入式（5-17）可得桩做纵向谐和振动时位移响应幅值：

$$\widetilde{u}^{\mathrm{p}}(z,r)=\sum_{n=1}^{\infty}A_n^{\mathrm{p}}I_0(q_n^{\mathrm{p}}r)\cos(h_n^{\mathrm{p}}z-h_n^{\mathrm{p}}H)+\frac{H\widetilde{F}_0(2\nu^{\mathrm{p}}-1)\left[\cos(d^{\mathrm{p}}z)-\frac{\overline{K}^{\mathrm{p}}}{Hd^{\mathrm{p}}}\sin(d^{\mathrm{p}}z)\right]}{(2-2\nu^{\mathrm{p}})G^{\mathrm{p}}[\overline{K}^{\mathrm{p}}\cos(d^{\mathrm{p}}H)+d^{\mathrm{p}}H\sin(d^{\mathrm{p}}H)]} \tag{5-25}$$

式中，A_n^{p} 为一系列待定常数。

由式（5-16）和式（5-25）可得桩周土和桩身的剪切应力分别为

$$\widetilde{\tau}^{\mathrm{s}}=-\mu^{\mathrm{s}}\sum_{n=1}^{\infty}q_n^{\mathrm{s}}A_n^{\mathrm{s}}K_1(q_n^{\mathrm{s}}r)\cos(h_n^{\mathrm{s}}z-h_n^{\mathrm{s}}H) \tag{5-26}$$

$$\widetilde{\tau}^{\mathrm{p}}=G^{\mathrm{p}}\sum_{n=1}^{\infty}q_n^{\mathrm{p}}A_n^{\mathrm{p}}I_1(q_n^{\mathrm{p}}r)\cos(h_n^{\mathrm{p}}z-h_n^{\mathrm{p}}H) \tag{5-27}$$

假设桩周土底部无量纲支承刚度与桩身底部无量纲支承刚度相等，即$\overline{K}^{\mathrm{p}}=\overline{K}^{\mathrm{s}}$，则 $h_n^{\mathrm{p}}=h_n^{\mathrm{s}}=h_n$。由桩周土与桩身界面处位移连续、应力平衡条件，并结合式（5-16）、（5-25）和式（5-26）、（5-27）可得

$$\sum_{n=1}^{\infty}A_n^{\mathrm{s}}K_0(q_n^{\mathrm{s}}r_0)\cos(h_nz-h_nH)$$
$$=\sum_{n=1}^{\infty}A_n^{\mathrm{p}}I_0(q_n^{\mathrm{p}}r_0)\cos(h_nz-h_nH)+\frac{H\widetilde{F}_0(2\nu^{\mathrm{p}}-1)[\cos(d^{\mathrm{p}}z)-\sin(d^{\mathrm{p}}z)\overline{K}^{\mathrm{p}}/Hd^{\mathrm{p}}]}{(2-2\nu^{\mathrm{p}})G^{\mathrm{p}}[\overline{K}^{\mathrm{p}}\cos(d^{\mathrm{p}}H)+d^{\mathrm{p}}H\sin(d^{\mathrm{p}}H)]} \tag{5-28}$$

$$G^{\mathrm{s}}(1+2\xi^{\mathrm{s}}\mathrm{i})q_n^{\mathrm{s}}A_n^{\mathrm{s}}K_1(q_n^{\mathrm{s}}r_0)=-G^{\mathrm{p}}q_n^{\mathrm{p}}A_n^{\mathrm{p}}I_1(q_n^{\mathrm{p}}r_0) \tag{5-29}$$

根据固有函数系的正交性，在式（5-28）两端同时乘上 cos（$h_n^{\mathrm{p}}z-h_n^{\mathrm{p}}H$），并在［0，$H$］上进行积分可得

$$L_nA_n^{\mathrm{s}}K_0(q_n^{\mathrm{s}}r_0)=L_nA_n^{\mathrm{p}}I_0(q_n^{\mathrm{p}}r_0)+\frac{H\widetilde{F}_0(2\nu^{\mathrm{p}}-1)}{(2-2\nu^{\mathrm{p}})G^{\mathrm{p}}}\phi_n \tag{5-30}$$

式中，$\phi_n=\int_0^H\frac{\cos(d^{\mathrm{p}}z)-\sin(d^{\mathrm{p}}z)\overline{K}^{\mathrm{p}}/Hd^{\mathrm{p}}}{\overline{K}^{\mathrm{p}}\cos(d^{\mathrm{p}}H)+d^{\mathrm{p}}H\sin(d^{\mathrm{p}}H)}\cos(h_nz-h_nH)\mathrm{d}z$，$L_n=\int_0^H\cos^2(h_nz-h_nH)\mathrm{d}z$。

联立式（5-29）和（5-30）可以解得

$$A_n^{\mathrm{p}} = -\frac{H\widetilde{F}_0(2\nu^{\mathrm{p}}-1)\phi_n}{(2-2\nu^{\mathrm{p}})G^{\mathrm{p}}[L_nK_0(q_n^{\mathrm{s}}r_0)+L_n\gamma_nI_0(q_n^{\mathrm{p}}r_0)]} \tag{5-31}$$

式中，$\gamma_n = \dfrac{G^{\mathrm{s}}(1+2\xi^{\mathrm{s}}\mathrm{i})q_n^{\mathrm{s}}K_1(q_n^{\mathrm{s}}r_0)}{G^{\mathrm{p}}q_n^{\mathrm{p}}I_1(q_n^{\mathrm{p}}r_0)}$。则桩身纵向振动位移幅值为

$$\begin{aligned}\widetilde{u}^{\mathrm{p}} = &\sum_{n=1}^{\infty}-\frac{H\widetilde{F}_0(2\nu^{\mathrm{p}}-1)\gamma_n\phi_nI_0(q_n^{\mathrm{p}}r)\cos(h_n^{\mathrm{p}}z-h_n^{\mathrm{p}}H)}{(2-2\nu^{\mathrm{p}})G^{\mathrm{p}}[L_nK_0(q_n^{\mathrm{s}}r_0)+L_n\gamma_nI_0(q_n^{\mathrm{p}}r_0)]}\\ &+\frac{H\widetilde{F}_0(2\nu^{\mathrm{p}}-1)[\cos(d^{\mathrm{p}}z)-\sin(d^{\mathrm{p}}z)\overline{K}^{\mathrm{p}}/Hd^{\mathrm{p}}]}{(2-2\nu^{\mathrm{p}})G^{\mathrm{p}}[\overline{K}^{\mathrm{p}}\cos(d^{\mathrm{p}}H)+d^{\mathrm{p}}H\sin(d^{\mathrm{p}}H)]}\end{aligned} \tag{5-32}$$

进一步可得桩顶位移频率响应函数为

$$\begin{aligned}H_{\mathrm{u}}(r,\omega) &= \frac{\widetilde{u}^{\mathrm{p}}\big|_{z=H}}{\widetilde{F}_0}\\ &=\sum_{n=1}^{\infty}-\frac{H(2\nu^{\mathrm{p}}-1)\gamma_n\phi_nI_0(q_n^{\mathrm{p}}r)\cos(h_n^{\mathrm{p}}z-h_n^{\mathrm{p}}H)}{G^{\mathrm{p}}(2-2\nu^{\mathrm{p}})[L_n\gamma_nI_0(q_n^{\mathrm{p}}r_0)+L_nK_0(q_n^{\mathrm{s}}r_0)]}\\ &\quad+\frac{H(2\nu^{\mathrm{p}}-1)\left[\cos(d^{\mathrm{p}}H)-\dfrac{\overline{K}^{\mathrm{p}}}{Hd^{\mathrm{p}}}\sin(d^{\mathrm{p}}H)\right]}{(2-2\nu^{\mathrm{p}})G^{\mathrm{p}}[\overline{K}^{\mathrm{p}}\cos(d^{\mathrm{p}}H)+d^{\mathrm{p}}H\sin(d^{\mathrm{p}}H)]}\end{aligned} \tag{5-33}$$

则桩顶的复刚度为

$$K_{\mathrm{d}}(r,\omega) = \frac{1}{H_{\mathrm{u}}(r,\omega)} = K_{\mathrm{r}}(r,\omega)+\mathrm{i}K_{\mathrm{i}}(r,\omega) \tag{5-34}$$

式中，$K_{\mathrm{r}}(r,\omega)$ 为桩顶动刚度，$K_{\mathrm{i}}(r,\omega)$ 为桩顶动阻尼。

特别地，因桩身 Euler-Bernoulli 杆模型和 Rayleigh-Love 杆模型无法考虑桩身位移频率响应函数和桩顶复刚度随径向的变化，为便于与 Euler-Bernoulli 杆模型和 Rayleigh-Love 杆模型进行对比分析，这里将上述基于桩身三维轴对称模型推导所得的桩顶复刚度解析解沿径向进行均值处理，进而得出桩顶位移频率响应函数和桩顶复刚度径向均值解析解分别为

$$\begin{aligned}\overline{H_{\mathrm{u}}}(r,\omega) &= \frac{\dfrac{1}{\pi r_0^2}\displaystyle\int_0^{2\pi}\int_0^{r_0}\widetilde{u}^{\mathrm{p}}\bigg|_{z=H}r\mathrm{d}r\mathrm{d}\varphi}{\widetilde{F}_0}\\ &=\sum_{n=1}^{\infty}-\frac{H(2\nu^{\mathrm{p}}-1)\gamma_n\phi_n\displaystyle\int_0^{r_0}I_0(q_n^{\mathrm{p}}r)r\mathrm{d}r}{r_0^2G^{\mathrm{p}}(2-2\nu^{\mathrm{p}})[L_n\gamma_nI_0(q_n^{\mathrm{p}}r_0)+L_nK_0(q_n^{\mathrm{s}}r_0)]}\\ &\quad+\frac{H(2\nu^{\mathrm{p}}-1)\left[\cos(d^{\mathrm{p}}H)-\dfrac{\overline{K}^{\mathrm{p}}}{Hd^{\mathrm{p}}}\sin(d^{\mathrm{p}}H)\right]}{(2-2\nu^{\mathrm{p}})G^{\mathrm{p}}[\overline{K}^{\mathrm{p}}\cos(d^{\mathrm{p}}H)+d^{\mathrm{p}}H\sin(d^{\mathrm{p}}H)]}\end{aligned} \tag{5-35}$$

$$\overline{K_{\mathrm{d}}}(r,\omega)=\frac{1}{\overline{H_{\mathrm{u}}}(r,\omega)}=\overline{K_{\mathrm{r}}}(r,\omega)+\mathrm{i}\,\overline{K_{i}}(r,\omega) \tag{5-36}$$

式中，$\overline{K_{\mathrm{r}}}(r,\omega)$ 代表桩顶动刚度径向均值；$\overline{K_{\mathrm{i}}}(r,\omega)$ 代表桩顶动阻尼径向均值。

$$\overline{K_{\mathrm{d}}}(\omega)=\frac{1}{\overline{H_{\mathrm{u}}}(\omega)}=\overline{K_{\mathrm{r}}}(\omega)+\mathrm{i}\,\overline{K_{\mathrm{i}}}(\omega) \tag{5-37}$$

$$\begin{aligned}\overline{H_{\mathrm{v}}}(r,\omega)=\mathrm{i}\omega\sum_{n=1}^{\infty}&-\frac{2H(2\nu^{\mathrm{p}}-1)\,\gamma_n\,\phi_n\int_0^{r_0}I_0(q_n^{\mathrm{p}}r)r\mathrm{d}r}{r_0^2G^{\mathrm{p}}(2-2\nu^{\mathrm{p}})[L_n\,\gamma_n\,I_0(q_n^{\mathrm{p}}r_0)+L_n\,K_0(q_n^{\mathrm{s}}r_0)]}\\&+\frac{\mathrm{i}\omega H(2\nu^{\mathrm{p}}-1)\left[\cos(d^{\mathrm{p}}H)-\dfrac{\overline{K}^{\mathrm{p}}}{Hd^{\mathrm{p}}}\sin(d^{\mathrm{p}}H)\right]}{(2-2\nu^{\mathrm{p}})G^{\mathrm{p}}[\overline{K}^{\mathrm{p}}\cos(d^{\mathrm{p}}H)+d^{\mathrm{p}}H\sin(d^{\mathrm{p}}H)]}\end{aligned} \tag{5-38}$$

$$\bar{v}(t)=\mathrm{IFT}\left[\overline{H}_{\mathrm{v}}\,\frac{\pi T}{\pi^2-T'2\omega^2}(1+\mathrm{e}^{-\mathrm{i}\omega T})\right] \tag{5-39}$$

其中，$\overline{K_{\mathrm{r}}}(\omega)$ 为径向均值化的动刚度，$\overline{K_{\mathrm{i}}}(\omega)$ 为径向均值化的动阻尼。

5.2.3　解析模型验证与对比分析

本节算例基于图 5-1 所示考虑桩端黏弹性支承条件的三维轴对称桩-土耦合系统纵向振动分析模型，采用前述推导所得黏弹性支承桩桩顶纵向振动动力阻抗解析解。如无特殊说明，桩-土耦合振动体系基本参数按表 5-1 取值。在后续对比分析中，采用 Euler-Bernoulli 杆模型、Rayleigh-Love 杆模型所得计算结果分别参照胡昌斌[45]和吕述晖[133]已有解答。

表 5-1　桩-土耦合振动体系基本参数

桩身参数	桩长 H/m	弹性模量 E^{p}/GPa	密度 ρ^{p}/(kg/m³)	泊松比 ν^{p}	$\overline{K}^{\mathrm{p}}$	半径 r_0/m
	10	40	2500	0.35	0.1	0.5
土层参数	厚度 H/m	剪切模量 G^{s}/MPa	密度 ρ^{s}/(kg/m³)	泊松比 ν^{s}	$\overline{K}^{\mathrm{s}}$	阻尼比 ξ^{s}
	10	20	2000	0.35	0.1	0.02

刘林超等[141]基于三维轴对称模型，将桩周土、桩芯土和管桩视为一个整体，利用桩-土接触面的连续条件得到端承管桩桩顶动力阻抗径向均值解析解。为验证本节推导所得基于三维轴对称模型的黏弹性支承桩体纵向振动动力阻抗径向均值解析解的合理性，将本节解析解答退化到端承（$\overline{K}^{\mathrm{p}}\rightarrow\infty$）与刘林超所得端承桩（管桩内径→0）纵向动力阻抗径向均值解析解进行对比验证，具体如图 5-2 所示。从图中不难看出，本节推导所得基于轴对称模型黏弹性支承桩纵向振动动力阻抗径向均值解析解退化到端承与文献 [141] 退化到实体桩对应结果一致。

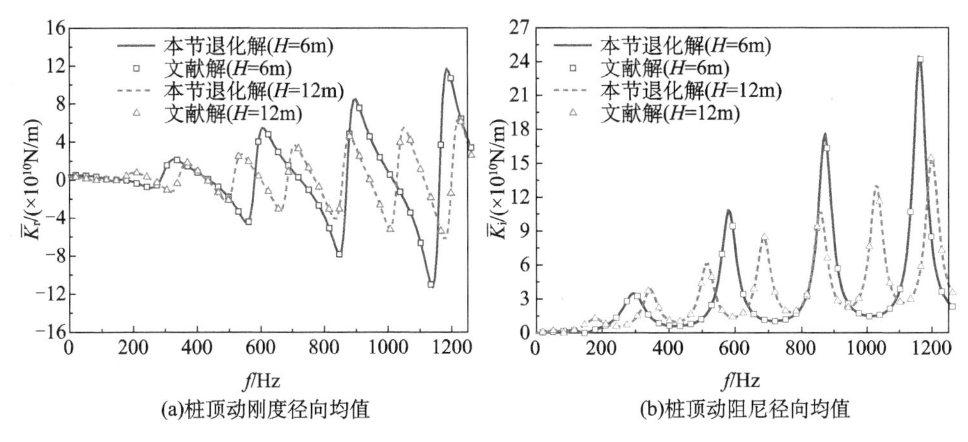

图 5-2　本节退化解（$\overline{K}^{p}\to\infty$）与文献［141］解（管桩内径→0）对比

5.2.4　纵向振动参数化分析

为进一步分析桩身三维波动效应对桩顶纵向振动特性的影响，在桩顶沿径向取 3 个位置不同的点（图 5-3），桩长为 5m 时径向不同位置处桩顶动力阻抗对比如图 5-4 所示。由图可见，在低频段各点动力阻抗曲线基本重合，但随着频率增加，典型的三维波动效应会导致不同位置处各点桩顶动刚度和动阻尼曲线上共振幅值存在明显差异，桩芯位置共振幅值最小，桩边缘位置共振幅值最大。不同地，三维波动效应对共振频率的影响则可忽略。

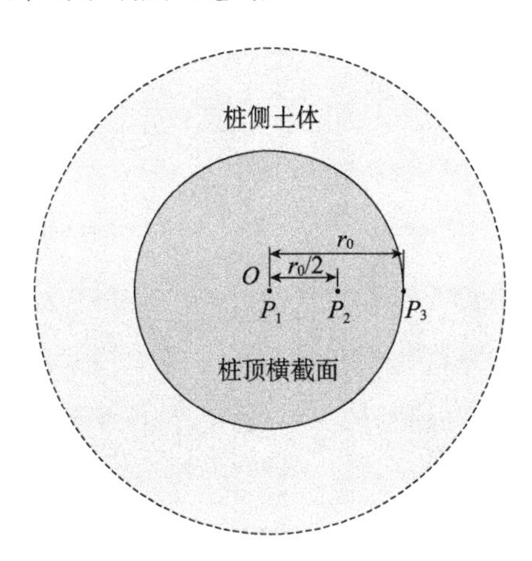

图 5-3　桩顶横截面取点示意图

桩顶径向（0～0.5）间隔取 0.01，根据式（5-34）计算得到桩长 5m 时桩顶动刚度第三共振频率（f=962Hz，ω=6041rad）幅值和动阻尼第三共振频率（f=

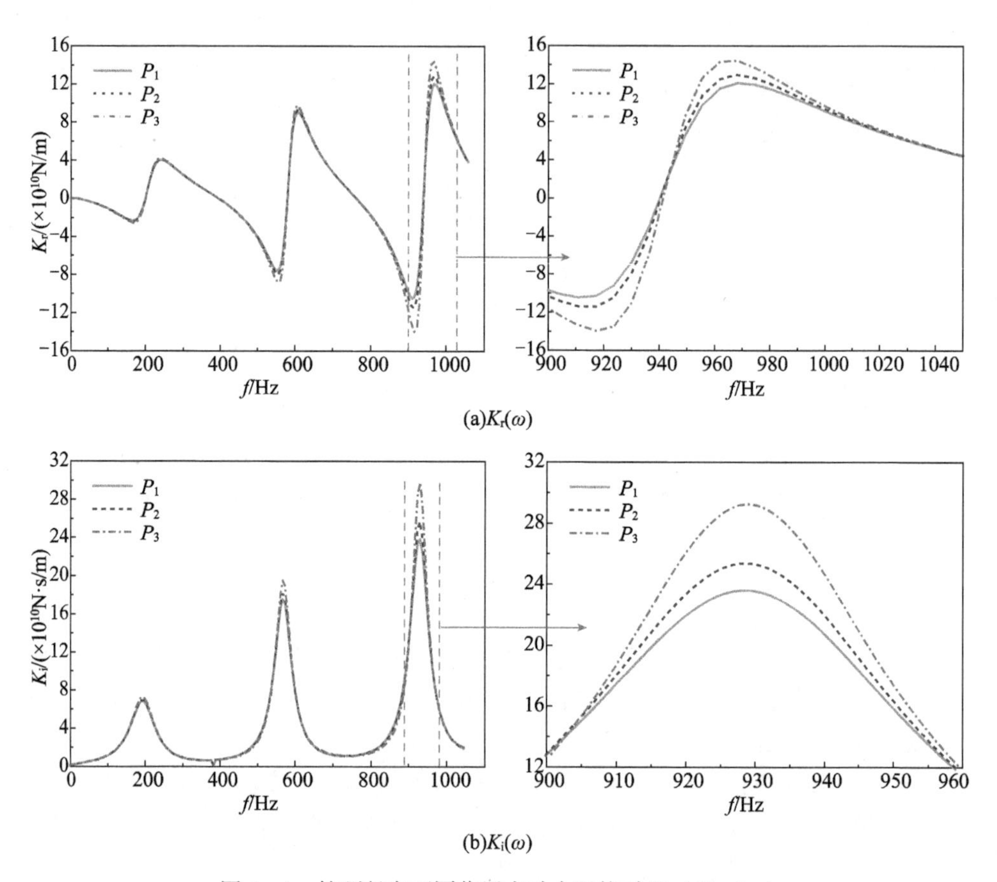

图 5-4　桩顶径向不同位置点动力阻抗对比（H=5m）

930Hz，ω=5840rad）幅值随径向位置变化的云图分布如图 5-5 所示。同样地，根据式（5-35）和式（5-36）分别计算得到桩长 5m 时桩顶速度导纳第三共振频

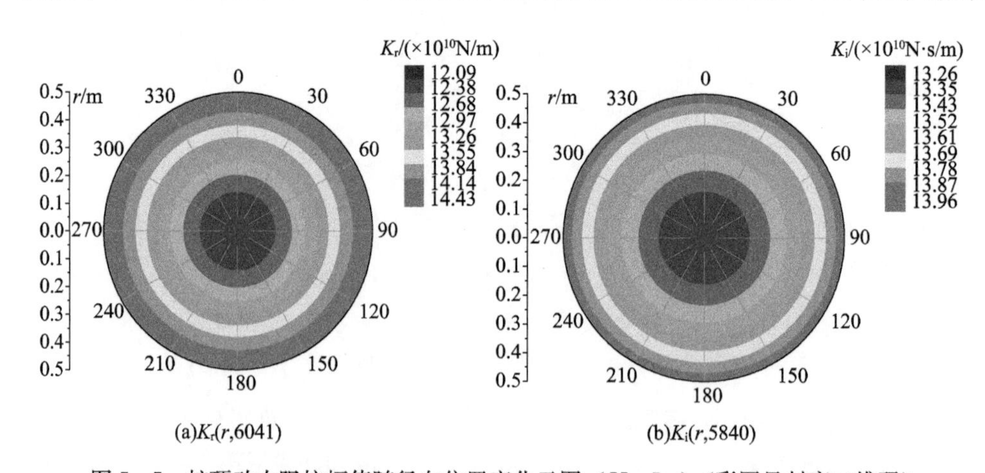

图 5-5　桩顶动力阻抗幅值随径向位置变化云图（H=5m）（彩图见封底二维码）

率（f=777Hz，ω=4880rad）幅值和速度时域响应曲线上第一次接收到桩端反射波信号时（t=3.45ms）幅值随径向位置变化的云图分布如图 5－6 所示。图 5－5 和图 5－6 更直观地显示了桩身三维波动效应对桩顶动力阻抗和动力响应的影响规律。由图可见，桩顶动刚度、动阻尼和桩顶速度导纳幅值均呈现内小外大分布，而桩顶速度时域响应则与频域显示的规律相反，呈现内大外小分布。

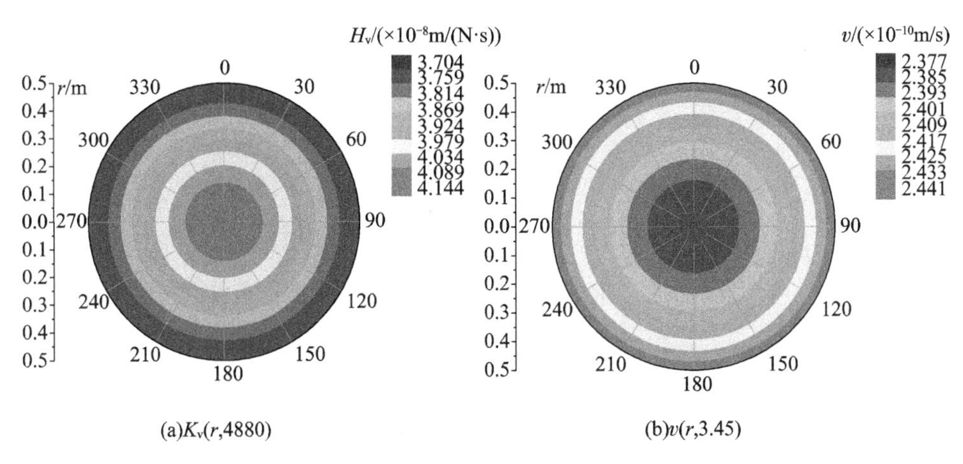

图 5－6　桩顶动力响应随径向位置变化云图（H=5m）（彩图见封底二维码）

图 5－7 和图 5－8 所示分别为桩底无量纲支承刚度系数对桩顶动力阻抗和动力响应的影响情况。由图可见，桩底无量纲支承刚度系数主要影响桩顶动力阻抗、速度导纳曲线的相位，即影响基桩的谐振频率，端承桩（$\overline{K}^p$=100）桩顶动力阻抗及速度导纳曲线峰顶与浮承桩（$\overline{K}^p$=0）峰谷相对应，桩底无量纲支承刚度系数对桩顶动力阻抗和速度导纳曲线共振峰值影响较小。

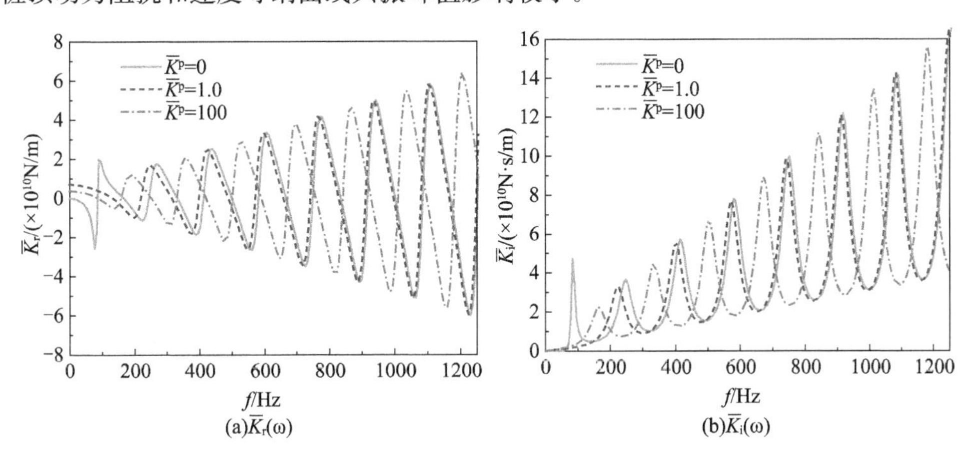

图 5－7　桩端无量纲支承刚度系数对桩顶动力阻抗的影响（彩图见封底二维码）

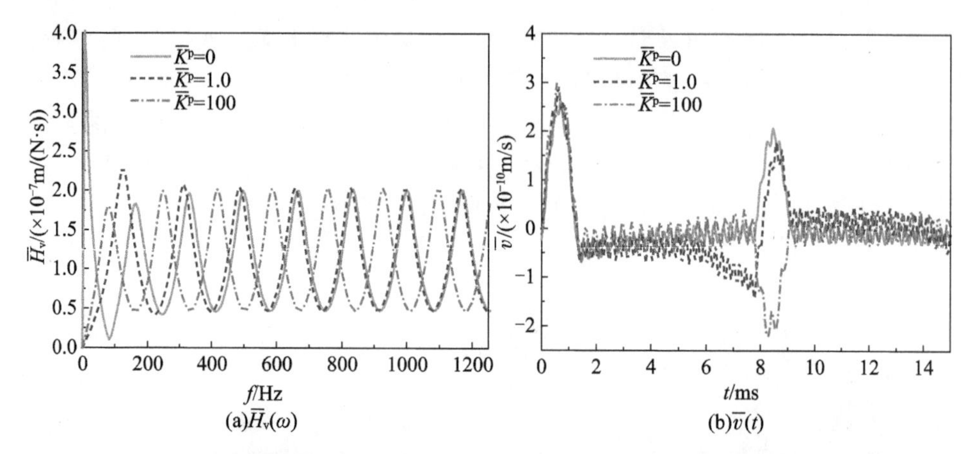

图 5-8　桩端无量纲支承刚度系数对桩顶动力响应的影响（彩图见封底二维码）

由图 5-7（b）速度反射波曲线可见，桩底无量纲支承刚度系数主要影响桩端反射信号的形状特征，对信号幅值的影响较小，随着桩底无量纲支承刚度系数增大，桩端反射由与入射脉冲同相信号逐渐过渡为与其反相。上述特征均显示了端承桩与浮承桩在纵向振动特性及动力响应方面的明显差异性，即在对浮承桩纵向振动特性及动力响应进行分析时采用桩端固定模型会引起较大误差，此时应采用适于浮承桩的桩端黏弹性支承模型，这进一步说明了本节所提模型的重要的实际应用价值。

图 5-9 和图 5-10 所示分别为桩长对桩顶动力阻抗和动力响应的影响情况。由图可见，随着桩长增加，动力阻抗、速度导纳曲线振幅水平降低，即桩长越大，桩基的抗振性能越好。动力阻抗和速度导纳曲线共振频率随桩长增加而减小，在对桩基进行抗振设计时应特别注意这一点，针对不同的桩长给出不同的抗振设计方案，最大限度地减小共振产生的危害。对反射波曲线而言，随着桩长增加，桩侧土阻抗作用增大，波在桩内的传播耗散增加，使得桩底反射信号幅值减小。

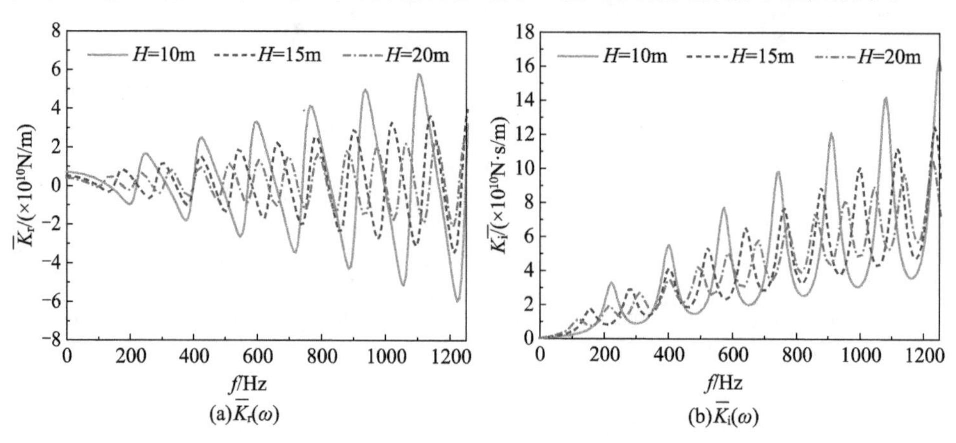

图 5-9　桩长对桩顶动力阻抗的影响

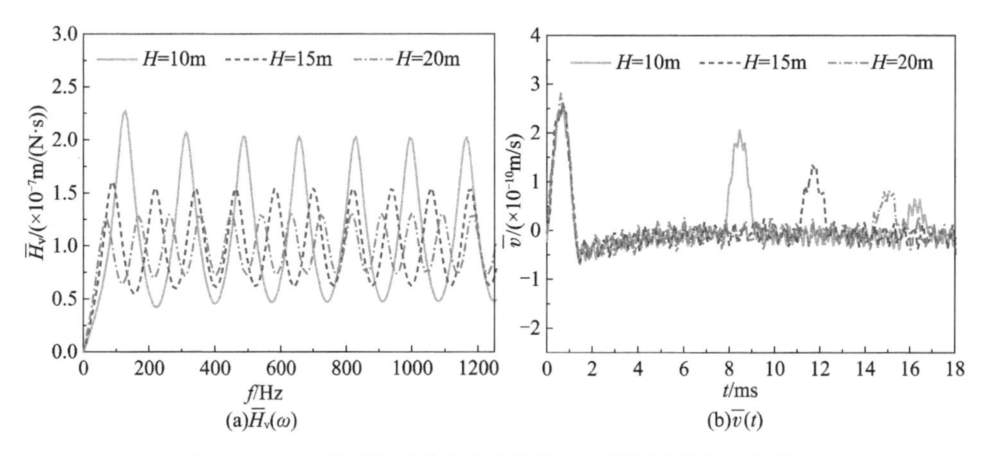

图 5 - 10　桩长对桩顶动力响应的影响（彩图见封底二维码）

桩身半径对桩顶动力阻抗和动力响应的影响规律如图 5 - 11 和图 5 - 12 所示。由图可见，与桩长对桩顶动力阻抗的影响不同，桩径仅对桩顶动力阻抗曲线的共振幅值影响显著，而对共振频率的影响则可忽略。随着桩径的增加，桩顶动力阻抗共振幅值增大，这就说明桩径越大，桩基发生共振时的危害越大。产生此种现象的原因是桩基刚度随桩径的增加而增大，刚度越大，振动过程中的耗能效果越差，从而使得桩基的抗振性能降低。此外，速度导纳曲线的共振幅值和速度反射波曲线上桩底反射信号的幅值均随桩径的增加而增大。

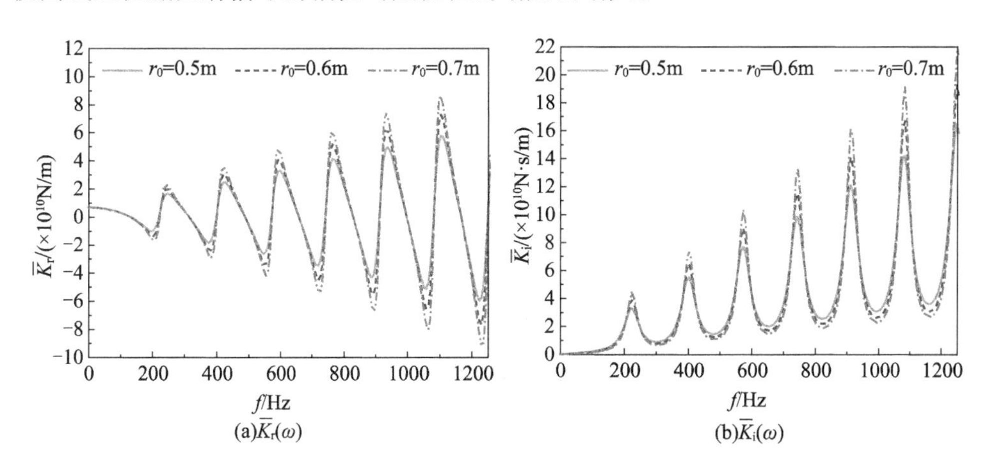

图 5 - 11　桩径对桩顶动力阻抗的影响（彩图见封底二维码）

桩身弹性模量对桩顶动力阻抗和动力响应的影响情况如图 5 - 13 和图 5 - 14 所示。由图 5 - 13 可见，随着桩身弹性模量的增加，桩顶动刚度和动阻尼曲线上共振幅值和共振频率均明显增大，也就是说桩身弹性模量越大，桩基的刚度越大，则桩基在振动过程中的耗能越小，使得桩基抗振性能越差。因此，增强桩身弹性模

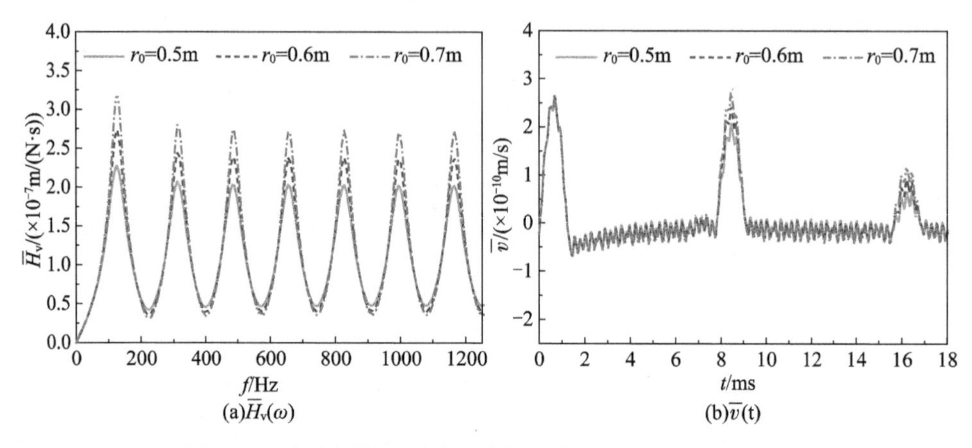

图 5-12 桩径对桩顶动力响应的影响（彩图见封底二维码）

量虽可提高桩基的承载能力和刚度，但对桩基的抗振性能会产生不利影响，在对桩基进行承载力、刚度和抗振性能设计时应综合考虑桩身弹性模量的此种影响。由图 5-14 可见，随着桩身弹性模量的减小，速度导纳曲线的共振幅值略有增加，共振频率减小。此外，桩身弹性模量的减小会使得波在桩身传播过程中的波速减小，能量耗散增加，从而引起桩底反射信号的延迟。在应用低应变反射波法进行桩长测量时，需先确定桩身弹性模量，在此基础上求解桩身弹性波速，这样才能保障所测桩长的准确性。

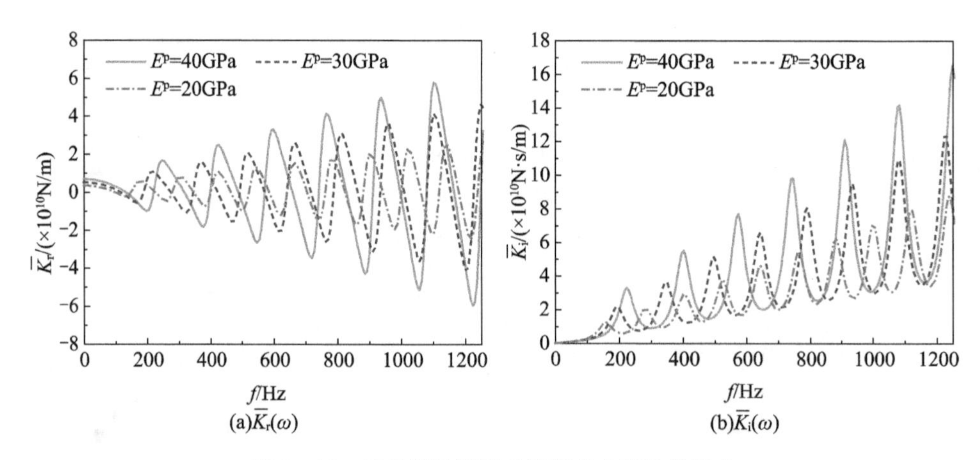

图 5-13 桩身弹性模量对桩顶动力阻抗的影响

不同桩长情况下桩身泊松比对桩顶动力阻抗和动力响应的影响规律如图 5-15～图 5-17 所示。由图 5-20 和图 5-22 可知，泊松比增加会使得桩顶动刚度和动阻尼振动幅值和振动频率减小，且随着频率的增加，泊松比的影响更加明显。由图 5-16和图 5-17 可知，速度导纳曲线的共振频率随泊松比的增加而减小，而泊

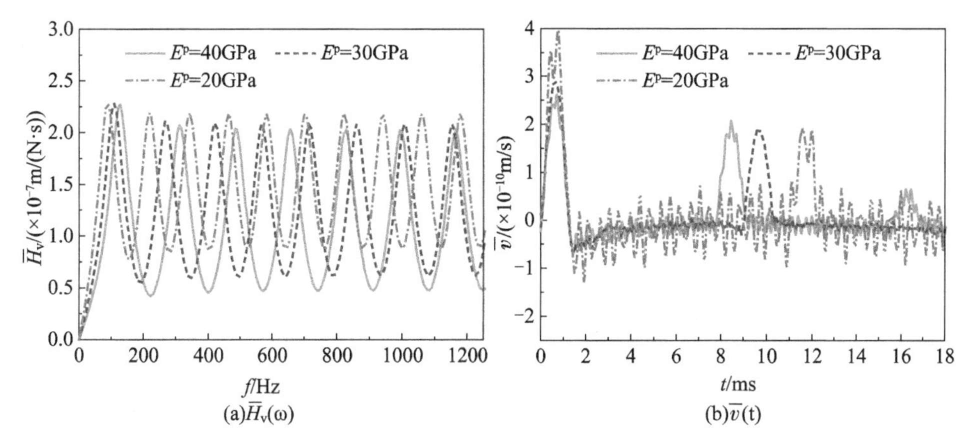

(a)$\overline{H}_v(\omega)$ (b)$\overline{v}(t)$

图5-14 桩身弹性模量对桩顶动力响应的影响（彩图见封底二维码）

松比对速度导纳曲线共振幅值的影响较小，此外，随着泊松比的增加，速度反射波曲线上桩端反射信号幅值减小，信号出现的时间延迟增加，这是由于泊松比的增大会增加波传播过程中能量的横向耗散。已有基于Rayleigh-Love杆模型对大直径桩的研究中[134]，桩身泊松比对桩基纵向振动特性及动力响应的影响随着桩长的增加而衰减。本节中对比桩长5m（图5-15和图5-16）和桩长10m（图5-17和图5-18）泊松比对桩纵向振动特性及动力响应的影响可知，基于桩身三维轴对称模型所得解析解，泊松比的影响同样会随着桩长的增加而减弱，与已有研究结论相同，进一步验证了本节解的合理性。

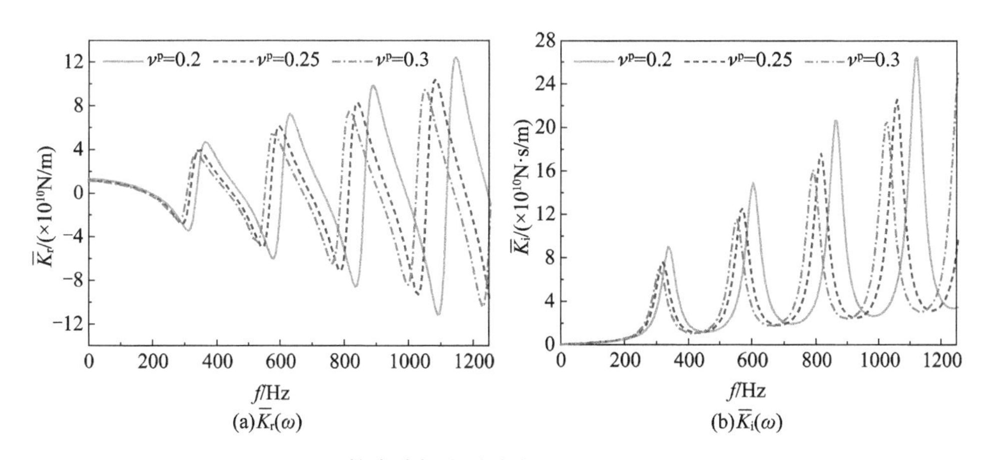

(a)$\overline{K}_r(\omega)$ (b)$\overline{K}_i(\omega)$

图5-15 桩身泊松比对动力阻抗的影响（$H=5m$）

桩侧土剪切模量对桩顶动力阻抗和动力响应的影响规律分别如图5-19和图5-20所示。由图可见，桩侧土剪切模量增大会使得频域（动刚度、动阻尼和速度导纳）曲线的共振幅值减小，这就说明桩侧土强度越高，桩基的抗振性能越好。

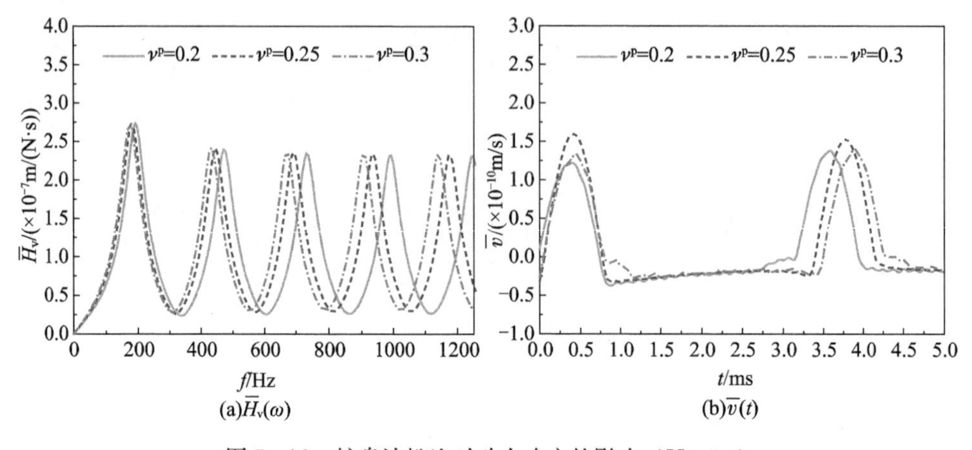

图 5-16　桩身泊松比对动力响应的影响（H=5m）

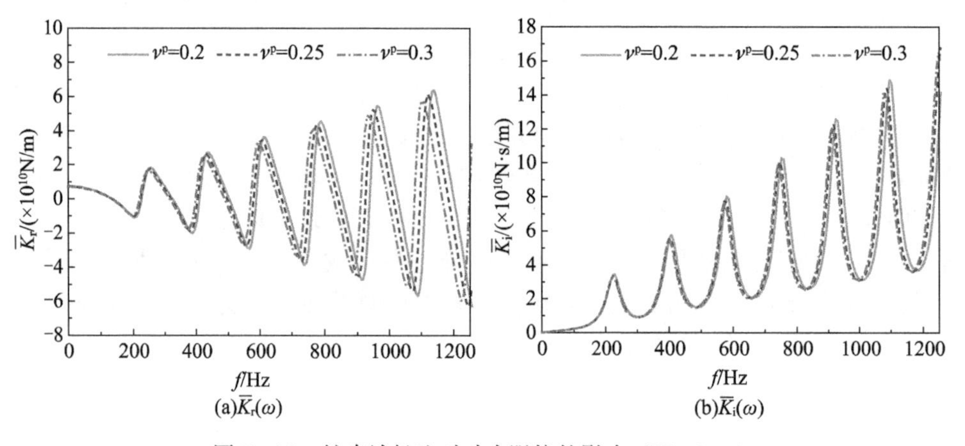

图 5-17　桩身泊松比对动力阻抗的影响（H=10m）

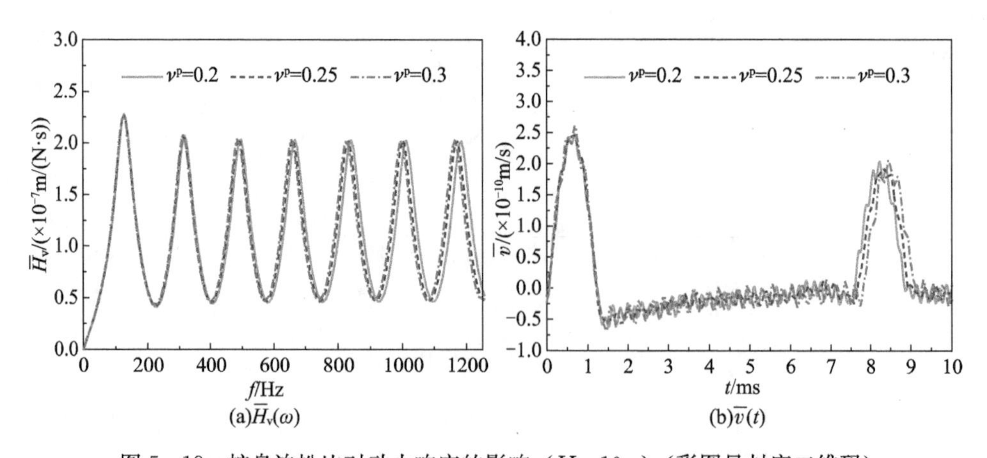

图 5-18　桩身泊松比对动力响应的影响（H=10m）（彩图见封底二维码）

桩侧土剪切模量对频域曲线共振频率影响可忽略，即在对桩基进行避免共振设计时可不考虑桩侧土强度的影响。此外，桩顶速度反射波曲线上桩端反射信号幅值随桩侧土剪切模量的增加而减小，桩侧土剪切模量对低应变法检测桩长产生一定的影响。

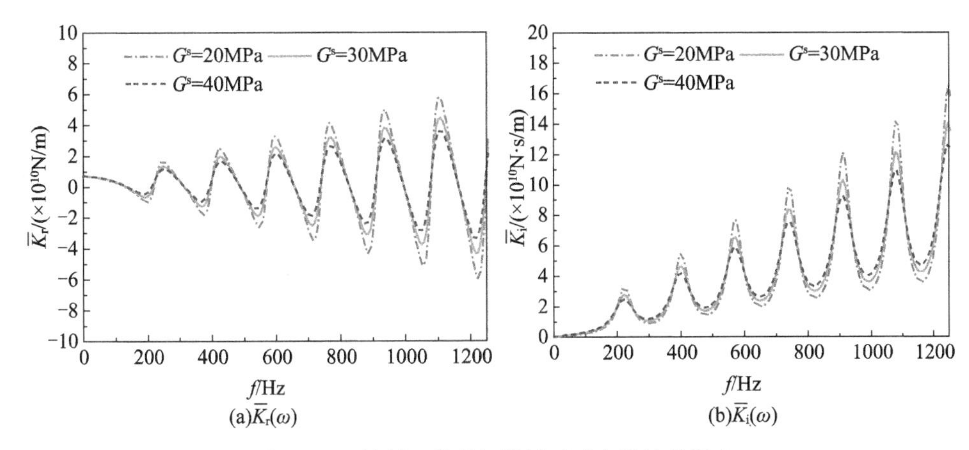

(a)$\overline{K}_r(\omega)$　　(b)$\overline{K}_i(\omega)$

图 5－19　桩侧土体剪切模量对动力阻抗的影响

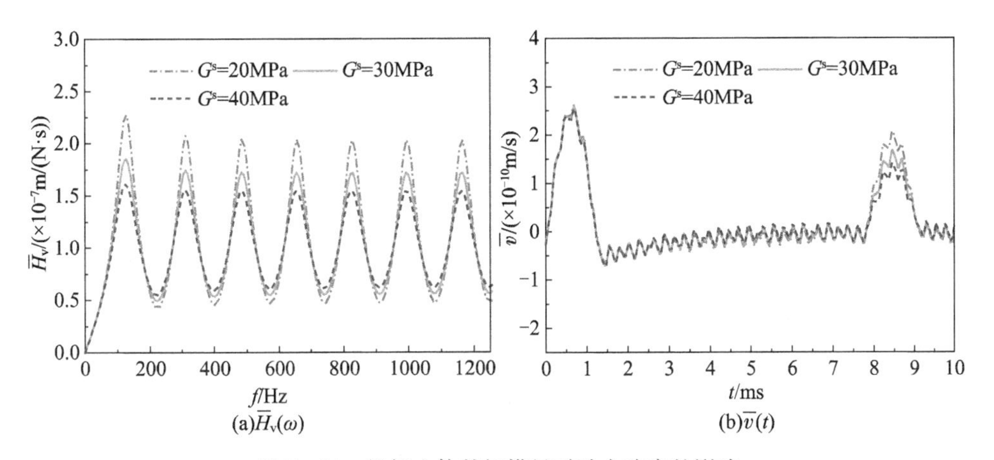

(a)$\overline{H}_v(\omega)$　　(b)$\overline{v}(t)$

图 5－20　桩侧土体剪切模量对动力响应的影响

图 5－21 和图 5－22 分别为桩侧土密度对桩顶动力阻抗和动力响应的影响规律。由图可见，桩顶动刚度和动阻尼曲线的共振幅值随桩侧土密度的增加而减小，也就是说桩侧土密度的增加会增强桩基的抗振性能，在桩基抗振要求较高时，可通过注浆等土体加固方式进一步提升桩基抗振性能。桩侧土密度对频域曲线共振频率的影响很小，无法通过改善土体密度调整桩基抗振频率。此外，桩侧土密度越高，桩顶反射波曲线上桩端信号幅值越小，即桩侧土密度同桩侧土剪切模量一样，都会对利用低应变法检测桩长产生一定影响。

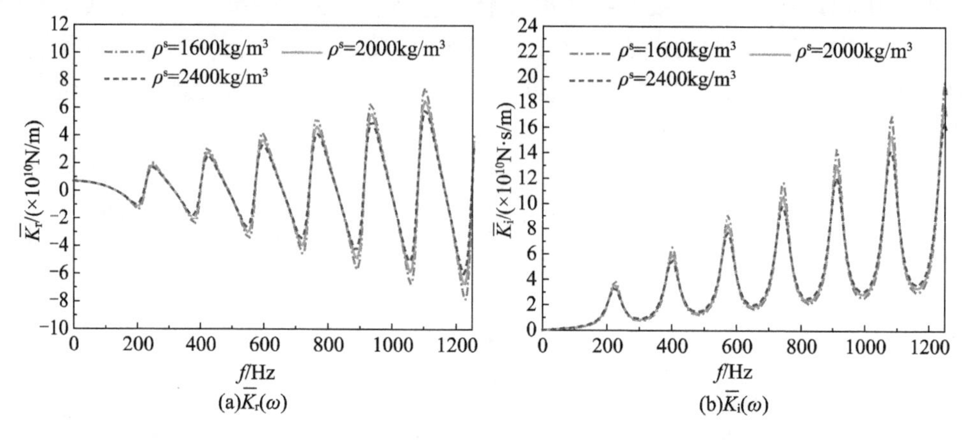

图 5－21 桩侧土体密度对动力阻抗的影响（彩图见封底二维码）

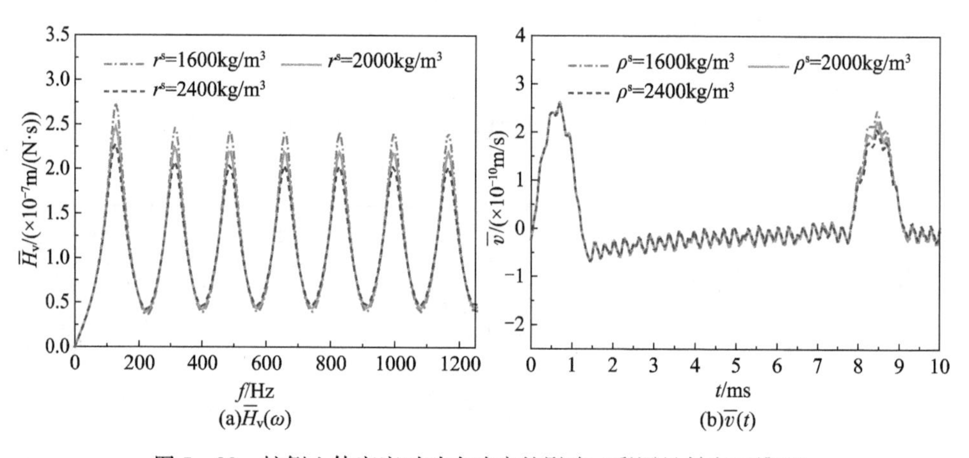

图 5－22 桩侧土体密度对动力响应的影响（彩图见封底二维码）

5.3 基于轴对称模型的黏弹性支承管桩纵向振动特性分析[173]

5.3.1 力学简化模型与定解问题

谐和激振下基于三维轴对称模型的黏弹性支承管桩-土体系耦合纵向振动力学简化模型如图 5－23 所示。桩长、内径、外径分别为 H、r_0、r_1。管桩桩顶作用均布谐和激振力 $\widetilde{F}_0 e^{i\omega t}$，其中 $i=\sqrt{-1}$ 为虚数单位，ω 为圆频率。土层底部和桩底部黏弹性支承常数分别为 k^{p}、δ^{p} 和 k^{s}、δ^{s}。基本假定参照已有文献［47］进行相关描述。

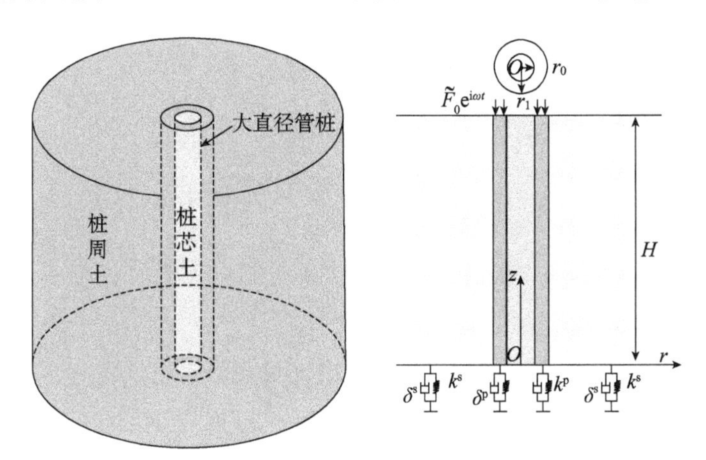

图 5－23　力学简化模型图

模型基本假定如下：

（1）管桩为截面均匀的线性弹性体；

（2）桩侧土和桩芯土为均质线性黏弹性体，采用滞回阻尼描述土体黏性；

（3）土体上表面自由，正应力和剪应力均为零，桩顶作用力为均布谐和激振；

（4）管桩和土体底部的黏弹性支承采用 Kelvin-Voigt 模型；

（5）管桩桩芯被土体完全填充。

基于弹性动力学理论建立的桩芯土体、桩侧土体和在三维轴对称条件下的控制方程为

$$(\lambda^{s_0}+\mu^{s_0})\frac{\partial^2 u^{s_0}}{\partial z^2}+\mu^{s_0}\nabla^2 u^{s_0}=\rho^{s_0}\frac{\partial^2 u^{s_0}}{\partial t^2} \tag{5-40}$$

$$(\lambda^{s_1}+\mu^{s_1})\frac{\partial^2 u^{s_1}}{\partial z^2}+\mu^{s_1}\nabla^2 u^{s_1}=\rho^{s_1}\frac{\partial^2 u^{s_1}}{\partial t^2} \tag{5-41}$$

$$(\lambda^{p}+G^{p})\frac{\partial^2 u^{p}}{\partial z^2}+G^{p}\nabla^2 u^{p}=\rho^{p}\frac{\partial^2 u^{p}}{\partial t^2} \tag{5-42}$$

其中，$\nabla^2=\frac{\partial^2}{\partial r^2}+\frac{1}{r}\frac{\partial}{\partial r}+\frac{\partial^2}{\partial z^2}$，$u^{s_0}$ u^{s_1} 和 u^{p} 分别为桩芯土、桩侧土和管桩纵向振动位移，λ^{s_0}、μ^{s_0} 和 ρ^{s_0} 分别为桩芯土体拉梅常量、复值切变模量和密度，λ^{s_1}、μ^{s_1} 和 ρ^{s_1} 分别为桩侧土体拉梅常量、复值切变模量和密度，λ^{p}、G^{p} 和 ρ^{p} 分别为管桩拉梅常量、剪切模量和密度。

桩芯土和桩侧土复值切边模量与剪切模量之间的关系为 $G^{s_0}=\mu^{s_0}/(1+2\xi^{s_0}\mathrm{i})$、$G^{s_1}=\mu^{s_1}/(1+2\xi^{s_1}\mathrm{i})$，其中 G^{s_0} 和 ξ^{s_0} 分别为桩芯土体剪切模量和滞回阻尼比，G^{s_1} 和 ξ^{s_1} 分别为桩侧土体剪切模量和滞回阻尼比。谐和激振下桩芯土、桩侧土和管桩桩身纵向位移满足：$u^{s_0}=\tilde{u}_0^{s}e^{i\omega t}$、$u^{s_1}=\tilde{u}_1^{s}e^{i\omega t}$、$u^{p}=\tilde{u}^{p}e^{i\omega t}$，将其分别代入式（5－

40)、式（5-41）和式（5-42）并进行化简可得

$$(1+2\xi^{s_0}\mathrm{i})\nabla^2\tilde{u}^{s_0}+\frac{1+2\xi^{s_0}\mathrm{i}}{1-2\nu^{s_0}}\frac{\partial^2\tilde{u}^{s_0}}{\partial z^2}=-\left(\frac{\omega}{V^{s_0}}\right)^2\tilde{u}^{s_0} \tag{5-43}$$

$$(1+2\xi^{s_1}\mathrm{i})\nabla^2\tilde{u}^{s_1}+\frac{1+2\xi^{s_1}\mathrm{i}\partial 2\tilde{u}^{s_1}}{1-2\nu^{s_1}\ \partial z^2}=-\left(\frac{\omega}{V^{s_1}}\right)2\tilde{u}^{s_1} \tag{5-44}$$

$$\nabla^2\tilde{u}^{p}+\frac{1}{1-2\nu^{p}}\frac{\partial^2\tilde{u}^{p}}{\partial z^2}=-\left(\frac{\omega}{V^{p}}\right)^2\tilde{u}^{p} \tag{5-45}$$

其中，$\tilde{u}^{s_0}$、$\tilde{u}^{s_1}$和$\tilde{u}^{p}$分别为桩芯土、桩侧土和管桩纵向振动位移幅值；ν^{s_0}、ν^{s_1}和ν^{p}分别为桩芯土、桩侧土和管桩桩身泊松比；$V^{s_0}=\sqrt{G^{s_0}/\rho^{s_0}}$、$V^{s_1}=\sqrt{G^{s_1}/\rho^{s_1}}$和$V^{p}=\sqrt{G^{p}/\rho^{p}}$分别为桩芯土、桩侧土体和管桩桩身剪切波速。

桩芯土-管桩-桩侧土耦合振动体系边界条件如下所示：

（1）土体边界条件。桩芯土和桩侧土自由表面正应力为零：

$$\left.\frac{\partial\tilde{u}^{s_0}}{\partial z}\right|_{z=H}=0 \tag{5-46}$$

$$\left.\frac{\partial\tilde{u}^{s_1}}{\partial z}\right|_{z=H}=0 \tag{5-47}$$

桩芯土和桩侧土底部黏弹性支承：

$$\frac{\partial\tilde{u}^{s_0}}{\partial z}+\frac{k^{s}+\mathrm{i}\omega\delta^{s}}{E^{s_0}}\tilde{u}^{s_0}\Big|_{z=0}=0 \tag{5-48}$$

$$\frac{\partial\tilde{u}^{s_1}}{\partial z}+\frac{k^{s}+\mathrm{i}\omega\delta^{s}}{E^{s_1}}\tilde{u}^{s_1}\Big|_{z=0}=0 \tag{5-49}$$

其中，E^{s_0}和E^{s_1}分别为桩芯土和桩侧土的弹性模量。

桩芯土中心处位移为有限值：

$$\lim_{r\to 0}\tilde{u}^{s_0}<\infty \tag{5-50}$$

桩侧土径向无限远处位移为零：

$$\lim_{r\to\infty}\tilde{u}^{s_1}=0 \tag{5-51}$$

（2）桩身边界条件。桩顶

$$G^{p}\frac{2-2\nu^{p}}{1-2\nu^{p}}\left.\frac{\partial\tilde{u}^{p}}{\partial z}\right|_{z=H}=\tilde{F}_0 \tag{5-52}$$

桩端黏弹性支承：

$$\frac{\partial\tilde{u}^{p}}{\partial z}+\frac{k^{p}+\mathrm{i}\omega\delta^{p}}{E^{p}}\tilde{u}^{p}\Big|_{z=0}=0 \tag{5-53}$$

（3）桩-土耦合条件。位移连续：

$$\tilde{u}^{p}=\tilde{u}^{s_0}\Big|_{r=r_0} \tag{5-54}$$

$$\tilde{u}^{p}=\tilde{u}^{s_1}\Big|_{r=r_1} \tag{5-55}$$

应力平衡：

$$\tilde{\tau}^{\mathrm{p}} = \tilde{\tau}^{s_0}\big|_{r=r_0} \tag{5-56}$$

$$\tilde{\tau}^{\mathrm{p}} = \tilde{\tau}^{s_1}\big|_{r=r_1} \tag{5-57}$$

其中，$\tilde{\tau}^{s_0}$、$\tilde{\tau}^{s_1}$ 和 $\tilde{\tau}^{\mathrm{p}}$ 分别为桩芯土、桩侧土和管桩的剪应力。

5.3.2　定解问题求解

采用分离变量法求得桩芯土和桩侧土纵向振动位移幅值为 $\tilde{u}^{s_0}(r,z)=R^{s_0}(r)Z^{s_0}(r)$ 和 $\tilde{u}^{s_1}(r,z)=R^{s_1}(r)Z^{s_1}(r)$，将其分别代入式（5-43）和（5-44）后可以得到

$$(1+2\xi^{s_0}\mathrm{i})\left(\frac{\mathrm{d}^2R^{s_0}}{R^{s_0}\,\mathrm{d}r^2}+\frac{\mathrm{d}^2R^{s_0}}{rR^{s_0}\,\mathrm{d}r^2}\right)+\left(\frac{1+2\xi^{s_0}\mathrm{i}}{1-2\nu^{s_0}}+1\right)\frac{\mathrm{d}^2Z^{s_0}}{Z^{s_0}\,\mathrm{d}z^2}=-\left(\frac{\omega}{V^{s_0}}\right)^2 \tag{5-58}$$

$$(1+2\xi^{s_1}\mathrm{i})\left(\frac{\mathrm{d}^2R^{s_1}}{R^{s_1}\,\mathrm{d}r^2}+\frac{\mathrm{d}^2R^{s_1}}{rR^{s_1}\,\mathrm{d}r^2}\right)+\left(\frac{1+2\xi^{s_1}\mathrm{i}}{1-2\nu^{s_1}}+1\right)\frac{\mathrm{d}^2Z^{s_1}}{Z^{s_1}\,\mathrm{d}z^2}=-\left(\frac{\omega}{V^{s_1}}\right)^2 \tag{5-59}$$

若要满足式（5-58）和式（5-59），则 $(1+2\xi^{s_0}i)\left(\frac{\mathrm{d}^2R^{s_0}}{R^{s_0}\,\mathrm{d}r^2}+\frac{\mathrm{d}^2R^{s_0}}{rR^{s_0}\,\mathrm{d}r^2}\right)$、$\left(\frac{1+2\xi^{s_0}\mathrm{i}}{1-2\nu^{s_0}}+1\right)\frac{\mathrm{d}^2Z^{s_0}}{Z^{s_0}\,\mathrm{d}z^2}$、$(1+2\xi^{s_1}\mathrm{i})\left(\frac{\mathrm{d}^2R^{s_1}}{R^{s_1}\,\mathrm{d}r^2}+\frac{\mathrm{d}^2R^{s_1}}{rR^{s_1}\,\mathrm{d}r^2}\right)$ 和 $\left(\frac{1+2\xi^{s_1}\mathrm{i}}{1-2\nu^{s_1}}+1\right)\frac{\mathrm{d}^2Z^{s_1}}{Z^{s_1}\,\mathrm{d}z^2}$ 均应为常数。

现令 $\frac{\mathrm{d}^2Z^{s_0}}{Z^{s_0}\,\mathrm{d}z^2}=-(h^{s_0})^2$、$\frac{\mathrm{d}^2Z^{s_1}}{Z^{s_1}\,\mathrm{d}z^2}=-(h^{s_1})^2$，并将其分别代入式（5-58）和式（5-59）后可以得到

$$\frac{\mathrm{d}^2R^{s_0}}{R^{s_0}\,\mathrm{d}r^2}+\frac{\mathrm{d}^2R^{s_0}}{rR^{s_0}\,\mathrm{d}r^2}=\frac{\left[\frac{(1+2\xi^{s_0}\mathrm{i})(2-2\nu^{s_0})}{(1-2\nu^{s_0})}\right](h^{s_0})^2-\left(\frac{\omega}{V^{s_0}}\right)^2}{1+2\xi^{s_0}\mathrm{i}} \tag{5-60}$$

$$\frac{\mathrm{d}^2R^{s_1}}{R^{s_1}\,\mathrm{d}r^2}+\frac{\mathrm{d}^2R^{s_1}}{rR^{s_1}\,\mathrm{d}r^2}=\frac{\left[\frac{(1+2\xi^{s_1}\mathrm{i})(2-2\nu^{s_1})}{(1-2\nu^{s_1})}\right](h^{s_1})^2-\left(\frac{\omega}{V^{s_1}}\right)^2}{1+2\xi^{s_1}\mathrm{i}} \tag{5-61}$$

因此式（5-58）和式（5-59）可进一步改写为

$$\begin{cases}\dfrac{\mathrm{d}^2Z^{s_0}}{\mathrm{d}z^2}+(h^{s_0})^2Z^{s_0}=0\\[2ex]\dfrac{\mathrm{d}^2R^{s_0}}{\mathrm{d}r^2}+\dfrac{1}{r}\dfrac{\mathrm{d}R^{s_0}}{\mathrm{d}r}-(q^{s_0})^2R^{s_0}=0\end{cases} \tag{5-62}$$

$$\begin{cases}\dfrac{\mathrm{d}^2Z^{s_1}}{\mathrm{d}z^2}+(h^{s_1})^2Z^{s_1}=0\\[2ex]\dfrac{\mathrm{d}^2R^{s_1}}{\mathrm{d}r^2}+\dfrac{1}{r}\dfrac{\mathrm{d}R^{s_1}}{\mathrm{d}r}-(q^{s_1})^2R^{s_1}=0\end{cases} \tag{5-63}$$

其中 h^{s_0} 和 q^{s_0} 及 h^{s_1} 和 q^{s_1} 分别满足如下关系式：

$$(q^{s_0})^2=\frac{\left[\frac{(1+2\xi^{s_0}\mathrm{i})(2-2\nu^{s_0})}{(1-2\nu^{s_0})}\right](h^{s_0})^2-\left(\frac{\omega}{V^{s_0}}\right)^2}{1+2\xi^{s_0}\mathrm{i}} \tag{5-64}$$

$$(q^{s_1})^2=\frac{\left[\frac{(1+2\xi^{s_1}\mathrm{i})(2-2\nu^{s_1})}{(1-2\nu^{s_1})}\right](h^{s_1})^2-\left(\frac{\omega}{V^{s_1}}\right)^2}{1+2\xi^{s_1}\mathrm{i}} \tag{5-65}$$

方程式（5-62）和式（5-63）的基本解为

$$\begin{cases}Z^{s_0}(z)=C^{s_0}\cos(h^{s_0}z)+D^{s_0}\sin(h^{s_0}z)\\ R^{s_0}(r)=M^{s_0}K_0(q^{s_0}r)+N^{s_0}I_0(q^{s_0}r)\end{cases} \tag{5-66}$$

$$\begin{cases}Z^{s_1}(z)=C^{s_1}\cos(h^{s_1}z)+D^{s_1}\sin(h^{s_1}z)\\ R^{s_1}(r)=M^{s_1}K_0(q^{s_1}r)+N^{s_1}I_0(q^{s_1}r)\end{cases} \tag{5-67}$$

其中，C^{s_0}、D^{s_0}、M^{s_0}、N^{s_0}、C^{s_1}、D^{s_1}、M^{s_1} 和 N^{s_1} 均为待定系数，$I_0(\cdot)$ 和 $K_0(\cdot)$ 为零阶第一类和第二类虚宗量贝塞尔函数。

将式（5-66）代入边界条件式（5-46）和式（5-48），并将式（5-67）代入边界条件式（5-47）和式（5-49）后可得到

$$\tan(h^{s_0}H)=-\overline{K}^{s_0}/(h^{s_0}H) \tag{5-68}$$

$$\tan(h^{s_1}H)=-\overline{K}^{s_1}/(h^{s_1}H) \tag{5-69}$$

其中，$\overline{K}^{s_0}=K^{s}H/E^{s_0}$ 和 $\overline{K}^{s_1}=K^{s}H/E^{s_1}$ 分别为桩芯土和桩侧土底部无量纲支承参数，$K^{s_0}=k^{s_0}+\mathrm{i}\omega\delta^{s_0}$，$K^{s_1}=k^{s_1}+\mathrm{i}\omega\delta^{s_1}$。

进一步地，桩芯土和桩侧土各振动模态对应的特征值 $h_n^{s_0}$ 和 $h_n^{s_1}$ 可分别通过求解式（5-68）和式（5-69）得到。

结合边界条件（5-50）和式（5-51）并利用叠加原理可以得到桩芯土和桩侧土纵向振动位移幅值为

$$\tilde{u}^{s_0}=\sum_{n=1}^{\infty}A_n^{s_0}I_0(q_n^{s_0}r)\cos(h_n^{s_0}z-h_n^{s_0}H) \tag{5-70}$$

$$\tilde{u}^{s_1}=\sum_{n=1}^{\infty}A_n^{s_1}K_0(q_n^{s_1}r)\cos(h_n^{s_1}z-h_n^{s_1}H) \tag{5-71}$$

其中，$A_n^{s_0}$ 和 $A_n^{s_1}$ 为一系列待定系数。

考虑到桩顶部边界条件为非齐次，求解之前需要对桩身纵向振动位移幅值进行分解，即令

$$\tilde{u}^{p}(z,r,\omega)=\tilde{u}_1{}^{p}(z,r,\omega)+\tilde{u}_2{}^{p}(z,\omega) \tag{5-72}$$

$\tilde{u}_1{}^{p}(z,r,\omega)$ 为如下定解问题的解：

$$\begin{cases}\nabla^2\tilde{u}_1{}^{\mathrm{p}}+\dfrac{1}{1-2\nu^{\mathrm{p}}}\dfrac{\partial^2\tilde{u}_1{}^{\mathrm{p}}}{\partial z^2}=-\left(\dfrac{\omega}{V^{\mathrm{p}}}\right)^2\tilde{u}_1{}^{\mathrm{p}}\\ G^{\mathrm{p}}\dfrac{2-2\nu^{\mathrm{p}}}{1-2\nu^{\mathrm{p}}}\dfrac{\partial\tilde{u}_1{}^{\mathrm{p}}}{\partial z}\bigg|_{z=H}=0\\ \dfrac{\partial\tilde{u}_1{}^{\mathrm{p}}}{\partial z}+\dfrac{k^{\mathrm{p}}+\mathrm{i}\omega\delta^{\mathrm{p}}}{E^{\mathrm{p}}}\tilde{u}_1{}^{\mathrm{p}}\bigg|_{z=0}=0\end{cases}\tag{5-73}$$

$\tilde{u}_2{}^{\mathrm{p}}(z,\omega)$ 为可同时满足桩身控制方程（5-45）和边界条件（5-52）、（5-53）的待定函数。

参照上述桩侧土体纵向振动位移求解过程，对（5-73）进行求解可得

$$\tilde{u}_1{}^{\mathrm{p}}=\sum_{n=1}^{\infty}\{A_n^{\mathrm{p}}I_0(q_n^{\mathrm{p}}r)+B_n^{\mathrm{p}}I_0(q_n^{\mathrm{p}}r)\}\cos(h_n^{\mathrm{p}}z-h_n^{\mathrm{p}}H)\tag{5-74}$$

其中，A_n^{p} 和 B_n^{p} 为一系列待定系数，h_n^{p}（$n=1,2,\cdots,\infty$）为管桩桩身各阶模态对应的特征值，根据边界条件可得其满足超越方程 $\tan(h^{\mathrm{p}}H)=-\bar{K}^{\mathrm{p}}/(h^{\mathrm{p}}H)$，$\bar{K}^{\mathrm{p}}=K^{\mathrm{p}}H/E^{\mathrm{p}}$ 为管桩桩底黏弹性支承无量纲参数，$K^{\mathrm{p}}=k^{\mathrm{p}}+\mathrm{i}\omega\delta^{\mathrm{p}}$，$q_n^{\mathrm{p}}$ 与 h_n^{p} 满足如下关系式：

$$(q_n^{\mathrm{p}})^2=[(2-2\nu^{\mathrm{p}})/(1-2\nu^{\mathrm{p}})](h_n^{\mathrm{p}})^2-(\omega/V^{\mathrm{p}})^2\tag{5-75}$$

将 $\tilde{u}_2{}^{\mathrm{p}}(z,\omega)$ 代入式（5-45）并化简后可得

$$\frac{\mathrm{d}^2\tilde{u}_2{}^{\mathrm{p}}}{\mathrm{d}z^2}+(d^{\mathrm{p}})^2\tilde{u}_2{}^{\mathrm{p}}=0\tag{5-76}$$

其中，$d^{\mathrm{p}}=\dfrac{\omega}{V^{\mathrm{p}}}\sqrt{\dfrac{1-2\nu^{\mathrm{p}}}{2-2\nu^{\mathrm{p}}}}$。

方程（5-76）的通解可表示为

$$\tilde{u}_2{}^{\mathrm{p}}(z,\omega)=a^{\mathrm{p}}\cos(d^{\mathrm{p}}z)+b^{\mathrm{p}}\sin(d^{\mathrm{p}}z)\tag{5-77}$$

将式（5-77）代入边界条件式（5-52）和（5-53）并进行求解可得待定系数 a^{p} 和 b^{p} 为

$$a^{\mathrm{p}}=\frac{H\tilde{F}_0(2\nu^{\mathrm{p}}-1)}{(2-2\nu^{\mathrm{p}})G^{\mathrm{p}}[\bar{K}^{\mathrm{p}}\cos(d^{\mathrm{p}}H)+d^{\mathrm{p}}H\sin(d^{\mathrm{p}}H)]}\tag{5-78}$$

$$b^{\mathrm{p}}=\frac{\bar{K}^{\mathrm{p}}\tilde{F}_0(1-2\nu^{\mathrm{p}})}{(2-2\nu^{\mathrm{p}})G^{\mathrm{p}}d^{\mathrm{p}}[\bar{K}^{\mathrm{p}}\cos(d^{\mathrm{p}}H)+d^{\mathrm{p}}H\sin(d^{\mathrm{p}}H)]}\tag{5-79}$$

至此可得桩身纵向振动位移幅值的基本解为

$$\tilde{u}^{\mathrm{p}}(z,r,\omega)=\sum_{n=1}^{\infty}\{A_n^{\mathrm{p}}I_0(q_n^{\mathrm{p}}r)+B_n^{\mathrm{p}}K_0(q_n^{\mathrm{p}}r)\}\cos(h_n^{\mathrm{p}}z-h_n^{\mathrm{p}}H)+\frac{H\tilde{F}_0(2\nu^{\mathrm{p}}-1)\left[\cos(d^{\mathrm{p}}z)-\dfrac{\bar{K}^{\mathrm{p}}}{Hd^{\mathrm{p}}}\sin(d^{\mathrm{p}}z)\right]}{(2-2\nu^{\mathrm{p}})G^{\mathrm{p}}[\bar{K}^{\mathrm{p}}\cos(d^{\mathrm{p}}H)+d^{\mathrm{p}}H\sin(d^{\mathrm{p}}H)]}\tag{5-80}$$

根据桩芯土、桩侧土和管桩桩身纵向位移可得相对应的剪应力为

$$\widetilde{\tau}^{s_0}=\mu^{s_0}\sum_{n=1}^{\infty}q_n^{s_0}A_n^{s_0}K_1(q_n^{s_0}r)\cos(h_n^{s_0}z-h_n^{s_0}H) \tag{5-81}$$

$$\widetilde{\tau}^{s_1}=-\mu^{s_1}\sum_{n=1}^{\infty}q_n^{s_1}A_n^{s_1}K_1(q_n^{s_1}r)\cos(h_n^{s_1}z-h_n^{s_1}H) \tag{5-82}$$

$$\widetilde{\tau}^{p}=G^{p}\sum_{n=1}^{\infty}q_n^{p}A_n^{p}K_1(q_n^{p}r)\cos(h_n^{p}z-h_n^{p}H) \tag{5-83}$$

假设桩芯土、桩侧土底部黏弹性支承无量纲参数与管桩桩端部黏弹性支承无量纲系数相等，即 $\bar{K}^{s_0}=\bar{K}^{s_1}=\bar{K}^{p}$ ，则可以得到 $h_n^{s_0}=h_n^{s_1}=h_n^{p}=h_n$ 。考虑桩侧土和桩界面上位移连续和应力平衡的耦合条件可以给出

$$\sum_{n=1}^{\infty}A_n^{s_0}I_0(q_n^{s_0}r_0)\cos(h_nz-h_nH)=\sum_{n=1}^{\infty}\{A_n^{p}I_0(q_n^{p}r_0)+B_n^{p}K_0(q_n^{p}r_0)\}\cos(h_nz-h_nH)+\frac{H\widetilde{F}_0(2\nu^{p}-1)[\cos(d^{p}z)-\sin(d^{p}z)\bar{K}^{p}/Hd^{p}]}{(2-2\nu^{p})G^{p}[\bar{K}^{p}\cos(d^{p}H)+d^{p}H\sin(d^{p}H)]} \tag{5-84}$$

$$\sum_{n=1}^{\infty}A_n^{s_1}K_0(q_n^{s_1}r_1)\cos(h_nz-h_nH)=\sum_{n=1}^{\infty}\{A_n^{p}I_0(q_n^{p}r_1)+B_n^{p}K_0(q_n^{p}r_1)\}\cos(h_nz-h_nH)+\frac{H\widetilde{F}_0(2\nu^{p}-1)[\cos(d^{p}z)-\sin(d^{p}z)\bar{K}^{p}/Hd^{p}]}{(2-2\nu^{p})G^{p}[\bar{K}^{p}\cos(d^{p}H)+d^{p}H\sin(d^{p}H)]} \tag{5-85}$$

$$\mu^{s_0}q_n^{s_0}A_n^{s_0}I_1(q_n^{s_0}r_0)=G^{p}q_n^{p}\{A_n^{p}I_1(q_n^{p}r_0)-B_n^{p}K_1(q_n^{p}r_0)\} \tag{5-86}$$

$$-\mu^{s_1}q_n^{s_1}A_n^{s_1}K_1(q_n^{s_1}r_1)=G^{p}q_n^{p}\{A_n^{p}I_1(q_n^{p}r_1)-B_n^{p}K_1(q_n^{p}r_1)\} \tag{5-87}$$

在式（5-84）和式（5-85）两端同时乘 $\cos(h_n^{p}z-h_n^{p}H)$ ，并在桩长范围内进行积分，根据固有函数系的正交性可以得到

$$L_nA_n^{s_0}I_0(q_n^{s_0}r_0)=L_n\{A_n^{p}I_0(q_n^{p}r_0)+B_n^{p}K_0(q_n^{p}r_0)\}+\frac{H\widetilde{F}_0(2\nu^{p}-1)}{(2-2\nu^{p})G^{p}}\phi_n \tag{5-88}$$

$$L_nA_n^{s_1}K_0(q_n^{s_1}r_1)=L_n\{A_n^{p}I_0(q_n^{p}r_1)+B_n^{p}K_0(q_n^{p}r_1)\}+\frac{H\widetilde{F}_0(2\nu^{p}-1)}{(2-2\nu^{p})G^{p}}\phi_n \tag{5-89}$$

其中，

$$\phi_n=\int_0^H\frac{\cos(d^{p}z)-\sin(d^{p}z)\bar{K}^{p}/Hd^{p}}{\bar{K}^{p}\cos(d^{p}H)+d^{p}H\sin(d^{p}H)}\cos(h_nz-h_nH)\mathrm{d}z$$

$$L_n = \int_0^H \cos^2(h_n z - h_n H)\mathrm{d}z$$

联立式（5－86）～（5－89）并进行求解可得管桩桩身纵向振动位移幅值的待定系数 A_n^{p} 和 B_n^{p} 满足下式：

$$A_n^{\mathrm{p}} = \frac{\alpha_{11} - \alpha_{21}}{\alpha_{11}\alpha_{22} - \alpha_{12}\alpha_{21}} \frac{H\widetilde{F}_0(2\nu^{\mathrm{p}} - 1)\phi_n}{(2 - 2\nu^{\mathrm{p}})G^{\mathrm{p}}} \tag{5-90}$$

$$B_n^{\mathrm{p}} = \frac{\alpha_{22} - \alpha_{12}}{\alpha_{11}\alpha_{22} - \alpha_{12}\alpha_{21}} \frac{H\widetilde{F}_0(2\nu^{\mathrm{p}} - 1)\phi_n}{(2 - 2\nu^{\mathrm{p}})G^{\mathrm{p}}} \tag{5-91}$$

其中，$\alpha_{11} = \dfrac{L_n G^{\mathrm{p}} q_n^{\mathrm{p}} K_1(q_n^{\mathrm{p}} r_1) K_0(q_n^{\mathrm{s}_1} r_1)}{\mu^{\mathrm{s}_1} q_n^{\mathrm{s}_1} K_1(q_n^{\mathrm{s}_1} r_1)} - L_n K_0(q_n^{\mathrm{p}} r_1)$，$\alpha_{12} = -\dfrac{L_n G^{\mathrm{p}} q_n^{\mathrm{p}} I_1(q_n^{\mathrm{p}} r_1) K_0(q_n^{\mathrm{s}_1} r_1)}{\mu^{\mathrm{s}_1} q_n^{\mathrm{s}_1} K_1(q_n^{\mathrm{s}_1} r_1)} - L_n I_0(q_n^{\mathrm{p}} r_1)$，$\alpha_{21} = -\dfrac{L_n G^{\mathrm{p}} q_n^{\mathrm{p}} I_0(q_n^{\mathrm{s}_0} r_0) K_1(q_n^{\mathrm{p}} r_0)}{\mu^{\mathrm{s}_0} q_n^{\mathrm{s}_0} I_1(q_n^{\mathrm{s}_0} r_0)} - L_n K_0(q_n^{\mathrm{p}} r_0)$，$\alpha_{22} = \dfrac{L_n G^{\mathrm{p}} q_n^{\mathrm{p}} I_0(q_n^{\mathrm{s}_0} r_0) I_1(q_n^{\mathrm{p}} r_0)}{\mu^{\mathrm{s}_0} q_n^{\mathrm{s}_0} I_1(q_n^{\mathrm{s}_0} r_0)} - L_n I_0(q_n^{p} r_0)$。

则管桩桩身纵向振动位移幅值的解析解为

$$\widetilde{u}^{\mathrm{p}}(z,r,\omega) = \frac{H\widetilde{F}_0(2\nu^{\mathrm{p}} - 1)}{(2 - 2\nu^{\mathrm{p}})G^{\mathrm{p}}} \left\{ \begin{aligned} &\sum_{n=1}^{\infty} \frac{(\alpha_{11} - \alpha_{21}) I_0(q_n^{\mathrm{p}} r) + (\alpha_{22} - \alpha_{12}) K_0(q_n^{\mathrm{p}} r)}{\alpha_{11}\alpha_{22} - \alpha_{12}\alpha_{21}} \phi_n \cos(h_n^{\mathrm{p}} z - h_n^{\mathrm{p}} H) \\ &+ \frac{\cos(d^{\mathrm{p}} z) - \sin(d^{\mathrm{p}} z)\bar{K}^{\mathrm{p}}/Hd^{\mathrm{p}}}{\bar{K}^{\mathrm{p}}\cos(d^{\mathrm{p}} H) + d^{\mathrm{p}} H\sin(d^{\mathrm{p}} H)} \end{aligned} \right\} \tag{5-92}$$

进一步可得桩顶位移频率响应函数和桩顶动力阻抗为

$$\begin{aligned} H_{\mathrm{u}}(r,\omega) &= \frac{\widetilde{u}^{\mathrm{p}}\big|_{z=H}}{\widetilde{F}_0} \\ &= \frac{H(2\nu^{\mathrm{p}} - 1)}{(2 - 2\nu^{\mathrm{p}})G^{\mathrm{p}}} \left\{ \begin{aligned} &\sum_{n=1}^{\infty} \frac{(\alpha_{11} - \alpha_{21}) I_0(q_n^{\mathrm{p}} r) + (\alpha_{22} - \alpha_{12}) K_0(q_n^{\mathrm{p}} r)}{\alpha_{11}\alpha_{22} - \alpha_{12}\alpha_{21}} \phi_n \\ &+ \frac{\cos(d^{\mathrm{p}} H) - \sin(d^{\mathrm{p}} H)\bar{K}^{\mathrm{p}}/Hd^{\mathrm{p}}}{\bar{K}^{\mathrm{p}}\cos(d^{\mathrm{p}} H) + d^{\mathrm{p}} H\sin(d^{\mathrm{p}} H)} \end{aligned} \right\} \end{aligned} \tag{5-93}$$

$$K_{\mathrm{d}}(r,\omega) = \frac{1}{H_{\mathrm{u}}(r,\omega)} = K_{\mathrm{r}}(r,\omega) + \mathrm{i}K_{\mathrm{i}}(r,\omega) \tag{5-94}$$

其中，$K_{\mathrm{r}}(r,\omega)$ 代表动刚度；$K_{\mathrm{i}}(r,\omega)$ 代表动阻尼。

桩顶速度频率响应函数为

$$H_{\mathrm{v}}(r,\omega) = \mathrm{i}\omega \frac{H(2\nu^{\mathrm{p}} - 1)}{(2 - 2\nu^{\mathrm{p}})G^{\mathrm{p}}} \left\{ \begin{aligned} &\sum_{n=1}^{\infty} \frac{(\alpha_{11} - \alpha_{21}) I_0(q_n^{\mathrm{p}} r) + (\alpha_{22} - \alpha_{12}) K_0(q_n^{\mathrm{p}} r)}{\alpha_{11}\alpha_{22} - \alpha_{12}\alpha_{21}} \phi_n \\ &+ \frac{\cos(d^{\mathrm{p}} H) - \sin(d^{\mathrm{p}} H)\bar{K}^{\mathrm{p}}/Hd^{\mathrm{p}}}{\bar{K}^{\mathrm{p}}\cos(d^{\mathrm{p}} H) + d^{\mathrm{p}} H\sin(d^{\mathrm{p}} H)} \end{aligned} \right\} \tag{5-95}$$

利用离散傅里叶逆变并结合卷积定理，可以得到激振力为半正弦脉冲（$\widetilde{F}_0 e^{i\omega t} = Q_{max}\sin\frac{\pi}{T}t$，$0 \leqslant t \leqslant T$）时桩顶速度时域响应半解析解为

$$v(r,t)=\mathrm{IFT}\left[H_{v}\frac{\pi T}{\pi^{2}-T^{2}\omega^{2}}(1+e^{-i\omega T})\right] \tag{5-96}$$

为后续可把桩身三维连续介质模型解与 Euler-Bernoulli 杆模型和 Rayleigh-Love 杆模型解进行对比分析，将桩顶动力阻抗、速度频率响应函数和速度时域响应进行径向均值化处理后可得

$$\begin{aligned}\bar{H}_{u}(\omega) &= \frac{1}{\pi(r_1^2-r_0{}^2)}\int_0^{2\pi}\int_0^{r_1}H_u(r,\omega)r\,\mathrm{d}r\mathrm{d}\varphi \\ &= \frac{H(2\nu^{p}-1)}{(2-2\nu^{p})G^{p}}\left\{\begin{aligned}&\sum_{n=1}^{\infty}\left[\frac{2\phi_n(\alpha_{11}-\alpha_{21})[r_1I_1(q_n^{p}r_1)-r_0I_1(q_n^{p}r_0)]}{q_n^{p}(\alpha_{11}\alpha_{22}-\alpha_{12}\alpha_{21})(r_1^2-r_0{}^2)}\right.\\&\left.+\frac{2\phi_n(\alpha_{22}-\alpha_{12})[r_0K_1(q_n^{p}r_0)-r_1K_1(q_n^{p}r_1)]}{q_n^{p}(\alpha_{11}\alpha_{22}-\alpha_{12}\alpha_{21})(r_1^2-r_0{}^2)}\right]\\&+\frac{\cos(d^{p}H)-\sin(d^{p}H)\bar{K}^{p}/Hd^{p}}{\bar{K}^{p}\cos(d^{p}H)+d^{p}H\sin(d^{p}H)}\end{aligned}\right\}\end{aligned} \tag{5-97}$$

$$\bar{K}_d(\omega)=\frac{1}{\bar{H}_u(\omega)}=\bar{K}_r(\omega)+\mathrm{i}\,\bar{K}_i(\omega) \tag{5-98}$$

$$\bar{H}_{v}(\omega) = \mathrm{i}\omega\frac{H(2\nu^{p}-1)}{(2-2\nu^{p})G^{p}}\left\{\begin{aligned}&\sum_{n=1}^{\infty}\left[\frac{2\phi_n(\alpha_{11}-\alpha_{21})[r_1I_1(q_n^{p}r_1)-r_0I_1(q_n^{p}r_0)]}{q_n^{p}(\alpha_{11}\alpha_{22}-\alpha_{12}\alpha_{21})(r_1^2-r_0^2)}\right.\\&\left.+\frac{2\phi_n(\alpha_{22}-\alpha_{12})[r_0K_1(q_n^{p}r_0)-r_1K_1(q_n^{p}r_1)]}{q_n^{p}(\alpha_{11}\alpha_{22}-\alpha_{12}\alpha_{21})(r_1^2-r_0^2)}\right]\\&+\frac{\cos(d^{p}H)-\sin(d^{p}H)\bar{K}^{p}/Hd^{p}}{\bar{K}^{p}\cos(d^{p}H)+d^{p}H\sin(d^{p}H)}\end{aligned}\right\} \tag{5-99}$$

$$\bar{v}(t)=\mathrm{IFT}\left[\bar{H}_{v}\frac{\pi T}{\pi^{2}-T^{2}\omega^{2}}(1+e^{-i\omega T})\right] \tag{5-100}$$

其中，$\overline{K_r}(\omega)$ 为径向均值化的动刚度；$\overline{K_i}(\omega)$ 为径向均值化的动阻尼。

5.3.3 解析模型验证与对比分析

本节算例以图 5－23 所示基于三维轴对称模型的黏弹性支承管桩-土体系耦合纵向振动力学模型为基础，采用前述推导求解所得大直径管桩桩顶纵向振动相关解。如无特殊说明，桩周土-管桩-桩芯土体系基本参数取值如下：桩长 $H=6\mathrm{m}$，桩身弹性模量 $E^{p}=40\mathrm{GPa}$，密度 $\rho^{p}=2500\mathrm{kg/m^3}$，泊松比 $\nu^{p}=0.35$，内径 $r_0=$

0.3m，外径 $r_1=0.6$m；桩周土和桩芯土体剪切模量 $G^{s_1}=G^{s_0}=20$MPa，密度 $\rho^{s_1}=\rho^{s_0}=2000\text{kg/m}^3$，泊松比 $\nu^{s_1}=\nu^{s_0}=0.35$，阻尼比 $\xi^{s_1}=\xi^{s_0}=0.35$；管桩及土体底部无量纲支承刚度 $\bar{K}^{s_0}=\bar{K}^{s_1}=\bar{K}^{p}=1.0$。在后续对比分析中，采用 Euler-Bernoulli 杆模型计算结果参照郑长杰[51]已有解答。前述推导过程中频率为圆频率 ω，后续算例分析中横坐标采用频率 $f=\omega/2\pi$。

为了验证求解所得基于三维轴对称模型的黏弹性支承管桩桩顶动力阻抗解析解的合理性，将本节解进行退化与已有相关解进行对比。为验证所提出模型的合理性及所得解析解的正确性，将所得桩顶动力阻抗解退化到管桩端承情况（即取 $\bar{K}^{p}\to\infty$）和实体桩端承情况（即取 $r_0\to 0$，$\bar{K}^{p}\to\infty$）分别与刘林超等[141]和杨骁等[140]已有解进行对比。不同桩长情况下本章所得桩顶动力阻抗退化解与刘林超等[141]和杨骁等[140]解对比分别如图 5-24 和图 5-25 所示。

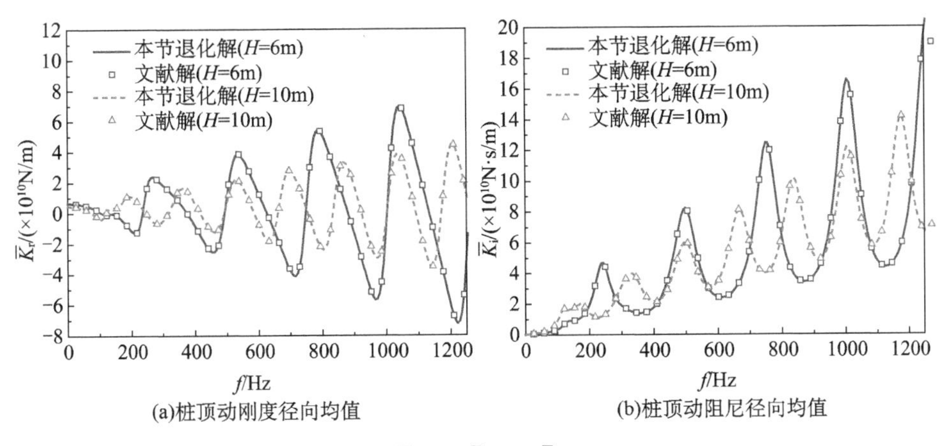

图 5-24　本节端承退化解 $\bar{K}^{s_0}=\bar{K}^{s_1}=\bar{K}^{p}\to\infty$与文献［141］解对比

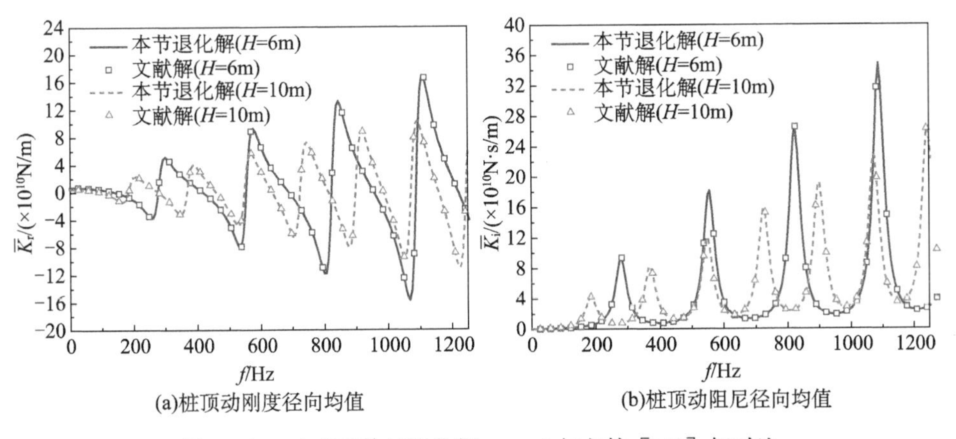

图 5-25　本节实体桩退化解 $r_0\to 0$ 与文献［140］解对比

5.3.4　纵向振动参数化分析

为进一步分析桩身三维波动效应对桩顶纵向振动特性的影响，在桩顶沿径向取3个位置不同的点（图5-26），桩长为6m时径向不同位置处在频率1078～1124Hz范围内桩顶动力阻抗对比如图5-27所示。由图可见，典型的三维波动效应会导致不同位置处各点桩顶动刚度和动阻尼曲线上共振幅值存在明显差异。此外，从图中可以发现管桩桩顶动刚度和动阻尼第四阶共振频率分别为1116Hz（7008rad）和1080Hz（6782rad），将共振频率代入式（5-94）可计算出管桩桩顶截面动刚度和动阻尼分布云图如图5-28所示。由图可见，桩顶动力阻抗幅值随桩径的增加先增大后减小，而桩顶动阻尼则随着桩径的增加而增加。

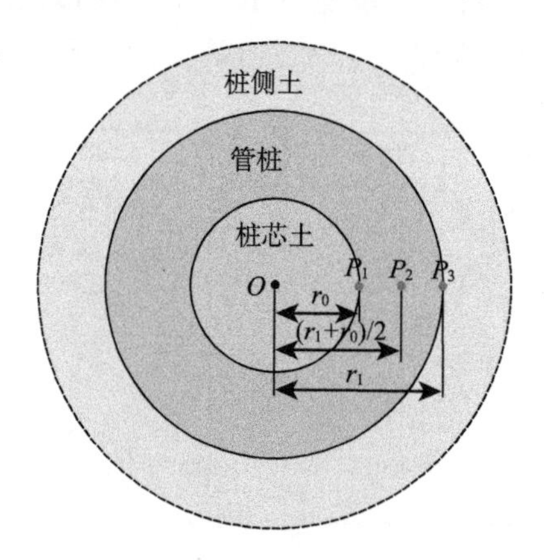

图5-26　管桩桩顶截面取点示意图

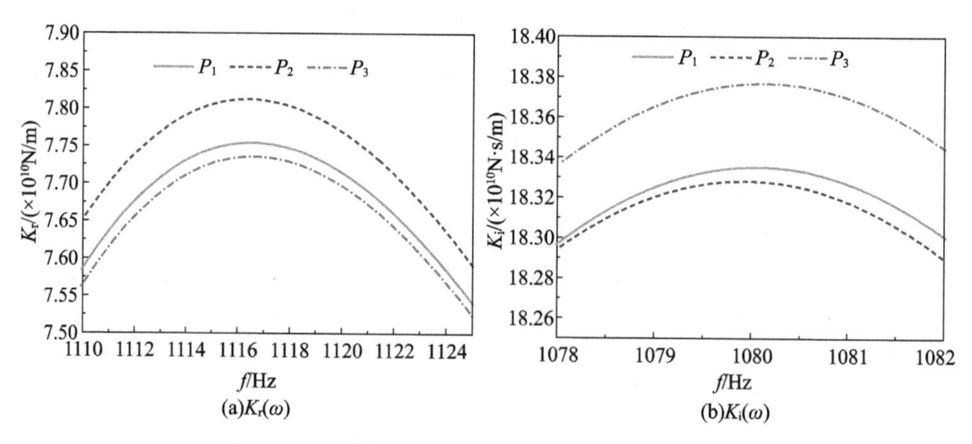

图5-27　管桩桩顶径向不同位置点动力阻抗对比

图5-29和图5-30分别为管桩桩端无量纲支承刚度系数对桩顶动力阻抗和动力响应的影响情况。由图可见，管桩桩端无量纲支承刚度系数主要影响桩顶动力

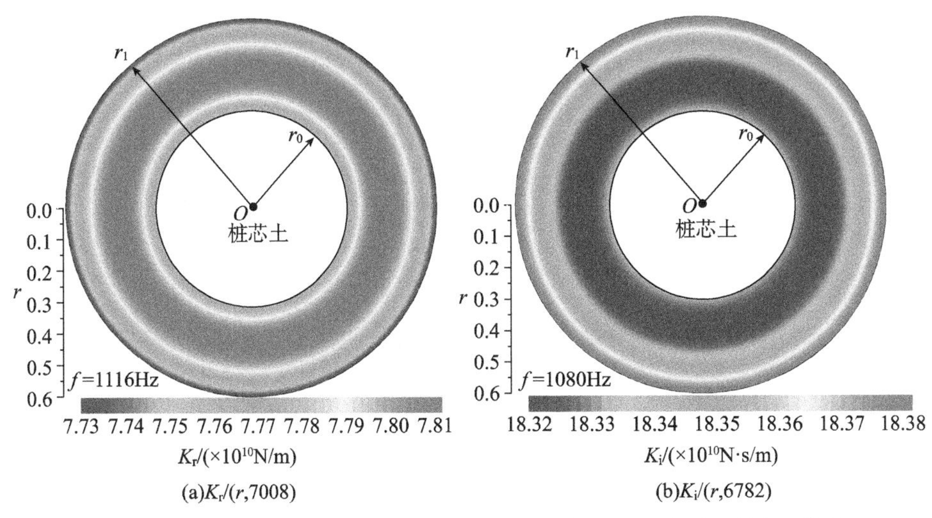

图 5－28　管桩桩顶动力阻抗幅值随径向位置变化云图（彩图见封底二维码）

阻抗、速度导纳曲线的相位，即影响基桩的谐振频率，端承桩（$\bar{K}^p\to\infty$）桩顶动力阻抗及速度导纳曲线峰顶与浮承桩（$\bar{K}^p=0$）峰谷相对应，管桩桩底无量纲支承刚度系数对管桩桩顶动力阻抗和速度导纳曲线共振峰值影响较小。由图 5－30(b) 速度反射波曲线可见，管桩桩底无量纲支承刚度系数主要影响桩端反射信号的形状特征，对信号幅值的影响较小，随着管桩桩底无量纲支承刚度系数增大，管桩桩端反射由与入射脉冲同相信号逐渐过渡为与其反相。上述特征均显示了端承管桩与浮承管桩在纵向振动特性及动力响应方面的明显差异性，即在对浮承管桩纵向振动特性及动力响应进行分析时采用桩端固定模型会引起较大误差，此时应采用适于浮承桩的桩端黏弹性支承模型，进一步说明了本节所提模型的重要的实际应用价值。

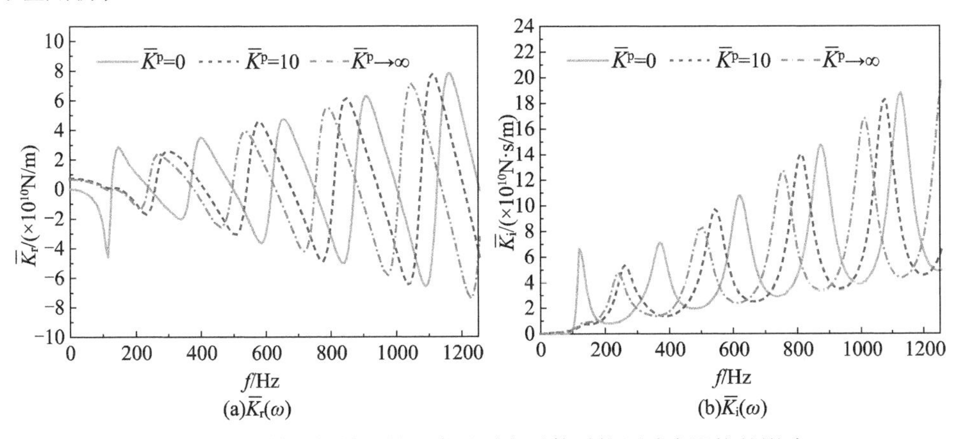

图 5－29　管桩桩端无量纲支承刚度系数对桩顶动力阻抗的影响

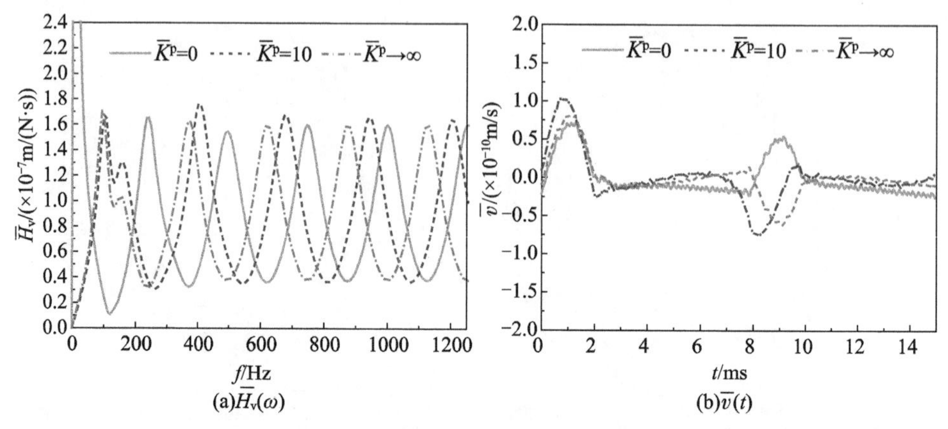

图 5－30　管桩桩端无量纲支承刚度系数对桩顶动力响应的影响

图 5－31 和图 5－32 所示分别为管桩桩长对桩顶动力阻抗和动力响应的影响情况。由图可见，随着管桩桩长增加，动力阻抗、速度导纳曲线振幅水平降低，即桩长越大，桩基的抗振性能越好。动力阻抗和速度导纳曲线共振频率随桩长增加而减小，在对桩基进行抗振设计时应特别注意这一点，针对不同的桩长给出不同的抗振设计方案，以最大限度地减小共振产生的危害。对反射波曲线而言，随着桩长增加，桩侧土阻抗作用增大，波在桩内的传播耗散增加，使得桩底反射信号幅值减小，出现时间延迟增加。

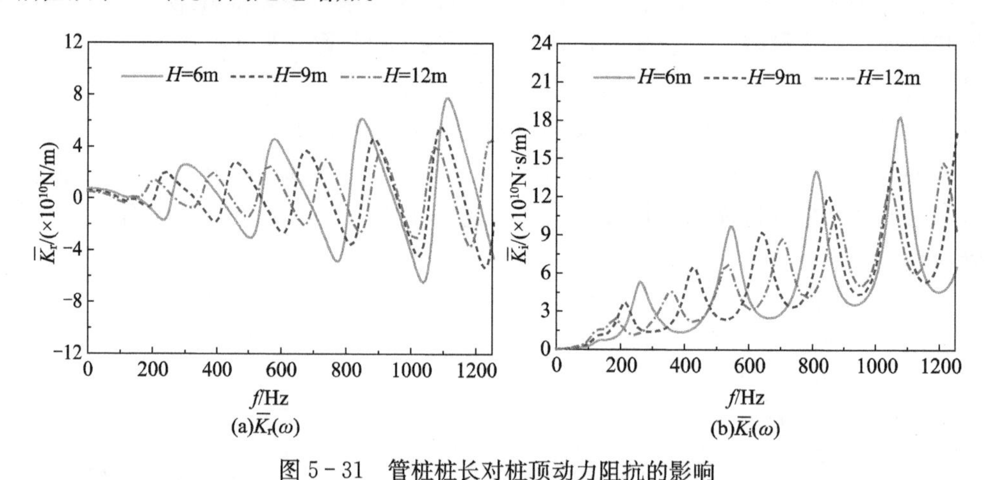

图 5－31　管桩桩长对桩顶动力阻抗的影响

管桩内外径比 r_0/r_1（保持管径外径不变，改变内径）对桩顶动力阻抗和动力响应的影响规律如图 5－33 和图 5－34 所示。由图可见，管桩桩顶动刚度、动阻尼及速度导纳曲线的共振幅值均随内外径比的减小而增大，这就说明管桩壁厚的减小会导致管桩抗振性能减小。不同地，管桩内外径对频域曲线的共振频率的影响可以忽略。此外，就桩顶速度反射波曲线而言，桩端反射信号幅值随着管桩内外径比的减小而增加，这是由于管桩壁厚减小使得波在桩身传播过程中能量耗散减小。

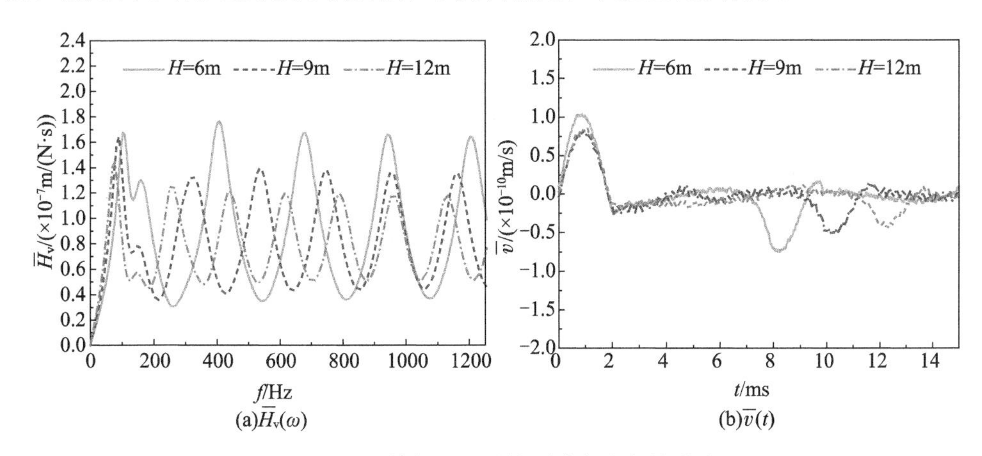

图 5-32　管桩桩长对桩顶动力响应的影响

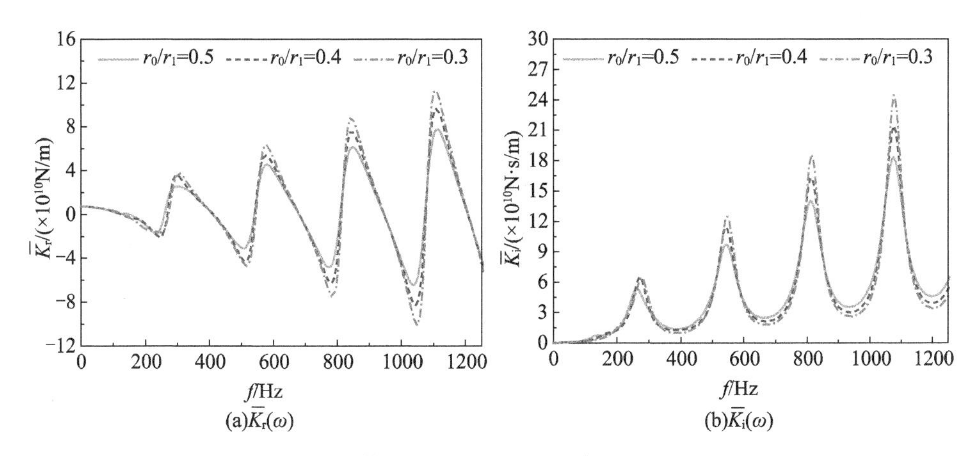

图 5-33　管桩内外径比对桩顶动力阻抗的影响

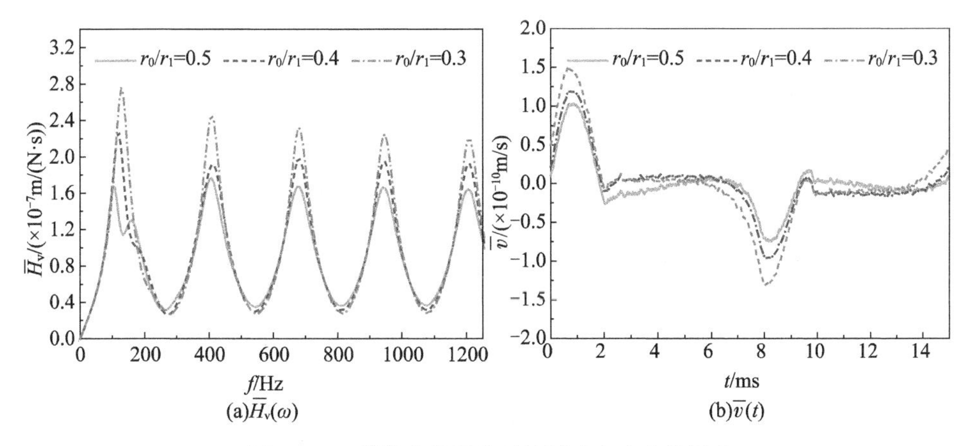

图 5-34　管桩内外径比对桩顶动力响应的影响

管桩桩身泊松比对桩顶动力阻抗和动力响应的影响规律如图 5－35 和图 5－36 所示。由图可见，泊松比增加会使得桩顶动刚度和动阻尼振动幅值和振动频率减小，且随着频率的增加，泊松比的影响更加明显。速度导纳曲线的共振频率随泊松比的增加而减小，而泊松比对速度导纳曲线共振幅值的影响较小，此外，随着泊松比的增加，速度反射波曲线上桩端反射信号幅值减小，信号出现的时间延迟增加，这是由于泊松比的增大会增加波传播过程中能量的横向耗散。

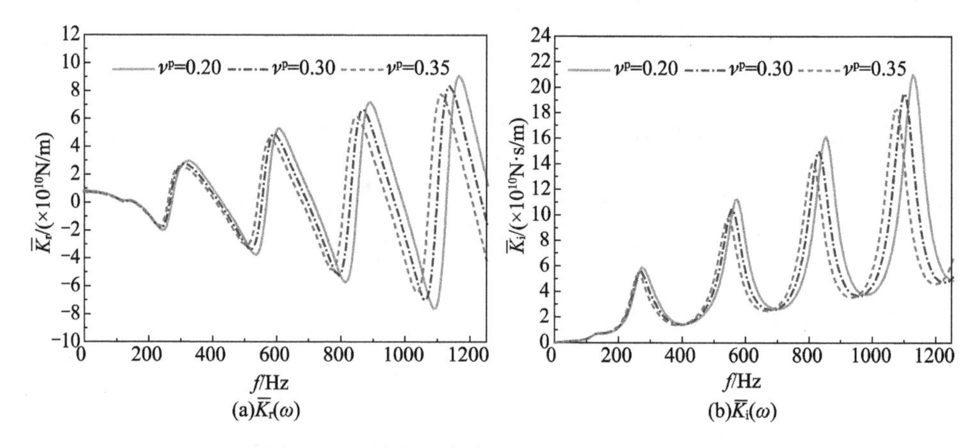

图 5－35　管桩桩身泊松比对动力阻抗的影响

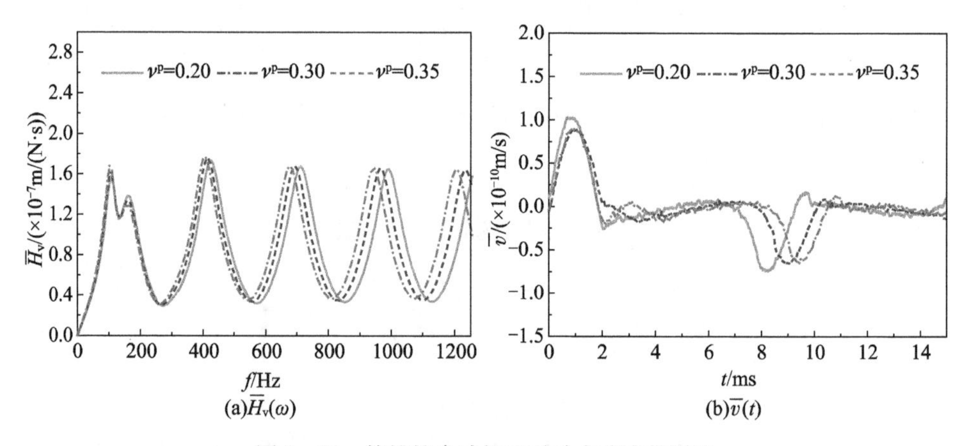

图 5－36　管桩桩身泊松比对动力响应的影响

管桩桩身弹性模量对桩顶动力阻抗和动力响应的影响规律如图 5－37 和图 5－38 所示。由图可见，随着管桩桩身弹性模量增加，桩顶动刚度和动阻尼曲线上共振幅值和共振频率均明显增大，也就是说管桩桩身弹性模量越大，桩基的刚度越大，则桩基在振动过程中的耗能越小，使得桩基抗振性能越差。因此，增强管桩桩身弹性模量虽可提高桩基的承载能力和刚度，但对管桩的抗振性能会产生不利影响，在对管桩进行承载力、刚度和抗振性能设计时应综合考虑管桩桩身弹性模量的此种影响。

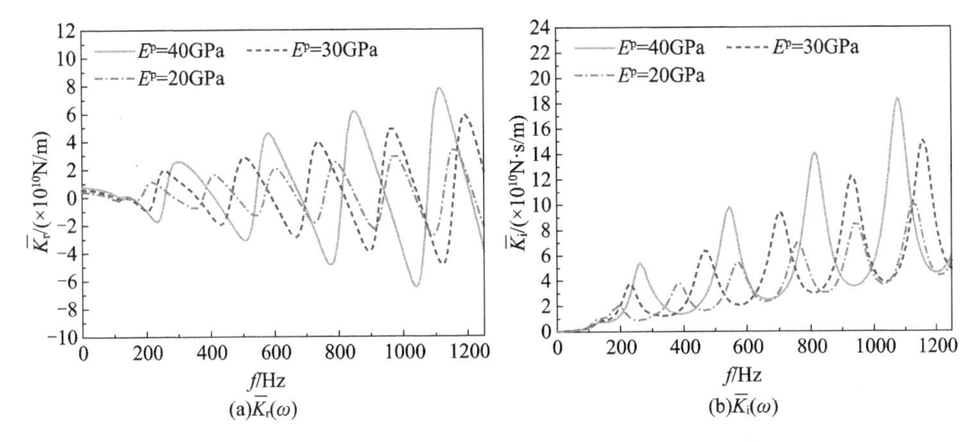

(a)$\overline{K}_r(\omega)$　(b)$\overline{K}_i(\omega)$

图 5-37　管桩桩身弹性模量对桩顶动力阻抗的影响

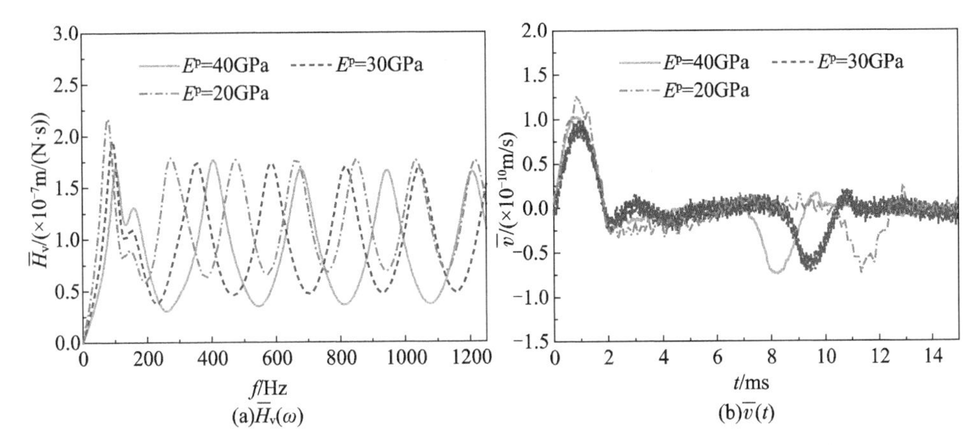

(a)$\overline{H}_v(\omega)$　(b)$\overline{v}(t)$

图 5-38　管桩桩身弹性模量对桩顶动力响应的影响（彩图见封底二维码）

桩芯土对管桩桩顶动力阻抗和动力响应的影响如图 5-39 和图 5-40 所示。由图可见，当管桩内部存在桩芯土时动刚度和动阻尼曲线上振动幅值较无桩芯土时小，也就是说，桩芯土的存在更利于管桩发挥其抗振性能，但桩芯土对动刚度曲线共振频率的影响可忽略，在计算管桩共振频率时可不考虑桩芯土的影响。此外，由于桩芯土的存在会增加波在传播过程中的能量耗散，使得速度导纳曲线振幅和速度反射波曲线上桩底反射信号幅值降低。

桩侧土剪切模量对桩顶动力阻抗和动力响应的影响规律分别如图 5-41 和图 5-42 所示。由图可见，桩侧土剪切模量增大会使得频域（动刚度、动阻尼和速度导纳）曲线的共振幅值减小，也就是说，桩侧土强度越高，管桩的抗振性能越

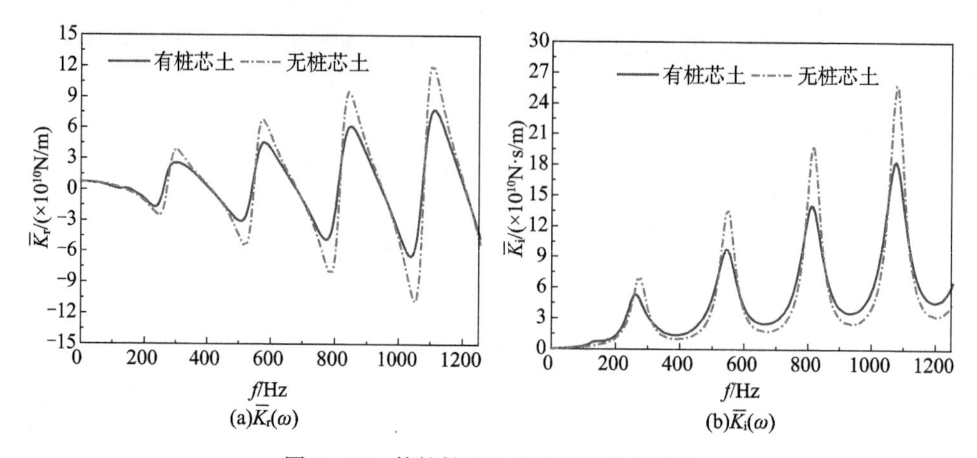

(a)$\overline{K}_r(\omega)$ (b)$\overline{K}_i(\omega)$

图 5-39 管桩桩芯土对动力阻抗的影响

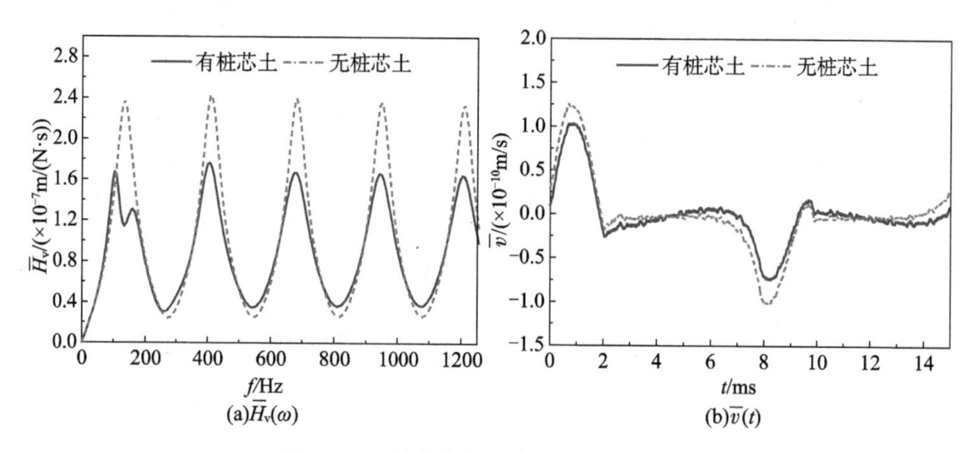

(a)$\overline{H}_v(\omega)$ (b)$\overline{v}(t)$

图 5-40 管桩桩芯土对动力响应的影响

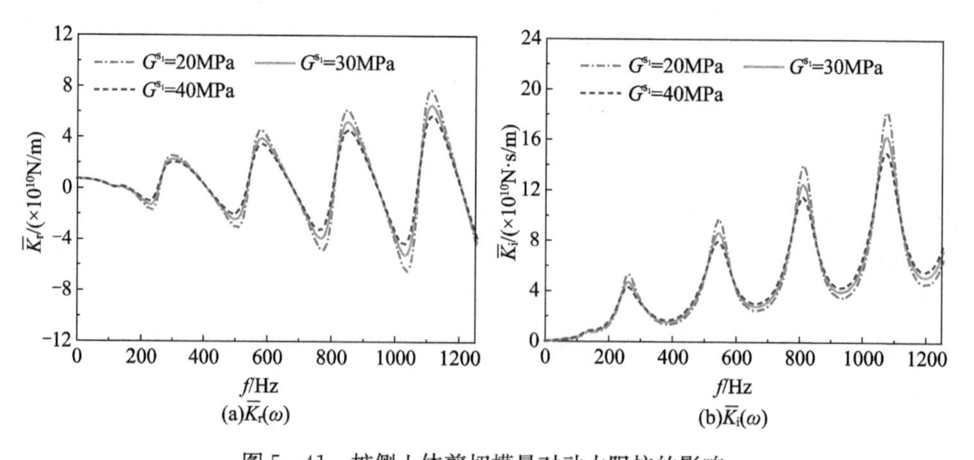

(a)$\overline{K}_r(\omega)$ (b)$\overline{K}_i(\omega)$

图 5-41 桩侧土体剪切模量对动力阻抗的影响

好。桩侧土剪切模量对频域曲线共振频率影响可忽略，即在避免管桩共振产生的危害时可不计入桩侧土强度的影响。此外，桩顶速度反射波曲线上桩端反射信号幅值随桩侧土剪切模量的增加而减小，桩侧土剪切模量会对利用低应变法检测桩长产生一定影响。

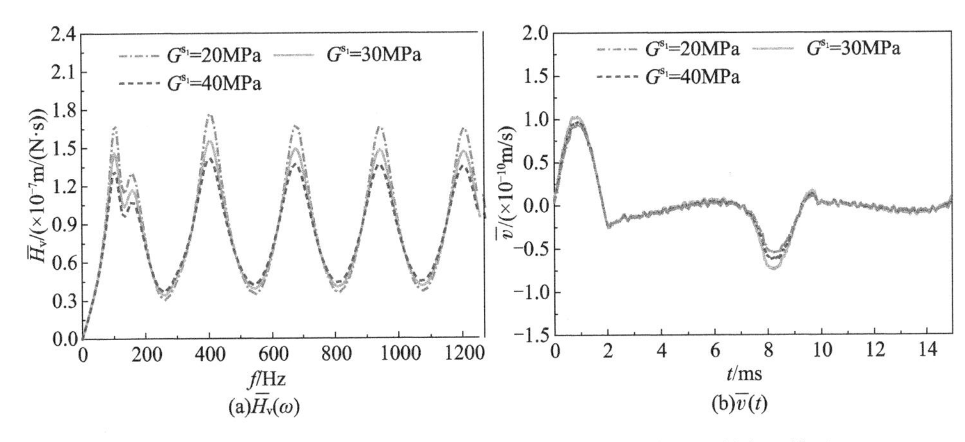

图 5 - 42　桩侧土体剪切模量对动力响应的影响（彩图见封底二维码）

桩芯土剪切模量对桩顶动力阻抗和动力响应的影响规律分别如图 5 - 43 和图 5 - 44 所示。由图可见，桩芯土剪切模量增大会使得频域（动刚度、动阻尼和速度导纳）曲线的共振幅值减小，也就是说桩芯土强度越高，管桩的抗振性能越好。桩芯土剪切模量对频域曲线共振频率的影响可忽略，即在避免管桩共振产生的危害时可不计入桩芯土强度的影响。此外，桩顶速度反射波曲线上桩端反射信号幅值随桩芯土剪切模量的增加而减小。相对于桩侧土剪切模量而言，桩芯土剪切模量对桩顶动力响应的影响较小。

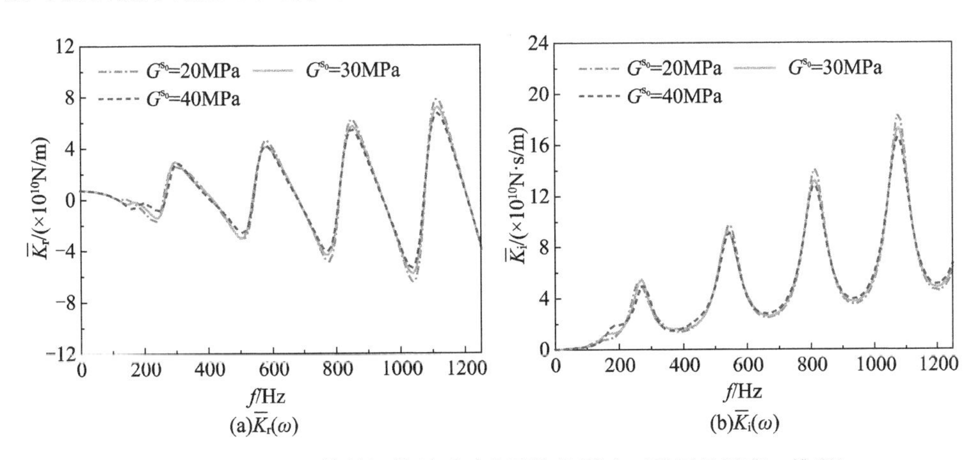

图 5 - 43　桩芯土体剪切模量对动力阻抗的影响（彩图见封底二维码）

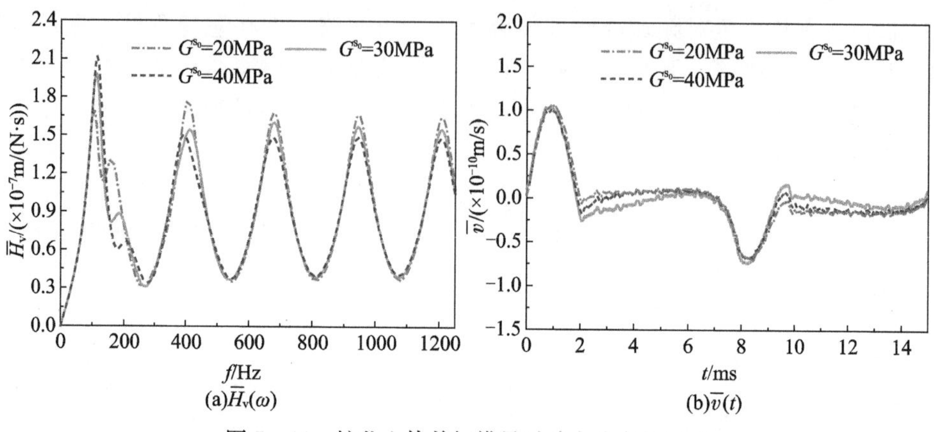

图 5-44　桩芯土体剪切模量对动力响应的影响

图 5-45 和图 5-46 分别为桩侧土密度对桩顶动力阻抗和动力响应的影响规律。由图可见，管桩桩顶动刚度和动阻尼曲线的共振幅值随桩侧土密度的增加而减小，也就是说，桩侧土密度的增加会增强管桩的抗振性能，在桩基抗振要求较高时，可通过注浆等土体加固方式进一步提升桩基抗振性能。桩侧土密度对频域曲线共振频率的影响很小，无法通过改善土体密度调整桩基抗振频率。此外，桩侧土密度越高，桩顶反射波曲线上桩端信号幅值越小，即桩侧土密度同桩侧土剪切模量一样，都会对低应变法检测产生一定的影响。

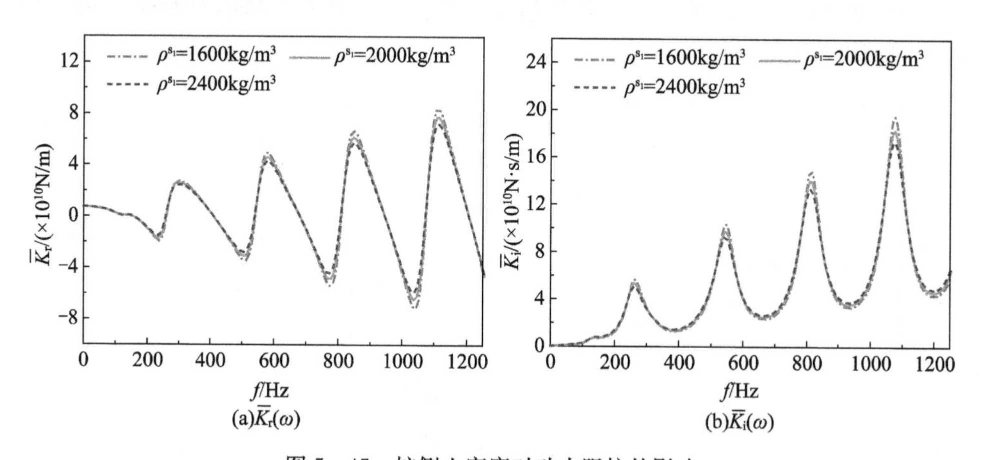

图 5-45　桩侧土密度对动力阻抗的影响

图 5-47 和图 5-48 分别为桩芯土体密度对桩顶动力阻抗和动力响应的影响规律。由图可见，管桩桩顶动刚度和动阻尼曲线的共振幅值随桩芯土密度的增加而减小，也就是说桩芯土密度的增加会增强管桩的抗振性能。不同地，桩芯土密度对频域曲线共振频率的影响很小。此外，桩芯土密度越高，桩顶反射波曲线上桩端信号幅值越小。桩芯土密度对管桩桩顶动力响应的影响较桩侧土小。

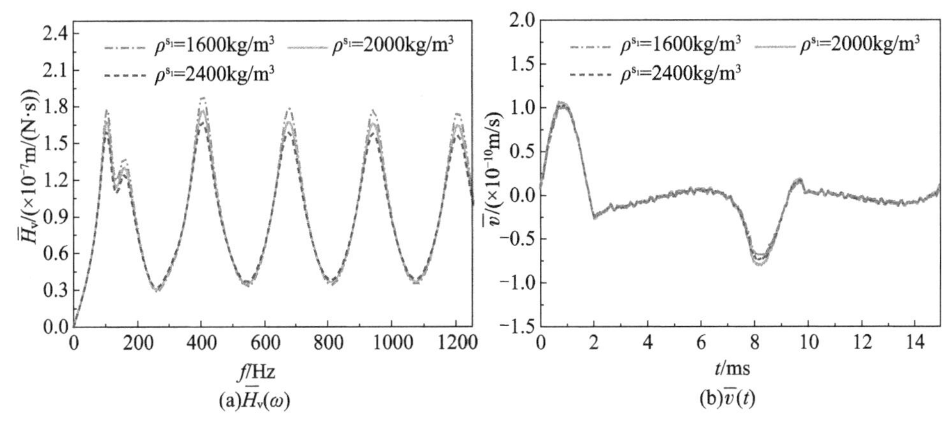

(a)$\overline{H}_v(\omega)$　(b)$\overline{v}(t)$

图 5－46　桩侧土密度对动力响应的影响（彩图见封底二维码）

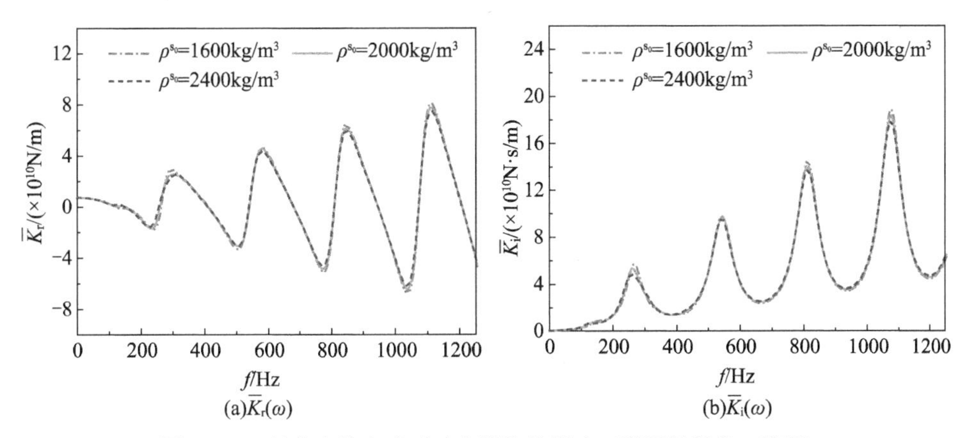

(a)$\overline{K}_r(\omega)$　(b)$\overline{K}_i(\omega)$

图 5－47　桩芯土体密度对动力阻抗的影响（彩图见封底二维码）

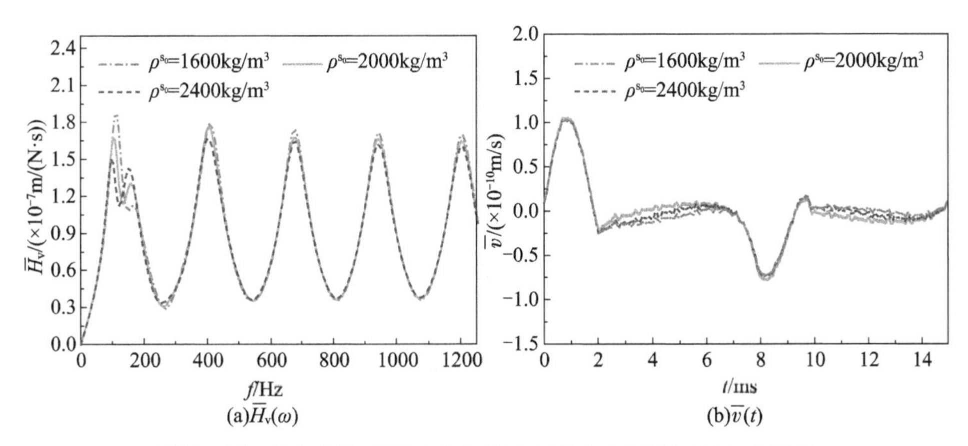

(a)$\overline{H}_v(\omega)$　(b)$\overline{v}(t)$

图 5－48　桩芯土体密度对动力响应的影响（彩图见封底二维码）

第 6 章　基于 Biot 理论的饱和土中桩基纵向耦合振动解析模型与解答

6.1　问题的提出

对于桩-桩端土体系纵向耦合振动模型而言，端承桩仅采用固端支承考虑桩底土影响，即可满足计算精度要求[8]。但由于桩底土对浮承桩振动效应具有显著影响，如何建立桩底土模型对于浮承桩而言显得尤为重要。针对浮承桩，Kelvin-Voigt 黏弹性支承模型由于其简便易用的优点受到诸多学者的关注[94-99]，但该模型将桩端土简化为弹簧和阻尼器组合，忽略了桩端土体波动效应对桩基振动特性的影响，且参数取值的主观因素较重，存在一定的理论缺陷。单相虚土桩模型虽然可以考虑桩端土厚度和分层特性对浮承桩振动特性的影响，但无法考虑桩底土饱和多孔介质性。另一方面，单相土和饱和土弹性半空间模型，虽可考虑桩底土无限波动效应，但无法考虑桩端土层有限厚度及成层特性等因素的影响。基于此点考虑，本章基于单相虚土桩模型和 Biot 理论，分别结合 Novak 平面理论和三维连续介质理论，提出了对应的桩底饱和虚土桩模型，对纵向成层多孔饱和连续介质中桩基纵向振动特性进行了分析。首先，考虑桩周、桩底土体三维波动效应及饱和特性，建立了三维饱和层状土-虚土桩-实体桩完全耦合振动定解问题；其次，采用势函数解耦饱和土体动力控制方程求解得出土体位移解，并利用桩周土-桩、桩底土-饱和虚土桩界面耦合条件及阻抗函数传递性，求解得出桩顶纵向振动动力阻抗解析解。最后，将所得解退化到已有解析解进行了验证及对比分析，在此基础上详细探讨了桩底饱和土层厚度、饱和土层纵向成层特性、桩周及桩底饱和土体孔隙率对桩顶动力阻抗的影响规律。

6.2　基于 Novak 平面理论的饱和均质土中浮承桩纵向动力阻抗的虚土桩模型

6.2.1　力学简化模型与定解问题

本节基于 Novak 平面应变法[12]及桩底饱和虚土桩模型的纵向振动力学简化模

型如图 6-1 所示。实体桩桩长、半径分别为 H_p、r_0，桩顶作用谐和激振力 $\widetilde{P}e^{i\omega t}$，$\widetilde{P}$ 为激振力幅值，ω 为激振圆频率，$i=\sqrt{-1}$。基岩上土层总厚度为 H，桩底土层厚 H_{sp}，即饱和虚土桩长度为 H_{sp}，桩底土与饱和虚土桩、桩周土与实体桩界面处土体剪应力分别为 $\widetilde{\tau}_1 e^{i\omega t}$、$\widetilde{\tau}_2 e^{i\omega t}$，$\widetilde{\tau}_1$、$\widetilde{\tau}_2$ 为剪应力幅值。

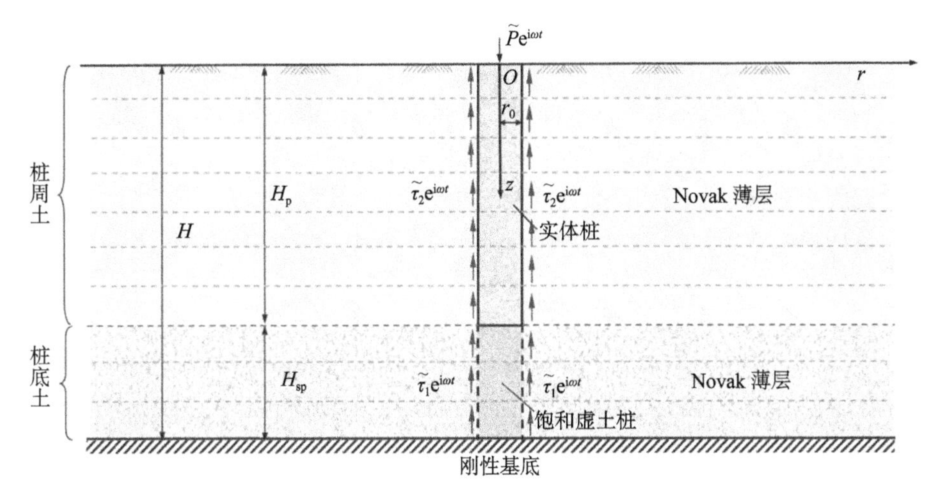

图 6-1　力学简化模型图

基本假定如下：

（1）桩周和桩底土都为均质、各向同性的饱和线黏弹性介质，特别地，桩底土体为渗透性较差的饱和黏土；

（2）桩周土和桩底土为一系列相互独立的薄层，不考虑土层间的相互作用；

（3）实体桩为均质等截面弹性体，饱和虚土桩为均质等截面饱和两相介质，其与实体桩界面位移连续、应力平衡；

（4）桩-土体耦合振动系统满足线弹性和小变形条件，桩-土界面完全接触，不存在滑移和脱离。

根据 Biot 动力波动理论，建立平面应变条件下饱和土层动力学控制方程为

$$G_j^*\left(\frac{\partial^2}{\partial r^2}+\frac{1}{r}\frac{\partial}{\partial r}\right)u_j=\rho_j\frac{\partial^2 u_j}{\partial t^2}+\rho_j^f\frac{\partial^2 w_j}{\partial t^2} \tag{6-1a}$$

$$\rho_j^f\frac{\partial^2 u_j}{\partial t^2}+m_j\frac{\partial^2 w_j}{\partial t^2}+b_j\frac{\partial w_j}{\partial t}=0 \tag{6-1b}$$

式中，u_j、w_j 分别为土骨架纵向位移和流体相对于土骨架纵向位移；$\rho_j=(1-n_j)\rho_j^s+n_j\rho_j^f$ 为饱和土体密度，ρ_j^f、ρ_j^s 和 n_j 分别为流体密度、土颗粒密度、孔隙率；$m_j=\rho_j^f/n_j$，$b_j=\eta_j/k_j$ 为土骨架与孔隙流体的黏性耦合系数，η_j 为流体黏滞系数，$k_j=\eta_j k_j^D/\rho_j^f g$ 为 Biot 定义的动力渗透系数，k_j^D 为土体达西渗透系数，g 为

重力加速度，$G_j^*=G_j(1+2\xi_j\mathrm{i})$，$G_j$、$\xi_j$ 分别为土体剪切模量和阻尼比。$j=1$、2，$j=1$ 时对应桩底土参数，$j=2$ 时对应桩周土参数。

基于 Biot 动力波动理论得出渗透性较差时饱和土体一维纵向振动控制方程为

$$(\lambda_1+2G_1+\alpha_1^2M_1)\frac{\partial^2 u_{sp}}{\partial z^2}=\rho_1\frac{\partial^2 u_{sp}}{\partial t^2} \tag{6-2}$$

式中，u_{sp}为饱和虚土桩纵向位移，λ_1 为桩底土拉梅常量，$\lambda_1=2\nu_1G_1/(1-2\nu_1)$，$\nu_1$ 为桩底土泊松比。α_1、M_1 为土颗粒及流体压缩性的常数，$\alpha_1=1-K_1^b/K_1^s$，$M_1=(K_1^s)^2/(K_1^d-K_1^b)$，$K_1^s$、$K_1^d$、$K_1^b$ 分别为桩底土颗粒、流体及土骨架的体积压缩模量，$K_1^d=K_1^s[1+n_1(K_1^s/K_1^f-1)]$。

将桩底土在饱和虚土桩界面处的剪切应力 $\tilde{\tau}_1\mathrm{e}^{\mathrm{i}\omega t}$ 代入式（6－2）可得饱和虚土桩纵向振动控制方程为

$$E_{sp}\frac{\partial^2 u_{sp}}{\partial z^2}-\rho_1\frac{\partial^2 u_{sp}}{\partial t^2}+\frac{2\pi r_0}{A_p}\tilde{\tau}_1\mathrm{e}^{\mathrm{i}\omega t}=0 \tag{6-3}$$

式中，$\rho_1=(1-n_1)\rho_1^s+n_1\rho_1^f$，$E_{sp}=\lambda_1+2G_1+\alpha_1^2M_1$，$A_p=\pi r_0^2$。

取桩身微元体作动力平衡分析可得实体桩纵向振动控制方程为

$$E_p\frac{\partial^2 u_p}{\partial z^2}-\rho_p\frac{\partial^2 u_p}{\partial t^2}+\frac{2\pi r_0}{A_p}\tilde{\tau}_2\mathrm{e}^{\mathrm{i}\omega t}=0 \tag{6-4}$$

式中，u_p 为实体桩质点纵向振动位移；E_p、ρ_p 分别为实体桩弹性模量和密度。

饱和土-桩-饱和虚土桩体系边界条件如下：

（1）饱和土体。径向无穷远处位移为零，即

$$u_j(\infty,t)=0 \tag{6-5}$$

（2）实体桩桩顶、饱和虚土桩桩底及实体桩与饱和虚土桩界面处的边界条件：

$$\left.\frac{\partial u_p}{\partial z}\right|_{z=0}=-\frac{\tilde{P}\mathrm{e}^{\mathrm{i}\omega t}}{E_pA_p} \tag{6-6a}$$

$$u_{sp}|_{z=H}=0 \tag{6-6b}$$

$$u_p|_{z=H_p}=u_{sp}|_{z=H_p} \tag{6-6c}$$

$$E_pA_p\left.\frac{\partial u_p}{\partial z}\right|_{z=H_p}=E_{sp}A_p\left.\frac{\partial u_{sp}}{\partial z}\right|_{z=H_p} \tag{6-6d}$$

（3）桩-土耦合条件：

$$u_1(r_0,t)=u_{sp} \tag{6-7a}$$

$$u_2(r_0,t)=u_p \tag{6-7b}$$

6.2.2 定解问题求解

谐和激振作用下饱和土层质点位移满足下式：

$$u_j(r,t)=\tilde{u}_j(r)\mathrm{e}^{\mathrm{i}\omega t},\quad w_j(r,t)=\tilde{w}_j(r)\mathrm{e}^{\mathrm{i}\omega t} \tag{6-8}$$

式中，$\tilde{u}_j$、$\tilde{w}_j$ 分别为土骨架径向位移和流体相对于土骨架径向位移响应幅值；i为虚数单位；ω 为激振荷载频率。

将式（6-8）代入式（6-1）可得

$$G_j^*\left(\frac{\partial^2}{\partial r^2}+\frac{1}{r}\frac{\partial}{\partial r}\right)\tilde{u}_j+\rho_j\omega^2\tilde{u}_j+\rho_j^{\mathrm{f}}\omega^2\tilde{w}_j=0 \tag{6-9a}$$

$$-\rho_j^{\mathrm{f}}\omega^2\tilde{u}_j-m_j\omega^2\tilde{w}_j+b_j\mathrm{i}\omega\tilde{w}_j=0 \tag{6-9b}$$

将式（6-9b）代入式（6-9a）可得

$$\left(\frac{\partial^2}{\partial r^2}+\frac{1}{r}\frac{\partial}{\partial r}\right)\tilde{u}_j-q_j^2\tilde{u}_j=0 \tag{6-10}$$

式中，$q_j^2=-\dfrac{\rho_j\omega^2}{G_j^*}-\dfrac{(\rho_j^{\mathrm{f}})^2\omega^4}{G_j^*\ (-m_j\omega^2+\mathrm{i}b_j\omega)}$。

方程（6-10）的通解为

$$\tilde{u}_j=A_jK_0(q_jr)+B_jI_0(q_jr) \tag{6-11}$$

式中，A_j、B_j 为待定常数；$I_0(q_jr)$、$K_0(q_jr)$ 为零阶第一类、第二类虚宗量贝塞尔函数。

由边界条件（6-5）可知 $B_j=0$，则方程（6-10）的通解为

$$\tilde{u}_j=A_jK_0\ (q_jr) \tag{6-12}$$

综合前述求解所得饱和土位移解，进一步利用桩底土与饱和虚土桩、桩周土与实体桩界面耦合条件，对实体桩桩顶动力阻抗函数进行求解，具体求解流程如图6-2所示。

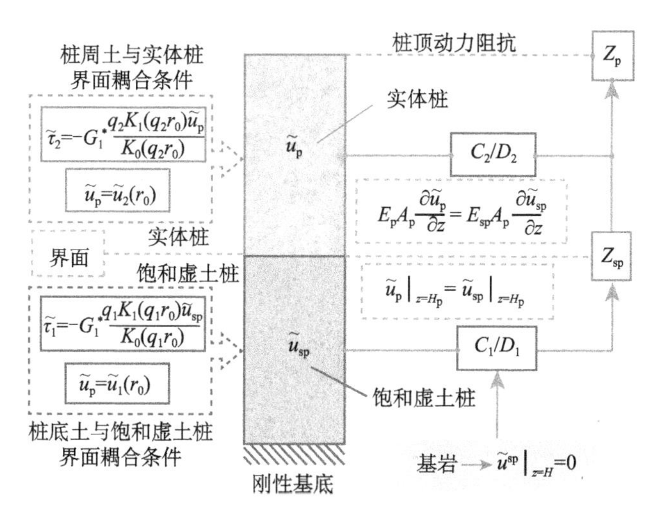

图6-2　桩顶动力阻抗函数求解流程图

谐和激振作用下饱和虚土桩和实体桩质点纵向振动位移满足下式：

$$u_{\mathrm{sp}}(z,t)=\tilde{u}_{\mathrm{sp}}(z)\mathrm{e}^{\mathrm{i}\omega t},\quad u_{\mathrm{p}}(z,t)=\tilde{u}_{\mathrm{p}}(z)\mathrm{e}^{\mathrm{i}\omega t} \tag{6-13}$$

式中，$\widetilde{u}_{sp}$、$\widetilde{u}_{p}$ 分别为饱和虚土桩、实体桩质点纵向振动位移响应幅值。

将式（6－13）代入式（6－3）、式（6－4）可得

$$E_{sp}\frac{\partial^2 \widetilde{u}_{sp}}{\partial z^2}+\rho_1\omega^2\widetilde{u}_{sp}+\frac{2\pi r_0}{A_p}\widetilde{\tau}_1=0 \tag{6-14a}$$

$$E_{p}\frac{\partial^2 \widetilde{u}_{p}}{\partial z^2}+\rho_p\omega^2\widetilde{u}_{p}+\frac{2\pi r_0}{A_p}\widetilde{\tau}_2=0 \tag{6-14b}$$

由边界条件式（6－7）可得

$$A_1=\frac{\widetilde{u}_{sp}}{K_0(q_1 r_0)},\quad A_2=\frac{\widetilde{u}_{p}}{K_0(q_2 r_0)} \tag{6-15}$$

将式（6－15）代入式（6－12），并由剪应力与位移的关系可得桩-土界面上剪应力为

$$\widetilde{\tau}_1=G_1^*\left.\frac{\partial \widetilde{u}_1}{\partial r}\right|_{r=r_0}=-G_1^*\frac{q_1K_1(q_1r_0)\widetilde{u}_{sp}}{K_0(q_1r_0)} \tag{6-16a}$$

$$\widetilde{\tau}_2=G_2^*\left.\frac{\partial \widetilde{u}_2}{\partial r}\right|_{r=r_0}=-G_2^*\frac{q_2K_1(q_2r_0)\widetilde{u}_{p}}{K_0(q_2r_0)} \tag{6-16b}$$

将式（6－16）代入式（6－14）并进一步化简可得

$$\frac{\partial^2 \widetilde{u}_{sp}}{\partial z^2}-\beta_1^2\widetilde{u}_{sp}=0 \tag{6-17a}$$

$$\frac{\partial^2 \widetilde{u}_{p}}{\partial z^2}-\beta_2^2\widetilde{u}_{p}=0 \tag{6-17b}$$

式中，$\beta_1^2=-\frac{\rho_1\omega^2}{E_{sp}}+G_1^*\frac{2\pi r_0q_1K_1(q_1r_0)}{E_{sp}A_pK_0(q_1r_0)}$，$\beta_2^2=-\frac{\rho_p\omega^2}{E_p}+G_2^*\frac{2\pi r_0q_2K_1(q_2r_0)}{E_pA_pK_0(q_2r_0)}$。

则方程（6－17）的通解为

$$\widetilde{u}_{sp}=C_1e^{\beta_1 z}+D_1e^{-\beta_1 z} \tag{6-18a}$$

$$\widetilde{u}_{p}=C_2e^{\beta_2 z}+D_2e^{-\beta_2 z} \tag{6-18b}$$

式中，C_1、D_1、C_2、D_2 为待定常数。

由边界条件式（6－6b）可确定 C_1、D_1 的关系，根据位移阻抗函数的定义可得饱和虚土桩与实体桩界面处的位移阻抗函数为

$$Z_{sp}=\frac{-E_{sp}A_p\left.\frac{\partial \widetilde{u}_{sp}}{\partial z}\right|_{z=H_p}}{\widetilde{u}_{sp}\big|_{z=H_p}}=-E_{sp}A_p\frac{\frac{C_1}{D_1}\beta_1e^{\beta_1H_p}-\beta_1e^{-\beta_1H_p}}{\frac{C_1}{D_1}e^{\beta_1H_p}+e^{-\beta_1H_p}} \tag{6-19}$$

式中，$\frac{C_1}{D_1}=-\frac{e^{-\beta_1H}}{e^{\beta_1H}}$。

进一步地，由饱和虚土桩与实体桩界面处的耦合条件（6－6c）、（6－6d）可确定 C_2、D_2 的关系，并由此可得实体桩桩顶位移阻抗函数：

$$Z_{\mathrm{p}}=\frac{-E_{\mathrm{p}}A_{\mathrm{p}}\left.\frac{\partial\widetilde{u}_{\mathrm{p}}}{\partial z}\right|_{z=0}}{\left.\widetilde{u}_{\mathrm{p}}\right|_{z=0}}=-E_{\mathrm{p}}A_{\mathrm{p}}\beta_2\frac{C_2/D_2-1}{C_2/D_2+1}\tag{6-20}$$

式中，$\frac{C_2}{D_2}=\frac{\beta_2\mathrm{e}^{-\beta_2H_{\mathrm{p}}}-\frac{Z_{\mathrm{sp}}}{E_{\mathrm{p}}A_{\mathrm{p}}}\mathrm{e}^{-\beta_2H_{\mathrm{p}}}}{\beta_2\mathrm{e}^{\beta_2H_{\mathrm{p}}}+\frac{Z_{\mathrm{sp}}}{E_{\mathrm{p}}A_{\mathrm{p}}}\mathrm{e}^{\beta_2H_{\mathrm{p}}}}$。

由此可得实体桩桩顶复刚度为

$$K_{\mathrm{d}}=Z_{\mathrm{p}}=K_{\mathrm{r}}+\mathrm{i}K_{\mathrm{i}}\tag{6-21}$$

式中，K_{r} 代表桩顶动刚度；K_{i} 代表桩顶动阻尼。

由桩顶位移阻抗函数可得桩顶位移频率响应函数为

$$H_{\mathrm{u}}(\omega)=\frac{1}{Z_{\mathrm{p}}}=-\frac{1}{E_{\mathrm{p}}A_{\mathrm{p}}\beta_2}\frac{C_2/D_2+1}{C_2/D_2-1}\tag{6-22}$$

进一步可得桩顶速度频率响应函数为

$$H_{\mathrm{v}}(\mathrm{i}\omega)=\mathrm{i}\omega H_{\mathrm{u}}(\omega)=-\frac{\mathrm{i}\omega}{E_{\mathrm{p}}A_{\mathrm{p}}\beta_2}\frac{C_2/D_2+1}{C_2/D_2-1}\tag{6-23}$$

根据傅里叶变换的性质，由桩顶速度频率响应函数式（6-23）可得单位脉冲激励作用下桩顶速度时域响应为

$$h(t)=\mathrm{IFT}[H_{\mathrm{v}}(\mathrm{i}\omega)]=\frac{1}{2\pi}\int_{-\infty}^{\infty}-\frac{\mathrm{i}\omega}{E_{\mathrm{p}}A_{\mathrm{p}}\beta_2}\frac{C_2/D_2+1}{C_2/D_2-1}\mathrm{e}^{\mathrm{i}\omega t}\mathrm{d}\omega\tag{6-24}$$

由卷积定理知，在任意激振力 $p(t)$（$P(\mathrm{i}\omega)$ 为 $p(t)$ 的傅里叶变换）下，桩顶时域速度响应为

$$g(t)=p(t)*h(t)=\mathrm{IFT}[F(\mathrm{i}\omega)\times H_{\mathrm{v}}(\mathrm{i}\omega)]\tag{6-25}$$

特别地，当桩顶处激励 $p(t)$ 为半正弦脉冲时，即

$$p(t)=\sin\frac{\pi}{T}t,\quad t\in(0,T)\tag{6-26}$$

式中，T 为脉冲宽度。

进一步，由式（6-25）可得半正弦脉冲激振力作用下桩顶速度时域响应半解析解为

$$v(t)=g(t)=\mathrm{IFT}\left[H_{\mathrm{v}}\frac{\pi T}{\pi^2-T^2\omega^2}(1+\mathrm{e}^{-\mathrm{i}\omega T})\right]\tag{6-27}$$

式中，$v(t)$ 为桩顶速度时域响应。

6.2.3　解析模型验证与对比分析

本节算例基于图 6-1 所示饱和土-桩-饱和虚土桩体系耦合纵向振动力学模型，采用前述推导求解所得基于 Novak 平面应变法和桩底饱和虚土桩模型的桩顶纵向

振动动力阻抗解析解。

对于桩底具有较差渗透性的饱和黏土层，其渗透系数取为 $k_j^D=10^{-10}$ m/s[174]，而桩周饱和土层渗透系数则取为 $k_k^D=10^{-6}$ m/s[175]。如无特殊说明，取桩长 $H_p=15$m，饱和虚土桩长 $H_{sp}=2$m，桩半径 $r_0=1.0$m，桩身密度 $\rho_p=2500$kg/m³，桩身弹性模量 $E_p=25$GPa，饱和虚土桩 $K_1^s=36$GPa，$K_1^f=2$GPa，饱和土层参数按表 6-1 取值。

表 6-1　饱和土层基本参数（$j=1$，2）

ρ_j^s/(kg/m³)	ρ_j^f/(kg/m³)	k_1^D/(m/s)	k_2^D/(m/s)	n_j	η_j/(N·s/m²)	G_j/GPa	ξ_j
2700	1000	10^{-10}	10^{-6}	0.1	10^{-2}	0.1	0.05

为了验证本节推导求解所得饱和土中桩顶纵向振动动力阻抗解析解的合理性，将本节所得解中的饱和虚土桩退化到单相土情况（$\rho_j^f\to0$）与已有相关解进行退化验证。Wu 等[102]基于 Novak 平面应变法和桩底单相虚土桩模型，求解得出了单相土中桩基纵向振动动力阻抗解析解。本节单相退化解与 Wu 等已有解[102]对比验证情况如图 6-3 所示。由图可见，本节推导所得的基于饱和虚土桩模型的桩顶纵向振动动力阻抗单相退化解答与 Wu 等已有解[102]吻合。

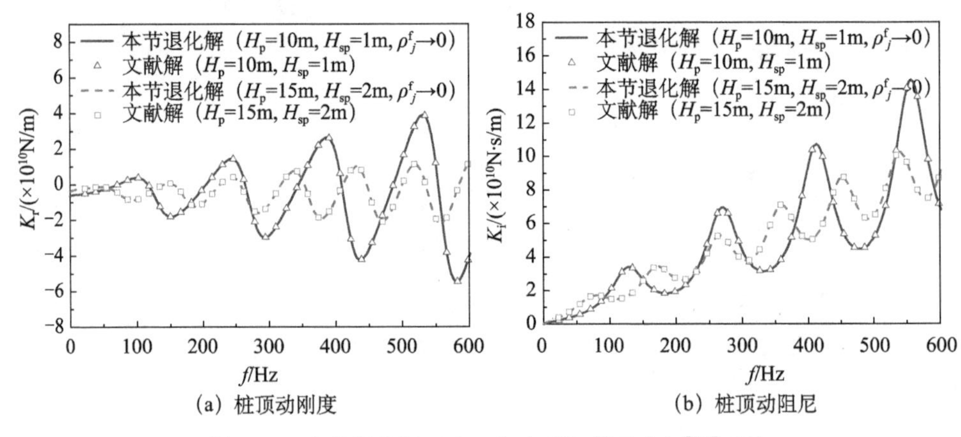

(a) 桩顶动刚度　　(b) 桩顶动阻尼

图 6-3　本节退化解（$\rho_j^f\to0$）与 Wu 等已有解[102]对比

基于本节所提出的饱和土-桩-饱和虚土桩体系耦合纵向振动力学模型，进一步计算所得桩顶动力阻抗曲线随桩底饱和土层厚度变化情况如图 6-4 所示。由图可见，桩底饱和土层厚度对饱和虚土桩模型计算所得桩顶动力阻抗影响显著，且随着桩底饱和土层厚度增加，桩顶动力阻抗函数曲线的共振幅值水平明显降低。不同地，在文献［103］中，基于单相虚土桩模型计算所得桩顶动力阻抗函数受桩底土层厚度变化的影响很小。这是因为单相虚土桩压缩波波速与实体桩差别较大，而本节所述饱和虚土桩压缩波波速与实体桩更为接近。

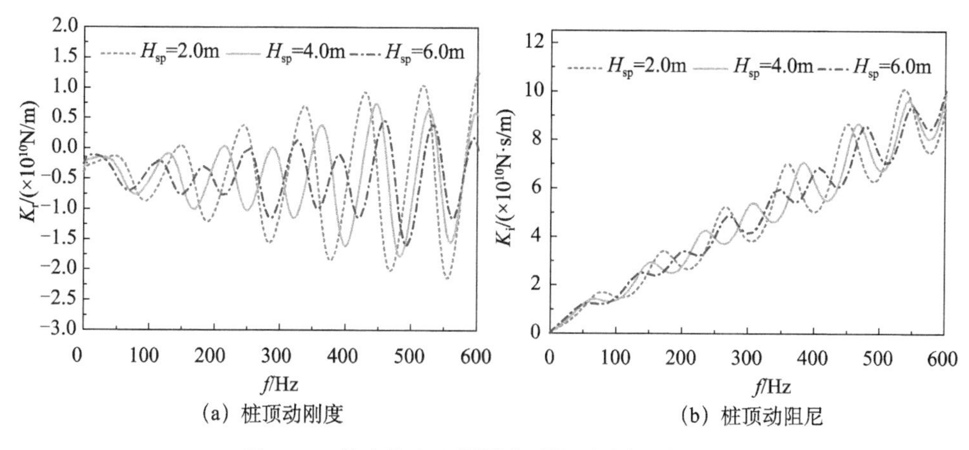

(a) 桩顶动刚度　　(b) 桩顶动阻尼

图 6－4　桩底饱和土层厚度对桩顶动力阻抗影响

6.2.4　纵向振动参数化分析

图 6－5 和图 6－6 所示分别为桩顶动力阻抗曲线随桩周、桩底饱和土体孔隙率的变化情况。由图可见，桩周饱和土体的孔隙率越大，桩顶动力阻抗函数曲线的共振幅值水平越高，但桩周饱和土体的孔隙率对共振频率影响则很小。不同地，桩顶动力阻抗曲线共振频率随桩底饱和土体孔隙率的增大而显著减小，且桩顶动力阻抗函数曲线共振幅值呈现大、小峰值交替现象。

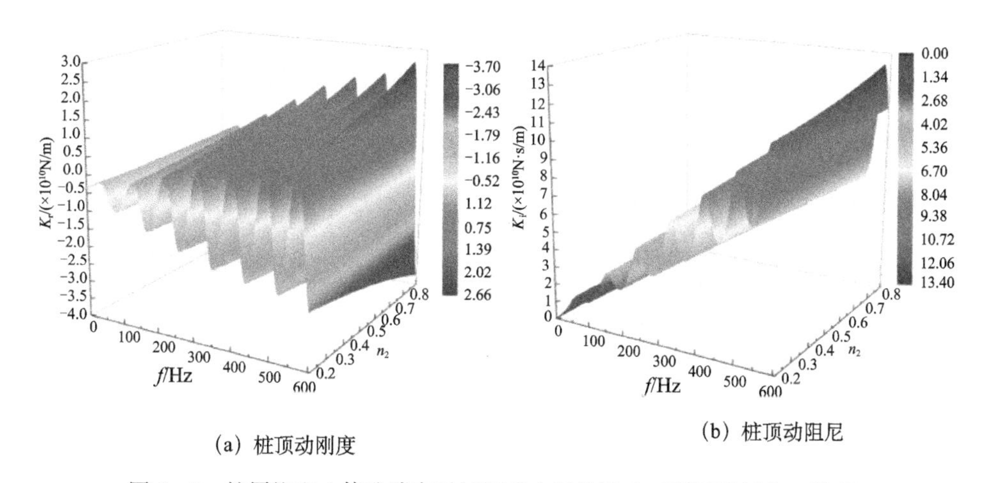

(a) 桩顶动刚度　　(b) 桩顶动阻尼

图 6－5　桩周饱和土体孔隙率对桩顶动力阻抗影响（彩图见封底二维码）

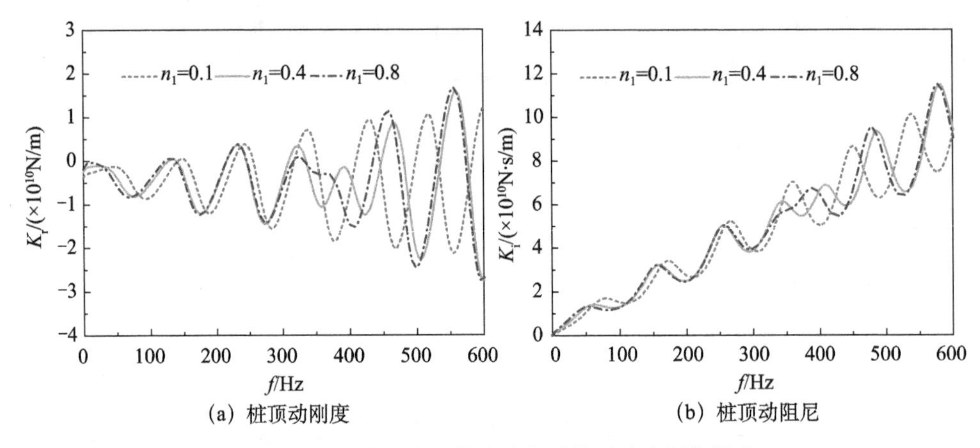

(a) 桩顶动刚度
(b) 桩顶动阻尼

图 6-6　桩底饱和土体孔隙率对桩顶动力阻抗影响

图 6-7 和图 6-8 所示分别为桩周、桩底饱和土体剪切模量对桩顶动力阻抗曲线的影响规律。由图可见，桩周饱和土、桩底饱和土剪切模量对桩顶动力阻抗曲线均具有显著影响。且相对而言，桩周饱和土体剪切模量变化对桩顶阻抗影响更为突出。具体地，随桩周、桩底饱和土体剪切模量的增加，桩顶动力阻抗曲线共振幅值水平降低，表明软土场地中桩基较硬土场地中桩基抗振效果差。不同地，桩周、桩底饱和土体剪切模量对共振频率的影响可以忽略。

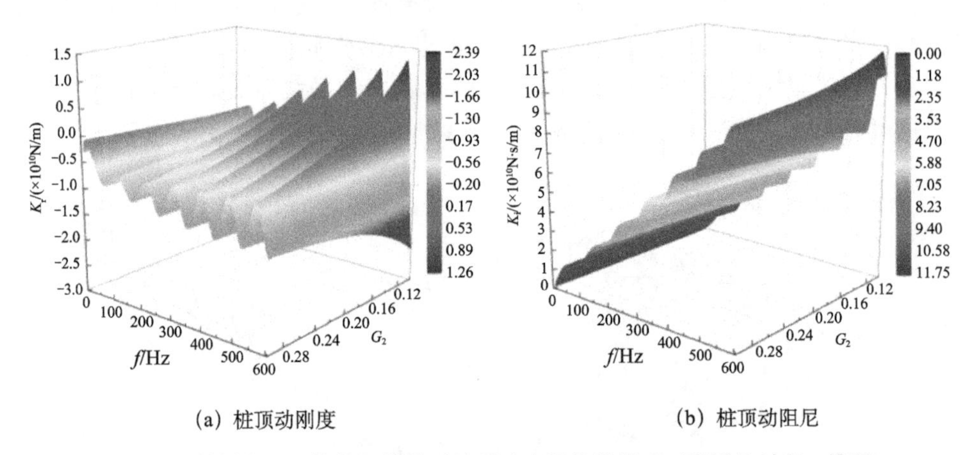

(a) 桩顶动刚度
(b) 桩顶动阻尼

图 6-7　桩周饱和土体剪切模量对桩顶动力阻抗的影响（彩图见封底二维码）

图 6-9 所示为桩顶动力响应随桩底饱和土层厚度的变化情况。由图可见，桩底饱和土层厚度对本节基于饱和虚土桩模型计算所得的桩顶速度导纳曲线影响显著，且随着桩底饱和土层厚度的增加，饱和土中桩顶速度导纳曲线的振幅和共振频率均明显降低。当桩底饱和土层厚度增大到一定程度后，桩顶速度导纳曲线呈现大、小峰值交替现象，且此种现象随桩底土层厚度增加而更加明显。由反射波

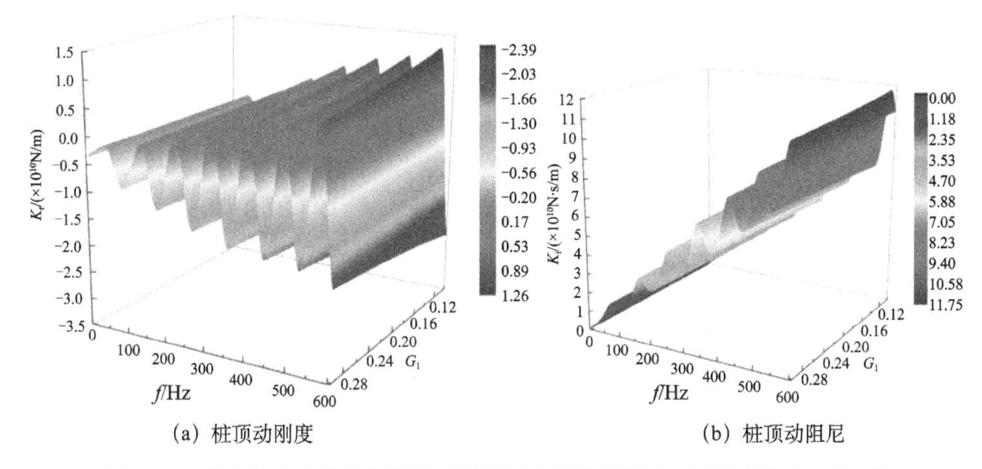

(a) 桩顶动刚度　　(b) 桩顶动阻尼

图 6-8　桩底饱和土体剪切模量对桩顶动力阻抗的影响（彩图见封底二维码）

曲线可见，桩底饱和土层厚度对实体桩桩底反射信号影响很小，其主要影响饱和虚土桩桩底（基岩）反射信号，桩底饱和土层厚度越大，基岩反射信号出现的时间越晚，且反射信号幅值水平越低。

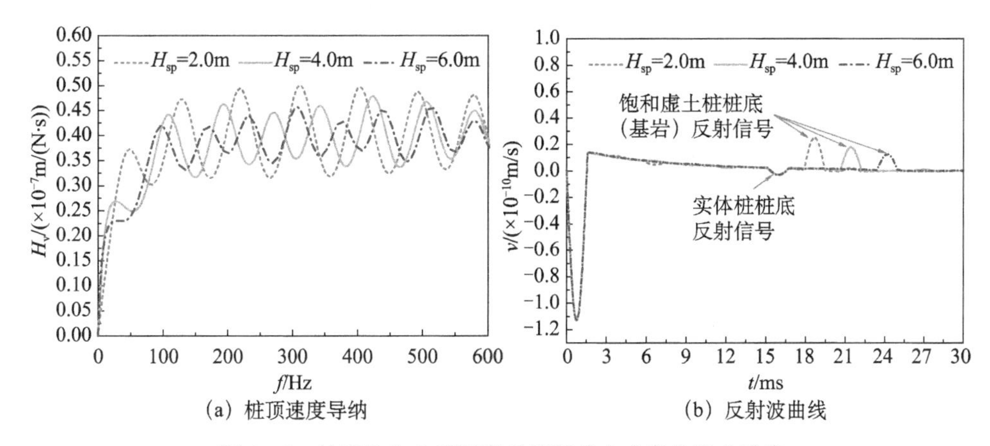

(a) 桩顶速度导纳　　(b) 反射波曲线

图 6-9　桩底饱和土层厚度对桩顶动力响应的影响规律

图 6-10、图 6-11 所示分别为桩顶动力响应随桩周、桩底饱和土体孔隙率的变化情况。由图可见，桩周饱和土体的孔隙率越大，桩顶速度导纳曲线的共振幅值水平越高，但桩周饱和土体的孔隙率对共振频率影响则很小。不同地，桩顶速度导纳曲线共振频率随桩底饱和土体孔隙率的增大而显著减小，且桩顶速度导纳曲线共振幅值呈现大、小峰值交替现象。由反射波曲线可见，桩周饱和土体孔隙率越大，实体桩及饱和虚土桩桩底反射信号幅值水平越高。实体桩桩底反射信号幅值随桩底饱和土体孔隙率增加而增大，而饱和虚土桩桩底（基岩）反射信号幅

值则随桩底饱和土体孔隙率增加而减小，且桩底饱和土体孔隙率越大，基岩反射信号出现的时间越晚。

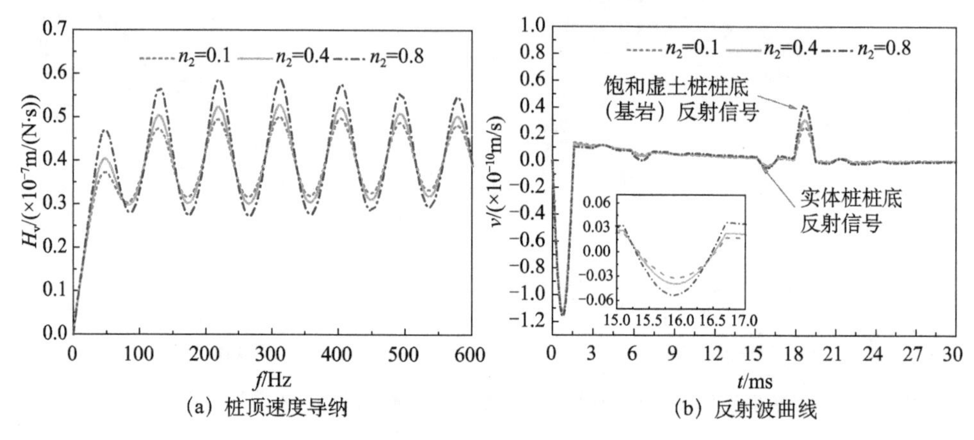

(a) 桩顶速度导纳　　(b) 反射波曲线

图 6 - 10　桩周饱和土体孔隙率对桩顶动力响应的影响规律

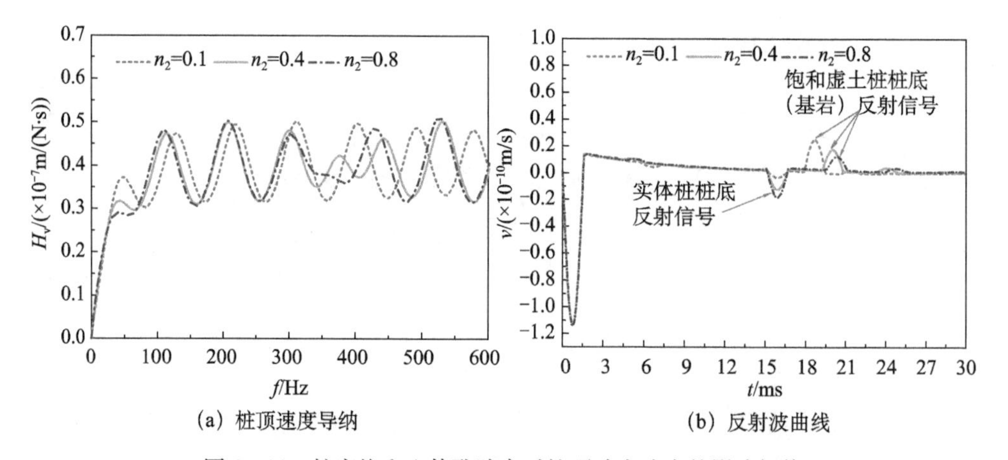

(a) 桩顶速度导纳　　(b) 反射波曲线

图 6 - 11　桩底饱和土体孔隙率对桩顶动力响应的影响规律

图 6 - 12 和图 6 - 13 所示分别为桩周、桩底饱和土体剪切模量对桩顶动力响应的影响规律。由图可见，桩周饱和土、桩底饱和土剪切模量对桩顶速度导纳曲线均具有显著影响。且相对而言，桩周饱和土体剪切模量变化对桩顶速度导纳影响更为突出。具体地，随桩周、桩底饱和土体剪切模量增加，桩顶速度导纳曲线共振幅值水平降低。不同地，桩周、桩底饱和土体剪切模量对共振频率的影响可以忽略。由反射波曲线可见，桩周饱和土、桩底饱和土剪切模量对实体桩桩底及饱和虚土桩桩底（基岩）反射信号均具有显著影响。且相对而言，桩周饱和土体剪切模量变化对反射信号影响更为突出。具体地，随桩周、桩底饱和土体剪切模量的增加，实体桩桩底及饱和虚土桩桩底（基岩）反射信号幅值增大。

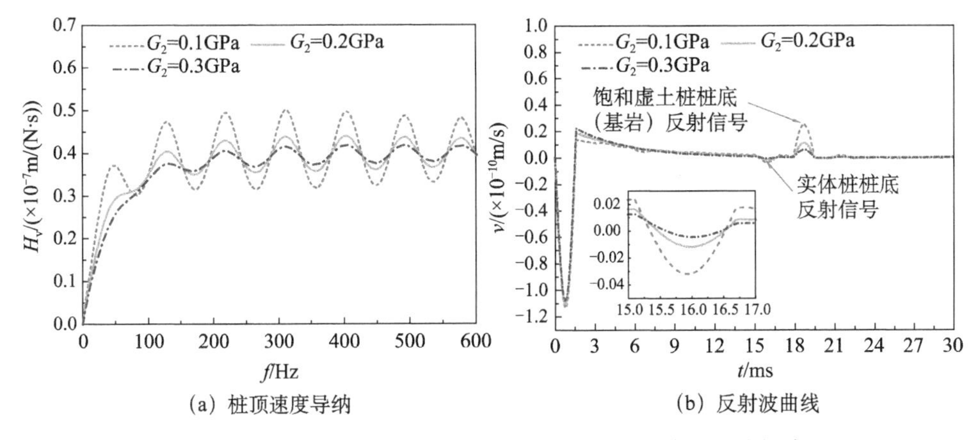

(a) 桩顶速度导纳　　(b) 反射波曲线

图 6-12　桩周饱和土体剪切模量对桩顶动力响应的影响规律

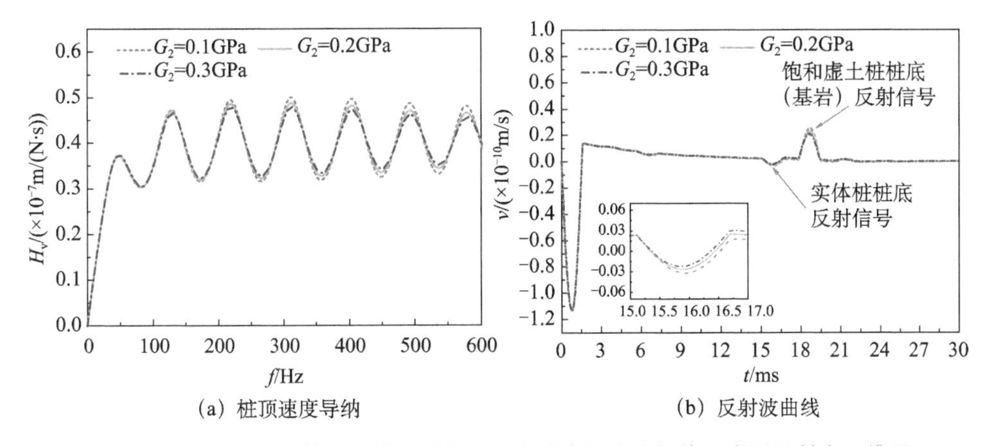

(a) 桩顶速度导纳　　(b) 反射波曲线

图 6-13　桩底饱和土体剪切模量对桩顶动力响应的影响规律（彩图见封底二维码）

6.3　基于 Novak 平面理论的饱和层状土中浮承桩纵向动力阻抗的虚土桩模型[176]

6.3.1　力学简化模型与定解问题

本节基于 Novak 平面应变法[12]及桩底饱和虚土桩模型，对谐和激振下层状饱和土中桩基纵向振动特性进行研究。饱和土-桩-饱和虚土桩耦合体系纵向振动力学简化模型如图 6-14 所示。

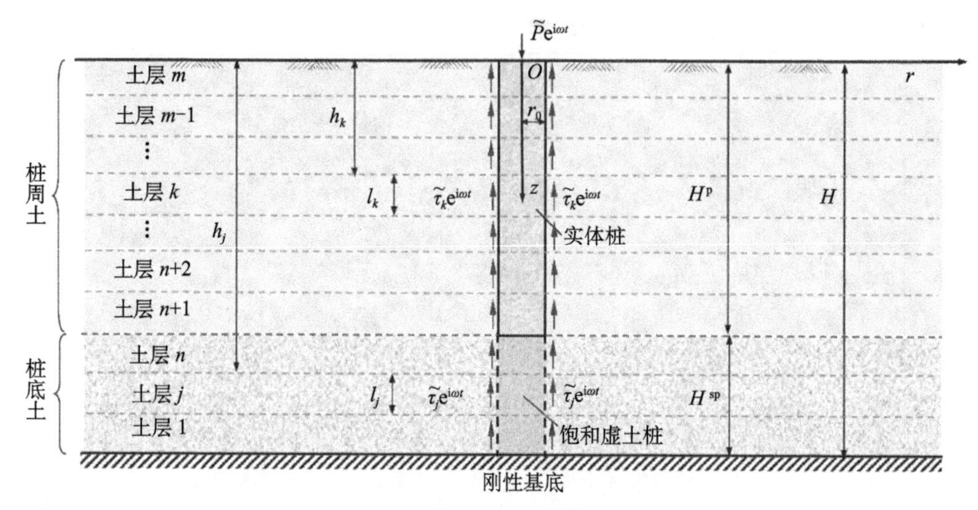

图 6-14　力学简化模型图

将桩-土耦合振动系统按土体沿纵向分成 m 层，其中桩底土分成 n 层。由基岩往上依次编号为 1，…，j，…，n，$n+1$，…，k，…，m 层，各层厚度分别为 l_1，…，l_j，…，l_n，l_{n+1}，…，l_k，…，l_m，各层顶部埋深分别为 h_1，…，h_j，…，h_n，h_{n+1}，…，h_k，…，h_m。实体桩桩长、半径分别为 H^{p}、r_0，桩顶作用谐和激振力 $\widetilde{P}e^{i\omega t}$，$\widetilde{P}$ 为激振力幅值，ω 为激振圆频率，$i=\sqrt{-1}$。基岩上土层总厚度为 H，桩底土层厚 H^{sp}，即饱和虚土桩长度为 H^{sp}。桩底第 j 层饱和土体与饱和虚土桩界面处土体剪应力为 $\widetilde{\tau}_j e^{i\omega t}$，桩周第 k 层饱和土体与实体桩界面处土体剪应力为 $\widetilde{\tau}_k e^{i\omega t}$，$\widetilde{\tau}_j$、$\widetilde{\tau}_k$ 为剪应力幅值。

基本假定如下：

(1) 桩周和桩底每层土都为均质、各向同性的饱和线黏弹性介质，特别地，桩底各层土体为渗透性较差的饱和黏土；

(2) 桩周土和桩底土为一系列相互独立的薄层，不考虑土层间的相互作用；

(3) 实体桩为均质等截面弹性体，桩身相邻层之间满足力平衡和位移连续条件；

(4) 饱和虚土桩为等截面饱和两相介质，饱和虚土桩相邻层之间满足力平衡和位移连续条件，其与实体桩界面位移连续、应力平衡；

(5) 桩-土耦合振动系统满足线弹性和小变形条件，桩-土界面完全接触，不存在滑移和脱离。

根据 Biot 动力波动理论，建立平面应变条件下饱和土层动力控制方程为

$$G_j^*\left(\frac{\partial^2}{\partial r^2}+\frac{1}{r}\frac{\partial}{\partial r}\right)u_j=\rho_j\frac{\partial^2 u_j}{\partial t^2}+\rho_j^{f}\frac{\partial^2 w_j}{\partial t^2} \tag{6-28a}$$

$$\rho_j^{f}\frac{\partial^2 u_j}{\partial t^2}+m_j\frac{\partial^2 w_j}{\partial t^2}+b_j\frac{\partial w_j}{\partial t}=0 \tag{6-28b}$$

$$G_k^*\left(\frac{\partial^2}{\partial r^2}+\frac{1}{r}\frac{\partial}{\partial r}\right)u_k=\rho_k\frac{\partial^2 u_k}{\partial t^2}+\rho_k^{\mathrm{f}}\frac{\partial^2 w_k}{\partial t^2} \tag{6-29a}$$

$$\rho_k^{\mathrm{f}}\frac{\partial^2 u_k}{\partial t^2}+m_k\frac{\partial^2 w_k}{\partial t^2}+b_k\frac{\partial w_k}{\partial t}=0 \tag{6-29b}$$

式（6-28）和式（6-29）中各参数的关系如下所示：

$$\begin{cases}\rho_j=(1-N_j)\rho_j^{\mathrm{s}}+n_j\rho_j^{\mathrm{f}}, & \rho_k=(1-N_k)\rho_k^{\mathrm{s}}+N_j\rho_k^{\mathrm{f}}\\ m_j=\rho_j^{\mathrm{f}}/N_j, & m_k=\rho_k^{\mathrm{f}}/N_k\\ b_j=\eta_j/k_j, & b_k=\eta_k/k_k\\ k_j=\eta_j k_j^{\mathrm{D}}/\rho_j^{\mathrm{f}}g, & k_k=\eta_k k_k^{\mathrm{D}}/\rho_k^{\mathrm{f}}g\\ G_j^*=G_j(1+2\xi_j\mathrm{i}), & G_k^*=G_k(1+2\xi_k\mathrm{i})\end{cases} \tag{6-30}$$

式中，u_j、w_j 为桩底第 j 层土骨架纵向位移和流体相对于土骨架纵向位移；ρ_j^{f}、ρ_j^{s}、N_j、η_j、b_j、k_j、k_j^{D}、G_j^*、G_j、ξ_j 分别为桩底第 j 层饱和土体流体密度、土颗粒密度、孔隙率、流体黏滞系数、骨架与孔隙流体的黏性耦合系数、Biot定义的动力渗透系数、土体达西渗透系数、土体复剪切模量、土体剪切模量和阻尼比；u_k、w_k 为桩周第 k 层土骨架纵向位移和流体相对于土骨架纵向位移。相应地，ρ_k^{f}、ρ_k^{s}、N_k、η_k、b_k、k_k、k_k^{D}、G_k^*、G_k、ξ_k 分别为桩周第 k 层饱和土体流体密度、土颗粒密度、孔隙率、流体黏滞系数、骨架与孔隙流体的黏性耦合系数、Biot定义的动力渗透系数、土体达西渗透系数、土体复值剪切模量、土体剪切模量和阻尼比。g 为重力加速度，$j=1$，2，…，n，$k=n+1$，$n+2$，…，m。

基于Biot动力波动理论得出渗透性较差时饱和土体一维纵向振动控制方程为

$$(\lambda_j+2G_j+\alpha_j^2M_j)\ \frac{\partial^2 u_j^{\mathrm{sp}}}{\partial z^2}=\rho_j\frac{\partial^2 u_j^{\mathrm{sp}}}{\partial t^2} \tag{6-31}$$

式中，u_j^{sp} 为第 j 层饱和虚土桩纵向位移；λ_j 为桩底第 j 层饱和土拉梅常量，且 $\lambda_j=2\nu_jG_j/(1-2\nu_j)$，$\nu_j$ 为桩底第 j 层饱和土体泊松比。α_j、M_j 为Biot定义的表征桩底第 j 层饱和土体土颗粒及流体压缩性常量，$\alpha_j=1-K_j^{\mathrm{b}}/K_j^{\mathrm{s}}$，$M_j=(K_j^{\mathrm{s}})^2/(K_j^{\mathrm{d}}-K_j^{\mathrm{b}})$，$K_j^{\mathrm{d}}=K_j^{\mathrm{s}}[1+N_j(K_j^{\mathrm{s}}/K_j^{\mathrm{f}}-1)]$，$K_j^{\mathrm{s}}$、$K_j^{\mathrm{f}}$ 和 K_j^{b} 分别为桩底第 j 层饱和土体土颗粒、流体及土骨架的体积压缩模量。

将桩底第 j 层土在饱和虚土桩界面处的剪切应力 $\tilde{\tau}_j\mathrm{e}^{\mathrm{i}\omega t}$ 代入式（6-31）中，可得第 j 段饱和虚土桩纵向振动控制方程为

$$E_j^{\mathrm{sp}}\frac{\partial^2 u_j^{\mathrm{sp}}}{\partial z^2}-\rho_j\frac{\partial^2 u_j^{\mathrm{sp}}}{\partial t^2}+\frac{2\pi r_0}{A^{\mathrm{p}}}\tilde{\tau}_j\mathrm{e}^{\mathrm{i}\omega t}=0 \tag{6-32}$$

式中，$E_j^{\mathrm{sp}}=\lambda_j+2G_j+\alpha_j^2M_j$，$A^{\mathrm{p}}=\pi r_0^2$。

取第 k 段实体桩桩身微元体作动力平衡分析可得第 k 段实体桩纵向振动控制方程为

$$E^{\mathrm{p}}\frac{\partial^2 u_k^{\mathrm{p}}}{\partial z^2}-\rho^{\mathrm{p}}\frac{\partial^2 u_k^{\mathrm{p}}}{\partial t^2}+\frac{2\pi r_0}{A^{\mathrm{p}}}\tilde{\tau}_k\mathrm{e}^{\mathrm{i}\omega t}=0 \tag{6-33}$$

式中，u_k^{p} 为第 k 段实体桩质点纵向振动位移；E^{p}、ρ^{p} 分别为实体桩弹性模量和密度。

饱和土-桩-饱和虚土桩体系边界条件如下：

（1）饱和土体。径向无穷远处位移为零，即

$$u_j(\infty,\ t)=0 \tag{6-34a}$$

$$u_k(\infty,\ t)=0 \tag{6-34b}$$

（2）实体桩。桩顶平衡条件：

$$\left.\frac{\partial u_m^{\mathrm{p}}}{\partial z}\right|_{z=0}=-\frac{\widetilde{P}\mathrm{e}^{\mathrm{i}\omega t}}{E^{\mathrm{p}}A^{\mathrm{p}}} \tag{6-35a}$$

各层界面位移连续条件：

$$u_k^{\mathrm{p}}\big|_{z=h_k}=u_{k+1}^{\mathrm{p}}\big|_{z=h_k} \tag{6-35b}$$

各层界面力平衡条件：

$$\left.\frac{\partial u_k^{\mathrm{p}}}{\partial z}=\frac{\partial u_{k+1}^{\mathrm{p}}}{\partial z}\right|_{z=h_k} \tag{6-35c}$$

（3）饱和虚土桩。桩底位移：

$$u_1^{\mathrm{sp}}\big|_{z=H}=0 \tag{6-36a}$$

各层界面位移连续条件：

$$u_j^{\mathrm{sp}}\big|_{z=h_j}=u_{j+1}^{\mathrm{sp}}\big|_{z=h_j} \tag{6-36b}$$

各层界面力平衡条件：

$$\left.E_j^{\mathrm{sp}}\frac{\partial u_j^{\mathrm{sp}}}{\partial z}=E_{j+1}^{\mathrm{sp}}\frac{\partial u_{j+1}^{\mathrm{sp}}}{\partial z}\right|_{z=h_j} \tag{6-36c}$$

（4）桩与饱和虚土桩界面处边界条件。

位移连续条件：

$$u_n^{\mathrm{sp}}\big|_{z=H^{\mathrm{p}}}=u_{n+1}^{\mathrm{p}}\big|_{z=H^{\mathrm{p}}} \tag{6-37a}$$

力平衡条件：

$$\left.E_n^{\mathrm{sp}}A^{\mathrm{p}}\frac{\partial u_n^{\mathrm{sp}}}{\partial z}=E^{\mathrm{p}}A^{\mathrm{p}}\frac{\partial u_{n+1}^{\mathrm{p}}}{\partial z}\right|_{z=H^{\mathrm{p}}} \tag{6-37b}$$

（5）桩-土耦合条件：

$$u_j(r_0,\ t)=u_j^{\mathrm{sp}} \tag{6-38a}$$

$$u_k(r_0,\ t)=u_k^{\mathrm{p}} \tag{6-38b}$$

6.3.2 定解问题求解

谐和激振作用下饱和土层质点位移满足下式：

$$\begin{cases}u_j(r,\ t)=\widetilde{u}_j(r)\mathrm{e}^{\mathrm{i}\omega t}, & w_j(r,\ t)=\widetilde{w}_j(r)\mathrm{e}^{\mathrm{i}\omega t}\\ u_k(r,\ t)=\widetilde{u}_k(r)\mathrm{e}^{\mathrm{i}\omega t}, & w_k(r,\ t)=\widetilde{w}_k(r)\mathrm{e}^{\mathrm{i}\omega t}\end{cases} \tag{6-39}$$

式中，$\widetilde{u}_j$、$\widetilde{w}_j$ 为桩底第 j 层饱和土体土骨架径向位移和流体相对于土骨架径向位移响应幅值；$\widetilde{u}_k$、$\widetilde{w}_k$ 为桩周第 k 层饱和土体土骨架径向位移和流体相对于土骨架

径向位移响应幅值；i为虚数单位，ω为激振荷载频率。

将式（6-39）分别代入式（6-28）、式（6-29）可得

$$G_j^*\left(\frac{\partial^2}{\partial r^2}+\frac{1}{r}\frac{\partial}{\partial r}\right)\tilde{u}_j+\rho_j\omega^2\tilde{u}_j+\rho_j^{\mathrm{f}}\omega^2\tilde{w}_j=0 \tag{6-40a}$$

$$-\rho_j^{\mathrm{f}}\omega^2\tilde{u}_j-m_j\omega^2\tilde{w}_j+b_j\mathrm{i}\omega\tilde{w}_j=0 \tag{6-40b}$$

$$G_k^*\left(\frac{\partial^2}{\partial r^2}+\frac{1}{r}\frac{\partial}{\partial r}\right)\tilde{u}_k+\rho_k\omega^2\tilde{u}_k+\rho_k^{\mathrm{f}}\omega^2\tilde{w}_k=0 \tag{6-41a}$$

$$-\rho_k^{\mathrm{f}}\omega^2\tilde{u}_k-m_k\omega^2\tilde{w}_k+b_k\mathrm{i}\omega\tilde{w}_k=0 \tag{6-41b}$$

将式（6-40b）、（6-41b）分别代入式（6-40a）、（6-41a）可得

$$\left(\frac{\partial^2}{\partial r^2}+\frac{1}{r}\frac{\partial}{\partial r}\right)\tilde{u}_j-q_j^2\tilde{u}_j=0 \tag{6-42a}$$

$$\left(\frac{\partial^2}{\partial r^2}+\frac{1}{r}\frac{\partial}{\partial r}\right)\tilde{u}_k-q_k^2\tilde{u}_k=0 \tag{6-42b}$$

式中，$q_j^2=-\dfrac{\rho_j\omega^2}{G_j^*}-\dfrac{(\rho_j^{\mathrm{f}})^2\omega^4}{G_j^*\ (-m_j\omega^2+ib_j\omega)}$，$q_k^2=-\dfrac{\rho_k\omega^2}{G_k^*}-\dfrac{(\rho_k^{\mathrm{f}})^2\omega^4}{G_k^*\ (-m_k\omega^2+ib_k\omega)}$。

方程（6-43）的通解为

$$\tilde{u}_j=A_jK_0(q_jr)+B_jI_0(q_jr) \tag{6-43a}$$

$$\tilde{u}_k=A_kK_0(q_kr)+B_kI_0(q_kr) \tag{6-43b}$$

式中，A_j、B_j、A_k、B_k为待定常数；$I_0(q_jr)$、$I_0(q_kr)$、$K_0(q_jr)$、$K_0(q_kr)$为零阶第一类、第二类虚宗量贝塞尔函数。

由边界条件式（6-34）可知$B_j=B_k=0$，则进一步可得

$$\tilde{u}_j=A_jK_0(q_jr) \tag{6-44a}$$

$$\tilde{u}_k=A_kK_0(q_kr) \tag{6-44b}$$

谐和激振作用下饱和虚土桩及实体桩的质点纵向振动位移满足下式：

$$u_j^{\mathrm{sp}}(z,t)=\tilde{u}_j^{\mathrm{sp}}(z)\mathrm{e}^{\mathrm{i}\omega t},\quad u_k^{\mathrm{p}}(z,t)=\tilde{u}_k^{\mathrm{p}}(z)\mathrm{e}^{\mathrm{i}\omega t} \tag{6-45}$$

式中，$\tilde{u}_j^{\mathrm{sp}}$、$\tilde{u}_k^{\mathrm{p}}$分别为第$j$层饱和虚土桩和第$k$层实体桩质点纵向振动位移响应幅值。式（6-31）和式（6-33）可化简为

$$E_j^{\mathrm{sp}}\frac{\partial^2\tilde{u}_j^{\mathrm{p}}}{\partial z^2}+\rho_j\omega^2\tilde{u}_j^{\mathrm{sp}}+\frac{2\pi r_0}{A^{\mathrm{p}}}\tilde{\tau}_j=0 \tag{6-46a}$$

$$E^{\mathrm{p}}\frac{\partial^2\tilde{u}_k^{\mathrm{p}}}{\partial z^2}+\rho^{\mathrm{p}}\omega^2\tilde{u}_k^{\mathrm{p}}+\frac{2\pi r_0}{A^{\mathrm{P}}}\tilde{\tau}_k=0 \tag{6-46b}$$

由边界条件式（6-38）可得

$$A_j=\frac{\tilde{u}_j^{\mathrm{sp}}}{K_0(q_jr_0)},\quad A_k=\frac{\tilde{u}_k^{\mathrm{p}}}{K_0(q_kr_0)} \tag{6-47}$$

将式（6-47）代入式（6-44），并由剪应力与位移的关系可得出桩底土与饱和虚土桩界面处、桩周土与实体桩界面处剪应力分别为

$$\tilde{\tau}_j = G_j^* \left.\frac{\partial \tilde{u}_j}{\partial r}\right|_{r=r_0} = -G_j^* \frac{q_j K_1(q_j r_0)\ \tilde{u}_j^{sp}}{K_0(q_j r_0)} \tag{6-48a}$$

$$\tilde{\tau}_k = G_k^* \left.\frac{\partial \tilde{u}_k}{\partial r}\right|_{r=r_0} = -G_k^* \frac{q_k K_1(q_k r_0)\ \tilde{u}_k^{p}}{K_0(q_k r_0)} \tag{6-48b}$$

将式（6-48）代入式（6-46），并进一步化简可得

$$\frac{\partial^2 \tilde{u}_j^{sp}}{\partial z^2} - \beta_j^2 \tilde{u}_j^{sp} = 0 \tag{6-49a}$$

$$\frac{\partial^2 \tilde{u}_k^{p}}{\partial z^2} - \beta_k^2 \tilde{u}_k^{p} = 0 \tag{6-49b}$$

式中，$\beta_j^2 = -\frac{\rho_j \omega^2}{E_j^{sp}} + G_j^* \frac{2\pi r_0 q_j K_1(q_j r_0)}{E_j^{sp} A^p K_0(q_j r_0)}$，$\beta_k^2 = -\frac{\rho^p \omega^2}{E^p} + G_k^* \frac{2\pi r_0 q_k K_1(q_k r_0)}{E^p A^p K_0(q_k r_0)}$。

则方程（6-49）的通解为

$$\tilde{u}_j^{sp} = C_j e^{\beta_j z} + D_j e^{-\beta_j z} \tag{6-50a}$$

$$\tilde{u}_k^{p} = C_k e^{\beta_k z} + D_k e^{-\beta_k z} \tag{6-50b}$$

式中，C_j、D_j、C_k、D_k 为待定常数。

实体桩桩顶动力阻抗函数可综合饱和虚土桩边界条件和各层桩界面处位移连续、力的平衡条件，即阻抗函数传递性求得，具体求解流程如图 6-15 所示。

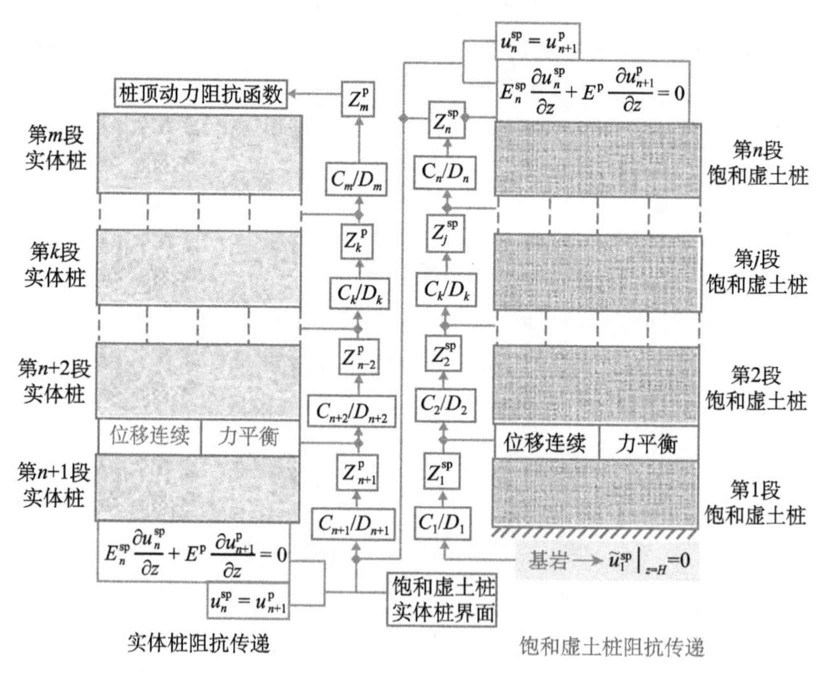

图 6-15　动力阻抗函数求解流程图

首先，由饱和虚土桩边界条件式（6-36a）可得

$$C_1/D_1=\gamma_1=-\mathrm{e}^{-\beta_1 H}/\mathrm{e}^{\beta_1 H} \tag{6-51}$$

根据位移阻抗函数的定义可得第 1 段饱和虚土桩与第 2 段饱和虚土桩界面处的位移阻抗函数为

$$Z_1^{\mathrm{sp}}=\frac{-E_1^{\mathrm{sp}}A^{\mathrm{p}}\partial\widetilde{u}_1^{\mathrm{sp}}/\partial z\big|_{z=h_1}}{\widetilde{u}_1^{\mathrm{sp}}\big|_{z=h_1}}=-E_1^{\mathrm{sp}}A^{\mathrm{p}}\,\frac{\gamma_1\beta_1\mathrm{e}^{\beta_1 h_1}-\beta_1\mathrm{e}^{-\beta_1 h_1}}{\gamma_1\mathrm{e}^{\beta_1 h_1}+\mathrm{e}^{-\beta_1 h_1}} \tag{6-52}$$

进而综合第 1 段饱和虚土桩与第 2 段饱和虚土桩界面处位移连续、力平衡条件可得

$$\gamma_2=\frac{C_2}{D_2}=\frac{\beta_2\mathrm{e}^{-\beta_2 h_1}-Z_1^{\mathrm{sp}}\mathrm{e}^{-\beta_2 h_1}/E_2^{\mathrm{sp}}A^{\mathrm{p}}}{\beta_2\mathrm{e}^{\beta_2 h_1}+Z_1^{\mathrm{sp}}\mathrm{e}^{\beta_2 h_1}/E_2^{\mathrm{sp}}A^{\mathrm{p}}} \tag{6-53}$$

由此可得第 2 段饱和虚土桩与第 3 段饱和虚土桩界面处的位移阻抗函数为

$$Z_2^{\mathrm{sp}}=-E_2^{\mathrm{sp}}A^{\mathrm{p}}\,\frac{\gamma_2\beta_2\mathrm{e}^{\beta_2 h_2}-\beta_2\mathrm{e}^{-\beta_2 h_2}}{\gamma_2\mathrm{e}^{\beta_2 h_2}+\mathrm{e}^{-\beta_2 h_2}} \tag{6-54}$$

综合式（6-51）～(6-54）可得饱和虚土桩阻抗函数传递公式：

$$Z_j^{\mathrm{sp}}=-E_j^{\mathrm{sp}}A^{\mathrm{p}}\,\frac{\gamma_j\beta_j\mathrm{e}^{\beta_j h_j}-\beta_j\mathrm{e}^{-\beta_j h_j}}{\gamma_j\mathrm{e}^{\beta_j h_j}+\mathrm{e}^{-\beta_j h_j}} \tag{6-55}$$

式中，$\gamma_j=\dfrac{\beta_j\mathrm{e}^{-\beta_j h_{j-1}}-Z_{j-1}^{\mathrm{sp}}\mathrm{e}^{-\beta_j h_{j-1}}/E_j^{\mathrm{sp}}A^{\mathrm{p}}}{\beta_j\mathrm{e}^{\beta_j h_{j-1}}+Z_{j-1}^{\mathrm{sp}}\mathrm{e}^{\beta_j h_{j-1}}/E_j^{\mathrm{sp}}A^{\mathrm{p}}}$。

由式（6-55）递推可得饱和虚土桩与实体桩界面处阻抗函数

$$Z_n^{\mathrm{sp}}=-E_n^{\mathrm{sp}}A^{\mathrm{p}}\,\frac{\gamma_n\beta_n\mathrm{e}^{\beta_n h_n}-\beta_n\mathrm{e}^{-\beta_n h_n}}{\gamma_n\mathrm{e}^{\beta_n h_n}+\mathrm{e}^{-\beta_n h_n}} \tag{6-56}$$

式中，$\gamma_n=\dfrac{\beta_n\mathrm{e}^{-\beta_n h_{n-1}}-Z_{n-1}^{\mathrm{sp}}\mathrm{e}^{-\beta_n h_{n-1}}/E_n^{\mathrm{sp}}A^{\mathrm{p}}}{\beta_n\mathrm{e}^{\beta_n h_{n-1}}+Z_{n-1}^{\mathrm{sp}}\mathrm{e}^{\beta_n h_{n-1}}/E_n^{\mathrm{sp}}A^{\mathrm{p}}}$。

进一步地，根据实体桩与饱和虚土桩界面耦合条件式（6-37）可得第 $n+1$ 段实体桩与第 $n+2$ 段实体桩界面处阻抗函数为

$$Z_{n+1}^{\mathrm{p}}=-E^{\mathrm{p}}A^{\mathrm{p}}\,\frac{\gamma_{n+1}\beta_{n+1}\mathrm{e}^{\beta_{n+1}h_{n+1}}-\beta_{n+1}\mathrm{e}^{-\beta_{n+1}h_{n+1}}}{\gamma_{n+1}\mathrm{e}^{\beta_{n+1}h_{n+1}}+\mathrm{e}^{-\beta_{n+1}h_{n+1}}} \tag{6-57}$$

式中，$\gamma_{n+1}=\dfrac{\beta_{n+1}\mathrm{e}^{-\beta_{n+1}h_n}-Z_n^{\mathrm{sp}}\mathrm{e}^{-\beta_{n+1}h_n}/E^{\mathrm{p}}A^{\mathrm{p}}}{\beta_{n+1}\mathrm{e}^{\beta_{n+1}h_n}+Z_n^{\mathrm{sp}}\mathrm{e}^{\beta_{n+1}h_n}/E^{\mathrm{p}}A^{\mathrm{p}}}$。

由此可得实体桩阻抗函数传递公式：

$$Z_k^{\mathrm{p}}=-E^{\mathrm{p}}A^{\mathrm{p}}\,\frac{\gamma_k\beta_k\mathrm{e}^{\beta_k h_k}-\beta_k\mathrm{e}^{\beta_k h_k}}{\gamma_k\mathrm{e}^{\beta_k h_k}+\mathrm{e}^{-\beta_k h_k}} \tag{6-58}$$

式中，$\gamma_k=\dfrac{\beta_k\mathrm{e}^{-\beta_k h_{k-1}}-Z_{k-1}^{\mathrm{p}}\mathrm{e}^{-\beta_k h_{k-1}}/E^{\mathrm{p}}A^{\mathrm{p}}}{\beta_k\mathrm{e}^{\beta_k h_{k-1}}+Z_{k-1}^{\mathrm{p}}\mathrm{e}^{\beta_k h_{k-1}}/E^{\mathrm{p}}A^{\mathrm{p}}}$。

最后，由式（6-58）递推可得实体桩桩顶处动力阻抗函数：

$$Z_m^{\mathrm{p}}=-E^{\mathrm{p}}A^{\mathrm{p}}\beta_m\,\frac{\gamma_m-1}{\gamma_m+1} \tag{6-59}$$

式中，$\gamma_m=\dfrac{\beta_m\mathrm{e}^{-\beta_m h_{m-1}}-Z_{m-1}^{\mathrm{p}}\mathrm{e}^{-\beta_m h_{m-1}}/E^{\mathrm{p}}A^{\mathrm{p}}}{\beta_m\mathrm{e}^{\beta_m h_{m-1}}+Z_{m-1}^{\mathrm{p}}\mathrm{e}^{\beta_m h_{m-1}}/E^{\mathrm{p}}A^{\mathrm{p}}}$。

由此可得实体桩桩顶复刚度为

$$K_{\mathrm{d}}=Z_m^{\mathrm{p}}=K_{\mathrm{r}}+\mathrm{i}K_{\mathrm{i}} \tag{6-60}$$

式中，K_{r} 代表桩顶动刚度，K_{i} 代表桩顶动阻尼。

由桩顶位移阻抗函数可得桩顶位移频率响应函数为

$$H_{\mathrm{u}}(\omega)=\frac{1}{Z_{\mathrm{p}}}=-\frac{1}{E^{\mathrm{p}}A^{\mathrm{p}}\beta_m}\frac{\gamma_m+1}{\gamma_m-1} \tag{6-61}$$

进一步可得桩顶速度频率响应函数为

$$H_{\mathrm{v}}(\mathrm{i}\omega)=\mathrm{i}\omega H_{\mathrm{u}}(\omega)=-\frac{\mathrm{i}\omega}{E^{\mathrm{p}}A^{\mathrm{p}}\beta_m}\frac{\gamma_m+1}{\gamma_m-1} \tag{6-62}$$

根据傅里叶变换的性质，由桩顶速度频率响应函数式（6-62）可得单位脉冲激励作用下桩顶速度时域响应为

$$h(t)=\mathrm{IFT}[H_{\mathrm{v}}(\mathrm{i}\omega)]=\frac{1}{2\pi}\int_{-\infty}^{\infty}-\frac{\mathrm{i}\omega}{E^{\mathrm{p}}A^{\mathrm{p}}\beta_m}\frac{\gamma_m+1}{\gamma_m-1}\mathrm{e}^{\mathrm{i}\omega t}\mathrm{d}\omega \tag{6-63}$$

由卷积定理知，在任意激振力 $p(t)$（$P(\mathrm{i}\omega)$ 为 $p(t)$ 的傅里叶变换），桩顶时域速度响应为

$$g(t)=p(t)*h(t)=\mathrm{IFT}[F(\mathrm{i}\omega)\times H_{\mathrm{v}}(\mathrm{i}\omega)] \tag{6-64}$$

特别地，当桩顶处激励 $p(t)$ 为半正弦脉冲时，即

$$p(t)=\sin\frac{\pi}{T}t,\quad t\in(0,T) \tag{6-65}$$

式中，T 为脉冲宽度。

进一步由式（6-64）可得半正弦脉冲激振力作用下桩顶速度时域响应半解析解为

$$v(t)=g(t)=\mathrm{IFT}\left[H_{\mathrm{v}}\frac{\pi T}{\pi^2-T^2\omega^2}(1+\mathrm{e}^{-\mathrm{i}\omega T})\right] \tag{6-66}$$

式中，$v(t)$ 为桩顶速度时域响应。

6.3.3 解析模型验证与对比分析

本节算例基于图 6-14 所示饱和土-桩-饱和虚土桩体系耦合纵向振动力学模型，采用前述推导求解所得基于 Novak 平面应变法和桩底饱和虚土桩模型的层状土中桩顶纵向振动动力阻抗解析解。在后续分析中将桩底土分为 3 层，桩周土分为 5 层，即取 $n=3$，$m=8$，各土层层顶埋深及层厚如表 6-2 所列。

表 6-2 各土层层顶埋深及层厚

分层情况	土层 1	土层 2	土层 3	土层 4	土层 5	土层 6	土层 7	土层 8
层顶埋深 h/m	10.6	10.3	10	8	6	4	2	0
层厚 l/m	0.4	0.3	0.3	2	2	2	2	2

对于桩底具有较差渗透性的饱和黏土层，其渗透系数取为 $k_j^{\mathrm{D}}=10^{-10}\mathrm{m/s}$[174]，而桩周饱和土层渗透系数则取为 $k_k^{\mathrm{D}}=10^{-6}\mathrm{m/s}$[76]。如无特殊说明，取桩长 $H^{\mathrm{p}}=10\mathrm{m}$，饱和虚土桩长 $H^{\mathrm{sp}}=1\mathrm{m}$，桩半径 $r_0=0.5\mathrm{m}$，桩身密度 $\rho^{\mathrm{p}}=2500\mathrm{kg/m^3}$，桩身弹性模量 $E^{\mathrm{p}}=25\mathrm{GPa}$，饱和虚土桩 $K_j^{\mathrm{s}}=36\mathrm{GPa}$，$K_j^{\mathrm{f}}=2\mathrm{GPa}$，饱和土层参数均按表 6-3 取值。

表 6-3　饱和土层基本参数

桩底土	ρ_j^{s}/（kg/m³）	ρ_j^{f}/（kg/m³）	k_j^{D}/（m/s）	N_j	η_j/（N·s/m²）	G_j/GPa	ξ_j
（j=1,2,3）	2700	1000	10^{-10}	0.1	10^{-2}	0.1	0.05
桩周土	ρ_k^{s}/(kg/m³)	ρ_k^{f}/(kg/m³)	k_k^{D}/(m/s)	N_k	η_k/(N·s/m²)	G_k/GPa	ξ_k
（k=4,5,6,7,8）	2700	1000	10^{-6}	0.1	10^{-2}	0.1	0.05

为了验证本节推导求解所得层状土中桩顶纵向振动动力阻抗解析解的合理性，将本节所得解中的饱和虚土桩退化到单相土情况（ρ_j^{f}、$\rho_k^{\mathrm{f}}\to 0$，$M_j\to 0$），与相关解进行退化验证。Wu 等[102]基于 Novak 平面应变法和桩底单相虚土桩模型，求解得出了层状单相土中桩基纵向振动动力阻抗解析解。本节单相退化解与 Wu 已有解[102]对比验证情况具体如图 6-16 所示。由图可见，本节推导所得的基于饱和虚土桩模型的桩顶纵向振动动力阻抗单相退化解与 Wu 已有解[102]吻合。

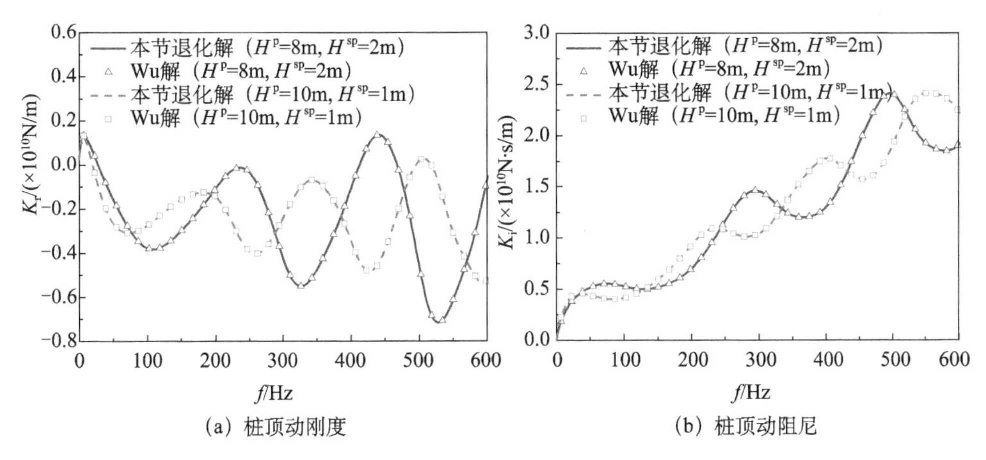

(a) 桩顶动刚度　　(b) 桩顶动阻尼

图 6-16　本节退化解与 Wu[102]已有解对比

进一步地，本节基于饱和虚土桩模型所得的桩顶动力阻抗解析解，分别与李强所得饱和土中端承桩解[175]及 Wu 所得单相虚土桩解[102]对比情况如图 6-17、图 6-18 所示。由图可见，本节解与李强所得饱和土中端承桩解[175]的桩顶阻抗、速度导纳曲线共振频率位置错峰对应，呈现出典型的端承桩和浮承桩动力阻抗曲线差异性规律。此外，本节解桩顶动力阻抗共振频率比 Wu 所得单相虚土桩解[102]

略大，这表明当桩底土饱和性显著且排水性较差时，桩底土单相虚土桩模型会低估阻抗曲线共振频率。由反射波曲线可见，基于本节饱和虚土桩解所得实体桩桩底反射信号较单相虚土桩所得实体桩桩底反射信号幅值水平低，且与端承桩桩底反射信号反相，呈现出典型的端承桩和浮承桩反射信号差异性规律。此外，本节解能明确地反映出实体桩桩底及基岩反射信号位置，可据此推断桩底饱和土层厚度，而基于单相虚土桩解则做不到此点。

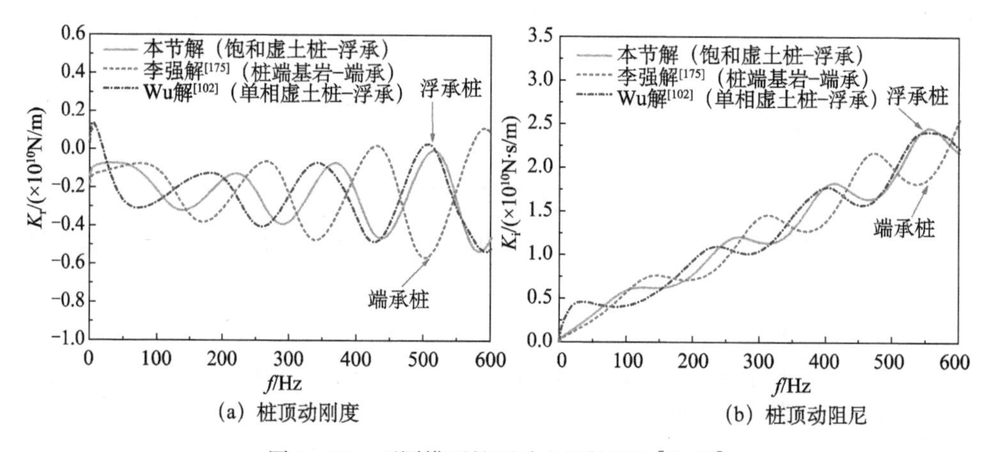

(a) 桩顶动刚度　　(b) 桩顶动阻尼

图 6-17　不同模型桩顶动力阻抗对比[175,102]

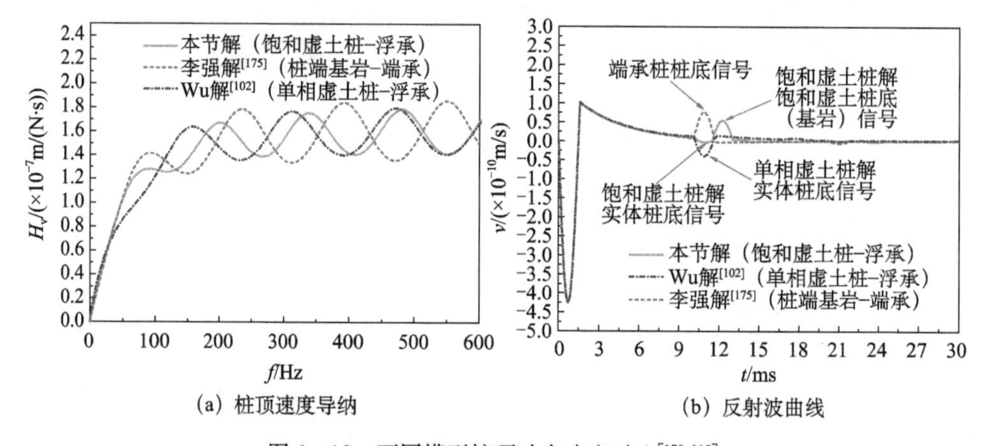

(a) 桩顶速度导纳　　(b) 反射波曲线

图 6-18　不同模型桩顶动力响应对比[175,102]

6.3.4　纵向振动参数化分析

基于本节所提出的饱和土-桩-饱和虚土桩体系耦合纵向振动力学模型，进一步计算所得桩顶动力阻抗曲线随桩底饱和土层厚度变化情况如图 6-19 所示。由图可见，桩底饱和土层厚度对饱和虚土桩模型计算所得桩顶动力阻抗影响显著。具体地，随桩底饱和土层厚度的增加，桩顶动力阻抗函数曲线的共振幅值水平明显降低。

不同地，在文献［104］中，基于单相虚土桩模型计算所得的桩顶动力阻抗随桩底饱和土层厚度变化较小。为进一步分析本节解与文献［104］解存在差异性的原因，这里将对饱和虚土桩、单相虚土桩与实体桩压缩波波速进行对比讨论。具体地，饱和虚土桩压缩波波速按式（6-67a）确定[174]，而单相虚土桩和实体桩压缩波波速则由式（6-67b）、（6-67c）确定。

$$V_j^{sp}=\sqrt{(\lambda_j+2G_j+\alpha_j^2M_j)/\rho_j} \tag{6-67a}$$

$$V_j^{dry}=\sqrt{E_j/(\rho_j^s\cdot N_j)} \tag{6-67b}$$

$$V^p=\sqrt{E^p/\rho^p} \tag{6-67c}$$

式中，V_j^{sp} 为饱和虚土桩压缩波速；V_j^{dry} 为单相虚土桩压缩波速；$E_j=2G_j(1+\nu_j)$（$j=1,2,3$）为桩底土骨架弹性模量；V^p 为实体桩压缩波波速。

将表6-3中相关参数代入式（6-67）中可得 $V_j^{sp}=2314$m/s，$V_j^{dry}=327$m/s，$V^p=3162$m/s，对应的饱和虚土桩及单相虚土桩与实体桩压缩波波速比值分别为 $V_j^{sp}/V^p=0.732$、$V_j^{dry}/V^p=0.103$。

由此可见，饱和虚土桩压缩波波速与实体桩较为接近，这样基于饱和虚土桩模型计算所得的桩顶动力阻抗函数曲线随桩底饱和土层厚度变化显著；而单相虚土桩压缩波波速与实体桩差别较大，使得桩底单相土层厚度对基于单相虚土桩模型计算所得的桩顶动力阻抗函数曲线影响很小。

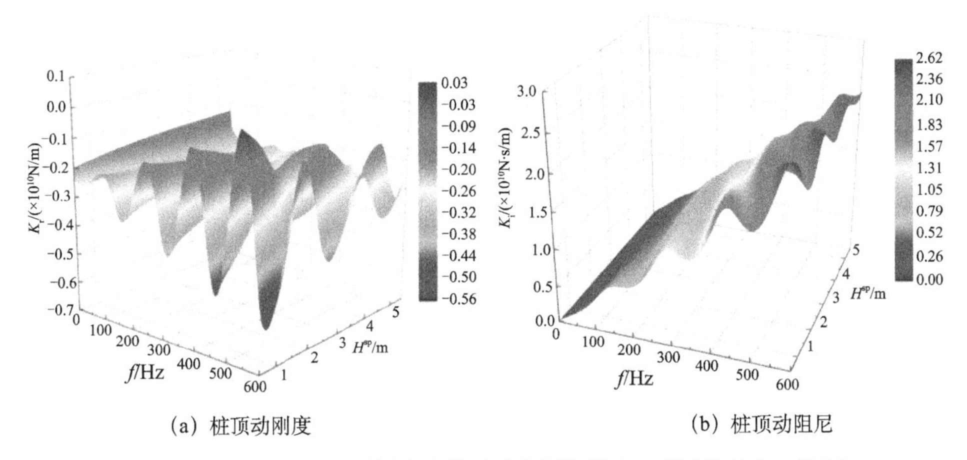

(a) 桩顶动刚度　　(b) 桩顶动阻尼

图6-19 桩底饱和土层厚度对桩顶动力阻抗影响（彩图见封底二维码）

图6-20所示为桩周饱和土体的纵向软（硬）夹层对桩顶动力阻抗的影响。假设土层6为桩周饱和软（硬）夹层，定义饱和软（硬）夹层的剪切模量比例系数 ζ_{G6} 为土层6与桩周其余土层剪切模量比，即 $\zeta_{G6}=G_6/G_k$，$k=4,5,7,8$。具体

地，当 $\zeta_{G6}<1$ 时为软夹层，当 $\zeta_{G6}>1$ 时为硬夹层。由图可见，桩周饱和软（硬）夹层对桩顶动力阻抗曲线共振频率的影响可以忽略，但对动力阻抗曲线振幅水平影响显著，且桩周土体存在软（硬）夹层时桩顶动力阻抗曲线存在大、小峰值交替特征。相对于均质土层而言，当 $\zeta_{G6}<1$ 时，桩顶动力阻抗曲线的大、小峰幅值差随 ζ_{G6} 减小而增大；当 $\zeta_{G6}>1$ 时，桩顶动力阻抗曲线上的大、小峰幅值差随 ζ_{G6} 增加而变小。

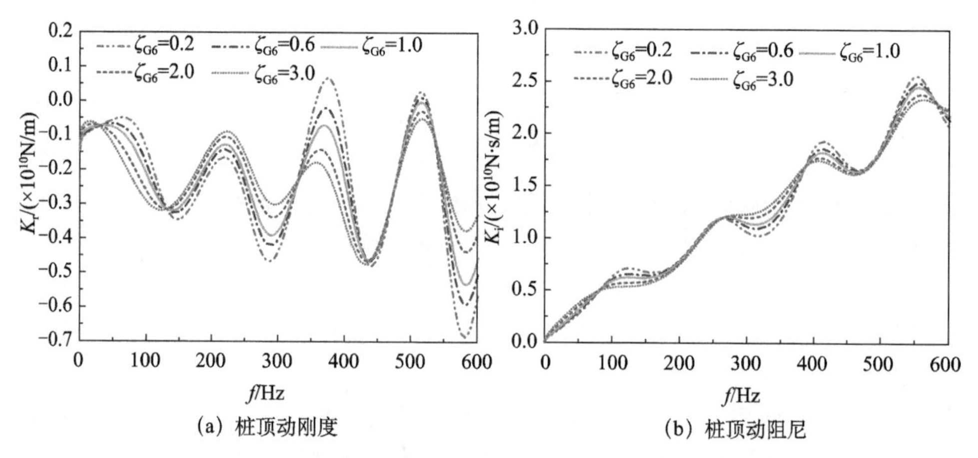

(a) 桩顶动刚度　　(b) 桩顶动阻尼

图 6－20　桩周饱和土体纵向软（硬）夹层对桩顶动力阻抗的影响情况

图 6－21 所示为桩底土体的纵向软（硬）下卧夹层对桩顶动力阻抗的影响。假设土层 2 为桩底软（硬）下卧夹层，定义软（硬）下卧夹层的剪切模量比例系数 ζ_{G2} 为土层 2 与桩底其余土层剪切模量比，即 $\zeta_{G2}=G_2/G_j$，$j=1$，3。具体地，$\zeta_{G2}<1$ 为软下卧夹层，$\zeta_{G2}>1$ 为硬下卧夹层。由图可见，与桩周饱和软（硬）夹层不同，桩底软（硬）下卧夹层对桩顶动力阻抗曲线的影响很小。

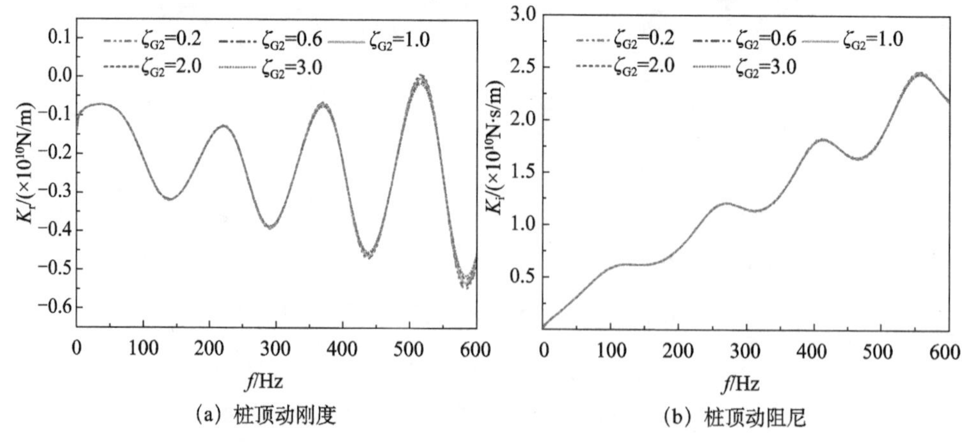

(a) 桩顶动刚度　　(b) 桩顶动阻尼

图 6－21　桩底土纵向软（硬）下卧夹层对桩顶动力阻抗的影响情况（彩图见封底二维码）

图 6-22 所示为桩周饱和表层土孔隙率（N_8）对桩顶动力阻抗的影响情况。由图可见，桩周饱和表层土体的孔隙率越大，桩顶动力阻抗函数曲线的共振幅值越大。不同地，桩周饱和表层土体孔隙率对桩顶动力阻抗曲线的共振频率影响则可忽略。

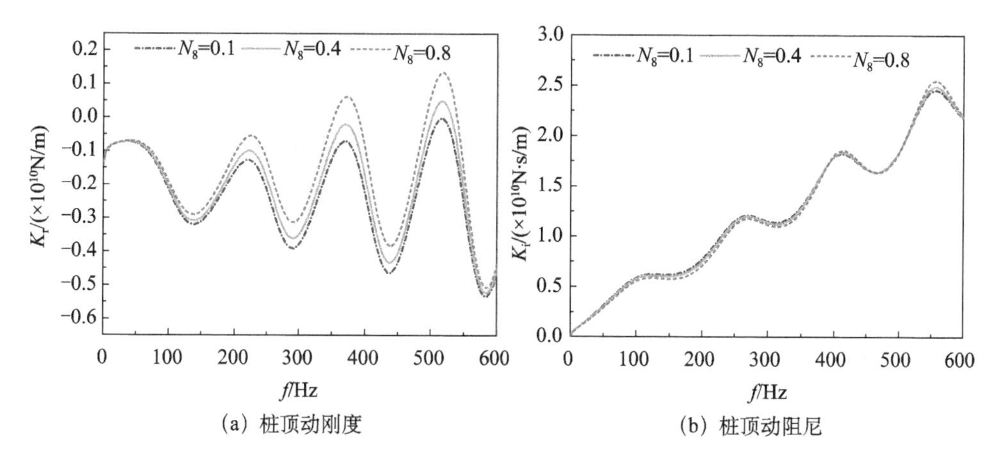

(a) 桩顶动刚度　　(b) 桩顶动阻尼

图 6-22　桩周饱和表层土孔隙率对桩顶动力阻抗的影响情况

图 6-23 所示为桩底土孔隙率（N_3）对桩顶动力阻抗的影响情况。由图可见，在一定低频范围内，随着桩底饱和土层孔隙率的增加，桩顶动力阻抗曲线共振幅值增大，共振频率减小，且此种影响随着频率增加而衰减。

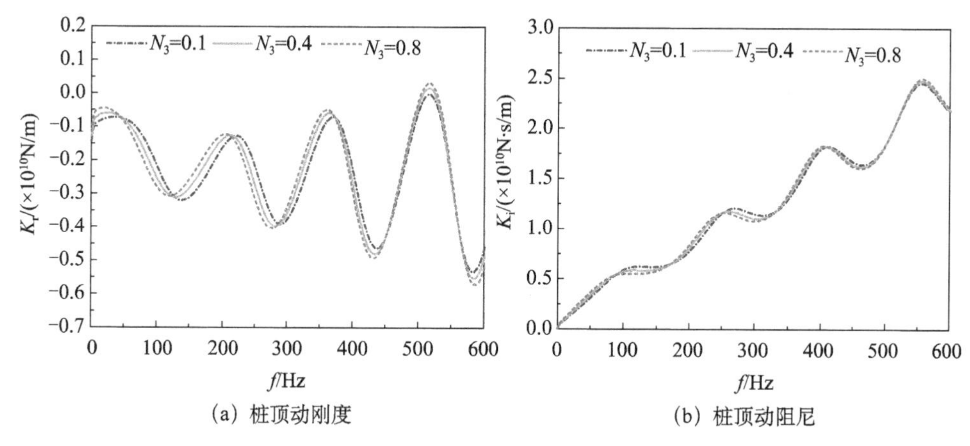

(a) 桩顶动刚度　　(b) 桩顶动阻尼

图 6-23　桩底饱和土层孔隙率对桩顶动力阻抗的影响情况（彩图见封底二维码）

图 6-24 所示为桩顶动力响应随桩底饱和土层厚度的变化情况。由图可见，桩底饱和土层厚度对本节基于饱和虚土桩模型计算所得的桩顶速度导纳曲线影响显著，且随着桩底饱和土层厚度的增加，饱和土中桩顶速度导纳曲线的振幅和共振

频率均明显降低。当桩底饱和土层厚度增大到一定程度后，桩顶速度导纳曲线呈现大、小峰值交替现象，且此种现象随桩底土层厚度增加而更加明显。由反射波曲线可见，桩底饱和土层厚度对实体桩桩底反射信号影响很小，其主要影响饱和虚土桩桩底（基岩）反射信号，桩底饱和土层厚度越大，基岩反射信号出现的时间越晚，且反射信号幅值水平越低。

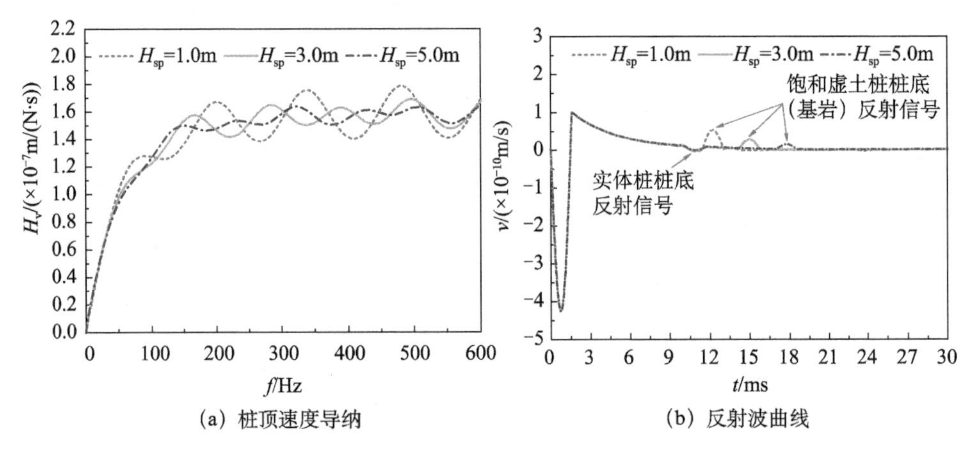

(a) 桩顶速度导纳　　(b) 反射波曲线

图 6-24　桩底饱和土层厚度对桩顶动力响应的影响规律

图 6-25 所示为桩周饱和土体的纵向软（硬）夹层对桩顶动力响应的影响。假设土层 6 为桩周饱和软（硬）夹层，定义饱和软（硬）夹层的剪切模量比例系数 ζ_{G6} 为土层 6 与桩周其余土层剪切模量比，即 $\zeta_{G6}=G_6/G_k$，$k=4, 5, 7, 8$。具体地，当 $\zeta_{G6}<1$ 时为软夹层，当 $\zeta_{G6}>1$ 时，为硬夹层。由图可见，桩周饱和软（硬）夹层对桩顶速度导纳曲线共振频率的影响可以忽略，但对速度导纳曲线振幅水平影响显著，且桩周土体存在软（硬）夹层时桩顶动力阻抗曲线存在大、小峰值交

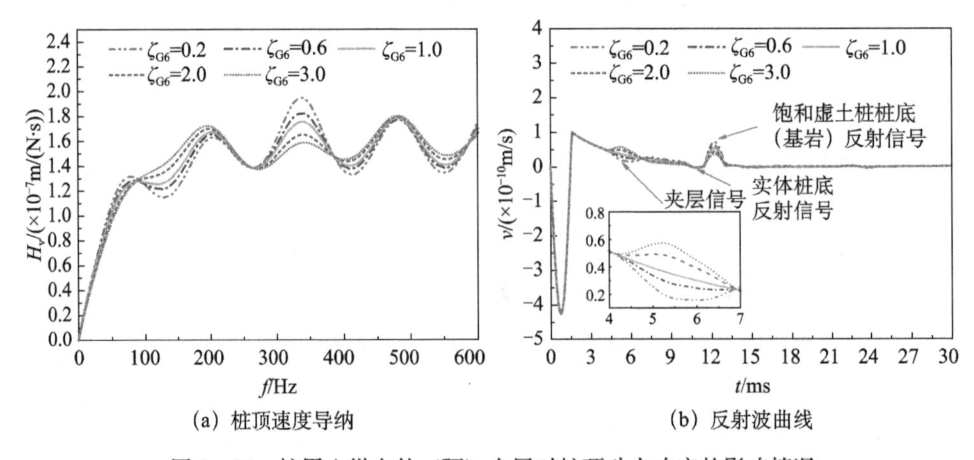

(a) 桩顶速度导纳　　(b) 反射波曲线

图 6-25　桩周土纵向软（硬）夹层对桩顶动力响应的影响情况

替特征。相对于均质土层而言，当 $\zeta_{G6}<1$ 时，桩顶速度导纳曲线的大、小峰幅值差随 ζ_{G6} 减小而增大；当 $\zeta_{G6}>1$ 时，桩顶速度导纳曲线上的大、小峰幅值差随 ζ_{G6} 增加而变大。桩顶反射波曲线中显著呈现出桩周饱和土夹层处的反射信号。具体地，当 $\zeta_{G6}<1$ 时，呈现出与实体桩桩底处同相的反射信号，且反射信号幅值随 ζ_{G6} 增加而减小，当 $\zeta_{G6}>1$ 时，呈现出与实体桩桩底处反相的反射信号，且反射信号幅值随 ζ_{G6} 增加而变大。

图 6－26 所示为桩底土体的纵向软（硬）下卧夹层对桩顶动力响应的影响。假设土层 2 为桩底软（硬）下卧夹层，定义软（硬）下卧夹层的剪切模量比例系数 ζ_{G2} 为土层 2 与桩底其余土层剪切模量比，即 $\zeta_{G2}=G_2/G_j$，$j=1$，3。具体地，$\zeta_{G2}<1$ 为软下卧夹层，$\zeta_{G2}>1$ 为硬下卧夹层。由图可见，与桩周饱和软（硬）夹层不同，桩底软（硬）下卧夹层对桩顶动力响应曲线的影响很小。

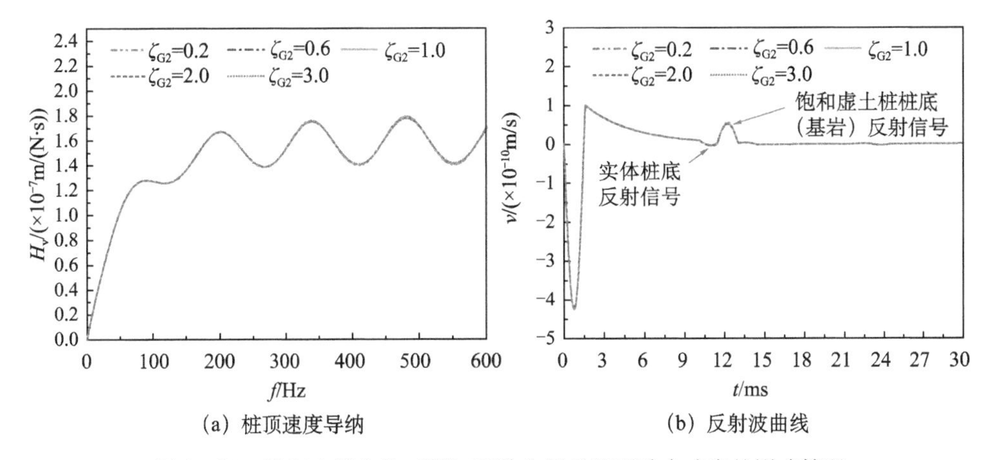

(a) 桩顶速度导纳　　(b) 反射波曲线

图 6－26　桩底土纵向软（硬）下卧夹层对桩顶动力响应的影响情况

图 6－27 所示为桩周饱和表层土孔隙率（N_8）对桩顶动力响应的影响情况。由图可见，桩周饱和表层土体的孔隙率越大，桩顶速度导纳曲线的共振幅值越大。不同地，桩周饱和表层土体孔隙率对桩顶速度导纳曲线的共振频率影响则可忽略。由反射波曲线可见，随桩周饱和表层土体孔隙率增加，实体桩桩底及饱和虚土桩桩底（基岩）反射信号幅值水平均有小幅度增加。

图 6－28 所示为桩底土孔隙率（N_3）对桩顶动力响应的影响情况。由图可见，在一定低频范围内，随着桩底饱和土层孔隙率的增加，桩顶速度导纳曲线共振幅值增大，共振频率减小，且此种影响随着频率增加而衰减。由反射波曲线可见，实体桩桩底反射信号幅值随桩底饱和土层孔隙率的增加而增大；相反地，饱和虚土桩桩底（基岩）处的反射信号幅值则随桩底饱和土层孔隙率的增加而增大。

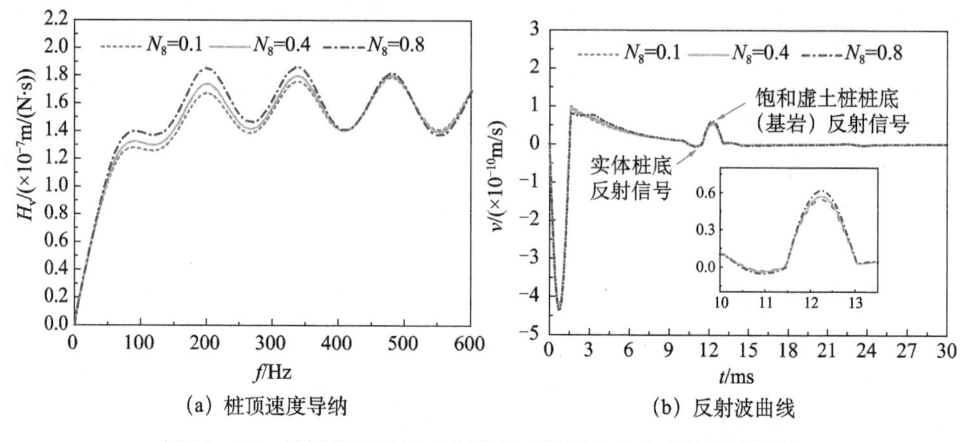

(a) 桩顶速度导纳　　(b) 反射波曲线

图 6-27　桩周饱和表层土孔隙率对桩顶动力响应的影响情况

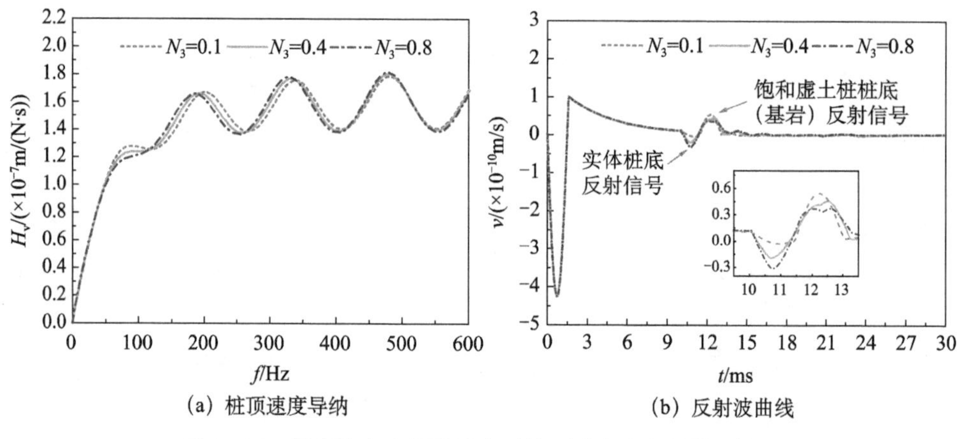

(a) 桩顶速度导纳　　(b) 反射波曲线

图 6-28　桩底饱和土层孔隙率对桩顶动力响应的影响情况

6.4　三维饱和连续介质中基于虚土桩模型的桩顶纵向动力阻抗解[177,178]

6.4.1　力学简化模型与定解问题

本节基于桩周饱和土体三维轴对称模型及桩底饱和虚土桩模型，对谐和激振下饱和土中桩基纵向振动特性进行分析。三维饱和连续介质中基于虚土桩模型的力学简化模型如图 6-29 所示。桩顶作用谐和激振力 $\widetilde{P}e^{i\omega t}$，$\widetilde{P}$ 为激振力幅值，ω 为激振圆频率，$i=\sqrt{-1}$。基岩上土层总厚度为 H，桩底土层厚 H^{sp}，即饱和虚土桩长度为 H^{sp}。桩周土对实体桩侧壁摩阻力为 $f^{\mathrm{p}}(z,t)$，桩底土对饱和虚土桩侧壁摩阻力为 $f^{\mathrm{sp}}(z,t)$。

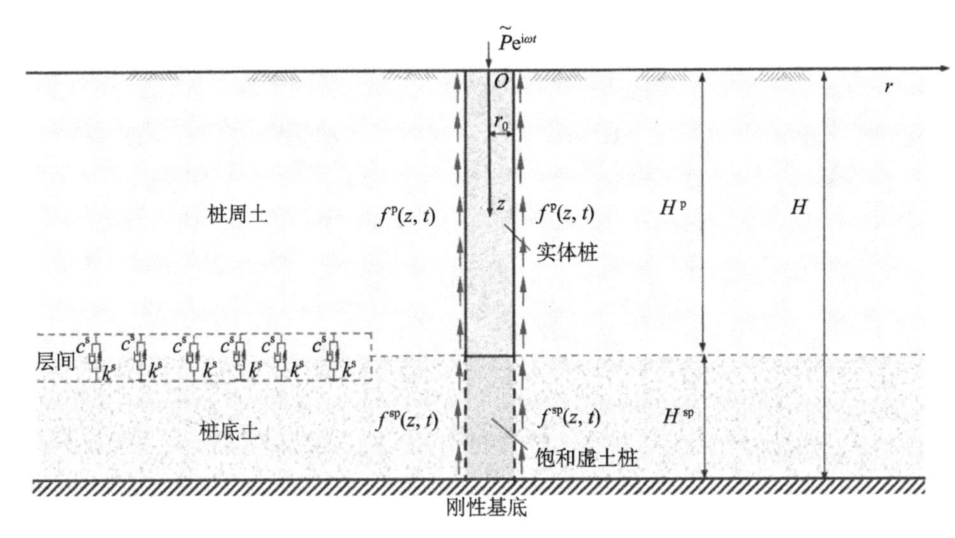

图 6-29　力学简化模型图

基本假定如下：

（1）桩周和桩底土都为均质、各向同性的饱和线黏弹性介质，且桩底土为渗透性较差的饱和黏土；

（2）桩周土与桩底土层间相互作用简化为一系列分布式弹簧和阻尼器，动刚度、阻尼系数分别为 k^{s}、c^{s}；

（3）实体桩为均质等截面弹性体，饱和虚土桩为均质等截面饱和两相介质，其与实体桩界面位移连续、应力平衡；

（4）桩-土体耦合振动系统满足线弹性和小变形条件，桩-土界面完全接触，不存在滑移和脱离。

基于 Biot 理论的饱和土层动力学控制方程为

$$G_j^*\left(\nabla^2-\frac{1}{r^2}\right)u_j^r+(\lambda_j^{\mathrm{C}}+G_j^*)\frac{\partial e_j}{\partial r}-\alpha_j M_j\frac{\partial \zeta_j}{\partial r}=\rho_j\ddot{u}_j^r+\rho_j^{\mathrm{f}}\ddot{w}_j^r \tag{6-68a}$$

$$G_j^*\ \nabla^2 u_j^z+(\lambda_j^{\mathrm{C}}+G_j^*)\frac{\partial e_j}{\partial r}-\alpha_j M_j\frac{\partial \zeta_j}{\partial r}=\rho_j\ddot{u}_j^z+\rho_j^{\mathrm{f}}\ddot{w}_j^z \tag{6-68b}$$

$$\alpha_j M_j\frac{\partial e_j}{\partial r}-M_j\frac{\partial \zeta_j}{\partial r}=\rho_j^{\mathrm{f}}\ddot{u}_j^r+m_j\ddot{w}_j^r+b_j\dot{w}_j^r \tag{6-68c}$$

$$\alpha_j M_j\frac{\partial e_j}{\partial z}-M_j\frac{\partial \zeta_j}{\partial z}=\rho_j^{\mathrm{f}}\ddot{u}_j^z+m_j\ddot{w}_j^z+b_j\dot{w}_j^z \tag{6-68d}$$

式中，u_j^r、u_j^z、w_j^r、w_j^z 分别为土骨架径向、纵向位移和流体相对于土骨架径向、纵向位移，$\nabla^2=\frac{\partial^2}{\partial r^2}+\frac{1}{r}\frac{\partial}{\partial r}+\frac{\partial^2}{\partial z^2}$，$e_j=\frac{\partial u_j^r}{\partial r}+\frac{u_j^r}{r}+\frac{\partial u_j^z}{\partial z}$，$\zeta_j=-\left(\frac{\partial w_j^r}{\partial r}+\frac{w_j^r}{r}+\frac{\partial w_j^z}{\partial z}\right)$，$\rho_j=(1-N_j)\rho_j^s+N_j\rho_j^f$ 为饱和土体密度，ρ_j^f、ρ_j^s 和 N_j 分别为流体密度、土颗粒密度和孔隙率，$m_j=\rho_j^f/N_j$，$b_j=\xi_j/k_j$ 为土骨架与孔隙流体的黏性耦合系数，ξ_j 为流体黏滞系数，$k_j=\xi_j k_j^D/\rho_j^f g$ 为 Biot 定义的动力渗透系数，k_j^D 为土体达西渗透系数，g 为重力加速度，$G_j^*=G_j\ (1+2\xi_j^* i)$，$G_j^*$、$G_j$、$\xi_j^*$、$\lambda_j$ 和 ν_j 分别为土体复值剪切模量、土体剪切模量、阻尼比、拉梅常量和泊松比，$\lambda_j^C=\lambda_j+\alpha_j{}^2 M_j$，$\alpha_j$、$M_j$ 为土颗粒、流体的压缩性常数，$\alpha_j=1-K_j^b/K_j^s$，$M_j=(K_j^s)^2/(K_j^d-K_j^b)$，$K_j^s$、$K_j^f$、$K_j^b$ 分别为土颗粒、流体及土骨架的体积压缩模量，$K_j^d=K_j^s\ [1+N_j(K_j^s/K_j^f-1)]$，$j=1$，2，$j=1$ 时对应桩底土参数，$j=2$ 时对应桩周土参数。

基于 Biot 动力波动理论得出渗透性较差时饱和土体一维纵向振动控制方程[31]为

$$(\lambda_1+2G_1+\alpha_1^2 M_1)\ \frac{\partial^2 u^{sp}}{\partial z^2}=\rho_1\ \frac{\partial^2 u^{sp}}{\partial t^2} \tag{6-69}$$

式中，u^{sp}为饱和虚土桩纵向位移；λ_1、G_1、α_1、M_1 和 ρ_1 为桩底土相应参数。

将 $f^{sp}(z,t)$ 代入式（6-69）可得饱和虚土桩纵向振动控制方程为

$$E^{sp}A^{sp}\frac{\partial^2 u^{sp}}{\partial z^2}-m^{sp}\frac{\partial^2 u^{sp}}{\partial t^2}-2\pi r_0 f^{sp}(z,\ t)=0 \tag{6-70}$$

式中，$E^{sp}=\lambda_1+2G_1+\alpha_1^2 M_1$，$A^{sp}=\pi r_0^2$，$m^{sp}=A^{sp}\rho_1$。

取实体桩桩身微元体作动力平衡分析可得实体桩纵向振动控制方程为

$$E^p A^p\ \frac{\partial^2 u^p}{\partial z^2}-m^p\ \frac{\partial^2 u^p}{\partial t^2}-2\pi r_0 f^p(z,\ t)=0 \tag{6-71}$$

式中，u^p 为实体桩质点纵向振动位移，E^p、r_0、A^p 和 m^p 分别为实体桩弹性模量、半径、截面积和单位长度质量，$A^p=\pi r_0^2$，$m^p=A^p\rho^p$，ρ^p 为桩身密度。

桩-土系统边界条件如下：

(1) 饱和土体。

径向无穷远处位移为零：

$$u_j^r(\infty,\ z,\ t)=0 \tag{6-72}$$

桩底土刚性基底竖向位移为零：

$$u_1^z(r,\ H,\ t)=0 \tag{6-73}$$

桩周土自由表面正应力为零：

$$\sigma_2^z(r,0,t)=\lambda_2 e_2+2G_2^*\ \left.\frac{\partial u_2^z}{\partial z}\right|_{z=0}=0 \tag{6-74}$$

桩底土顶部与桩周土底部为黏弹性支承：

$$E_1\ \frac{\partial u_1^z}{\partial z}+k^s u_1^z+c^s\ \left.\frac{\partial u_1^z}{\partial t}\right|_{z=H^p}=0 \tag{6-75}$$

$$E_2 \frac{\partial u_2^z}{\partial z}+k^s u_2^z+c^s \frac{\partial u_2^z}{\partial t}\bigg|_{z=H^p}=0 \tag{6-76}$$

式中，E_1、E_2 分别为桩底和桩周土骨架弹性模量，$E_1=\dfrac{G_1(3\lambda_1+2G_1)}{\lambda_1+G_1}$，$E_2=\dfrac{G_2(3\lambda_2+2G_2)}{\lambda_2+G_2}$。

（2）实体桩。

$$\frac{\partial u^p}{\partial z}\bigg|_{z=0}=-\frac{\widetilde{P}e^{i\omega t}}{E^p A^p} \tag{6-77}$$

（3）饱和虚土桩。

$$u^{sp}\big|_{z=H}=0 \tag{6-78}$$

（4）实体桩与饱和虚土桩界面处的边界条件。

$$u^p\big|_{z=H^p}=u^{sp}\big|_{z=H^p} \tag{6-79a}$$

$$E^p A^p \frac{\partial u^p}{\partial z}\bigg|_{z=H^p}=E^{sp}A^{sp}\frac{\partial u^{sp}}{\partial z}\bigg|_{z=H^p} \tag{6-79b}$$

（5）桩-土耦合条件。

桩底土与饱和虚土桩界面土骨架径向位移和液相相对于固相纵向位移为零：

$$u_1^r(r_0, z, t)=0 \tag{6-80a}$$

$$w_1^z(r_0, z, t)=0 \tag{6-80b}$$

桩周土与实体桩界面不透水，土骨架径向位移为零：

$$w_2^r(r_0, z, t)=0 \tag{6-81a}$$

$$u_2^r(r_0, z, t)=0 \tag{6-81b}$$

虚土桩与桩底土、实体桩与桩周土耦合条件为

$$u_1^z(r_0, z, t)=u^{sp}, \quad z\in(H^p, H) \tag{6-82a}$$

$$\tau_1^{zr}\big|_{r=r_0}=-f^{sp}(z, t) \tag{6-82b}$$

$$u_2^z(r_0, z, t)=u^p, \quad z\in(0, H^p) \tag{6-82c}$$

$$\tau_2^{zr}\big|_{r=r_0}=-f^p(z, t) \tag{6-82d}$$

式中，$\tau_1^{zr}=G_1^*\left(\dfrac{\partial u_1^r}{\partial z}+\dfrac{\partial u_1^z}{\partial r}\right)$，$\tau_2^{zr}=G_2^*\left(\dfrac{\partial u_2^r}{\partial z}+\dfrac{\partial u_2^z}{\partial r}\right)$。

6.4.2　定解问题求解

谐和激振作用下饱和土层质点位移满足下式：

$$\begin{cases} u_j^r(r, z, t)=\widetilde{u}_j^r(r, z)e^{i\omega t}, & u_j^z(r, z, t)=\widetilde{u}_j^z(r, z)e^{i\omega t} \\ w_j^r(r, z, t)=\widetilde{w}_j^r(r, z)e^{i\omega t}, & w_j^z(r, z, t)=\widetilde{w}_j^z(r, z)e^{i\omega t} \end{cases} \tag{6-83}$$

式中，$\widetilde{u}_j^r$、$\widetilde{u}_j^z$、$\widetilde{w}_j^r$、$\widetilde{w}_j^z$ 分别为土骨架径向、纵向及流体相对于土骨架径向、纵向

振动位移响应幅值，i 为虚数单位，ω 为激振荷载频率。

引入势函数 $\widetilde{\phi}_j^{s}(r,\ z)$、$\widetilde{\phi}_j^{f}(r,\ z)$、$\widetilde{\psi}_j^{s}(r,\ z)$、$\widetilde{\psi}_j^{f}(r,\ z)$，并使其满足：

$$\begin{cases}\widetilde{u}_j^{r}=\dfrac{\partial\widetilde{\phi}_j^{s}}{\partial r}+\dfrac{\partial^2\widetilde{\psi}_j^{s}}{\partial z\partial r}, & \widetilde{u}_j^{z}=\dfrac{\partial\widetilde{\phi}_j^{s}}{\partial z}-\dfrac{1}{r}\dfrac{\partial}{\partial r}\left(r\dfrac{\partial\widetilde{\psi}_j^{s}}{\partial r}\right)\\ \widetilde{w}_j^{r}=\dfrac{\partial\widetilde{\phi}_j^{f}}{\partial r}+\dfrac{\partial^2\widetilde{\psi}_j^{f}}{\partial z\partial r}, & \widetilde{w}_j^{z}=\dfrac{\partial\widetilde{\phi}_j^{f}}{\partial z}-\dfrac{1}{r}\dfrac{\partial}{\partial r}\left(r\dfrac{\partial\widetilde{\psi}_j^{f}}{\partial r}\right)\end{cases}\tag{6-84}$$

将式（6－83)、(6－84）代入式（6－68）并用矩阵形式表示：

$$\begin{bmatrix}(\lambda_j^{C}+2G_j^{*})\ \nabla^2+\rho_j\omega^2 & \alpha_jM_j\ \nabla^2+\rho_j^{f}\omega^2\\ \alpha_jM_j\ \nabla^2+\rho_j^{f}\omega^2 & M_j\ \nabla^2+m_j\omega^2-b_j\mathrm{i}\omega\end{bmatrix}\begin{bmatrix}\widetilde{\phi}_j^{s}\\ \widetilde{\phi}_j^{f}\end{bmatrix}=\begin{bmatrix}0\\0\end{bmatrix}\tag{6-85a}$$

$$\begin{bmatrix}G_j^{*}\ \nabla^2+\rho_j\omega^2 & \rho_j^{f}\omega^2\\ \rho_j^{f}\omega^2 & m_j\omega^2-b_j\mathrm{i}\omega\end{bmatrix}\begin{bmatrix}\widetilde{\psi}_j^{s}\\ \widetilde{\psi}_j^{f}\end{bmatrix}=\begin{bmatrix}0\\0\end{bmatrix}\tag{6-85b}$$

式（6－85a）为微分算子方程，则 $\widetilde{\phi}_j^{s}$、$\widetilde{\phi}_j^{f}$ 满足方程：

$$(\nabla^4-q_{1j}\nabla^2+q_{2j})\ \widetilde{\phi}_j^{s}=0\tag{6-86a}$$

$$(\nabla^4-q_{1j}\nabla^2+q_{2j})\ \widetilde{\phi}_j^{f}=0\tag{6-86b}$$

式中，$q_{1j}=\dfrac{2\alpha_jM_j\rho_j^{f}\omega^2-(\lambda_j^{C}+2G_j^{*})(m_j\omega^2-b_j\mathrm{i}\omega)-\rho_jM_j\omega^2}{(\lambda_j^{C}+2G_j^{*})M_j-\alpha_j{}^2M_j{}^2}$，$q_{2j}=\dfrac{\rho_j\omega^2(m_j\omega^2-b_j\mathrm{i}\omega)-(\rho_j^{f})^2\omega^4}{(\lambda_j^{C}+2G_j^{*})M_j-\alpha_j{}^2M_j{}^2}$。

式（6－86）可进一步写为

$$(\nabla^2-\beta_{1j}^2)(\nabla^2-\beta_{2j}^2)\widetilde{\phi}_j^{s}=0\tag{6-87a}$$

$$(\nabla^2-\beta_{1j}^2)(\nabla^2-\beta_{2j}^2)\widetilde{\phi}_j^{f}=0\tag{6-87b}$$

式中，$\beta_{1j}^2=\dfrac{q_{1j}+\sqrt{q_{1j}^2-4q_{2j}}}{2}$，$\beta_{2j}^2=\dfrac{q_{1j}-\sqrt{q_{1j}^2-4q_{2j}}}{2}$。

根据算子分解理论对式（6－87）进行分解可得

$$\widetilde{\phi}_j^{s}=\widetilde{\phi}_j^{s1}+\widetilde{\phi}_j^{s2}\tag{6-88a}$$

$$(\nabla^2-\beta_{1j}^2)\ \widetilde{\phi}_j^{s1}=0\tag{6-88b}$$

$$(\nabla^2-\beta_{2j}^2)\ \widetilde{\phi}_j^{s2}=0\tag{6-88c}$$

进一步采用分离变量法可得方程（6－87a)、(6－87b）的解为

$$\widetilde{\phi}_j^{s1}=[A_{1j}K_0\ (h_{1j}r)\ +B_{1j}I_0\ (h_{1j}r)]\ [C_{1j}\mathrm{e}^{g_{1j}z}+D_{1j}\mathrm{e}^{-g_{1j}z}]\tag{6-89a}$$

$$\widetilde{\phi}_j^{s2}=[A_{2j}K_0\ (h_{2j}r)\ +B_{2j}I_0\ (h_{2j}r)]\ [C_{2j}\mathrm{e}^{g_{2j}z}+D_{2j}\mathrm{e}^{-g_{2j}z}]\tag{6-89b}$$

式中，$h_{1j}^2+g_{1j}^2=\beta_{1j}^2$，$h_{2j}^2+g_{2j}^2=\beta_{2j}^2$，$I_0$（$hr$)、$K_0$（$hr$）为零阶第一类、第二类虚宗量贝塞尔函数，$A_{1j}$、$B_{1j}$、$C_{1j}$、$D_{1j}$、$A_{2j}$、$B_{2j}$、$C_{2j}$、$D_{2j}$ 为待定常数。

根据边界条件式（6－72）可知 $B_{1j}=B_{2j}=0$，将式（6－89a)、(6－89b）代入式（6－88a）可得式（6－86a）的解为

$$\tilde{\phi}_j^{s}=K_0(h_{1j}r)(C_{1j}e^{g_{1j}z}+D_{1j}e^{-g_{1j}z})+K_0(h_{2j}r)(C_{2j}e^{g_{2j}z}+D_{2j}e^{-g_{2j}z}) \tag{6-90a}$$

同理可得式（6-86b）的解为

$$\tilde{\phi}_j^{f}=K_0(h_{1j}r)(C_{3j}e^{g_{1j}z}+D_{3j}e^{-g_{1j}z})+K_0(h_{2j}r)(C_{4j}e^{g_{2j}z}+D_{4j}e^{-g_{2j}z}) \tag{6-90b}$$

式中，C_{3j}、D_{3j}、C_{4j}、D_{4j}为待定常数。

同样地，采用上述方法对微分算子方程（6-75b）求解可得

$$\tilde{\psi}_j^{s}=K_0(h_{3j}r)[C_{5j}e^{g_{3j}z}+D_{5j}e^{-g_{3j}z}] \tag{6-91a}$$

$$\tilde{\psi}_j^{f}=K_0(h_{3j}r)[C_{6j}e^{g_{3j}z}+D_{6j}e^{-g_{3j}z}] \tag{6-91b}$$

式中，$h_{3j}^2+g_{3j}^2=\beta_{3j}^2$，$C_{5j}$、$D_{5j}$、$C_{6j}$、$D_{6j}$为待定常数，$\beta_{3j}^2=\dfrac{(\rho_j^f)^2\omega^4-\rho_j\omega^2(m_j\omega^2-b_j\mathrm{i}\omega)}{G_j^*(m_j\omega^2-b_j\mathrm{i}\omega)}$。

根据式（6-85a）和式（6-85b）的耦合相关性可得

$$\begin{cases}C_{3j}=\gamma_{1j}C_{1j}\\D_{3j}=\gamma_{1j}D_{1j}\end{cases},\quad\begin{cases}C_{4j}=\gamma_{2j}C_{2j}\\D_{4j}=\gamma_{2j}D_{2j}\end{cases},\quad\begin{cases}C_{6j}=\gamma_{3j}C_{5j}\\D_{6j}=\gamma_{3j}D_{5j}\end{cases} \tag{6-92}$$

式中，$\gamma_{1j}=\dfrac{-\alpha_jM_j\beta_{1j}^2-\rho_j^f\omega^2}{M_j\beta_{1j}^2+(m_j\omega^2-b_j\mathrm{i}\omega)}$，$\gamma_{2j}=\dfrac{-\alpha_jM_j\beta_{2j}^2-\rho_j^f\omega^2}{M_j\beta_{2j}^2+(m_j\omega^2-b_j\mathrm{i}\omega)}$，$\gamma_{3j}=-\dfrac{\rho_j^f\omega^2}{m_j\omega^2-b_j\mathrm{i}\omega}$。

据此可得饱和土层位移为

$$\begin{aligned}\tilde{u}_j^{z}=&g_{1j}K_0(h_{1j}r)(C_{1j}e^{g_{1j}z}-D_{1j}e^{-g_{1j}z})+g_{2j}K_0(h_{2j}r)(C_{2j}e^{g_{2j}z}-D_{2j}e^{-g_{2j}z})\\&-h_{3j}^2K_0(h_{3j}r)(C_{5j}e^{g_{3j}z}+D_{5j}e^{-g_{3j}z})\end{aligned} \tag{6-93a}$$

$$\begin{aligned}\tilde{u}_j^{r}=&-h_{1j}K_1(h_{1j}r)(C_{1j}e^{g_{1j}z}+D_{1j}e^{-g_{1j}z})-h_{2j}K_1(h_{2j}r)(C_{2j}e^{g_{2j}z}+D_{2j}e^{-g_{2j}z})\\&-h_{3j}g_{3j}K_1(h_{3j}r)(C_{5j}e^{g_{3j}z}-D_{5j}e^{-g_{3j}z})\end{aligned} \tag{6-93b}$$

$$\begin{aligned}\tilde{w}_j^{z}=&\gamma_{1j}g_{1j}K_0(h_{1j}r)(C_{1j}e^{g_{1j}z}-D_{1j}e^{-g_{1j}z})+\gamma_{2j}g_{2j}K_0(h_{2j}r)(C_{2j}e^{g_{2j}z}-D_{2j}e^{-g_{2j}z})\\&-\gamma_{3j}h_{3j}^2K_0(h_{3j}r)(C_{5j}e^{g_{3j}z}+D_{5j}e^{-g_{3j}z})\end{aligned} \tag{6-93c}$$

$$\begin{aligned}\tilde{w}_j^{r}=&-\gamma_{1j}h_{1j}K_1(h_{1j}r)(C_{1j}e^{g_{1j}z}+D_{1j}e^{-g_{1j}z})-\gamma_{2j}h_{2j}K_1(h_{2j}r)(C_{2j}e^{g_{2j}z}+D_{2j}e^{-g_{2j}z})\\&-\gamma_{3j}h_{3j}g_{3j}K_1(h_{3j}r)(C_{5j}e^{g_{3j}z}-D_{5j}e^{-g_{3j}z})\end{aligned} \tag{6-93d}$$

进一步地，对于桩底土将式（6-93a）（$j=1$）代入式（4.3.6）和式（4.3.8a），并由K_0（$h_{11}r$）、K_0（$h_{21}r$）、K_0（$h_{31}r$）线性无关性可得

$$g_{1n1}=g_{2n1}=g_{3n1}=g_{n1},\quad n=1,2,3,\cdots \tag{6-94}$$

式中，g_{n1}为满足超越方程$\dfrac{e^{2g_{n1}H^p}(g_{n1}+\bar{K}_1^s)}{e^{2g_{n1}H}(g_{n1}-\bar{K}_1^s)}+1=0$的无穷多个特征值，$\bar{K}_1^s=(k^s+\mathrm{i}\omega c^s)/E_1$。

由此可得，D_{11}、D_{21}、D_{51}与C_{11}、C_{21}、C_{51}满足如下关系式：

$$D_{11}=\mathrm{e}^{2g_{n1}H}C_{11}, \ D_{21}=\mathrm{e}^{2g_{n1}H}C_{21}, \ D_{51}=-\mathrm{e}^{2g_{n1}H}C_{51} \tag{6-95}$$

将式（6-93b）和（6-93c）分别代入式（6-80a）和（6-80b）可得

$$h_{11}C_{11}K_1(h_{11}r_0)+h_{21}C_{21}K_1(h_{21}r_0)+h_{31}g_{n1}C_{51}K_1(h_{31}r_0)=0 \tag{6-96a}$$

$$\gamma_{11}g_{n1}C_{11}K_0(h_{11}r_0)+\gamma_{21}g_{n1}C_{21}K_0(h_{21}r_0)-\gamma_{31}h_{31}^2C_{51}K_0(h_{31}r_0)=0 \tag{6-96b}$$

联立式（6-96a）、(6-96b）可将 C_{21}、C_{51} 用 C_{11} 表示为

$$\begin{cases}C_{21}=-\chi_{21}C_{11}\\ C_{51}=-\chi_{51}C_{11}\end{cases} \tag{6-97}$$

式中，$\chi_{21}=\dfrac{\gamma_{31}h_{11}h_{31}K_0(h_{31}r_0)K_1(h_{11}r_0)+\gamma_{11}g_{n1}^2K_0(h_{11}r_0)K_1(h_{31}r_0)}{\gamma_{31}h_{21}h_{31}K_0(h_{31}r_0)K_1(h_{21}r_0)+\gamma_{21}g_{n1}^2K_0(h_{21}r_0)K_1(h_{31}r_0)}$，

$\chi_{51}=\dfrac{\gamma_{21}h_{11}g_{n1}K_0(h_{21}r_0)K_1(h_{11}r_0)-\gamma_{11}h_{21}g_{n1}K_0(h_{11}r_0)K_1(h_{21}r_0)}{\gamma_{21}h_{31}g_{n1}^2K_0(h_{21}r_0)K_1(h_{31}r_0)+\gamma_{31}h_{31}^2h_{21}K_0(h_{31}r_0)K_1(h_{21}r_0)}$。

进一步可得饱和虚土桩与桩底土界面处土骨架纵向振动位移、剪应力幅值为

$$\tilde{u}_1^z\big|_{r=r_0}=\sum_{n=1}^{\infty}\eta_{n1}C_{n1}(\mathrm{e}^{g_{n1}z}-\mathrm{e}^{2g_{n1}H}\mathrm{e}^{-g_{n1}z}) \tag{6-98a}$$

$$\tilde{\tau}_1^{zr}\big|_{r=r_0}=G_1^*\sum_{n=1}^{\infty}\eta_{n1}'C_{n1}(\mathrm{e}^{g_{n1}z}-\mathrm{e}^{2g_{n1}H}\mathrm{e}^{-g_{n1}z}) \tag{6-98b}$$

式中，C_{n1} 为反映桩-土耦合作用的一系列待定系数，$\eta_{n1}=g_{n1}K_0(h_{1n1}r_0)-g_{n1}\chi_{21}K_0(h_{2n1}r_0)+h_{3n1}^2\chi_{51}K_0(h_{3n1}r_0)$，$\eta_{n1}'=-2h_{1n1}g_{n1}K_1(h_{1n1}r_0)+2\chi_{21}h_{2n1}g_{n1}K_1(h_{2n1}r_0)+\chi_{51}h_{3n1}(g_{n1}^2-h_{3n1}^2)K_1(h_{3n1}r_0)$。

对于桩周土，则将式（6-93b）($j=2$）代入式（4.3.8b）和式（4.3.7)，并由 $K_0(h_{12}r)$、$K_0(h_{22}r)$、$K_0(h_{32}r)$ 线性无关性可得

$$g_{1n2}=g_{2n2}=g_{3n2}=g_{n2}, \quad n=1, 2, 3, \cdots \tag{6-99}$$

式中，g_{n2} 为满足超越方程 $\dfrac{g_{n2}\sinh(g_{n2}H^{\mathrm{p}})}{\bar{K}_2^{\mathrm{S}}\cosh(g_{n2}H^{\mathrm{p}})}+1=0$ 的无穷多个特征值，$\bar{K}_2^{\mathrm{s}}=(k^{\mathrm{s}}+\mathrm{i}\omega c^{\mathrm{s}})/E_2$。

由此可得，D_{12}、D_{22}、D_{52} 与 C_{12}、C_{22}、C_{52} 满足如下关系式：

$$C_{12}+D_{12}=0, \ C_{22}+D_{22}=0, \ C_{52}-D_{52}=0 \tag{6-100}$$

将式（6-93b）和（6-93d）分别代入式（6-81a）和（6-81b）可得

$$h_{12}C_{12}K_1(h_{12}r_0)+h_{22}C_{22}K_1(h_{22}r_0)+h_{32}g_{n2}C_{52}K_1(h_{32}r_0)=0 \tag{6-101a}$$

$$\gamma_{12}h_{12}C_{12}K_1(h_{12}r_0)+\gamma_{22}h_{22}C_{22}K_1(h_{22}r_0)+\gamma_{32}h_{32}g_{n2}C_{52}K_1(h_{32}r_0)=0 \tag{6-101b}$$

联立式（6-101a)、(6-101b）可将 C_{22}、C_{52} 用 C_{12} 表示为

$$\begin{cases}C_{22}=-\chi_{22}C_{12}\\ C_{52}=\chi_{52}C_{12}\end{cases} \tag{6-102}$$

式中，$\chi_{22}=\dfrac{(\gamma_{12}-\gamma_{32})h_{12}K_1(h_{12}r_0)}{(\gamma_{22}-\gamma_{32})h_{22}K_1(h_{22}r_0)}$，$\chi_{52}=\dfrac{(\gamma_{12}-\gamma_{22})h_{12}K_1(h_{12}r_0)}{(\gamma_{22}-\gamma_{32})h_{32}g_{n2}K_1(h_{32}r_0)}$。

由此可得实体桩与桩周土界面处土骨架纵向振动位移、剪应力幅值为

$$\tilde{u}_1^z\big|_{r=r_0}=\sum_{n=1}^{\infty}\eta_{n2}C_{n2}\cosh(g_{n2}z) \tag{6-103a}$$

$$\tilde{\tau}_1^{zr}\big|_{r=r_0}=G_2^*\sum_{n=1}^{\infty}\eta'_{n2}C_{n2}\cosh(g_{n2}z) \tag{6-103b}$$

式中，C_{n2} 为反映桩-土耦合作用的一系列待定系数，$\eta_{n2}=2[g_{n2}K_0(h_{1n2}r_0)-g_{n2}\chi_{22}K_0(h_{2n2}r_0)-h_{3n2}^2\chi_{52}K_0(h_{3n2}r_0)]$，$\eta'_{n2}=-4h_{1n2}g_{n2}K_1(h_{1n2}r_0)+4\chi_{22}h_{2n2}g_{n2}K_1(h_{2n2}r_0)+2\chi_{52}h_{3n2}(h_{3n2}^2-g_{n2}^2)K_1(h_{3n2}r_0)$。

综合前述求解所得饱和虚土桩与桩底土界面处土骨架纵向振动位移、剪应力幅值及实体桩与桩周土界面处土骨架纵向振动位移、剪应力幅值，进一步利用桩底土与饱和虚土桩、桩周土与实体桩界面耦合条件，对实体桩桩顶动力阻抗函数进行求解，具体求解流程如图 6 - 30 所示。

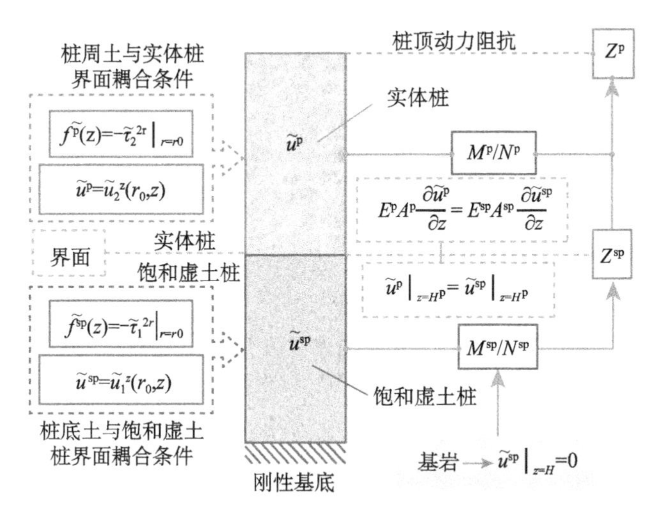

图 6 - 30　桩顶动力阻抗函数求解流程图

谐和激振作用下饱和虚土桩质点纵向振动位移满足 $u^{sp}(z,t)=\tilde{u}^{sp}(z)e^{i\omega t}$，$\tilde{u}^{sp}$ 为饱和虚土桩质点纵向振动位移响应幅值，则式（6 - 70）可化简为

$$(V^{sp})^2\frac{d^2\tilde{u}^{sp}}{dz^2}+\omega^2\tilde{u}^{sp}-\frac{2\pi r_0}{\Lambda^{sp}\rho_1}\tilde{f}^{sp}=0 \tag{6-104}$$

式中，$V^{sp}=\sqrt{E^{sp}/\rho_1}$。

结合桩底土与饱和虚土桩耦合条件式（6 - 82b），并将式（6 - 98b）代入式（6 - 104）可得

$$(V^{sp})^2\frac{d^2\widetilde{u}^{sp}}{dz^2}+\omega^2\widetilde{u}^{sp}+\frac{2\pi r_0G_1^*}{A^{sp}\rho_1}\sum_{n=1}^{\infty}\eta'_{n1}C_{n1}(e^{g_{n1}z}-e^{2g_{n1}H}e^{-g_{n1}z})=0 \tag{6-105}$$

方程（6-105）对应的齐次方程的通解为

$$\widetilde{u}^{sp'}=M^{sp}\cos\left(\frac{\omega}{V^{sp}}z\right)+N^{sp}\sin\left(\frac{\omega}{V^{sp}}z\right) \tag{6-106}$$

式中，M^{sp}、N^{sp}为待定系数。

方程（6-105）的特解根据非齐次项形式确定为

$$\widetilde{u}^{sp*}=\sum_{n=1}^{\infty}\kappa_{n1}C_{n1}(e^{g_{n1}z}-e^{2g_{n1}H}e^{-g_{n1}z}) \tag{6-107}$$

式中，$\kappa_{n1}=-\dfrac{2\pi r_0G_1^*\eta'_{n1}}{A^{sp}\rho_1\left[(V^{sp}g_{n1})^2+\omega^2\right]}$。

由此可得方程（6-105）的解为

$$\widetilde{u}^{sp}=M^{sp}\cos\left(\frac{\omega}{V^{sp}}z\right)+N^{sp}\sin\left(\frac{\omega}{V^{sp}}z\right)+\sum_{n=1}^{\infty}\kappa_{n1}C_{n1}(e^{g_{n1}z}-e^{2g_{n1}H}e^{-g_{n1}z}) \tag{6-108}$$

结合饱和虚土桩与桩底土完全耦合条件，并将式（6-98a）和式（6-108）代入式（6-82a），则有

$$M^{sp}\cos\left(\frac{\omega}{V^{sp}}z\right)+N^{sp}\sin\left(\frac{\omega}{V^{sp}}z\right)+\sum_{n=1}^{\infty}\kappa_{n1}C_{n1}(e^{g_{n1}z}-e^{2g_{n1}H}e^{-g_{n1}z})=\sum_{n=1}^{\infty}\eta_{n1}C_{n1}(e^{g_{n1}z}-e^{2g_{n1}H}e^{-g_{n1}z}) \tag{6-109}$$

根据固有函数系（$e^{g_{n1}z}-e^{2g_{n1}H}e^{-g_{n1}z}$）在饱和虚土桩桩段［$H^p$，$H$］内的正交性，可以确定待定系数$C_{n1}$与$M^{sp}$、$N^{sp}$的关系：

$$C_{n1}=M^{sp}E_{n1}+N^{sp}F_{n1} \tag{6-110}$$

式中，$E_{n1}=\dfrac{L'_{n1}}{(\eta_{n1}-\kappa_{n1})L_{n1}}$，$F_{n1}=\dfrac{L''_{n1}}{(\eta_{n1}-\kappa_{n1})L_{n1}}$，$L_{n1}=\int_{H^p}^{H}(e^{g_{n1}z}-e^{2g_{n1}H}e^{-g_{n1}z})^2dz$，$L'_{n1}=\int_{H^p}^{H}\cos\left(\frac{\omega}{V^{sp}}z\right)(e^{g_{n1}z}-e^{2g_{n1}H}e^{-g_{n1}z})dz$，$L''_{n1}=\int_{H^p}^{H}\sin\left(\frac{\omega}{V^{sp}}z\right)(e^{g_{n1}z}-e^{2g_{n1}H}e^{-g_{n1}z})dz$。

则饱和虚土桩纵向振动位移响应幅值可表示为

$$\widetilde{u}^{sp}=M^{sp}\left[\cos\left(\frac{\omega}{V^{sp}}z\right)+\sum_{n=1}^{\infty}\kappa_{n1}E_{n1}(e^{g_{n1}z}-e^{2g_{n1}H}e^{-g_{n1}z})\right]+N^{sp}\left[\sin\left(\frac{\omega}{V^{sp}}z\right)+\sum_{n=1}^{\infty}\kappa_{n1}F_{n1}(e^{g_{n1}z}-e^{2g_{n1}H}e^{-g_{n1}z})\right] \tag{6-111}$$

将式（6-111）代入边界条件式（6-78）可得

$$\frac{M^{sp}}{N^{sp}}=-\frac{\sin(H\omega/V^{sp})}{\cos(H\omega/V^{sp})} \tag{6-112}$$

由位移阻抗函数的定义可得饱和虚土桩与实体桩界面处的复阻抗函数为

$$Z^{sp}=-E^{sp}A^{sp}\times\frac{\frac{M^{sp}}{N^{sp}}\left[-\frac{\omega}{V^{sp}}\sin\left(\frac{\omega}{V^{sp}}H^{p}\right)+\sum_{n=1}^{\infty}\kappa_{n1}E_{n1}g_{n1}(e^{g_{n1}H^{p}}+e^{2g_{n1}H}e^{-g_{n1}H^{p}})\right]+\left[\frac{\omega}{V^{sp}}\cos\left(\frac{\omega}{V^{sp}}H^{p}\right)+\sum_{n=1}^{\infty}\kappa_{n1}F_{n1}g_{n1}(e^{g_{n1}H^{p}}+e^{2g_{n1}H}e^{-g_{n1}H^{p}})\right]}{\frac{M^{sp}}{N^{sp}}\left[\cos\left(\frac{\omega}{V^{sp}}H^{p}\right)+\sum_{n=1}^{\infty}\kappa_{n1}E_{n1}(e^{g_{n1}H^{p}}-e^{2g_{n1}H}e^{-g_{n1}H^{p}})\right]+\left[\sin\left(\frac{\omega}{V^{sp}}H^{p}\right)+\sum_{n=1}^{\infty}\kappa_{n1}F_{n1}(e^{g_{n1}H^{p}}-e^{2g_{n1}H}e^{-g_{n1}H^{p}})\right]}\tag{6-113}$$

同样地，谐和激振下实体桩质点纵向振动位移 $u^{p}(z,t)=\tilde{u}^{p}(z)e^{i\omega t}$。$\tilde{u}^{p}$ 为实体桩质点纵向振动位移响应幅值，且 $f^{p}(z,t)=\tilde{f}^{p}(z)e^{i\omega t}$，则式(6－72)可化简为

$$(V^{p})^{2}\frac{d^{2}\tilde{u}^{p}}{dz^{2}}+\omega^{2}\tilde{u}^{p}-\frac{2\pi r_{0}}{A^{p}\rho^{p}}\tilde{f}^{p}=0\tag{6-114}$$

式中，$V^{p}=\sqrt{E^{p}/\rho^{p}}$。

结合桩周土与实体桩耦合条件式（6－82d），并将式（6－103b）代入式（6－114）可得

$$(V^{p})^{2}\frac{d^{2}\tilde{u}^{p}}{dz^{2}}+\omega^{2}\tilde{u}^{p}+\frac{2\pi r_{0}G_{2}^{*}}{A^{p}\rho^{p}}\sum_{n=1}^{\infty}\eta_{n2}'C_{n2}\cosh(g_{n2}z)=0\tag{6-115}$$

方程（6－115）对应的齐次方程的通解为

$$\tilde{u}^{p'}=M^{p}\cos\left(\frac{\omega}{V^{p}}z\right)+N^{p}\sin\left(\frac{\omega}{V^{p}}z\right)\tag{6-116}$$

式中，M^{p}、N^{p} 为待定系数。

方程（6－115）的特解根据非齐次项形式确定为

$$\tilde{u}^{p*}=\sum_{n=1}^{\infty}\kappa_{n2}C_{n2}\cosh(g_{n2}z)\tag{6-117}$$

式中，$\kappa_{n2}=-\frac{2\pi r_{0}G_{2}^{*}\eta_{n2}'}{A^{p}\rho^{p}\left[(V^{p}g_{n2})^{2}+\omega^{2}\right]}$。

由此可得方程（6－115）的解为

$$\tilde{u}^{p}=M^{p}\cos\left(\frac{\omega}{V^{p}}z\right)+N^{p}\sin\left(\frac{\omega}{V^{p}}z\right)+\sum_{n=1}^{\infty}\kappa_{n2}C_{n2}\cosh(g_{n2}z)\tag{6-118}$$

结合实体桩与桩周土完全耦合条件，并将式（6－103a）和式（6－118）代入式（6－82c），则有

$$M^{p}\cos\left(\frac{\omega}{V^{p}}z\right)+N^{p}\sin\left(\frac{\omega}{V^{p}}z\right)+\sum_{n=1}^{\infty}\kappa_{n2}C_{n2}\cosh(g_{n2}z)=\sum_{n=1}^{\infty}\eta_{n2}C_{n2}\cosh(g_{n2}z)\tag{6-119}$$

根据固有函数系 cosh（$g_{n2}z$）在实体桩桩段［0，H^p］内的正交性，可以确定待定系数 C_{n2} 与 M^p、N^p 的关系：

$$C_{n2}=M^p E_{n2}+N^p F_{n2} \tag{6-120}$$

式中，$E_{n2}=\dfrac{L'_{n2}}{(\eta_{n2}-\kappa_{n2})L_{n2}}$，$F_{n2}=\dfrac{L''_{n2}}{(\eta_{n2}-\kappa_{n2})L_{n2}}$，$L_{n2}=\int_0^{H^p}[\cosh(g_{n2}z)]^2\mathrm{d}z$，$L'_{n2}=\int_0^{H^p}\cos\left(\dfrac{\omega}{V^p}z\right)\cosh(g_{n2}z)\mathrm{d}z$，$L''_{n2}=\int_0^{H^p}\sin\left(\dfrac{\omega}{V^p}z\right)\cosh(g_{n2}z)\mathrm{d}z$。

则实体桩纵向振动位移响应幅值可表示为

$$\widetilde{u}^p=M^p\left[\cos\left(\frac{\omega}{V^p}z\right)+\sum_{n=1}^{\infty}\kappa_{n2}E_{n2}\cosh(g_{n2}z)\right]+N^p\left[\sin\left(\frac{\omega}{V^p}z\right)+\sum_{n=1}^{\infty}\kappa_{n2}F_{n2}\cosh(g_{n2}z)\right] \tag{6-121}$$

由边界条件式（6－79a）、（6－79b）可得

$$Z^{sp}=-\frac{E^{sp}A^{sp}\dfrac{\partial\widetilde{u}^{sp}}{\partial z}\bigg|_{z=H^p}}{\widetilde{u}^{sp}\big|_{z=H^p}}=-\frac{E^pA^p\dfrac{\partial\widetilde{u}^p}{\partial z}\bigg|_{z=H^p}}{\widetilde{u}^p\big|_{z=H^p}} \tag{6-122}$$

将式（6－121）和式（6－113）代入式（6－122）可得

$$\frac{M^p}{N^p}=\frac{\left[\dfrac{\omega}{V^p}\cos\left(\dfrac{\omega}{V^p}H^p\right)+\sum\limits_{n=1}^{\infty}\kappa_{n2}F_{n2}g_{n2}\sinh(g_{n2}H^p)\right]+\dfrac{Z^{sp}}{E^pA^p}\left[\sin\left(\dfrac{\omega}{V^p}H^p\right)+\sum\limits_{n=1}^{\infty}\kappa_{n2}F_{n2}\cosh(g_{n2}H^p)\right]}{\left[\dfrac{\omega}{V^p}\sin\left(\dfrac{\omega}{V^p}H^p\right)-\sum\limits_{n=1}^{\infty}\kappa_{n2}E_{n2}g_{n2}\sinh(g_{n2}H^p)\right]-\dfrac{Z^{sp}}{E^pA^p}\left[\cos\left(\dfrac{\omega}{V^p}H^p\right)+\sum\limits_{n=1}^{\infty}\kappa_{n2}E_{n2}\cosh(g_{n2}H^p)\right]} \tag{6-123}$$

则实体桩桩顶复阻抗函数为

$$Z^p=-\frac{E^pA^p\omega/V^p}{\dfrac{M^p}{N^p}\left(1+\sum\limits_{n=1}^{\infty}\kappa_{n2}E_{n2}\right)+\sum\limits_{n=1}^{\infty}\kappa_{n2}F_{n2}} \tag{6-124}$$

进一步可得实体桩桩顶复刚度为

$$K_d=Z^p=K_r+\mathrm{i}K_i \tag{6-125}$$

式中，K_r 代表桩顶动刚度；K_i 代表桩顶动阻尼。

由桩顶位移阻抗函数可得桩顶位移频率响应函数为

$$H_u(\omega)=\frac{1}{Z^p}=-\frac{\dfrac{M^p}{N^p}\left(1+\sum\limits_{n=1}^{\infty}\kappa_{n2}E_{n2}\right)+\sum\limits_{n=1}^{\infty}\kappa_{n2}F_{n2}}{E^pA^p\omega/V^p} \tag{6-126}$$

进一步可得桩顶速度频率响应函数为

$$H_v(\mathrm{i}\omega)=\mathrm{i}\omega H_u(\omega) \tag{6-127}$$

根据傅里叶变换的性质，由桩顶速度频率响应函数式（6－117）可得单位脉冲激励作用下桩顶速度时域响应为

$$h(t)=\mathrm{IFT}[H_{\mathrm{v}}(\mathrm{i}\omega)]=\frac{1}{2\pi}\int_{-\infty}^{\infty}\mathrm{i}\omega H_{\mathrm{u}}(\omega)\mathrm{e}^{\mathrm{i}\omega t}\mathrm{d}\omega \tag{6-128}$$

由卷积定理知，在任意激振力 $p(t)$（$P(\mathrm{i}\omega)$ 为 $p(t)$ 的傅里叶变换），桩顶时域速度响应为

$$g(t)=p(t)*h(t)=\mathrm{IFT}[F(\mathrm{i}\omega)\times H_{\mathrm{v}}(\mathrm{i}\omega)] \tag{6-129}$$

特别地，当桩顶处激励 $p(t)$ 为半正弦脉冲时，

$$p(t)=\sin\frac{\pi}{T}t,\quad t\in(0,T) \tag{6-130}$$

式中，T 为脉冲宽度。

进一步由式（6-129）可得半正弦脉冲激振力作用下桩顶速度时域响应半解析解为

$$v(t)=g(t)=\mathrm{IFT}\left[H_{\mathrm{v}}\frac{\pi T}{\pi^2-T^2\omega^2}(1+\mathrm{e}^{-\mathrm{i}\omega T})\right] \tag{6-131}$$

式中，$v(t)$ 为桩顶速度时域响应。

6.4.3　解析模型验证与对比分析

本节算例基于图6-29所示三维饱和连续介质中基于虚土桩模型的力学简化模型，采用前述推导求解所得基于饱和土体三维轴对称模型及桩底饱和虚土桩模型的桩顶纵向振动动力阻抗解析解。对于桩底低渗透性饱和黏土层，其渗透系数取为 $k_1^{\mathrm{D}}=10^{-10}\mathrm{m/s}$[174]，而桩周饱和土层渗透系数则取为 $k_2^{\mathrm{D}}=10^{-6}\mathrm{m/s}$[76]。如无特殊说明，桩长 $H^{\mathrm{p}}=15\mathrm{m}$，饱和虚土桩长 $H^{\mathrm{sp}}=2\mathrm{m}$，桩半径 $r_0=1.0\mathrm{m}$，桩身密度 $\rho^{\mathrm{p}}=2500\mathrm{kg/m^3}$，桩身弹性模量 $E^{\mathrm{p}}=25\mathrm{GPa}$，饱和土层参数按表6-4取值。

表6-4　饱和土层参数（$j=1$，2）

$\rho_j^{\mathrm{s}}/(\mathrm{kg/m^3})$	$\rho_j^{\mathrm{f}}/(\mathrm{kg/m^3})$	$k_1^{\mathrm{D}}/(\mathrm{m/s})$	$k_2^{\mathrm{D}}/(\mathrm{m/s})$	N_j	ν_j
2700	1000	10^{-10}	10^{-6}	0.1	0.3
$\xi_j/(\mathrm{N\cdot s/m^2})$	G_j/GPa	ξ_j^*	$K_j^{\mathrm{s}}/\mathrm{GPa}$	$K_j^{\mathrm{f}}/\mathrm{GPa}$	—
10^{-2}	0.1	0.05	36	2.0	—

为了验证本节推导求解所得的饱和土中桩顶纵向振动动力阻抗解析解的合理性，首先将本节所得解中的饱和虚土桩退化到端承情况（$H^{\mathrm{sp}}\to0$），然后将本节所得解中饱和虚土桩退化到单相土情况（$\rho_j^{\mathrm{f}}\to0$），最后分别与已有相关解析解进行退化验证分析。具体地，李强等[175]基于Biot动力波动理论考虑土体两相特性得到饱和土中端承桩桩顶纵向振动动力阻抗解析解，本节端承退化解与李强已有解[175]对比验证情况如图6-31所示。王奎华[179]则基于三维轴对称模型，结合单相虚土桩法求解得到了桩基纵向振动动力阻抗解析解，本节单相退化解与王奎华已有解[179]对比验证情况如图6-32所示。由图可见，本节推导所得的饱和土中桩顶纵向振动

动力阻抗相应退化解分别与李强已有解[175]、王奎华已有解[179]吻合。

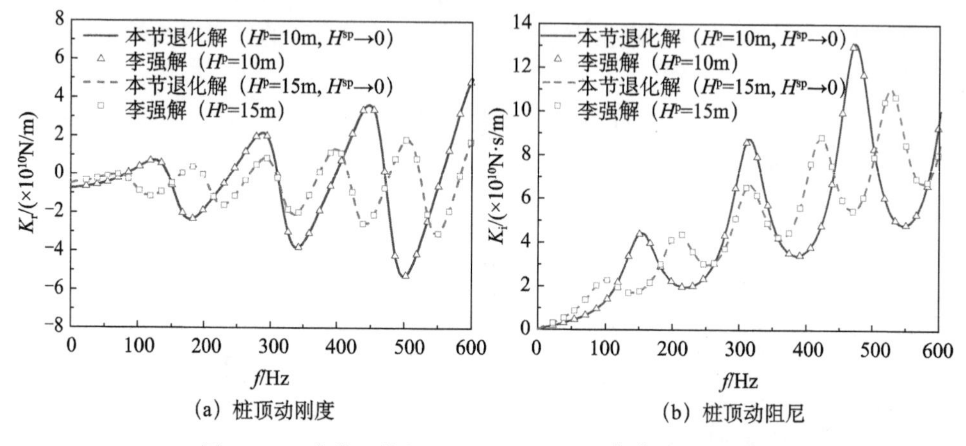

(a) 桩顶动刚度　(b) 桩顶动阻尼

图 6-31　本节退化解（$H^{sp}\rightarrow 0$）与李强[175]已有解对比

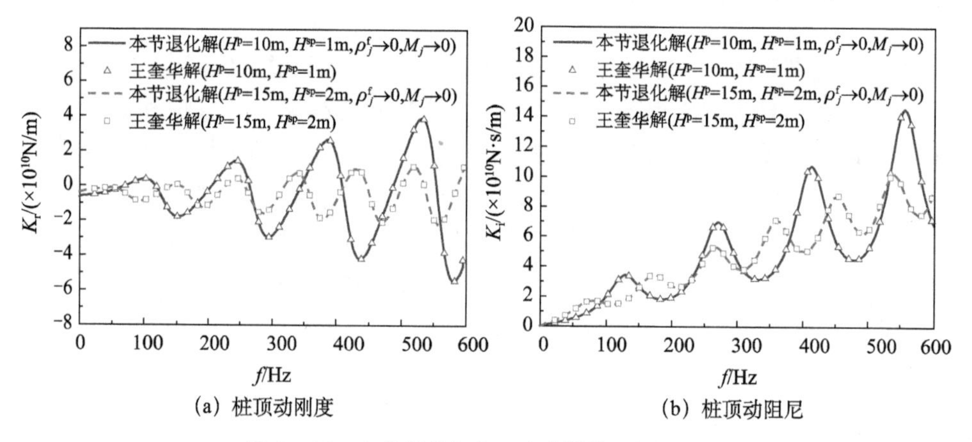

(a) 桩顶动刚度　(b) 桩顶动阻尼

图 6-32　本节退化解与王奎华[179]已有解对比

6.4.4　纵向振动参数化分析

基于本节所提出的三维饱和土-虚土桩-实体桩体系耦合纵向振动力学模型，进一步计算所得桩顶动力阻抗曲线随桩底饱和土层厚度变化情况如图 6-33 所示。由图可见，桩底饱和土层厚度对本节基于饱和虚土桩模型计算所得的桩顶动力阻抗函数曲线影响显著，且随着桩底饱和土层厚度的增加，饱和土中桩顶动力阻抗函数曲线的振幅和共振频率均明显降低。当桩底饱和土层厚度增大到一定程度后，桩顶动力阻抗函数曲线呈现大、小峰值交替现象，且此种现象随桩底土层厚度增加而更加明显。不同地，在文献［104］中，基于单相虚土桩模型计算所得桩顶动力阻抗函数受桩底单相土层厚度变化的影响很小。这是因为单相虚土桩压缩波波速与实体桩差别较大，而本节所述饱和虚土桩压缩波波速与实体桩更为接近。

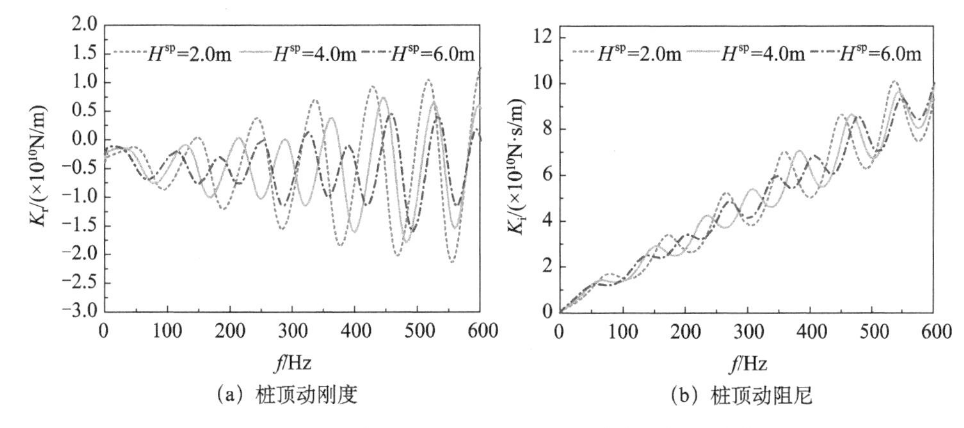

(a) 桩顶动刚度　　(b) 桩顶动阻尼

图 6－33　桩底饱和土层厚度对桩顶动力阻抗的影响

图 6－34 所示为桩身半径（实体桩、饱和虚土桩）对桩顶动力阻抗曲线的影响规律。由图可见，随着实体桩及饱和虚土桩的桩身半径增加，桩顶动力阻抗曲线的共振幅值水平变高。不同地，实体桩及饱和虚土桩的桩身半径变化对桩顶动力阻抗共振频率的影响可以忽略。

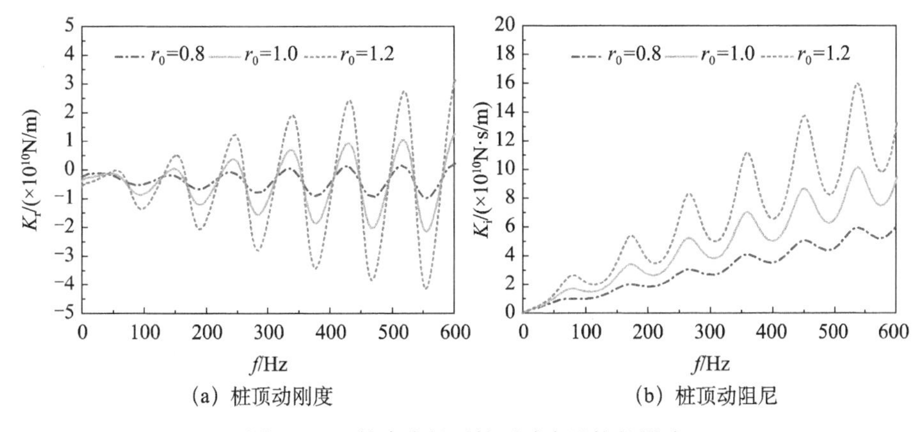

(a) 桩顶动刚度　　(b) 桩顶动阻尼

图 6－34　桩身半径对桩顶动力阻抗的影响

图 6－35 和图 6－36 分别为桩顶动力阻抗曲线随桩周、桩底饱和土体孔隙率的变化情况。由图可见，桩周饱和土体的孔隙率越大，桩顶动力阻抗函数曲线的共振幅值水平越高，但桩周饱和土体的孔隙率对桩顶动力阻抗曲线共振频率影响则很小。不同地，桩顶动力阻抗曲线共振频率随桩底饱和土体孔隙率的增大而显著减小，且桩顶动力阻抗函数曲线共振幅值呈现大、小峰值交替现象。

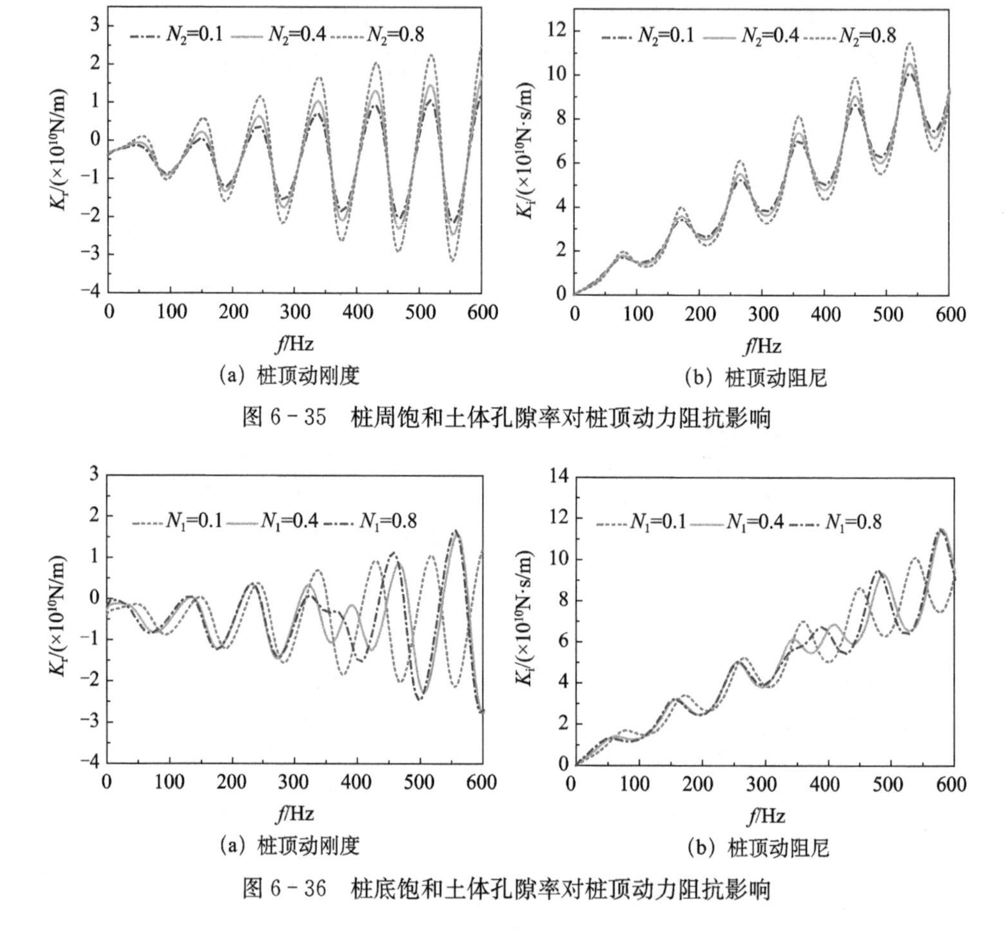

(a) 桩顶动刚度　　(b) 桩顶动阻尼

图 6 - 35　桩周饱和土体孔隙率对桩顶动力阻抗影响

(a) 桩顶动刚度　　(b) 桩顶动阻尼

图 6 - 36　桩底饱和土体孔隙率对桩顶动力阻抗影响

图 6 - 37 和图 6 - 38 所示分别为桩周、桩底饱和土体剪切模量对桩顶动力阻抗曲线的影响规律。由图可见，桩周饱和土、桩底饱和土剪切模量对桩顶动力阻抗

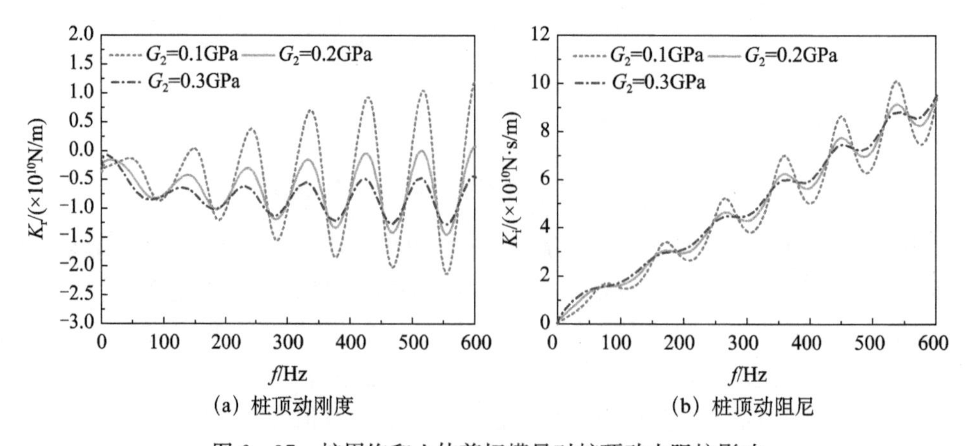

(a) 桩顶动刚度　　(b) 桩顶动阻尼

图 6 - 37　桩周饱和土体剪切模量对桩顶动力阻抗影响

曲线均具有显著影响。且相对而言，桩周饱和土体剪切模量变化对桩顶阻抗影响更为突出。具体地，随桩周、桩底饱和土体剪切模量的增加，桩顶动力阻抗曲线共振幅值水平降低，表明软土场地中桩基较硬土场地中桩基抗振效果差。不同地，桩周、桩底饱和土体剪切模量对桩顶动力阻抗曲线共振频率的影响可以忽略。

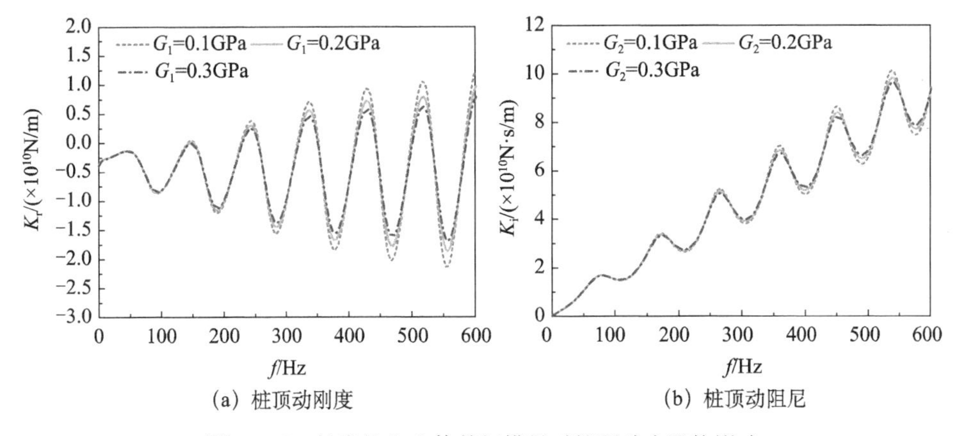

(a) 桩顶动刚度　　(b) 桩顶动阻尼

图 6-38　桩底饱和土体剪切模量对桩顶动力阻抗影响

图 6-39 所示为桩顶动力响应随桩底饱和土层厚度的变化情况。由图可见，桩底饱和土层厚度对本节基于饱和虚土桩模型计算所得的桩顶速度导纳曲线影响显著，且随着桩底饱和土层厚度的增加，饱和土中桩顶速度导纳曲线的振幅和共振频率均明显降低。当桩底饱和土层厚度增大到一定程度后，桩顶速度导纳曲线呈现大、小峰值交替现象，且此种现象随桩底土层厚度增加而更加明显。由反射波曲线可见，桩底饱和土层厚度对实体桩桩底反射信号影响很小，其主要影响饱和虚土桩桩底（基岩）反射信号，桩底饱和土层厚度越大，基岩反射信号出现的时间越晚，且反射信号幅值水平越低。

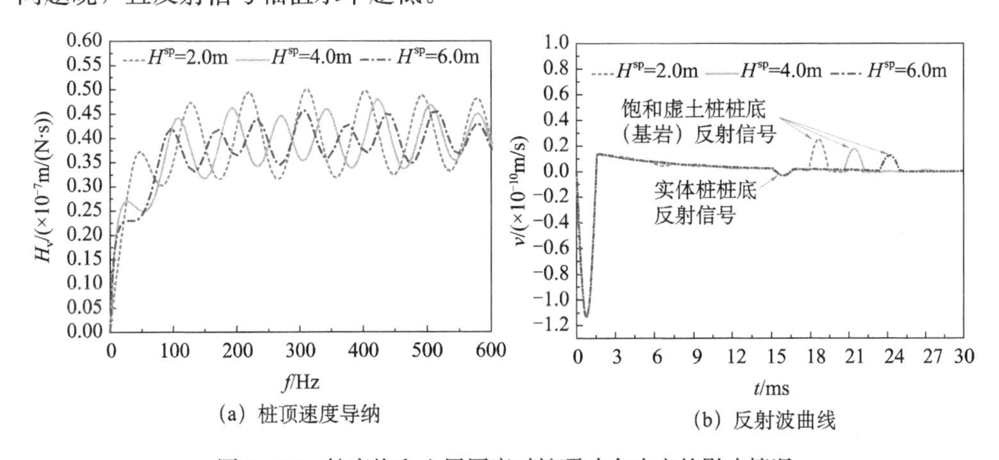

(a) 桩顶速度导纳　　(b) 反射波曲线

图 6-39　桩底饱和土层厚度对桩顶动力响应的影响情况

图 6-40、图 6-41 所示分别为桩顶动力响应随桩周、桩底饱和土体孔隙率的变化情况。由图可见，桩周饱和土体的孔隙率越大，桩顶速度导纳曲线的共振幅值水平越高，但桩周饱和土体的孔隙率对共振频率的影响则很小。不同地，桩顶速度导纳曲线共振频率随桩底饱和土体孔隙率的增大而显著减小，且桩顶速度导纳曲线共振幅值呈现大、小峰值交替现象。由反射波曲线可见，桩周饱和土体孔隙率越大，实体桩及饱和虚土桩桩底反射信号幅值水平越高。实体桩桩底反射信号幅值随桩底饱和土体孔隙率增加而增大，而饱和虚土桩桩底（基岩）反射信号幅值则随桩底饱和土体孔隙率增加而减小，且桩底饱和土体孔隙率越大，基岩反射信号出现的时间越晚。

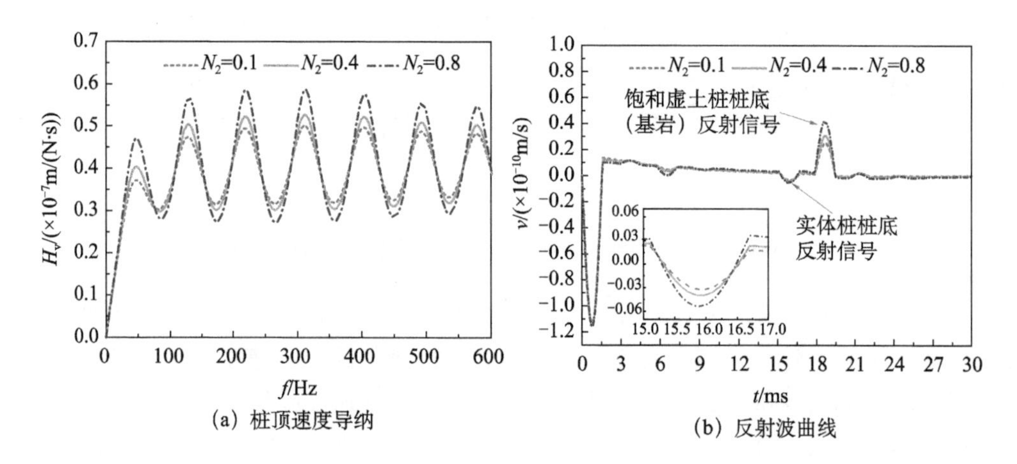

(a) 桩顶速度导纳　　　(b) 反射波曲线

图 6-40　桩周饱和土体孔隙率对桩顶动力响应的影响规律

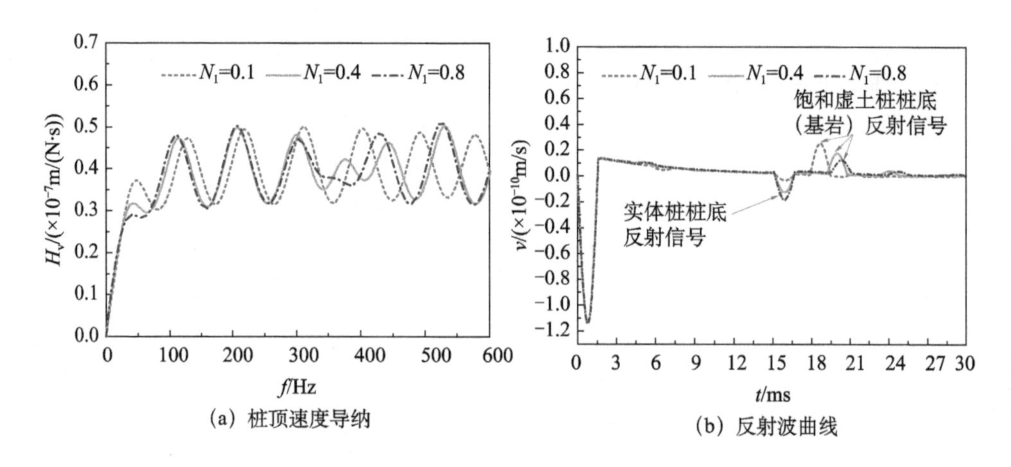

(a) 桩顶速度导纳　　　(b) 反射波曲线

图 6-41　桩底饱和土体孔隙率对桩顶动力响应的影响规律

图 6－42 和图 6－43 分别为桩周、桩底饱和土体剪切模量对桩顶动力响应的影响规律。由图可见，桩周饱和土、桩底饱和土剪切模量对桩顶速度导纳曲线均具有显著影响。且相对而言，桩周饱和土体剪切模量变化对桩顶速度导纳影响更为突出。具体地，随桩周、桩底饱和土体剪切模量增加，桩顶速度导纳曲线共振幅值水平降低。不同地，桩周、桩底饱和土体剪切模量对共振频率的影响可以忽略。由反射波曲线可见，桩周饱和土、桩底饱和土剪切模量对实体桩桩底及饱和虚土桩桩底（基岩）反射信号均具有显著影响。且相对而言，桩周饱和土体剪切模量变化对反射信号的影响更为突出。具体地，随桩周、桩底饱和土体剪切模量增加，实体桩桩底及饱和虚土桩桩底（基岩）反射信号幅值增大。

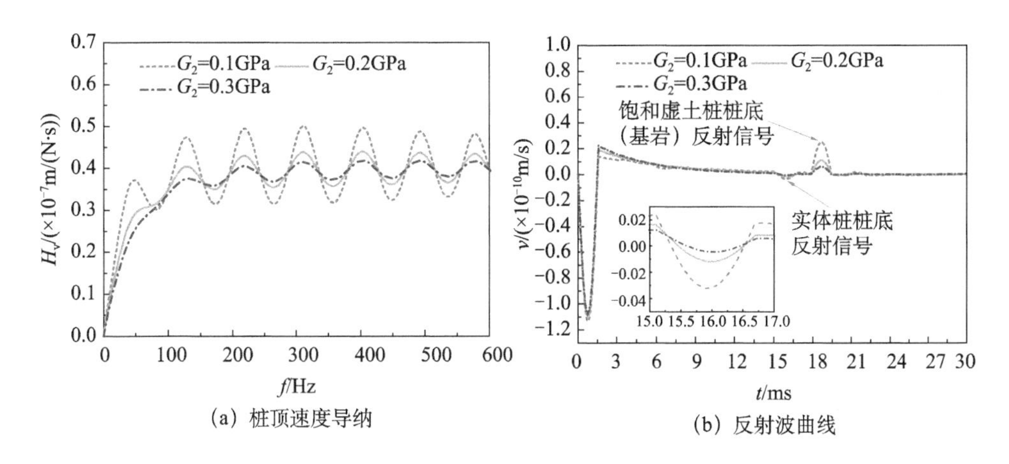

(a) 桩顶速度导纳　(b) 反射波曲线

图 6－42　桩周饱和土体剪切模量对桩顶动力响应的影响规律

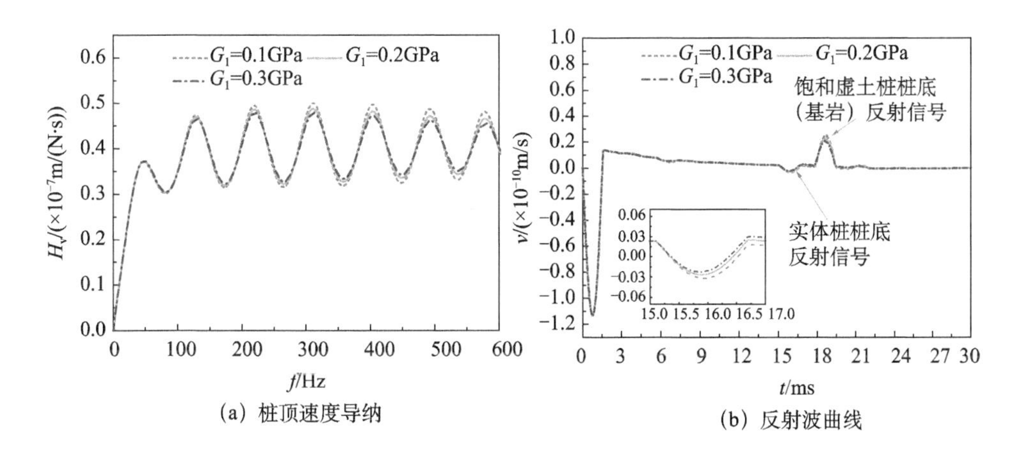

(a) 桩顶速度导纳　(b) 反射波曲线

图 6－43　桩底饱和土体剪切模量对桩顶动力响应的影响情况

6.5 三维饱和层状土-虚土桩-实体桩体系纵向振动频域分析[180]

6.5.1 力学简化模型与定解问题

本节基于桩周饱和土体三维轴对称模型及桩底饱和虚土桩模型，对谐和激振下饱和土中桩基纵向振动特性进行分析，三维饱和层状土-虚土桩-实体桩耦合体系纵向振动力学简化模型如图 6-44 所示。

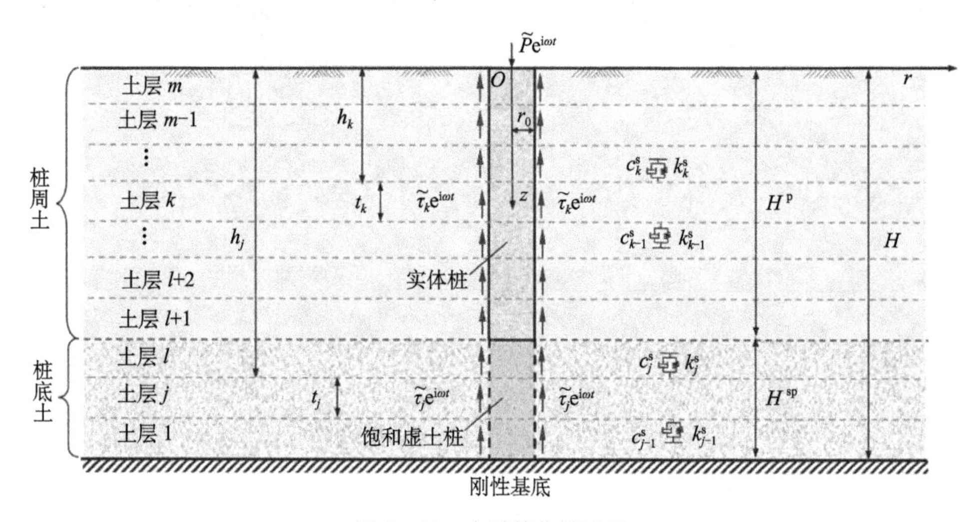

图 6-44　力学简化模型图

将桩-土体耦合振动系统按土体沿纵向分成 m 层，其中桩底土层分成 l 层。由基岩往上依次编号为 1，…，j，…，l，$l+1$，…，k，…，m 层，各层厚度分别为 t_1，…，t_j，…，t_l，t_{l+1}，…，t_k，…，t_m，各层顶部埋深分别为 h_1，…，h_j，…，h_l，h_{l+1}，…，h_k，…，h_m。实体桩桩长、半径分别为 H^p、r_0，桩顶作用谐和激振力 $\widetilde{P}e^{i\omega t}$，$\widetilde{P}$ 为激振力幅值，ω 为激振圆频率，$i=\sqrt{-1}$。基岩上土层总厚度为 H，桩底土层厚 H^{sp}。桩底第 j 层饱和土体与饱和虚土桩界面处土体剪应力为 $\widetilde{\tau}_j e^{i\omega t}$，桩周第 k 层饱和土体与实体桩界面处土体剪应力为 $\widetilde{\tau}_k e^{i\omega t}$，$\widetilde{\tau}_j$、$\widetilde{\tau}_k$ 为剪应力幅值。

基本假定如下：

(1) 桩周和桩底每层土都为均质、各向同性的饱和线黏弹性介质，且桩底各层土体为渗透性较差的饱和黏土；

（2）桩周土层上表面自由，桩底土底部为刚性支承边界，桩周土与桩底土各层间相互作用简化为分布式弹簧和阻尼器，第 $k+1$ 层土作用于第 k 层土的动刚度、阻尼系数分别为 k^s、c^s，第 $k-1$ 层土作用于第 k 层土的动刚度、阻尼系数分别为 k_{k-1}^s、c_{k-1}^s；

（3）实体桩为均质等截面弹性体，桩身相邻层之间满足力平衡和位移连续条件；

（4）饱和虚土桩为等截面饱和两相介质，虚土桩相邻层之间满足力平衡和位移连续条件，其与实体桩界面位移连续、应力平衡；

（5）桩-土体耦合振动系统满足线弹性和小变形条件，桩-土界面完全接触，不存在滑移和脱离。

桩-土系统纵向振动控制方程：

基于 Biot 波动理论饱和土层动力学控制方程为

$$G_j^*\left(\nabla^2-\frac{1}{r^2}\right)u_j^r+(\lambda_j^C+G_j^*)\frac{\partial e_j}{\partial r}-\alpha_j M_j\frac{\partial \zeta_j}{\partial r}=\rho_j\ddot{u}_j^r+\rho_j^f\ddot{w}_j^r \tag{6-132a}$$

$$G_j^*\ \nabla^2 u_j^z+(\lambda_j^C+G_j^*)\frac{\partial e_j}{\partial r}-\alpha_j M_j\frac{\partial \zeta_j}{\partial r}=\rho_j\ddot{u}_j^z+\rho_j^f\ddot{w}_j^z \tag{6-132b}$$

$$\alpha_j M_j\frac{\partial e_j}{\partial r}-M_j\frac{\partial \zeta_j}{\partial r}=\rho_j^f\ddot{u}_j^r+m_j\ddot{w}_j^r+b_j\dot{w}_j^r \tag{6-132c}$$

$$\alpha_j M_j\frac{\partial e_j}{\partial z}-M_j\frac{\partial \zeta_j}{\partial z}=\rho_j^f\ddot{u}_j^z+m_j\ddot{w}_j^z+b_j\dot{w}_j^z \tag{6-132d}$$

$$G_k^*\left(\nabla^2-\frac{1}{r^2}\right)u_k^r+(\lambda_k^C+G_k^*)\frac{\partial e_k}{\partial r}-\alpha_k M_k\frac{\partial \zeta_k}{\partial r}=\rho_k\ddot{u}_k^r+\rho_k^f\ddot{w}_k^r \tag{6-133a}$$

$$G_k^*\ \nabla^2 u_k^z+(\lambda_k^C+G_k^*)\frac{\partial e_k}{\partial r}-\alpha_k M_k\frac{\partial \zeta_k}{\partial r}=\rho_k\ddot{u}_k^z+\rho_k^f\ddot{w}_k^z \tag{6-133b}$$

$$\alpha_k M_k\frac{\partial e_k}{\partial r}-M_k\frac{\partial \zeta_k}{\partial r}=\rho_k^f\ddot{u}_k^r+m_k\ddot{w}_k^r+b_k\dot{w}_k^r \tag{6-133c}$$

$$\alpha_k M_k\frac{\partial e_k}{\partial z}-M_k\frac{\partial \zeta_k}{\partial z}=\rho_k^f\ddot{u}_k^z+m_k\ddot{w}_k^z+b_k\dot{w}_k^z \tag{6-133d}$$

式中，$\nabla^2=\frac{\partial^2}{\partial r^2}+\frac{1}{r}\frac{\partial}{\partial r}+\frac{\partial^2}{\partial z^2}$，$e_j=\frac{\partial u_j^r}{\partial r}+\frac{u_j^r}{r}+\frac{\partial u_j^z}{\partial z}$，$\zeta_j=-\left(\frac{\partial w_j^r}{\partial r}+\frac{w_j^r}{r}+\frac{\partial w_j^z}{\partial z}\right)$，$e_k=\frac{\partial u_k^r}{\partial r}+\frac{u_k^r}{r}+\frac{\partial u_k^z}{\partial z}$，$\zeta_k=-\left(\frac{\partial w_k^r}{\partial r}+\frac{w_k^r}{r}+\frac{\partial w_k^z}{\partial z}\right)$。

式（6－132）和式（6－133）中各参数的关系如式（6－134）所示：

$$\begin{cases}\rho_j=(1-N_j)\rho_j^{s}+N_j\rho_j^{f}, & \rho_k=(1-N_k)\rho_k^{s}+N_j\rho_k^{f}\\ m_j=\rho_j^{f}/N_j, & m_k=\rho_k^{f}/N_k\\ b_j=\xi_j/k_j, & b_k=\xi_k/k_k\\ k_j=\xi_j k_j^{D}/\rho_j^{f}g, & k_k=\xi_k k_k^{D}/\rho_k^{f}g\\ \lambda_j=2G_j v_j/(1-2\nu_j), & \lambda_k=2G_k v_k/(1-2\nu_k)\\ G_j^{*}=G_j(1+2\xi_j^{*}i), & G_k^{*}=G_k(1+2\xi_k^{*}\mathrm{i})\\ \lambda_j^{C}=\lambda_j+\alpha_j^2 M_j, & \lambda_k^{C}=\lambda_k+\alpha_k^2 M_k\\ \alpha_j=1-K_j^{b}/K_j^{s}, & \alpha_k=1-K_k^{b}/K_k^{s}\\ M_j=(K_j^{s})^2/(K_j^{d}-K_j^{b}), & M_k=(K_k^{s})^2/(K_k^{d}-K_k^{b})\\ K_j^{d}=K_j^{s}\left[1+N_j\left(\dfrac{K_j^{s}}{K_j^{f}}-1\right)\right], & K_k^{d}=K_k^{s}\left[1+N_k\left(\dfrac{K_k^{s}}{K_k^{f}}-1\right)\right]\end{cases} \tag{6-134}$$

式中，u_j^r、u_j^z、w_j^r、w_j^z 分别为饱和桩底土第 j 层土体土骨架径向、纵向位移和流体相对于土骨架径向、纵向位移；ρ_j^f、ρ_j^s、N_j、ξ_j、b_j、k_j、k_j^D、G_j^*、G_j、ξ_j^* 分别为饱和桩底土第 j 层土体流体密度、土颗粒密度、孔隙率、流体黏滞系数、骨架与孔隙流体的黏性耦合系数、Biot 动力渗透系数、土体达西渗透系数、土体复值剪切模量、土体剪切模量和阻尼比；α_j、M_j 为 Biot 定义的表征桩底第 j 层饱和土体土颗粒、流体的压缩性常数；K_j^s、K_j^f、K_j^b 分别为饱和桩底土第 j 层土体土颗粒、流体及土骨架的体积压缩模量；u_k^r、u_k^z、w_k^r、w_k^z 分别为饱和桩周土第 k 层土体土骨架径向、纵向位移和流体相对于土骨架径向、纵向位移；ρ_k^f、ρ_k^s、N_k、ξ_k、b_k、k_k、k_k^D、G_k^*、G_k、ξ_k^* 分别为饱和桩周土第 k 层土体流体密度、土颗粒密度、孔隙率、流体黏滞系数、骨架与孔隙流体的黏性耦合系数、Biot 动力渗透系数、土体达西渗透系数、土体复值剪切模量、土体剪切模量和阻尼比；α_k、M_k 为 Biot 定义的表征桩周第 k 层饱和土体土颗粒、流体的压缩性常数；K_k^s、K_k^f、K_k^b 分别为饱和桩周土第 k 层土体土颗粒、流体及土骨架的体积压缩模量；g 为重力加速度，$j=1, 2, \cdots, l$，$k=l+1, l+2, \cdots, m$。

基于 Biot 动力固结理论得出渗透性较差时饱和土体一维纵向振动控制方程为

$$(\lambda_j+2G_j+\alpha_j^2 M_j)\ \frac{\partial^2 u_j^{sp}}{\partial z^2}=\rho_j\ \frac{\partial^2 u_j^{sp}}{\partial t^2} \tag{6-135}$$

式中，u_j^{sp} 为第 j 层饱和虚土桩纵向位移。

将桩底第 j 层土在饱和虚土桩界面处的剪切应力 $\tilde{\tau}_j e^{i\omega t}$ 代入式（6-135）可得第 j 段饱和虚土桩纵向振动控制方程为

$$E_j^{sp}\ \frac{\partial^2 u_j^{sp}}{\partial z^2}-\rho_j\ \frac{\partial^2 u_j^{sp}}{\partial t^2}+\frac{2\pi r_0}{A^p}\tilde{\tau}_j e^{i\omega t}=0 \tag{6-136}$$

式中，$E_j^{sp}=\lambda_j+2G_j+\alpha_j^2 M_j$，$A^p=\pi r_0^2$。

取第 k 段实体桩桩身微元体作动力平衡分析可得第 k 段实体桩纵向振动控制方

程为

$$E^{p}\frac{\partial^{2}u_{k}^{p}}{\partial z^{2}}-\rho^{p}\frac{\partial^{2}u_{k}^{p}}{\partial t^{2}}+\frac{2\pi r_{0}}{A^{p}}\tilde{\tau}_{k}e^{i\omega t}=0 \tag{6-137}$$

式中，u_k^p 为第 k 段实体桩质点纵向振动位移，E^p、ρ^p 分别为实体桩弹性模量和密度。

桩-土系统边界条件

(1) 饱和土体。径向无穷远处位移为零：

$$u_j^r(\infty, z, t)=0, \quad u_k^r(\infty, z, t)=0 \tag{6-138}$$

第 j 层饱和桩底土层顶面、底面均为黏弹性支承，即

$$E_j\frac{\partial u_j^z}{\partial z}+k_{j-1}^{s}u_j^z+c_{j-1}^{s}\frac{\partial u_j^z}{\partial t}\bigg|_{z=h_{j-1}}=0 \tag{6-139a}$$

$$E_j\frac{\partial u_j^z}{\partial z}+k_{j}^{s}u_j^z+c_{j}^{s}\frac{\partial u_j^z}{\partial t}\bigg|_{z=h_{j}}=0 \tag{6-139b}$$

第 k 层饱和桩周土层顶面、底面均为黏弹性支承，即

$$E_k\frac{\partial u_j^z}{\partial z}+k_{k-1}^{s}u_j^z+c_{k-1}^{s}\frac{\partial u_j^z}{\partial t}\bigg|_{z=h_{k-1}}=0 \tag{6-139c}$$

$$E_k\frac{\partial u_j^z}{\partial z}+k_{k}^{s}u_j^z+c_{k}^{s}\frac{\partial u_j^z}{\partial t}\bigg|_{z=h_{k}}=0 \tag{6-139d}$$

式中，E_j、E_k 分别为第 j 层土和第 k 层土土骨架弹性模量，$E_j=\dfrac{G_j(3\lambda_j+2G_j)}{(\lambda_j+G_j)}$，$E_k=\dfrac{G_k(3\lambda_k+2G_k)}{(\lambda_k+G_k)}$。

(2) 实体桩。实体桩各层位移连续、力平衡条件为

$$u_k^p=u_{k+1}^p\big|_{z=h_k}, \quad \frac{\partial u_k^p}{\partial z}=\frac{\partial u_{k+1}^p}{\partial z}\bigg|_{z=h_k} \tag{6-140}$$

(3) 饱和虚土桩。饱和虚土桩各层位移连续、力平衡条件为

$$u_j^{sp}=u_{j+1}^{sp}\big|_{z=h_j}, \quad E_j^{sp}\frac{\partial u_j^{sp}}{\partial z}=E_{j+1}^{sp}\frac{\partial u_{j+1}^{sp}}{\partial z}\bigg|_{z=h_j} \tag{6-141}$$

(4) 桩与饱和虚土桩界面处的边界条件。桩体与饱和虚土桩界面处位移连续、力平衡条件为

$$u_l^{sp}=u_{l+1}^{p}\big|_{z=H^p}, \quad E_l^{sp}\frac{\partial u_l^{sp}}{\partial z}=E^{p}\frac{\partial u_{l+1}^{sp}}{\partial z}\bigg|_{z=H^p} \tag{6-142}$$

(5) 桩-土耦合条件。

第 j 层饱和桩底土与第 j 段饱和虚土桩界面土骨架的径向位移和液固相对纵向位移为零，即

$$u_j^r(r_0, z, t)=0, \quad w_j^z(r_0, z, t)=0 \tag{6-143}$$

第 k 层饱和桩周土与第 k 段实体桩界面不透水，土骨架径向位移为零，即

$$w_k^r(r_0, z, t)=0, \quad u_k^r(r_0, z, t)=0 \tag{6-144}$$

第 j 段饱和虚土桩与第 j 层饱和桩底土、第 k 段实体桩与第 k 层饱和桩周土位移连续条件为

$$u_j^z(r_0, z, t)=u^{sp}, \quad u_k^z(r_0, z, t)=u^{p} \tag{6-145}$$

6.5.2 定解问题求解

谐和激振下桩-土体系做稳态振动，则第 j 层饱和桩底土、第 k 层饱和桩周土的土体质点位移满足下式：

$$\begin{cases} u_j^r(r, z, t)=\tilde{u}_j^r(r, z)e^{i\omega t}, & u_j^z(r, z, t)=\tilde{u}_j^z(r, z)e^{i\omega t} \\ w_j^r(r, z, t)=\tilde{w}_j^r(r, z)e^{i\omega t}, & w_j^z(r, z, t)=\tilde{w}_j^z(r, z)e^{i\omega t} \end{cases} \tag{6-146a}$$

$$\begin{cases} u_k^r(r, z, t)=\tilde{u}_k^r(r, z)e^{i\omega t}, & u_k^z(r, z, t)=\tilde{u}_k^z(r, z)e^{i\omega t} \\ w_k^r(r, z, t)=\tilde{w}_k^r(r, z)e^{i\omega t}, & w_k^z(r, z, t)=\tilde{w}_k^z(r, z)e^{i\omega t} \end{cases} \tag{6-146b}$$

式中，$\tilde{u}_j^r$、$\tilde{u}_j^z$、$\tilde{w}_j^r$、$\tilde{w}_j^z$ 分别为第 j 层饱和桩底土的土骨架径向、纵向及流体相对于土骨架的径向、纵向振动位移响应幅值；$\tilde{u}_k^r$、$\tilde{u}_k^z$、$\tilde{w}_k^r$、$\tilde{w}_k^z$ 分别为第 k 层饱和桩周土的土骨架径向、纵向及流体相对于土骨架径向、纵向振动位移响应幅值。

引入势函数 $\tilde{\phi}_j^s(r, z)$、$\tilde{\phi}_j^f(r, z)$、$\tilde{\psi}_j^s(r, z)$、$\tilde{\psi}_j^f(r, z)$，$\tilde{\phi}_k^s(r, z)$、$\tilde{\phi}_k^f(r, z)$、$\tilde{\psi}_k^s(r, z)$、$\tilde{\psi}_k^f(r, z)$并使其满足：

$$\begin{cases} \tilde{u}_j^r=\dfrac{\partial\tilde{\phi}_j^s}{\partial r}+\dfrac{\partial^2\tilde{\psi}_j^s}{\partial z\partial r}, & \tilde{u}_j^z=\dfrac{\partial\tilde{\phi}_j^s}{\partial z}-\dfrac{1}{r}\dfrac{\partial}{\partial r}\left(r\dfrac{\partial\tilde{\psi}_j^s}{\partial r}\right) \\ \tilde{w}_j^r=\dfrac{\partial\tilde{\phi}_j^f}{\partial r}+\dfrac{\partial^2\tilde{\psi}_j^f}{\partial z\partial r}, & \tilde{w}_j^z=\dfrac{\partial\tilde{\phi}_j^f}{\partial z}-\dfrac{1}{r}\dfrac{\partial}{\partial r}\left(r\dfrac{\partial\tilde{\psi}_j^f}{\partial r}\right) \end{cases} \tag{6-147a}$$

$$\begin{cases} \tilde{u}_k^r=\dfrac{\partial\tilde{\phi}_k^s}{\partial r}+\dfrac{\partial^2\tilde{\psi}_k^s}{\partial z\partial r}, & \tilde{u}_k^z=\dfrac{\partial\tilde{\phi}_k^s}{\partial z}-\dfrac{1}{r}\dfrac{\partial}{\partial r}\left(r\dfrac{\partial\tilde{\psi}_k^s}{\partial r}\right) \\ \tilde{w}_k^r=\dfrac{\partial\tilde{\phi}_k^f}{\partial r}+\dfrac{\partial^2\tilde{\psi}_k^f}{\partial z\partial r}, & \tilde{w}_k^z=\dfrac{\partial\tilde{\phi}_k^f}{\partial z}-\dfrac{1}{r}\dfrac{\partial}{\partial r}\left(r\dfrac{\partial\tilde{\psi}_k^f}{\partial r}\right) \end{cases} \tag{6-147b}$$

分别将式（6-146a）、(6-147a）代入式（6-132)，式（6-146b)、(6-147b）代入式（6-133)，并用矩阵形式表示为

$$\begin{bmatrix} (\lambda_j^C+2G_j^*)\ \nabla^2+\rho_j\omega^2 & \alpha_j M_j\ \nabla^2+\rho_j^f\omega^2 \\ \alpha_j M_j\ \nabla^2+\rho_j^f\omega^2 & M_j\ \nabla^2+m_j\omega^2-b_j i\omega \end{bmatrix}\begin{bmatrix}\tilde{\phi}_j^s \\ \tilde{\phi}_j^f\end{bmatrix}=\begin{bmatrix}0\\0\end{bmatrix} \tag{6-148a}$$

$$\begin{bmatrix} G_j^*\ \nabla^2+\rho_j\omega^2 & \rho_j^f\omega^2 \\ \rho_j^f\omega^2 & m_j\omega^2-b_j i\omega \end{bmatrix}\begin{bmatrix}\tilde{\psi}_j^s \\ \tilde{\psi}_j^f\end{bmatrix}=\begin{bmatrix}0\\0\end{bmatrix} \tag{6-148b}$$

$$\begin{bmatrix}(\lambda_k^{\mathrm{C}}+2G_k^*)\ \nabla^2+\rho_k\omega^2 & \alpha_k M_k\ \nabla^2+\rho_k^{\mathrm{f}}\omega^2\\ \alpha_k M_k\ \nabla^2+\rho_k^{\mathrm{f}}\omega^2 & M_k\ \nabla^2+m_k\omega^2-b_k\mathrm{i}\omega\end{bmatrix}\begin{bmatrix}\tilde{\phi}_k^{\mathrm{s}}\\ \tilde{\phi}_k^{\mathrm{f}}\end{bmatrix}=\begin{bmatrix}0\\0\end{bmatrix} \tag{6-149a}$$

$$\begin{bmatrix}G_k^*\ \nabla^2+\rho_k\omega^2 & \rho_k^{\mathrm{f}}\omega^2\\ \rho_k^{\mathrm{f}}\omega^2 & m_k\omega^2-b_k\mathrm{i}\omega\end{bmatrix}\begin{bmatrix}\tilde{\psi}_k^{\mathrm{s}}\\ \tilde{\psi}_k^{\mathrm{f}}\end{bmatrix}=\begin{bmatrix}0\\0\end{bmatrix} \tag{6-149b}$$

进一步利用微分算子分解理论，并考虑边界条件中式（6－138），则可得式（6－148）和式（6－149）的通解为

$$\tilde{\phi}_j^{\mathrm{s}}=K_0(h_{1j}r)(C_{1j}\mathrm{e}^{g_{1j}z}+D_{1j}\mathrm{e}^{-g_{1j}z})+K_0(h_{2j}r)(C_{2j}\mathrm{e}^{g_{2j}z}+D_{2j}\mathrm{e}^{-g_{2j}z}) \tag{6-150a}$$

$$\tilde{\phi}_j^{\mathrm{f}}=K_0(h_{1j}r)(C_{3j}\mathrm{e}^{g_{1j}z}+D_{3j}\mathrm{e}^{-g_{1j}z})+K_0(h_{2j}r)(C_{4j}\mathrm{e}^{g_{2j}z}+D_{4j}\mathrm{e}^{-g_{2j}z}) \tag{6-150b}$$

$$\tilde{\psi}_j^{\mathrm{s}}=K_0(h_{3j}r)[C_{5j}\mathrm{e}^{g_{3j}z}+D_{5j}\mathrm{e}^{-g_{3j}z}] \tag{6-150c}$$

$$\tilde{\psi}_j^{\mathrm{f}}=K_0(h_{3j}r)[C_{6j}\mathrm{e}^{g_{3j}z}+D_{6j}\mathrm{e}^{-g_{3j}z}] \tag{6-150d}$$

$$\tilde{\phi}_k^{\mathrm{s}}=K_0(h_{1k}r)(C_{1k}\mathrm{e}^{g_{1k}z}+D_{1k}\mathrm{e}^{-g_{1k}z})+K_0(h_{2k}r)(C_{2k}\mathrm{e}^{g_{2k}z}+D_{2k}\mathrm{e}^{-g_{2k}z}) \tag{6-151a}$$

$$\tilde{\phi}_k^{\mathrm{f}}=K_0(h_{1k}r)(C_{3k}\mathrm{e}^{g_{1k}z}+D_{3j}\mathrm{e}^{-g_{1k}z})+K_0(h_{2k}r)(C_{4k}\mathrm{e}^{g_{2k}z}+D_{4j}\mathrm{e}^{-g_{2k}z}) \tag{6-151b}$$

$$\tilde{\psi}_k^{\mathrm{s}}=K_0(h_{3k}r)[C_{5k}\mathrm{e}^{g_{3k}z}+D_{5k}\mathrm{e}^{-g_{3k}z}] \tag{6-151c}$$

$$\tilde{\psi}_k^{\mathrm{f}}=K_0(h_{3k}r)[C_{6k}\mathrm{e}^{g_{3k}z}+D_{6k}\mathrm{e}^{-g_{3k}z}] \tag{6-151d}$$

式中，C_{1j}、D_{1j}、C_{2j}、D_{2j}、C_{5j}、D_{5j}、C_{6j}、D_{6j}、C_{1k}、D_{1k}、C_{2k}、D_{2k}、C_{5k}、D_{5k}、C_{6k}、D_{6k}为待定常数；$I_0(hr)$、$K_0(hr)$为零阶第一类、第二类虚宗量贝塞尔函数。

对于式（6－150）、式（6－151）中的h_{1j}、g_{1j}、h_{2j}、g_{2j}、h_{3j}、g_{3j}、h_{1k}、g_{1k}、h_{2k}、g_{2k}、h_{3k}、g_{3k}参数满足如下关系：

$$\begin{cases}h_{1j}^2+g_{1j}^2=\beta_{1j}^2, & \beta_{1j}^2=\dfrac{q_{1j}+\sqrt{q_{1j}^2-4q_{2j}}}{2}\\ h_{2j}^2+g_{2j}^2=\beta_{2j}^2, & \beta_{2j}^2=\dfrac{q_{1j}-\sqrt{q_{1j}^2-4q_{2j}}}{2}\\ h_{3j}^2+g_{3j}^2=\beta_{3j}^2, & \beta_{3j}^2=\dfrac{(\rho_j^{\mathrm{f}})^2\omega^4-\rho_j\omega^2(m_j\omega^2-b_j\mathrm{i}\omega)}{G_j^*\ (m_j\omega^2-b_j\mathrm{i}\omega)}\end{cases} \tag{6-152a}$$

$$\begin{cases}h_{1k}^2+g_{1k}^2=\beta_{1k}^2, & \beta_{1k}^2=\dfrac{q_{1k}+\sqrt{q_{1k}^2-4q_{2k}}}{2}\\ h_{2k}^2+g_{2k}^2=\beta_{2k}^2, & \beta_{2k}^2=\dfrac{q_{1k}-\sqrt{q_{1k}^2-4q_{2k}}}{2}\\ h_{3k}^2+g_{3k}^2=\beta_{3k}^2, & \beta_{3k}^2=\dfrac{(\rho_k^{\mathrm{f}})^2\omega^4-\rho_k\omega^2\ (m_k\omega^2-b_k\mathrm{i}\omega)}{G_k^*\ (m_k\omega^2-b_k\mathrm{i}\omega)}\end{cases} \tag{6-152b}$$

式中，q_{1j}、q_{1k}、q_{2j}、q_{2k} 与该层土体参数相关，具体可表示为 $q_{1j}=\dfrac{2\alpha_j M_j \rho_j^{\mathrm{f}}\omega^2-(\lambda_j^{\mathrm{C}}+2G_j^*)(m_j\omega^2-b_j\mathrm{i}\omega)-\rho_j M_j\omega^2}{(\lambda_j^{\mathrm{C}}+2G_j^*)M_j-\alpha_j{}^2M_j{}^2}$，$q_{1k}=\dfrac{2\alpha_k M_k \rho_k^{\mathrm{f}}\omega^2-(\lambda_k^{\mathrm{C}}+2G_k^*)(m_k\omega^2-b_k\mathrm{i}\omega)-\rho_k M_k\omega^2}{(\lambda_k^{\mathrm{C}}+2G_k^*)M_k-\alpha_k{}^2M_k{}^2}$，$q_{2j}=\dfrac{\rho_j\omega^2(m_j\omega^2-b_j\mathrm{i}\omega)-(\rho_j^{\mathrm{f}})^2\omega^4}{(\lambda_j^{\mathrm{C}}+2G_j^*)M_j-\alpha_j{}^2M_j{}^2}$，$q_{2k}=\dfrac{\rho_k\omega^2(m_k\omega^2-b_k\mathrm{i}\omega)-(\rho_k^{\mathrm{f}})^2\omega^4}{(\lambda_k^{\mathrm{C}}+2G_k^*)M_k-\alpha_k{}^2M_k{}^2}$。

分别根据式（6－148a）和式（6－148b）、式（6－149a）和式（6－149b）的耦合相关性可得

$$\begin{cases}C_{3j}=\gamma_{1j}C_{1j}\\D_{3j}=\gamma_{1j}D_{1j}\end{cases},\quad\begin{cases}C_{4j}=\gamma_{2j}C_{2j}\\D_{4j}=\gamma_{2j}D_{2j}\end{cases},\quad\begin{cases}C_{6j}=\gamma_{3j}C_{5j}\\D_{6j}=\gamma_{3j}D_{5j}\end{cases}\tag{6－153a}$$

$$\begin{cases}C_{3k}=\gamma_{1k}C_{1k}\\D_{3k}=\gamma_{1k}D_{1k}\end{cases},\quad\begin{cases}C_{4k}=\gamma_{2k}C_{2k}\\D_{4k}=\gamma_{2k}D_{2k}\end{cases},\quad\begin{cases}C_{6k}=\gamma_{3k}C_{5k}\\D_{6k}=\gamma_{3k}D_{5k}\end{cases}\tag{6－153b}$$

式中，γ_{1j}、γ_{2j}、γ_{3j} 和 γ_{1k}、γ_{2k}、γ_{3k} 分别与第 j 层饱和桩底土、第 k 层饱和桩周土的土体参数相关，具体可表示为：$\gamma_{1j}=\dfrac{-\alpha_j M_j\beta_{1j}^2-\rho_j^{\mathrm{f}}\omega^2}{M_j\beta_{1j}^2+(m_j\omega^2-b_j\mathrm{i}\omega)}$、$\gamma_{2j}=\dfrac{-\alpha_j M_j\beta_{2j}^2-\rho_j^{\mathrm{f}}\omega^2}{M_j\beta_{2j}^2+(m_j\omega^2-b_j\mathrm{i}\omega)}$、$\gamma_{3j}=-\dfrac{\rho_j^{\mathrm{f}}\omega^2}{m_j\omega^2-b_j\mathrm{i}\omega}$，$\gamma_{1k}=\dfrac{-\alpha_k M_k\beta_{1k}^2-\rho_k^{\mathrm{f}}\omega^2}{M_k\beta_{1k}^2+(m_k\omega^2-b_k\mathrm{i}\omega)}$、$\gamma_{2k}=\dfrac{-\alpha_k M_k\beta_{2k}^2-\rho_k^{\mathrm{f}}\omega^2}{M_k\beta_{2k}^2+(m_k\omega^2-b_k\mathrm{i}\omega)}$、$\gamma_{3k}=-\dfrac{\rho_k^{\mathrm{f}}\omega^2}{m_k\omega^2-b_k\mathrm{i}\omega}$。

将式（6－150）、式（6－151）分别代入式（6－147a）、式（6－147b）可得第 j 层饱和桩底土、第 k 层饱和桩周土的土体位移为

$$\tilde{u}_j^z=g_{1j}K_0(h_{1j}r)(C_{1j}\mathrm{e}^{g_{1j}z}-D_{1j}\mathrm{e}^{-g_{1j}z})+g_{2j}K_0(h_{2j}r)(C_{2j}\mathrm{e}^{g_{2j}z}-D_{2j}\mathrm{e}^{-g_{2j}z})-h_{3j}^2K_0(h_{3j}r)(C_{5j}\mathrm{e}^{g_{3j}z}+D_{5j}\mathrm{e}^{-g_{3j}z})\tag{6－154a}$$

$$\tilde{u}_j^r=-h_{1j}K_1(h_{1j}r)(C_{1j}\mathrm{e}^{g_{1j}z}+D_{1j}\mathrm{e}^{-g_{1j}z})-h_{2j}K_1(h_{2j}r)(C_{2j}\mathrm{e}^{g_{2j}z}+D_{2j}\mathrm{e}^{-g_{2j}z})-h_{3j}g_{3j}K_1(h_{3j}r)(C_{5j}\mathrm{e}^{g_{3j}z}-D_{5j}\mathrm{e}^{-g_{3j}z})\tag{6－154b}$$

$$\tilde{w}_j^z=\gamma_{1j}g_{1j}K_0(h_{1j}r)(C_{1j}\mathrm{e}^{g_{1j}z}-D_{1j}\mathrm{e}^{-g_{1j}z})+\gamma_{2j}g_{2j}K_0(h_{2j}r)(C_{2j}\mathrm{e}^{g_{2j}z}-D_{2j}\mathrm{e}^{-g_{2j}z})-\gamma_{3j}h_{3j}^2K_0(h_{3j}r)(C_{5j}\mathrm{e}^{g_{3j}z}+D_{5j}\mathrm{e}^{-g_{3j}z})\tag{6－154c}$$

$$\tilde{w}_j^r=-\gamma_{1j}h_{1j}K_1(h_{1j}r)(C_{1j}\mathrm{e}^{g_{1j}z}+D_{1j}\mathrm{e}^{-g_{1j}z})-\gamma_{2j}h_{2j}K_1(h_{2j}r)(C_{2j}\mathrm{e}^{g_{2j}z}+D_{2j}\mathrm{e}^{-g_{2j}z})-\gamma_{3j}h_{3j}g_{3j}K_1(h_{3j}r)(C_{5j}\mathrm{e}^{g_{3j}z}-D_{5j}\mathrm{e}^{-g_{3j}z})\tag{6－154d}$$

$$\tilde{u}_k^z=g_{1k}K_0(h_{1k}r)(C_{1k}\mathrm{e}^{g_{1k}z}-D_{1k}\mathrm{e}^{-g_{1k}z})+g_{2k}K_0(h_{2k}r)(C_{2k}\mathrm{e}^{g_{2k}z}-D_{2k}\mathrm{e}^{-g_{2k}z})-h_{3k}^2K_0(h_{3k}r)(C_{5k}\mathrm{e}^{g_{3k}z}+D_{5k}\mathrm{e}^{-g_{3k}z})\tag{6－155a}$$

$$\tilde{u}_k^r=-h_{1k}K_1(h_{1k}r)(C_{1k}\mathrm{e}^{g_{1k}z}+D_{1k}\mathrm{e}^{-g_{1k}z})-h_{2k}K_1(h_{2k}r)(C_{2k}\mathrm{e}^{g_{2k}z}+D_{2k}\mathrm{e}^{-g_{2k}z})-h_{3k}g_{3k}K_1(h_{3k}r)(C_{5k}\mathrm{e}^{g_{3k}z}-D_{5k}\mathrm{e}^{-g_{3k}z})\tag{6－155b}$$

$$\tilde{w}_k^z=\gamma_{1k}g_{1k}K_0(h_{1k}r)(C_{1k}\mathrm{e}^{g_{1k}z}-D_{1k}\mathrm{e}^{-g_{1k}z})+\gamma_{2k}g_{2k}K_0(h_{2k}r)(C_{2k}\mathrm{e}^{g_{2k}z}-D_{2k}\mathrm{e}^{-g_{2k}z})-\gamma_{3k}h_{3k}^2K_0(h_{3k}r)(C_{5k}\mathrm{e}^{g_{3k}z}+D_{5k}\mathrm{e}^{-g_{3k}z})\tag{6－155c}$$

$$\tilde{w}_k^r=-\gamma_{1k}h_{1k}K_1(h_{1k}r)(C_{1k}\mathrm{e}^{g_{1k}z}+D_{1k}\mathrm{e}^{-g_{1k}z})-\gamma_{2k}h_{2k}K_1(h_{2k}r)(C_{2k}\mathrm{e}^{g_{2k}z}+D_{2k}\mathrm{e}^{-g_{2k}z})-\gamma_{3k}h_{3k}g_{3k}K_1(h_{3k}r)(C_{5k}\mathrm{e}^{g_{3k}z}-D_{5k}\mathrm{e}^{-g_{3k}z})\tag{6－155d}$$

进一步地，分别将式（6－154a）、（6－155a）代入式（6－139a）和式（6－139b）、（6－139c）和式（6－139d），并由 $K_0\ (h_{1j}r)$、$K_0\ (h_{2j}r)$、$K_0\ (h_{3j}r)$ 及 $K_0\ (h_{1k}r)$、$K_0\ (h_{2k}r)$、$K_0\ (h_{3k}r)$ 的线性无关性可得

$$g_{1j}=g_{2j}=g_{3j}=g_{nj},\quad n=1,\ 2,\ 3,\ \cdots \tag{6-156a}$$

$$g_{1k}=g_{2k}=g_{3k}=g_{nk},\quad n=1,\ 2,\ 3,\ \cdots \tag{6-156b}$$

式中，g_{nj} 为 $e^{2g_{nj}h_{j-1}}(g_{nj}+\overline{K}^{s}_{j-1})-\delta_{nj}(g_{nj}-\overline{K}^{s}_{j-1})=0$ 的 n 个特征值，$\delta_{nj}=e^{2g_{nj}h_j}(g_{nj}-\overline{K}^{s}_{j})/(g_{nj}+\overline{K}^{s}_{j})$，$\overline{K}^{s}_{j-1}=(k^{s}_{j-1}+i\omega c^{s}_{j-1})/E_j$，$\overline{K}^{s}_{j}=(k^{s}_{j}+i\omega c^{s}_{j})/E_j$；$g_{nk}$ 为 $e^{2g_{nk}h_{k-1}}(g_{nk}+\overline{K}^{s}_{k-1})-\delta_{nk}(g_{nk}-\overline{K}^{s}_{k-1})=0$ 的 n 个特征值，$\overline{K}^{s}_{k-1}=(k^{s}_{k-1}+i\omega c^{s}_{k-1})/E_k$，$\overline{K}^{s}_{k}=(k^{s}_{k}+i\omega c^{s}_{k})/E_k$，$\delta_{nk}=e^{2g_{nk}h_k}(g_{nk}-\overline{K}^{s}_{k})/(g_{nk}+\overline{K}^{s}_{k})$。

由此可得，待定常数 D_{1j}、D_{2j}、D_{5j} 与 C_{1j}、C_{2j}、C_{5j}，D_{1k}、D_{2k}、D_{5k} 与 C_{1k}、C_{2k}、C_{5k} 分别满足如下关系式：

$$\begin{aligned}&D_{1j}=-\delta_{nj}C_{1j},\quad D_{2j}=-\delta_{nj}C_{2j},\quad D_{5j}=\delta_{nj}C_{5j}\\&D_{1k}=-\delta_{nk}C_{1k},\quad D_{2k}=-\delta_{nk}C_{2k},\quad D_{5k}=\delta_{nk}C_{5k}\end{aligned} \tag{6-157}$$

将式（6－154b）和式（6－154c）代入第 j 层桩底饱和土体与饱和虚土桩的界面处边界条件式（6－143）可得

$$h_{1j}C_{1j}K_1(h_{1j}r_0)+h_{2j}C_{2j}K_1(h_{2j}r_0)+h_{3j}g_{nj}C_{5j}K_1(h_{3j}r_0)=0 \tag{6-158a}$$

$$\gamma_{1j}g_{nj}C_{1j}K_0(h_{1j}r_0)+\gamma_{2j}g_{nj}C_{2j}K_0(h_{2j}r_0)-\gamma_{3j}h^2_{3j}C_{5j}K_0(h_{3j}r_0)=0 \tag{6-158b}$$

联立式（6－158a）、式（6－158b），可将 C_{2j}、C_{5j} 用 C_{1j} 表示为

$$\begin{cases}C_{2j}=-\chi_{2j}C_{1j}\\C_{5j}=-\chi_{5j}C_{1j}\end{cases} \tag{6-159}$$

式中，$\chi_{2j}=\dfrac{\gamma_{3j}h_{1j}h_{3j}K_0\ (h_{3j}r_0)\ K_1\ (h_{1j}r_0)\ +\gamma_{1j}g^2_{nj}K_0\ (h_{1j}r_0)\ K_1\ (h_{3j}r_0)}{\gamma_{3j}h_{2j}h_{3j}K_0\ (h_{3j}r_0)\ K_1\ (h_{2j}r_0)\ +\gamma_{2j}g^2_{nj}K_0\ (h_{2j}r_0)\ K_1\ (h_{3j}r_0)}$，$\chi_{5j}=\dfrac{\gamma_{2j}h_{1j}g_{nj}K_0(h_{2j}r_0)K_1(h_{1j}r_0)-\gamma_{1j}h_{2j}g_{nj}K_0(h_{1j}r_0)K_1(h_{2j}r_0)}{\gamma_{2j}h_{3j}g^2_{nj}K_0(h_{2j}r_0)K_1(h_{3j}r_0)+\gamma_{3j}h^2_{3j}h_{2j}K_0(h_{3j}r_0)K_1(h_{2j}r_0)}$。

进一步可得第 j 层桩底饱和土体在饱和虚土桩界面处的土骨架纵向振动位移、剪应力幅值为

$$\widetilde{u}^{z}_{j}\big|_{r=r_0}=\sum_{n=1}^{\infty}\eta_{nj}C_{nj}(e^{g_{nj}z}+\delta_{nj}e^{-g_{nj}z}) \tag{6-160a}$$

$$\widetilde{\tau}_{j}\big|_{r=r_0}=G^{*}_{j}\sum_{n=1}^{\infty}\eta'_{nj}C_{nj}\ (e^{g_{nj}z}+\delta_{nj}e^{-g_{nj}z}) \tag{6-160b}$$

式中，C_{nj} 为反映桩-土耦合作用的一系列待定系数，$\eta_{nj}=g_{nj}K_0(h_{1nj}r_0)-g_{nj}\chi_{2j}K_0(h_{2nj}r_0)+h^2_{3nj}\chi_{5j}K_0(h_{3nj}r_0)$，$\eta'_{nj}=-2h_{1nj}g_{nj}K_1(h_{1nj}r_0)+2\chi_{2j}h_{2nj}g_{nj}K_1(h_{2nj}r_0)+\chi_{5j}h_{3nj}(g^2_{nj}-h^2_{3nj})K_1(h_{3nj}r_0)$。

将式（6－165b）和式（6－165d）代入第 k 层桩周饱和土体与饱和虚土桩的界

面处边界条件式（6-144）可得

$$h_{1k}C_{1k}K_1(h_{1k}r_0)+h_{2k}C_{2k}K_1(h_{2k}r_0)+h_{3k}g_{nk}C_{5k}K_1(h_{3k}r_0)=0 \quad (6-161a)$$

$$\gamma_{1k}h_{1k}C_{1k}K_1(h_{1k}r_0)+\gamma_{2k}h_{2k}C_{2k}K_1(h_{2k}r_0)+\gamma_{3k}h_{3k}g_{nk}C_{5k}K_1(h_{3k}r_0)=0 \quad (6-161b)$$

联立式（6-161a）、式（6-161b）可将 C_{2k}、C_{5k}用 C_{1k}表示为

$$\begin{cases} C_{2k}=-\chi_{2k}C_{1k} \\ C_{5k}=\chi_{5k}C_{1k} \end{cases} \quad (6-162)$$

式中，$\chi_{2k}=\dfrac{(\gamma_{1k}-\gamma_{3k})h_{1k}K_1(h_{1k}r_0)}{(\gamma_{2k}-\gamma_{3k})h_{2k}K_1(h_{2k}r_0)}$，$\chi_{5k}=\dfrac{(\gamma_{1k}-\gamma_{2k})h_{1k}K_1(h_{1k}r_0)}{(\gamma_{2k}-\gamma_{3k})h_{3k}g_{nk}K_1(h_{3k}r_0)}$。

进一步可得第 k 层桩周饱和土体在实体桩界面处的土骨架纵向振动位移、剪应力幅值表达式为

$$\tilde{u}_k^z\big|_{r=r_0}=\sum_{n=1}^{\infty}\eta_{nk}C_{nk}(e^{g_{nk}z}+\delta_{nj}e^{-g_{nk}z}) \quad (6-163a)$$

$$\tilde{\tau}_k\big|_{r=r_0}=G_k^*\sum_{n=1}^{\infty}\eta'_{nk}C_{nk}(e^{g_{nk}z}+\delta_{nj}e^{-g_{nk}z}) \quad (6-163b)$$

式中，C_{nk} 为反映桩-土耦合作用的一系列待定系数，$\eta_{nk}=g_{nk}K_0(h_{1nk}r_0)-g_{nk}\chi_{2k}K_0(h_{2nk}r_0)-h_{3nk}^2\chi_{5k}K_0(h_{3nk}r_0)$，$\eta'_{nk}=-2h_{1nk}g_{nk}K_1(h_{1nk}r_0)+2\chi_{2k}h_{2nk}g_{nk}K_1(h_{2nk}r_0)+\chi_{5k}h_{3nk}(h_{3nk}^2-g_{nk}^2)K_1(h_{3nk}r_0)$。

谐和激振下饱和虚土桩和实体桩的质点纵向振动位移满足下式：

$$u_j^{sp}(z,t)=\tilde{u}_j^{sp}(z)e^{i\omega t},\quad u_k^{p}(z,t)=\tilde{u}_k^{p}(z)e^{i\omega t} \quad (6-164)$$

式中，$\tilde{u}_j^{sp}$、$\tilde{u}_k^{p}$ 分别为第 j 段饱和虚土桩和第 k 段实体桩质点纵向振动位移响应幅值。

综合式（6-164），并将式（6-160b）、式（6-163b）分别代入式（6-136）、式（6-137）可得

$$(V_j^{sp})^2\frac{d^2\tilde{u}_j^{sp}}{dz^2}+\omega^2\tilde{u}_j^{sp}+\frac{2\pi r_0G_j^*}{A^p\rho_j}\sum_{n=1}^{\infty}\eta'_{nj}C_{nj}(e^{g_{nj}z}+\delta_{nj}e^{-g_{nj}z})=0 \quad (6-165a)$$

$$(V^{p})^2\frac{d^2\tilde{u}_k^{p}}{dz^2}+\omega^2\tilde{u}_k^{p}+\frac{2\pi r_0G_k^*}{A^p\rho^p}\sum_{n=1}^{\infty}\eta'_{nk}C_{nk}(e^{g_{nk}z}+\delta_{nk}e^{-g_{nk}z})=0 \quad (6-165b)$$

式中，$V_j^{sp}=\sqrt{E_j^{sp}/\rho_j}$，$V^p=\sqrt{E^p/\rho^p}$。

则方程（6-165）对应的齐次方程通解为

$$\tilde{u}_j^{sp'}=M_j^{sp}\cos\left(\frac{\omega}{V_j^{sp}}z\right)+N_j^{sp}\sin\left(\frac{\omega}{V_j^{sp}}z\right) \quad (6-166a)$$

$$\tilde{u}_k^{p'}=M_k^{p}\cos\left(\frac{\omega}{V^{p}}z\right)+N_k^{p}\sin\left(\frac{\omega}{V^{p}}z\right) \quad (6-166b)$$

式中，M_j^{sp}、N_j^{sp}、M_k^{p}、N_k^{p} 为待定常数。

方程（6-165）的特解可根据非齐次项形式确定为

$$\widetilde{u}_j^{\mathrm{sp}^*} = \sum_{n=1}^{\infty} \kappa_{nj} C_{nj} (\mathrm{e}^{g_{nj} z} + \delta_{nj} \mathrm{e}^{-g_{nj} z}) \tag{6-167a}$$

$$\widetilde{u}_k^{\mathrm{p}^*} = \sum_{n=1}^{\infty} \kappa_{nk} C_{nk} (\mathrm{e}^{g_{nk} z} + \delta_{nk} \mathrm{e}^{-g_{nk} z}) \tag{6-167b}$$

式中，$\kappa_{nj} = -2\pi r_0 G_j^* \eta'_{nj} / \{A^{\mathrm{p}} \rho_j [(V_j^{\mathrm{sp}} g_{nj})^2 + \omega^2]\}$，$\kappa_{nk} = -2\pi r_0 G_k^* \eta'_{nk} / \{A^{\mathrm{p}} \rho^{\mathrm{p}} [(V^{\mathrm{p}} g_{nk})^2 + \omega^2]\}$。

由此可得方程（6－165）的定解为

$$\widetilde{u}_j^{\mathrm{sp}} = M_j^{\mathrm{sp}} \cos\left(\frac{\omega}{V_j^{\mathrm{sp}}} z\right) + N_j^{\mathrm{sp}} \sin\left(\frac{\omega}{V_j^{\mathrm{sp}}} z\right) + \sum_{n=1}^{\infty} \kappa_{nj} C_{nj} (\mathrm{e}^{g_{nj} z} + \delta_{nj} \mathrm{e}^{-g_{nj} z}) \tag{6-168a}$$

$$\widetilde{u}_k^{\mathrm{p}} = M_k^{\mathrm{p}} \cos\left(\frac{\omega}{V^{\mathrm{p}}} z\right) + N_k^{\mathrm{p}} \sin\left(\frac{\omega}{V^{\mathrm{p}}} z\right) + \sum_{n=1}^{\infty} \kappa_{nk} C_{nk} (\mathrm{e}^{g_{nk} z} + \delta_{nk} \mathrm{e}^{-g_{nk} z}) \tag{6-168b}$$

进一步地，将式（6－168）、式（6－160a）、式（6－163a）代入第 j 段饱和虚土桩与第 j 层饱和桩底土、第 k 段实体桩与第 k 层饱和桩周土的位移连续条件式（6－145），并根据固有函数系 $\mathrm{e}^{g_{nj} z} + \delta_{nj} \mathrm{e}^{-g_{nj} z}$、$\mathrm{e}^{g_{nk} z} + \delta_{nk} \mathrm{e}^{-g_{nk} z}$ 的正交性，确定待定系数 C_{nj} 与 M_j^{sp}、N_j^{sp} 及 C_{nk} 与 M_k^{p}、N_k^{p} 的关系分别为

$$C_{nj} = M_j^{\mathrm{sp}} E_{nj} + N_j^{\mathrm{sp}} F_{nj}, \quad C_{nk} = M^{\mathrm{p}} E_{nk} + N_k^{\mathrm{p}} F_{nk} \tag{6-169}$$

式中，$E_{nj} = L'_{nj} / (\eta_{nj} - \kappa_{nj}) L_{nj}$，$F_{nj} = L''_{nj} / (\eta_{nj} - \kappa_{nj}) L_{nj}$，$E_{nk} = L'_{nk} / (\eta_{nk} - \kappa_{nk}) L_{nk}$，$F_{nk} = L''_{nk} / (\eta_{nk} - \kappa_{nk}) L_{nk}$，$L_{nj} = \int_{h_j}^{h_{j-1}} (\mathrm{e}^{g_{nj} z} + \delta_{nj} \mathrm{e}^{-g_{nj} z})^2 \mathrm{d}z$，$L_{nk} = \int_{h_k}^{h_{k-1}} (\mathrm{e}^{g_{nk} z} + \delta_{nk} \mathrm{e}^{-g_{nk} z})^2 \mathrm{d}z$，$L'_{nj} = \int_{h_j}^{h_{j-1}} \cos\left(\frac{\omega}{V_j^{\mathrm{sp}}} z\right) (\mathrm{e}^{g_{nj} z} + \delta_{nj} \mathrm{e}^{-g_{nj} z}) \mathrm{d}z$，$L'_{nk} = \int_{h_k}^{h_{k-1}} \cos\left(\frac{\omega}{V^{\mathrm{p}}} z\right) (\mathrm{e}^{g_{nk} z} + \delta_{nk} \mathrm{e}^{-g_{nk} z}) \mathrm{d}z$，$L''_{nj} = \int_{h_j}^{h_{j-1}} \sin\left(\frac{\omega}{V_j^{\mathrm{sp}}} z\right) (\mathrm{e}^{g_{nj} z} + \delta_{nj} \mathrm{e}^{-g_{nj} z}) \mathrm{d}z$，$L''_{nk} = \int_{h_k}^{h_{k-1}} \sin\left(\frac{\omega}{V^{\mathrm{p}}} z\right) (\mathrm{e}^{g_{nk} z} + \delta_{nk} \mathrm{e}^{-g_{nk} z}) \mathrm{d}z$。

则第 j 段饱和虚土桩和第 k 段实体桩纵向振动位移响应幅值可表示为

$$\begin{aligned}\widetilde{u}_j^{\mathrm{sp}} = {} & M_j^{\mathrm{sp}} \left[\cos\left(\frac{\omega}{V_j^{\mathrm{sp}}} z\right) + \sum_{n=1}^{\infty} \kappa_{nj} E_{nj} (\mathrm{e}^{g_{nj} z} + \delta_{nj} \mathrm{e}^{-g_{nj} z})\right] \\ & + N_j^{\mathrm{sp}} \left[\sin\left(\frac{\omega}{V_j^{\mathrm{sp}}} z\right) + \sum_{n=1}^{\infty} \kappa_{nj} F_{nj} (\mathrm{e}^{g_{nj} z} + \delta_{nj} \mathrm{e}^{-g_{nj} z})\right]\end{aligned} \tag{6-170a}$$

$$\begin{aligned}\widetilde{u}_k^{\mathrm{p}} = {} & M_k^{\mathrm{p}} \left[\cos\left(\frac{\omega}{V^{\mathrm{p}}} z\right) + \sum_{n=1}^{\infty} \kappa_{nk} E_{nk} (\mathrm{e}^{g_{nk} z} + \delta_{nk} \mathrm{e}^{-g_{nk} z})\right] \\ & + N_k^{\mathrm{p}} \left[\sin\left(\frac{\omega}{V^{\mathrm{p}}} z\right) + \sum_{n=1}^{\infty} \kappa_{nk} F_{nk} (\mathrm{e}^{g_{nk} z} + \delta_{nk} \mathrm{e}^{-g_{nk} z})\right]\end{aligned} \tag{6-170b}$$

综合饱和虚土桩、实体桩边界条件、各层桩界面处位移连续、力的平衡条件，即阻抗函数传递性求得实体桩桩顶动力阻抗函数，具体求解流程如图 6－45 所示。

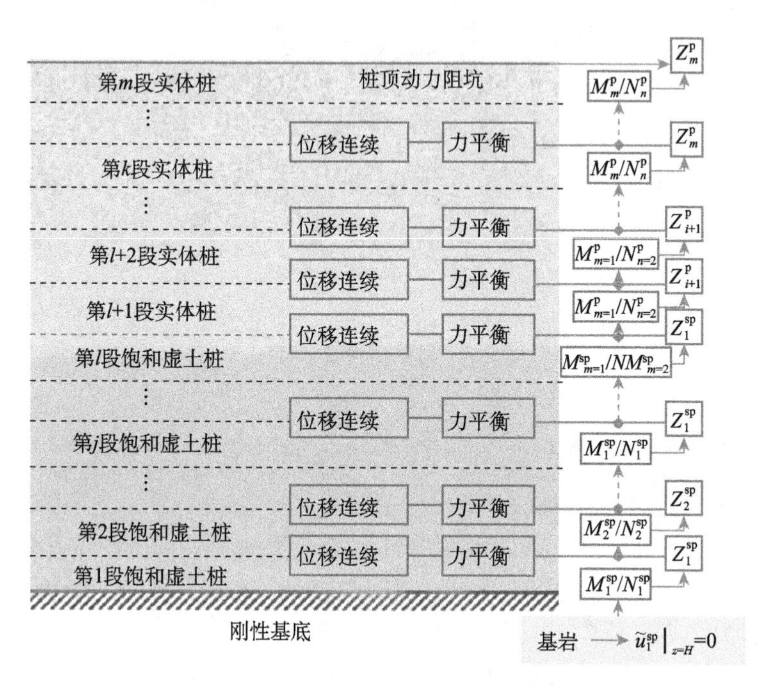

图 6-45　动力阻抗函数求解流程图

首先，由第 1 段饱和虚土桩桩底为刚性支承条件（$\widetilde{u}_1^{\mathrm{sp}}\big|_{z=H}=0$）可得

$$M_1^{\mathrm{sp}}/N_1^{\mathrm{sp}}=-\sin(H\omega/V_1^{\mathrm{sp}})/\cos(H\omega/V_1^{\mathrm{sp}}) \tag{6-171}$$

位移阻抗函数可按下式定义：

$$Z_1^{\mathrm{sp}}(\omega)=-E_1^{\mathrm{sp}}A^{\mathrm{sp}}\frac{\partial\widetilde{u}_1^{\mathrm{sp}}}{\partial z}\bigg/\widetilde{u}_1^{\mathrm{sp}}\bigg|_{z=h_1} \tag{6-172}$$

并将式（6-170a）代入式（6-172），结合式（6-171）可得第 1 段饱和虚土桩桩顶处位移阻抗函数为

$$Z_1^{\mathrm{sp}}=-E_1^{\mathrm{sp}}A^{\mathrm{p}}\times\frac{\dfrac{M_1^{\mathrm{sp}}}{N_1^{\mathrm{sp}}}\left[-\dfrac{\omega}{V_1^{\mathrm{sp}}}\sin\left(\dfrac{\omega}{V_1^{\mathrm{sp}}}h_1\right)+\sum\limits_{n=1}^{\infty}\kappa_{n1}E_{n1}g_{n1}\left(e^{g_{n1}h_1}-\delta_{n1}e^{-g_{n1}h_1}\right)\right]+\left[\dfrac{\omega}{V_1^{\mathrm{sp}}}\cos\left(\dfrac{\omega}{V_1^{\mathrm{sp}}}h_1\right)+\sum\limits_{n=1}^{\infty}\kappa_{n1}F_{n1}g_{n1}\left(e^{g_{n1}h_1}-\delta_{n1}e^{-g_{n1}h_1}\right)\right]}{\dfrac{M_1^{\mathrm{sp}}}{N_1^{\mathrm{sp}}}\left[\cos\left(\dfrac{\omega}{V_1^{\mathrm{sp}}}h_1\right)+\sum\limits_{n=1}^{\infty}\kappa_{n1}E_{n1}\left(e^{g_{n1}h_1}+\delta_{n1}e^{-g_{n1}h_1}\right)\right]+\left[\sin\left(\dfrac{\omega}{V_1^{\mathrm{sp}}}h_1\right)+\sum\limits_{n=1}^{\infty}\kappa_{n1}F_{n1}\left(e^{g_{n1}h_1}+\delta_{n1}e^{-g_{n1}h_1}\right)\right]} \tag{6-173}$$

引入式（6-141）中饱和虚土桩各层位移连续、力平衡条件，可得各段饱和虚土桩位移阻抗函数递推公式为

$$Z_j^{\mathrm{sp}}=-E_j^{\mathrm{sp}}A^{\mathrm{p}}\times\frac{\dfrac{M_j^{\mathrm{sp}}}{N_j^{\mathrm{sp}}}\left[-\dfrac{\omega}{V_j^{\mathrm{sp}}}\sin\left(\dfrac{\omega}{V_j^{\mathrm{sp}}}h_j\right)+\sum\limits_{n=1}^{\infty}\kappa_{nj}E_{nj}g_{nj}\left(e^{g_{nj}h_j}-\delta_{nj}e^{-g_{nj}h_j}\right)\right]+\left[\dfrac{\omega}{V_j^{\mathrm{sp}}}\cos\left(\dfrac{\omega}{V_j^{\mathrm{sp}}}h_j\right)+\sum\limits_{n=1}^{\infty}\kappa_{nj}F_{nj}g_{nj}\left(e^{g_{nj}h_j}-\delta_{nj}e^{-g_{nj}h_j}\right)\right]}{\dfrac{M_j^{\mathrm{sp}}}{N_j^{\mathrm{sp}}}\left[\cos\left(\dfrac{\omega}{V_j^{\mathrm{sp}}}h_j\right)+\sum\limits_{n=1}^{\infty}\kappa_{nj}E_{nj}\left(e^{g_{nj}h_j}+\delta_{nj}e^{-g_{nj}h_j}\right)\right]+\left[\sin\left(\dfrac{\omega}{V_j^{\mathrm{sp}}}h_j\right)+\sum\limits_{n=1}^{\infty}\kappa_{nj}F_{nj}\left(e^{g_{nj}h_j}+\delta_{nj}e^{-g_{nj}h_j}\right)\right]} \tag{6-174a}$$

$$\frac{M_j^{\mathrm{sp}}}{N_j^{\mathrm{sp}}}=\frac{\left[\frac{\omega}{V_j^{\mathrm{sp}}}\cos\left(\frac{\omega}{V_j^{\mathrm{sp}}}h_{j-1}\right)+\sum_{n=1}^{\infty}\kappa_{nj}F_{nj}g_{nj}\left(\mathrm{e}^{g_{nj}h_{j-1}}-\delta_{nj}\,\mathrm{e}^{-g_{nj}h_{j-1}}\right)\right]+\frac{Z_{j-1}^{\mathrm{sp}}}{E_j^{\mathrm{sp}}A^{\mathrm{p}}}\left[\sin\left(\frac{\omega}{V_j^{\mathrm{sp}}}h_{j-1}\right)+\sum_{n=1}^{\infty}\kappa_{nj}F_{nj}\left(\mathrm{e}^{g_{nj}h_{j-1}}+\delta_{nj}\,\mathrm{e}^{-g_{nj}h_{j-1}}\right)\right]}{\left[\frac{\omega}{V_j^{\mathrm{sp}}}\sin\left(\frac{\omega}{V_j^{\mathrm{sp}}}h_{j-1}\right)-\sum_{n=1}^{\infty}\kappa_{nj}E_{nj}g_{nj}\left(\mathrm{e}^{g_{nj}h_{j-1}}-\delta_{nj}\,\mathrm{e}^{-g_{nj}h_{j-1}}\right)\right]-\frac{Z_{j-1}^{\mathrm{sp}}}{E_j^{\mathrm{sp}}A^{\mathrm{p}}}\left[\cos\left(\frac{\omega}{V_j^{\mathrm{sp}}}h_{j-1}\right)+\sum_{n=1}^{\infty}\kappa_{nj}E_{nj}\left(\mathrm{e}^{g_{nj}h_{j-1}}+\delta_{nj}\,\mathrm{e}^{-g_{nj}h_{j-1}}\right)\right]}$$

(6-174b)

这样，由式（6-174）递推可得饱和虚土桩桩顶动力阻抗函数 Z_l^{sp}，同时采用实体桩与饱和虚土桩位移连续、力平衡边界条件式（6-142），可得出第 $l+1$ 段实体桩桩顶动力阻抗 Z_{l+1}^{p}，据此进一步结合实体桩各层界面边界条件式（6-140）可得实体桩位移阻抗函数递推公式为

$$Z_k^{\mathrm{p}}=-E^{\mathrm{p}}A^{\mathrm{p}}\frac{\frac{M_k^{\mathrm{p}}}{N_k^{\mathrm{p}}}\left[-\frac{\omega}{V^{\mathrm{p}}}\sin\left(\frac{\omega}{V^{\mathrm{p}}}h_k\right)+\sum_{n=1}^{\infty}\kappa_{nk}E_{nk}g_{nk}\left(\mathrm{e}^{g_{nk}h_k}-\delta_{nk}\,\mathrm{e}^{-g_{nk}h_k}\right)\right]+\left[\frac{\omega}{V^{\mathrm{p}}}\cos\left(\frac{\omega}{V^{\mathrm{p}}}h_k\right)+\sum_{n=1}^{\infty}\kappa_{nk}F_{nk}g_{nk}\left(\mathrm{e}^{g_{nk}h_k}-\delta_{nk}\,\mathrm{e}^{-g_{nk}h_k}\right)\right]}{\frac{M_k^{\mathrm{p}}}{N_k^{\mathrm{p}}}\left[\cos\left(\frac{\omega}{V^{\mathrm{p}}}h_k\right)+\sum_{n=1}^{\infty}\kappa_{nk}E_{nk}\left(\mathrm{e}^{g_{nk}h_k}+\delta_{nk}\,\mathrm{e}^{-g_{nk}h_k}\right)\right]+\left[\sin\left(\frac{\omega}{V^{\mathrm{p}}}h_k\right)+\sum_{n=1}^{\infty}\kappa_{nk}F_{nk}\left(\mathrm{e}^{g_{nk}h_k}+\delta_{nk}\,\mathrm{e}^{-g_{nk}h_k}\right)\right]}$$

(6-175a)

$$\frac{M_k^{\mathrm{p}}}{N_k^{\mathrm{p}}}=\frac{\left[\frac{\omega}{V^{\mathrm{p}}}\cos\left(\frac{\omega}{V^{\mathrm{p}}}h_{k-1}\right)+\sum_{n=1}^{\infty}\kappa_{nk}F_{nk}g_{nk}\left(\mathrm{e}^{g_{nk}h_{k-1}}-\delta_{nk}\,\mathrm{e}^{-g_{nk}h_{k-1}}\right)\right]+\frac{Z_{k-1}^{\mathrm{p}}}{E^{\mathrm{p}}A^{\mathrm{p}}}\left[\sin\left(\frac{\omega}{V_k^{\mathrm{p}}}h_{k-1}\right)+\sum_{n=1}^{\infty}\kappa_{nk}F_{nk}\left(\mathrm{e}^{g_{nk}h_{k-1}}+\delta_{nk}\,\mathrm{e}^{-g_{nk}h_{k-1}}\right)\right]}{\left[\frac{\omega}{V^{\mathrm{p}}}\sin\left(\frac{\omega}{V^{\mathrm{p}}}h_{k-1}\right)-\sum_{n=1}^{\infty}\kappa_{nk}E_{nk}g_{nk}\left(\mathrm{e}^{g_{nk}h_{k-1}}-\delta_{nk}\,\mathrm{e}^{-g_{nk}h_{k-1}}\right)\right]-\frac{Z_{k-1}^{\mathrm{p}}}{E^{\mathrm{p}}A^{\mathrm{p}}}\left[\cos\left(\frac{\omega}{V^{\mathrm{p}}}h_{k-1}\right)+\sum_{n=1}^{\infty}\kappa_{nk}E_{nk}\left(\mathrm{e}^{g_{nk}h_{k-1}}+\delta_{nk}\,\mathrm{e}^{-g_{nk}h_{k-1}}\right)\right]}$$

(6-175b)

最后，由式（6-175）递推可得实体桩桩顶位移阻抗函数为

$$Z_m^{\mathrm{p}}=-\frac{E^{\mathrm{p}}A^{\mathrm{p}}\omega/V^{\mathrm{p}}}{\frac{M_m^{\mathrm{p}}}{N_m^{\mathrm{p}}}\left(1+2\sum_{n=1}^{\infty}\kappa_{nm}E_{nm}\right)+2\sum_{n=1}^{\infty}\kappa_{nm}F_{nm}} \tag{6-176}$$

则实体桩桩顶复刚度可进一步表示为

$$K_{\mathrm{d}}=Z_m^{\mathrm{p}}=K_{\mathrm{r}}+\mathrm{i}K_{\mathrm{i}} \tag{6-177}$$

式中，K_{r} 代表桩顶动刚度，K_{i} 代表桩顶动阻尼。

由桩顶位移阻抗函数可得桩顶位移频率响应函数为

$$H_{\mathrm{u}}(\omega)=\frac{1}{Z_m^{\mathrm{p}}}=-\frac{\frac{M_m^{\mathrm{p}}}{N_m^{\mathrm{p}}}\left(1+2\sum_{n=1}^{\infty}\kappa_{nm}E_{nm}\right)+2\sum_{n=1}^{\infty}\kappa_{nm}F_{nm}}{E^{\mathrm{p}}A^{\mathrm{p}}\omega/V^{\mathrm{p}}} \tag{6-178}$$

进一步可得桩顶速度频率响应函数为

$$H_{\mathrm{v}}(\mathrm{i}\omega)=\mathrm{i}\omega H_{\mathrm{u}}(\omega) \tag{6-179}$$

根据傅里叶变换的性质，由桩顶速度频率响应函数式（4.4.48）可得单位脉冲激励作用下桩顶速度时域响应为

$$h(t)=\mathrm{IFT}[H_{\mathrm{v}}(\mathrm{i}\omega)]=\frac{1}{2\pi}\int_{-\infty}^{\infty}\mathrm{i}\omega H_{\mathrm{u}}(\omega)\mathrm{e}^{\mathrm{i}\omega t}\,\mathrm{d}\omega \tag{6-180}$$

由卷积定理知，在任意激振力 $p(t)$（$P(\mathrm{i}\omega)$ 为 $p(t)$ 的傅里叶变换）下，桩顶时域速度响应为

$$g(t)=p(t)*h(t)=\mathrm{IFT}[F(\mathrm{i}\omega)\times H_{\mathrm{v}}(\mathrm{i}\omega)] \tag{6-181}$$

特别地，当桩顶处激励 $p(t)$ 为半正弦脉冲时，即

$$p(t)=\sin\frac{\pi}{T}t,\quad t\in(0,T) \tag{6-182}$$

式中，T 为脉冲宽度。

进一步由式（6－181）可得半正弦脉冲激振力作用下桩顶速度时域响应半解析解为

$$v(t)=g(t)=\mathrm{IFT}\left[H_{\mathrm{v}}\frac{\pi T}{\pi^2-T^2\omega^2}(1+\mathrm{e}^{-\mathrm{i}\omega T})\right] \tag{6-183}$$

式中，$v(t)$ 为桩顶速度时域响应。

6.5.3 解析模型验证与对比分析

本节算例基于图 6－44 所示三维饱和层状土-虚土桩-实体桩体系耦合纵向振动力学模型，采用前述推导求解所得基于饱和土体三维轴对称模型及桩底饱和虚土桩模型的层状土中桩顶纵向振动动力阻抗解析解。

在后续分析中，将桩底土分为 3 层，桩周土分为 5 层，即取 $l=3$、$m=8$，各土层层顶埋深及层厚如表 6－5 所列。对于桩底低渗透性饱和黏土层，其渗透系数取为 $k_j^{\mathrm{D}}=10^{-10}\mathrm{m/s}$[174]，而桩周饱和土层渗透系数则取为 $k_k^{\mathrm{D}}=10^{-6}\mathrm{m/s}$[76]。如无特殊说明，桩长 $H^{\mathrm{p}}=10\mathrm{m}$，饱和虚土桩长 $H^{\mathrm{sp}}=1\mathrm{m}$，桩半径 $r_0=0.5\mathrm{m}$，桩身密度 $\rho^{\mathrm{p}}=2500\mathrm{kg/m^3}$，桩身弹性模量 $E^{\mathrm{p}}=25\mathrm{GPa}$，饱和桩底土体土颗粒、流体的体积压缩模量分别为 $K_j^{\mathrm{s}}=36\mathrm{GPa}$、$K_j^{\mathrm{f}}=2\mathrm{GPa}$，饱和桩周土体土颗粒、流体的体积压缩模量分别为 $K_k^{\mathrm{s}}=36\mathrm{GPa}$、$K_k^{\mathrm{f}}=2\mathrm{GPa}$，其他饱和土层参数按表 6－6 取值。

表 6－5　各土层层顶埋深及层厚

分层情况	土层 1	土层 2	土层 3	土层 4	土层 5	土层 6	土层 7	土层 8
层顶埋深 h/m	10.6	10.3	10	8	6	4	2	0
层厚 t/m	0.4	0.3	0.3	2	2	2	2	2

表 6－6　饱和土层参数

桩底土 (j=1,2,3)	ρ_j^{s}/(kg/m³)	ρ_j^{f}/(kg/m³)	k_j^{D}/(m/s)	N_j	ξ_j/(N·s/m²)	G_j/GPa	ξ_j^*
	2700	1000	10^{-10}	0.1	10^{-2}	0.1	0.05
桩周土 (k=4,5,6,7,8)	ρ_j^{s}/(kg/m³)	ρ_j^{f}/(kg/m³)	k_k^{D}/(m/s)	N_k	ξ_k/(N·s/m²)	G_k/GPa	ξ_k^*
	2700	1000	10^{-6}	0.1	10^{-2}	0.1	0.05

为了验证本节推导求解所得的饱和层状土中桩顶纵向振动动力阻抗解析解的

合理性，首先将本节饱和虚土桩解退化到端承情况（$H^{sp}\to 0$），然后将本节所得饱和虚土桩解退化到单相土情况（ρ_j^f、$\rho_k^f\to 0$，M_j、$M_k\to 0$），最后分别与已有相关解进行退化验证分析。具体地，李强等[175]基于 Biot 动力波动理论考虑土体两相特性得到饱和土中端承桩桩顶纵向振动动力阻抗解析解，本节端承退化解与李强已有解[175]对比验证情况如图 6-46 所示。王奎华[176]则考虑土体径向位移基于三维轴对称模型，结合单相虚土桩法求解得到了桩基纵向振动动力阻抗解析解，本节单相退化解与王奎华已有解[179]对比验证情况如图 6-47 所示。由图可见，本节推导所得的饱和层状土中桩顶纵向振动动力阻抗相应退化解分别与李强已有解[175]、王奎华已有解[179]吻合。

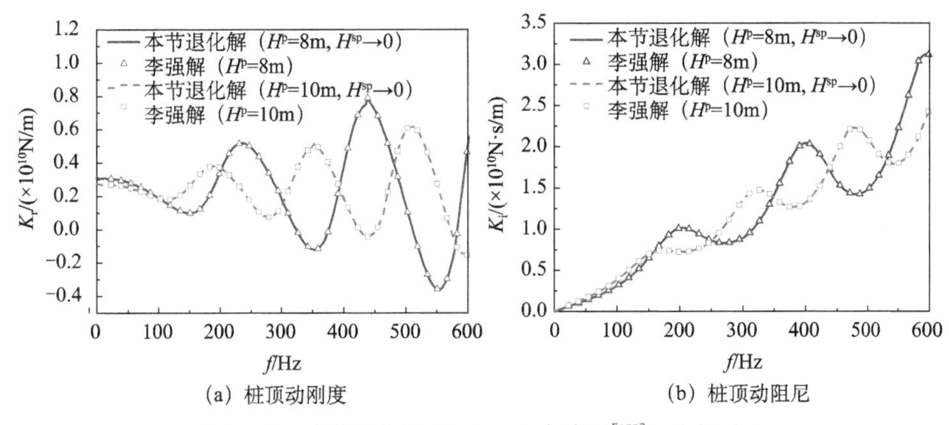

(a) 桩顶动刚度　　(b) 桩顶动阻尼

图 6-46　本节退化解（$H^{sp}\to 0$）与李强[175]已有解对比

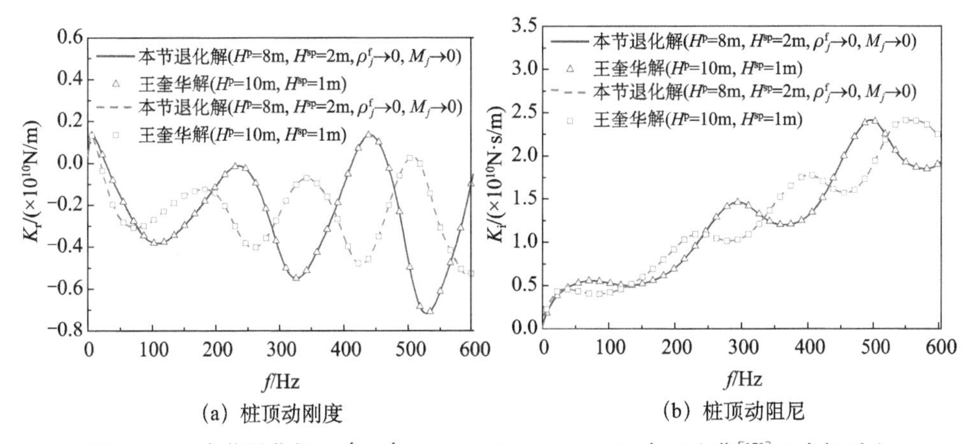

(a) 桩顶动刚度　　(b) 桩顶动阻尼

图 6-47　本节退化解（ρ_j^f（ρ_k^f）$\to 0$，M_j（M_k）$\to 0$）与王奎华[179]已有解对比

进一步地，本节基于饱和虚土桩模型所得的饱和层状土中桩顶动力阻抗解析解，分别与李强所得饱和土中端承桩解[175]及王奎华所得单相虚土桩解[179]对比情况如图 6-48 和图 6-49 所示。由图可见，本节解与李强所得饱和土中端承桩

解[175]的桩顶阻抗曲线共振频率位置错峰对应，呈现出典型的端承桩和浮承桩动力阻抗曲线差异性规律。此外，本节解桩顶动力阻抗共振频率比王奎华所得单相虚土桩解[179]略大，这表明当桩底土饱和性显著且排水性较差时，桩底土单相虚土桩模型会过低估计阻抗曲线共振频率。由反射波曲线可见，基于本节饱和虚土桩解所得实体桩桩底反射信号较单相虚土桩所得实体桩桩底反射信号幅值水平低，且与端承桩桩底反射信号反相，呈现出典型的端承桩和浮承桩反射信号差异性规律。此外，本节解能明确地反映出实体桩桩底及基岩反射信号位置，可据此推断桩底饱和土层厚度，而基于单相虚土桩解则做不到此点。

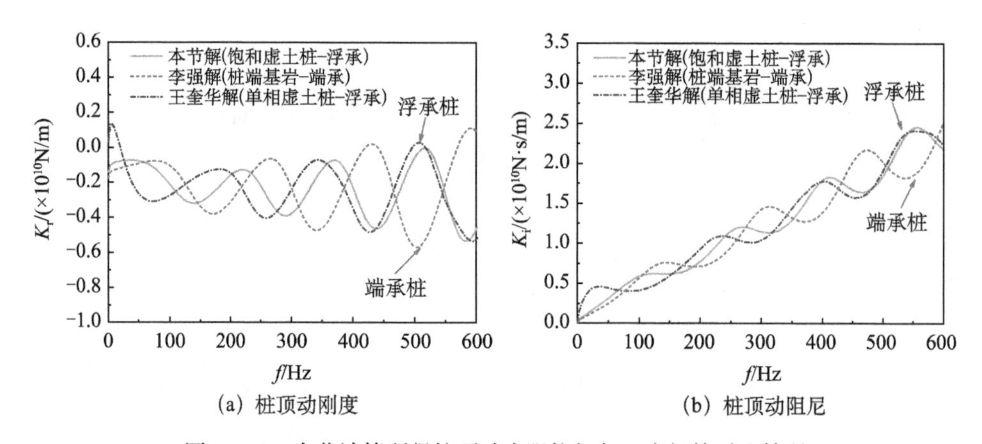

(a) 桩顶动刚度　　(b) 桩顶动阻尼

图 6-48　本节计算所得桩顶动力阻抗解与已有解答对比情况

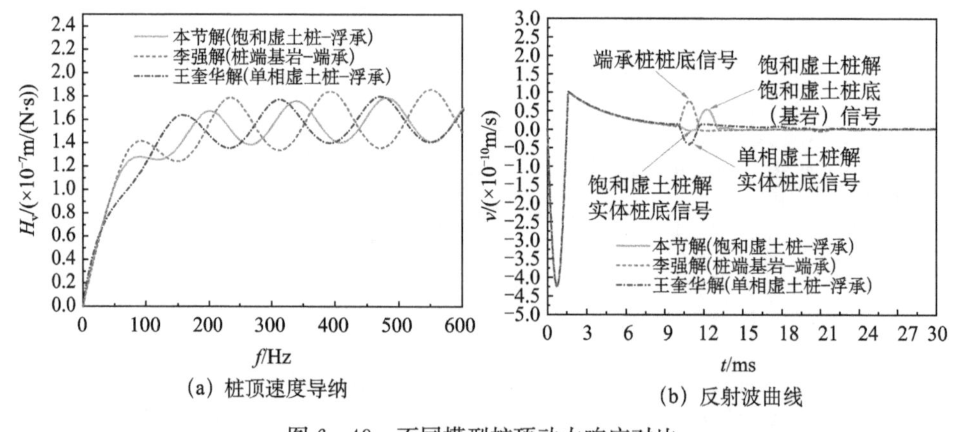

(a) 桩顶速度导纳　　(b) 反射波曲线

图 6-49　不同模型桩顶动力响应对比

6.5.4　纵向振动参数化分析

基于本节所提出的三维饱和层状土-虚土桩-实体桩体系耦合纵向振动力学模型，进一步计算所得桩顶动力阻抗曲线随桩底饱和土层厚度变化情况如图 6-50 所示。由图可见，桩底饱和土层厚度对基于饱和虚土桩模型计算所得桩顶动力阻抗影响显著。具体地，随着桩底饱和土层厚度增加，饱和层状土中桩顶动力阻抗函数曲线的共振幅值水平明显降低。不同地，在文献［104］中，基于单相虚土桩模型计算所得的桩顶动力阻抗随桩底单相土层厚度变化较小。这是因为单相虚土桩压缩波波速与实体桩差别较大，而本节所述饱和虚土桩压缩波波速与实体桩更为接近。

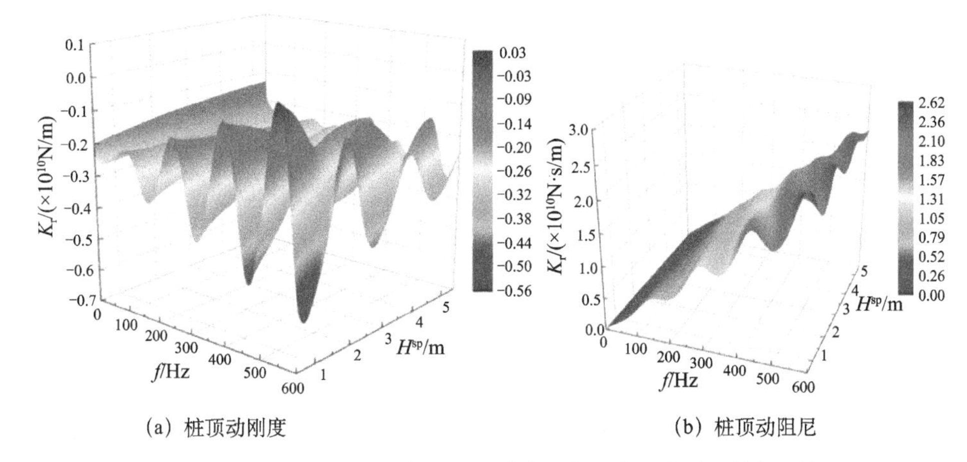

(a) 桩顶动刚度　　　　(b) 桩顶动阻尼

图 6－50　桩底饱和土层厚度对桩顶动力阻抗影响（彩图见封底二维码）

图 6－51 和图 6－52 分别为桩周土体的纵向软（硬）夹层对桩顶动力阻抗的影响。假设土层 6 为桩周饱和软（硬）夹层，定义饱和软（硬）夹层的剪切模量比例系数 ζ_{G6} 为土层 6 与桩周其余土层剪切模量比，即 $\zeta_{G6}=G_6/G_k$，$k=4$，5，7，8。具体地，当 $\zeta_{G6}<1$ 时为软夹层，当 $\zeta_{G6}>1$ 时为硬夹层。由图可见，桩周饱和软（硬）夹层对桩顶动力阻抗曲线共振频率的影响可以忽略，但对动力阻抗曲线振幅水平影响显著，且桩周土体存在软（硬）夹层时桩顶动力阻抗曲线存在大、小峰值交替特征。相对于均质土层而言，当 $\zeta_{G6}<1$ 时桩顶动力阻抗曲线的大、小峰幅值差随 ζ_{G6} 减小而增大；当 $\zeta_{G6}>1$ 时桩顶动力阻抗曲线上的大、小峰幅值差随 ζ_{G6} 增加而变大。

图 6－53 所示为桩底土体的纵向软（硬）下卧夹层对桩顶动力阻抗的影响。假设土层 2 为桩底软（硬）下卧夹层，定义软（硬）下卧夹层的剪切模量比例系数 ζ_{G2} 为土层 2 与桩底其余土层剪切模量比，即 $\zeta_{G2}=G_2/G_j$，$j=1$，3。具体地，$\zeta_{G2}<1$ 为软下卧夹层，$\zeta_{G2}>1$ 为硬下卧夹层。由图可见，与桩周饱和软（硬）夹层不同，桩底软（硬）下卧夹层对桩顶动力阻抗曲线的影响很小。

图 6－54 所示为桩周表层土孔隙率（N_8）对桩顶动力阻抗的影响情况。由图可见，桩周饱和表层土体的孔隙率越大，桩顶动力阻抗函数曲线的共振幅值越大。

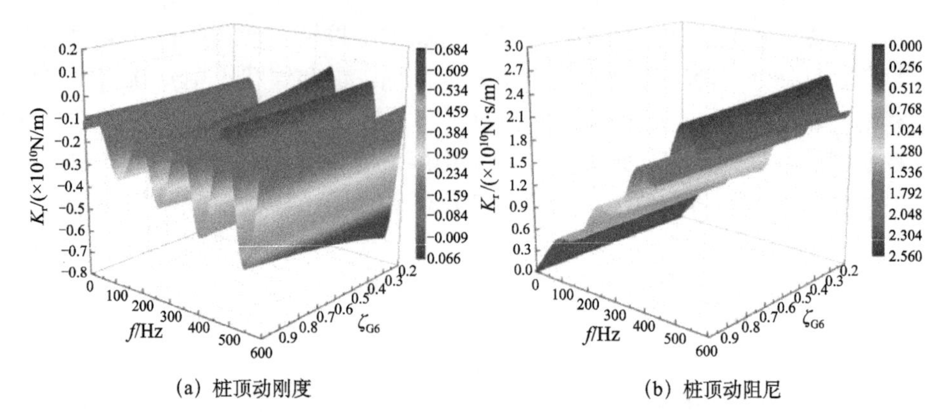

(a) 桩顶动刚度　　(b) 桩顶动阻尼

图 6-51　桩周土纵向软夹层对桩顶动力阻抗的影响情况（彩图见封底二维码）

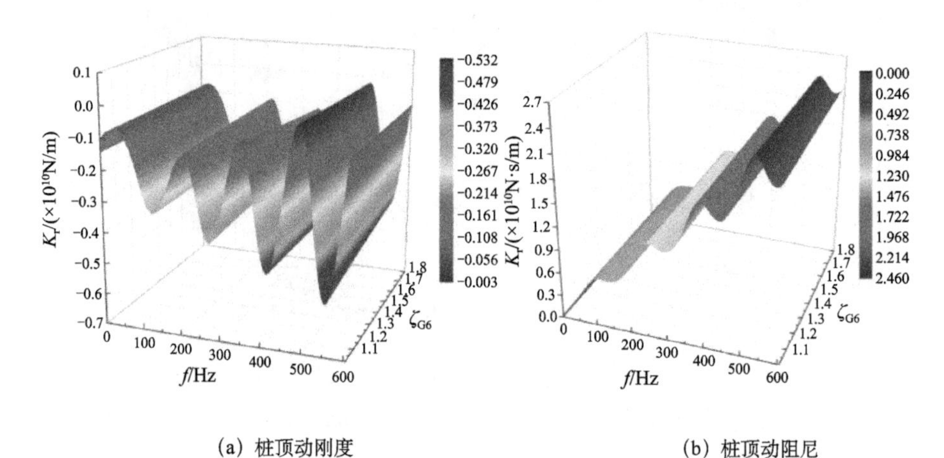

(a) 桩顶动刚度　　(b) 桩顶动阻尼

图 6-52　桩周土纵向硬夹层对桩顶动力阻抗的影响情况（彩图见封底二维码）

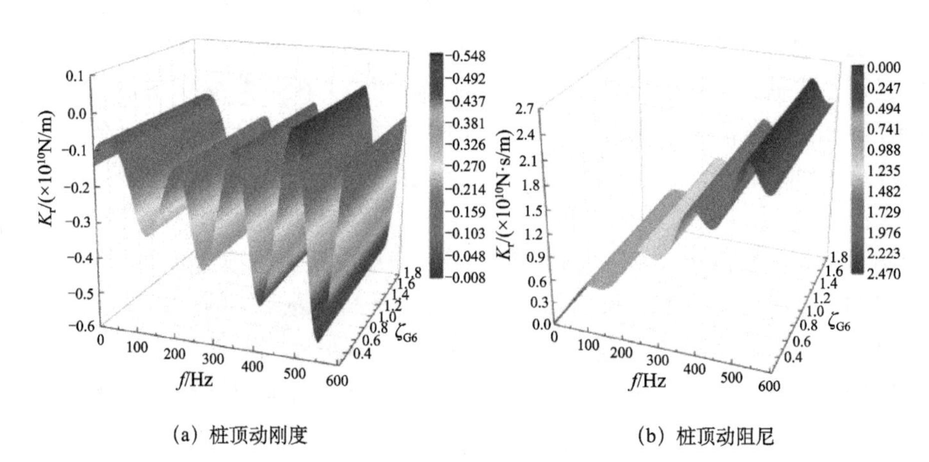

(a) 桩顶动刚度　　(b) 桩顶动阻尼

图 6-53　桩底土纵向软（硬）下卧夹层对桩顶动力阻抗的影响情况（彩图见封底二维码）

不同地，桩周饱和表层土体孔隙率对桩顶动力阻抗曲线的共振频率影响则可忽略。图 6-55 所示为桩底土孔隙率（N_3）对桩顶动力阻抗的影响情况。由图可见，在一定低频范围内，随着桩底饱和土层孔隙率增加，桩顶动力阻抗曲线共振幅值增大，共振频率减小，且此种影响随着频率增加而衰减。

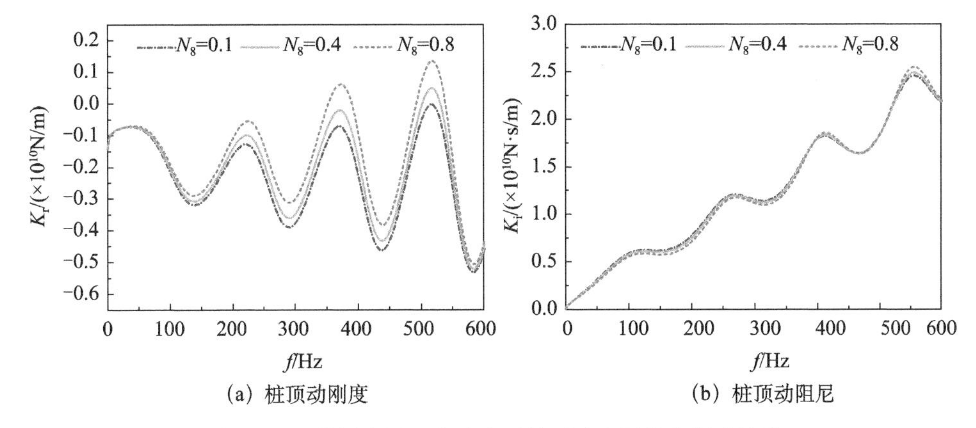

(a) 桩顶动刚度　　(b) 桩顶动阻尼

图 6-54　桩周表层土孔隙率对桩顶动力阻抗的影响情况

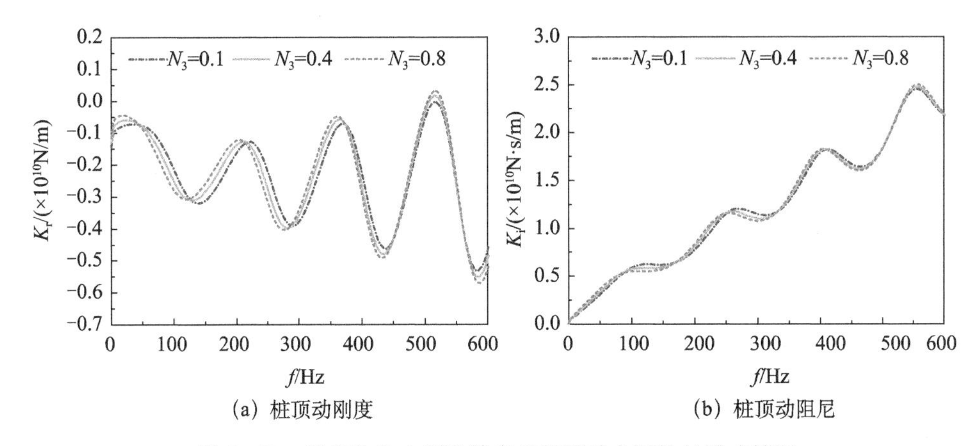

(a) 桩顶动刚度　　(b) 桩顶动阻尼

图 6-55　桩底饱和土层孔隙率对桩顶动力阻抗的影响情况

图 6-56 所示为桩顶动力响应随桩底饱和土层厚度的变化情况。由图可见，桩底饱和土层厚度对本节基于饱和虚土桩模型计算所得的桩顶速度导纳曲线影响显著，且随着桩底饱和土层厚度的增加，饱和土中桩顶速度导纳曲线的振幅和共振频率均明显降低。当桩底饱和土层厚度增大到一定程度后，桩顶速度导纳曲线呈现大、小峰值交替现象，且此种现象随桩底土层厚度增加而更加明显。由反射波曲线可见，桩底饱和土层厚度对实体桩桩底反射信号影响很小，其主要影响饱和虚土桩桩底（基岩）反射信号，桩底饱和土层厚度越大，基岩反射信号出现的时

间越晚，且反射信号幅值水平越低。

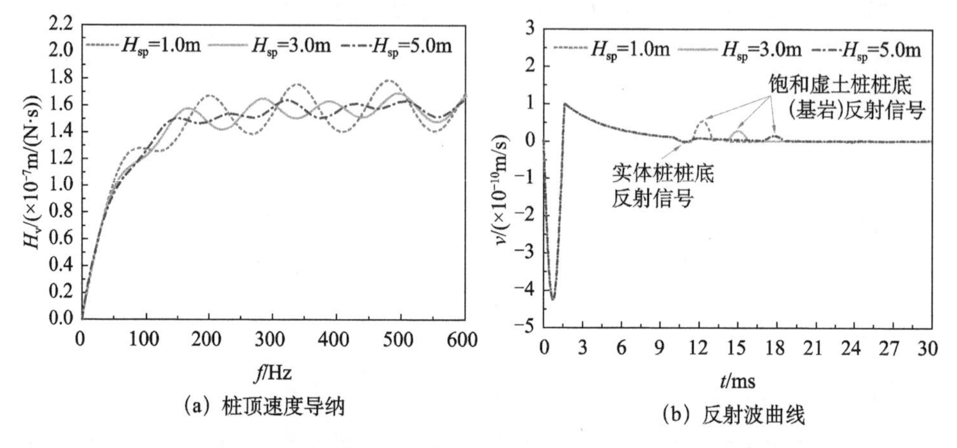

(a) 桩顶速度导纳　　(b) 反射波曲线

图 6-56　桩底饱和土层厚度对桩顶动力响应的影响规律

图 6-57 和图 6-58 分别为桩周饱和土体的纵向软（硬）夹层对桩顶速度导纳和桩顶反射波曲线的影响。假设土层 6 为桩周饱和软（硬）夹层，定义饱和软（硬）夹层的剪切模量比例系数 ζ_{G6} 为土层 6 与桩周其余土层剪切模量比，即 $\zeta_{G6}=G_6/G_k$，$k=4$，5，7，8。具体地，当 $\zeta_{G6}<1$ 时为软夹层，当 $\zeta_{G6}>1$ 时为硬夹层。由图可见，桩周饱和软（硬）夹层对桩顶速度导纳曲线共振频率的影响可以忽略，但对速度导纳曲线振幅水平影响显著，且桩周土体存在软（硬）夹层时桩顶动力阻抗曲线存在大、小峰值交替特征。相对于均质土层而言，当 $\zeta_{G6}<1$ 时，桩顶速度导纳曲线的大、小峰幅值差随 ζ_{G6} 减小而增大；当 $\zeta_{G6}>1$ 时，桩顶速度导纳曲线上的大、小峰幅值差随 ζ_{G6} 增加而变大。桩顶反射波曲线中显著呈现出桩周饱和土

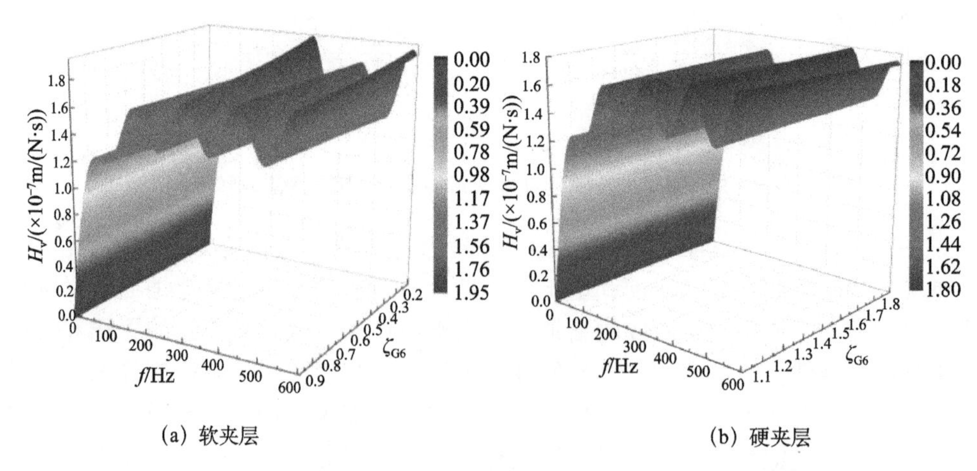

(a) 软夹层　　(b) 硬夹层

图 6-57　桩周土纵向软（硬）夹层对桩顶速度导纳的影响情况（彩图见封底二维码）

夹层处的反射信号。具体地，当 $\zeta_{G6}<1$ 时，呈现出与实体桩桩底处同相的反射信号，且反射信号幅值随 ζ_{G6} 增加而减小，当 $\zeta_{G6}>1$ 时，呈现出与实体桩桩底处反相的反射信号，且反射信号幅值随 ζ_{G6} 增加而变大。

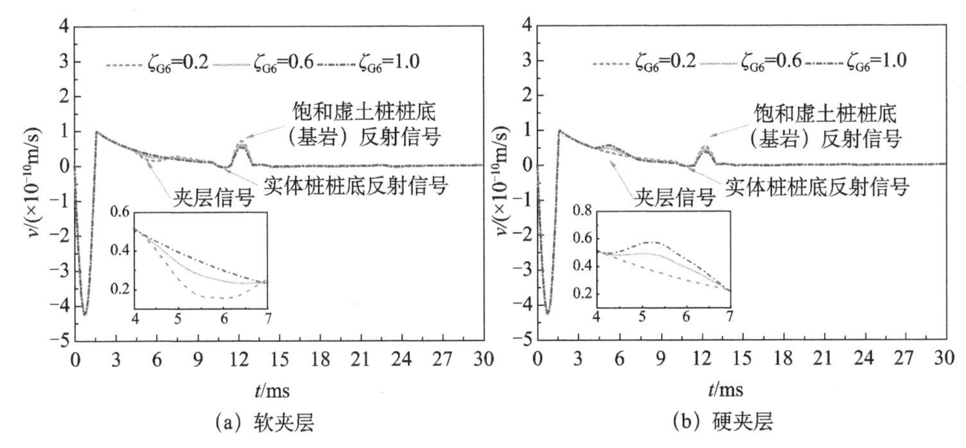

(a) 软夹层　　(b) 硬夹层

图 6－58　桩周土纵向软（硬）夹层对桩顶速度反射波曲线的影响情况

图 6－59 所示为桩底土体的纵向软（硬）下卧夹层对桩顶动力响应的影响。假设土层 2 为桩底软（硬）下卧夹层，定义软（硬）下卧夹层的剪切模量比例系数 ζ_{G2} 为土层 2 与桩底其余土层剪切模量比，即 $\zeta_{G2}=G_2/G_j$，$j=1$，3。具体地，$\zeta_{G2}<1$ 为软下卧夹层，$\zeta_{G2}>1$ 为硬下卧夹层。由图可见，与桩周饱和软（硬）夹层不同，桩底软（硬）下卧夹层对桩顶动力响应曲线的影响很小。

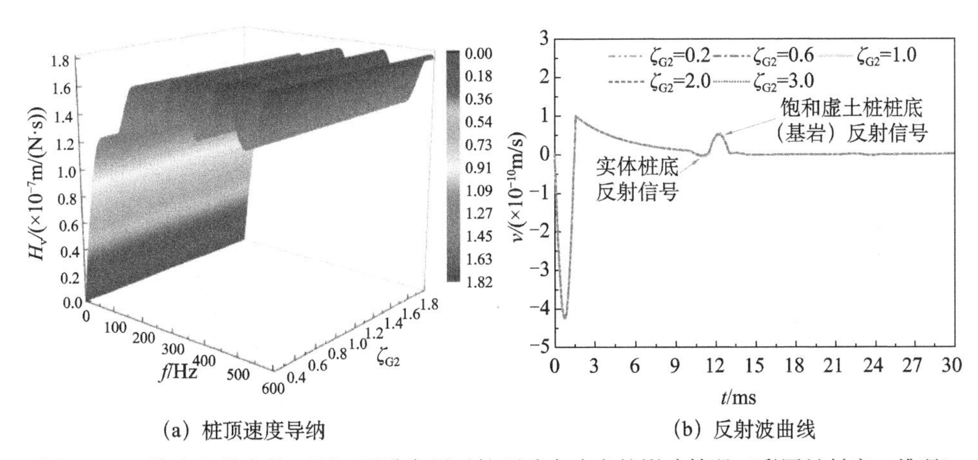

(a) 桩顶速度导纳　　(b) 反射波曲线

图 6－59　桩底土纵向软（硬）下卧夹层对桩顶动力响应的影响情况（彩图见封底二维码）

图 6－60 所示为桩周饱和表层土孔隙率（N_8）对桩顶动力响应的影响情况。由图可见，桩周饱和表层土体的孔隙率越大，桩顶速度导纳曲线的共振幅值越大。不同地，桩周饱和表层土体孔隙率对桩顶速度导纳曲线的共振频率的影响则可忽

略。由反射波曲线可见，随桩周饱和表层土体孔隙率增加，实体桩桩底及饱和虚土桩桩底（基岩）反射信号幅值水平均有小幅度增加。

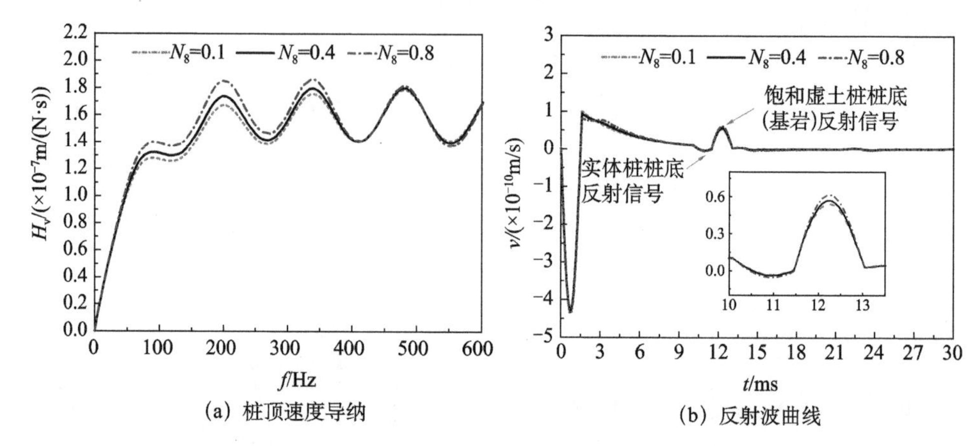

(a) 桩顶速度导纳　　(b) 反射波曲线

图 6-60　桩周饱和表层土孔隙率对桩顶动力响应的影响情况

图 6-61 所示为桩底土孔隙率（N_3）对桩顶动力阻抗的影响情况。由图可见，在一定低频范围内，随着桩底饱和土层孔隙率增加，桩顶速度导纳曲线共振幅值增大，共振频率减小，且此种影响随着频率增加而衰减。由反射波曲线可见，实体桩桩底反射信号幅值随桩底饱和土层孔隙率的增加而增大。相反地，饱和虚土桩桩底（基岩）处的反射信号幅值则随桩底饱和土层孔隙率的增加而减小。

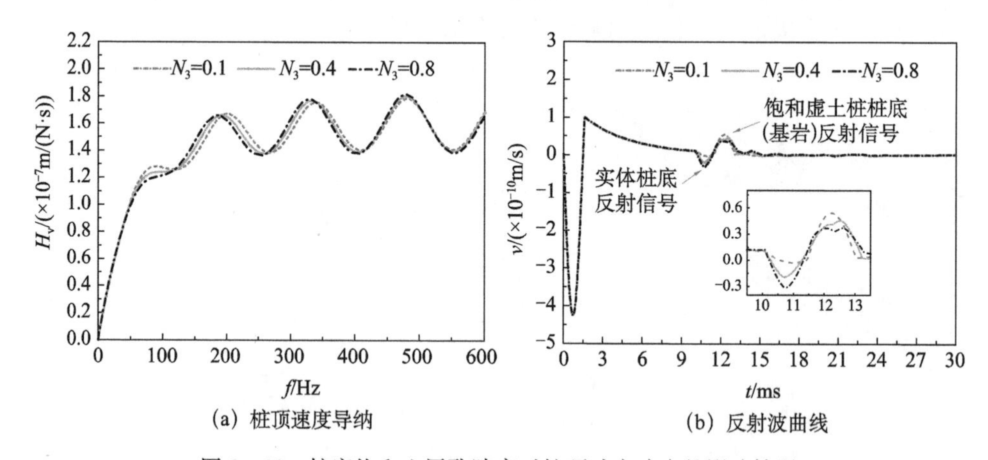

(a) 桩顶速度导纳　　(b) 反射波曲线

图 6-61　桩底饱和土层孔隙率对桩顶动力响应的影响情况

第 7 章　基于 Boer 理论的饱和土中桩基纵向耦合振动解析模型与解答

7.1　问题的提出

现有关于饱和土桩动力相互作用的研究大多是基于 Biot 饱和多孔介质模型进行的，尽管 Biot 理论已成功应用于诸多工程领域中，但研究表明其理论模型的合理性存在一定的争议。Biot 理论对多孔介质力学行为的描述是建立在直观基础上的，从本质上讲，它是一种工程描述的方法。相较而言，de Boer 基于连续介质混合物公理和体积分数概念建立的多孔介质理论，利用体积分数的概念，若干的微观性质可以直接通过宏观性质来描述，并且避免了杂交混合物理论中的繁杂公式。同时，在不需要额外假定的情况下，诸如动力、材料和几何非线性等一些效应可以很容易地反映在其数学模型中。现如今，Boer 饱和多孔介质理论已受到广泛关注，并在饱和土中波的传播理论和饱和土中端承桩动力相互作用问题方面得到了较多应用。鉴于此，本章将基于 Boer[181−189] 饱和多孔介质理论展开桩基纵向振动相关研究成果。

7.2　基于 Boer 理论的饱和黏弹性地基中摩擦桩纵向动力阻抗[119]

7.2.1　力学简化模型与定解问题

所建立饱和黏弹性地基与摩擦桩动力相互作用体系计算模型如图 7－1 所示。由于建立基础与基底土之间的严格耦合模型难度较大，自 Novak[11] 在研究埋置于弹性地基中的基础动力响应问题时采用 Baranov[189] 提出的假设（以基底为分界线将地基分成上、下独立土层）后，众多学者先后基于此假设研究了包括桩基、刚性基础等不同形式基础在土中的各类振动问题，通过其所得解的比较验证结果可知此假设具有较强的实用性。故本节在后续分析中亦采用类似假设：地基土为各向同性饱和黏弹性介质，基础为密度 ρ_p、弹性模量 E_p 的等截面圆柱体；桩-土体系小变形振动，且土与桩基在振动过程中保持紧密接触，相互之间无滑移；基底以下的土体被简化为复刚度 f_v 支承上部土体和基础。

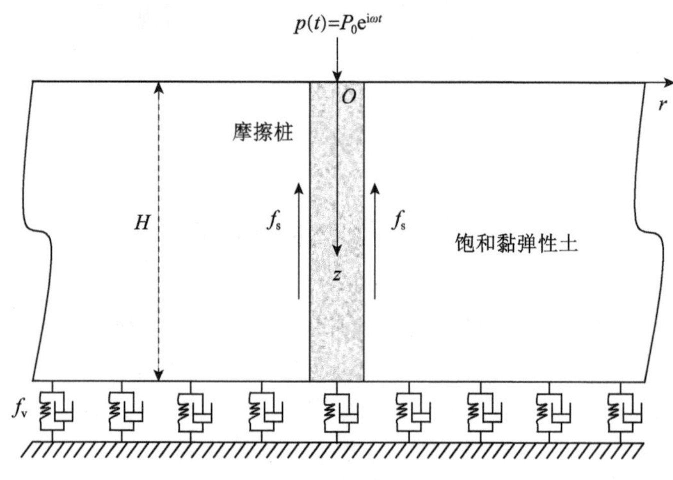

图 7－1　力学模型与坐标系统

7.2.2　定解问题求解

基于 Boer 多孔介质理论，饱和黏弹性地基土体的动力控制方程组为

$$(\lambda^s+\mu^s)\text{grad div}U_s+\mu^s\text{div grad}U_s-n^s\text{grad}p-\rho^s\ddot{U}_s+S_v(\dot{U}_l-\dot{U}_s)=0 \tag{7-1}$$

$$-n^l\text{grad}p-\rho^l\ddot{U}_l-S_v(\dot{U}_l-\dot{U}_s)=0 \tag{7-2}$$

$$\text{div}(n^s\dot{U}_s+n^l\dot{U}_l)=0 \tag{7-3}$$

式中，λ^s，μ^s 为土骨架复拉梅常量；n^s 为土骨架体积率；n^l 为孔液体积率，且 $n^s+n^l=1$；ρ^s，ρ^l 分别为土骨架和孔液密度；S_v 为液固耦合系数；U_s，U_l 分别为土骨架和孔液位移向量；$\dot{U}_s$，$\dot{U}_l$ 分别为土骨架和孔液速度向量；$\ddot{U}_s$，$\ddot{U}_l$ 分别为土骨架和孔液加速度向量；p 为孔隙液相压力。并且 $G=\dfrac{E}{2(1+\nu)}$，$\mu^s=G(1+\mathrm{i}\xi)$，$\lambda^s=\dfrac{2\nu}{1-2\nu}\mu^s$，$S_v=\dfrac{(n^l)^2\gamma^{lr}}{k^l}$，$\text{grad}=\left(\dfrac{\partial}{\partial r},\dfrac{1}{r}\dfrac{\partial}{\partial\theta},\dfrac{\partial}{\partial z}\right)$，$U=(u,\nu,w)$，$\text{div}U=\dfrac{\partial u}{\partial r}+\dfrac{1}{r}\dfrac{\partial\nu}{\partial\theta}+\dfrac{\partial w}{\partial z}+\dfrac{u}{r}$。其中 ξ 为土体黏滞阻尼系数，ν 为土体泊松比，E 为土体弹性模量，γ^{lr} 为液体真实相对密度，k^{lD} 为土体达西渗透系数。

定义 u_s、u_l 分别表示土骨架和孔液径向位移，w_s、w_l 分别表示土骨架和孔液竖向位移，w_p 表示桩基竖向位移。在竖向谐和激振力 $p(t)=P_0\mathrm{e}^{\mathrm{i}\omega t}$ $(\mathrm{i}=\sqrt{-1})$ 作

用下，饱和土桩系统将做谐和振动，故有 $u_s=U_s e^{i\omega t}$，$u_l=U_l e^{i\omega t}$，$w_s=W_s e^{i\omega t}$，$w_l=W_l e^{i\omega t}$，$w_p=W_p e^{i\omega t}$，$p=Pe^{i\omega t}$，则 $\frac{\partial u_s}{\partial t}=i\omega U_s e^{i\omega t}$，$\frac{\partial^2 u_s}{\partial t^2}=-\omega^2 U_s e^{i\omega t}$，其余位移量相应变化同上。考虑饱和黏弹性地基的轴对称条件，将上述条件代入式（7-1）～（7-3）中整理可推得

$$(\lambda^s+\mu^s)\frac{\partial\Theta}{\partial r}+\mu^s\left(\nabla^2-\frac{1}{r^2}\right)U_s-\frac{\partial P}{\partial r}+\rho^s\omega^2U_s+\rho^l\omega^2U_l=0 \tag{7-4}$$

$$(\lambda^s+\mu^s)\frac{\partial\Theta}{\partial z}+\mu^s\nabla^2W_s-\frac{\partial P}{\partial z}+\rho^s\omega^2W_s+\rho^l\omega^2W_l=0 \tag{7-5}$$

$$n^l\frac{\partial P}{\partial r}+\rho^l(-\omega^2U_l)+S_v\cdot i\omega(U_l-U_s)=0 \tag{7-6}$$

$$n^l\frac{\partial P}{\partial z}+\rho^l(-\omega^2W_l)+S_v\cdot i\omega(W_l-W_s)=0 \tag{7-7}$$

$$n^s\frac{\partial U_s}{\partial r}+n^l\frac{\partial U_l}{\partial r}+\frac{1}{r}(n^sU_s+n^lU_l)+n^s\frac{\partial W_s}{\partial z}+n^l\frac{\partial W_l}{\partial z}=0 \tag{7-8}$$

其中 $\Theta=\frac{\partial U_s}{\partial r}+\frac{U_s}{r}+\frac{\partial W_s}{\partial z}$，$\nabla^2=\frac{\partial^2}{\partial r^2}+\frac{1}{r}\frac{\partial}{\partial r}+\frac{\partial^2}{\partial z^2}$。

为便于后文分析，引入无量纲参数 $\bar{\lambda}^s=\frac{\lambda^s}{G}$，$\bar{\mu}^s=\frac{\mu^s}{G}$，$\bar{E}=\frac{E}{G}$，$\bar{\rho}^s=\frac{\rho^s}{\rho}$，$\bar{\rho}^l=\frac{\rho^l}{\rho}$，$\bar{S}_v=\frac{r_0S_v}{\sqrt{\rho G}}$，$\bar{f}_v=\frac{f_v}{Gr_0}$，$\bar{r}_0=\frac{r_0}{H}$ 以及无量纲变量 $\bar{r}=\frac{r}{r_0}$，$\bar{z}=\frac{z}{r_0}$，$\bar{U}_s=\frac{U_s}{r_0}$，$\bar{U}_l=\frac{U_l}{r_0}$，$\bar{W}_s=\frac{W_s}{r_0}$，$\bar{W}_l=\frac{W_l}{r_0}$，$\bar{W}_p=\frac{W_p}{r_0}$，$\bar{P}=\frac{P}{G}$，$\bar{\sigma}_z=\frac{\sigma_z}{G}$，$\bar{\tau}_{rz}=\frac{\tau_{rz}}{G}$，$\bar{F}_s=\frac{F_s}{Gr_0}$，$a_0=\sqrt{\frac{P}{G}}r_0\omega$，其中 $\rho=n^s\rho^s+n^l\rho^l$，$\nabla^2=\frac{\partial^2}{\partial\bar{r}^2}+\frac{1}{\bar{r}}\frac{\partial}{\partial\bar{r}}+\frac{\partial^2}{\partial\bar{z}^2}$，$\Theta=\frac{\partial\bar{U}_s}{\partial\bar{r}}+\frac{\bar{U}_s}{\bar{r}}+\frac{\partial\bar{W}_s}{\partial\bar{z}}=\frac{\partial U_s}{\partial r}+\frac{U_s}{r}+\frac{\partial W_s}{\partial z}$。

将上述相应无量纲量代入式（7-4）～（7-8）后整理可得

$$(\bar{\lambda}^s+\bar{\mu}^s)\frac{\partial\Theta}{\partial\bar{r}}+\bar{\mu}^s\left(\nabla^2-\frac{1}{\bar{r}^2}\right)\bar{U}_s-\frac{\partial\bar{P}}{\partial\bar{r}}+\bar{\rho}^sa_0^2\bar{U}_s+\bar{\rho}^la_0^2\bar{U}_l=0 \tag{7-9}$$

$$(\bar{\lambda}^s+\bar{\mu}^s)\frac{\partial\Theta}{\partial\bar{z}}+\bar{\mu}^s\nabla^2\bar{W}_s-\frac{\partial\bar{P}}{\partial\bar{z}}+\bar{\rho}^sa_0^2\bar{W}_s+\bar{\rho}^la_0^2\bar{W}_l=0 \tag{7-10}$$

$$n^l\frac{\partial\bar{P}}{\partial\bar{r}}+\bar{\rho}^l(-a_0{}^2\bar{U}_l)+\bar{S}_v\cdot ia_0(\bar{U}_l-\bar{U}_s)=0 \tag{7-11}$$

$$n^l\frac{\partial\bar{P}}{\partial\bar{z}}+\bar{\rho}^l(-a_0^2\bar{W}_l)+\bar{S}_v\cdot ia_0(\bar{W}_l-W_s)=0 \tag{7-12}$$

$$n^s\frac{\partial\bar{U}_s}{\partial\bar{r}}+n^l\frac{\partial\bar{U}_l}{\partial\bar{r}}+\frac{1}{\bar{r}}(n^s\bar{U}_s+n^l\bar{U}_l)+n^s\frac{\partial\bar{W}_s}{\partial\bar{z}}+n^l\frac{\partial\bar{W}_l}{\partial\bar{z}}=0 \tag{7-13}$$

饱和土-桩动力相互作用体系在稳态振动条件下满足如下无量纲边界条件：

无穷远处土体径向位移、切应力为零，即

$$\overline{U}_s(\infty,\bar{z})=0,\quad \bar{\tau}_{rz}(\infty,\bar{z})=0 \tag{7-14}$$

饱和地基自由表面上土体正应力为零，即

$$\bar{\sigma}_z(\bar{r},0)=0 \tag{7-15}$$

桩周土层与桩底土层在交界面位置内力连续，即

$$\overline{E}\left.\frac{\partial \overline{W}_s}{\partial \bar{z}}\right|_{\bar{z}=\frac{H}{r_0}}=\bar{f}_v\overline{W}_s\left(\bar{r},\frac{H}{r_0}\right)\bar{r}_0^2 \tag{7-16}$$

桩-土接触面处孔液不渗透，即

$$\overline{U}_l(1,\bar{z})=0 \tag{7-17}$$

桩-土接触面处土体径向位移为零，即

$$\overline{U}_s(1,\bar{z})=0 \tag{7-18}$$

桩-土在接触面处完全黏结，即

$$\overline{W}_s(1,\bar{z})=\overline{W}_p(\bar{z}) \tag{7-19}$$

由式（7-11）、(7-12）可推得

$$\overline{U}_l=D_1\left(\overline{U}_s-\frac{n^l}{\mathrm{i}a_0\overline{S}_v}\frac{\partial\overline{P}}{\partial\bar{r}}\right) \tag{7-20}$$

$$\overline{W}_l=D_1\left(\overline{W}_s-\frac{n^l}{\mathrm{i}a_0\overline{S}_v}\frac{\partial\overline{P}}{\partial\bar{z}}\right) \tag{7-21}$$

其中 $D_1=\dfrac{\mathrm{i}a_0\overline{S}_v}{\mathrm{i}a_0\overline{S}_v-a_0^2\bar{\rho}^l}$。

为方便描述，将式（7-9）、(7-10）之间的联立过程简写为 $\dfrac{\partial}{\partial r}(7-9)+\dfrac{1}{r}(7-9)+\dfrac{\partial}{\partial z}(7-10)$，同时把式（7-20）、(7-21）代入其中可推得

$$k_1\nabla^2\Theta-k_2\nabla^2\overline{P}+k_3\Theta=0 \tag{7-22}$$

其中 $k_1=\bar{\lambda}^s+2\bar{\mu}^s$，$k_2=1+\dfrac{D_1\bar{\rho}^l a_0 n^l}{\mathrm{i}\overline{S}_v}$，$k_3=\bar{\rho}^s a_0^2+\bar{\rho}^l a_0^2 D_1$。

同理，将式（7-20）、(7-21）之间的联立过程简写为 $\dfrac{\partial}{\partial r}(7-20)+\dfrac{1}{r}(7-20)+\dfrac{\partial}{\partial z}(7-21)$，并将式（7-13）代入其中可推得

$$\nabla^2\overline{P}=D_2\Theta \tag{7-23}$$

其中 $D_2=\dfrac{(n^s+n^lD_1)\mathrm{i}a_0\overline{S}_v}{(n^l)^2D_1}$。

将式（7-22）、(7-23）表示成矩阵形式，有

$$\begin{bmatrix}k_1\nabla^2+k_3 & -k_2\nabla^2\\ D_2 & -\nabla^2\end{bmatrix}\begin{bmatrix}\Theta\\ \overline{P}\end{bmatrix}=\begin{bmatrix}0\\0\end{bmatrix} \tag{7-24}$$

要使方程（7-24）有非零解，则其算子行列式必须等于零，即

$$\nabla^4+\frac{k_3-k_2D_2}{k_1}\nabla^2=0 \tag{7-25}$$

式（7-25）可分解为

$$\nabla^2(\nabla^2-\beta_1^2)=0 \tag{7-26}$$

其中 $\beta_1^2=\dfrac{k_2D_2-k_3}{k_1}$。

根据微分算子分解理论[12]，令$\Theta=\Theta_1+\Theta_2$，且Θ_1，Θ_2 分别满足下式：

$$\begin{cases}(\nabla^2-\beta_1^2)\Theta_1=0\\ \nabla^2\Theta_2=0\end{cases} \tag{7-27}$$

设$\Theta_1=R(\bar{r})S(\bar{z})$，将其代入式（7-27）中第一式可推得

$$\frac{1}{R(\bar{r})}\frac{\mathrm{d}^2R(\bar{r})}{\mathrm{d}\bar{r}^2}+\frac{1}{R(\bar{r})}\frac{1}{\bar{r}}\frac{\mathrm{d}R(\bar{r})}{\mathrm{d}\bar{r}}+\frac{1}{S(\bar{z})}\frac{\mathrm{d}^2S(\bar{z})}{\mathrm{d}\bar{z}^2}-\beta_1^2=0 \tag{7-28}$$

方程（7-28）的解为

$$R(\bar{r})=C_1K_0(g_2\bar{r})+C_2I_0(g_2\bar{r}) \tag{7-29}$$

$$S(\bar{z})=A_1\mathrm{e}^{g_1z}+A_2\mathrm{e}^{-g_1z} \tag{7-30}$$

式中 $g_1^2+g_2^2=\beta_1^2$，$\mathrm{Re}(g_1)$，$\mathrm{Re}(g_2)$ 均大于零。

则

$$\Theta_1=(A_1\mathrm{e}^{g_1\bar{z}}+A_2\mathrm{e}^{-g_1\bar{z}})\times[C_1K_0(g_2\bar{r})+C_2I_0(g_2\bar{r})] \tag{7-31}$$

同理可推得

$$\Theta_2=(A_3\mathrm{e}^{g_3\bar{z}}+A_4\mathrm{e}^{-g_3\bar{z}})\times[C_3K_0(g_4\bar{r})+C_4I_0(g_4\bar{r})] \tag{7-32}$$

式中，I_0（$g_2\bar{r}$），I_0（$g_4\bar{r}$），K_0（$g_4\bar{r}$）分别为第一类、第二类零阶变型 Bessel 函数。A_1，A_2，A_3，A_4，C_1，C_2，C_3，C_4 为待定系数，且 $g_3^2+g_4^2=0$，$\mathrm{Re}(g_3)$，Re（g_4）均大于零。

则

$$\begin{aligned}\Theta=&(A_1\mathrm{e}^{g_1\bar{z}}+A_2\mathrm{e}^{-g_1\bar{z}})[C_1K_0(g_2\bar{r})+C_2I_0(g_2\bar{r})]\\&+(A_3\mathrm{e}^{g_3\bar{z}}+A_4\mathrm{e}^{-g_3\bar{z}})[C_3K_0(g_4\bar{r})+C_4I_0(g_4\bar{r})]\end{aligned} \tag{7-33}$$

同理可推得

$$\begin{aligned}\bar{P}=&(A_5\mathrm{e}^{g_1\bar{z}}+A_6\mathrm{e}^{-g_1\bar{z}})[C_5K_0(g_2\bar{r})+C_6I_0(g_2\bar{r})]\\&+(A_7\mathrm{e}^{g_3\bar{z}}+A_8\mathrm{e}^{-g_3\bar{z}})[C_7K_0(g_4\bar{r})+C_8I_0(g_4\bar{r})]\end{aligned} \tag{7-34}$$

式中，A_5，A_6，A_7，A_8，C_5，C_6，C_7，C_8 为待定系数。

由桩-土体系边界条件式（7-14）可推得

$$C_2=C_4=C_6=C_8=0,\quad A_5+A_6=0,\quad A_7+A_8=0$$

将上述系数代入式（7-33）、（7-34）中整理可得

$$\Theta=(B_1\mathrm{e}^{g_1\bar{z}}+B_2\mathrm{e}^{-g_1\bar{z}})K_0(g_2\bar{r})+(B_3\mathrm{e}^{g_3\bar{z}}+B_4\mathrm{e}^{-g_3\bar{z}})K_0(g_4\bar{r}) \tag{7-35}$$

$$\overline{P}=B_5(\mathrm{e}^{g_1\bar{z}}-\mathrm{e}^{-g_1\bar{z}})K_0(g_2\bar{r})+B_6(\mathrm{e}^{g_3\bar{z}}-\mathrm{e}^{-g_3\bar{z}})K_0(g_4\bar{r}) \tag{7-36}$$

其中 $C_1A_1=B_1$，$C_1A_2=B_2$，$C_3A_3=B_3$，$C_3A_4=B_4$，$C_5A_6=B_5$，$C_7A_7=B_6$。

将式（7-35）、（7-36）代入式（7-16）、（7-17）中可以推得

$$B_3=B_4=0,\quad B_1=-B_2=\frac{\beta_1^2}{D_2}B_5$$

代入已知系数整理式（7-35）、（7-36）后可得

$$\Theta=\frac{\beta_1^2}{D_2}B_5(\mathrm{e}^{g_1\bar{z}}-\mathrm{e}^{-g_1\bar{z}})K_0(g_2\bar{r}) \tag{7-37}$$

$$\overline{P}=B_5(\mathrm{e}^{g_1\bar{z}}-\mathrm{e}^{-g_1\bar{z}})K_0(g_2\bar{r})+B_6(\mathrm{e}^{g_3\bar{z}}-\mathrm{e}^{-g_3\bar{z}})K_0(g_4\bar{r}) \tag{7-38}$$

将式（7-9）、（7-10）改写为

$$\bar{\mu}^{\mathrm{s}}\nabla^2\overline{U}_{\mathrm{s}}+(\bar{\rho}^{\mathrm{s}}a_0^2+\bar{\rho}^{\mathrm{l}}a_0^2D_1)\overline{U}_{\mathrm{s}}-\frac{\bar{\mu}^{\mathrm{s}}}{\bar{r}^2}\overline{U}_{\mathrm{s}}=\left(1+\frac{\bar{\rho}^{\mathrm{l}}a_0D_1n^{\mathrm{l}}}{\mathrm{i}\overline{S}_{\mathrm{v}}}\right)\frac{\partial\overline{P}}{\partial\bar{r}}-(\bar{\lambda}^{\mathrm{s}}+\bar{\mu}^{\mathrm{s}})\frac{\partial\Theta}{\partial\bar{r}} \tag{7-39}$$

$$\bar{\mu}^{\mathrm{s}}\nabla^2\overline{W}_{\mathrm{s}}+(\bar{\rho}^{\mathrm{s}}a_0^2+\bar{\rho}^{\mathrm{l}}a_0^2D_1)\overline{W}_{\mathrm{s}}=\left(1+\frac{\bar{\rho}^{\mathrm{l}}a_0D_1n^{\mathrm{l}}}{\mathrm{i}\overline{S}_{\mathrm{v}}}\right)\frac{\partial\overline{P}}{\partial\bar{z}}-(\bar{\lambda}^{\mathrm{s}}+\bar{\mu}^{\mathrm{s}})\frac{\partial\Theta}{\partial\bar{z}} \tag{7-40}$$

方程（7-39）、（7-40）分别为关于 $\overline{U}_{\mathrm{s}}$ 和 $\overline{W}_{\mathrm{s}}$ 的非齐次方程，此类方程的解为其齐次方程的解再加上其特解。

式（7-39）的齐次方程为

$$\bar{\mu}^{\mathrm{s}}\nabla^2\overline{U}_{\mathrm{s}}^1+(\bar{\rho}^{\mathrm{s}}a_0^2+\bar{\rho}^{\mathrm{l}}a_0^2D_1)\overline{U}_{\mathrm{s}}^1-\frac{\bar{\mu}^{\mathrm{s}}}{\bar{r}^2}\overline{U}_{\mathrm{s}}^1=0 \tag{7-41}$$

令 $\beta_2^2=-\dfrac{\bar{\rho}^{\mathrm{s}}a_0^2+\bar{\rho}^{\mathrm{l}}a_0^2D_1}{\bar{\mu}^{\mathrm{s}}}$，则

$$\nabla^2\overline{U}_{\mathrm{s}}^1-\left(\beta_2^2+\frac{1}{\bar{r}^2}\right)\overline{U}_{\mathrm{s}}^1=0 \tag{7-42}$$

此方程的解为

$$\overline{U}_{\mathrm{s}}^1=(d_1\mathrm{e}^{g_5\bar{z}}+d_2\mathrm{e}^{-g_5\bar{z}})[d_3K_1(g_6\bar{r})+d_4I_1(g_6\bar{r})] \tag{7-43}$$

式中，$g_5^2+g_6^2=\beta_2^2$，$\mathrm{Re}(g_5)$，$\mathrm{Re}(g_6)$ 均大于零。

由桩-土体系边界条件式（7-14）可知 $d_4=0$，则

$$\overline{U}_{\mathrm{s}}^1=(d_5\mathrm{e}^{g_5\bar{z}}+d_6\mathrm{e}^{-g_5\bar{z}})K_1(g_6\bar{r}) \tag{7-44}$$

其中 $d_5=d_1d_3$，$d_6=d_2d_3$。

将 Θ、$\overline{P}$ 的表达式（7-37）、（7-38）代入式（7-39）中整理后可得

$$\begin{aligned}\bar{\mu}^{\mathrm{s}}\nabla^2\overline{U}_{\mathrm{s}}+(\bar{\rho}^{\mathrm{s}}a_0^2+\bar{\rho}^{\mathrm{l}}a_0^2D_1)\overline{U}_{\mathrm{s}}-\frac{\bar{\mu}^{\mathrm{s}}}{\bar{r}^2}\overline{U}_{\mathrm{s}}=&\left(1+\frac{\bar{\rho}^{\mathrm{l}}a_0D_1n^{\mathrm{l}}}{\mathrm{i}\overline{S}_v}\right)\\&\times[-B_5g_2(\mathrm{e}^{g_1\bar{z}}-\mathrm{e}^{-g_1\bar{z}})K_1(g_2\bar{r})\\&-B_6g_4(\mathrm{e}^{g_3\bar{z}}-\mathrm{e}^{-g_3\bar{z}})K_1(g_4\bar{r})]\\&+(\bar{\lambda}^{\mathrm{s}}+\bar{\mu}^{\mathrm{s}})\frac{\beta_1^2}{D_2}B_5g_2(\mathrm{e}^{g_1\bar{z}}-\mathrm{e}^{-g_1\bar{z}})K_1(g_2\bar{r})\end{aligned} \tag{7-45}$$

由于 $K_1(g_2\bar{r})$ 与 $K_1(g_4\bar{r})$ 线性无关，故可设此方程的特解形式为

$$\overline{U}_s^2=d_7(e^{g_1\bar{z}}-e^{-g_1\bar{z}})K_1(g_2\bar{r})+d_8(e^{g_3\bar{z}}-e^{-g_3\bar{z}})K_1(g_4\bar{r}) \tag{7-46}$$

将特解式（7－46）代入方程（7－45）中可推得

$$d_7=\frac{\left[(\bar{\lambda}^s+\bar{\mu}^s)\dfrac{\beta_1^2}{D_2}-\left(1+\dfrac{\bar{\rho}^l a_0 D_1 n^l}{i\overline{S}_v}\right)\right]g_2 B_5}{\bar{\mu}^s\beta_1^2+\bar{\rho}^s a_0^2+\bar{\rho}^l a_0^2 D_1} \tag{7-47}$$

$$d_8=-\frac{\left(1+\dfrac{\bar{\rho}^l a_0 D_1 n^l}{i\overline{S}_v}\right)g_4 B_6}{\bar{\rho}^s a_0^2+\bar{\rho}^l a_0^2 D_1} \tag{7-48}$$

则方程（7－39）的解为

$$\begin{aligned}\overline{U}_s=\overline{U}_s^1+\overline{U}_s^2=&(d_5 e^{g_5\bar{z}}+d_6 e^{-g_5\bar{z}})K_1(g_6\bar{r})+d_7(e^{g_1\bar{z}}-e^{-g_1\bar{z}})K_1(g_2\bar{r})\\&+d_8(e^{g_3\bar{z}}-e^{-g_3\bar{z}})K_1(g_4\bar{r})\end{aligned} \tag{7-49}$$

同理，方程（7－40）的齐次方程为

$$\bar{\mu}^s\nabla^2\overline{W}_s^1+(\bar{\rho}^s a_0^2+\bar{\rho}^l a_0^2 D_1)\overline{W}_s^1=0 \tag{7-50}$$

令　$\beta_2^2=-\dfrac{\bar{\rho}^s a_0^2+\bar{\rho}^l a_0^2 D_1}{\bar{\mu}^s}$，则有

$$\nabla^2\overline{W}_s^1-\beta_2^2\overline{W}_s^1=0 \tag{7-51}$$

方程（7－51）的解为

$$\overline{W}_s^1=(b_1 e^{g_7\bar{z}}+b_2 e^{-g_7\bar{z}})[b_3 K_0(g_8\bar{r})+b_4 I_0(g_8\bar{r})] \tag{7-52}$$

式中，$g_7^2+g_8^2=\beta_2^2$，$\mathrm{Re}(g_7)$，$\mathrm{Re}(g_8)$ 均大于零。b_1，b_2，b_3，b_4 为待定系数。

由桩-土体系边界条件式（7－14）可知 $b_4=0$，令 $b_5=b_1b_3$，$b_6=b_2b_3$，则有

$$\overline{W}_s^1=(b_5 e^{g_7\bar{z}}+b_6 e^{-g_7\bar{z}})K_0(g_8\bar{r}) \tag{7-53}$$

将 Θ、$\overline{P}$ 的表达式（7－37）、（7－38）代入式（7－40）中可得

$$\begin{aligned}\bar{\mu}^s\nabla^2\overline{W}_s+(\bar{\rho}^s a_0^2+\bar{\rho}^l a_0^2 D_1)\overline{W}_s=&\left(1+\frac{\bar{\rho}^l a_0 D_1 n^l}{i\overline{S}_v}\right)[B_5 g_1(e^{g_1\bar{z}}+e^{-g_1\bar{z}})K_0(g_2\bar{r})\\&+B_6 g_3(e^{g_3\bar{z}}+e^{-g_3\bar{z}})K_0(g_4\bar{r})]\\&-(\bar{\lambda}^s+\bar{\mu}^s)\frac{\beta_1^2}{D_2}B_5 g_1(e^{g_1\bar{z}}+e^{-g_1\bar{z}})K_0(g_2\bar{r})\end{aligned} \tag{7-54}$$

同理可设其特解形式为

$$\overline{W}_s^2=b_7(e^{g_1\bar{z}}+e^{-g_1\bar{z}})K_0(g_2\bar{r})+b_8(e^{g_3\bar{z}}+e^{-g_3\bar{z}})K_0(g_4\bar{r}) \tag{7-55}$$

将特解式（7－55）代入方程（7－54）中可推得

$$b_7=\frac{\left[\left(1+\dfrac{\bar{\rho}^l a_0 D_1 n^l}{i\overline{S}_v}\right)-(\bar{\lambda}^s+\bar{\mu}^s)\dfrac{\beta_1^2}{D_2}\right]g_1 B_5}{\bar{\mu}^s\beta_1^2+\bar{\rho}^s a_0^2+\bar{\rho}^l a_0^2 D_1} \tag{7-56}$$

$$b_8=\frac{\left(1+\dfrac{\bar{\rho}^l a_0 D_1 n^l}{i\overline{S}_v}\right)g_3 B_6}{\bar{\rho}^s a_0^2+\bar{\rho}^l a_0^2 D_1} \tag{7-57}$$

则方程（7－40）的解为

$$\overline{W}_s=\overline{W}_s^1+\overline{W}_s^2=(b_5\mathrm{e}^{g_7\bar{z}}+b_6\mathrm{e}^{-g_7\bar{z}})K_0(g_8\bar{r})+b_7(\mathrm{e}^{g_1\bar{z}}+\mathrm{e}^{-g_1\bar{z}})\times K_0(g_2\bar{r})+b_8(\mathrm{e}^{g_3\bar{z}}+\mathrm{e}^{-g_3\bar{z}})K_0(g_4\bar{r}) \tag{7-58}$$

联系到 $\Theta=\frac{\partial\overline{U}_s}{\partial\bar{r}}+\frac{\overline{U}_s}{\bar{r}}+\frac{\partial\overline{W}_s}{\partial\bar{z}}$，将 $\overline{U}_s$、$\overline{W}_s$ 代入整理后可推得：$g_6=g_8$，$g_5=g_7$，$g_7b_5=g_6d_5$，$g_6b_6=-g_7d_6$，$g_3b_8=g_4d_8$，$g_1b_7-g_2d_7=\frac{\beta_1^2}{D_2}B_5$。此外，通过联立桩-土体系边界条件式（7－15）整理上述参数关系可得 $b_5=b_6$，$d_5=-d_6$。

则有

$$\overline{U}_s=d_5(\mathrm{e}^{g_5\bar{z}}-\mathrm{e}^{-g_5\bar{z}})K_1(g_6\bar{r})+d_7(\mathrm{e}^{g_1\bar{z}}-\mathrm{e}^{-g_1\bar{z}})\times K_1(g_2\bar{r})+d_8(\mathrm{e}^{g_3\bar{z}}-\mathrm{e}^{-g_3\bar{z}})K_1(g_4\bar{r}) \tag{7-59}$$

$$\overline{W}_s=b_5(\mathrm{e}^{g_5\bar{z}}+\mathrm{e}^{-g_5\bar{z}})K_0(g_6\bar{r})+b_7(\mathrm{e}^{g_1\bar{z}}+\mathrm{e}^{-g_1\bar{z}})\times K_0(g_2\bar{r})+b_8(\mathrm{e}^{g_3\bar{z}}+\mathrm{e}^{-g_3\bar{z}})K_0(g_4\bar{r}) \tag{7-60}$$

将式（7－38）、（7－59）、（7－60）代入式（7－48）、（7－49）中整理后可得

$$\overline{U}_l=D_1\left[d_5(\mathrm{e}^{g_5\bar{z}}-\mathrm{e}^{-g_5\bar{z}})K_1(g_6\bar{r})+\left(\frac{n^lg_2B_5}{\mathrm{i}a_0\overline{S}_v}+d_7\right)(\mathrm{e}^{g_1\bar{z}}-\mathrm{e}^{-g_1\bar{z}})K_1(g_2\bar{r})+\left(\frac{n^lg_4B_6}{\mathrm{i}a_0\overline{S}_v}+d_8\right)(\mathrm{e}^{g_3\bar{z}}-\mathrm{e}^{-g_3\bar{z}})K_1(g_4\bar{r})\right] \tag{7-61}$$

$$\overline{W}_l=D_1\left[b_5(\mathrm{e}^{g_5\bar{z}}+\mathrm{e}^{-g_5\bar{z}})K_0(g_6\bar{r})+\left(b_7-\frac{n^lg_1B_5}{\mathrm{i}a_0\overline{S}_v}\right)(\mathrm{e}^{g_1\bar{z}}+\mathrm{e}^{-g_1\bar{z}})K_0(g_2\bar{r})+\left(b_8-\frac{n^lg_3B_6}{\mathrm{i}a_0\overline{S}_v}\right)(\mathrm{e}^{g_3\bar{z}}+\mathrm{e}^{-g_3\bar{z}})K_0(g_4\bar{r})\right] \tag{7-62}$$

将式（7－60）代入桩-土体系边界条件式（7－16）中可推得

$$\begin{cases}g_1\left(\mathrm{e}^{\frac{g_1H}{r_0}}-\mathrm{e}^{-\frac{g_1H}{r_0}}\right)=\frac{\bar{f}_v\bar{r}_0^2}{\overline{E}}\left(\mathrm{e}^{\frac{g_1H}{r_0}}+\mathrm{e}^{-\frac{g_1H}{r_0}}\right)\\ g_3\left(\mathrm{e}^{\frac{g_3H}{r_0}}-\mathrm{e}^{-\frac{g_3H}{r_0}}\right)=\frac{\bar{f}_v\bar{r}_0^2}{\overline{E}}\left(\mathrm{e}^{\frac{g_3H}{r_0}}+\mathrm{e}^{-\frac{g_3H}{r_0}}\right)\\ g_5\left(\mathrm{e}^{\frac{g_5H}{r_0}}-\mathrm{e}^{-\frac{g_5H}{r_0}}\right)=\frac{\bar{f}_v\bar{r}_0^2}{\overline{E}}\left(\mathrm{e}^{\frac{g_5H}{r_0}}+\mathrm{e}^{-\frac{g_5H}{r_0}}\right)\end{cases} \tag{7-63}$$

为方便表述，引入统一符号 g_n，则

$$g_n=g_1=g_3=g_5=g_7,\quad n=1,2,3,\cdots \tag{7-64}$$

将式（7－59）、（7－61）代入桩-土体系边界条件式（7－17）、（7－18）中整理可得

$$d_5K_1(g_6)+d_7K_1(g_2)+d_8K_1(g_4)=0 \tag{7-65}$$

$$d_5K_1(g_6)+\left(d_7+\frac{n^lg_2B_5}{\mathrm{i}a_0\overline{S}_v}\right)K_1(g_2)+\left(d_8+\frac{n^lg_4B_6}{\mathrm{i}a_0\overline{S}_v}\right)K_1(g_4)=0 \tag{7-66}$$

联立式（7－65）、（7－66）可推得

$$B_6 = -\frac{g_2 K_1(g_2) B_5}{g_4 K_1(g_4)} \tag{7-67}$$

$$d_5 = -\left[\frac{(\bar{\lambda}^s + \bar{\mu}^s)\frac{\beta_1^2}{D_2} - k_2}{\bar{\mu}^s \beta_1^2 + k_3} + \frac{k_2}{k_3}\right]\frac{g_2 K_1(g_2) B_5}{K_1(g_6)} \tag{7-68}$$

桩-土接触面处土体剪应力为

$$\begin{aligned}\bar{\tau}_{\bar{z}\bar{r}}\big|_{\bar{r}=1} &= \left[\bar{\mu}^s\left(\frac{\partial \bar{U}_s}{\partial \bar{z}} + \frac{\partial \bar{W}_s}{\partial \bar{r}}\right)\right]_{\bar{r}=1} = \bar{\mu}^s\Big[(d_5 g_5 - b_5 g_6) K_1(g_6)(e^{g_5\bar{z}} + e^{-g_5\bar{z}}) \\ &+ (d_7 g_1 - b_7 g_2) K_1(g_2)(e^{g_1\bar{z}} + e^{-g_1\bar{z}}) + (d_8 g_3 - b_8 g_4) K_1(g_4)(e^{g_3\bar{z}} + e^{-g_3\bar{z}})\Big] \times e^{i\omega t}\end{aligned} \tag{7-69}$$

在桩-土接触面处，土层对桩基的作用力 f_s 为剪应力$\bar{\tau}_{rz}\big|_{\bar{r}=1}$沿桩周的积分。即

$$f_s = F_s e^{i\omega t} = 2\pi r_0 \tau_{rz}\Big|_{r=r_0} \tag{7-70}$$

将其无量纲化为

$$\frac{f_s}{G r_0} = \bar{F}_s e^{i\omega t} = 2\pi\, \bar{\tau}_{rz}\Big|_{\bar{r}=1} \tag{7-71}$$

假定匀质等截面弹性圆桩埋置在饱和两相匀质黏弹性地基中，桩长为 H，半径为 r_0，密度为 ρ_p，弹性模量为 E_p。桩顶位置作用振幅为 P_0 的竖向谐和荷载 $p(t) = P_0 e^{i\omega t}$，则建立桩基竖向振动动力控制方程为

$$E_p \pi r_0^2 \frac{\partial^2 w_p(t)}{\partial z^2} + f_s = \rho_p \pi r_0^2 \frac{\partial^2 w_p(t)}{\partial t^2} \tag{7-72}$$

在稳态振动条件下，$w_p(t) = W_p e^{i\omega t}$，$f_s = F_s e^{i\omega t}$。令 $\bar{W}_p = \frac{W_p}{r_0}$，$\bar{E}_p = \frac{E_p}{G}$，$\bar{\rho}_p = \frac{\rho_p}{\rho}$，$a_0 = \sqrt{\frac{P}{G}} r_0 \omega$，$\bar{P}_0 = \frac{P_0}{G r_0^2}$，同时结合桩基边界条件可得

$$\bar{E}_p \frac{d\bar{W}_p}{d\bar{z}}\Big|_{\bar{z}=\frac{H}{r_0}} = \bar{f}_v \bar{W}_p \left(\frac{H}{r_0}\right) \bar{r}_0^2 \tag{7-73}$$

$$\frac{d\bar{W}_p}{d\bar{z}} = \frac{\bar{P}_0}{\bar{E}_p \pi} \tag{7-74}$$

$$\bar{E}_p \pi \frac{\partial^2 \bar{W}_p}{\partial z^2} + \bar{\rho}_p \pi_0^2 \bar{W}_p = -\bar{F}_s \tag{7-75}$$

式（7-75）可进一步表示为

$$\frac{\partial^2 \bar{W}_p}{\partial z^2} + \frac{\bar{\rho}_p}{\bar{E}_p} a_0^2 \bar{W}_p = -\frac{2}{\bar{E}_p} \frac{\tau_{rz}\big|_{\bar{r}=1}}{e^{i\omega t}} \tag{7-76}$$

方程（7-76）为非齐次二阶常微分方程，其齐次方程的通解为

$$\bar{W}_p^1 = a_1 \cos(\lambda \bar{z}) + a_2 \sin(\lambda \bar{z}) \tag{7-77}$$

式中，$\lambda=\sqrt{\frac{\bar{\rho}_{\rm p}}{\bar{E}_{\rm p}}}$，$a_0$，$a_1$、$a_2$ 为待定系数。

方程（7-76）的特解形式可写为

$$\overline{W}_{\rm p}^2=Q\frac{\bar{\tau}_{rz}\big|_{\bar{r}=1}}{e^{i\omega t}} \tag{7-78}$$

式中，Q 为待定未知系数。

将剪应力$\frac{\bar{\tau}_{rz}\big|_{\bar{r}=1}}{e^{i\omega t}}$写成级数形式，有

$$\frac{\bar{\tau}_{rz}\big|_{\bar{r}=1}}{e^{i\omega t}}=\sum_{n=1}^{\infty}Y_{1n}B_{5n}(e^{g_n\bar{z}}+e^{-g_n\bar{z}}) \tag{7-79}$$

式中，$Y_{1n}=\bar{\mu}^{\rm s}\left[\frac{\beta_n^2-\beta_{6n}^2}{\beta_n}k_5+\left(2k_4+\frac{2k_2}{k_3}\right)g_n\right]g_{2n}K_1(g_{2n})$，$g_{2n}=g_2$，$g_{6n}=g_6$，$k_4=\frac{(\bar{\lambda}^{\rm s}+\bar{\mu}^{\rm s})\frac{\beta_1^2}{D_2}-k_2}{\bar{\mu}^{\rm s}\beta_1^2+k_3}$，$k_5=-\left(k_4+\frac{k_2}{k_3}\right)$。

则特解式（7-78）可相应地表示为

$$\overline{W}_{\rm p}^2=\sum_{n=1}^{\infty}Q_n(e^{g_n\bar{z}}+e^{-g_n\bar{z}}) \tag{7-80}$$

将式（7-80）代入方程（7-76）中整理后可推得

$$Q_n=\frac{-2Y_{1n}B_{5n}}{\bar{E}_{\rm p}g_n^2+\bar{\rho}_{\rm p}a_0^2} \tag{7-81}$$

则方程（7-76）的解为

$$\overline{W}_{\rm p}=\overline{W}_{\rm p}^1+\overline{W}_{\rm p}^2=a_1\cos(\lambda\bar{z})+a_2\sin(\lambda\bar{z})+\sum_{n=1}^{\infty}\frac{-2Y_{1n}B_{5n}(e^{g_n\bar{z}}+e^{-g_n\bar{z}})}{\bar{E}_{\rm p}g_n^2+\bar{\rho}_{\rm p}a_0^2} \tag{7-82}$$

将桩-土接触位置处土体竖向位移 $\overline{W}_{\rm s}(1,\bar{z})$ 写成级数形式有

$$\overline{W}_{\rm s}(1,\bar{z})=\sum_{n=1}^{\infty}Y_{2n}B_{5n}(e^{g_n\bar{z}}+e^{-g_n\bar{z}}) \tag{7-83}$$

式中，$Y_{2n}=\frac{g_{2n}g_{6n}k_5K_1(g_{2n})K_0(g_{6n})}{g_nK_1(g_{6n})}-k_4g_nK_0(g_{2n})-\frac{k_2g_ng_{2n}K_1(g_{2n})K_0(g_{4n})}{k_3g_{4n}K_1(g_{4n})}$，$g_{4n}=g_4$。

将式（7-82）、(7-83）代入桩-土体系边界条件式（7-19）中整理可得

$$a_1\cos(\lambda\bar{z})+a_2\sin(\lambda\bar{z})+\sum_{n=1}^{\infty}\frac{-2Y_{1n}B_{5n}(e^{g_n\bar{z}}+e^{-g_n\bar{z}})}{\bar{E}_{\rm p}g_n^2+\bar{\rho}_{\rm p}a_0^2}=\sum_{n=1}^{\infty}Y_{2n}B_{5n}(e^{g_n\bar{z}}+e^{-g_n\bar{z}}) \tag{7-84}$$

考虑到函数（$e^{g_m\bar{z}}+e^{-g_m\bar{z}}$）的正交性质，将等式（7-84）两端同时乘以（$e^{g_m\bar{z}}+e^{-g_m\bar{z}}$），然后在区间$\left[0,\dfrac{H}{r_0}\right]$上积分，整理后可推得未知参数$B_{5n}$的表达式为

$$B_{5n}=X_{1n}a_1+X_{2n}a_2 \tag{7-85}$$

式中，

$$X_{1n}=\frac{\int_0^{\frac{H}{r_0}}\cos(\lambda\bar{z})(e^{g_n\bar{z}}+e^{-g_n\bar{z}})d\bar{z}}{\left(Y_{2n}+\dfrac{2Y_{1n}}{\bar{E}_p g_n^2+\bar{\rho}_p a_0^2}\right)\left(\dfrac{2H}{r_0}+\dfrac{e^{\frac{2g_nH}{r_0}}-e^{\frac{-2g_nH}{r_0}}}{2g_n}\right)}$$

$$X_{2n}=\frac{\int_0^{\frac{H}{r_0}}\sin(\lambda\bar{z})(e^{g_n\bar{z}}+e^{-g_n\bar{z}})d\bar{z}}{\left(Y_{2n}+\dfrac{2Y_{1n}}{\bar{E}_p g_n^2+\bar{\rho}_p a_0^2}\right)\left(\dfrac{2H}{r_0}+\dfrac{e^{\frac{2g_nH}{r_0}}-e^{\frac{-2g_nH}{r_0}}}{2g_n}\right)}$$

则方程（7-82）可写为

$$\begin{aligned}\bar{W}_p=&a_1\left[\cos(\lambda\bar{z})+\sum_{n=1}^{\infty}\frac{-2Y_{1n}X_{1n}(e^{g_n\bar{z}}+e^{-g_n\bar{z}})}{\bar{E}_p g_n^2+\bar{\rho}_p a_0^2}\right]\\&+a_2\left[\sin(\lambda\bar{z})+\sum_{n=1}^{\infty}\frac{-2Y_{1n}X_{2n}(e^{g_n\bar{z}}+e^{-g_n\bar{z}})}{\bar{E}_p g_n^2+\bar{\rho}_p a_0^2}\right]\end{aligned} \tag{7-86}$$

将式（7-86）代入桩基边界条件式（7-73）、（7-74）中整理可得

$$a_2=\frac{\bar{P}_0}{\lambda\pi\bar{E}_p},\quad a_1=\frac{a_2\left(\dfrac{\bar{f}_v\bar{r}_0^2X_6}{\bar{E}_p}-X_4\right)}{X_3-\dfrac{\bar{f}_v\bar{r}_0^2X_5}{\bar{E}_p}} \tag{7-87}$$

式中，$X_3=-\lambda\sin\left(\dfrac{\lambda H}{r_0}\right)+\sum\limits_{n=1}^{\infty}\dfrac{-2Y_{1n}X_{1n}g_n\left(e^{\frac{g_nH}{r_0}}-e^{\frac{-g_nH}{r_0}}\right)}{\bar{E}_p g_n^2+\bar{\rho}_p a_0^2}$，$X_4=\lambda\cos\left(\dfrac{\lambda H}{r_0}\right)+\sum\limits_{n=1}^{\infty}\dfrac{-2Y_{1n}X_{2n}g_n\left(e^{\frac{g_nH}{r_0}}-e^{\frac{-g_nH}{r_0}}\right)}{\bar{E}_p g_n^2+\bar{\rho}_p a_0^2}$，$X_5=\cos\left(\dfrac{\lambda H}{r_0}\right)+\sum\limits_{n=1}^{\infty}\dfrac{-2Y_{1n}X_{1n}g_n\left(e^{\frac{g_nH}{r_0}}-e^{\frac{-g_nH}{r_0}}\right)}{\bar{E}_p g_n^2+\bar{\rho}_p a_0^2}$，$X_6=\sin\left(\dfrac{\lambda H}{r_0}\right)+\sum\limits_{n=1}^{\infty}\dfrac{-2Y_{1n}X_{2n}g_n\left(e^{\frac{g_nH}{r_0}}-e^{\frac{-g_nH}{r_0}}\right)}{\bar{E}_p g_n^2+\bar{\rho}_p a_0^2}$。至此，各方程的解中所含待定系数均已确定。

桩身任意一点的正应力可表示为

$$\begin{aligned}N(z)&=E_p\frac{dW_p}{dz}-E_p\frac{d\bar{W}_p}{d\bar{z}}\\&=E_pa_1\left[-\lambda\sin(\lambda\bar{z})+\sum_{n=1}^{\infty}\frac{-2Y_{1n}X_{1n}g_n(e^{g_n\bar{z}}-e^{-g_n\bar{z}})}{\bar{E}_p g_n^2+\bar{\rho}_p a_0^2}\right]\end{aligned}$$

$$+E_{\mathrm{p}}a_2\left[\lambda\cos(\lambda\bar{z})+\sum_{n=1}^{\infty}\frac{-2Y_{1n}X_{2n}g_n(\mathrm{e}^{g_n\bar{z}}-\mathrm{e}^{-g_n\bar{z}})}{\bar{E}_{\mathrm{p}}g_n^2+\bar{\rho}_{\mathrm{p}}a_0^2}\right] \tag{7-88}$$

则桩顶竖向动力阻抗为

$$K_{\mathrm{d}}(a_0)=\frac{\pi r_0^2N(0)}{W_{\mathrm{p}}(0)}=\frac{\pi r_0^2N(0)}{r_0\overline{W}_{\mathrm{p}}(0)}=\frac{\pi r_0E_{\mathrm{p}}\lambda a_2}{a_1X_7+a_2X_8} \tag{7-89}$$

式中，$X_7=1+\sum_{n=1}^{\infty}\frac{-4Y_{1n}X_{1n}}{\bar{E}_{\mathrm{p}}g_n^2+\bar{\rho}_{\mathrm{p}}a_0^2}$，$X_8=\sum_{n=1}^{\infty}\frac{-4Y_{1n}X_{2n}}{\bar{E}_{\mathrm{p}}g_n^2+\bar{\rho}_{\mathrm{p}}a_0^2}$。

定义无量纲桩顶竖向动力阻抗为

$$\overline{K}_{\mathrm{d}}(a_0)=\frac{K_{\mathrm{d}}(a_0)}{Gr_0}=\frac{\pi\bar{E}_{\mathrm{p}}\lambda a_2}{a_1X_7+a_2X_8} \tag{7-90}$$

若令 $\overline{K}_{\mathrm{d}}=K_{\mathrm{v}}+\mathrm{i}C_{\mathrm{v}}$，则 $K_{\mathrm{v}}=\mathrm{Re}(\overline{K}_{\mathrm{d}})$，表示桩顶实际动刚度；$C_{\mathrm{v}}=\mathrm{Im}(\overline{K}_{\mathrm{d}})$，表示桩顶振动辐射阻尼以及孔液和土骨架相对运动时产生的阻尼。

7.2.3 解析模型验证与对比分析

算例基于图 7-1 所示力学模型与坐标系统，采用前述推导得到的饱和黏弹性地基中摩擦桩竖向动力阻抗模型，具体土层参数取值为：土体剪切模量 $G=20\mathrm{MPa}$，泊松比 $\nu=0.2$，土体孔隙率 $n^{\mathrm{l}}=0.4$，土体达西渗透系数 $k^{\mathrm{lD}}=9\times10^{-7}\mathrm{m/s}$，土体密度 $\rho^{\mathrm{s}}=1800\mathrm{kg/m^3}$，孔液密度 $\rho^{\mathrm{l}}=1000\mathrm{kg/m^3}$。桩基弹性模量 $E_{\mathrm{p}}=20\mathrm{GPa}$，密度 $\rho_{\mathrm{p}}=2500\mathrm{kg/m^3}$。为便于对比分析，后文各图中的桩顶动刚度随激振频率变化曲线均作了归一化处理。

对于本节所建立模型，选择不同的复刚度 f_{v} 即可方便地分析不同情况下的桩-土动力相互作用问题。若其按饱和半空间上刚性圆板基础振动理论求解可分析饱和半空间中桩基振动问题，按虚土桩法求解则可分析下卧基岩饱和土中桩基振动问题。为方便后文数值计算并与已有研究对比，本节在此采用 Lysmer 等[93]提出的通用基础底部地层刚度系数和阻尼系数取值公式，即在常规荷载激振频率内 $f_{\mathrm{v}}=\frac{4\mu^{\mathrm{s}}r_0}{1-\nu}+\mathrm{i}\frac{3.4(r_0)^2\rho\sqrt{\mu^{\mathrm{s}}/\rho^{\mathrm{s}}}}{1-\nu}$，式中各参数与本节模型一致。

为验证本节所推导饱和黏弹性地基中摩擦桩竖向动力阻抗模型的正确性，本节将所得解退化后与已有研究结果进行比较。一种情况令 $f_{\mathrm{v}}\to\infty$ 将本节结果退化为端承桩情况与刘林超[84]相应解进行对比，如图 7-2 所示。另一种情况令 $S_{\mathrm{v}}\to0$ 和 $\rho^{\mathrm{l}}\to0$ 将本节结果退化为单相介质情况和胡昌斌[190]相应解进行对比，如图 7-3 所示。从图中可以看出，在不同桩长径比（H/r_0）时，本节退化结果与文献[84]和[190]中对应计算结果的动力阻抗曲线均吻合较好，从而在一定程度上反映了本节所推导计算模型的正确性。

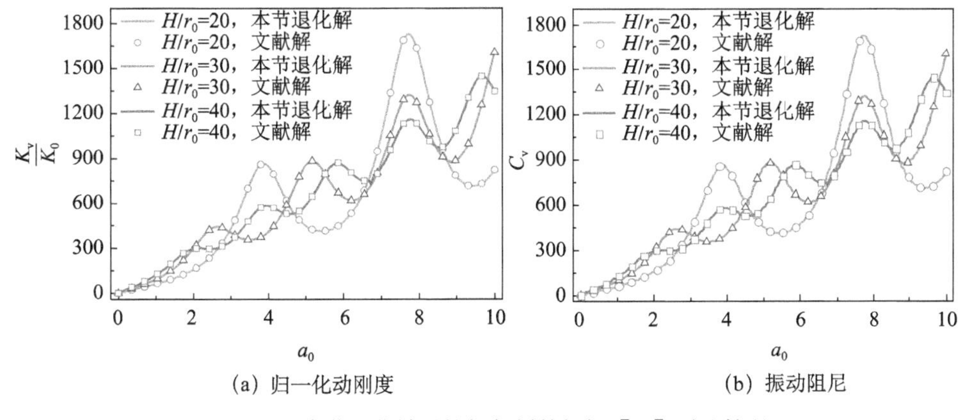

(a) 归一化动刚度　　(b) 振动阻尼

图 7-2　本节退化端承桩解与刘林超解［84］对比情况

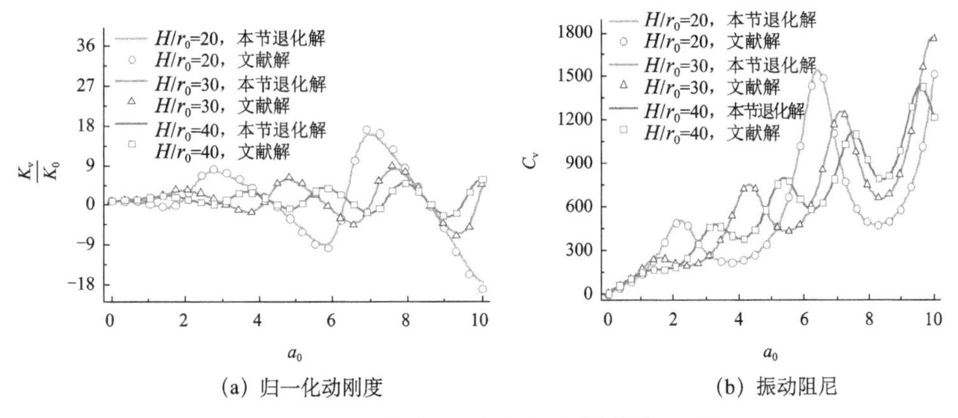

(a) 归一化动刚度　　(b) 振动阻尼

图 7-3　本节退化单相土解与胡昌斌解[190]对比情况

图 7-4 所示为本节摩擦桩桩顶动力阻抗随激振频率的变化曲线与文献[84]端承桩相应曲线的对比情况。从图中不难看出，饱和黏弹性地基中摩擦桩桩顶动力阻抗亦随激振频率呈波动状变化，存在显著的共振现象，且激振频率越大，其波动变异性越大。但由于考虑了桩底土的作用，摩擦桩桩顶动力阻抗的变化规律与端承桩相比存在显著差异。具体地，摩擦桩桩顶动力阻抗共振频率明显小于端承桩的；另外，其刚度共振峰值比端承桩的大很多，而阻尼的则比其小很多。从图中还可看出，对于摩擦桩而言，桩长径比越大，其动力阻抗共振频率越小，相应的共振峰值亦越小。

7.2.4　纵向振动参数化分析

图 7-5 所示为不同液固耦合系数对应的桩顶动力阻抗随激振频率变化的情况。从图中可见，液固耦合系数的变化对桩土-体系的共振频率基本上没有影响，且仅

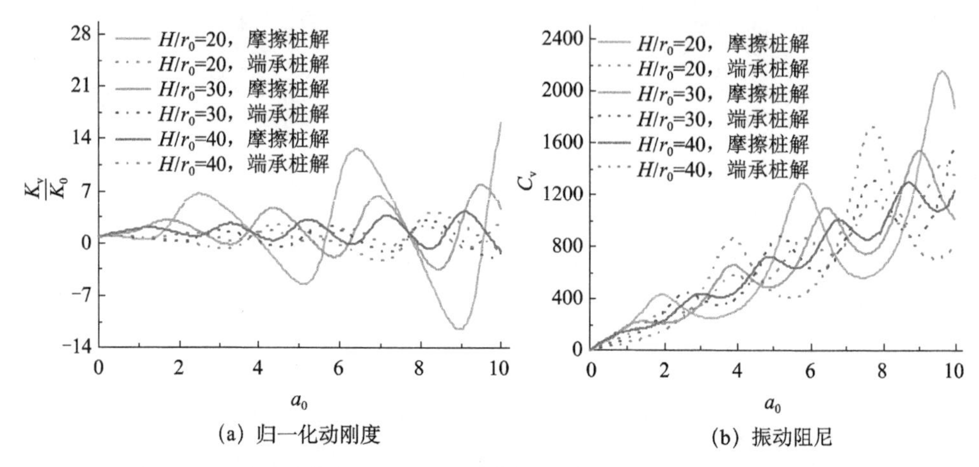

(a) 归一化动刚度　　(b) 振动阻尼

图 7－4　本节摩擦桩解与端承桩解[84]对比情况（彩图见封底二维码）

在高频激振阶段对桩顶动力阻抗共振峰值有显著影响，具体表现为桩顶动力阻抗共振峰值随着液固耦合系数的增大而减小，而当液固耦合系数较大时，其变化对桩顶动力阻抗基本上没有影响。这是由于液固耦合系数较大时，地基土中孔液运动受限，孔压来不及消散。

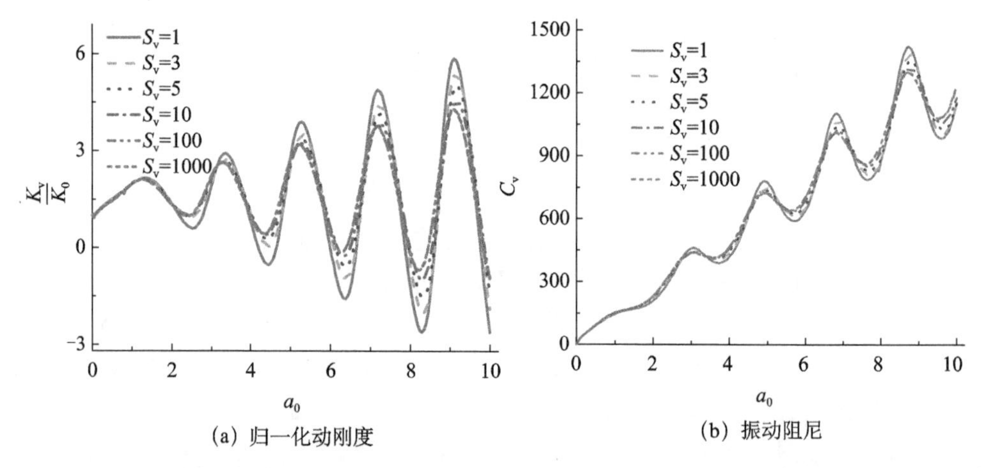

(a) 归一化动刚度　　(b) 振动阻尼

图 7－5　不同液固耦合系数时的桩顶动力阻抗与激振频率关系曲线（彩图见封底二维码）

图 7－6 所示为不同土体黏滞阻尼系数对应的桩顶动力阻抗随激振频率变化的情况。从图中可见，总体而言，土体黏滞阻尼系数对摩擦桩桩顶动力阻抗的影响相对较小。具体看来，随着土体黏滞阻尼系数增大，桩顶动力阻抗的共振频率呈减小趋势，相应的共振峰值亦随之减小。

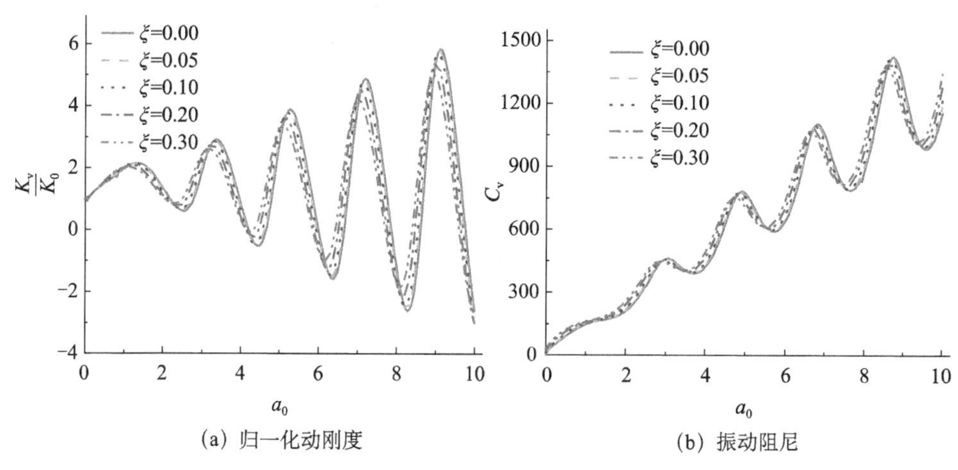

(a) 归一化动刚度　(b) 振动阻尼

图 7-6　不同土体黏滞阻尼系数时的桩顶动力阻抗与激振频率关系曲线（彩图见封底二维码）

7.3　饱和黏弹性半空间地基中摩擦桩纵向振动动力阻抗[121]

7.3.1　力学简化模型与定解问题

所建立饱和黏弹性半空间地基与摩擦桩动力相互作用体系计算模型如图 7-7 所示。基于 Boer 多孔介质模型[187]，饱和黏弹性半空间地基土体动力控制方程组为

$$(\lambda^s+\mu^s)\nabla\nabla\cdot\boldsymbol{u}_s+\mu^s\nabla\cdot\nabla\boldsymbol{u}_s-n^s\nabla p^f-\rho^s\ddot{\boldsymbol{u}}_s+S_v(\dot{\boldsymbol{u}}_f-\dot{\boldsymbol{u}}_s)=0 \tag{7-91}$$

$$-n^f\nabla p^f-\rho^f\ddot{\boldsymbol{u}}_f-S_v(\dot{\boldsymbol{u}}_f-\dot{\boldsymbol{u}}_s)=0 \tag{7-92}$$

$$\nabla\cdot(n^s\dot{\boldsymbol{u}}_s+n^f\dot{\boldsymbol{u}}_f)=0 \tag{7-93}$$

式中，λ^s，$\mu^s=G^s(1+2\mathrm{i}\xi^s)$ 为土骨架复拉梅常量，其中 G^s 表示土骨架剪切模量，ξ^s 为土骨架滞回阻尼比，$\mathrm{i}=\sqrt{-1}$ 为虚数单位；n^s 为土骨架体积分数，n^f 为孔隙流体体积分数，且满足饱和条件 $n^s+n^f=1$；ρ^s，ρ^f 分别为土骨架和孔隙流体表观密度；$S_v=\dfrac{n^f\rho^f g}{k^f}$为液固耦合系数，其中 k^{fD}为土体达西渗透系数，g 为重力加速度；$\boldsymbol{u}_s$，$\boldsymbol{u}_f$ 分别为土骨架和孔隙流体位移向量；$\dot{\boldsymbol{u}}_s$，$\dot{\boldsymbol{u}}_f$ 分别为土骨架和孔隙流体速度向量；$\ddot{\boldsymbol{u}}_s$，$\ddot{\boldsymbol{u}}_f$ 分别为土骨架和孔隙流体加速度向量；p^f 为孔隙流体压力；∇ 表示梯度算符。

定义 u_s、u_f 分别为土骨架和孔隙流体径向位移，w_s、w_f 分别表示土骨架和孔隙流体竖向位移。在竖向谐和激振力 $p(t)=P_0\mathrm{e}^{\mathrm{i}\omega t}$ 作用下，饱和土桩系统将做谐和

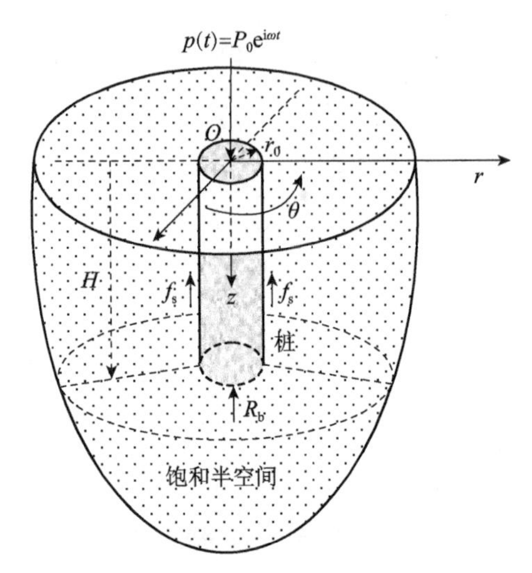

图 7-7　力学模型与坐标系统

振动，故而所有场变量 f（此处可代表位移、应力、应变等量）均可表示为$f(r,\theta,z,t)=f(r,\theta,z)e^{i\omega t}$的形式，则有$\frac{\partial f}{\partial t}=i\omega fe^{i\omega t}$，$\frac{\partial^2 f}{\partial t^2}=-\omega^2 fe^{i\omega t}$。为方便计算，后文将略去时间项 $e^{i\omega t}$。考虑到所研究问题的轴对称特性，并将上述条件代入式(7-91)～(7-93)中整理可推得

$$(\lambda^s+\mu^s)\frac{\partial e_s}{\partial r}+\mu^s\left(\nabla^2-\frac{1}{r^2}\right)u_s-\frac{\partial p^f}{\partial r}+\rho^s\omega^2 u_s+\rho^f\omega^2 u_f=0 \tag{7-94}$$

$$(\lambda^s+\mu^s)\frac{\partial e_s}{\partial z}+\mu^s\nabla^2 w_s-\frac{\partial p^f}{\partial z}+\rho^s\omega^2 w_s+\rho^f\omega^2 w_f=0 \tag{7-95}$$

$$n^f\frac{\partial p^f}{\partial r}+\rho^f(-\omega^2 u_f)+S_v\cdot i\omega(u_f-u_s)=0 \tag{7-96}$$

$$n^f\frac{\partial p^f}{\partial z}+\rho^f(-\omega^2 w_f)+S_v\cdot i\omega(w_f-w_s)=0 \tag{7-97}$$

$$n^s\frac{\partial u_s}{\partial r}+n^f\frac{\partial u_f}{\partial r}+\frac{1}{r}(n^s u_s+n^f u_f)+n^s\frac{\partial w_s}{\partial z}+n^f\frac{\partial w_f}{\partial z}=0 \tag{7-98}$$

其中，$e_s=\frac{\partial u_s}{\partial r}+\frac{u_s}{r}+\frac{\partial w_s}{\partial z}$为土骨架体积应变，$\nabla^2=\frac{\partial^2}{\partial r^2}+\frac{1}{r}\frac{\partial}{\partial r}+\frac{\partial^2}{\partial z^2}$为拉普拉斯算子。

为便于后文分析，引入无量纲参数$\bar{\lambda}^s=\frac{\lambda^s}{G^s}$，$\bar{\mu}^s=\frac{\mu^s}{G^s}$，$\bar{\rho}^s=\frac{\rho^s}{\rho}$，$\bar{\rho}^f=\frac{\rho^f}{\rho}$，$\bar{S}_v=\frac{r_0 S_v}{\sqrt{\rho G^s}}$以及无量纲变量$\bar{r}=\frac{r}{r_0}$，$\bar{z}=\frac{z}{r_0}$，$\bar{u}_s=\frac{u_s}{r_0}$，$\bar{u}_f=\frac{u_f}{r_0}$，$\bar{w}_s=\frac{w_s}{r_0}$，$\bar{w}_f=\frac{w_f}{r_0}$，$\bar{p}^f=\frac{p^f}{G^s}$，$\bar{\sigma}_{zz}=\frac{\sigma_{zz}}{G^s}$，$\bar{\tau}_{rz}=\frac{\tau_{rz}}{G^s}$，$\bar{\omega}=\sqrt{\frac{\rho}{G^s}}r_0\omega$，其中$\rho=\rho^s+\rho^f$。

将上述相应无量纲量代入式（7-94）～（7-98）后整理可得

$$(\bar{\lambda}^{s}+\bar{\mu}^{s})\frac{\partial e_{s}}{\partial \bar{r}}+\bar{\mu}^{s}\left(\overline{\nabla}^{2}-\frac{1}{\bar{r}^{2}}\right)\bar{u}_{s}-\frac{\partial \bar{p}^{f}}{\partial \bar{r}}+\bar{\rho}^{s}\bar{\omega}^{2}\bar{u}_{s}+\bar{\rho}^{f}\bar{\omega}^{2}\bar{u}_{f}=0 \tag{7-99}$$

$$(\bar{\lambda}^{s}+\bar{\mu}^{s})\frac{\partial e_{s}}{\partial \bar{z}}+\bar{\mu}^{s}\,\overline{\nabla}^{2}\bar{w}_{s}-\frac{\partial \bar{p}^{f}}{\partial \bar{z}}+\bar{\rho}^{s}\bar{\omega}^{2}\bar{w}_{s}+\bar{\rho}^{f}\bar{\omega}^{2}\bar{w}_{f}=0 \tag{7-100}$$

$$n^{f}\frac{\partial \bar{p}^{f}}{\partial \bar{r}}+\bar{\rho}^{f}(-\bar{\omega}^{2}\bar{u}_{f})+\bar{S}_{v}\cdot \mathrm{i}\,\bar{\omega}(\bar{u}_{f}-\bar{u}_{s})=0 \tag{7-101}$$

$$n^{f}\frac{\partial \bar{p}^{f}}{\partial \bar{z}}+\bar{\rho}^{f}(-\bar{\omega}^{2}\bar{w}_{f})+\bar{S}_{v}\cdot \mathrm{i}\,\bar{\omega}(\bar{w}_{f}-\bar{w}_{s})=0 \tag{7-102}$$

$$n^{s}\frac{\partial \bar{u}_{s}}{\partial \bar{r}}+n^{f}\frac{\partial \bar{u}_{f}}{\partial \bar{r}}+\frac{1}{\bar{r}}(n^{s}\bar{u}_{s}+n^{f}\bar{u}_{f})+n^{s}\frac{\partial \bar{w}_{s}}{\partial \bar{z}^{f}}+n^{f}\frac{\partial \bar{w}_{f}}{\partial \bar{z}}=0 \tag{7-103}$$

其中 $\overline{\nabla}^{2}=\dfrac{\partial^{2}}{\partial \bar{r}^{2}}+\dfrac{1}{\bar{r}}\dfrac{\partial}{\partial \bar{r}}+\dfrac{\partial^{2}}{\partial \bar{z}^{2}}$。

由于建立基础与基底土之间的严格耦合模型难度较大，自 Novak[11] 在研究埋置于弹性地基中的基础动力响应问题时采用 Baranov[181] 提出的假设（以基底为分界线将地基分成上、下独立土层）后，众多学者先后基于此假设研究了包括桩基、刚性基础等不同形式基础在土中的各类振动问题，通过其所得解的比较验证结果可知此假设具有较强的实用性。故本节在后续分析中亦采用类似的假设：地基土为各向同性饱和黏弹性介质，基础为密度 ρ_{p}、弹性模量 E_{p} 的等截面圆柱体，土与桩基在接触面处紧密相连，相互之间无滑移；基底以下的土视为饱和黏弹性半空间，且不计上覆土层的覆盖效应。

7.3.2　定解问题求解

由式（5.2.11）、（5.2.12）可推得

$$\bar{u}_{f}=D_{1}\left(\bar{u}_{s}-\frac{n^{f}}{\mathrm{i}\,\bar{\omega}\bar{S}_{v}}\frac{\partial \bar{p}^{f}}{\partial \bar{r}}\right) \tag{7-104}$$

$$\bar{w}_{f}=D_{1}\left(\bar{w}_{s}-\frac{n^{f}}{\mathrm{i}\,\bar{\omega}\bar{S}_{v}}\frac{\partial \bar{p}^{f}}{\partial \bar{z}}\right) \tag{7-105}$$

其中 $D_{1}=\dfrac{\mathrm{i}\,\bar{\omega}\bar{S}_{v}}{\mathrm{i}\,\bar{\omega}\bar{S}_{v}-\bar{\omega}^{2}\bar{\rho}^{f}}$。

为方便描述，将式（7-99）、（7-100）之间的联立过程简写为

$$\frac{\partial}{\partial \bar{r}}[式(7-99)]+\frac{1}{\bar{r}}[式(7-99)]+\frac{\partial}{\partial \bar{z}}[式(7-100)]$$

同时把式（7-104）、（7-105）代入其中可推得

$$(\bar{\lambda}^{s}+2\bar{\mu}^{s})\overline{\nabla}^{2}e_{s}-\left(1+\frac{D_{1}\bar{\rho}^{f}\bar{\omega}n^{f}}{\mathrm{i}\bar{S}_{v}}\right)\overline{\nabla}^{2}\,\bar{p}^{f}+(\bar{\rho}^{s}\bar{\omega}^{2}+\bar{\rho}^{f}\bar{\omega}^{2}D_{1})e_{s}=0 \tag{7-106}$$

同理，将式（7-104）、（7-105）之间的联立过程简写为$\frac{\partial}{\partial \bar{r}}$[式(7-104)]+$\frac{1}{\bar{r}}$[式(7-104)]+$\frac{\partial}{\partial \bar{z}}$[式(7-105)]，并将式（7-103）代入其中可推得

$$\overline{\nabla}^2 \bar{p}^{\mathrm{f}} = D_2 e_{\mathrm{s}} \tag{7-107}$$

其中 $D_2 = \dfrac{(n^{\mathrm{s}} + n^{\mathrm{f}} D_1)\mathrm{i}\,\bar{\omega}\bar{S}_{\mathrm{v}}}{(n^{\mathrm{f}})^2 D_1}$。

联立式（7-106）、（7-107）可得

$$\overline{\nabla}^2 e_{\mathrm{s}} = D_3 e_{\mathrm{s}} \tag{7-108}$$

其中 $D_3 = \dfrac{D_2 + \dfrac{n^{\mathrm{s}} \bar{\rho}^{\mathrm{f}} \bar{\omega}^2}{n^{\mathrm{f}}} - \bar{\rho}^{\mathrm{s}} \bar{\omega}^2}{\bar{\lambda}^{\mathrm{s}} + 2\bar{\mu}^{\mathrm{s}}}$。

黏弹性土骨架应力与位移之间的关系方程为

$$\bar{\tau}_{zr} = \bar{\tau}_{rz} = \bar{\mu}^{\mathrm{s}} \left(\frac{\partial \bar{u}_{\mathrm{s}}}{\partial \bar{z}} + \frac{\partial \bar{w}_{\mathrm{s}}}{\partial \bar{r}} \right) \tag{7-109}$$

$$\bar{\sigma}_{zz} = \bar{\lambda}^{\mathrm{s}} e_{\mathrm{s}} + 2\bar{\mu}^{\mathrm{s}} \frac{\partial \bar{w}_{\mathrm{s}}}{\partial \bar{z}} \tag{7-110}$$

记函数 $f(r)$ 的 ν 阶 Hankel 变换为$\tilde{f}^{v}(\xi)$，其变换 $H_{\mathrm{v}}(f(r))$ 及逆变换 $H_{\mathrm{v}}^{-1}(\tilde{f}^{v}(\xi))$ 公式[19]为

$$\tilde{f}^{v}(\xi) = H_{\mathrm{v}}[f(r)] = \int_0^{\infty} r f(r) J_{v}(\xi r)\mathrm{d}r \tag{7-111}$$

$$f(r) = H_{\mathrm{v}}^{-1}[\tilde{f}^{v}(\xi)] = \int_0^{\infty} \xi \tilde{f}^{v}(\xi) J_{v}(\xi r)\mathrm{d}\xi \tag{7-112}$$

其中 $J_{v}(\xi r)$ 为第一类 ν 阶 Bessel 函数。

对式（7-99）、（7-109）进行一阶 Hankel 变换，式（7-100）、（7-107）、（7-108）、（7-110）以及土骨架体积应变公式进行零阶 Hankel 变换，求解方程并考虑半空间地基中波的辐射条件后可推得

$$\tilde{e}_{\mathrm{s}}^{0} = A_1 \mathrm{e}^{-q\bar{z}} \tag{7-113}$$

$$\tilde{\bar{p}}^{f0} = C_{21} A_1 \mathrm{e}^{-q\bar{z}} + A_2 \mathrm{e}^{-\xi\bar{z}} \tag{7-114}$$

$$\tilde{\bar{u}}_{\mathrm{s}}^{1} = C_{31} A_1 \mathrm{e}^{-q\bar{z}} + C_{32} A_2 \mathrm{e}^{-\xi\bar{z}} + A_3 \mathrm{e}^{-s\bar{z}} \tag{7-115}$$

$$\tilde{\bar{w}}_{\mathrm{s}}^{0} = C_{41} A_1 \mathrm{e}^{-q\bar{z}} + C_{32} A_2 \mathrm{e}^{-\xi\bar{z}} + \frac{\xi}{s} A_3 \mathrm{e}^{-s\bar{z}} \tag{7-116}$$

$$\tilde{\bar{w}}_{\mathrm{f}}^{0} = D_1 \left[\tilde{\bar{w}}_{\mathrm{s}}^{0} - \frac{n^{\mathrm{f}}}{\mathrm{i}\,\bar{\omega}\bar{S}_{\mathrm{v}}} (-q C_{21} A_1 \mathrm{e}^{-q\bar{z}} - \xi A_2 \mathrm{e}^{-\xi\bar{z}}) \right] \tag{7-117}$$

$$\tilde{\bar{\tau}}_{zr}^{1} = -\bar{\mu}^{\mathrm{s}} \left[(q C_{31} + \xi C_{41}) A_1 \mathrm{e}^{-q\bar{z}} + 2\xi C_{32} A_2 \mathrm{e}^{-\xi\bar{z}} + \frac{s^2 + \xi^2}{s} A_3 \mathrm{e}^{-s\bar{z}} \right] \tag{7-118}$$

$$\tilde{\bar{\sigma}}_{zz}^{0} = (\bar{\lambda}^{\mathrm{s}} - 2\bar{\mu}^{\mathrm{s}} q C_{41}) A_1 \mathrm{e}^{-q\bar{z}} - 2\bar{\mu}^{\mathrm{s}} \xi (C_{32} A_2 \mathrm{e}^{-\xi\bar{z}} + A_3 \mathrm{e}^{-s\bar{z}}) \tag{7-119}$$

其中 $q=\sqrt{\xi^2+D_3}$，$C_{21}=\dfrac{D_2}{D_3}$，$C_{31}=\xi\dfrac{\bar{\lambda}^{s}+\bar{\mu}^{s}-C_{21}\left(1+\dfrac{\bar{\rho}^{f}\bar{\omega}D_1 n^{f}}{\mathrm{i}\bar{S}_v}\right)}{\bar{\mu}^{s}D_3+\bar{\rho}^{s}\bar{\omega}^2+\bar{\rho}^{f}\bar{\omega}^2 D_1}$，$C_{32}=-\xi\dfrac{1+\dfrac{\bar{\rho}^{f}\bar{\omega}D_1 n^{f}}{\mathrm{i}\bar{S}_v}}{\bar{\rho}^{s}\bar{\omega}^2+\bar{\rho}^{f}\bar{\omega}^2 D_1}$，

$C_{41}=\dfrac{\xi C_{31}-1}{q}$，$s=\sqrt{\xi^2-\dfrac{\bar{\rho}^{s}\bar{\omega}^2+\bar{\rho}^{f}\bar{\omega}^2 D_1}{\bar{\mu}^{s}}}$，$\mathrm{Re}(q)$，$\mathrm{Re}(s)$ 均大于零。A_1，A_2，A_3 为待定系数，由桩基础与饱和地基相互作用体系的边界条件确定。

由于将桩底土视为半空间处理，并忽略上覆土层的覆盖效应，所以此饱和黏弹性半空间满足如下无量纲边界条件：

半空间表面（$\bar{z}=H/r_0=\bar{L}$）在桩径范围外的正应力为零，即

$$\bar{\sigma}_{zz}(\bar{r},\bar{L})=0,\quad 1<\bar{r}<\infty \tag{7-120}$$

半空间表面切应力为零，即

$$\bar{\tau}_{zr}(\bar{r},\bar{L})=0,\quad 0\leqslant\bar{r}<\infty \tag{7-121}$$

半空间表面透水，即

$$\bar{p}^{f}(\bar{r},\bar{L})=0,\quad 0\leqslant\bar{r}<\infty \tag{7-122}$$

桩底位置处土体的竖向位移与桩基的相等，即

$$\bar{w}_s(\bar{r},\bar{L})=\bar{w}_p(\bar{L}),\quad 0\leqslant\bar{r}\leqslant 1 \tag{7-123}$$

其中 $\bar{w}_p$ 表示桩基无量纲竖向位移幅值。

将上述边界条件进行相应的 Hankel 变换，则可求得以 $\tilde{\bar{\sigma}}_{zz}^{0}(\xi,\bar{L})$ 表示的 A_1，A_2，A_3 分别为

$$A_1=\frac{\tilde{\bar{\sigma}}_{zz}^{0}(\xi,\bar{L})\mathrm{e}^{q\bar{L}}}{\bar{\lambda}^{s}-2\bar{\mu}^{s}qC_{41}-2\bar{\mu}^{s}\xi D_4+2\bar{\mu}^{s}\xi C_{32}C_{21}} \tag{7-124}$$

$$A_2=-C_{21}A_1\mathrm{e}^{(\xi-q)\bar{L}} \tag{7-125}$$

$$A_3=D_4A_1\mathrm{e}^{(s-q)\bar{L}} \tag{7-126}$$

式中，$D_4=s\dfrac{2\xi C_{32}C_{21}-\xi C_{41}-qC_{31}}{s^2+\xi^2}$。

将所得系数 A_1、A_2、A_3 代入 $\tilde{\bar{w}}_s^0$ 的表达式（7－116），并令 $\bar{z}=\bar{L}$ 得到

$$\tilde{\bar{w}}_s^{0}(\xi,\bar{L})=C_{41}A_1\mathrm{e}^{-q\bar{L}}+C_{32}A_2\mathrm{e}^{-\xi\bar{L}}+\frac{\xi}{s}A_3\mathrm{e}^{-s\bar{L}}=f(\xi)\tilde{\bar{\sigma}}_{zz}^{0}(\xi,\bar{L}) \tag{7-127}$$

$$f(\xi)=\frac{C_{41}-C_{32}C_{21}+\dfrac{\xi}{s}D_4}{\bar{\lambda}^{s}-2\bar{\mu}^{s}qC_{41}-2\bar{\mu}^{s}\xi D_4+2\bar{\mu}^{s}\xi C_{32}C_{21}} \tag{7-128}$$

对式（7－127）进行零阶 Hankel 逆变换可得

$$\bar{w}_s(\bar{r},\bar{L})=\int_0^{\infty}\xi\tilde{\bar{w}}_s^{0}(\xi,\bar{L})J_0(\xi\bar{r})\mathrm{d}\xi=\int_0^{\infty}\xi f(\xi)\tilde{\bar{\sigma}}_{zz}^{0}(\xi,\bar{L})J_0(\xi\bar{r})\mathrm{d}\xi \tag{7-129}$$

由于

$$\bar{\sigma}_{zz}(\bar{r},\bar{L}) = \int_0^{\infty} \xi \tilde{\bar{\sigma}}_{zz}^{0}(\xi,\bar{L}) J_0(\xi\bar{r}) \mathrm{d}\xi \tag{7-130}$$

记 $N(\xi)=\xi\tilde{\bar{\sigma}}_{zz}^{0}(\xi,\bar{L})$，则由式（7-120）、(7-123) 可得一组描述饱和黏弹性半空间地基中摩擦桩纵向振动混合边值问题的对偶积分方程为

$$\int_0^{\infty} \xi^{-1}[1+H(\xi)]N(\xi)J_0(\xi\bar{r})\mathrm{d}\xi = \frac{\overline{w}_p(\bar{L})}{L_0}, \quad 0 \leqslant \bar{r} \leqslant 1 \tag{7-131}$$

$$\int_0^{\infty} N(\xi)J_0(\xi\bar{r})\mathrm{d}\xi = 0, \quad 1 < \bar{r} < \infty \tag{7-132}$$

式中，$L_0=\lim\limits_{\xi\to\infty}\xi f(\xi)=\nu-1$，$\nu$ 为土骨架泊松比，而 $H(\xi)=\dfrac{\xi f(\xi)}{L_0}-1$。

式（7-131）、(7-132) 属于 Tranter[20] 型对偶积分方程。采用 Nobel[21] 提出的转化方法将其化为第二类 Fredholm 积分方程来求解，令

$$N(\xi) = \frac{2\xi\overline{w}_p(\bar{L})}{\pi L_0}\int_0^1 \Phi(x)\cos(\xi x)\mathrm{d}x \tag{7-133}$$

将式（7-133）代入式（7-131）、(7-132) 后，式（7-132）自动满足，而式（7-131）可化为

$$\Phi(x) + \frac{1}{\pi}\int_0^1 F(x,y)\Phi(y)\mathrm{d}y = 1 \tag{7-134}$$

式中，$F(x,y)$ 为核函数，且

$$F(x,y) = 2\int_0^{\infty} H(\xi)\cos(\xi x)\cos(\xi y)\mathrm{d}\xi \tag{7-135}$$

由动力平衡条件可得该桩基础的底面反力幅值 R_b 为

$$\frac{R_b}{G^s r_0^2} = \int_0^{2\pi}\mathrm{d}\theta\int_0^1 \bar{r}\bar{\sigma}_{zz}(\bar{r},\bar{L})\mathrm{d}\bar{r} = 2\pi\,\tilde{\bar{\sigma}}_{zz}(0,\bar{L}) \tag{7-136}$$

再联立式（7-133）得

$$R_b = G^s r_0^2 \overline{w}_p(\bar{L})\,\frac{4}{1-\nu}\int_0^1 \Phi(x)\mathrm{d}x = G^s r_0^2 \overline{w}_p(\bar{L}) f_v \tag{7-137}$$

其中 $f_v = \dfrac{4}{1-\nu}\displaystyle\int_0^1 \Phi(x)\mathrm{d}x$ 表示桩基底部土体的复刚度。基于文献[191]中虚土桩法的思想，若在桩周土体中任意处取一半径为 r_0 的土柱（其物理参数与土体的一致，但按一维杆件纵向振动处理），则依据前述求解桩底土体复刚度的过程可得此虚土桩底处土体的复刚度亦为 f_v，故可先将其近似看作桩侧土与桩底土之间的反力系数。而在文献[192]中，李强等通过研究表明桩侧土与桩底土之间的反力系数对桩顶动力响应的影响非常小，可以忽略其变化。但在分析中此反力系数是人为引入且独立的，不能考虑其与桩底土各物理参数之间的联系，显然这与实际不符。因此，鉴于这些因素，本节将在后续分析中采用上述所得复刚度 f_v 建立桩侧土与桩底土之间的连续性条件。

饱和土-桩动力相互作用体系在稳态振动条件下还满足如下无量纲边界条件：

无穷远处土体径向位移、切应力为零，即

$$\bar{u}_{\mathrm{s}}(\bar{r}\to\infty,\bar{z})=0,\quad \bar{\tau}_{rz}(\bar{r}\to\infty,\bar{z})=0 \tag{7-138}$$

饱和地基自由表面上土体正应力为零，即

$$\bar{\sigma}_{zz}(\bar{r},0)=0,\quad \bar{r}>1 \tag{7-139}$$

桩周土层与桩底土层在交界面位置内力连续，即

$$\pi\bar{E}^{\mathrm{s}}\left.\frac{\partial\bar{w}_{\mathrm{s}}}{\partial\bar{z}}\right|_{\bar{z}=\bar{L}}=f_{\mathrm{v}}\bar{w}_{\mathrm{s}}(\bar{r},\bar{L}),\quad \bar{r}>1 \tag{7-140}$$

桩-土接触面处孔隙流体不渗透，即

$$\bar{u}_{\mathrm{f}}(1,\bar{z})=0,\quad 0\leqslant\bar{z}\leqslant\bar{L} \tag{7-141}$$

桩-土接触面处土体径向位移为零，即

$$\bar{u}_{\mathrm{s}}(1,\bar{z})=0,\quad 0\leqslant\bar{z}\leqslant\bar{L} \tag{7-142}$$

桩-土在接触面处完全黏结，即

$$\bar{w}_{\mathrm{s}}(1,\bar{z})=\bar{w}_{\mathrm{p}}(\bar{z}),\quad 0\leqslant\bar{z}\leqslant\bar{L} \tag{7-143}$$

为方便表达，令

$$k_1=\bar{\lambda}^{\mathrm{s}}+2\bar{\mu}^{\mathrm{s}},\quad k_2=1+\frac{D_1\bar{\rho}^{\mathrm{f}}\bar{\omega}n^{\mathrm{f}}}{\mathrm{i}\bar{S}_{\mathrm{v}}},\quad k_3=\bar{\rho}^{\mathrm{s}}\bar{\omega}^2+\bar{\rho}^{\mathrm{f}}\bar{\omega}^2D_1$$

则式（7-106）可简化为

$$k_1\bar{\nabla}^2e_{\mathrm{s}}-k_2\bar{\nabla}^2\,\bar{p}^{\mathrm{f}}+k_3e_{\mathrm{s}}=0 \tag{7-144}$$

将式（7-107）、（7-144）表示成矩阵形式，有

$$\begin{bmatrix}k_1\bar{\nabla}^2+k_3 & -k_2\bar{\nabla}^2\\ D_2 & -\bar{\nabla}^2\end{bmatrix}\begin{bmatrix}e_{\mathrm{s}}\\ \bar{p}^{\mathrm{f}}\end{bmatrix}=\begin{bmatrix}0\\0\end{bmatrix} \tag{7-145}$$

要使方程（7-145）有非零解，则其算子行列式必须等于零，即

$$\bar{\nabla}^4+\frac{k_3-k_2D_2}{k_1}\bar{\nabla}^2=0 \tag{7-146}$$

式（7-146）可分解为

$$\bar{\nabla}^2(\bar{\nabla}^2-\beta_1^2)=0 \tag{7-147}$$

其中 $\beta_1^2=\dfrac{k_2D_2-k_3}{k_1}$。

根据微分算子分解理论[71]，令 $e_{\mathrm{s}}=e_{\mathrm{s}1}+e_{\mathrm{s}2}$，且 $e_{\mathrm{s}1}$，$e_{\mathrm{s}2}$分别满足下式：

$$\begin{cases}(\bar{\nabla}^2-\beta_1^2)e_{\mathrm{s}1}=0\\ \bar{\nabla}^2e_{\mathrm{s}2}=0\end{cases} \tag{7-148}$$

设 $e_{\mathrm{s}1}=R(\bar{r})S(\bar{z})$，将其代入式（7-148）中第一式可推得

$$\frac{1}{R(\bar{r})}\frac{\mathrm{d}^2R(\bar{r})}{\mathrm{d}\bar{r}^2}+\frac{1}{R(\bar{r})}\frac{1}{\bar{r}}\frac{\mathrm{d}R(\bar{r})}{\mathrm{d}\bar{r}}+\frac{1}{S(\bar{z})}\frac{\mathrm{d}^2S(\bar{z})}{\mathrm{d}\bar{z}^2}-\beta_1^2=0 \tag{7-149}$$

方程（7-149）的解为

$$R(\bar{r})=C_1K_0(g_2\bar{r})+C_2I_0(g_2\bar{r}) \tag{7-150}$$

$$S(\bar{z})=A_1\mathrm{e}^{g_1\bar{z}}+A_2\mathrm{e}^{-g_1\bar{z}} \tag{7-151}$$

式中，$g_1^2+g_2^2=\beta_1^2$，$\mathrm{Re}(g_1)$，$\mathrm{Re}(g_2)$ 均大于零。则

$$e_{s1}=(A_1\mathrm{e}^{g_1\bar{z}}+A_2\mathrm{e}^{-g_1\bar{z}})[C_1K_0(g_2\bar{r})+C_2I_0(g_2\bar{r})] \tag{7-152}$$

同理可推得

$$e_{s2}=(A_3\mathrm{e}^{g_3\bar{z}}+A_4\mathrm{e}^{-g_3\bar{z}})[C_3K_0(g_4\bar{r})+C_4I_0(g_4\bar{r})] \tag{7-153}$$

式中，$I_0(g_2\bar{r}),I_0(g_4\bar{r})$，$K_0(g_4\bar{r})$ 分别为第一类、第二类零阶变型 Bessel 函数。A_1，A_2，A_3，A_4，C_1，C_2，C_3，C_4 为待定系数。且 $g_3^2+g_4^2=0$，$\mathrm{Re}(g_3)$，$\mathrm{Re}(g_4)$ 均大于零。则

$$\begin{aligned}e_s=&(A_1\mathrm{e}^{g_1\bar{z}}+A_2\mathrm{e}^{-g_1\bar{z}})[C_1K_0(g_2\bar{r})+C_2I_0(g_2\bar{r})]\\&+(A_3\mathrm{e}^{g_3\bar{z}}+A_4\mathrm{e}^{-g_3\bar{z}})[C_3K_0(g_4\bar{r})+C_4I_0(g_4\bar{r})]\end{aligned} \tag{7-154}$$

同理可推得

$$\begin{aligned}\bar{p}^{\mathrm{f}}=&(A_5\mathrm{e}^{g_1\bar{z}}+A_6\mathrm{e}^{-g_1\bar{z}})[C_5K_0(g_2\bar{r})+C_6I_0(g_2\bar{r})]\\&+(A_7\mathrm{e}^{g_3\bar{z}}+A_8\mathrm{e}^{-g_3\bar{z}})[C_7K_0(g_4\bar{r})+C_8I_0(g_4\bar{r})]\end{aligned} \tag{7-155}$$

式中，A_5，A_6，A_7，A_8，C_5，C_6，C_7，C_8 为待定系数。

由桩-土体系边界条件式（7-123）可推得

$$C_2=C_4=C_6=C_8=0,\quad A_5+A_6=0,\quad A_7+A_8=0$$

将上述系数代入式（7-154）、（7-155）中整理可得

$$e_s=(B_1\mathrm{e}^{g_1\bar{z}}+B_2\mathrm{e}^{-g_1\bar{z}})K_0(g_2\bar{r})+(B_3\mathrm{e}^{g_3\bar{z}}+B_4\mathrm{e}^{-g_3\bar{z}})K_0(g_4\bar{r}) \tag{7-156}$$

$$\bar{p}^{\mathrm{f}}=B_5(\mathrm{e}^{g_1\bar{z}}-\mathrm{e}^{-g_1\bar{z}})K_0(g_2\bar{r})+B_6(\mathrm{e}^{g_3\bar{z}}-\mathrm{e}^{-g_3\bar{z}})K_0(g_4\bar{r}) \tag{7-157}$$

其中 $C_1A_1=B_1$，$C_1A_2=B_2$，$C_3A_3=B_3$，$C_3A_4=B_4$，$C_5A_6=B_5$，$C_7A_7=B_6$。

将式（7-156）、（7-157）代入式（7-107）、（7-144）中可以推得

$$B_3=B_4=0,\quad B_1=-B_2=\frac{\beta_1^2}{D_2}B_5$$

代入已知系数整理式（7-156）、（7-157）后可得

$$e_s=\frac{\beta_1^2}{D_2}B_5(\mathrm{e}^{g_1\bar{z}}-\mathrm{e}^{-g_1\bar{z}})K_0(g_2\bar{r}) \tag{7-158}$$

$$\bar{p}^{\mathrm{f}}=B_5(\mathrm{e}^{g_1\bar{z}}-\mathrm{e}^{-g_1\bar{z}})K_0(g_2\bar{r})+B_6(\mathrm{e}^{g_3\bar{z}}-\mathrm{e}^{-g_3\bar{z}})K_0(g_4\bar{r}) \tag{7-159}$$

将式（7-99）、（7-100）改写为

$$\bar{\mu}^{\mathrm{s}}\nabla^2\bar{u}_s+(\bar{\rho}^{\mathrm{s}}\bar{\omega}^2+\bar{\rho}^{\mathrm{f}}\bar{\omega}^2D_1)\bar{u}_s-\frac{\bar{\mu}^{\mathrm{s}}}{\bar{r}^2}\bar{u}_s=\left(1+\frac{\bar{\rho}^{\mathrm{f}}\bar{\omega}D_1n^{\mathrm{f}}}{\mathrm{i}\bar{S}_{\mathrm{v}}}\right)\frac{\partial\bar{p}^{\mathrm{f}}}{\partial\bar{r}}-(\bar{\lambda}^{\mathrm{s}}+\bar{\mu}^{\mathrm{s}})\frac{\partial e_s}{\partial\bar{r}} \tag{7-160}$$

$$\bar{\mu}^{\mathrm{s}}\overline{\nabla}^2\bar{w}_s+(\bar{\rho}^{\mathrm{s}}\bar{\omega}^2+\bar{\rho}^{\mathrm{f}}\bar{\omega}^2D_1)\bar{w}_s=\left(1+\frac{\bar{\rho}^{\mathrm{f}}\bar{\omega}D_1n^{\mathrm{f}}}{\mathrm{i}\bar{S}_{\mathrm{v}}}\right)\frac{\partial\bar{p}^{\mathrm{f}}}{\partial\bar{z}}-(\bar{\lambda}^{\mathrm{s}}+\bar{\mu}^{\mathrm{s}})\frac{\partial e_s}{\partial\bar{z}} \tag{7-161}$$

方程（7-60）、（7-61）分别为关于 $\bar{u}_s$ 和 $\bar{w}_s$ 的非齐次方程，此类方程的解为其齐次方程的解再加上其特解。

式（7-60）的齐次方程为

$$\bar{\mu}^s \overline{\nabla}^2 \bar{u}_s^1 + (\bar{\rho}^s \bar{\omega}^2 + \bar{\rho}^f \bar{\omega}^2 D_1) \bar{u}_s^1 - \frac{\bar{\mu}^s}{\bar{r}^2} \bar{u}_s^1 = 0 \tag{7-162}$$

令 $\beta_2^2 = -\frac{\bar{\rho}^s \bar{\omega}^2 + \bar{\rho}^f \bar{\omega}^2 D_1}{\bar{\mu}^s}$，则式（7－162）可化为

$$\overline{\nabla}^2 \bar{u}_s^1 - \left(\beta_2^2 + \frac{1}{\bar{r}^2}\right) \bar{u}_s^1 = 0 \tag{7-163}$$

此方程的解为

$$\bar{u}_s^1 = (d_1 e^{g_5 \bar{z}} + d_2 e^{-g_5 \bar{z}})[d_3 K_1(g_6 \bar{r}) + d_4 I_1(g_6 \bar{r})] \tag{7-164}$$

式中，$g_5^2 + g_6^2 = \beta_2^2$，$\mathrm{Re}(g_5)$，$\mathrm{Re}(g_6)$ 均大于零。

由桩-土体系边界条件式（7－138）可知 $d_4 = 0$，则

$$\bar{u}_s^1 = (d_5 e^{g_5 \bar{z}} + d_6 e^{-g_5 \bar{z}}) K_1(g_6 \bar{r}) \tag{7-165}$$

其中 $d_5 = d_1 d_3$，$d_6 = d_2 d_3$。

将 e_s、$\bar{p}^f$ 的表达式（7－158）、(7－159）代入式（7－160）中整理后可得

$$\begin{aligned} &\bar{\mu}^s \overline{\nabla}^2 \bar{u}_s + (\bar{\rho}^s \bar{\omega}^2 + \bar{\rho}^f \bar{\omega}^2 D_1) \bar{u}_s - \frac{\bar{\mu}^s}{\bar{r}^2} \bar{u}_s \\ &= \left(1 + \frac{\bar{\rho}^f \bar{\omega} D_1 n^f}{i \bar{S}_v}\right) [-B_5 g_2 (e^{g_1 \bar{z}} - e^{-g_1 \bar{z}}) K_1(g_2 \bar{r}) \\ &\quad - B_6 g_4 (e^{g_3 \bar{z}} - e^{-g_3 \bar{z}}) K_1(g_4 \bar{r})] + (\bar{\lambda}^s + \bar{\mu}^s) \\ &\quad \times \frac{\beta_1^2}{D_2} B_5 g_2 (e^{g_1 \bar{z}} - e^{-g_1 \bar{z}}) K_1(g_2 \bar{r}) \end{aligned} \tag{7-166}$$

由于 $K_1(g_2 \bar{r})$ 与 $K_1(g_4 \bar{r})$ 线性无关，故可设此方程的特解形式为

$$\bar{u}_s^2 = d_7 (e^{g_1 \bar{z}} - e^{-g_1 \bar{z}}) K_1(g_2 \bar{r}) + d_8 (e^{g_3 \bar{z}} - e^{-g_3 \bar{z}}) K_1(g_4 \bar{r}) \tag{7-167}$$

将特解（7－167）代入方程（7－166）中可推得

$$d_7 = \frac{\left[(\bar{\lambda}^s + \bar{\mu}^s) \frac{\beta_1^2}{D_2} - \left(1 + \frac{\bar{\rho}^f \bar{\omega} D_1 n^f}{i \bar{S}_v}\right)\right] g_2 B_5}{\bar{\mu}^s \beta_1^2 + \bar{\rho}^s \bar{\omega}^2 + \bar{\rho}^f \bar{\omega}^2 D_1} \tag{7-168}$$

$$d_8 = -\frac{\left(1 + \frac{\bar{\rho}^f \bar{\omega} D_1 n^f}{i \bar{S}_v}\right) g_4 B_6}{\bar{\rho}^s \bar{\omega}^2 + \bar{\rho}^f \bar{\omega}^2 D_1} \tag{7-169}$$

则方程（7－160）的解为

$$\begin{aligned} \bar{u}_s = \bar{u}_s^1 + \bar{u}_s^2 = &(d_5 e^{g_5 \bar{z}} + d_6 e^{-g_5 \bar{z}}) K_1(g_6 \bar{r}) + d_7 (e^{g_1 \bar{z}} - e^{-g_1 \bar{z}}) K_1(g_2 \bar{r}) \\ &+ d_8 (e^{g_3 \bar{z}} - e^{-g_3 \bar{z}}) K_1(g_4 \bar{r}) \end{aligned} \tag{7-170}$$

同理，方程（7－161）的齐次方程为

$$\bar{\mu}^s \overline{\nabla}^2 \bar{w}_s^1 + (\bar{\rho}^s \bar{\omega}^2 + \bar{\rho}^f \bar{\omega}^2 D_1) \bar{w}_s^1 = 0 \tag{7-171}$$

令 $\beta_2^2 = -\frac{\bar{\rho}^s \bar{\omega}^2 + \bar{\rho}^f \bar{\omega}^2 D_1}{\bar{\mu}^s}$，则有

$$\overline{\nabla}^2 \bar{w}_s^1 - \beta_2^2 \bar{w}_s^1 = 0 \tag{7-172}$$

方程（7－172）的解为

$$\overline{w}_{s}^{1}=(b_{1}e^{g_{7}\overline{z}}+b_{2}e^{-g_{7}\overline{z}})[b_{3}K_{0}(g_{8}\overline{r})+b_{4}I_{0}(g_{8}\overline{r})] \tag{7-173}$$

式中，$g_7^2+g_8^2=\beta_2^2$，$\mathrm{Re}(g_7)$，$\mathrm{Re}(g_8)$ 均大于零。b_1，b_2，b_3，b_4 为待定系数。

由桩-土体系边界条件式（7－138）可知 $b_4=0$，令 $b_5=b_1b_3$，$b_6=b_2b_3$，则有

$$\overline{w}_{s}^{1}=(b_{5}e^{g_{7}\overline{z}}+b_{6}e^{-g_{7}\overline{z}})K_{0}(g_{8}\overline{r}) \tag{7-174}$$

将 e_s、$\overline{p}^f$ 的表达式（7－158）、（7－159）代入式（7－161）中可得

$$\begin{aligned}\overline{\mu}^{s}\overline{\nabla}^{2}\overline{w}_{s}+(\overline{\rho}^{s}\overline{\omega}^{2}+\overline{\rho}^{f}\overline{\omega}^{2}D_{1})\overline{w}_{s}=&\left(1+\frac{\overline{\rho}^{f}\overline{\omega}D_{1}n^{f}}{i\overline{S}_{v}}\right)[B_{5}g_{1}(e^{g_{1}\overline{z}}+e^{-g_{1}\overline{z}})K_{0}(g_{2}\overline{r})\\&+B_{6}g_{3}(e^{g_{3}\overline{z}}+e^{-g_{3}\overline{z}})K_{0}(g_{4}\overline{r})]-(\overline{\lambda}^{s}+\overline{\mu}^{s})\\&\times\frac{\beta_{1}^{2}}{D_{2}}B_{5}g_{1}(e^{g_{1}\overline{z}}+e^{-g_{1}\overline{z}})K_{0}(g_{2}\overline{r})\end{aligned} \tag{7-175}$$

同理可设其特解形式为

$$\overline{w}_{s}^{2}=b_{7}(e^{g_{1}\overline{z}}+e^{-g_{1}\overline{z}})K_{0}(g_{2}\overline{r})+b_{8}(e^{g_{3}\overline{z}}+e^{-g_{3}\overline{z}})K_{0}(g_{4}\overline{r}) \tag{7-176}$$

将特解（7－176）代入方程（7－175）中可推得

$$b_{7}=\frac{\left[\left(1+\frac{\overline{\rho}^{f}\overline{\omega}D_{1}n^{f}}{i\overline{S}_{v}}\right)-(\overline{\lambda}^{s}+\overline{\mu}^{s})\frac{\beta_{1}^{2}}{D_{2}}\right]g_{1}B_{5}}{\overline{\mu}^{s}\beta_{1}^{2}+\overline{\rho}^{s}\overline{\omega}^{2}+\overline{\rho}^{f}\overline{\omega}^{2}D_{1}} \tag{7-177}$$

$$b_{8}=\frac{\left(1+\frac{\overline{\rho}^{f}\overline{\omega}D_{1}n^{f}}{i\overline{S}_{v}}\right)g_{3}B_{6}}{\overline{\rho}^{s}\overline{\omega}^{2}+\overline{\rho}^{f}\overline{\omega}^{2}D_{1}} \tag{7-178}$$

则方程（7－161）的解为

$$\begin{aligned}\overline{w}_{s}&=\overline{w}_{s}^{1}+\overline{w}_{s}^{2}\\&=(b_{5}e^{g_{7}\overline{z}}+b_{6}e^{-g_{7}\overline{z}})K_{0}(g_{8}\overline{r})+b_{7}(e^{g_{1}\overline{z}}+e^{-g_{1}\overline{z}})K_{0}(g_{2}\overline{r})+b_{8}(e^{g_{3}\overline{z}}+e^{-g_{3}\overline{z}})K_{0}(g_{4}\overline{r})\end{aligned} \tag{7-179}$$

联系到 $e_s=\frac{\partial\overline{u}_s}{\partial\overline{r}}+\frac{\overline{u}_s}{\overline{r}}+\frac{\partial\overline{w}_s}{\partial\overline{z}}$，将 $\overline{u}_s$、$\overline{w}_s$ 代入整理后可推得 $g_6=g_8$，$g_5=g_7$，$g_7b_5=g_6d_5$，$g_6d_6=-g_7b_6$，$g_3b_8=g_4d_8$，$g_1b_7-g_2d_7=\frac{\beta_1^2}{D_2}B_5$。

联立桩-土体系边界条件式（7－139）整理上述参数关系可得 $b_5=b_6$，$d_5=-d_6$，则

$$\overline{u}_{s}=d_{5}(e^{g_{5}\overline{z}}-e^{-g_{5}\overline{z}})K_{1}(g_{6}\overline{r})+d_{7}(e^{g_{1}\overline{z}}-e^{-g_{1}\overline{z}})K_{1}(g_{2}\overline{r})+d_{8}(e^{g_{3}\overline{z}}-e^{-g_{3}\overline{z}})K_{1}(g_{4}\overline{r}) \tag{7-180}$$

$$\overline{w}_{s}=b_{5}(e^{g_{5}\overline{z}}+e^{-g_{5}\overline{z}})K_{0}(g_{6}\overline{r})+b_{7}(e^{g_{1}\overline{z}}+e^{-g_{1}\overline{z}})K_{0}(g_{2}\overline{r})+b_{8}(e^{g_{3}\overline{z}}+e^{-g_{3}\overline{z}})K_{0}(g_{4}\overline{r}) \tag{7-181}$$

将式（7－159）、（7－180）、（7－181）代入式（7－104）、（7－105）中整理后可得

$$\begin{aligned}\overline{u}_{f}=D_{1}\Big[&d_{5}(e^{g_{5}\overline{z}}-e^{-g_{5}\overline{z}})K_{1}(g_{6}\overline{r})+\left(\frac{n^{f}g_{2}B_{5}}{i\,\overline{\omega}\overline{S}_{v}}+d_{7}\right)(e^{g_{1}\overline{z}}-e^{-g_{1}\overline{z}})K_{1}(g_{2}\overline{r})\\&+\left(\frac{n^{f}g_{4}B_{6}}{i\,\overline{\omega}\overline{S}_{v}}+d_{8}\right)(e^{g_{3}\overline{z}}-e^{-g_{3}\overline{z}})K_{1}(g_{4}\overline{r})\Big]\end{aligned} \tag{7-182}$$

$$\overline{w}_{\mathrm{f}}=D_1\left[b_5(\mathrm{e}^{g_5\bar{z}}+\mathrm{e}^{-g_5\bar{z}})K_0(g_6\bar{r})+\left(b_7-\frac{n^{\mathrm{f}}g_1B_5}{\mathrm{i}\,\overline{\omega}\overline{S}_{\mathrm{v}}}\right)(\mathrm{e}^{g_1\bar{z}}+\mathrm{e}^{-g_1\bar{z}})K_0(g_2\bar{r})\right.$$
$$\left.+\left(b_8-\frac{n^{\mathrm{f}}g_3B_6}{\mathrm{i}\,\overline{\omega}\overline{S}_{\mathrm{v}}}\right)(\mathrm{e}^{g_3\bar{z}}+\mathrm{e}^{-g_3\bar{z}})K_0(g_4\bar{r})\right] \tag{7-183}$$

将式（7－181）代入桩-土体系边界条件式（7－140）中可推得

$$\begin{cases} g_1(\mathrm{e}^{g_1\bar{L}}-\mathrm{e}^{-g_1\bar{L}})=\dfrac{f_{\mathrm{v}}}{\pi\overline{E}^{\mathrm{s}}}(\mathrm{e}^{g_1\bar{L}}+\mathrm{e}^{-g_1\bar{L}}) \\ g_3(\mathrm{e}^{g_3\bar{L}}-\mathrm{e}^{-g_3\bar{L}})=\dfrac{f_{\mathrm{v}}}{\pi\overline{E}^{\mathrm{s}}}(\mathrm{e}^{g_3\bar{L}}+\mathrm{e}^{-g_3\bar{L}}) \\ g_5(\mathrm{e}^{g_5\bar{L}}-\mathrm{e}^{-g_5\bar{L}})=\dfrac{f_{\mathrm{v}}}{\pi\overline{E}^{\mathrm{s}}}(\mathrm{e}^{g_5\bar{L}}+\mathrm{e}^{-g_5\bar{L}}) \end{cases} \tag{7-184}$$

为方便表述，引入统一符号 g_n，则

$$g_n=g_1=g_3=g_5=g_7,\quad n=1,2,3,\cdots \tag{7-185}$$

将式（7－180）、（7－182）代入桩-土体系边界条件式（7－141）、（7－142）中整理可得

$$d_5K_1(g_6)+d_7K_1(g_2)+d_8K_1(g_4)=0 \tag{7-186}$$

$$d_5K_1(g_6)+\left(d_7+\frac{n^{\mathrm{f}}g_2B_5}{\mathrm{i}\,\overline{\omega}\overline{S}_{\mathrm{v}}}\right)K_1(g_2)+\left(d_8+\frac{n^{\mathrm{f}}g_4B_6}{\mathrm{i}\,\overline{\omega}\overline{S}_{\mathrm{v}}}\right)K_1(g_4)=0 \tag{7-187}$$

联立式（7－186）、（7－187）可推得

$$B_6=-\frac{g_2K_1(g_2)B_5}{g_4K_1(g_4)} \tag{7-188}$$

$$d_5=-\left[\frac{(\bar{\lambda}^{\mathrm{s}}+\bar{\mu}^{\mathrm{s}})\dfrac{\beta_1^2}{D_2}-k_2}{\bar{\mu}^{\mathrm{s}}\beta_1^2+k_3}+\frac{k_2}{k_3}\right]\frac{g_2K_1(g_2)B_5}{K_1(g_6)} \tag{7-189}$$

桩-土接触面处土体剪应力为

$$\begin{aligned}\bar{\tau}_{zr}\Big|_{\bar{r}=1}&=\bar{\mu}^{\mathrm{s}}\left(\frac{\partial\bar{u}_{\mathrm{s}}}{\partial\bar{z}}+\frac{\partial\overline{w}_{\mathrm{s}}}{\partial\bar{r}}\right)\Bigg|_{\bar{r}=1}\\&=\bar{\mu}^{\mathrm{s}}\Big[(d_5g_5-b_5g_6)K_1(g_6)(\mathrm{e}^{g_5\bar{z}}+\mathrm{e}^{-g_5\bar{z}})+(d_7g_1-b_7g_2)K_1(g_2)\\&\quad\times(\mathrm{e}^{g_1\bar{z}}+\mathrm{e}^{-g_1\bar{z}})+(d_8g_3-b_8g_4)K_1(g_4)(\mathrm{e}^{g_3\bar{z}}+\mathrm{e}^{-g_3\bar{z}})\Big]\end{aligned} \tag{7-190}$$

在桩-土接触面处，土层对桩基的作用力幅值 f_{s} 为剪应力 $\bar{\tau}_{rz}\big|_{\bar{r}=1}$ 沿桩周的积分。即

$$f_{\mathrm{s}}=2\pi r_0\tau_{rz}\Big|_{r=r_0} \tag{7-191}$$

将其无量纲化为

$$\bar{f}_{\mathrm{s}}=\frac{f_{\mathrm{s}}}{G^{\mathrm{s}}r_0}=2\pi\,\bar{\tau}_{rz}\Big|_{\bar{r}=1} \tag{7-192}$$

如图 7－7 所示，均质等截面弹性圆桩埋置在饱和两相均质黏弹性半空间地基

中，桩长为 H，半径为 r_0，密度为 ρ_p，弹性模量为 E_p。桩顶位置作用振幅为 P_0 的竖向谐和荷载 $p(t)=P_0\mathrm{e}^{\mathrm{i}\omega t}$，则桩基竖向振动动力控制方程为

$$E_p\pi r_0^2\frac{\partial^2 w_p}{\partial z^2}+f_s=\rho_p\pi r_0^2\frac{\partial^2 w_p}{\partial t^2} \tag{7-193}$$

其中 w_p 表示桩基竖向位移。

在稳态振动条件下，引入无量纲量 $\overline{w}_p=\frac{w_p}{r_0}$，$\overline{E}_p=\frac{E_p}{G^s}$，$\bar{\rho}_p=\frac{\rho_p}{\rho}$，$\overline{P}_0=\frac{P_0}{G^s r_0^2}$，同时结合桩基边界条件可得

$$\pi\overline{E}_p\left.\frac{\mathrm{d}\overline{w}_p}{\mathrm{d}\bar{z}}\right|_{\bar{z}=\overline{L}}=f_v\overline{w}_p(\overline{L}) \tag{7-194}$$

$$\overline{w}_p\left.\frac{\mathrm{d}\overline{w}_p}{\mathrm{d}\bar{z}}\right|_{\bar{z}=0}=\frac{\overline{P}_0}{\overline{E}_p\pi} \tag{7-195}$$

$$\overline{E}_p\pi\frac{\partial^2\overline{w}_p}{\partial\bar{z}^2}+\bar{\rho}_p\pi\bar{\omega}^2\overline{w}_p=-\bar{f}_s \tag{7-196}$$

式（7-196）进一步可表示为

$$\frac{\partial^2\overline{w}_p}{\partial\bar{z}^2}+\frac{\bar{\rho}_p}{\overline{E}_p}\bar{\omega}^2\overline{w}_p=-\frac{2\left.\bar{\tau}_{rz}\right|_{\bar{r}=1}}{\overline{E}_p} \tag{7-197}$$

方程（7-197）为非齐次二阶常微分方程，其齐次方程的通解为

$$\overline{w}_p^1=a_1\cos(\lambda\bar{z})+a_2\sin(\lambda\bar{z}) \tag{7-198}$$

式中，$\lambda=\sqrt{\frac{\bar{\rho}_p}{\overline{E}_p}}\bar{\omega}$，$a_1$、$a_2$ 为待定系数。

方程（7-197）的特解形式可写为

$$\overline{w}_p^2=Q\left.\bar{\tau}_{rz}\right|_{\bar{r}=1} \tag{7-199}$$

式中，Q 为待定未知系数。

将剪应力 $\left.\bar{\tau}_{rz}\right|_{\bar{r}=1}$ 写成级数形式，有

$$\left.\bar{\tau}_{rz}\right|_{\bar{r}=1}=\sum_{n=1}^{\infty}Y_{1n}B_{5n}(\mathrm{e}^{g_n\bar{z}}+\mathrm{e}^{-g_n\bar{z}}) \tag{7-200}$$

式中，$Y_{1n}=\bar{\mu}^s\left[\frac{g_n^2-g_{6n}^2}{g_n}k_5+\left(2k_4+\frac{2k_2}{k_3}\right)g_n\right]g_{2n}K_1(g_{2n})$，$g_{2n}=g_2$，$g_{6n}=g_6$，$k_4=\frac{(\bar{\lambda}^s+\bar{\mu}^s)\frac{\beta_1^2}{D_2}-k_2}{\bar{\mu}^s\beta_1^2+k_3}$，$k_5=-\left(k_4+\frac{k_2}{k_3}\right)$。

则特解式（7-199）可相应地表示为

$$\overline{w}_p^2=\sum_{n=1}^{\infty}Q_n(\mathrm{e}^{g_n\bar{z}}+\mathrm{e}^{-g_n\bar{z}}) \tag{7-201}$$

将式（7-201）代入方程（7-197）中整理后可推得

$$Q_n=\frac{-2Y_{1n}B_{5n}}{\bar{E}_{\mathrm{p}}g_n^2+\bar{\rho}_{\mathrm{p}}\bar{\omega}^2} \tag{7-202}$$

则方程（7-197）的解为

$$\bar{w}_{\mathrm{p}}=\bar{w}_{\mathrm{p}}^1+\bar{w}_{\mathrm{p}}^2=a_1\cos(\lambda\bar{z})+a_2\sin(\lambda\bar{z})+\sum_{n=1}^{\infty}\frac{-2Y_{1n}B_{5n}(\mathrm{e}^{g_n\bar{z}}+\mathrm{e}^{-g_n\bar{z}})}{\bar{E}_{\mathrm{p}}g_n^2+\bar{\rho}_{\mathrm{p}}\bar{\omega}^2} \tag{7-203}$$

将桩-土接触位置处土体竖向位移 $\bar{w}_{\mathrm{s}}(1,\bar{z})$ 写成级数形式有

$$\bar{w}_{\mathrm{s}}(1,\bar{z})=\sum_{n=1}^{\infty}Y_{2n}B_{5n}(\mathrm{e}^{g_n\bar{z}}+\mathrm{e}^{-g_n\bar{z}}) \tag{7-204}$$

式中，$Y_{2n}=\dfrac{g_{2n}g_{6n}k_5K_1(g_{2n})K_0(g_{6n})}{g_nK_1(g_{6n})}-k_4g_nK_0(g_{2n})-\dfrac{k_2g_ng_{2n}K_1(g_{2n})K_0(g_{4n})}{k_3g_{4n}K_1(g_{4n})}$，$g_{4n}=g_4$。

将式（7-203）、(7-204）代入桩-土体系边界条件式（7-143）中整理可得

$$a_1\cos(\lambda\bar{z})+a_2\sin(\lambda\bar{z})+\sum_{n=1}^{\infty}\frac{-2Y_{1n}B_{5n}(\mathrm{e}^{g_n\bar{z}}+\mathrm{e}^{-g_n\bar{z}})}{\bar{E}_{\mathrm{p}}g_n^2+\bar{\rho}_{\mathrm{p}}\bar{\omega}^2}=\sum_{n=1}^{\infty}Y_{2n}B_{5n}(\mathrm{e}^{g_n\bar{z}}+\mathrm{e}^{-g_n\bar{z}}) \tag{7-205}$$

由于函数（$\mathrm{e}^{g_n\bar{z}}+\mathrm{e}^{-g_n\bar{z}}$）在区间 $[0,\bar{L}]$ 上具有正交性质，故将等式（7-205）两端同时乘以（$\mathrm{e}^{g_m\bar{z}}+\mathrm{e}^{-g_m\bar{z}}$），然后在区间 $[0,\bar{L}]$ 上积分，整理后可推得未知参数 B_{5n} 的表达式为

$$B_{5n}=X_{1n}a_1+X_{2n}a_2 \tag{7-206}$$

式中，

$$X_{1n}=\frac{\displaystyle\int_0^{\bar{L}}\cos(\lambda\bar{z})(\mathrm{e}^{g_n\bar{z}}+\mathrm{e}^{-g_n\bar{z}})\mathrm{d}\bar{z}}{\left(Y_{2n}+\dfrac{2Y_{1n}}{\bar{E}_{\mathrm{p}}g_n^2+\bar{\rho}_{\mathrm{p}}\bar{\omega}^2}\right)\left(2\bar{L}+\dfrac{\mathrm{e}^{2g_n\bar{L}}-\mathrm{e}^{-2g_n\bar{L}}}{2g_n}\right)}$$

$$X_{2n}=\frac{\displaystyle\int_0^{\bar{L}}\sin(\lambda\bar{z})(\mathrm{e}^{g_n\bar{z}}+\mathrm{e}^{-g_n\bar{z}})\mathrm{d}\bar{z}}{\left(Y_{2n}+\dfrac{2Y_{1n}}{\bar{E}_{\mathrm{p}}g_n^2+\bar{\rho}_{\mathrm{p}}\bar{\omega}^2}\right)\left(2\bar{L}+\dfrac{\mathrm{e}^{2g_n\bar{L}}-\mathrm{e}^{-2g_n\bar{L}}}{2g_n}\right)}$$

则方程（7-203）可写为

$$\begin{aligned}\bar{w}_{\mathrm{p}}=&a_1\left[\cos(\lambda\bar{z})+\sum_{n=1}^{\infty}\frac{-2Y_{1n}X_{1n}(\mathrm{e}^{g_n\bar{z}}+\mathrm{e}^{-g_n\bar{z}})}{\bar{E}_{\mathrm{p}}g_n^2+\bar{\rho}_{\mathrm{p}}\bar{\omega}^2}\right]\\&+a_2\left[\sin(\lambda\bar{z})+\sum_{n=1}^{\infty}\frac{-2Y_{1n}X_{2n}(\mathrm{e}^{g_n\bar{z}}+\mathrm{e}^{-g_n\bar{z}})}{\bar{E}_{\mathrm{p}}g_n^2+\bar{\rho}_{\mathrm{p}}\bar{\omega}^2}\right]\end{aligned} \tag{7-207}$$

将式（7-207）代入桩基边界条件式（7-194）、(7-195）中整理可得

$$a_2=\frac{\overline{P}_0}{\lambda\pi\overline{E}_p},\quad a_1=\frac{a_2\left(\dfrac{f_v X_6}{\pi\overline{E}_p}-X_4\right)}{X_3-\dfrac{f_v X_5}{\pi\overline{E}_p}} \tag{7-208}$$

式中，$X_3=-\lambda\sin(\lambda\overline{L})+\sum_{n=1}^{\infty}\frac{-2Y_{1n}X_{1n}g_n(e^{g_n\overline{L}}-e^{-g_n\overline{L}})}{\overline{E}_p g_n^2+\bar{\rho}_p\bar{\omega}^2}$，$X_4=\lambda\cos(\lambda\overline{L})+\sum_{n=1}^{\infty}\frac{-2Y_{1n}X_{2n}g_n(e^{g_n\overline{L}}-e^{-g_n\overline{L}})}{\overline{E}_p g_n^2+\bar{\rho}_p\bar{\omega}^2}$，$X_5=\cos(\lambda\overline{L})+\sum_{n=1}^{\infty}\frac{-2Y_{1n}X_{1n}(e^{g_n\overline{L}}+e^{-g_n\overline{L}})}{\overline{E}_p g_n^2+\bar{\rho}_p\bar{\omega}^2}$，$X_6=\sin(\lambda\overline{L})+\sum_{n=1}^{\infty}\frac{-2Y_{1n}X_{2n}(e^{g_n\overline{L}}+e^{-g_n\overline{L}})}{\overline{E}_p g_n^2+\bar{\rho}_p\bar{\omega}^2}$。

至此，各方程的解中所含待定系数均已确定。

桩身任意一点的正应力可表示为

$$\begin{aligned}N(z)=E_p\frac{\mathrm{d}w_p}{\mathrm{d}z}=E_p\frac{\mathrm{d}\overline{w}_p}{\mathrm{d}\overline{z}}&=E_p a_1\left[-\lambda\sin(\lambda\overline{z})+\sum_{n=1}^{\infty}\frac{-2Y_{1n}X_{1n}g_n(e^{g_n\overline{z}}-e^{-g_n\overline{z}})}{\overline{E}_p g_n^2+\bar{\rho}_p\bar{\omega}^2}\right]\\&+E_p a_2\left[\lambda\cos(\lambda\overline{z})+\sum_{n=1}^{\infty}\frac{-2Y_{1n}X_{2n}g_n(e^{g_n\overline{z}}-e^{-g_n\overline{z}})}{\overline{E}_p g_n^2+\bar{\rho}_p\bar{\omega}^2}\right]\end{aligned} \tag{7-209}$$

则桩顶竖向动力阻抗为

$$K_d(\bar{\omega})=\frac{\pi r_0^2 N(0)}{w_p(0)}=\frac{\pi r_0^2 N(0)}{r_0\overline{w}_p(0)}=\frac{\pi r_0 E_p\lambda a_2}{a_1X_7+a_2X_8} \tag{7-210}$$

式中，$X_7=1+\sum_{n=1}^{\infty}\frac{-4Y_{1n}X_{1n}}{\overline{E}_p g_n^2+\bar{\rho}_p\bar{\omega}^2}$，$X_8=\sum_{n=1}^{\infty}\frac{-4Y_{1n}X_{2n}}{\overline{E}_p g_n^2+\bar{\rho}_p\bar{\omega}^2}$。

定义无量纲桩顶竖向动力阻抗为

$$\overline{K}_d(\bar{\omega})=\frac{K_d(\bar{\omega})}{G^s r_0}=\frac{\pi\overline{E}_p\lambda a_2}{a_1X_7+a_2X_8} \tag{7-211}$$

若令 $\overline{K}_d=K_v+\mathrm{i}C_v$，则 $K_v=\mathrm{Re}(\overline{K}_d)$，表示桩顶实际动刚度；$C_v=\mathrm{Im}(\overline{K}_d)$，表示桩顶振动辐射阻尼以及孔隙流体和土骨架相对运动时产生的阻尼。

则单位强度荷载作用下的桩顶速度频域响应为

$$H_v(\omega)=\frac{\mathrm{i}\omega}{K_d(\omega)} \tag{7-212}$$

在进行桩基低应变动力检测时，可将桩顶激励简化为半正弦脉冲荷载，即 $q(t)=Q_{max}\sin\frac{\pi t}{T}$，其中 $0\leqslant t\leqslant T$，T 为脉冲宽度，如图 7-8 所示。根据傅里叶变换的性质，通过对桩顶荷载与单位桩顶速度时域响应进行卷积可得桩顶速度时域半解析解表达如下：

$$V(t)=q(t)*\mathrm{IFT}[H_v(\omega)]=\mathrm{IFT}\left[H_v(\omega)Q_{max}\frac{\pi}{T}\frac{1+e^{-\mathrm{i}\omega T}}{\left(\frac{\pi}{T}\right)^2-\omega^2}\right] \tag{7-213}$$

将其无量纲化为

$$\overline{V}(\bar{t})=\sqrt{\frac{\rho}{G^{s}}}V(t)=\pi\int_{-\infty}^{+\infty}\overline{Q}_{\max}\frac{\mathrm{i}\,\bar{\omega}}{\overline{K}_{\mathrm{d}}}\overline{T}\,\frac{1+\mathrm{e}^{-\mathrm{i}\bar{\omega}\overline{T}}}{\pi^{2}-\bar{\omega}^{2}\overline{T}^{2}}\mathrm{e}^{\mathrm{i}\bar{\omega}\bar{t}}\,\mathrm{d}\bar{\omega} \tag{7-214}$$

式中，$\overline{T}=\sqrt{\frac{G^{s}}{\rho}}\frac{T}{r_{0}}$，$\bar{t}=\sqrt{\frac{G^{s}}{\rho}}\frac{t}{r_{0}}$，$\overline{Q}_{\max}=\frac{Q_{\max}}{G^{s}r_{0}^{2}}$。

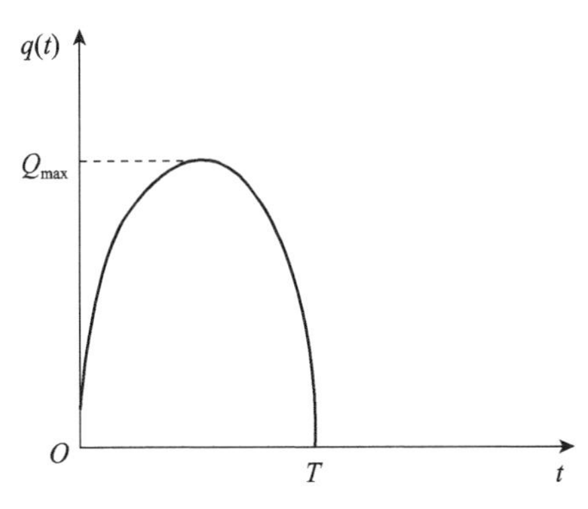

图7-8　半正弦脉冲激励

7.3.3　解析模型验证与对比分析

基于图7-7所示力学模型与坐标系统，采用前述推导求解的饱和黏弹性半空间地基中摩擦桩的竖向动力阻抗和时域速度模型，具体土层参数取值为：土体剪切模量 $G^{s}=20\mathrm{MPa}$，泊松比 $\nu=0.2$，土体孔隙率 $n^{f}=0.4$，土体达西渗透系数 $k^{fD}=9\times10^{-7}\mathrm{m/s}$，土体密度 $\rho^{s}=1800\mathrm{kg/m^{3}}$，孔隙流体密度 $\rho^{f}=1000\mathrm{kg/m^{3}}$。桩基弹性模量 $E_{p}=20\mathrm{GPa}$，密度 $\rho_{p}=2500\mathrm{kg/m^{3}}$。为便于对比分析，各图中的桩顶动刚度随激振频率变化曲线均以 $\frac{K_{v}}{K_{0}}$ 的形式作了归一化处理（$K_{0}=\lim\limits_{\bar{\omega}\to0}\overline{K}_{\mathrm{d}}$ 表示桩顶静刚度）。

图7-9所示为本节考虑桩底土层波动效应的摩擦桩解与李强[192]未考虑此效应的相应解对比情况。为方便对比，图中还令 $\overline{S}_{v}\to0$ 和 $\bar{\rho}^{f}\to0$ 将本节解退化为单相介质解与李强相应退化解进行比较。从图中可见，对于单相介质而言，本节考虑桩底土层波动效应的退化解与李强不考虑此效应的退化解仅在较高频率阶段有明显差异，由此也可从另一侧面反映本节推导的合理性。而对于饱和土而言，二者结果差异显著。具体表现为：对于其共振频率，在桩长较短的情况下，本节结果比起李强结果明显偏小；而当桩长较长时，桩底土层波动效应对此基本没有影响。特别地，对于其共振峰值，在低频阶段，本节结果比李强结果明显要大，在高频阶段，则显著小于李强结果。显然，对于饱和土中桩基振动问题，桩底土层波动效应影响显著，不容忽视。

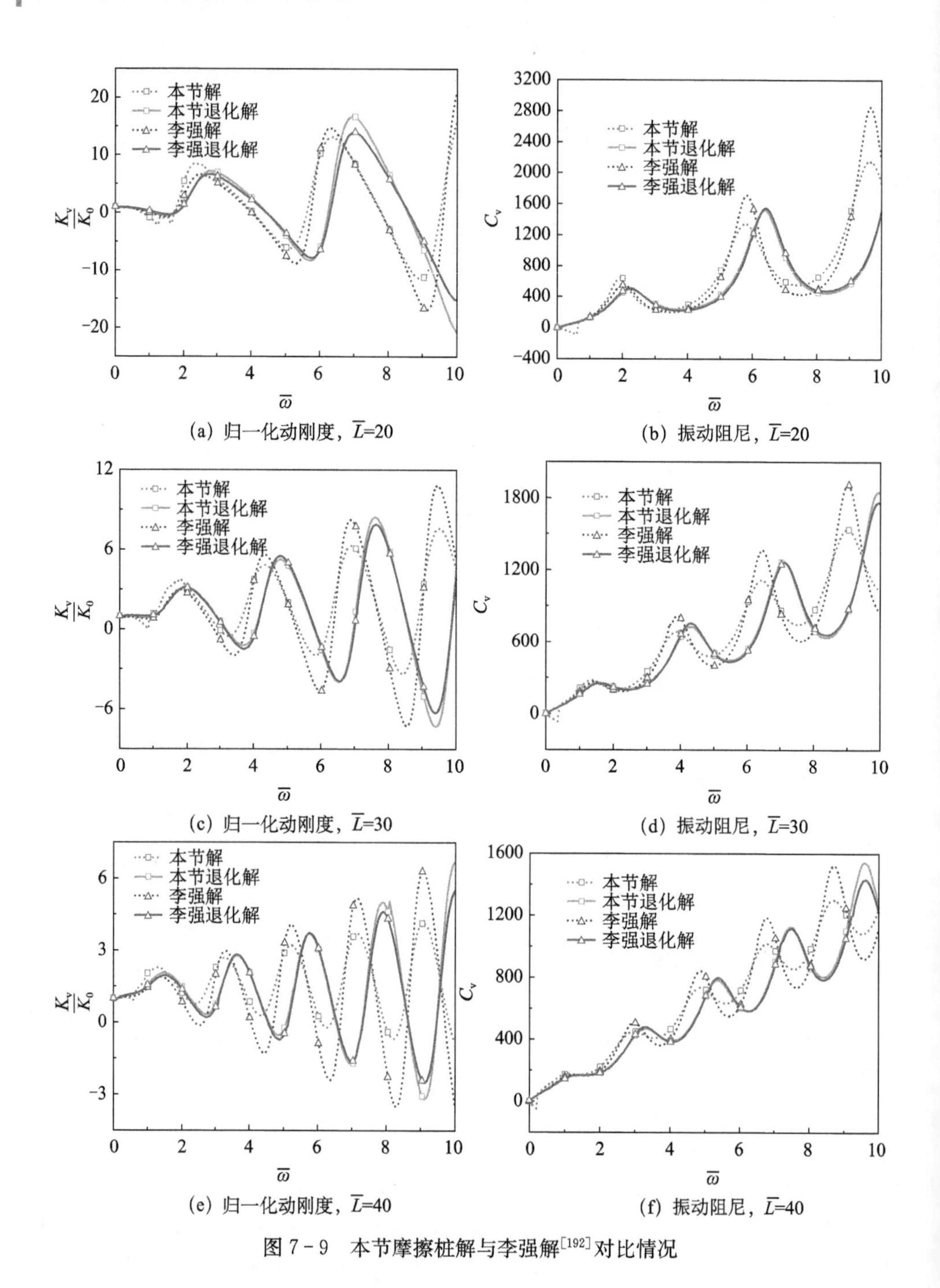

(a) 归一化动刚度，$\overline{L}$=20　　(b) 振动阻尼，$\overline{L}$=20

(c) 归一化动刚度，$\overline{L}$=30　　(d) 振动阻尼，$\overline{L}$=30

(e) 归一化动刚度，$\overline{L}$=40　　(f) 振动阻尼，$\overline{L}$=40

图 7-9　本节摩擦桩解与李强解[192]对比情况

7.3.4　纵向振动参数化分析

图 7-10 所示为不同液固耦合系数对应的桩顶动力阻抗随激振频率变化的情

况。从图中可见，桩顶动力阻抗随激振频率变化的关系曲线均呈波动状变化，反映了饱和土桩振动系统在谐和荷载作用下存在共振现象，且激振频率越大，此波动变异性越大。液固耦合系数的变化仅在高频激振阶段对桩顶动力阻抗共振峰值有显著影响，具体表现为同一激振频率对应的桩顶动力阻抗共振峰值随着液固耦合系数的增大而减小，其减小幅度亦随液固耦合系数的增大而逐渐减小，当液固耦合系数较大时，其变化对桩顶动力阻抗基本上没有影响。显然这是由于液固耦合系数较大时，地基土中孔液运动受限，孔压来不及消散。

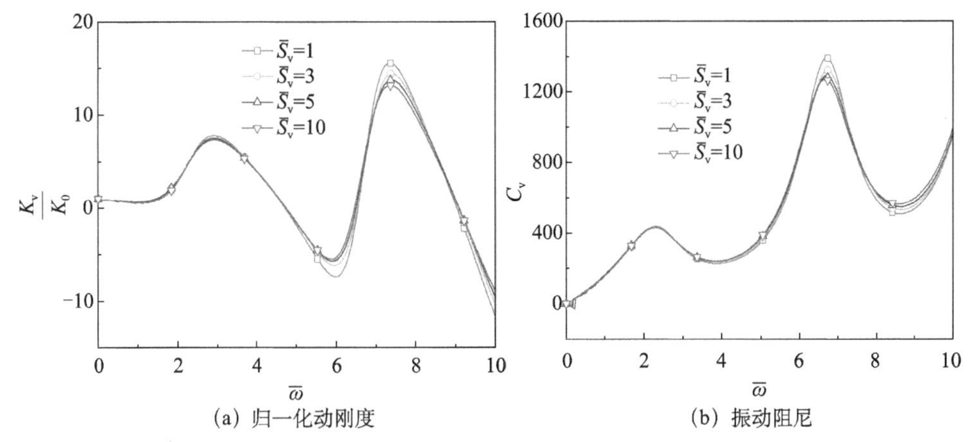

(a) 归一化动刚度　　(b) 振动阻尼

图 7-10　不同液固耦合系数时桩顶动力阻抗与激振频率的关系曲线

图 7-11 所示为不同桩长径比对应的桩顶动力阻抗随激振频率变化的情况。由图可见，随着桩长径比增大，桩顶动力阻抗的共振频率和共振峰值均显著减小。但当桩长增加到一定程度时，其变化对桩顶动力阻抗的影响已很小。显然，桩基存在一临界桩长，超过此桩长，桩顶动力阻抗对其变化的响应很小。在相关工程实践中可通过适当增加桩长来减弱桩基随激振荷载的共振现象，从而改善饱和土桩振动系统的动力特性。

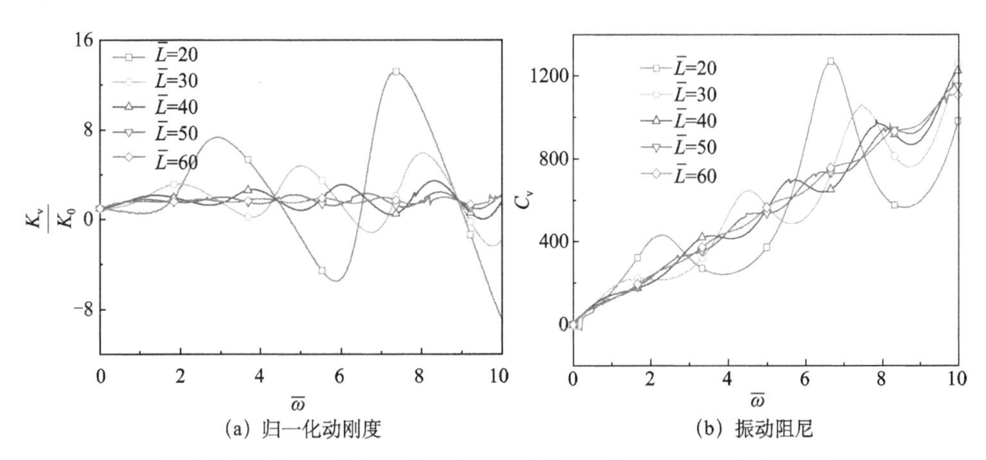

(a) 归一化动刚度　　(b) 振动阻尼

图 7-11　不同桩长径比时的桩顶动力阻抗与激振频率的关系曲线

图 7-12 所示为不同桩-土模量比对应的桩顶动力阻抗随激振频率变化的情况。不难看出，桩-土相对刚度的变化对桩顶动力阻抗影响显著。随着桩-土模量比增大，桩顶动力阻抗的共振频率和相应共振峰值均显著增大。显而易见，在饱和地基中柔性摩擦桩较刚性摩擦桩具有更好的抗振性能，不易出现显著的共振现象。

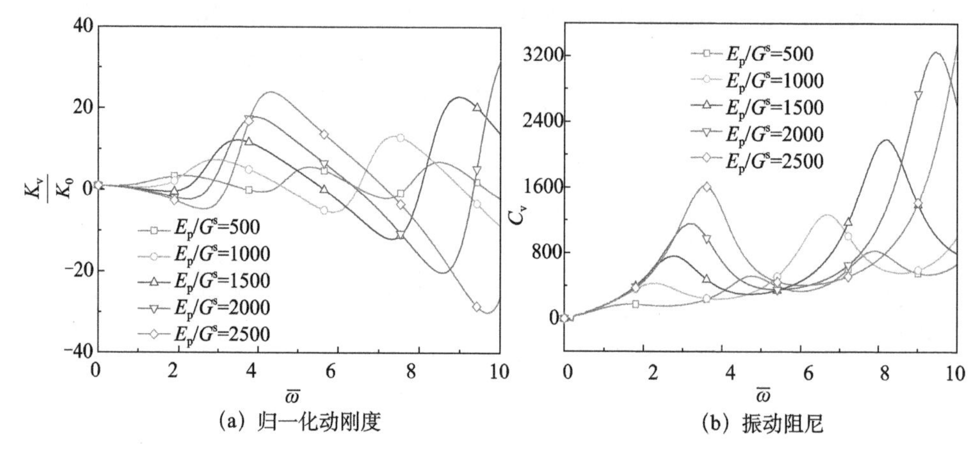

图 7-12　不同桩-土模量比时的桩顶动力阻抗与激振频率的关系曲线

图 7-13 所示为不同土骨架滞回阻尼比对应的桩顶动力阻抗随激振频率变化的情况。从图中可见，土骨架滞回阻尼比不影响桩顶动力阻抗随激振频率的曲线变化规律，仅对桩顶动力阻抗共振峰值有明显影响。具体表现为随着土骨架滞回阻尼比的增大，桩顶动力阻抗共振峰值呈减小趋势，且相应减小幅度亦随之减小。当土骨架滞回阻尼比较大时，同一激振频率对应的桩顶动力阻抗已基本上不受其变化的影响。

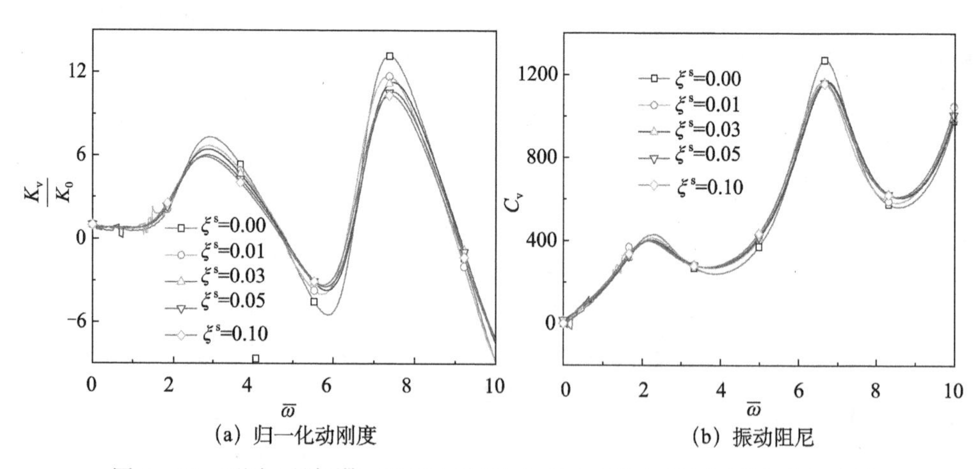

图 7-13　不同土骨架滞回阻尼比时的桩顶动力阻抗与激振频率的关系曲线

图 7-14 所示为考虑与不考虑桩底土层波动效应时桩顶速度在不同桩长径比时

的对比情况。由图可见，考虑与不考虑桩底土层波动效应对反射信号具有显著影响。尽管采用桩底土简化模型不会改变反射信号出现的位置，但是由于未考虑桩底土层波动效应，在此情况下将会明显高估反射信号的强度。这在实际工程中可能会因为误读而引起差错。

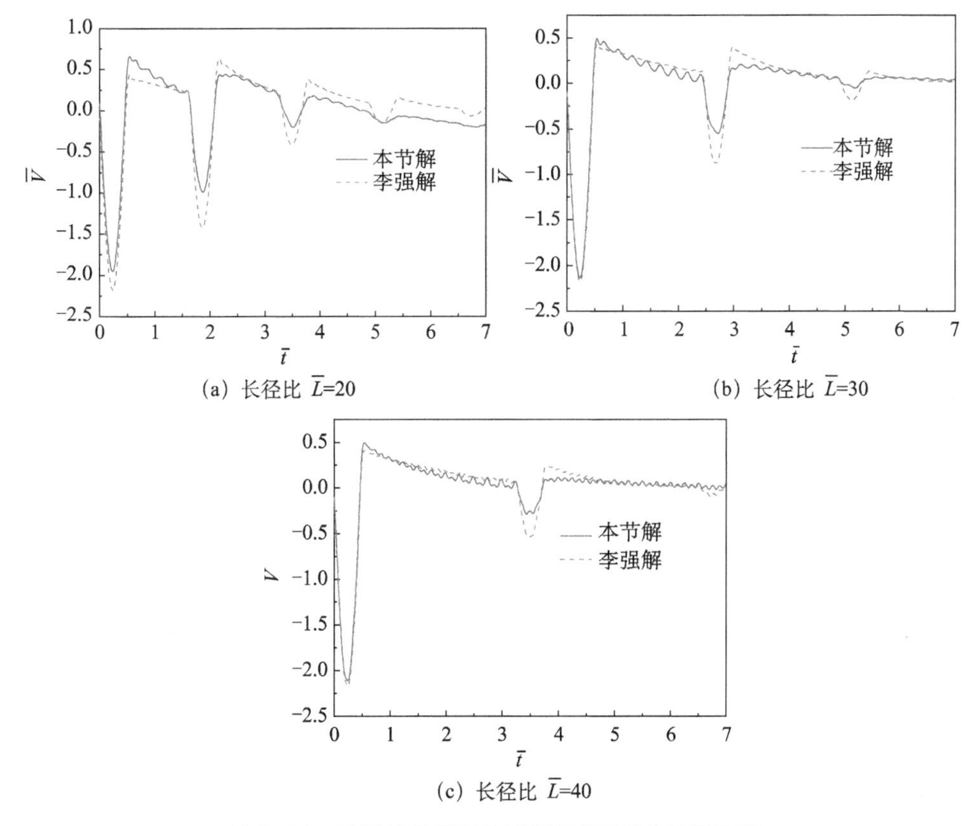

(a) 长径比 $\bar{L}$=20　　(b) 长径比 $\bar{L}$=30

(c) 长径比 $\bar{L}$=40

图 7－14　不同桩长径比时桩顶速度时域曲线的比较

图 7－15 所示为液固耦合系数对桩顶速度时域曲线的影响。由图可见，液固耦合系数的变化不改变反射信号出现的位置以及初始信号的强度。但对二次反射信号的强度具有明显影响，具体表现为随着液固耦合系数的增大，二次反射信号的强度随之减小。这意味着当液固耦合系数很大时，多次反射信号将变得不易观测。

图 7－16 所示为桩-土模量比对桩顶速度时域曲线的影响。不难看出，桩顶速度显著依赖于桩-土模量比。桩-土模量比越大，越多次的反射信号可被观测到，并且其出现的位置越靠前，这表明波的传播速度越快。显然该现象与桩-土模量比增大，波速增大是一致的。

图 7－17 所示为土骨架滞回阻尼比对桩顶速度时域曲线的影响。从图中可以发现，土骨架滞回阻尼比不仅对反射信号的强度有影响，对波的传播速度亦有影响。

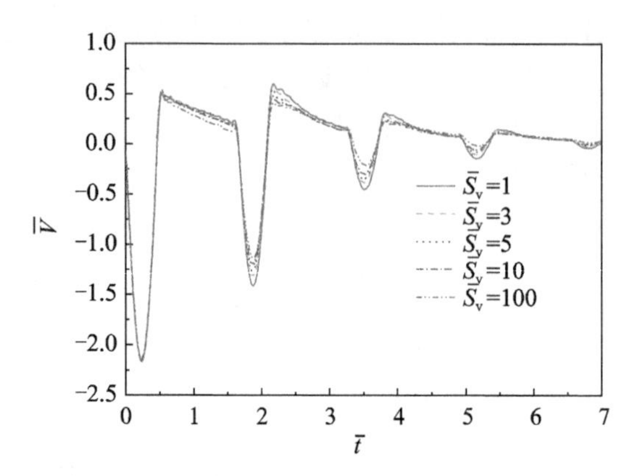

图 7-15　液固耦合系数对桩顶速度时域曲线的影响（彩图见封底二维码）

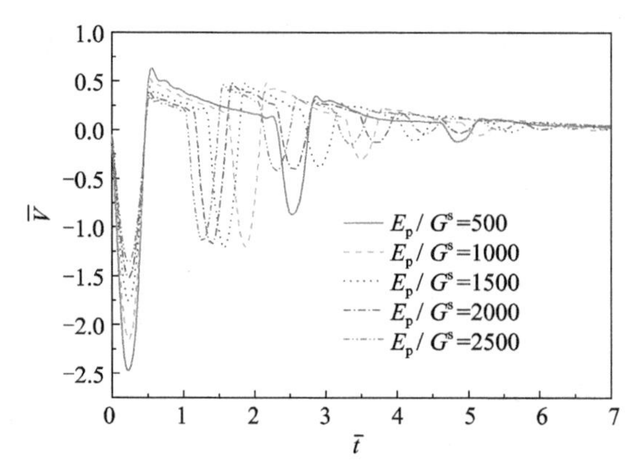

图 7-16　桩-土模量比对桩顶速度时域曲线的影响（彩图见封底二维码）

并且，随着土骨架滞回阻尼比增大，反射信号的强度明显减小，而其出现的时间则随之增大。由此可见，对于黏性较大的土体，不利于多次反射信号的观测。

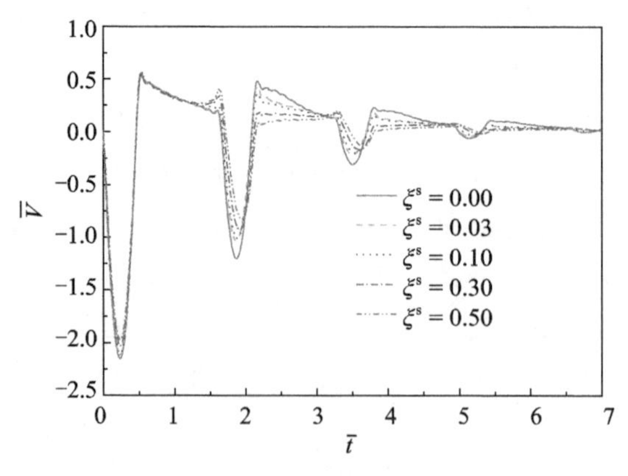

图 7-17　土骨架滞回阻尼比对桩顶速度时域曲线的影响（彩图见封底二维码）

7.4　下卧基岩单层饱和黏弹性地基中摩擦桩的纵向振动[122]

7.4.1　力学简化模型与定解问题

如图7-18所示，半径为r_0，长度为H的摩擦型弹性圆桩，在桩顶处受到竖向谐和激振力$p(t)=P_0e^{i\omega t}(i=\sqrt{-1})$的作用，且埋在厚度为$H'$的饱和黏弹性土层中，底部为下卧基岩。桩的弹性模量为E_p，密度为ρ_p。饱和土体中孔隙流体和土颗粒所占的体积比例分别为n^f和n^s，且有$n^s+n^f=1$。土骨架的剪切模量为G^s，黏滞阻尼系数为ξ^s，泊松比为ν。土骨架和孔隙流体的体积密度分别为ρ^s和ρ^f。此外，假设桩-土体系为小变形振动，并且在振动过程中桩-土保持紧密接触，即在桩-土接触面上位移和应力连续。图7-18中符号f_s和R_p分别表示在桩侧和桩底位置处的土反力。

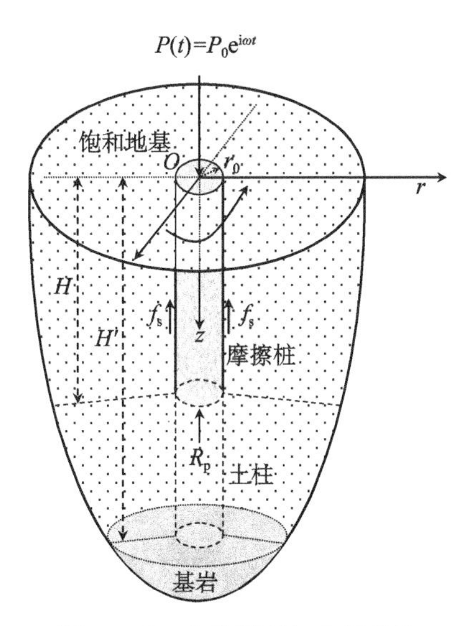

图7-18　力学模型与坐标系统

本节依然采用Boer多孔介质理论描述饱和土的动力学行为，其三维动力控制方程组如下：

$$(\lambda^s+\mu^s)\nabla\nabla\cdot\boldsymbol{u}_s+\mu^s\nabla\cdot\nabla\boldsymbol{u}_s-n^s\nabla p^f-\rho^s\ddot{\boldsymbol{u}}_s+S_v(\dot{\boldsymbol{u}}_f-\dot{\boldsymbol{u}}_s)=0 \quad (7-215)$$

$$-n^f\nabla p^f-\rho^f\ddot{\boldsymbol{u}}_f-S_v(\dot{\boldsymbol{u}}_f-\dot{\boldsymbol{u}}_s)=0 \quad (7-216)$$

$$\nabla\cdot(n^s\dot{\boldsymbol{u}}_s+n^f\dot{\boldsymbol{u}}_f)=0 \quad (7-217)$$

式中，λ^{s}，$\mu^{s}=G^{s}(1+2\mathrm{i}\xi^{s})$为土骨架复拉梅常量，其中$G^{s}$表示土骨架剪切模量，$\xi^{s}$为土骨架滞回阻尼比，$\mathrm{i}=\sqrt{-1}$为虚数单位；$S_{v}=\frac{n^{f}\rho^{f}g}{k^{fD}}$为土体的液固耦合系数，反映土骨架和孔隙流体之间的相互作用关系，其中k^{fD}为土体达西渗透系数，g为重力加速度；$\boldsymbol{u}_{s}$，$\boldsymbol{u}_{f}$分别为土骨架和孔隙流体位移向量，$\dot{\boldsymbol{u}}_{s}$，$\dot{\boldsymbol{u}}_{f}$符号上方的点表示其对时间t求导数；p^{f}为孔隙流体压力；∇表示梯度算符。

变量u_{s}和u_{f}分别表示土骨架和孔隙流体的径向位移，w_{s}和w_{f}分别表示土骨架和孔隙流体的竖向位移。当桩以$e^{\mathrm{i}\omega t}$的形式做谐和竖向振动时，土体也将以$e^{\mathrm{i}\omega t}$的形式做谐和振动。因此所有场变量f（此处可代表位移、应力、应变等量）均可表示为$f(r,\theta,z,t)=f(r,\theta,z)e^{\mathrm{i}\omega t}$的形式，这样就有$\frac{\partial f}{\partial t}=\mathrm{i}\omega f e^{\mathrm{i}\omega t}$，$\frac{\partial^{2}f}{\partial t^{2}}=-\omega^{2}fe^{\mathrm{i}\omega t}$。为方便计，后文将略去时间项$e^{\mathrm{i}\omega t}$。

此外，引入无量纲参数以及变量为：$\bar{\lambda}^{s}=\frac{\lambda^{s}}{G^{s}}$，$\bar{\mu}^{s}=\frac{\mu^{s}}{G^{s}}$，$\bar{\rho}^{s}=\frac{\rho^{s}}{\rho}$，$\bar{\rho}^{f}=\frac{\rho^{f}}{\rho}$，$\bar{S}_{v}=\frac{r_{0}S_{v}}{\sqrt{\rho G^{s}}}$，$\bar{r}=\frac{r}{r_{0}}$，$\bar{z}=\frac{z}{r_{0}}$，$\bar{u}_{s}=\frac{u_{s}}{r_{0}}$，$\bar{u}_{f}=\frac{u_{f}}{r_{0}}$，$\bar{w}_{s}=\frac{w_{s}}{r_{0}}$，$\bar{w}_{f}=\frac{w_{f}}{r_{0}}$，$\bar{p}^{f}=\frac{p^{f}}{G^{s}}$，$\bar{\sigma}_{zz}=\frac{\sigma_{zz}}{G^{s}}$，$\bar{\tau}_{rz}=\frac{\tau_{rz}}{G^{s}}$，$\bar{\omega}=\sqrt{\frac{\rho}{G^{s}}}r_{0}\omega$，$\overline{H'}=\frac{H'}{r_{0}}$，$\bar{L}=\frac{H}{r_{0}}$，其中$\rho=\rho^{s}+\rho^{f}$。

桩-土体系在稳态振动过程中满足如下无量纲边界和连续性条件：

土体位移和应力在无限远处衰减为零，即

$$\bar{u}_{s}(\bar{r}\to\infty,\bar{z})=0,\quad \bar{w}_{s}(\bar{r}\to\infty,\bar{z})=0,\quad \bar{\tau}_{rz}(\bar{r}\to\infty,\bar{z})=0 \tag{7-218}$$

土体表面自由且透水，即

$$\bar{\sigma}_{zz}(\bar{r}>1,0)=0,\quad \bar{p}^{f}(\bar{r}>1,0)=0 \tag{7-219}$$

土体底部为刚性支承且不透水，即

$$\bar{w}_{s}(\bar{r},\overline{H'})=0 \tag{7-220}$$

桩-土接触面不透水，即

$$\bar{u}_{f}(1,\bar{z})=0,\quad 0\leqslant\bar{z}\leqslant\bar{L} \tag{7-221}$$

桩-土接触面处的径向位移为零，即

$$\bar{u}_{s}(1,\bar{z})=0,\quad 0\leqslant\bar{z}\leqslant\bar{L} \tag{7-222}$$

由于桩-土在振动过程中保持紧密接触，其位移和应力在接触面位置连续，因此有

$$\bar{w}_{s}(1,\bar{z})=\bar{w}_{p}(\bar{z}),\quad 0\leqslant\bar{z}\leqslant\bar{L} \tag{7-223}$$

其中$\bar{w}_{p}$表示桩基无量纲竖向位移幅值。

7.4.2 定解问题求解

由于本节所研究问题的一些基本边界条件与7.3节的相同，并且推导过程中采

用了相同的求解方法（微分算子以及变量分离法），因此饱和土的基本解是相同的(具体推导过程可参见 7.3 节中的推导)。所以为避免重复，此处仅列出饱和土的土骨架、孔隙流体位移频域基本解。

土骨架径向位移幅值

$$\bar{u}_{\mathrm{s}}=d_5(\mathrm{e}^{g_5\bar{z}}-\mathrm{e}^{-g_5\bar{z}})K_1(g_6\bar{r})+d_7(\mathrm{e}^{g_1\bar{z}}-\mathrm{e}^{-g_1\bar{z}})K_1(g_2\bar{r})+d_8(\mathrm{e}^{g_3\bar{z}}-\mathrm{e}^{-g_3\bar{z}})K_1(g_4\bar{r}) \tag{7-224}$$

土骨架竖向位移幅值

$$\bar{w}_{\mathrm{s}}=b_5(\mathrm{e}^{g_5\bar{z}}+\mathrm{e}^{-g_5\bar{z}})K_0(g_6\bar{r})+b_7(\mathrm{e}^{g_1\bar{z}}+\mathrm{e}^{-g_1\bar{z}})K_0(g_2\bar{r})+b_8(\mathrm{e}^{g_3\bar{z}}+\mathrm{e}^{-g_3\bar{z}})K_0(g_4\bar{r}) \tag{7-225}$$

孔隙流体径向位移幅值

$$\begin{aligned}\bar{u}_{\mathrm{f}}=D_1\Big[&d_5(\mathrm{e}^{g_5\bar{z}}-\mathrm{e}^{-g_5\bar{z}})K_1(g_6\bar{r})+\left(\frac{n^{\mathrm{f}}g_2B_5}{\mathrm{i}\,\bar{\omega}\bar{S}_{\mathrm{v}}}+d_7\right)(\mathrm{e}^{g_1\bar{z}}-\mathrm{e}^{-g_1\bar{z}})K_1(g_2\bar{r})\\&+\left(\frac{n^{\mathrm{f}}g_4B_6}{\mathrm{i}\,\bar{\omega}\bar{S}_{\mathrm{v}}}+d_8\right)(\mathrm{e}^{g_3\bar{z}}-\mathrm{e}^{-g_3\bar{z}})K_1(g_4\bar{r})\Big]\end{aligned} \tag{7-226}$$

孔隙流体竖向位移幅值

$$\begin{aligned}\bar{w}_{\mathrm{f}}=D_1\Big[&b_5(\mathrm{e}^{g_5\bar{z}}+\mathrm{e}^{-g_5\bar{z}})K_0(g_6\bar{r})+\left(b_7-\frac{n^{\mathrm{f}}g_1B_5}{\mathrm{i}\,\bar{\omega}\bar{S}_{\mathrm{v}}}\right)(\mathrm{e}^{g_1\bar{z}}+\mathrm{e}^{-g_1\bar{z}})K_0(g_2\bar{r})\\&+\left(b_8-\frac{n^{\mathrm{f}}g_3B_6}{\mathrm{i}\,\bar{\omega}\bar{S}_{\mathrm{v}}}\right)(\mathrm{e}^{g_3\bar{z}}+\mathrm{e}^{-g_3\bar{z}})K_0(g_4\bar{r})\Big]\end{aligned} \tag{7-227}$$

式中，$K_0(\cdot)$ 和 $K_1(\cdot)$ 分别为零阶和一阶的第二类修正 Bessel 函数。g_1，g_3，g_5，d_5，B_5，B_6 为待定参数。而其余参数及相互关系为 $D_1=\dfrac{\mathrm{i}\,\bar{\omega}\bar{S}_{\mathrm{v}}}{\mathrm{i}\,\bar{\omega}\bar{S}_{\mathrm{v}}-\bar{\omega}^2\bar{\rho}^{\mathrm{f}}}$；$D_2=\dfrac{(n^{\mathrm{s}}+n^{\mathrm{f}}D_1)\mathrm{i}\,\bar{\omega}\bar{S}_{\mathrm{v}}}{(n^{\mathrm{f}})^2D_1}$；$k_1=\bar{\lambda}^{\mathrm{s}}+2\bar{\mu}^{\mathrm{s}}$；$k_2=1+\dfrac{D_1\bar{\rho}^{\mathrm{f}}\bar{\omega}n^{\mathrm{f}}}{\mathrm{i}\bar{S}_{\mathrm{v}}}$；$k_3=\bar{\rho}^{\mathrm{s}}\bar{\omega}^2+\bar{\rho}^{\mathrm{f}}\bar{\omega}^2D_1$；$\beta_1^2=\dfrac{k_2D_2-k_3}{k_1}$，$g_1^2+g_2^2=\beta_1^2$，$\mathrm{Re}(g_1)>0$，$\mathrm{Re}(g_2)>0$；$g_3^2+g_4^2=0$，$\mathrm{Re}(g_3)>0$，$\mathrm{Re}(g_4)>0$；$\beta_2^2=-\dfrac{\bar{\rho}^{\mathrm{s}}\bar{\omega}^2+\bar{\rho}^{\mathrm{f}}\bar{\omega}^2D_1}{\bar{\mu}^{\mathrm{s}}}$，$g_{2n}=g_2$，$\mathrm{Re}(g_5)>0$，$\mathrm{Re}(g_6)>0$；$d_7=\dfrac{\left[(\bar{\lambda}^{\mathrm{s}}+\bar{\mu}^{\mathrm{s}})\dfrac{\beta_1^2}{D_2}-\left(1+\dfrac{\bar{\rho}^{\mathrm{f}}\bar{\omega}D_1n^{\mathrm{f}}}{\mathrm{i}\bar{S}_{\mathrm{v}}}\right)\right]g_2B_5}{\bar{\mu}^{\mathrm{s}}\beta_1^2+\bar{\rho}^{\mathrm{s}}\bar{\omega}^2+\bar{\rho}^{\mathrm{f}}\bar{\omega}^2D_1}$；$d_8=-\dfrac{\left(1+\dfrac{\bar{\rho}^{\mathrm{f}}\bar{\omega}D_1n^{\mathrm{f}}}{\mathrm{i}\bar{S}_{\mathrm{v}}}\right)g_4B_6}{\bar{\rho}^{\mathrm{s}}\bar{\omega}^2+\bar{\rho}^{\mathrm{f}}\bar{\omega}^2D_1}$；$b_5=\dfrac{g_6d_5}{g_5}$；$b_7=\dfrac{\left[\left(1+\dfrac{\bar{\rho}^{\mathrm{f}}\bar{\omega}D_1n^{\mathrm{f}}}{\mathrm{i}\bar{S}_{\mathrm{v}}}\right)-(\bar{\lambda}^{\mathrm{s}}+\bar{\mu}^{\mathrm{s}})\dfrac{\beta_1^2}{D_2}\right]g_1B_5}{\bar{\mu}^{\mathrm{s}}\beta_1^2+\bar{\rho}^{\mathrm{s}}\bar{\omega}^2+\bar{\rho}^{\mathrm{f}}\bar{\omega}^2D_1}$；$b_8=\dfrac{\left(1+\dfrac{\bar{\rho}^{\mathrm{f}}\bar{\omega}D_1n^{\mathrm{f}}}{\mathrm{i}\bar{S}_{\mathrm{v}}}\right)g_3B_6}{\bar{\rho}^{\mathrm{s}}\bar{\omega}^2+\bar{\rho}^{\mathrm{f}}\bar{\omega}^2D_1}$。

将式（7-225）代入边界条件式（7-220）中可推得

$$g_1=g_3=g_5=g_n=\frac{(2n-1)\pi\mathrm{i}}{2\bar{H}'} \tag{7-228}$$

式中，g_n 为统一符号，且 $n=1,2,3,\cdots,\infty$。

将式（7－224）和（7－226）代入边界条件式（7－221）和（7－228）中可得

$$d_5K_1(g_6)+d_7K_1(g_2)+d_8K_1(g_4)=0 \tag{7-229}$$

$$d_5K_1(g_6)+\left(d_7+\frac{n^{\mathrm{f}}g_2B_5}{\mathrm{i}\,\bar{\omega}\bar{S}_{\mathrm{v}}}\right)K_1(g_2)+\left(d_8+\frac{n^{\mathrm{f}}g_4B_6}{\mathrm{i}\,\bar{\omega}\bar{S}_{\mathrm{v}}}\right)K_1(g_4)=0 \tag{7-230}$$

则联立式（7－229）和（7－230）可推得

$$B_6=-\frac{g_2K_1(g_2)B_5}{g_4K_1(g_4)} \tag{7-231}$$

$$d_5=-\left[\frac{(\bar{\lambda}^{\mathrm{s}}+\bar{\mu}^{\mathrm{s}})\dfrac{\beta_1^2}{D_2}-k_2}{\bar{\mu}^{\mathrm{s}}\beta_1^2+k_3}+\frac{k_2}{k_3}\right]\frac{g_2K_1(g_2)B_5}{K_1(g_6)} \tag{7-232}$$

在桩-土接触面处，土体的剪应力为

$$\begin{aligned}\bar{\tau}_{rz}\big|_{\bar{r}=1}&=\bar{\mu}^{\mathrm{s}}\left(\frac{\partial\bar{u}_{\mathrm{s}}}{\partial\bar{z}}+\frac{\partial\bar{w}_{\mathrm{s}}}{\partial\bar{r}}\right)\bigg|_{\bar{r}=1}\\&=\bar{\mu}^{\mathrm{s}}\Big[(d_5g_5-b_5g_6)K_1(g_6)(\mathrm{e}^{g_5\bar{z}}+\mathrm{e}^{-g_5\bar{z}})+(d_7g_1-b_7g_2)K_1(g_2)(\mathrm{e}^{g_1\bar{z}}\\&\quad+\mathrm{e}^{-g_1\bar{z}})+(d_8g_3-b_8g_4)K_1(g_4)(\mathrm{e}^{g_3\bar{z}}+\mathrm{e}^{-g_3\bar{z}})\Big]\end{aligned} \tag{7-233}$$

将该剪应力沿桩周积分可得桩侧的土反力 f_{s} 为

$$f_{\mathrm{s}}=2\pi\,\bar{\tau}_{rz}\big|_{\bar{r}=1} \tag{7-234}$$

基于叠加原理，将土反力 f_{s} 写为级数形式可得

$$f_{\mathrm{s}}=2\pi\sum_{n=1}^{\infty}Y_{1n}B_{5n}(\mathrm{e}^{g_n\bar{z}}+\mathrm{e}^{-g_n\bar{z}}) \tag{7-235}$$

式中，$Y_{1n}=\bar{\mu}^{\mathrm{s}}\left[\dfrac{g_n^2-g_{6n}^2}{g_n}k_5+\left(2k_4+\dfrac{2k_2}{k_3}\right)g_n\right]g_{2n}K_1(g_{2n})$，$g_{2n}=g_2$，$g_{6n}=g_6$，$k_4=\dfrac{(\bar{\lambda}^{\mathrm{s}}+\bar{\mu}^{\mathrm{s}})\dfrac{\beta_1^2}{D_2}-k_2}{\bar{\mu}^{\mathrm{s}}\beta_1^2+k_3}$，$k_5=-\left(k_4+\dfrac{k_2}{k_3}\right)$。

同理，将土骨架在桩-土接触面处的竖向位移 $\bar{w}_{\mathrm{s}}(1,\bar{z})$ 写成级数形式有

$$\bar{w}_{\mathrm{s}}(1,\bar{z})=\sum_{n=1}^{\infty}Y_{2n}B_{5n}(\mathrm{e}^{g_n\bar{z}}+\mathrm{e}^{-g_n\bar{z}}) \tag{7-236}$$

式中，$Y_{2n}=\dfrac{g_{2n}g_{6n}k_5K_1(g_{2n})K_0(g_{6n})}{g_nK_1(g_{6n})}-k_4g_nK_0(g_{2n})-\dfrac{k_2g_ng_{2n}K_1(g_{2n})K_0(g_{4n})}{k_3g_{4n}K_1(g_{4n})}$，$g_{4n}=g_4$。

在桩竖向投影范围内的土柱的无量纲轴力可表达为

$$\bar{N}(\bar{z})=2\pi\int_0^1\bar{r}\bar{\sigma}_{zz}(\bar{r},\bar{z})\mathrm{d}\bar{r} \tag{7-237}$$

同理可将 $\bar{N}(\bar{z})$ 写成级数形式为

$$\overline{N}(\bar{z}) = 2\pi\sum_{n=1}^{\infty}Y_{3n}B_{5n}(\mathrm{e}^{g_n\bar{z}} - \mathrm{e}^{-g_n\bar{z}}) \tag{7-238}$$

式中，$Y_{3n} = \delta_1 + \delta_2 + \delta_3$，其中 $\delta_1 = \left(\dfrac{\bar{\lambda}^s\beta_1^2}{D_2} - 2\bar{\mu}^s k_4 g_n^2\right)\int_0^1 \bar{r}K_0(g_{2n}\bar{r})\mathrm{d}\bar{r}$，$\delta_2 = 2\bar{\mu}^s k_5 g_{2n}g_{6n}\dfrac{K_1(g_{2n})}{K_1(g_{6n})}\int_0^1 \bar{r}K_0(g_{6n}\bar{r})\mathrm{d}\bar{r}$，$\delta_3 = 2\bar{\mu}^s\dfrac{k_2}{k_3}g_{2n}g_{4n}\dfrac{K_1(g_{2n})}{K_1(g_{4n})}\int_0^1 \bar{r}K_0(g_{4n}\bar{r})\mathrm{d}\bar{r}$。

令 $\bar{z}=\bar{L}$，则可得桩底处的土反力 R_p 为

$$R_p = \overline{N}(\bar{z})\big|_{\bar{z}=\bar{L}} = 2\pi\sum_{n=1}^{\infty}Y_{3n}B_{5n}(\mathrm{e}^{g_n\bar{L}} - \mathrm{e}^{-g_n\bar{L}}) \tag{7-239}$$

至此，仅剩 B_{5n} 为未知参数，将由后续推导确定。

基于图 7-18 所示力学模型及坐标系统，结合前文所推导得到的土反力基本解，建立桩基的无量纲动力控制方程

$$\frac{\partial^2\bar{w}_p}{\partial\bar{z}^2} + \frac{\bar{\rho}_p}{\bar{E}_p}\bar{\omega}^2\bar{w}_p = -\frac{f_s}{\pi\bar{E}_p} \tag{7-240}$$

以及桩基须满足的边界条件：

在桩顶处有

$$\left.\frac{\mathrm{d}\bar{w}_p(\bar{z})}{\mathrm{d}\bar{z}}\right|_{\bar{z}=0} = \frac{\bar{P}_0}{\bar{E}_p\pi} \tag{7-241}$$

在桩底处有

$$\pi\bar{E}_p\left.\frac{\mathrm{d}\bar{w}_p(\bar{z})}{\mathrm{d}\bar{z}}\right|_{\bar{z}=\bar{L}} = R_p \tag{7-242}$$

式中，$\bar{E}_p = \dfrac{E_p}{G^s}$，$\bar{\rho}_p = \dfrac{\rho_p}{\rho}$，$\bar{P}_0 = \dfrac{P_0}{G^s r_0^2}$；$\bar{w}_p = \dfrac{w_p}{r_0}$表示桩基无量纲竖向位移幅值。

方程（7-240）的齐次方程通解为

$$\bar{w}_p^1 = a_1\cos(\lambda\bar{z}) + a_2\sin(\lambda\bar{z}) \tag{7-243}$$

式中，$\lambda = \sqrt{\dfrac{\bar{\rho}_p}{\bar{E}_p}}\bar{\omega}$，$a_1$ 和 a_2 为待定系数。

方程（7-240）的特解可设为

$$\bar{w}_p^2 = \sum_{n=1}^{\infty}Q_n(\mathrm{e}^{g_n\bar{z}} + \mathrm{e}^{-g_n\bar{z}}) \tag{7-244}$$

式中，Q_n 为待定系数。

将式（7-244）代入式（7-240）中可推得

$$Q_n = \frac{-2Y_{1n}B_{5n}}{\bar{E}_p g_n^2 + \bar{\rho}_p\bar{\omega}^2} \tag{7-245}$$

则方程（7-240）的解为

$$\bar{w}_p = \bar{w}_p^1 + \bar{w}_p^2 = a_1\cos(\lambda\bar{z}) + a_2\sin(\lambda\bar{z}) + \sum_{n=1}^{\infty}\frac{-2Y_{1n}B_{5n}(\mathrm{e}^{g_n\bar{z}} + \mathrm{e}^{-g_n\bar{z}})}{\bar{E}_p g_n^2 + \bar{\rho}_p\bar{\omega}^2} \tag{7-246}$$

将式（7－236）和（7－246）代入连续性条件式（7－223）中可得

$$a_1\cos(\lambda\bar{z})+a_2\sin(\lambda\bar{z})+\sum_{n=1}^{\infty}\frac{-2Y_{1n}B_{5n}(\mathrm{e}^{g_n\bar{z}}+\mathrm{e}^{-g_n\bar{z}})}{\bar{E}_{\mathrm{p}}g_n^2+\bar{\rho}_{\mathrm{p}}\bar{\omega}^2}=\sum_{n=1}^{\infty}Y_{2n}B_{5n}(\mathrm{e}^{g_n\bar{z}}+\mathrm{e}^{-g_n\bar{z}}) \tag{7-247}$$

利用函数系（$\mathrm{e}^{g_n\bar{z}}+\mathrm{e}^{-g_n\bar{z}}$）的正交特性，整理方程（7－247）可推导得到

$$B_{5n}=X_{1n}a_1+X_{2n}a_2 \tag{7-248}$$

式中，

$$X_{1n}=\frac{\int_0^{\bar{L}}\cos(\lambda\bar{z})(\mathrm{e}^{g_n\bar{z}}+\mathrm{e}^{-g_n\bar{z}})\mathrm{d}\bar{z}}{\left(Y_{2n}+\dfrac{2Y_{1n}}{\bar{E}_{\mathrm{p}}g_n^2+\bar{\rho}_{\mathrm{p}}\bar{\omega}^2}\right)\left(2\bar{L}+\dfrac{\mathrm{e}^{2g_n\bar{L}}-\mathrm{e}^{-2g_n\bar{L}}}{2g_n}\right)}$$

$$X_{2n}=\frac{\int_0^{\bar{L}}\sin(\lambda\bar{z})(\mathrm{e}^{g_n\bar{z}}+\mathrm{e}^{-g_n\bar{z}})\mathrm{d}\bar{z}}{\left(Y_{2n}+\dfrac{2Y_{1n}}{\bar{E}_{\mathrm{p}}g_n^2+\bar{\rho}_{\mathrm{p}}\bar{\omega}^2}\right)\left(2\bar{L}+\dfrac{\mathrm{e}^{2g_n\bar{L}}-\mathrm{e}^{-2g_n\bar{L}}}{2g_n}\right)}$$

则式（7－246）可表达为

$$\begin{aligned}\bar{w}_{\mathrm{p}}=&a_1\left[\cos(\lambda\bar{z})+\sum_{n=1}^{\infty}\frac{-2Y_{1n}X_{1n}(\mathrm{e}^{g_n\bar{z}}+\mathrm{e}^{-g_n\bar{z}})}{\bar{E}_{\mathrm{p}}g_n^2+\bar{\rho}_{\mathrm{p}}\bar{\omega}^2}\right]\\&+a_2\left[\sin(\lambda\bar{z})+\sum_{n=1}^{\infty}\frac{-2Y_{1n}X_{2n}(\mathrm{e}^{g_n\bar{z}}+\mathrm{e}^{-g_n\bar{z}})}{\bar{E}_{\mathrm{p}}g_n^2+\bar{\rho}_{\mathrm{p}}\bar{\omega}^2}\right]\end{aligned} \tag{7-249}$$

将式（7－249）代入边界条件式（7－241）和（7－242）中可推得

$$a_2=\frac{\bar{P}_0}{\lambda\pi\bar{E}_{\mathrm{p}}},\quad a_1=\frac{(X_6-\bar{E}_{\mathrm{p}}X_4)a_2}{\bar{E}_{\mathrm{p}}X_3-X_5} \tag{7-250}$$

式中，$X_3=-\lambda\sin(\lambda\bar{L})+\sum_{n=1}^{\infty}\frac{-2Y_{1n}X_{1n}g_n(\mathrm{e}^{g_n\bar{L}}-\mathrm{e}^{-g_n\bar{L}})}{\bar{E}_{\mathrm{p}}g_n^2+\bar{\rho}_{\mathrm{p}}\bar{\omega}^2}$，$X_4=\lambda\cos(\lambda\bar{L})+\sum_{n=1}^{\infty}\frac{-2Y_{1n}X_{2n}g_n(\mathrm{e}^{g_n\bar{L}}-\mathrm{e}^{-g_n\bar{L}})}{\bar{E}_{\mathrm{p}}g_n^2+\bar{\rho}_{\mathrm{p}}\bar{\omega}^2}$，$X_5=\sum_{n=1}^{\infty}2Y_{3n}X_{1n}(\mathrm{e}^{g_n\bar{L}}-\mathrm{e}^{-g_n\bar{L}})$，$X_6=\sum_{n=1}^{\infty}2Y_{3n}X_{2n}(\mathrm{e}^{g_n\bar{L}}-\mathrm{e}^{-g_n\bar{L}})$。

桩基自身的正应力为

$$\begin{aligned}\sigma_{\mathrm{p}}(z)=E_{\mathrm{p}}\frac{\mathrm{d}w_{\mathrm{p}}}{\mathrm{d}z}=E_{\mathrm{p}}\frac{\mathrm{d}\bar{w}_{\mathrm{p}}}{\mathrm{d}\bar{z}}=&E_{\mathrm{p}}a_1\left[-\lambda\sin(\lambda\bar{z})+\sum_{n=1}^{\infty}\frac{-2Y_{1n}X_{1n}g_n(\mathrm{e}^{g_n\bar{z}}-\mathrm{e}^{-g_n\bar{z}})}{\bar{E}_{\mathrm{p}}g_n^2+\bar{\rho}_{\mathrm{p}}\bar{\omega}^2}\right]\\&+E_{\mathrm{p}}a_2\left[\lambda\cos(\lambda\bar{z})+\sum_{n=1}^{\infty}\frac{-2Y_{1n}X_{2n}g_n(\mathrm{e}^{g_n\bar{z}}-\mathrm{e}^{-g_n\bar{z}})}{\bar{E}_{\mathrm{p}}g_n^2+\bar{\rho}_{\mathrm{p}}\bar{\omega}^2}\right]\end{aligned} \tag{7-251}$$

因此，定义桩顶的竖向动力阻抗为

$$K_{\mathrm{d}}(\bar{\omega})=\frac{\pi r_0^2\sigma_{\mathrm{p}}(0)}{w_{\mathrm{p}}(0)}=\frac{\pi r_0\sigma_{\mathrm{p}}(0)}{\bar{w}p(0)}=\frac{\pi r_0E_{\mathrm{p}}\lambda a_2}{a_1X_7+a_2X_8} \tag{7-252}$$

式中，$X_7=1+\sum_{n=1}^{\infty}\frac{-4Y_{1n}X_{1n}}{\bar{E}_{\mathrm{p}}g_n^2+\bar{\rho}_{\mathrm{p}}\bar{\omega}^2}$，$X_8=\sum_{n=1}^{\infty}\frac{-4Y_{1n}X_{2n}}{\bar{E}_{\mathrm{p}}g_n^2+\bar{\rho}_{\mathrm{p}}\bar{\omega}^2}$。

将 $K_d(\bar{\omega})$ 无量纲化为

$$\bar{K}_d(\bar{a})=\frac{K_d(\bar{a})}{G^s r_0}=\frac{\pi\bar{E}_p\lambda a_2}{a_1X_7+a_2X_8} \tag{7-253}$$

令 $\bar{K}_d=K_v+iC_v$，其中 $K_v=\mathrm{Re}(\bar{K}_d)$ 表示桩顶实际的动刚度，$C_v=\mathrm{Im}(\bar{K}_d)$ 表示波在桩-土体系中辐射以及孔隙流体和土骨架之间的相对运动引起的阻尼。

则单位强度荷载作用下的桩顶速度频域响应为

$$H_v(\omega)=\frac{i\omega}{K_d(\omega)} \tag{7-254}$$

在桩基低应变动测时，可将桩顶激励简化为半正弦脉冲荷载，即 $q(t)=Q_{max}\sin\frac{\pi t}{T}$（其中 $0\leqslant t\leqslant T$，T 为脉冲宽度）。根据傅里叶变换的性质，通过对桩顶荷载与单位桩顶速度时域响应进行卷积可得桩顶速度时域半解析解表达如下

$$V(t)=q(t)*\mathrm{IFT}[H_v(\omega)]=\mathrm{IFT}\left[H_v(\omega)Q_{max}\frac{\pi}{T}\frac{1+e^{-i\omega T}}{\left(\frac{\pi}{T}\right)^2-\omega^2}\right] \tag{7-255}$$

将其无量纲化为

$$\bar{V}(\bar{t})=\sqrt{\frac{\rho}{G^s}}V(t)=\pi\int_{-\infty}^{+\infty}\bar{Q}_{max}\frac{i\bar{\omega}}{\bar{K}_d}\bar{T}\frac{1+e^{-i\bar{\omega}\bar{T}}}{\pi^2-\bar{\omega}^2\bar{T}^2}e^{i\bar{\omega}\bar{t}}d\bar{\omega} \tag{7-256}$$

式中，$\bar{T}=\sqrt{\frac{G^s}{\rho}}\frac{T}{r_0}$，$\bar{t}=\sqrt{\frac{G^s}{\rho}}\frac{t}{r_0}$，$\bar{Q}_{max}=\frac{Q_{max}}{G^s r_0^2}$。

7.4.3　解析模型验证与对比分析

此部分将通过数值计算来验证所推导桩顶动力阻抗及动力响应模型的合理性以及探究桩-土体系参数对桩基竖向振动特性的影响规律。除非有特别说明，后文分析均统一采用下述桩-土参数：$G^s=20\text{MPa}$，$\nu=0.2$，$n^f=0.4$，$\rho^s=1800\text{kg/m}^3$，$\rho^f=1000\text{kg/m}^3$，$k^f=9\times10^{-7}\text{m/s}$，$E_p=20\text{GPa}$，$\rho_p=2500\text{kg/m}^3$，$r_0=0.25\text{m}$。为方便对比分析，桩顶的实际动刚度均被归一化为$\frac{K_v}{K_0}$，其中 $K_0=\lim\limits_{\bar{\omega}\to0}K_v$，表示桩顶的静刚度。

为验证本节所建立动力阻抗模型的合理性，分别令 $\bar{L}=\bar{H}'$将本节结果退化为端承桩情况与文献［84］的端承桩解进行比较，以及令 $\rho^f\to0$ 和 $S_v\to0$ 将本节结果退化为单相介质情况与文献[191]的单相土解进行比较，如图7-19（$\xi^s=0.01$）、图7-20（$\bar{H}'-\bar{L}=40$）所示。从图中可见，对于不同的桩长径比 $\bar{L}$ 情况，本节退化解与文献相应解均吻合良好，由此可在一定程度上验证本节所提出模型的正确性。此外，从图7-19和图7-20的对比结果还可看出，本节解可视为文献[84]和[191]研究的扩展。

7.4.4　纵向振动参数化分析

桩顶的动力阻抗通常用来评估桩基的振动阻力，以及分析桩-土体系的振动特

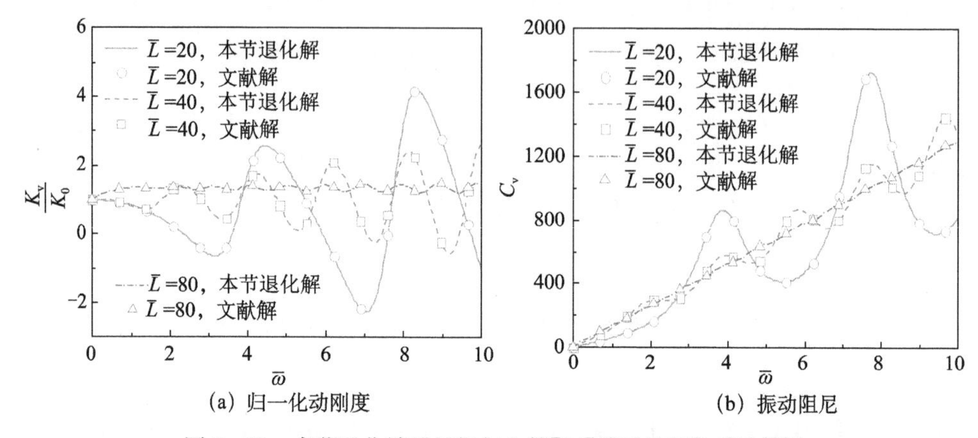

(a) 归一化动刚度　　(b) 振动阻尼

图 7-19　本节退化端承桩解与文献[84]端承桩解的对比情况

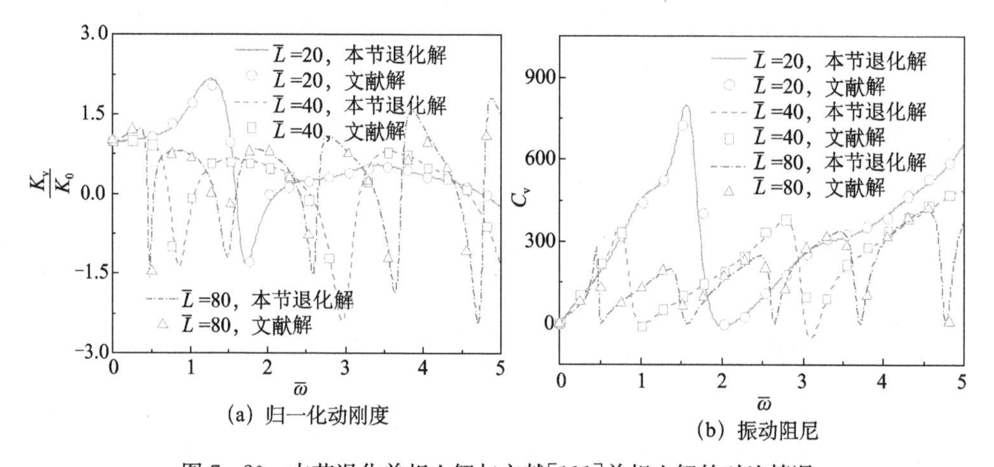

(a) 归一化动刚度　　(b) 振动阻尼

图 7-20　本节退化单相土解与文献[191]单相土解的对比情况

性。其实部代表实际刚度，虚部代表阻尼，反应能量在桩-土体系中耗散。刚度和阻尼受到许多参数的影响，诸如基岩的位置、液固耦合系数、桩长径比、桩-土相对刚度，以及土骨架滞回阻尼比等，其对桩顶动力阻抗的影响如图 7-21～图 7-26 所示。从图中不难看出，桩顶的刚度和阻尼均随激振频率显著波动，在桩-土体系的自然频率位置处发生共振现象，且其振动幅度随激振频率的增加而增大。

图 7-21 所示为本节解与端承桩解[84]以及半空间解[111]的对比情况。从图中不难看出，相比于端承桩情况和半空间情况，本节结果与之明显不同，并且显著依赖于基岩的相对位置。基岩的相对位置对桩顶动力阻抗的具体影响如图 7-22 所示（$\xi^s=0.01$，$\bar{S}_v=10$，$\bar{L}=20$，$\bar{E}_p=1000$）。从图 7-22 中可见，由于桩与桩底土的动力相互作用，摩擦桩和端承桩（$\overline{H'}/\bar{L}=1$）的结果之间，不论是变化趋势，还是振动幅度，均存在很多不同，桩与基岩的相对埋深对桩顶动力阻抗随激振频率的变化曲线存在显著影响。具体地，当桩长一定时，在低频阶段，刚度的共振频率

和共振幅度随桩-基岩相对埋深的增大而逐渐减小，阻尼共振频率的变化同样如此，但其共振幅度则随之先减小后增大；在高频阶段，刚度和阻尼的共振频率随桩-基岩相对埋深的增加而变化较小，而二者的共振幅度则随之显著减小。从整体上来看，基岩和桩底之间的间距越小，基岩对桩顶动力阻抗的影响越显著。

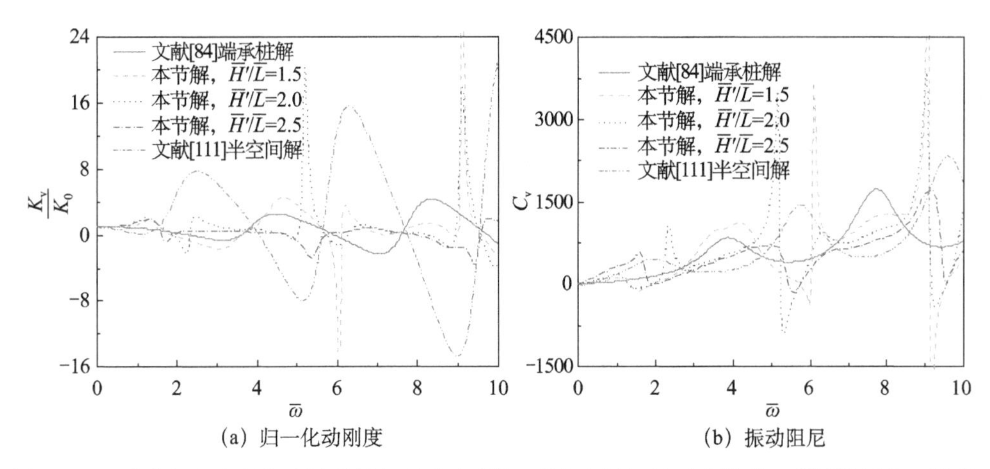

(a) 归一化动刚度　　(b) 振动阻尼

图7-21　本节解与文献[84]端承桩解以及文献[111]半空间解的对比情况（彩图见封底二维码）

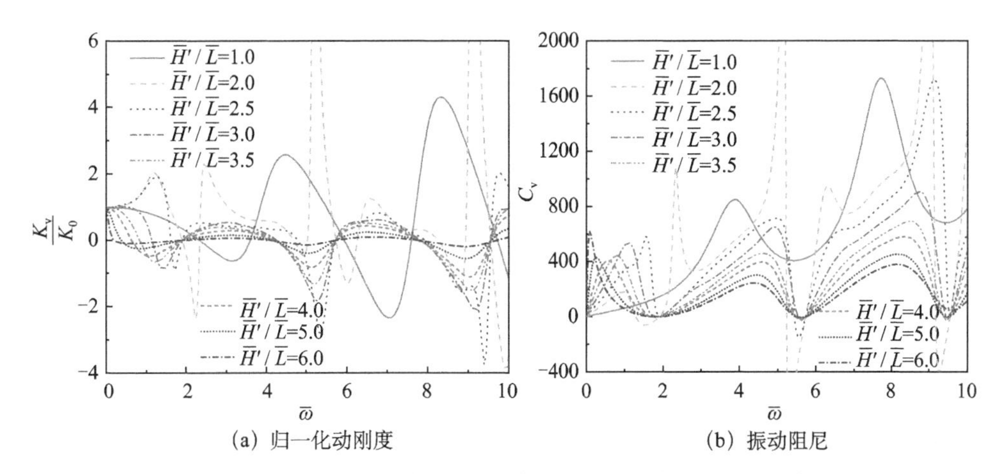

(a) 归一化动刚度　　(b) 振动阻尼

图7-22　桩与基岩的相对埋深对桩顶动力阻抗的影响（彩图见封底二维码）

图7-23所示为液固耦合系数对桩顶动力阻抗的影响情况（$\xi^s=0.01$，$\overline{H'}/\overline{L}=3$，$\overline{L}=20$，$\overline{E}_p=1000$）。从图中可见，随着液固耦合系数增大，刚度的共振幅度在低频阶段随之减小，而在高频阶段则随之先增大后减小；阻尼的共振幅度随之逐渐减小。此外，刚度和阻尼的共振频率基本上不受液固耦合系数变化的影响。

图7-24所示为桩长径比对桩顶动力阻抗的影响情况（$\xi^s=0.01$，$\overline{S}_v=10$，$\overline{H'}-\overline{L}=40$，$\overline{E}_p=1000$）。由图可见，当基岩和桩底之间的间距一定时，随着桩长

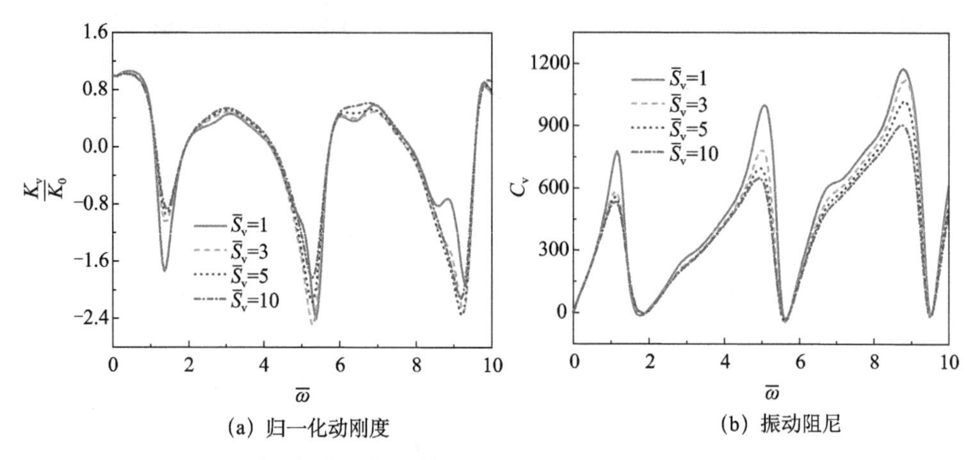

(a) 归一化动刚度　　(b) 振动阻尼

图 7-23　液固耦合系数对桩顶动力阻抗的影响（彩图见封底二维码）

径比的增大，刚度的共振频率随之显著减小，而其共振幅值随之小幅减小；阻尼的共振频率和共振幅度均随之大幅减小。特别地，与端承桩情况不同的是，对于下卧基岩的饱和土-摩擦桩耦合振动情况不存在临界桩长的概念。

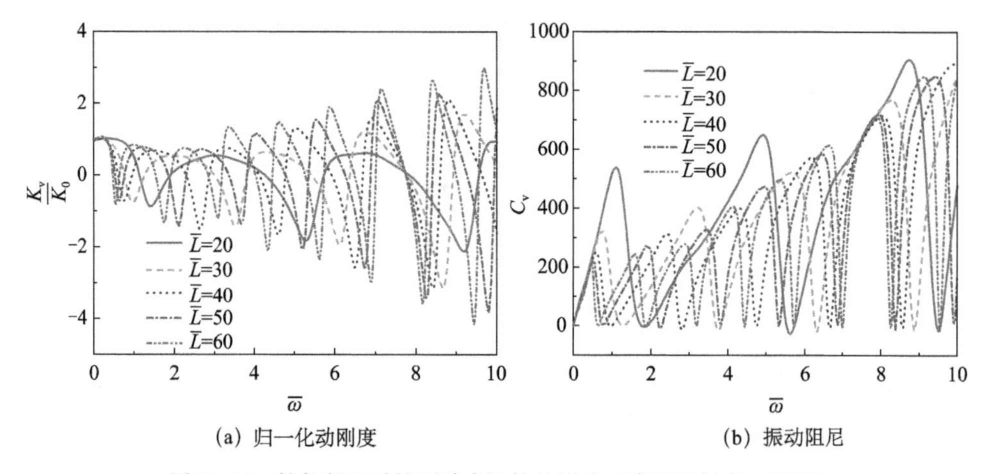

(a) 归一化动刚度　　(b) 振动阻尼

图 7-24　桩长径比对桩顶动力阻抗的影响（彩图见封底二维码）

图 7-25 所示为桩-土相对刚度对桩顶动力阻抗的影响情况（$\xi^s=0.01$，$\bar{S}_v=10$，$\overline{H'}/\bar{L}=3$，$\bar{L}=20$）。由图可见，随着桩-土相对刚度增加，刚度和阻尼的共振频率均显著增大，而刚度的共振幅度则随之先增大后减小；阻尼的共振幅度在低频阶段的变化亦是如此，而在高频阶段，其共振幅度则随之大幅增大。

图 7-26 所示为土骨架滞回阻尼比对桩顶动力阻抗的影响情况（$\bar{L}=20$，$\overline{H'}/\bar{L}=3$，$\bar{S}_v=10$，$\bar{E}_p=1000$）。从图中可见，随着土骨架滞回阻尼比增大，刚度和阻尼的共振频率基本上不随之变化，然而刚度的共振幅度随之逐渐减小；阻尼的共振幅度在低频阶段的变化与之相同，而在高频阶段，其共振幅度基本上不受

土骨架滞回阻尼比变化的影响。

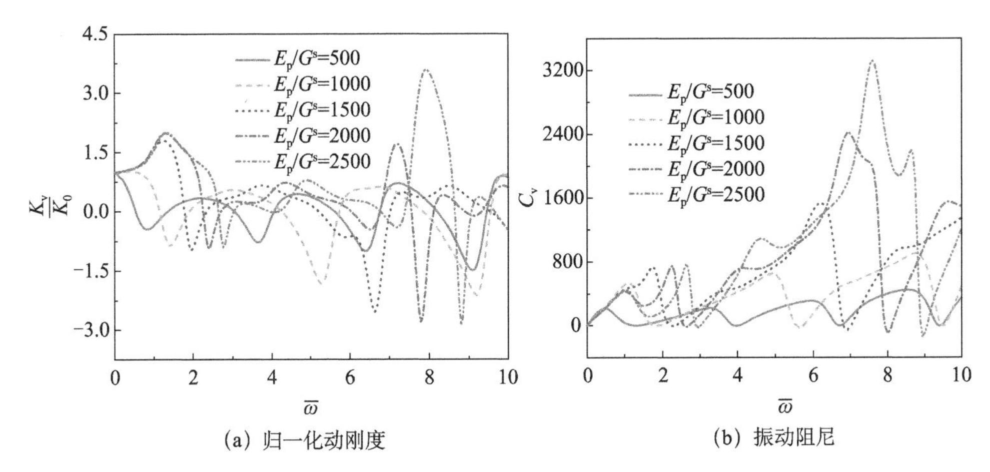

(a) 归一化动刚度　　(b) 振动阻尼

图 7－25　桩-土相对刚度对桩顶动力阻抗的影响（彩图见封底二维码）

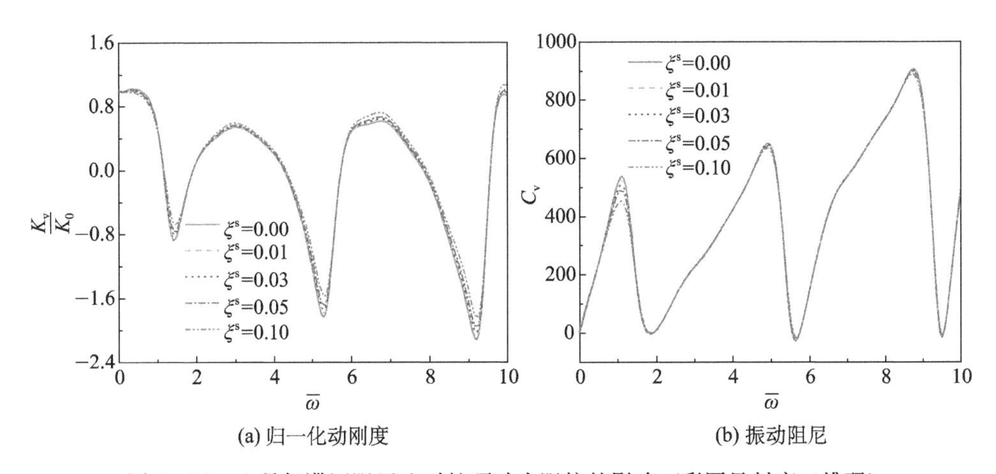

(a) 归一化动刚度　　(b) 振动阻尼

图 7－26　土骨架滞回阻尼比对桩顶动力阻抗的影响（彩图见封底二维码）

图 7－27 所示为不同模型时桩顶速度的比较。由图可见，相较于半空间解[111]和端承桩解[84]，由于桩底土层的存在，下卧基岩情况的桩顶速度曲线较为复杂，表现为反射信号较多，并且相互间间距不一致，这反映了桩底和基岩均反射波。该比较也表明了若桩底存在沉渣等情况，则会严重干扰反射信号的识别。

图 7－28 所示为基岩位置变化对桩顶速度的影响。可以看到，图中反射信号出现的不同位置反映了基岩对波的反射作用。并且在一定范围内，当基岩和桩底间存在可观的土层时，桩底和土体底部产生的反射波会更加分明；图7－29 所示为液固耦合系数对桩顶速度的影响。不难看出，随着液固耦合系数增大，反射信号的强度亦随之增大；图 7－30 所示为桩-土模量比对桩顶速度的影响。由图可见，当桩-土模量比较小时，能清楚地看到由桩底和土底产生的反射信号。而随着桩-土模

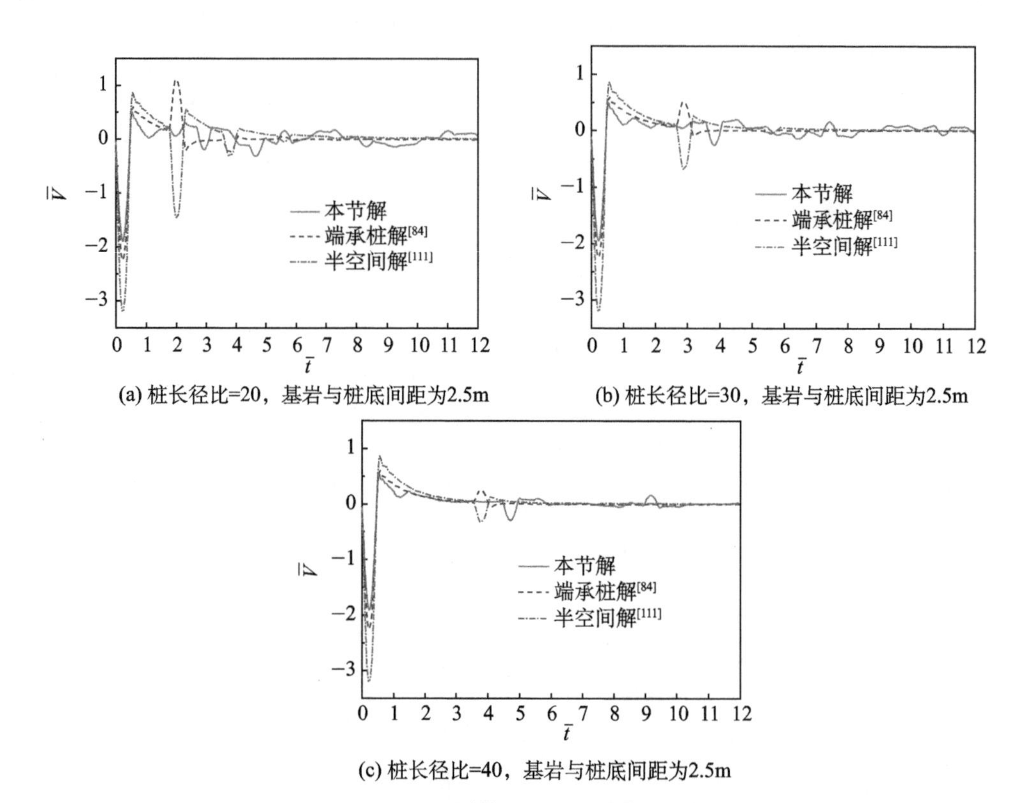

(a) 桩长径比=20，基岩与桩底间距为2.5m

(b) 桩长径比=30，基岩与桩底间距为2.5m

(c) 桩长径比=40，基岩与桩底间距为2.5m

图 7-27　不同模型下桩顶速度的比较

量比增大，由基岩反射的信号将变得难以识别。由此可知，当桩-土模量比较大时，对于本节研究问题而言，将不利于反射信号的识别；图 7-31 所示为土骨架滞回阻尼比对桩顶速度的影响。从图中可见，土骨架滞回阻尼比对于本节研究问题而言，影响较小。

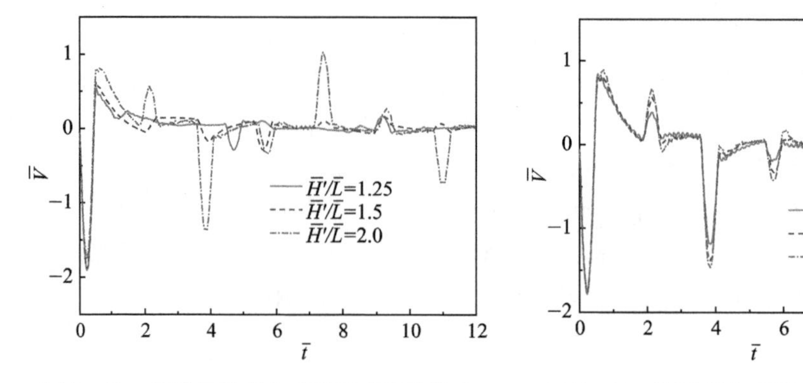

图 7-28　基岩位置变化对桩顶速度的影响

图 7-29　液固耦合系数对桩顶速度的影响

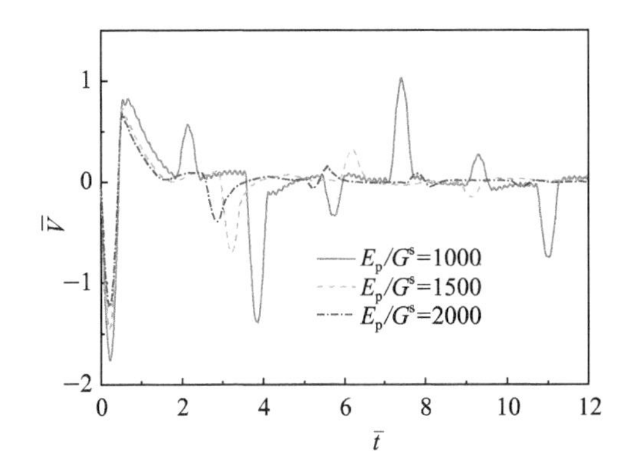

图7-30　桩-土模量比对桩顶速度的影响

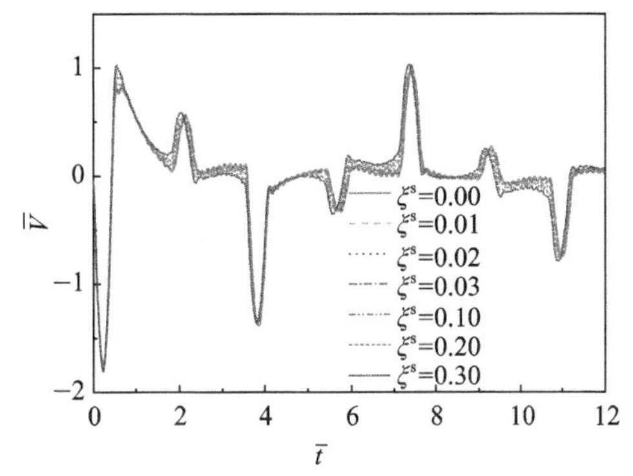

图7-31　土骨架滞回阻尼比对桩顶速度的影响（彩图见封底二维码）

第8章　桩基完整性评价的协同化知识库本体模型和识别程序开发

8.1　问题的提出

实际工程应用中，多采用模糊定性指标并依据检测人员工程经验粗略估计桩身完整性类别，存在诸多不确定性，且给出的评价结果主观因素较重，桩身缺陷定量指标与桩基动测反射波曲线上参数的内在关系无法明确表示，此外，缺少在桩基完整性评价知识库及简单易用的程序供相关工程人员参考使用。Ontology作为一种新的语义Web技术，已被广泛用于各个领域的知识共享和交换，其语义结构、逻辑推理能力等特性为一体化设计提供了有效方法，且相关语言可同时被人工和机器识别。虽然诸多学者对建筑领域不同方向知识库体系进行了完善，但就桩基完整性评价知识库模型开发仍为空白。基于此点考虑，本章采用Ontology本体理论和语义网技术，建立了桩基完整性评价知识库本体模型OntoPIE（Ontology of Pile Integrity Evaluation），从而实现了桩身缺陷参数、动测反射波曲线、桩身缺陷定量识别和定性评价方面的知识协同一体化，完善了建筑相关领域知识库系统。在知识库本体模型OntoPIE基础上，进一步通过编写相关SWRL（Semantic Web Rule Language）和SQWRL（Semantic Query-Enhanced Web Rule Language）规则，实现了基于反射波曲线的桩基完整性协同一体化评价。

8.2　基于Ontology和解析方法的桩基完整性评价知识库框架[207]

Web技术的框架[193]如图8-1所示，其主要包括对信息整理分类、查询和交换，首先对网页语义进行收集，标准化处理相应信息后以计算机语言形式呈现，基于此网络信息就可进行无障碍交换。Ontology作为Web技术的关键组成部分，越来越受到科研人员的重视。Ontology包含丰富的词汇和框架，基于此可实现不同领域知识的结构化框架搭建，其所搭建的框架语言同时具有计算机和人类的可读性，从而达到跨领域的信息和知识共享。

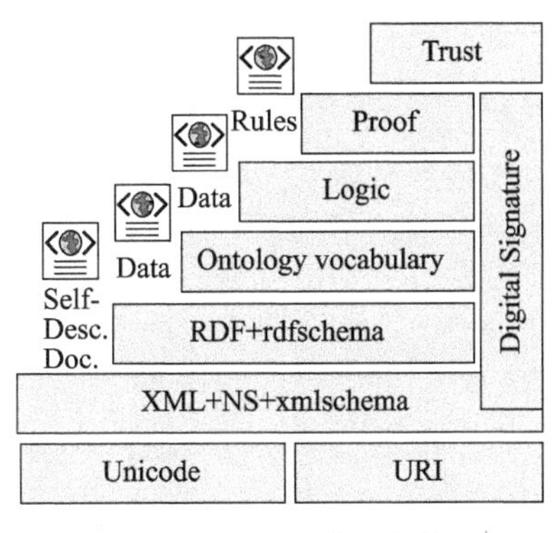

图 8-1　Web 技术架构

Ontology 最早作为哲学范畴的定义，在 AI（人工智能）领域被赋予新的含义后被广泛地应用到信息科学中，其在信息共享、系统集成及基于知识的框架搭建等方面得到不断发展完善[194]。Ontology 的重要性主要体现在以下几点：

（1）通过 Ontology 框架的搭建实现人与人及计算机不同软件间的信息共享；

（2）可实现跨领域知识共享，达成共同开发利用；

（3）提高信息共享效率，节约时间和成本。

Ontology 采用 OWL 语言（Ontology Web Language）进行建模能够完成对知识等级、属性、关系和约束的定义，且 OWL 作为一种本体语言可实现不同领域复杂知识的逻辑推理，这就使得 Ontology 具备独立的推理能力。此外，引入诸如 SWRL 等计算规则可进一步增强 Ontology 对较为复杂演绎过程的推理能力。

基于 Ontology 和解析方法的桩基完整性评价体系流程如图 8-2 所示，首先利用第 6 章所得非均匀桩桩顶速度时域响应半解析解得出缺陷定量指标与桩顶速度时域响应曲线上特征参数的内在关系式，最后通过开发的 OntoPIE 本体模型，实现桩基完整性客观、快速评价。

8.2.1　缺陷评价指标与速度反射波曲线上特征参数的内在关系

桩基缺陷定量指标主要有缺陷埋深、缺陷轴向长度和缺陷程度，由式（6-131）计算所得典型带缺陷桩桩顶速度反射波曲线如图 8-3 所示，桩身缺陷埋深可根据缺陷反射峰值与初始信号峰值的时间差按式（8-1）确定，缺陷轴向长度则可根据缺陷上界面反射波和下界面反射波峰值的时间差按式（8-2）确定

$$\text{Depth}=H\frac{t_1-t_0}{t_3-t_0} \tag{8-1}$$

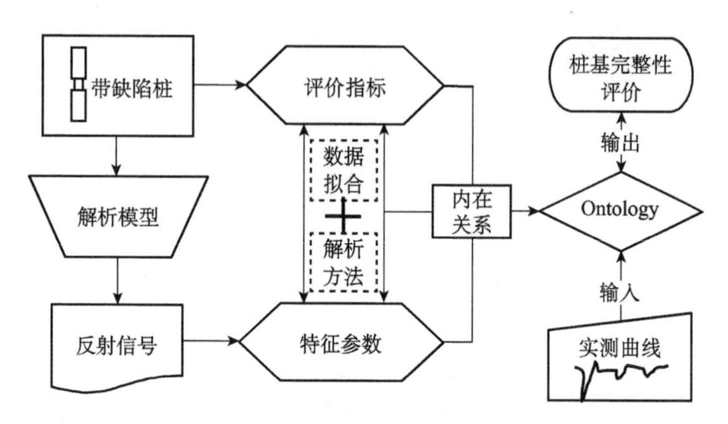

图 8-2 基于 Ontology 和解析方法的桩基完整性评价体系流程

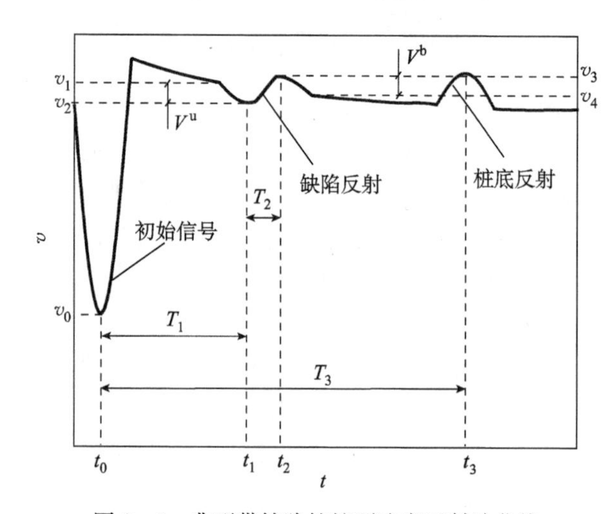

图 8-3 典型带缺陷桩桩顶速度反射波曲线

$$\text{Length}=H\frac{t_2-t_1}{t_3-t_0} \tag{8-2}$$

缺陷界面反射与透射如图 8-4 所示，若弹性波在传播到缺陷上界面处的速度为 v_D，则缺陷上界面反射波和透射波振动波速为

$$v_r^u=v_D\alpha^u,\quad v_t^u=v_D\beta^u \tag{8-3}$$

其中，v_r^u、v_t^u 分别为缺陷上界面反射和透射波振动波速，$\alpha^u=\dfrac{1-Z_D/Z}{1+Z_D/Z}$为缺陷上界面反射系数，$\beta^u=\dfrac{2}{1+Z_D/Z}$为缺陷上界面透射系数，$Z=\rho cA$ 和 $Z_D=\rho_D c_D A_D$ 分别为桩身正常段和缺陷段声阻抗，$c=\sqrt{E/\rho}$，$c_D=\sqrt{E_D/\rho_D}$，E、ρ、A 为桩身正常段弹性模量、密度和截面积，E_D、ρ_D、A_D 为桩身缺陷段弹性模量、密度和截面积。

缺陷上界面透射波在缺陷下界面处的反射和反射后在上界面的透射波振动波

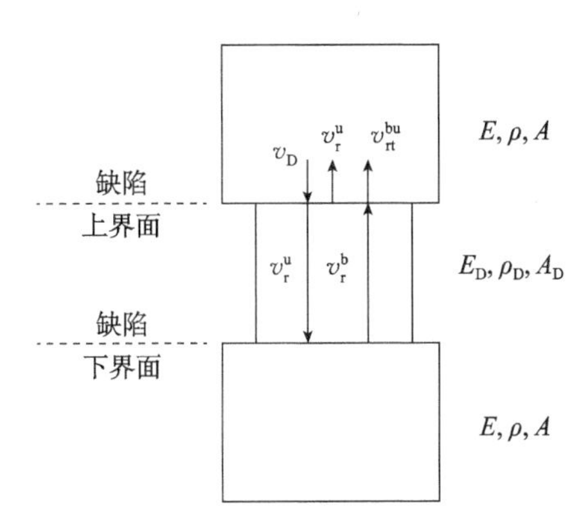

图 8-4　缺陷界面反射与透射

速为

$$v_r^b = v_t^u \alpha^b \gamma = v_D \beta^u \alpha^b \xi \quad v_{rt}^{bu} = v_r^b \gamma \beta^b = v_D \beta^u \alpha^b \beta^b \xi^2 \tag{8-4}$$

其中，ξ 为与缺陷段长度相关的波在缺陷段传播的耗散比例，$\alpha^b = \dfrac{1-Z/Z_D}{1+Z/Z_D}$ 为缺陷下界面反射系数，$\beta^b = \dfrac{2}{1+Z/Z_D}$ 为缺陷下界面透射系数。

则上界面缺陷反射波峰值与下界面缺陷反射波峰值比为

$$V^{ub} = \frac{V^u}{V^b} = \frac{v_r^u}{v_{rt}^{bu}} = \frac{\alpha^u}{\beta^u \alpha^b \beta^b \gamma^2} = \frac{\alpha^u f(l)}{\beta^u \alpha^b \beta^b} \tag{8-5}$$

其中，$V^u = v_2 - v_1$，$V^b = v_3 - v_4$，$f(l)$ 为缺陷段长度 Length 的函数，$l =$ Length/H。

饱和土体参数参照第 6 章取值，桩长 10m，桩径 0.5m，桩身弹性模量取 25GPa，密度为 2500kg/m^3，桩身缺陷长度 1m，缺陷为缩颈 90%时，利用式（6-131）计算得到不同缺陷长度下的 V^{ub} 值如表 8-1 所列。

表 8-1　不同缺陷长度对应的 V^{ub} 值

Length/m	$l=\dfrac{\text{Length}}{H}$	v_1/ (×10^{-10}m/s)	v_2/ (×10^{-10}m/s)	v_3/ (×10^{-10}m/s)	v_4/ (×10^{-10}m/s)	V^{ub}	$\dfrac{V^{ub}\beta^u\alpha^b\beta^b}{\alpha^u}$
0.1	0.01	0.511	0.399	0.413	0.323	−1.247	1.2347
0.2	0.02	0.512	0.340	0.470	0.313	−1.100	1.0891
0.3	0.03	0.513	0.276	0.529	0.306	−1.060	1.0495
0.4	0.04	0.514	0.216	0.579	0.298	−1.058	1.0475
0.5	0.05	0.514	0.167	0.618	0.290	−1.060	1.0495
0.6	0.06	0.515	0.130	0.645	0.282	−1.061	1.0505
0.7	0.07	0.515	0.106	0.660	0.274	−1.059	1.0485
0.8	0.08	0.515	0.098	0.662	0.266	−1.056	1.0455
0.9	0.09	0.516	0.100	0.656	0.259	−1.048	1.0376
1.0	0.10	0.516	0.101	0.640	0.251	−1.066	1.0554

续表

Length/m	$l=\frac{\text{Length}}{H}$	v_1/($\times10^{-10}$m/s)	v_2/($\times10^{-10}$m/s)	v_3/($\times10^{-10}$m/s)	v_4/($\times10^{-10}$m/s)	V^{ub}	$\frac{V^{ub}\beta^u\alpha^b\beta^b}{\alpha^u}$
1.1	0.11	0.516	0.102	0.623	0.244	−1.094	1.0832
1.2	0.12	0.516	0.103	0.605	0.237	−1.122	1.1109
1.3	0.13	0.516	0.103	0.588	0.229	−1.151	1.1396
1.4	0.14	0.516	0.104	0.572	0.222	−1.182	1.1703
1.5	0.15	0.516	0.104	0.555	0.217	−1.220	1.2079
1.6	0.16	0.517	0.104	0.539	0.209	−1.250	1.2376
1.7	0.17	0.517	0.104	0.524	0.205	−1.294	1.2812
1.8	0.18	0.517	0.104	0.509	0.199	−1.334	1.3208
1.9	0.19	0.517	0.104	0.494	0.192	−1.364	1.3505
2.0	0.20	0.517	0.104	0.480	0.182	−1.383	1.3693

结合表 8-1 中数据，利用数值拟合（图 8-5）可得 V^{ub}与 l 的关系为

$$V^{ub}=\frac{\alpha^u}{\beta^u\alpha^b\beta^b}(1.17-3.35l+22.82l^2) \tag{8-6}$$

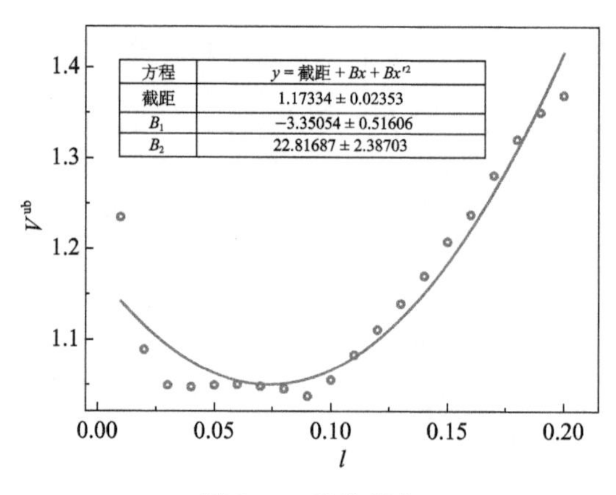

图 8-5 数值拟合

选取不同缺陷参数由式（6-131）计算所得 V^{ub}解析值与由式（8-6）计算所得拟合值之间对比见表 8-2，由表可知由式（8-6）计算所得拟合值最大误差仅为 4.2%，验证了上述公式的准确性。

表 8-2 解析值与拟合值对比

缩颈比例	l	v_1	v_2	v_3	v_4	V^{ub}	拟合值	误差
80%	0.14	0.524	−0.228	0.8461	0.2365	−1.234	−1.209	2.0%
75%	0.12	0.527	−0.427	1.037	0.280	−1.260	−1.193	5.3%
70%	0.1	0.531	−0.593	1.238	0.346	−1.260	−1.207	4.2%

令桩身缺陷程度 Degree$=Z_D/Z$，由式（8-6）可得

$$\text{Degree}=\frac{-b-2-\sqrt{b^2+4b}}{2} \tag{8-7}$$

其中 $b=\frac{4(v_2-v_1)}{(v_3-v_4)(1.17-3.35l+22.82l^2)}$。

至此求解得出桩身缺陷定量指标与桩顶速度反射波曲线上参数的内在关系，由此可进一步对桩身完整性做出定性评价，黄理兴等[10]给出了桩身完整性系数（即桩身缺陷程度 Degree）与桩身完整性类别之间的关系，见表 8-3。

表 8-3　桩身完整性系数与桩身完整性类别之间的关系

缺陷程度 Degree	≥98%	97%～85%	84%～60%	≤59%
完整性类别	Ⅰ	Ⅱ	Ⅲ	Ⅳ

8.2.2　本体设计与开发

利用上述综合解析和数值拟合方法得到的桩身缺陷指标与桩顶速度反射波曲线上特征参数的内在关系，基于 Ontology 平台对桩基完整性评价领域的相关知识进行整合，开发了桩基完整性评价体系本体模型（OntPIE）。开发的 OntoPIE 本体模型包含研究领域的知识库、本体管理系统和规则引擎，在建立相应的 Class、Object Property、Data Property 的基础上，通过交互式规则 SWRL 的编辑，实现开发本体的演绎推理能力，并最终通过 SQWRL 查询规则，实现对桩基完整性客观、准确和快速评价。

开发的 OntoPIE 桩基完整性评价系统主要包括四部分：数据库、Ontology 管理系统、规则编辑器和查询部件，OntoPIE 本体包含内容的架构如图 8-6 所示。其中，数据库是整个系统的基础部分，关于桩基础数据和 Ontology 模型信息等均以 OWL 文件的形式存放在数据库。Ontology 管理系统则是整个系统的核心部件，它可以建立管理 Ontology 模型，将各个部件联系在一起，本节以 Protégé 5.2 为开发平台，来实现 OntoPIE 的架构和功能。规则编辑器则可以通过编辑 SWRL 规则加强本体的推理能力，实现一体化设计的功能。最后，使用者可根据自身需求利用查询接口通过编写 SQWRL[203]查询语言获取本体推理后的结果。

系统所必需的部件如下：

- 本体编辑器

Protégé-OWL 5.2 提供创建和更新本体的平台，它与大多数 OWL 文件兼容，并且有各种插件供用户选择。

- 本体推理机

Pellet 作为 OWL 的推理机可实现基本推理和 OWL 的一致性检查确定。

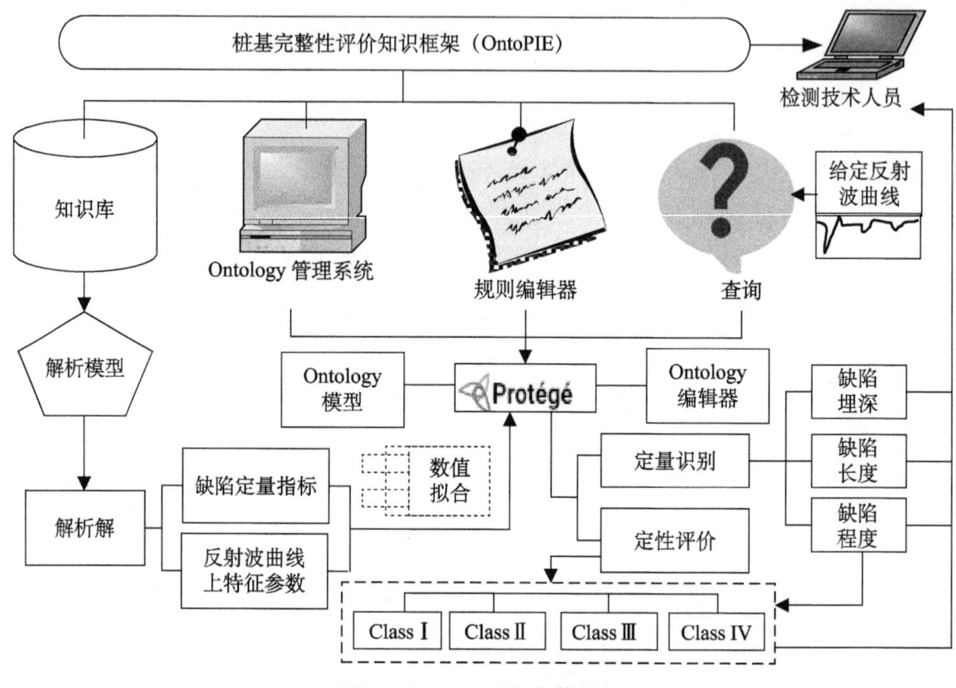

图 8 - 6　OntoPIE 本体框架

● 插件

SWRLTab 是一个 protégé owl 插件，用于编辑 SWRL 规则，SQWRLTab 则为用于编辑 SQWRL 规则以进行查询的插件。

本节采用应用最广泛的 The Ontology Development 101[204] 建模指导方法，具体建模步骤如图 8 - 7 所示。

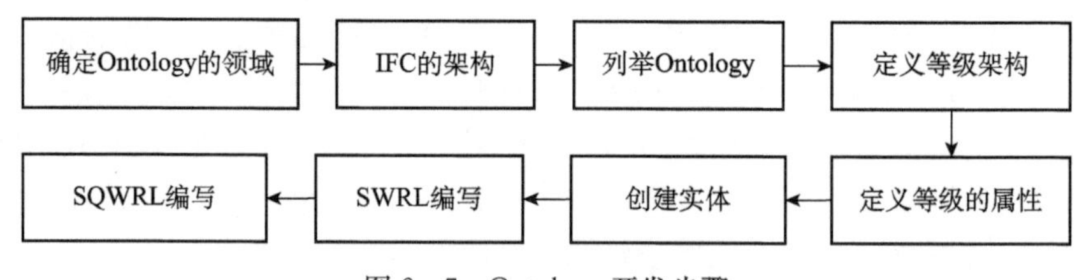

图 8 - 7　Ontology 开发步骤

步骤 1：相关本体的领域和范围可以通过询问 Basic Questions（BQ）和 Competency Questions（CQ）来确定。

步骤 2：本节参照已有的 IFC 的架构，Building SMART 的 IFC 标准已经成为建筑信息交换和共享的标准，能够促进建筑信息化的进程和统一，为建筑的协同设计和一体化设计奠定了基础。

步骤 3：关于桩基完整性评价一体化设计的重要概念和词汇以词汇表的方式建

立，包括桩基缺陷程度、缺陷长度、缺陷埋深和完整性类别等。

步骤 4：根据在步骤 3 中建立的词汇表，将重要概念和词汇按照一定架构在开发平台中以 Class 的形式自上而下建立，关于此本体的 Class 如图 8－8（a）所示。

步骤 5：类的性质主要包括三类，即对象属性（Object Property）、数据属性（Data Property）和注释属性（Annotation Property）[197,198]。对象属性定义了不同类之间的关系，例如，缺陷长度等缺陷属性与缺陷反射信号之间的关系为：has Defect reflection 和 is Defect reflection of，详见图 8－8（b）。数据属性可以定性和定量地描述类中个体的属性特征，其数据类型包括 Number、String、Boolean、Enumerated[199－203]，OntoPIE 本体中详细的数据如图 8－8（c）所示。注释属性可通过文本形式对一些必要的数据加以解释。

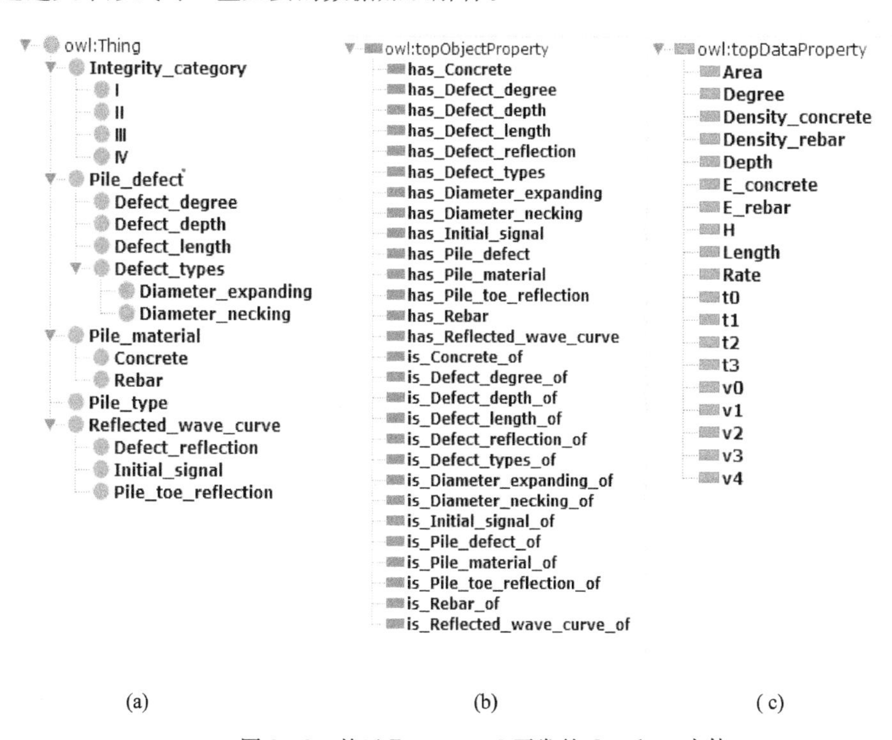

图 8－8　基于 Protégé 5.2 开发的 Ontology 本体

步骤 6：在类中创建的个体同样也有自己的层次结构，对个体的定义按照如下步骤进行。①选择指定的类，并创建个体名称；②定义个体的对象属性；③定义个体的数据属性。在开发的本体中，将不同类型的桩基，如实体桩、管桩等作为类中的个体进行建立。个体的基本数据，如桩长、桩径、缺陷反射波曲线特征参数等，可通过手动输入。其他数据，如缺陷程度、缺陷埋深和缺陷长度等，则需通过 SWRL 规则的编写，由推理机推理得出，图 8－9 所示为个体创建的实例。

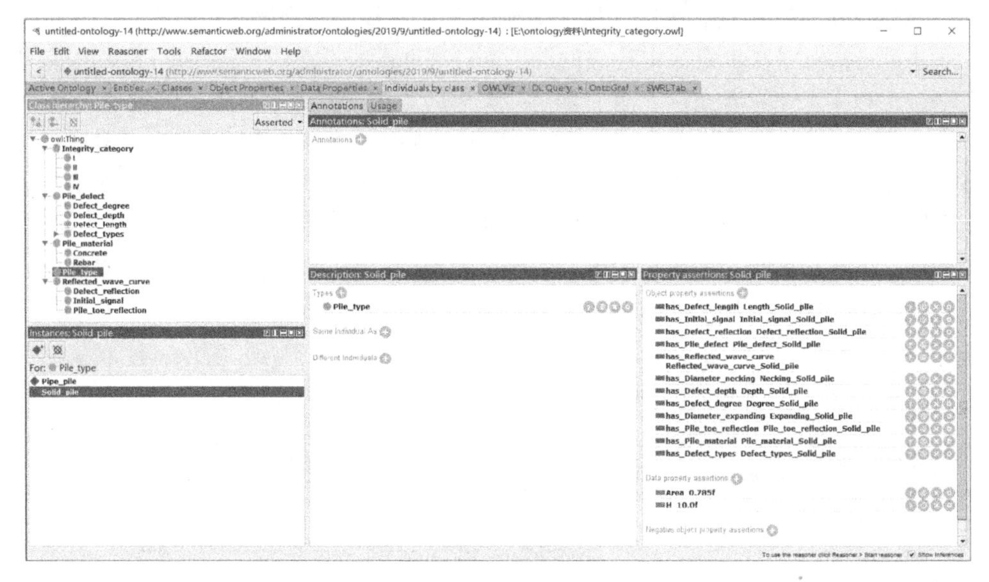

图 8-9　个体实例

步骤 7：SWRL 规则加强了本体的推理和计算能力，由建立者根据相关知识自行定义和建立。规则中包括四种原子——等级原子（Class Atom），个体原子（Individual Property Atom），数据类型原子（Data Valued Property Atom），嵌入式原子（Built-in Atom）。本节中应用的不同类型原子样例如表 8-4 所示。

表 8-4　不同类型原子样例

原子类型	表示方式	OWL
等级原子	Defect _ length(?DLength)	Defect _ length(Class)
	Defect _ reflection(?DR)	Defect _ reflection(Class)
	Pile _ toe _ reflection(?PTR)	Pile _ toe _ reflection(Class)
	Initial _ signal(?IS)	Initial _ signal(Class)
个体原子	has _ Defect _ reflection(?Dlength,?DR)	has _ Defect _ reflection (Object Property)
	has _ Pile _ toe _ reflection(?Dlength,?PTR)	has _ Pile _ toe _ reflection (Object Property)
	has _ Initial _ signal(?Dlength,?IS)	has _ Initial _ signal(Object Property)
数据类型原子	H(?DLength,?Pile _ H)	H(Data-type Property)
	t2(?DR,?Pile _ t2)	t2(Data-type Property)
	t1(?DR,?Pile _ t1)	t1(Data-type Property)
	t3(?PTR,?Pile _ t3)	t3(Data-type Property)
	t0(?IS,?Pile _ t0)	t0(Data-type Property)
嵌入式原子	swrlb：subtract(?Lt21,?Pile _ t2,?Pile _ t1)	—
	swrlb：subtract(?Lt30,?Pile _ t3,?Pile _ t0)	
	swrlb：divide(?L,?Lt21,?Lt30)	
	swrlb：multiply(?D _ Length,?Pile _ H,?L)	

原子之间用“^”来连接，用“?”来表示变量，推理用“—>”表示[204]。缺陷长度计算的 SWRL 规则实例如表 8-5 所示。

表 8-5　SWRL 规则实例

方程	Length=$H(t_2-t_1)/(t_3-t_0)$
SWRL	Defect_length(?DLength)^ H(?DLength,?Pile_H)^ has_Defect_reflection(?Dlength,?DR)^ Defect_reflection(?DR)^ t2(?DR,?Pile_t2)^ t1(?DR,?Pile_t1)^ has_Pile_toe_reflection (?Dlength,?PTR)^ Pile_toe_reflection(?PTR)^ t3(?PTR,?Pile_t3)^ has_Initial_signal(?Dlength,?IS)^ Initial_signal(?IS)^ t0(?IS,?Pile_t0)^ swrlb:subtract(?Lt21,?Pile_t2,?Pile_t1)^ swrlb:subtract(?Lt30,?Pile_t3,?Pile_t0)^ swrlb:divide(?L,?Lt21,?Lt30)^ swrlb:multiply(?D_Length,?Pile_H,?L)—> Length(?DLength,?D_Length)

步骤 8：本体的查询功能通过 SQWRL 得以实现，该规则的编写方式与 SWRL 类似。用户可根据需要，在 Protégé 中通过 SQWRLTab 接口对 SQWRL 规则进行编写，以便对本体推理出的结果进行比较，查询并筛选出想要的信息。桩基缺陷定量指标的 SQWRL 规则示例如表 8-6 所示。

表 8-6　SQWRL 规则实例

SQWRL	Defect_degree(?Ddgree)^ Degree(?Ddgree,?D_Degree)^ Defect_depth(?Ddepth) ^ Depth(?Ddepth,?D_Depth)^ Defect_length(?Dlength)^ Length(?Dlength,?D_Length)—> sqwrl:select(?Ddepth,?D_Degree,?D_Depth,? D_Length)

为保证建立的本体的正确性以及能够实现预期功能，需要对建立的本体模型进行验证，包括词汇验证（semantic correctness），语义验证（syntactic correctness）以及规则验证（rules validation）。

词汇验证可以通过与已有正确的 Ontology 模型进行分析比对，或者部分利用来确保本体的词汇正确性和可用性[205]；语法验证中，可以通过相关的推理机来进行一致性检查，本节中，建立的 OntoPIE 利用 Protégé-OWL 5.2 中的 Pellet 推理机插件进行验证，结果如图 8-10 所示；为保证规则的正确性，以达到预期功能，可以通过在 SWRLTAB 插件中运行规则进行检验，图 8-11 中展示了运行结果。

本节中建立了典型缺陷桩基的示例，以验证 OntoPIE 能够实现预定功能，并通过此例解释检测技术人员如何使用本系统。基于式（6-183）设计计算的典型缺陷桩桩顶速度时域响应曲线及相关参数见图 8-12，饱和土体参数参照第 6 章取值，桩长 10m，桩径 0.5m，桩身弹性模量取 25GPa，密度为 2500kg/m^3。

图 8-10　OntoPIE 的 Pellet 推理机语法一致性验证

图 8-11　OntoPIE 的 SWRL 运行规则验证

表 8-7～表 8-9 列出了桩基完整性评价相关的 SWRL 规则，将上述选取实例所得具体参数输入到开发的 OntoPIE 本体中，通过本体中输入的基本数据和预先设置的 SWRL 规则，可以在 OntoPIE 本体中生成新的事实。图 8-13 为实例-b 运行模型和规则之后的界面。在运行之后，可进一步通过 SQWRLQueryTAB 插件，输入 SQWRL 查询语言，查询桩身缺陷定量指标及定性评价结果，基于上述实例运行表 8-10 中的 SQWRL 规则后得出的结果如图 8-14 所示。

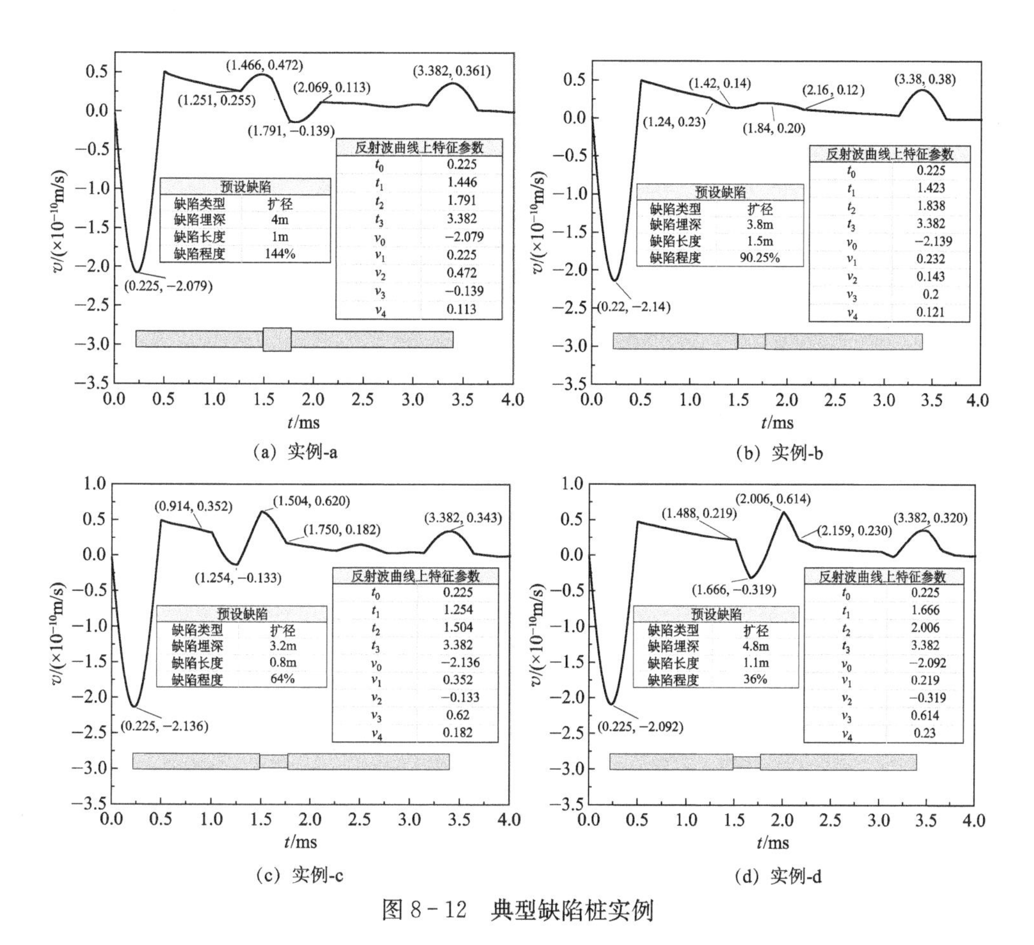

图 8－12　典型缺陷桩实例

表 8－7　桩基缺陷定量的 SWRL 规则

Rule 1	Calculating defect length of pile: Length$=H\dfrac{t_2-t_1}{t_3-t_0}$ Defect_length(?DLength)^ H(?DLength,?Pile_H)^ has_Defect_reflection(?Dlength,?DR)^ Defect_reflection(?DR)^ t2(?DR,?Pile_t2)^ t1(?DR,?Pile_t1)^ has_Pile_toe_reflection(?Dlength,?PTR)^ Pile_toe_reflection(?PTR)^ t3(?PTR,?Pile_t3)^ has_Initial_signal(?Dlength,?IS)^ Initial_signal(?IS)^ t0(?IS,?Pile_t0)^ swrlb:subtract(?Lt21,?Pile_t2,?Pile_t1)^ swrlb:subtract(?Lt30,?Pile_t3,?Pile_t0)^ swrlb:divide(?L,?Lt21,?Lt30)^ swrlb:multiply(?D_Length,?Pile_H,?L)—> Length(?DLength,?D_Length)
Rule 2	Calculating defect depth of pile:Depth$=H\dfrac{t_1-t_0}{t_3-t_0}$ Defect_depth(?Ddepth)^ H(?Ddepth,?Pile_H)^ has_Defect_reflection(?Dlength,?DR) ^ Defect_reflection(?DR)^ t1(?DR,?Pile_t1)^ has_Initial_signal(?Dlength,?IS)^ Initial_signal(?IS)^ t0(?IS,?Pile_t0)^ has_Pile_toe_reflection(?Dlength,?PTR)^ Pile_toe_reflection(?PTR)^ t3(?PTR,?Pile_t3)^ swrlb:subtract(?Dt10,?Pile_t1,?Pile_t0)^ swrlb:subtract(?Dt30,?Pile_t3,? Pile_t0)^ swrlb:divide(?D,?Dt10,?Dt30)^ swrlb:multiply(?D_depth,?D,?Pile_H)—> Depth(?Ddepth,?D_depth)

续表

Rule 3	Calculating the parameter of defect degree: $b=\frac{4(v_2-v_1)}{(v_3-v_4)(1.17-3.35l+22.82l^2)}$ Defect_degree(?Ddegree)^ has_Defect_reflection(?Ddegree,?DR)^ Defect_reflection(?DR)^ v1(?DR,?Pile_v1)^ v2(?DR,?Pile_v2)^ v3(?DR,?Pile_v3) ^ v4(?DR,?Pile_v4)^ has_Defect_ length(?Ddegree,?DL)^ Defect_length(?DL)^ Length(?DL,?D_L)^ H(?Ddegree,?D_H)^ swrlb:subtract(?v21,?Pile_v2,?Pile_v1)^ swrlb:subtract(?v34,?Pile_v3,?Pile_v4)^ swrlb:divide(?lbar,?D_L,?D_H)^ swrlb:multiply(?x,—3.3,?lbar)^ swrlb:multiply(?y,22.8,?lbar,?lbar)^ swrlb:add(?z, 1.17,?x,?y)^ swrlb:multiply(?v34z,?v34,?z)^ swrlb:multiply(?v214,4,?v21)^ swrlb:divide(?D_b,?v214,?v34z)—> b(?Ddegree,?D_b)
Rule 4	Calculating defect degree of pile: Degree$=\frac{-b-2-\sqrt{b^2+4b}}{2}$ Defect_degree(?Ddegree)^ b(?Ddegree,?Pile_b)^ swrlb:multiply(?b2,?Pile_b,?Pile_b)^swrlb:multiply(?b4,?Pile_b,4)^ swrlb:add(?b24b,?b2,?b4)^ swrlb:pow(?b24b2,?b24b,0.5)^ swrlb:add(?DB2,?Pile_b,2)^swrlb:add(?DB,?b24b2,?DB2)^ swrlb:divide(?D_Degree,?DB,—2)—> Degree(?Ddegree,?D_Degree)

表 8-8　桩基缺陷定性的 SWRL 规则

Rule 1	Evaluation: Ⅰ Integrity_category(?IC)^ has_Defect_degree(?IC,?DD)^ Defect_degree(?DD)^ Degree(?DD,?DD_D)^ swrlb:greaterThanOrEqual(?DD_D,0.98)—> Category(?IC,"Ⅰ")
Rule 2	Evaluation: Ⅱ Integrity_category(?IC)^ has_Defect_degree(?IC,?DD)^ Defect_degree(?DD)^ Degree(?DD,?DD_D)^ swrlb:lessThanOrEqual(?DD_D,0.98)^ swrlb:greaterThanOrEqual(?DD_D,0.85)—> Category(?IC,"Ⅱ")
Rule 3	Evaluation: Ⅲ Integrity_category(?IC)^ has_Defect_degree(?IC,?DD)^ Defect_degree(?DD)^ Degree(?DD,?DD_D)^ swrlb:lessThanOrEqual(?DD_D,0.84)^ swrlb:greaterThanOrEqual(?DD_D,0.60)—> Category(?IC,"Ⅲ")
Rule 4	Evaluation: Ⅳ Integrity_category(?IC)^ has_Defect_degree(?IC,?DD)^ Defect_degree(?DD)^ Degree(?DD,?DD_D)^ swrlb:lessThanOrEqual(?DD_D,0.59)—> Category(?IC,"Ⅳ")

表 8-9　桩基缺陷类别 SWRL 规则

Rule 1	Defect types: Diameter expanding Defect_types(?DT)^ has_Defect_reflection(?DT,?DR)^ Defect_reflection(?DR)^ v1 (?DR,?Pile_v1)^ v2(?DR,?Pile_v2)^ has_Initial_signal(?DT,?IS)^ Initial_signal(?IS) ^ v0(?IS,?Pile_v0)^ swrlb:subtract(?v10,?Pile_v0,?Pile_v1)^ swrlb:abs(?v101,?v10) ^ swrlb:divide(?v,?v10,?v101)^ swrlb:subtract(?v12,?Pile_v2,?Pile_v1)^ swrlb:divide(?vv,?v12,?v)^ swrlb:lessThanOrEqual(?vv,0)—> Types(?DT, "Diameter_expanding")
Rule 2	Defect types: Diameter necking Defect_types(?DT)^ has_Defect_reflection(?DT,?DR)^ Defect_reflection(?DR)^ v1 (?DR,?Pile_v1)^ v2(?DR,?Pile_v2)^ has_Initial_signal(?DT,?IS)^ Initial_signal(?IS) ^ v0(?IS,?Pile_v0)^ swrlb:subtract(?v10,?Pile_v0,?Pile_v1)^ swrlb:abs(?v101,?v10) ^ swrlb:divide(?v,?v10,?v101)^ swrlb:subtract(?v12,?Pile_v2,?Pile_v1)^ swrlb:divide(?vv,?v12,?v)^ swrlb:greaterThanOrEqual(?vv,0)—> Types(?DT, "Diameter_necking")

表 8-10　桩基缺陷定量及定性查询的 SQWRL 规则

Defect_degree(?Ddgree)^ Degree(?Ddgree, ?D_Degree)^ Defect_depth(?Ddepth)^
Depth(?Ddepth, ?D_Depth)^ Defect_length(?Dlength)^ Length(?Dlength, ?D_Length)^
Defect_types(?Dtypes)^ Types(?Dtypes, ?D_Types)^ Integrity_category(?IC)^
Category(?IC, ?I_Category)—>
sqwrl: select(?D_Degree, ?D_Depth, ?D_Length, ?D_Types, ?I_Category)

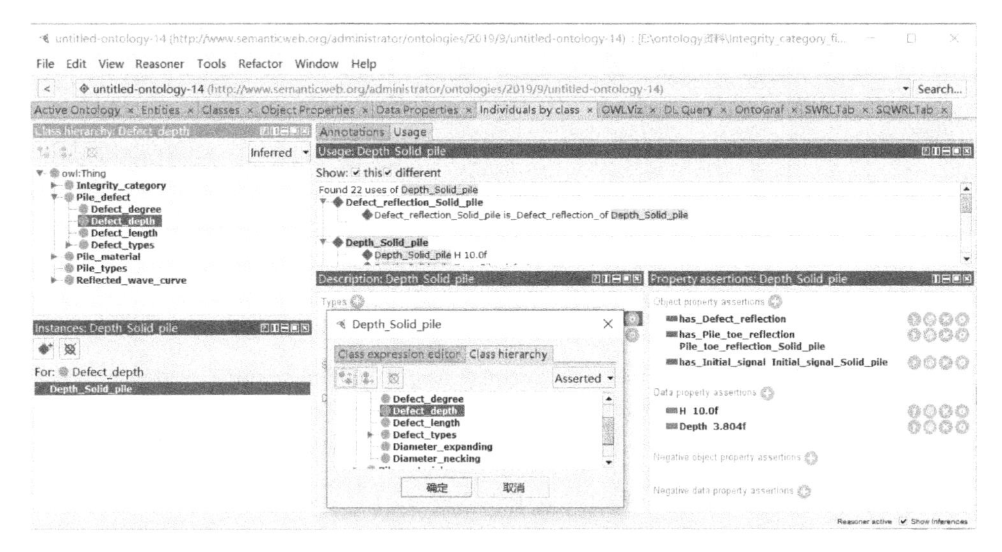

图 8-13　实例-b 运行模型和规则之后的界面

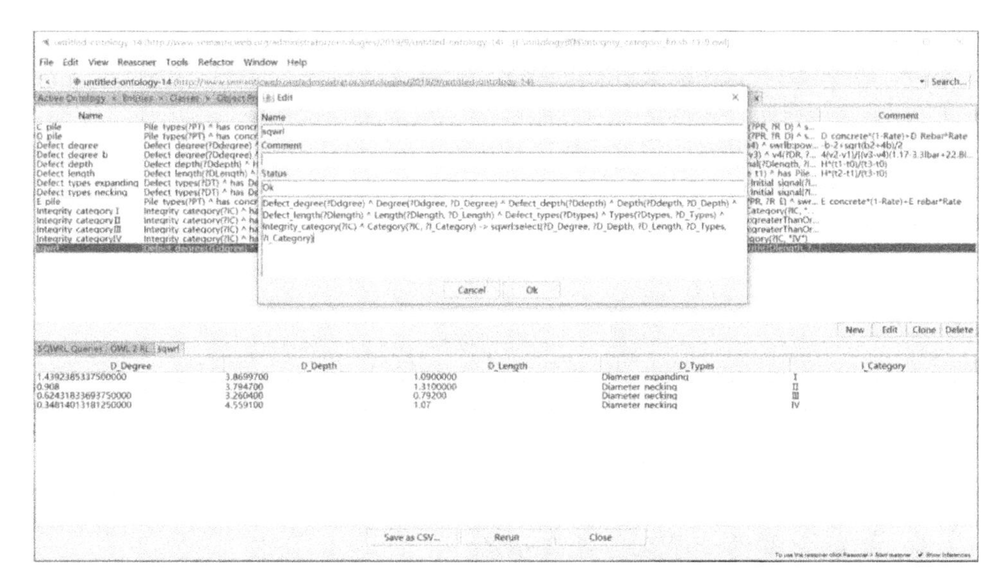

图 8-14　运行 SQWRL 规则后的结果

基于 OntoPIE 推理得出的带缺陷桩基定量指标与预设置缺陷指标间的对比情况见表 8-11。由表 8-11 可见，基于 OntoPIE 推理所得桩基缺陷定量指标最大误差仅为 9%，且对于缺陷类型及桩基完整性类别判定不存在偏差，由此验证了所开发的 OntoPIE 本体的可行性与准确性。

表 8-11　基于 OntoPIE 推理得出的桩基缺陷指标与预设置缺陷指标的对比

缺陷		埋深	长度	程度	类型	完整性类别
实例（a）	Designed	4	1	144%	扩径	Ⅰ
	OntoPIE	3.87	1.09	143.9%	扩径	
	误差	3.25%	9%	0	—	
实例（b）	Designed	3.8	1.3	90.25%	缩颈	Ⅱ
	OntoPIE	3.79	1.31	90.8%	缩颈	
	误差	0.3%	0.8%	0.7%	—	
实例（c）	Designed	3.2	0.8	64%	缩颈	Ⅲ
	OntoPIE	3.26	0.79	62.4%	缩颈	
	误差	1.9%	1.2%	2.5%	—	
实例（d）	Designed	4.8	1.1	36%	缩颈	Ⅳ
	OntoPIE	4.56	1.07	34.8%	缩颈	
	误差	5%	2.7%	3.3%	—	

8.3　基于 MATLAB GUI 的桩基完整性评价程序设计与开发

GUI（Graphical User Interface）作为一种包含多种控件的窗口图形显示工具，可通过用户与机器间的交互实现各种不同功能。与普通的编程相比，用户无须输入复杂的程序代码，仅通过点击具有友好界面的 GUI 中预定按钮即可实现相应功能。MATLAB 软件中可实现多种功能的 GUIDE 控件，为 GUI 程序的界面布局和后台程序设计提供良好的开发环境。本节设计开发的桩基完整性评价程序 PIE-P（Pile Integrate Evaluation Programme）即以 MATLAB 2017b 中的 GUIDE 控件为平台。MATLAB 相对于其他编程方法或语言具有如下优势[206]：

（1）可实现高性能数值计算且提供良好的可视化软件开发环境；

（2）除了支持用户自行编写程序和算法外，还预置了由各领域专家编写的可实现广泛功能的程序和算法供用户直接调用，极大地提高了编程效率；

（3）设计开发的程序可与其他软件工具集成封装，具有很强的可移植性。

8.3.1　桩基完整性评价程序功能结构

设计的桩基完整性评价程序 PIE-P 包括 5 个模块，详见图 8-15。各模块实现的具体功能如下：

模块 1：使程序适用于不同场地和桩基工况。

用户可根据实际场地和桩基情况输入土体和桩身参数，其中土体参数包括桩侧土和桩底土的纵向成层情况、剪切模量、密度和泊松比等，桩身参数包括桩长、桩径、弹性模量和密度等，相关参数可被后续模块调用以根据不同场地和桩基工况生成训练样本，保证程序的适用性和准确性。

模块 2：设计桩身缺陷参数。

根据模块 1 中输入的桩身参数设计桩基缺陷参数，即缺陷程度、长度和埋深。

模块 3：生成训练样本。

基于第 6 章推导得出的桩顶速度时域响应曲线式（6－131），调用模块 1 中输入的土层参数和桩身参数及模块 2 中设计的桩身缺陷参数，生成训练样本。

模块 4：BP（Back Propagation）神经网络。

将模块 3 中生成的训练样本输入模块 4 中训练 BP 神经网络。

模块 5：桩基完整性评价。

读入实测桩顶速度反射波曲线，并提取速度反射波曲线上特征参数作为输入数据，利用模块 4 训练完成的神经网络完成桩基完整性评价。

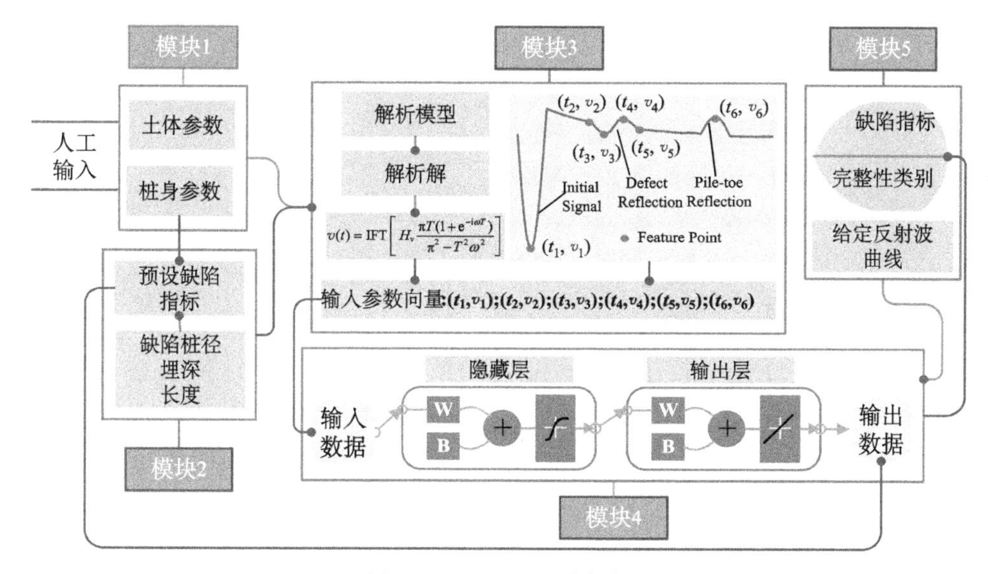

图 8－15　PIE-P 程序框架

8.3.2　本体设计与开发

MATLAB 中 GUI 开发主要包括两大部分：界面设计和后台控制程序开发。基于 PIE-P 的功能结构设计的 GUI 界面如图 8－16 所示。

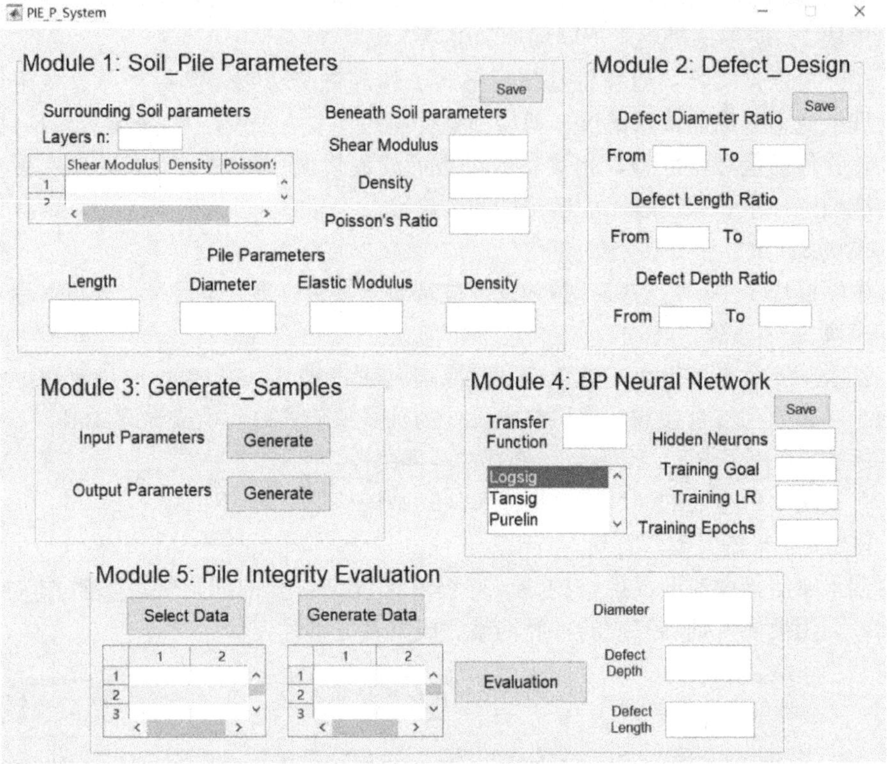

图 8－16　PIE-P 程序界面设计

模块 1：土体分为桩侧土（Soil Surrounding Pile）和桩端土（Soil Beneath Pile Toe），用户可在“Layers n:”输入桩侧土纵向层数，并在下拉列表相应位置输入各层土剪切模量、密度和泊松比等，桩端土参数在“Beneath Soil parameters”处输入，同样地，桩身参数在“Pile Parameters”处输入，输入完成后点击 Module 1 中“Save”按钮即可将输入的参数存入全局变量，可被后续模块调用，相应回调程序设计详见附录 A。

模块 2：桩身缺陷定量参数包括缺陷埋深、长度和程度，此处仅考虑桩身的缩颈或扩颈缺陷，因此缺陷程度可由缺陷处半径确定。“Defect Diameter Ratio From □ to □”代表桩身缺陷处半径与桩基正常段半径的比值区间，“Defect Length Ratio From □ to □”表示桩身缺陷长度与桩长的比值区间，根据上述确定的比值区间，桩身缺陷参数按下式确定：

$$\mathrm{Dia_D} = R_{\mathrm{Dia}} \times \mathrm{Dia_N} \tag{8-8}$$

$$\mathrm{Leng_D} = R_{\mathrm{Leng}} \times H \tag{8-9}$$

$$\mathrm{Dep_D} = R_{\mathrm{Dep}} \times H \tag{8-10}$$

其中，Dia_D、$Leng_D$ 和 Dep_D 分别为桩身缺陷半径、长度和埋深；R_{Dia}、R_{Leng} 和 R_{Dep} 分别为缺陷半径、长度和埋深的比值区间；Dia_N 和 H 分别为桩身半径和长度。

输入桩身缺陷参数相应比值区间后，点击 Module 2 中的“Save”按钮将上述比值区间存入全局变量供后续模块调用，相关回调程序设计详见附录 B。

模块 3：由式（6－131）计算的典型缺陷桩桩顶速度时域响应曲线如图 8－17 所示。由图 8－17 可见，桩身缺陷参数信息可由桩顶速度反射波曲线上 6 个特征点确定。因此，作为 BP 神经网络的训练样本，输入和输出参数的数目分别为 12 和 3。输入和输出参数向量可表示为

$$\text{Input\_Parameters\_Vector}=[t_1 \quad v_1 \quad t_2 \quad v_2 \quad t_3 \quad v_3 \quad t_4 \quad v_4 \quad t_5 \quad v_5 \quad t_6 \quad v_6] \tag{8-11}$$

$$\text{Output\_Parameters\_Vector}=[\text{Defect\_Diameter} \quad \text{Defect\_Length} \quad \text{Defect\_Depth}] \tag{8-12}$$

通过调用模块 1 和模块 2 中的土体参数、桩身参数和设计的桩身缺陷参数，点击 Module 3 中的“Input Parameters Generate”按钮，根据式（6－183）可计算得出各样本的桩顶速度反射波曲线，然后利用式（8－11）提取相关数据生成输入参数向量，并将输入参数向量保存到指定目录下的“. xls”文件，以备后续模块调用。输出参数向量通过点击 Module 3 中的“Output Parameters Generate”按钮，根据对应的桩身缺陷参数生成后保存到指定目录下的“. xls”文件，以备后续模块调用。相关回调程序设计详见附录 C。

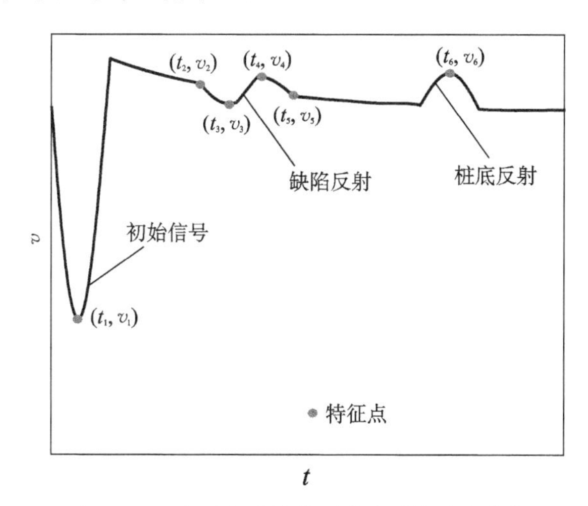

图 8－17　典型缺陷桩桩顶速度时域响应曲线

模块 4：通过调用模块 3 中生成的输入和输出参数向量训练 BP 神经网络。BP 神经网络由输入层、隐藏层和输出层组成，输入层的每个神经元与隐藏层的所有神经元相连，同样地，隐藏层的每个神经元与输出层的所有神经元相连，各神经

元本质即激活函数为 sigmoid 函数的感知器。sigmoid 函数作为激活函数的优势在于便于求导且其导数可用自身表示，方便后续使用梯度下降法求极值。常用的激活函数如图 8－18 所示，用户可根据 Module 4 中列出的选项选择。此外，BP 神经网络主要参数还包括隐藏层神经元个数（Hidden Neuron）、训练目标（Training Goal）、学习率（Training LR）和迭代次数（Training Epoch），用户可根据自身需求输入，若不输入则按缺省值训练神经网络，相应的回调程序详见附录 D。

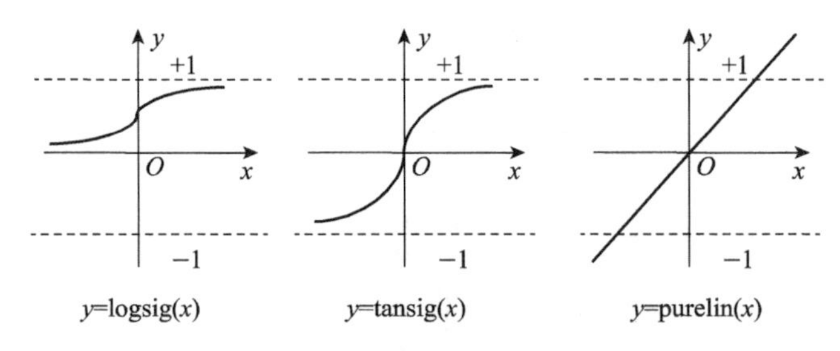

图 8－18　隐藏层及输出层的激活函数

模块 5：Module 5 中“Select Data”按钮允许用户选择实测缺陷桩桩顶速度反射波曲线，“Generate Data”用于将用户选择的实测数据转换为式（8－11）所列的标准输入向量，“Evaluation”按钮则将转换后的输入向量传入经过样本训练后的神经网络，并输出桩身缺陷参数在相应位置显示，具体的回调程序设计见附录 E。

8.3.3　PIE-P 应用示例

设计开发的 PIE-P 程序基于 MATLAB 2017b 版本，图 8－19 中所示的 MyAppInstaller _ mcr 是由 MATLAB 编译器编译的可独立应用的 64 位应用程序，包括 MATLAB Compiler Runtime（MCR）安装软件和 PIE-P. exe 程序。安装此应用程序的步骤如下所示：

图 8－19　MyAppInstaller _ mcr 安装程序

（1）定位到由 MATLAB 编译器生成的文件夹“for _ redistribution folder”，并找到 MyAppInstaller _ mcr 应用程序；

（2）双击 MyAppInstaller _ mcr. exe 进行程序安装（图 8－20）；

（3）单击“Next”进入安装选项界面（图 8－21）；

（4）单击“Next”出现所需安装的其他软件页面，单击“Install”；

（5）单击“Finish”完成安装。

打开安装完成后的程序，在 Module 1 中输入相应的桩-土参数，单击“Save”保存。在 Module 2 中定义缺陷比值区间，建议的比值区间如下：

Defect Diameter Ratio：　　　From 0.85 to 1.25；
Defect Length Ratio：　　　From 0.05 to 0.25；
Defect Depth Ratio：　　　From 0.30 to 0.70。

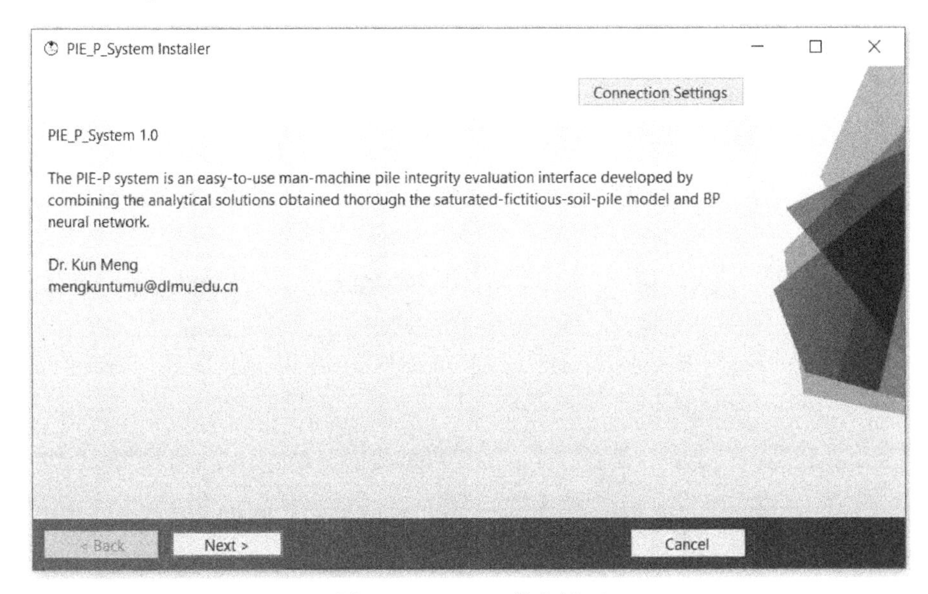

图 8-20　PIE-P 信息界面

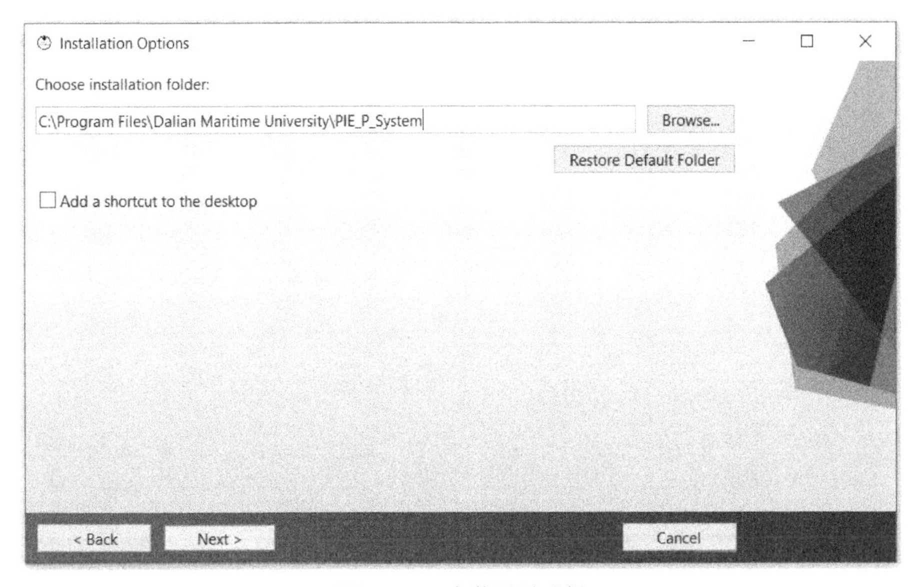

图 8-21　安装目录选择

单击 Module 3 中的“Generate”按钮并选择保存目录，生成输入和输出参数训练样本，如图 8-22 所示。

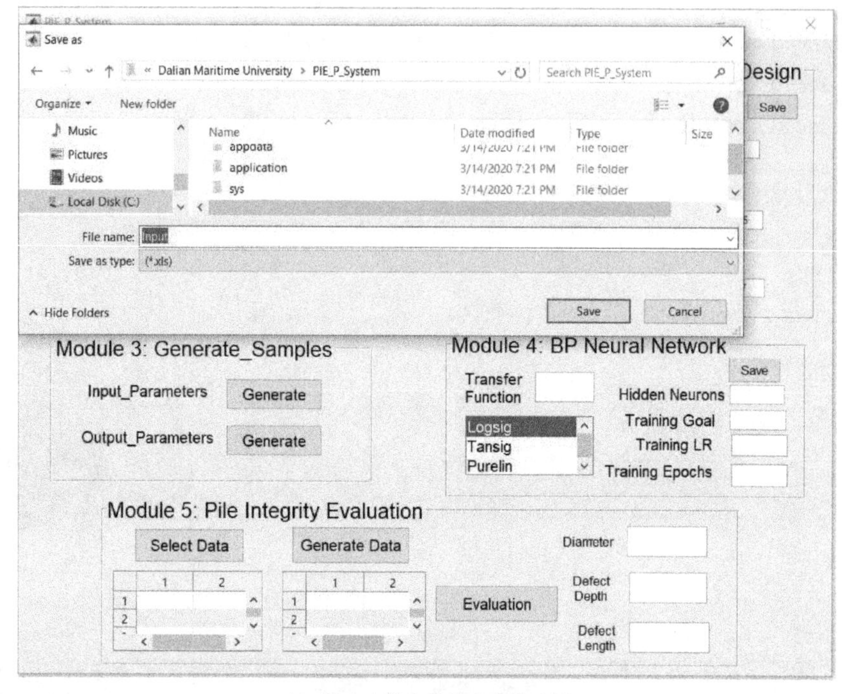

(a) 输入参数向量保存路径选择

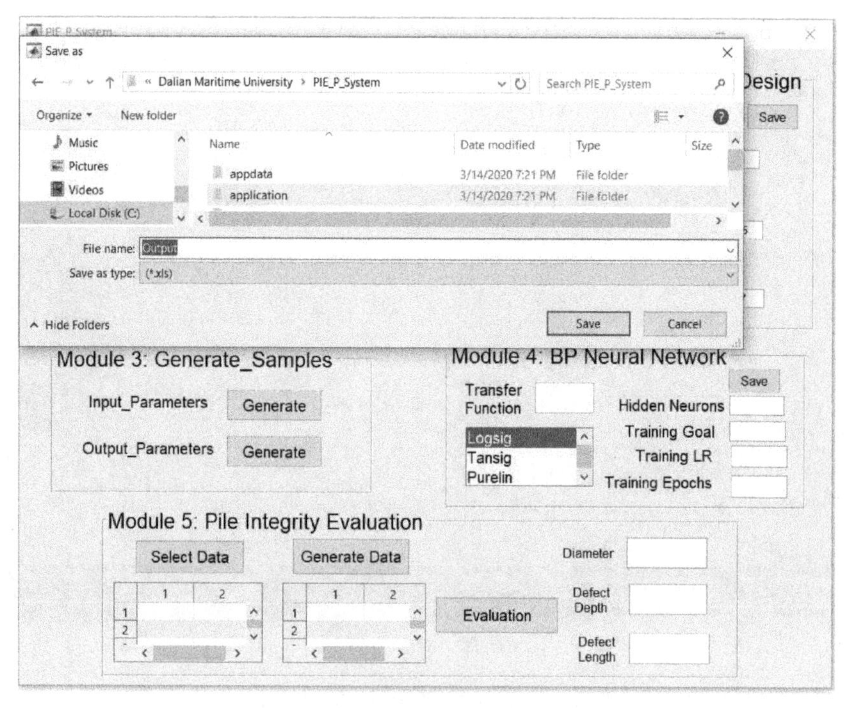

(b) 输出参数向量保存路径选择

图 8-22 模块 3 运行

在 Module 4 中选择 BP 神经网络相关参数，然后在 Module 5 中单击“Select Data”，在弹出的窗口中选择实测数据（图 8－23），单击“Generate Data”后单击“Evaluation”即可完成对桩基缺陷的定量评价。

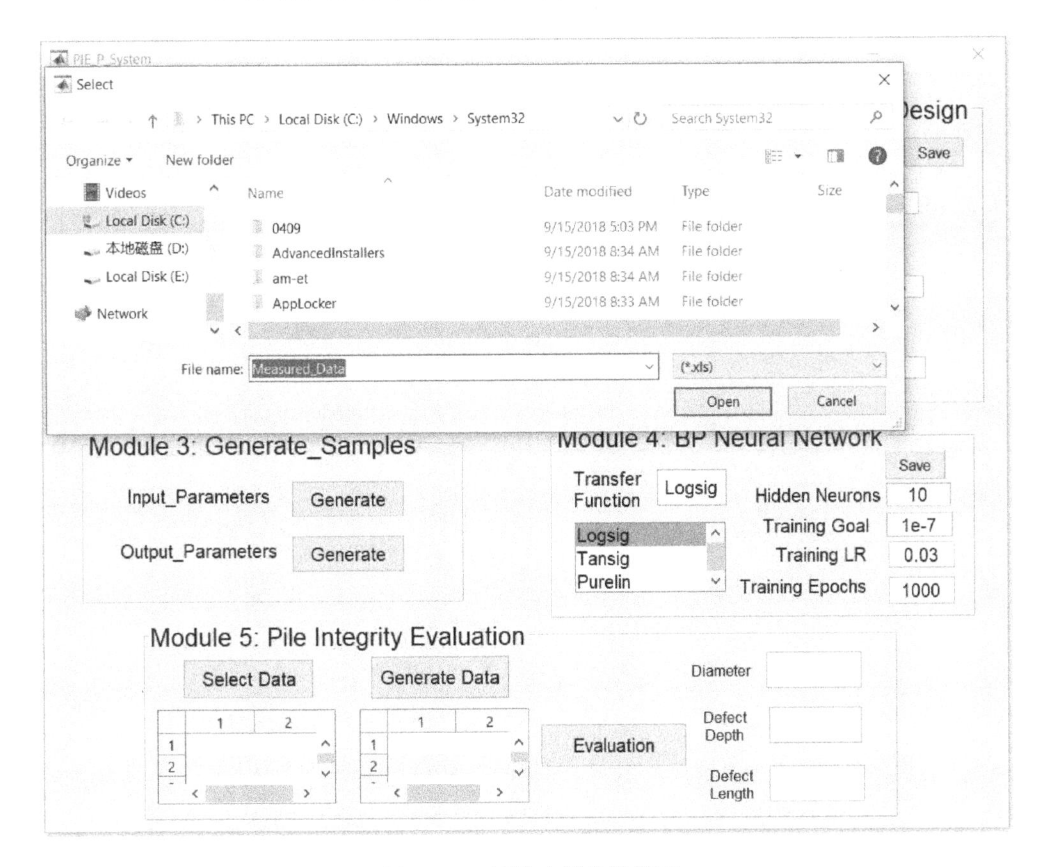

图 8－23　读取实测曲线界面

为验证开发的程序对桩身缺陷定量识别的准确性，选取不同桩身缺陷实例，土体相应参数参照第 6 章取值，利用式（6－131）计算的各实例缺陷桩桩顶速度反射波曲线及预设桩身缺陷指标如图 8－24 所示。

将图 8－24 中的各缺陷桩实例桩顶速度反射波曲线在 Module 5 中读入 PIE-P 中，运行后计算得出的缺陷定量指标与缺陷实际尺寸对比如表 8－12 所列，各实例程序运行后结果详见附录 F。由表可知，PIE-P 计算的桩身缺陷定量指标最大误差仅为 6.7%，说明所开发的桩基完整性评价程序具有良好的适用性和准确性。

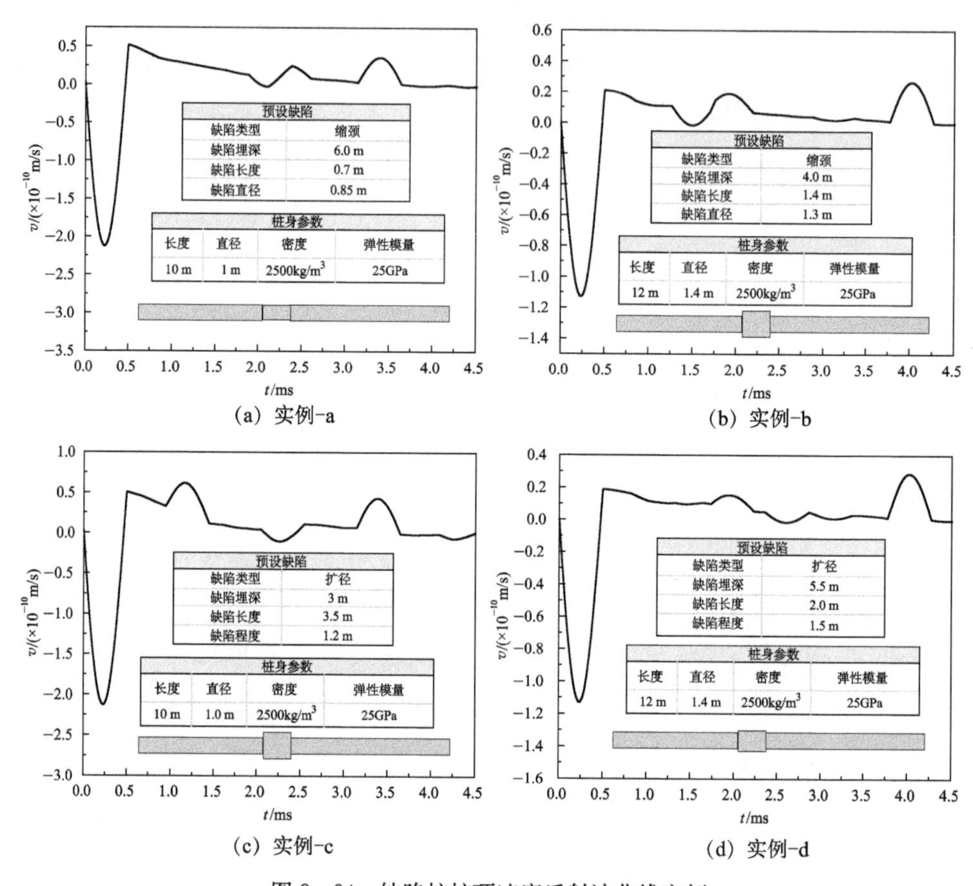

(a) 实例-a (b) 实例-b

(c) 实例-c (d) 实例-d

图 8-24 缺陷桩桩顶速度反射波曲线实例

表 8-12 实例验证 PIE-P 程序对桩身缺陷定量评价的准确性

实例	实例-a			实例-b		
	缺陷实际尺寸	PIE-P 计算值	误差	缺陷实际尺寸	PIE-P 计算值	误差
缺陷半径/m	0.85	0.87	2.4%	1.3	1.31	0.8%
缺陷埋深/m	6.0	5.86	2.3%	4.0	4.27	6.7%
缺陷长度/m	0.7	0.71	1.4%	1.4	1.32	5.7%
实例	实例-c			实例-d		
	缺陷实际尺寸	PIE-P 计算值	误差	缺陷实际尺寸	PIE-P 计算值	误差
缺陷半径/m	1.2	1.19	1.2	1.19	1.2	1.19
缺陷埋深/m	3.0	3.07	3.0	3.07	3.0	3.07
缺陷长度/m	3.5	3.54	3.5	3.54	3.5	3.54

参考文献

[1] VARGHESE R，BOOMINATHAN A，BANERJEE S，et al. Stiffness and load sharing characteristics of piled raft foundations subjected to dynamic loads [J]. Soil Dynamics and Earthquake Engineering，2020，133 (Jun.)：106 - 117.

[2] XU Y，ZENG Z，WANG Z，et al. Seismic study of a widened and reconstructed long-span continuous steel truss bridge [J]. Structure and Infrastructure Engineering，2020，17 (1)：1 - 11.

[3] REISSNER E. Stationäre，axialsymmetrische，durch eine schüttelnde Masse erregte Schwingungen eines homogenen elastischen Halbraumes [J]. Ingenieur Archiv，1936，7 (6)：381 - 396.

[4] BYCROFT G N. Forced vibrations of a rigid circular plate on a semi-infinite elastic space and on an elastic stratum [J]. Philosophical Transactions of the Royal Society of London，1956，248 (948)：327 - 368.

[5] GROOTENHUIS A. Vibration of rigid bodies on semi-infinite elastic media [J]. Proceedings of the Royal Society of London，1965，287 (1408)：27 - 63.

[6] LUAN L，DING X，ZHENG C，et al. Dynamic response of pile groups subjected to horizontal loads [J]. Canadian Geotechnical Journal，2020，57 (4)：469 - 481.

[7] DING X，LUAN L，ZHENG C，et al. Influence of the second-order effect of axial load on lateral dynamic response of a pipe pile in saturated soil layer [J]. Soil Dynamics and Earthquake Engineering，2017，103：86 - 94.

[8] WEST R P，HEELIS M E，PAVLOVI M N，et al. Stability of end bearing piles in a non homogeneous elastic foundation [J]. International Journal for Numerical & Analytical Methods in Geomechanics，1997，21 (12)：845 - 861.

[9] 孟坤，崔春义，许成顺，等．考虑径向波动效应的黏弹性支承桩纵向振动阻抗研究 [J]．振动工程学报，2019，32 (2)：296 - 304.

[10] 黄理兴．动测桩身完整性的新理念 [J]．岩石力学与工程学报，2002，21 (3)：454 - 456.

[11] NOVAK M，BEREDUGO Y O. Vertical vibration of embedded footings [J]. ASCE Soil Mechanics & Foundation Division Journal，1972，98 (12)：1291 - 1131.

[12] NOVAK M. Dynamic stiffness and damping of piles [J]. Canadian Geotechnical Journal，1974，11 (4)：574 - 598.

[13] NOVAK M. Vertical vibration of floating piles [J]. Journal of the Engineering Mechanics Division，1977，103 (1)：153 - 168.

[14] NOVAK M，ABOUL-ELLA F. Impedance functions of piles in layered media [J]. Journal of

the Engineering Mechanics Division，1978，104 (3)：643 - 661.

[15] NOGAMI T，KONAGAI K，OTANI J. Time domain response analysis of nonlinear deep foundations subjected to axial dynamic load，proceedings of the Proceedings of the Third U S National Conference on Earthquake Engineering，Charleston，SC，USA，F，1986 [C]. Earthquake Engineering Research Inst.

[16] NOGAMI T，KONAGAI K. Dynamic response of vertically loaded nonlinear pile foundations [J]. Journal of Geotechnical Engineering，1987，113 (2)：147 - 160.

[17] NOGAMI T，OTANI J，KONAGAI K，et al. Nonlinear soil pile interaction model for dynamic lateral motion [J]. Journal of Geotechnical Engineering，1992，118 (1)：89 - 106.

[18] EL NAGGAR M H，NOVAK M. Non-linear model for dynamic axial pile response [J]. Journal of Geotechnical Engineering，1994，120 (2)：308 - 329.

[19] 王奎华，谢康和，曾国熙．有限长桩受迫振动问题解析解及其应用 [J]. 岩土工程学报，1997，19 (6)：27 - 35.

[20] 王奎华，李冰河，谢康和，等．弹性支承桩受迫振动问题广义函数解及应用 [J]. 浙江大学学报（自然科学版），1998，32 (05)：545 - 551.

[21] 王奎华．多元件粘弹性土模型条件下桩的纵向振动特性与时域响应 [J]. 声学学报，2002，05：455 - 464.

[22] 王奎华，应宏伟．广义 Voigt 土模型条件下桩的纵向振动响应与应用 [J]. 固体力学学报，2003，03：293 - 303.

[23] NOVAK M，NOGAMI T，ABOUL-ELLA F. Dynamic soil reactions for plane strain case. Res. Rep. BLWT - I - 77，Fac. of Engrg. Sci [J]. Univ. of Western Ontario，London，Ontario，Canada，1977，1 - 26.

[24] NOVAK M，SHETA M. Approximate approach to contact effects of piles [J]. Special Technical Publication on Dynamic Response of Pile Foundations Analytical Aspects，1980：53 - 79.

[25] NOVAK M，HAN Y C. Impedances of soil layer with boundary zone [J]. Journal of Geotechnical Engineering，1990，116 (6)：1008 - 1014.

[26] VELETSOS A S，DOTSON K W. Impedances of soil layer with disturbed boundary zone [J]. Journal of Geotechnical Engineering，1986，112 (3)：363 - 368.

[27] VELETSOS A S，DOTSON K W. Vertical and torsional vibration of foundations in inhomogeneous media [J]. Journal of Geotechnical Engineering，1988，114 (9)：1002 - 1021.

[28] VAZIRI H，HAN Y. Impedance functions of piles in inhomogeneous media [J]. Journal of Geotechnical Engineering，1993，119 (9)：1414 - 1429.

[29] HAN Y C，SABIN G C W. Impedances for radially inhomogeneous viscoelastic soil media [J]. Journal of Engineering Mechanics，1995，121 (9)：939 - 947.

[30] HAN Y C. Dynamic vertical response of piles in nonlinear soil [J]. Journal of Geotechnical and Geoenvironmental Engineering，1997，123 (8)：710 - 716.

[31] EL NAGGAR M H. Vertical and torsional soil reactions for radially inhomogeneous soil layer

[J]. Structural Engineering and Mechanics，2000，10 (4)：299 - 312.
[32] 王奎华，杨冬英，张智卿. 两种径向多圈层土体平面应变模型的对比 [J]. 浙江大学学报（工学版），2009，43 (10)：1902 - 1908.
[33] 王奎华，杨冬英，张智卿. 基于复刚度传递多圈层平面应变模型的桩动力响应研究 [J]. 岩石力学与工程学报，2008，27 (4)：825 - 831.
[34] WANG K H，YANG D Y，ZHANG Z Q，et al. A new approach for vertical impedance in radially inhomogeneous soil layer [J]. International Journal for Numerical and Analytical Methods in Geomechanics，2012，36 (6)：697 - 707.
[35] 杨冬英，王奎华. 径向非均质土中平面应变模型的精度及适用性研究 [J]. 土木工程学报，2009，42 (07)：98 - 105.
[36] 杨冬英. 复杂非均质土中桩土竖向振动理论研究 [D]. 杭州：浙江大学，2009.
[37] WU W，JIANG G，DOU B，et al. Vertical dynamic impedance of tapered pile considering compacting effect [J]. Mathematical Problems in Engineering，2013，2013 (304856)：1 - 9.
[38] 崔春义，孟坤，梁志孟，等. 双向非均质黏性阻尼土中管桩纵向振动特性 [J]. 哈尔滨工业大学学报，2020，52 (11)：113 - 119.
[39] 崔春义，孟坤，武亚军，等. 径向非均质黏性阻尼土中管桩纵向振动特性 [J]. 哈尔滨工业大学学报，2019，51 (2)：136 - 145.
[40] CUI C Y，MENG K，WU Y J，et al. Dynamic response of pipe pile embedded in layered visco-elastic media with radial inhomogeneity under vertical excitation [J]. Geomechanics and Engineering，2018，16 (6)：609 - 618.
[41] CUI C Y，MENG K，LIANG Z M，et al. Effect of radial homogeneity on low-strain integrity detection of a pipe pile in a viscoelastic soil layer [J]. International Journal of Distributed Sensor Networks，2018，14 (10)：1 - 8.
[42] NOGAMI T. Dynamic group effect in axial responses of grouped piles [J]. Journal of Geotechnical Engineering，1983，109 (2)：228 - 243.
[43] NOGAMI T，NOVAK M. Soil-pile interaction in vertical vibration [J]. Earthquake Engineering and Structural Dynamics，1976，4 (3)：277 - 293.
[44] 胡昌斌，王奎华，谢康和. 桩与粘性阻尼土耦合纵向振动时桩顶时域响应研究 [J]. 振动工程学报，2004，17 (01)：76 - 81.
[45] 胡昌斌，王奎华，谢康和. 考虑桩土耦合作用时弹性支承桩纵向振动特性分析及应用 [J]. 工程力学，2003，(02)：146 - 154.
[46] 王奎华，阙仁波，夏建中. 考虑土体真三维波动效应时桩的振动理论及对近似理论的校核 [J]. 岩石力学与工程学报，2005 (08)：1362 - 1370.
[47] 阙仁波，王奎华. 考虑土体三维波动效应时黏性阻尼土中桩的纵向振动特性及其应用研究 [J]. 岩石力学与工程学报，2007，26 (002)：381 - 390.
[48] DING X M，ZHENG C J，LIU H L. A theoretical analysis of vertical dynamic response of large-diameter pipe piles in layered soil [J]. Journal of Central South University，2014，21 (8)：3327 - 3337.

[49] 丁选明，刘汉龙．轴对称均匀黏弹性地基中现浇薄壁管桩竖向动力响应简化解析方法[J]. 岩土力学，2008，29 (12)：3353-3359.
[50] ZHENG C J, DING X M, SUN Y. Vertical vibration of a pipe pile in viscoelastic soil considering the three-dimensional wave effect of soil [J]. International Journal of Geomechanics, 2016, 16 (1): 04015037.
[51] 郑长杰，丁选明，刘汉龙，等．考虑土体三维波动效应的现浇大直径管桩纵向振动响应解析解 [J]. 岩土工程学报，2013，35 (12)：2247-2254.
[52] 栾茂田，孔德森．单桩竖向动力阻抗计算方法及其影响因素分析 [J]. 振动工程学，2004，17 (4)：500-505.
[53] 栾茂田，孔德森，杨庆，等．层状土中单桩竖向简谐动力响应的简化解析方法 [J]. 岩土力学，2005，26 (003)：375-380.
[54] 周铁桥，王奎华，谢康和，等．轴对称径向非均质土中桩的纵向振动特性分析 [J]. 岩土工程学报，2005，27 (6)：720-725.
[55] 胡昌斌，黄晓明．成层粘弹性土中桩土耦合纵向振动时域响应研究 [J]. 地震工程与工程振动，2006，26 (04)：205-211.
[56] YANG D Y, WANG K H, ZHANG Z Q, et al. Vertical dynamic response of pile in a radially heterogeneous soil layer [J]. International Journal for Numerical and Analytical Methods in Geomechanics, 2009, 33 (8): 1039-1054.
[57] 杨冬英，王奎华．任意圈层径向非均质土中桩的纵向振动特性 [J]. 力学学报，2009，41 (2)：243-252.
[58] 杨冬英，王奎华，丁海平．双向非均质土中基于连续介质模型的桩动力响应特性分析 [J]. 土木工程学报，2013，46 (03)：119-126.
[59] BIOT M A. Mechanics of deformation and acoustic propagation in porous media [J]. Journal of Applied Physics, 2004, 33 (4): 1482-1498.
[60] BIOT M A. Theory of propagation of elastic waves in a fluid-saturated porous solid: Ⅱ. higher frequency range [J]. The Journal of the Acoustical Society of America, 1956, 28.
[61] HALPERN M R. Steady state harmonic response of a rigid plate bearing on a liquid saturated poroelastic halfspace [J]. Earthquake Engineering and Structural Dynamics, 2010, 14 (3): 439-454.
[62] KASSIR M K, JIMIN X. Interaction functions of a rigid strip bonded to saturated elastic half-space [J]. International Journal of Solids and Structures, 1988, 24 (9): 915-936.
[63] BOUGACHA S, ROSSET J M, et al. Dynamic stiffness of foundations on fluid-filled poroelastic stratum [J]. Journal of Engineering Mechanics, 2016, 119 (8): 1649-1662.
[64] JIN B, LIU H. Rocking vibrations of rigid disk on saturated poroelastic medium [J]. Soil Dynamics and Earthquake Engineering, 2000, 19 (7): 469-472.
[65] JIN B, HUATI L. Vertical dynamic response of a disk on a saturated poroelastic half-space [J]. Soil Dynamics and Earthquake Engineering, 1999, 18 (6): 437-443.
[66] BO J. The vertical vibration of an elastic circular plate on a fluid-saturated porous half space

[J]. International Journal of Engineering Science, 1999, 37 (3): 379 - 393.

[67] 陈龙珠，陈胜立．饱和地基上弹性圆板的动力响应 [J]. 力学学报，2001，32 (6)：821 - 827.

[68] 陈龙珠，陈胜立．饱和地基上刚性基础的竖向振动分析 [J]. 岩土工程学报，1999，21 (4)：3 - 5.

[69] 陈胜立，陈龙珠．饱和地基上含刚核弹性圆板的竖向振动分析 [J]. 力学学报，2002，34 (01)：77 - 86.

[70] CHEN S L, CHEN L Z, ZHANG J M. Dynamic response of a flexible plate on saturated soil layer [J]. Soil Dynamics and Earthquake Engineering, 2006, 26 (6 - 7): 637 - 647.

[71] SENJUNTICHAI T, RAJAPAKSE R K N D. Transient response of a circular cavity in a poroelastic medium [J]. International Journal for Numerical and Analytical Methods in Geomechanics, 1993, 17 (6): 357 - 383.

[72] HASHEMINEJAD S M, HOSSEINI H. Dynamic stress concentration near a fluid-filled permeable borehole induced by general modal vibrations of an internal cylindrical radiator [J]. Soil Dynamics and Earthquake Engineering, 2002, 22 (6): 441 - 458.

[73] HASHEMINEJAD S M, HOSSEINI H. Radiation loading of a cylindrical source in a fluid-filled cylindrical cavity embedded within a fluid-saturated poroelastic medium [J]. Journal of Applied Mechanics, Transactions ASME, 2002, 69 (5): 675 - 683.

[74] 李强，王奎华，谢康和．饱和土桩纵向振动引起土层复阻抗分析研究 [J]. 岩土工程学报，2004，26 (5)：679 - 683.

[75] 李强，王奎华．饱和土径向运动简化的桩纵向振动特性研究 [J]. 应用基础与工程科学学报，2008，16 (3)：446 - 456.

[76] 李强，王奎华，谢康和．饱和土中大直径嵌岩桩纵向振动特性研究 [J]. 振动工程学报，2005，18 (4)：500 - 505.

[77] 余俊，尚守平，任慧，等．饱和土中桩竖向振动响应分析 [J]. 工程力学，2008，25 (10)：187 - 193.

[78] LI Q, ZHANG Z. Dynamic response of pile in saturated porous medium considering radial heterogeneity by pile driving [J]. Electronic Journal of Geotechnical Engineering, 2010, 15: 1 - 16.

[79] LI Q, SHI Q, WANG K. A computational model of pile vertical vibration in saturated soil based on the radial disturbed zone of pile driving//Proceedings of the 9th World Congress on Computational Mechanics, WCCM 2010, Held in Conjuction with the 4th Asian Pacific Congress on Computational Mechanics, APCOM 2010, July 19, 2010 - July 23, 2010, Sydney, NSW, Australia, F, 2014 [C]. Institute of Physics Publishing.

[80] 程泽海，李强，郑辉，等．桩侧扰动分区饱和土中桩竖向振动特性研究 [J]. 计算力学学报，2011，28 (04)：553 - 559.

[81] 郑长杰，丁选明，刘汉龙，等．饱和均质土中 PCC 桩纵向振动响应简化解析方法 [J]. 岩土工程学报，2013，35 (S2)：1087 - 1090.

[82] 应跃龙，罗海亮，闻敏杰．饱和黏弹性地基土中管桩纵向振动研究 [J]. 岩土力学，2013，34 (S1)：103 - 108.

[83] LIU H，ZHENG C，DING X，et al. Vertical dynamic response of a pipe pile in saturated soil layer [J]. Computers and Geotechnics，2014，61：57 - 66.

[84] 刘林超，杨骁．基于多孔介质理论的饱和土-桩纵向耦合振动研究 [J]. 土木工程学报，2009，42 (09)：89 - 95.

[85] 刘林超，闫启方．饱和土中管桩的纵向振动特性 [J]. 水利学报，2011，42 (03)：366 - 72+78.

[86] YANG X，PAN Y. Axisymmetrical analytical solution for vertical vibration of end-bearing pile in saturated viscoelastic soil layer [J]. Applied Mathematics and Mechanics，2010，31 (2)：193 - 204.

[87] BOWEN R M，REINICKE K M. Plane progressive waves in a binary mixture of linear elastic materials [J]. Journal of Applied Mechanics，1978，45 (3)：493 - 499.

[88] BOWEN R M. Compressible porous media models by use of the theory of mixtures [J]. International Journal of Engineering Science，1982，20 (6)：697 - 735.

[89] D'APPOLONIA D J，LAMBE T. Performance of four foundations on end bearing piles [J]. Journal of the Soil Mechanics and Foundations Division，1971，97 (1)：77 - 93.

[90] GAZETAS G. Seismic response of end-bearing single piles [J]. International Journal of Soil Dynamics and Earthquake Engineering，1984，3 (2)：82 - 93.

[91] EI SHARNOUBY B，NOVAK M. Stiffness constants and interaction factors for vertical response of pile groups [J]. Canadian Geotechnical Journal，1990，27 (6)：813 - 822.

[92] ROVITHIS E N，PITILAKIS K D，MYLONAKIS G E. A note on a pseudo-natural SSI frequency for coupled soil-pile-structure systems [J]. Soil Dynamics and Earthquake Engineering，2011，31 (7)：873 - 878.

[93] LYSMER M. Dynamic response of footings to vertical loading [J]. Journal of the Soil Mechanics and Foundations Division，1966，92 (SMI)：65 - 91.

[94] RANDOLPH M F，WROTH C P. Analysis of deformation of vertically loaded piles [J]. Journal of the Geotechnical Engineering Division，1978，104 (12)：1465 - 1488.

[95] LIANG R Y，HUSEIN A I. Simplified dynamic method for pile-driving control [J]. Journal of Geotechnical Engineering，1993，119 (4)：694 - 713.

[96] 王宏志，陈云敏，陈仁朋．多层土中桩的振动半解析解 [J]. 振动工程学报，2000，13 (04)：168 - 173.

[97] 王海东，费模杰，尚守平，等．考虑径向非匀质性的层状地基中摩擦桩动力阻抗研究 [J]. 湖南大学学报（自然科学版)，2006，29 (5)：128 - 134.

[98] ALVES A M L，LOPES F R，RANDOLPH M F，et al. Investigations on the dynamic behavior of a small-diameter pile driven in soft clay [J]. Canadian Geotechnical Journal，2009，46 (12)：1418 - 1430.

[99] MUKI R，STERNBERG E. Elastostatic load-transfer to a half-space from a partially embed-

ded axially loaded rod [J]. International Journal of Solids and Structures，1970，6 (1)：69 - 90.

[100] 杨冬英，王奎华．非均质土中基于虚土桩法的桩基纵向振动 [J]. 浙江大学学报（工学版），2010，44 (10)：2021 - 2028.

[101] WU W B，WANG K H，MA S J，et al. Longitudinal dynamic response of pile in layered soil based on virtual soil pile model [J]. Journal of Central South University，2012，19 (7)：1999 - 2007.

[102] WU W B，Wang K H，ZHANG Z Q，et al. A new approach for time effect analysis of settlement for single pile based on virtual soil-pile model [J]. Journal of Central South University，2012，19 (9)：2656 - 2662.

[103] 吴文兵，王奎华，杨冬英，等．成层土中基于虚土桩模型的桩基纵向振动响应 [J]. 中国公路学报，2012，25 (2)：72 - 80.

[104] WANG K H，WU W B，WU D H，et al. Study of the Influence of Sediment Properties on Complex Impedance at the Head of Rock-Socketed Pile [J]. Advanced Materials Research，2012，368 - 373：2939 - 2944.

[105] 王奎华，吴文兵，马少俊，等．桩底沉渣对桩的纵向振动特性影响研究及应用 [J]. 岩土工程学报，2011，33 (8)：1227 - 1234.

[106] 王奎华，吴文兵，马少俊，等．嵌岩桩沉渣特性对桩顶动力响应的影响 [J]. 浙江大学学报（工学版），2012，46 (3)：402 - 408.

[107] 王宁，王奎华，房凯．考虑应力扩散时桩端土对桩体阻抗的影响 [J]. 哈尔滨工业大学学报，2012，44 (12)：89 - 94.

[108] 王奎华，刘凯，吴文兵，等．虚土桩扩散角对桩的纵向振动特性影响研究 [J]. 工程力学，2011，28 (9)：129 - 136+142.

[109] 李强，郑辉，王奎华．饱和土中摩擦桩竖向振动解析解及应用 [J]. 工程力学，2011，28 (1)：157 - 162，170.

[110] ZENG X，RAJAPAKSE R K N D. Vertical vibrations of a rigid disk embedded in a poroelastic medium [J]. International Journal for Numerical and Analytical Methods in Geomechanics，1999，23 (15)：2075 - 2095.

[111] ZENG X，RAJAPAKSE R K N D. Dynamic axial load transfer from elastic bar to poroelastic medium [J]. Journal of Engineering Mechanics，1999，125 (9)：1048 - 1055.

[112] WANG J H，ZHOU X L，LU J F. Dynamic response of pile groups embedded in a poroelastic medium [J]. Soil Dynamics and Earthquake Engineering，2003，23 (3)：53 - 60.

[113] 周香莲，周光明，王建华．垂直受荷群桩在半空间饱和土中的稳态反应 [J]. 计算力学学报，2005，22 (5)：598 - 602.

[114] 陆建飞，聂卫东．饱和土中单桩在瑞利波作用下的动力响应 [J]. 岩土工程学报，2008，30 (2)：225 - 231.

[115] CAI Y Q，HU X Q，XU C J，et al. Vertical dynamic response of a rigid foundation embedded in a poroelastic soil layer [J]. International Journal for Numerical and Analytical Meth-

ods in Geomechanics，2009，33 (11)：1363 - 1388.

[116] HU X Q，CAI Y Q，WANG J，et al. Rocking vibrations of a rigid embedded foundation in a poroelastic soil layer [J]. Soil Dynamics and Earthquake Engineering，2010，30 (4)：280 - 284.

[117] 王小岗 . 层状横观各向同性饱和地基中桩基的纵向耦合振动 [J]. 土木工程学报，2011，44 (06)：87 - 97.

[118] ZHENG C，KOURETZIS G P，SLOAN S W，et al. Vertical vibration of an elastic pile embedded in poroelastic soil [J]. Soil Dynamics and Earthquake Engineering，2015，77：177 - 181.

[119] CUI C Y，ZHANG S P，CHAPMAN D，et al. Dynamic impedance of a floating pile embedded in poro-visco-elastic soils subjected to vertical harmonic loads [J]. Geomechanics and Engineering，2018，15 (2)：793 - 803.

[120] 崔春义，张石平，杨刚，等 . 饱和黏弹性半空间中摩擦桩的竖向振动 [J]. 土木建筑与环境工程，2015，37 (02)：28 - 33.

[121] 崔春义，张石平，杨刚，等 . 考虑桩底土层波动效应的饱和黏弹性半空间中摩擦桩竖向振动 [J]. 岩土工程学报，2015，37 (05)：878 - 892.

[122] CUI C Y，ZHANG S P，YANG G，et al. Vertical vibration of a floating pile in a saturated viscoelastic soil layer overlaying bedrock [J]. Journal of Central South University，2016，23 (1)：220 - 232.

[123] ZHANG S P，CUI C Y，YANG G. Vertical dynamic impedance of pile groups partially embedded in multilayered，transversely isotropic，saturated soils [J]. Soil Dynamics and Earthquake Engineering，2019，117：106 - 115.

[124] ZHANG S P，CUI C Y，YANG G. Coupled vibration of an interaction system including saturated soils，pile group and superstructure under the vertical motion of bedrocks [J]. Soil Dynamics and Earthquake Engineering，2019，123：425 - 434.

[125] 张石平，崔春义，杨刚，等 . 基于 Boer 多孔介质理论的饱和半空间上刚性圆板基础竖向振动特性研究 [J]. 工程力学，2015，32 (10)：145 - 153.

[126] 黎正根，龚育龄 . 波在大直径桩中传播的三维效应现象 [J]. 岩石力学与工程学报，1998，17 (04)：3 - 5.

[127] KRAWCZUK M，GRABOWSKA J，PALACZ M. Longitudinal wave propagation. Part I-comparison of rod theories [J]. Journal of Sound and Vibration，2006，295 (3 - 5)：461 - 478.

[128] STEPHEN N G，LAI K F，YOUNG K，et al. Longitudinal vibrations in circular rods：a systematic approach [J]. Journal of Sound and Vibration，2012，331 (1)：107 - 116.

[129] 吴文兵，王奎华，武登辉，等 . 考虑横向惯性效应时楔形桩纵向振动阻抗研究 [J]. 岩石力学与工程学报，2011，30 (S2)：3618 - 3625.

[130] 吴文兵，蒋国盛，窦斌，等 . 嵌岩特性对嵌岩桩桩顶纵向振动阻抗的影响研究 [J]. 振动与冲击，2014，33 (07)：51 - 57.

[131] LU S H, WANG K H, WU W B, et al. Longitudinal vibration of a pile embedded in layered soil considering the transverse inertia effect of pile [J]. Computers and Geotechnics, 2014, 62: 90 - 99.

[132] LU S H, WANG K H, WU W B, et al. Longitudinal vibration of pile in layered soil based on Rayleigh-Love rod theory and fictitious soil-pile model [J]. Journal of Central South University, 2015, 22 (5): 1909 - 1918.

[133] 吕述晖，王奎华，吴文兵. 考虑横向惯性效应时黏弹性支承桩纵向振动特性研究 [J]. 振动工程学报，2016，29 (04)：679 - 686.

[134] LI Z Y, WANG K H, WU W B, et al. Vertical vibration of a large diameter pile embedded in inhomogeneous soil based on the Rayleigh-Love rod theory [J]. Journal of Zhejiang University: Science A, 2016, 17 (12): 974 - 988.

[135] 李振亚，王奎华. 考虑横向惯性效应时非均质土中大直径桩纵向振动特性及其应用 [J]. 岩石力学与工程学报，2017，36 (01)：243 - 253.

[136] ZHENG C J, LIU H L, DING X M, et al. Vertical vibration of a large diameter pipe pile considering transverse inertia effect of pile [J]. Journal of Central South University, 2016, 23 (4): 891 - 897.

[137] 刘汉龙，丁选明. 现浇薄壁管桩在低应变瞬态集中荷载作用下的动力响应解析解 [J]. 岩土工程学报，2007，29 (11)：1611 - 1617.

[138] 丁选明，刘汉龙. 低应变下变阻抗薄壁管桩动力响应频域解析解 [J]. 岩土力学，2009，30 (6)：1793 - 1798.

[139] DING X M, LIU H L, ZHANG B. High-frequency interference in low strain integrity testing of large-diameter pipe piles [J]. Science China Technological Sciences, 2011, 54 (2): 420 - 430.

[140] 杨骁，刘慧，蔡雪琼. 端承粘弹性桩纵向振动的轴对称解析解 [J]. 固体力学学报，2012，33 (4)：423 - 430.

[141] 刘林超，闫启方，王颂，等. 基于轴对称模型的管桩竖向振动研究 [J]. 岩土力学，2016，37 (1)：119 - 125.

[142] 王奎华，谢康和，曾国熙. 变截面阻抗桩受迫振动问题解析解及应用 [J]. 土木工程学报，1998，31 (6)：3 - 5.

[143] 王奎华. 考虑桩体粘性的变阻抗桩受迫振动问题的解析解 [J]. 振动工程学报，1999，12 (4)：513 - 520.

[144] 王腾，王奎华，谢康和. 任意段变截面桩纵向振动的半解析解及应用 [J]. 岩土工程学报，2000，22 (6)：654 - 658.

[145] 王腾，王奎华，谢康和. 任意段变模量桩纵向振动的解析解 [J]. 固体力学学报，2002，23 (1)：40 - 46.

[146] 冯世进，柯瀚，陈云敏，等. 成层土中粘弹性变截面桩纵向振动分析及应用 [J]. 岩石力学与工程学报，2004，23 (16)：2798 - 2803.

[147] 刘东甲. 不均匀土中多缺陷桩的轴向动力响应 [J]. 岩土工程学报，2000，22 (4)：391 -

395.

[148] WANG K H, WU W B, ZHANG Z J, et al. Vertical dynamic response of an inhomogeneous viscoelastic pile [J]. Computers and Geotechnics, 2010, 37 (4): 536 - 544.

[149] 阙仁波，王奎华，许瑞萍．粘性阻尼土中变截面桩的纵向振动特性与应用研究 [J]. 计算力学学报，2008，25 (06)：808 - 815.

[150] 阙仁波，王奎华，祝春林．考虑土体轴对称波动时变模量桩的纵向振动特性 [J]. 振动工程学报，2010，23 (01)：94 - 100.

[151] 王奎华，高柳，吴君涛，等．三维波动土中考虑桩身变截面与桩周土相互作用的大直径桩的动力特性 [J]. 岩石力学与工程学报，2017，36 (02)：496 - 503.

[152] GAO L, WANG K H, WU J T, et al. Analytical solution for the dynamic response of a pile with a variable-section interface in low-strain integrity testing [J]. Journal of Sound and Vibration, 2017, 395: 328 - 340.

[153] 崔春义，孟坤，武亚军，等．非均质土中不同缺陷管桩纵向振动特性研究 [J]. 振动工程学报，2018，31 (04)：707 - 717.

[154] 王奎华，肖偲，吴君涛，等．饱和土中大直径缺陷桩振动特性研究 [J]. 岩石力学与工程学报，2018，37 (07)：1722 - 1730.

[155] KNODEL P C, LIN Y, SANSALONE M, et al. Impact-echo response of concrete shafts [J]. Geotechnical Testing Journal, 1991, 14 (2): 121 - 137.

[156] FISCHER J, MISSAL C, BREUSTEDT M, et al. Numerical simulation of low-strain integrity tests on model piles; Proceedings of the 7th European Conference on Numerical Methods in Geotechnical Engineering, NUMGE 2010, June 2, 2010 - June 4, 2010, Trondheim, Norway, F, 2010 [C]. Taylor and Francis - Balkema.

[157] LIAO S T, ROESSET J M. Dynamic response of intact piles to impulse loads [J]. International Journal for Numerical and Analytical Methods in Geomechanics, 1997, 21 (4): 255 - 275.

[158] LI D Q, TANG W H, ZHANG L. Updating occurrence probability and size of defect for bored piles [J]. Structural Safety, 2008, 30 (2): 130 - 143.

[159] HUANG Y H, NI S H, LO K F, et al. Assessment of identifiable defect size in a drilled shaft using sonic echo method: numerical simulation [J]. Computers and Geotechnics, 2010, 37 (6): 757 - 768.

[160] CHAI H Y, PHOON K K, ZHANG D J. Effects of the source on wave propagation in pile integrity testing [J]. Journal of Geotechnical and Geoenvironmental Engineering, 2010, 136 (9): 1200 - 1208.

[161] CHAI H Y, PHOON K K. Detection of shallow anomalies in pile integrity testing [J]. International Journal of Geomechanics, 2013, 13 (5): 672 - 677.

[162] 蔡棋瑛，林建华．基于小波分析和神经网络的桩身缺陷诊断 [J]. 振动与冲击，2002，21 (3)：11 - 14，7.

[163] 王成华，张薇．基于反射波法的桩身完整性判别的神经网络模型 [J]. 岩土力学，2003，

24 (6): 952 - 956.
[164] 刘明贵，彭俊伟，岳向红，等．基于改进遗传算法的基桩缺陷自动识别 [J]. 岩土力学，2007，28 (10): 2188 - 2192.
[165] 刘明贵，岳向红，杨永波，等．基于 Sym 小波和 BP 神经网络的基桩缺陷智能化识别 [J]. 岩石力学与工程学报，2007，26 (Z1): 3484 - 3488.
[166] 丁选明，陈磊．粘弹性地基中管桩的纵向振动特性研究 [J]. 长江科学院院报，2009，26 (3): 32 - 35.
[167] 崔春义，孟坤，武亚军，等．轴对称径向非均质土中单桩纵向振动特性研究 [J]. 岩土力学，2019，40 (02): 570 - 579，591.
[168] 崔春义，孟坤，武亚军，等．考虑竖向波动效应的径向非均质黏性阻尼土中管桩纵向振动响应研究 [J]. 岩土工程学报，2018，40 (08): 1433 - 1443.
[169] 杨冬英，王奎华，丁海平．三维非均质土中粘弹性桩-土纵向耦合振动响应 [J]. 土木建筑与环境工程，2011，33 (03): 80 - 87.
[170] MENG K，CUI C，LIANG Z，et al. An analytical solution for longitudinal impedance of a large-diameter floating pile in soil with radial heterogeneity and viscous-type damping [J]. Applied Science，2020，10 (14): 4906.
[171] LIANG Z M，CUI C Y，MENG K，et al. An analytical method for the longitudinal vibration of a large-diameter pipe pile in radially heterogeneous soil based on rayleigh-love rod model. Mathematics，2020，8 (9): 1442.
[172] 梁志孟，崔春义，许成顺，等．双向非均质土中大直径管桩纵向振动动力阻抗解析模型与解答 [J]. 岩石力学与工程学报 (EI 期刊 录用待刊).
[173] MENG K，CUI C，LIANG Z，et al. A new approach for longitudinal vibration of a large-diameter floating pipe pile in visco-elastic soil considering the three-dimensional wave effects [J]. Computers and Geotechnics，2020，128: 103840.
[174] 李鹏，宋二祥．渗透系数极端情况下饱和土中压缩波波速及其物理本质 [J]. 岩土力学，2012，33 (7): 1979 - 1985.
[175] 李强，王奎华，谢康和．饱和土中端承桩纵向振动特性研究 [J]. 力学学报，2004，36 (4): 435 - 442.
[176] 孟坤，崔春义，许成顺，等．饱和层状土中浮承桩纵向动力阻抗的虚土桩模型 [J]. 振动工程学报，2020，33 (2): 372 - 382.
[177] 孟坤，崔春义，许成顺，等．基于虚土桩模型的三维饱和介质中浮承桩纵向振动特性分析 [J]. 岩土力学，2019，40 (11): 4313 - 4323，4400.
[178] CUI C，MENG K，LIANG Z，et al. Analytical solution for longitudinal vibration of a floating pile in saturated porous media based on a fictitious saturated soil pile model [J]. Computers and Geotechnics，2021，131: 103942.
[179] 王奎华，王宁，刘凯，等．三维轴对称条件下基于虚土桩法的单桩纵向振动分析 [J]. 岩土工程学报，2012，34 (5): 885 - 892.
[180] 孟坤，崔春义，许成顺，等．三维饱和层状土-虚土桩-实体桩体系纵向振动频域分析

[J]. 岩石力学与工程学报，2019，38 (07)：1470 - 1484.
[181] BARANOV V A. On the calculation of excited vibrations of an embedded foundation (in Russian) [J]. Polytechnical Institute of Riga：Voprosy Dynamiki：Prochnocti，1967，14 (5)：195 - 207.
[182] BOER D R. Contemporary progress in porous media theory [J]. Applied Mechanics Reviews，2000，53 (12)：323 - 370.
[183] BOER D R. Compressible and incompressible porous media - a new approach [R]. Report MECH92/1，FB 10/Mechanik，University at-GH Essen，1992.
[184] BOER D R. Highlights in the historical development of the porous media theory：toward a consistent macroscopic theory [J]. Applied Mechanics Reviews，1996，49 (4)：201 - 262.
[185] BOER D R，EHLERS W. Uplift，friction and capillarity-three fundamental effects for liquid-saturated porous solids [J]. International Journal of Solids and Structures，1990，26 (1)：43 - 57.
[186] BOER D R，EHLERS W，LIU Z F. One-dimensional transient wave propagation in fluid saturated porous media [J]. Archive of Applied Mechanics，1993，63 (1)：59 - 72.
[187] BOER D R，LIU Z F. Plane waves in a semi-infinite fluid saturated porous medium [J]. Transport in Porous Media，1994，16 (2)：147 - 173.
[188] BOER D R，LIU Z F. Propagation of acceleration waves in incompressible liquid-saturated porous solids [J]. Transport in Porous Media，1995，21 (2)：163 - 173.
[189] BOER D R，LIU Z F. Growth and decay of acceleration waves in incompressible saturated porous elastic solids [J]. Journal of Applied Mathematics and Mechanics，1996，76 (6)：341 - 347.
[190] 胡昌斌. 考虑土竖向波动效应的桩土纵向耦合振动理论 [D]. 杭州：浙江大学，2003.
[191] 吴文兵. 基于虚土桩法的桩土纵向耦合振动理论及应用研究 [D]. 杭州：浙江大学，2012.
[192] 李强，王奎华. 饱和土中桩竖向耦合振动理论与应用 [M]. 北京：中国水利水电出版社，2010.
[193] HOU S，LI H，REZGUI Y. Ontology-based approach for structural design considering low embodied energy and carbon [J]. Energy and Buildings，2015，102：75 - 90.
[194] 张吉松. 低水泥用量超高性能混凝土性能和可持续结构设计研究 [D]. 大连：大连海事大学，2018.
[195] MA Z，LIU Z. Ontology-and Freeware-Based Platform for Rapid Development of BIM Applications with Reasoning Support [C]. Proceedings of the Lean & Computing in Construction Congress-joint Conference on Computing in Construction，F，2017.
[196] ZHANG J，LI H，ZHAO Y，et al. An ontology-based approach supporting holistic structural design with the consideration of safety，environmental impact and cost [J]. Advances in Engineering Software，2017，115：26 - 39.
[197] BREITMAN K K，CASANOVA M A，TRUSZKOWSKI W. Semantic Web：Concepts，

Technologies and Applications [M]. London: Springer, 2007.

[198] SURE Y, STAAB S, STUDER R. Ontology Engineering Methodology [M]. Berlin: Springer, 2009.

[199] NOY N F, MCGUINNESS D L J, INFORMATICS S M. Ontology Development 101: A Guide to Creating Your First Ontology, 2001. [Online]

[200] ROUSSEY C, PINET F, KANG M A, et al. An Introduction to Ontologies and Ontology Engineering [M]//Ontologies in Urban Development Projects. London: Springer, 2011: 9-38.

[201] DING L Y, ZHONG B T, WU S, et al. Construction risk knowledge management in BIM using ontology and semantic web technology [J]. Safety Science, 2016, 87: 202-213.

[202] PARK C S, LEE D Y, KWON O S, et al. A framework for proactive construction defect management using BIM, augmented reality and ontology-based data collection template [J]. Automation in Construction, 2013, 33: 61-71.

[203] TERKAJ W, SOJIC A. Ontology-based representation of IFC EXPRESS rules: an enhancement of the ifcOWL ontology [J]. Automation in Construction, 2015, 57 (SEP.): 188-201.

[204] JOHANNA V, DENNY V, YORK S, et al. AEON-an approach to the automatic evaluation of ontologies [J]. Applied Ontology, 2008, 3 (12): 41-62.

[205] Noy N F, Musen M A. The PROMPT suite: interactive tools for ontology merging and mapping [J]. International Journal of Human-Computer Studies, 2003, 59 (6): 983-1024.

[206] VICTORIA M, QUERIN O M, DIAZ C, et al. LiteITD a MATLAB Graphical User Interface (GUI) program for topology design of continuum structures [J]. Advances in Engineering Software, 2016, 100: 126-147.

[207] MENG K, CUI C, LI H. An ontology framework for pile integrity evaluation based on analytical methodology [J]. IEEE Access, 2020, 8: 72158-72168.

附录 A　PIE-P 模块 1 回调程序

```
function Layers_n_Callback(hObject, eventdata, handles)
%%桩侧土层数输入函数句柄
function Soil_S_CellEditCallback(hObject, eventdata, handles)
%%桩侧土参数输入函数句柄
function Shear_Modulus_Callback(hObject, eventdata, handles)
%%桩端土剪切模量输入函数句柄
function Density_Callback(hObject, eventdata, handles)
%%桩端土密度输入函数句柄
function Poisson_Callback(hObject, eventdata, handles)
%%桩端土泊松比输入函数句柄
function Pile_Length_Callback(hObject, eventdata, handles)
%%桩长输入函数句柄
function Pile_Diameter_Callback(hObject, eventdata, handles)
%%桩径输入函数句柄
function Elastic_Modulus_Callback(hObject, eventdata, handles)
%%桩弹性模量输入函数句柄
function Pile_Density_Callback(hObject, eventdata, handles)
%%桩密度输入函数句柄
function pushbutton2_Callback(hObject, eventdata, handles)
%%Save 按钮后台控制程序
global G_P_L G_P_PD G_P_EM G_P_D G_val_n G_B_SM G_B_D G_B_PR
G_S
%%将输入的变量存入全局变量,以便后续调用
G_P_L=get(handles.Pile_Length,'string');     %% 桩长
G_P_PD=get(handles.Pile_Diameter,'string');     %% 桩径
G_P_EM=get(handles.Elastic_Modulus,'string');     %% 桩弹性模量
G_P_D=get(handles.Pile_Density,'string');     %% 桩密度
G_val_n=get(handles.Layers_n,'string');     %% 桩侧土层数
```

```
G_B_SM = get(handles.Shear_Modulus,'string');    %% 桩端土剪切模量
G_B_D = get(handles.Density,'string');    %% 桩端土密度
G_B_PR = get(handles.Poisson,'string');    %%桩端土泊松比
G_S = get(handles.Soil_S,'data');    %% 桩侧土参数
```

附录B　PIE-P模块2回调程序

```
function Diameter_F_Callback(hObject, eventdata, handles)
%%缺陷桩径比值下限"From"
function Diameter_T_Callback(hObject, eventdata, handles)
%%缺陷桩径比值上限"To"
function Length_F_Callback(hObject, eventdata, handles)
%%缺陷长度比值下限"From"
function Length_T_Callback(hObject, eventdata, handles)
%%缺陷长度比值上限"To"
function Depth_F_Callback(hObject, eventdata, handles)
%%缺陷埋深比值下限"From"
function Depth_T_Callback(hObject, eventdata, handles)
%%缺陷埋深比值上限"To"
function pushbutton9_Callback(hObject, eventdata, handles)
%%Save按钮后台控制程序
global G_Diameter_F G_Diameter_T G_Length_F G_Length_T G_Depth_F
G_Depth_T
%%将输入的变量存入全局变量,以便后续调用
G_Diameter_F=get(handles.Diameter_F,'string');   %% 缺陷桩径比值下限
G_Diameter_T=get(handles.Diameter_T,'string');   %% 缺陷桩径比值上限
G_Length_F=get(handles.Length_F,'string');       %% 缺陷长度比值下限
G_Length_T=get(handles.Length_T,'string');       %% 缺陷长度比值上限
G_Depth_F=get(handles.Depth_F,'string');         %% 缺陷埋深比值下限
G_Depth_T=get(handles.Depth_T,'string');         %% 缺陷埋深比值上限
```

附录C PIE-P模块3回调程序

```
%%输入参数向量生成并保存
function pushbutton11_Callback(hObject, eventdata, handles)
%%"Input Parameter Generate"按钮回调程序
global G_P_L G_P_EM G_P_PD G_P_D G_Diameter_F G_Diameter_T G_
Length_F G_Length_T G_Depth_F G_Depth_T A
%%模块1和模块2输入变量调用
Dimeter_incerement=(str2num(G_Diameter_T)-str2num(G_Diameter_F))/4;
Length_incerement=(str2num(G_Length_T)-str2num(G_Length_F))/4;
Depth_incerement=(str2num(G_Depth_T)-str2num(G_Depth_F))/4;
Defect_Radius=str2num(G_P_PD)/2*[str2num(G_Diameter_F),str2num(G
_Diameter_F)+Dimeter_incerement,str2num(G_Diameter_F)+2*Dimeter
_incerement,str2num(G_Diameter_F)+3*Dimeter_incerement,str2num(G_
Diameter_T)];
Defect_Length=str2num(G_P_L)*[str2num(G_Length_F),str2num(G_Length_
F)+Length_incerement,str2num(G_Length_F)+2*Length_incerement,str2num(G
_Length_F)+3*Length_incerement,str2num(G_Length_T)];
Defect_Depth=str2num(G_P_L)*[str2num(G_Depth_F),str2num(G_Depth
_F)+Depth_incerement,str2num(G_Depth_F)+2*Depth_incerement,
str2num(G_Depth_F)+3*Depth_incerement,str2num(G_Depth_T)];
A=[];
for DR1=1:5
for DL1=1:5
    for DP1=1:5
    ee(DP1,:)=[Defect_Radius(DR1),Defect_Length(DL1),Defect_Depth
(DP1)];
    end
  eval(['A',num2str(DL1),'=','ee']);
  eval(['A=[A;A',num2str(DL1),'];']);
```

```
end
end
%%根据模块 2 输入的桩身缺陷比值区间生成对应的缺陷参数
rhop = str2num(G_P_D);Ep = str2num(G_P_EM);n0 = 1500;H = str2num(G_P_L);T = 0.001;Ks = 36e9.*[1,1,1,1];Kf = 2e9.*[1,1,1,1];rhos = 2700.*[1,1,1,1];rhof = 1000.*[1,1,1,1];v = 0.3.*[1,1,1,1];
n = 0.1.*[1,1,1,1];kD = 1e-6.*[1,1,1,1];eta = 1e-2.*[1,1,1,1];Gs = 1e8.*[1,1,1,1];c = 0.05.*[1,1,1,1];m = rhof./n;k = eta.*kD./rhof./10;b = eta./k;miu = Gs.*(1+2.*c.*1i);lamda = 2.*miu.*v./(1-2.*v);Kb = lamda+2./3.*miu;alpha = 1-Kb./Ks;Kd = Ks.*(1+n.*(Ks./Kf-1));M = Ks.^2./(Kd-Kb);lamdac = lamda+alpha.^2.*M;rho = (1-n).*rhos+n.*rhof;Es = Gs.*(3.*lamda+2.*Gs)./(lamda+Gs);Esp = lamda+2.*miu+alpha.^2.*M;EP = Ep*[1,1,1,1];
%%第 6 章式(6-131)计算相关的土体和桩身参数
for ii = 1:125

r0 = [str2num(G_P_PD)/2,str2num(G_P_PD)/2,A(ii,1),str2num(G_P_PD)/2];Ap = pi.*r0.^2;
l = [(H-A(ii,3)-A(ii,2))/2,(H-A(ii,3)-A(ii,2))/2,A(ii,2),A(ii,3)];h1 = H-l(1);h2 = H-l(1)-l(2);
h3 = H-l(1)-l(2)-l(3);h4 = H-l(1)-l(2)-l(3)-l(4);h = [h1,h2,h3,h4];
for k = 1:n0
w(k) = 0.01+(1e6)/(n0-1)*(k-1);s = 1i.*w(k);
q = (rho.*s.^2./miu-rhof.^2.*s.^4./miu./(m.*s.^2+b.*s)).^0.5;
beta = ((rhop.*s.^2+2.*pi.*r0.*miu.*q.*besselk(1,q.*r0)./(Ap.*besselk(0,q.*r0)))./EP).^0.5;
gamma(1) = -exp(-2.*beta(1).*H);
Zsp(1) = -EP(1).*Ap(1).*(gamma(1).*beta(1).*exp(beta(1).*h(1))-beta(1).*exp(-beta(1).*h(1)))./(gamma(1).*exp(beta(1).*h(1))+exp(-beta(1).*h(1)));
for j2 = 2:4
gamma(j2) = (beta(j2).*exp(-beta(j2).*h(j2-1))-Zsp(j2-1)./EP(j2)./Ap(j2).*exp(-beta(j2).*h(j2-1)))./(beta(j2).*exp(beta(j2).*h(j2-1))+Zsp(j2-1)./EP(j2)./Ap(j2).*exp(beta(j2).*h(j2-1)));
```

```
Zsp(j2) = -EP(j2). * Ap(j2). * (gamma(j2). * beta(j2). * exp(beta(j2). * h
(j2)) - beta(j2). * exp( - beta(j2). * h(j2))). /(gamma(j2). * exp(beta(j2). *
h(j2)) + exp( - beta(j2). * h(j2)));
end
Zpm(k) = Zsp(4);Hv(k) = 1i. * w(k). /Zpm(k);Vv(k) = T * (1 + exp( - 1i * w(k) *
T))/(pi^2 - T^2 * w(k)^2). * (Hv(k));tt(k) = k;
end
Kr = - real(Zpm)'. /10^10;Ki = - imag(Zpm)'. /10^10;Hvp = abs(Hv)'. * 10^7;V = ifft
(Vv). * n0;
Z = - real(V). * 10^10;DIFF = gradient(Z). /gradient(tt);
for DD = 1 :n0 - 1
    if DIFF(DD) * DIFF(DD + 1)<0
        NUMB(DD) = DD;
    else
        NUMB(DD) = 0;
end
end
NUMB00 = find(NUMB~ = 0);
for aa = 1:6
    Input _ 0(aa) = Z(NUMB00(aa));Input _ 1(aa) = NUMB00(aa);
end
Input _ 2 = [Input _ 0,Input _ 1];Input _ DL(ii,:) = Input _ 2;
end
Input _ Final = Input _ DL;
%%第 6 章式(6 - 131)计算桩顶速度反射波曲线并提取特征点参数
global NNInput
NNInput = Input _ Final;[filename,filepath] = uiputfile('* . xls','Save as');str =
[filepath filename]; fopen(str);xlswrite(str,Input _ Final);
%%生成输入参数向量并保存到'.xls'文件
%%输出参数向量生成并保存
function pushbutton10 _ Callback(hObject, eventdata, handles)
%%"Output Parameter Generate"按钮回调程序
global A NNOutput
NNOutput = A;
```

```
Output_Final = NNOutput;
[filename,filepath] = uiputfile('*.xls','Save as');
str = [filepath filename];
fopen(str);
xlswrite(str,Output_Final);
%%生成输出参数向量并保存到'.xls'文件
```

附录 D　PIE-P 模块 4 回调程序

```
function Hidden_Layer_Callback(hObject, eventdata, handles)
%%激活函数选择函数句柄
function listbox1_Callback(hObject, eventdata, handles)
sel = get(gcf,'selectiontype');
if strcmp(sel,'open')
      str = get(hObject,'string');
      n = get(hObject,'value');
      set(handles.Hidden_Layer,'string',str(n));
end
%%激活函数列表
function Hidden_Neurons_Callback(hObject, eventdata, handles)
%%隐藏层神经元个数输入函数句柄
function Goal_Callback(hObject, eventdata, handles)
%%训练目标输入函数句柄
function LR_Callback(hObject, eventdata, handles)
%%学习效率输入函数句柄
function Epochs_Callback(hObject, eventdata, handles)
%%迭代次数输入函数句柄
function pushbutton26_Callback(hObject, eventdata, handles)
%%Module 4 中"Save"按钮回调函数
global G_Hidden_Layer G_Out_Layer G_Hidden_Neurons G_Trainparam_Goal
%%将输入的参数存入相应全局变量
G_Trainparam_LR G_Trainparam_Epochs
G_Hidden_Layer = get(handles.Hidden_Layer,'string');
G_Out_Layer = get(handles.Out_Layer,'string');
G_Hidden_Neurons = get(handles.Hidden_Neurons,'string');
G_Trainparam_Goal = get(handles.Goal,'string');
G_Trainparam_LR = get(handles.LR,'string');
G_Trainparam_Epochs = get(handles.Epochs,'string');
```

附录 E　PIE-P 模块 5 回调程序

```
function Measured_Data_CellEditCallback(hObject, eventdata, handles)
%%实测数据显示函数句柄
function pushbutton27_Callback(hObject, eventdata, handles)
global Measured_Data
[filename,filepath] = uigetfile('*.xls','Select');
str = [filepath filename];
fopen(str);
Measured_Data = xlsread(str);
set(handles.Measured_Data,'data',Measured_Data);
%%"Select Data"按钮回调程序

function pushbutton28_Callback(hObject, eventdata, handles)
global Measured_Data Input_Data
for k = 1:1500
tt(k) = k;
end
TT = tt';DIFF = gradient(Measured_Data)./gradient(TT);
for DD = 1 :1500 - 1
    if DIFF(DD) * DIFF(DD + 1)<0
        NUMB(DD) = DD;
    else
        NUMB(DD) = 0;
end
end
NUMB00 =  find(NUMB~ = 0);
for aa = 1:6
    Input_0(aa) = Measured_Data(NUMB00(aa));
    Input_1(aa) = NUMB00(aa);
end
```

```
Input _ Data = [Input _ 0,Input _ 1];
set(handles.Input _ Data,'data',Input _ Data);
%%"Generate Data"按钮回调程序

function Diameter _ Callback(hObject, eventdata, handles)
%%桩身缺陷半径函数句柄
function Depth _ Callback(hObject, eventdata, handles)
%%桩身缺陷埋深函数句柄
function Length _ Callback(hObject, eventdata, handles)
%%桩身缺陷长度函数句柄

function pushbutton29 _ Callback(hObject, eventdata, handles)
%%"Evaluation"按钮回调程序,训练神经网络后读取数据对桩身完整性进行评价
global NNInput NNOutput Input _ Data
p = NNInput';
t = NNOutput';
SamNum = 125;            %%输入样本数量
TestSamNum = 125;        %%测试样本数量
ForcastSamNum = 1;        %%预测样本数量
HiddenUnitNum = 10;       %%隐藏层神经元个数
InDim = 12;             %%网络输入维度
OutDim = 3;             %%网络输出维度
[SamIn,minp,maxp,tn,mint,maxt] = premnmx(p,t);
%%原始样本对(输入和输出)初始化
rand('state',sum(100 * clock));   %%依据系统时钟种子产生随机数
NoiseVar = 0.00001;              %%噪声强度,防止网络过度拟合
Noise = NoiseVar * randn(3,SamNum);       %%生成噪声
SamOut = tn + Noise;                      %%将噪声添加到输出样本
TestSamIn = SamIn;
TestSanOut = SamOut;
MaxEpochs = 50000;                         %%最多训练次数
lr = 0.001;                                 %%学习率
E0 = 0.65 * 10^( - 7);                     %%学习目标误差
W1 = 0.5 * rand(HiddenUnitNum,InDim) - 0.1;
B1 = 0.5 * rand(HiddenUnitNum,1) - 0.1;
```

```
W2 = 0.5 * rand(OutDim,HiddenUnitNum) - 0.1;
B2 = 0.5 * rand(OutDim,1) - 0.1;
ErrHistory = [];
for i = 1:MaxEpochs
        HiddenOut = logsig(W1 * SamIn + repmat(B1,1,SamNum));
        NetworkOut = W2 * HiddenOut + repmat(B2,1,SamNum);
        Error = SamOut - NetworkOut;
        SSE = sumsqr(Error);
        ErrHistory = [ErrHistory SSE];
        if SSE<E0,break,end
        Delta2 = Error;
        Delta1 = W2' * Delta2. * HiddenOut. * (1 - HiddenOut);
        dW2 = Delta2 * HiddenOut';
        dB2 = Delta2 * ones(SamNum,1);
        dW1 = Delta1 * SamIn';
        dB1 = Delta1 * ones(SamNum,1);
        W2 = W2 + lr * dW2;
        B2 = B2 + lr * dB2;
        W1 = W1 + lr * dW1;
        B1 = B1 + lr * dB1;
end
pnew = Input _ Data';
pnewn = tramnmx(pnew,minp,maxp);
HiddenOut = logsig(W1 * pnewn + repmat(B1,1,ForcastSamNum));
anewn = W2 * HiddenOut + repmat(B2,1,ForcastSamNum);
anew = postmnmx(anewn,mint,maxt)
Y = anew;
set(handles.Diameter,'string',Y(1) * 2);
set(handles.Length,'string',Y(2));
set(handles.Depth,'string',Y(3));
%%将预测的数据输入到桩身缺陷、长度和埋深函数句柄,并在程序中显示
```

附录 F　PIE-P 程序运行结果

PIE_P_System

Module 1: Soil_Pile Parameters

Save

Surrounding Soil parameters

Layers n: 1

	Shear Modulus	Density	Poisson's R
1	1e8	2700	0.3

Beneath Soil parameters

Shear Modulus 1e8

Density 2700

Poisson's Ratio 0.3

Pile Parameters

Length 10

Diameter 1

Elastic Modulus 2.5e10

Density 2500

Module 2: Defect_Design

Save

Defect Diameter Ratio

From 0.85 To 1.25

Defect Length Ratio

From 0.05 To 0.25

Defect Depth Ratio

From 0.3 To 0.7

Module 3: Generate_Samples

Input_Parameters Generate

Output_Parameters Generate

Module 4: BP Neural Network

Save

Transfer Function Logsig

Logsig

Tansig

Purelin

Hidden Neurons 10

Training Goal 1e-7

Training LR 0.03

Training Epochs 1000

Module 5: Pile Integrity Evaluation

Select Data

	1
1	0.0386
2	-0.0066
3	-0.0538

Generate Data

	1	2
1	-2.1467	0.4916

Evaluation

Diameter 0.869033

Defect Depth 5.85799

Defect Length 0.713564

实例- a

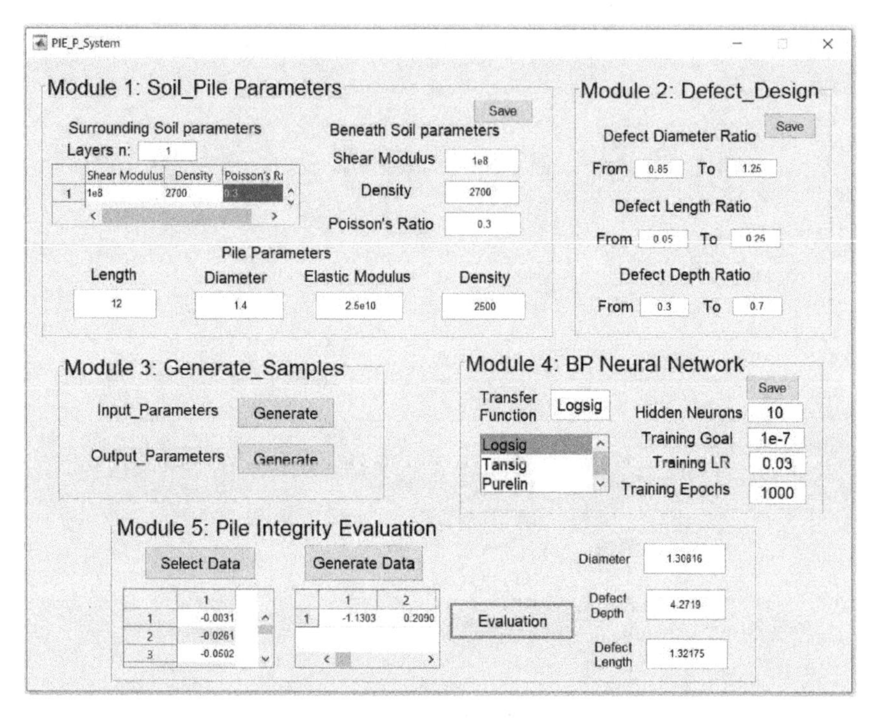
PIE_P_System
Module 1: Soil_Pile Parameters
Save
Surrounding Soil parameters
Layers n: 1
Shear Modulus Density Poisson's Ra
1 1e8 2700 0.3
Beneath Soil parameters
Shear Modulus 1e8
Density 2700
Poisson's Ratio 0.3
Pile Parameters
Length 12
Diameter 1.4
Elastic Modulus 2.5e10
Density 2500
Module 2: Defect_Design
Save
Defect Diameter Ratio
From 0.85 To 1.25
Defect Length Ratio
From 0.05 To 0.25
Defect Depth Ratio
From 0.3 To 0.7
Module 3: Generate_Samples
Input_Parameters Generate
Output_Parameters Generate
Module 4: BP Neural Network
Save
Transfer Function Logsig
Logsig
Tansig
Purelin
Hidden Neurons 10
Training Goal 1e-7
Training LR 0.03
Training Epochs 1000
Module 5: Pile Integrity Evaluation
Select Data
Generate Data
1 -0.0031
2 -0.0261
3 -0.0502
1 -1.1303 0.2090
Evaluation
Diameter 1.30816
Defect Depth 4.2719
Defect Length 1.32175

实例-b

PIE_P_System
Module 1: Soil_Pile Parameters
Save
Surrounding Soil parameters
Layers n: 1
Shear Modulus Density Poisson's Ra
1 1e8 2700 0.3
Beneath Soil parameters
Shear Modulus 1e8
Density 2700
Poisson's Ratio 0.3
Pile Parameters
Length 10
Diameter 1
Elastic Modulus 2.5e10
Density 2500
Module 2: Defect_Design
Save
Defect Diameter Ratio
From 0.85 To 1.25
Defect Length Ratio
From 0.05 To 0.25
Defect Depth Ratio
From 0.3 To 0.7
Module 3: Generate_Samples
Input_Parameters Generate
Output_Parameters Generate
Module 4: BP Neural Network
Save
Transfer Function Logsig
Logsig
Tansig
Purelin
Hidden Neurons 10
Training Goal 1e-7
Training LR 0.03
Training Epochs 1000
Module 5: Pile Integrity Evaluation
Select Data
Generate Data
1 -0.0142
2 -0.0596
3 -0.1071
1 -2.1435 0.6183
Evaluation
Diameter 1.19737
Defect Depth 3.07631
Defect Length 3.54293

实例-c

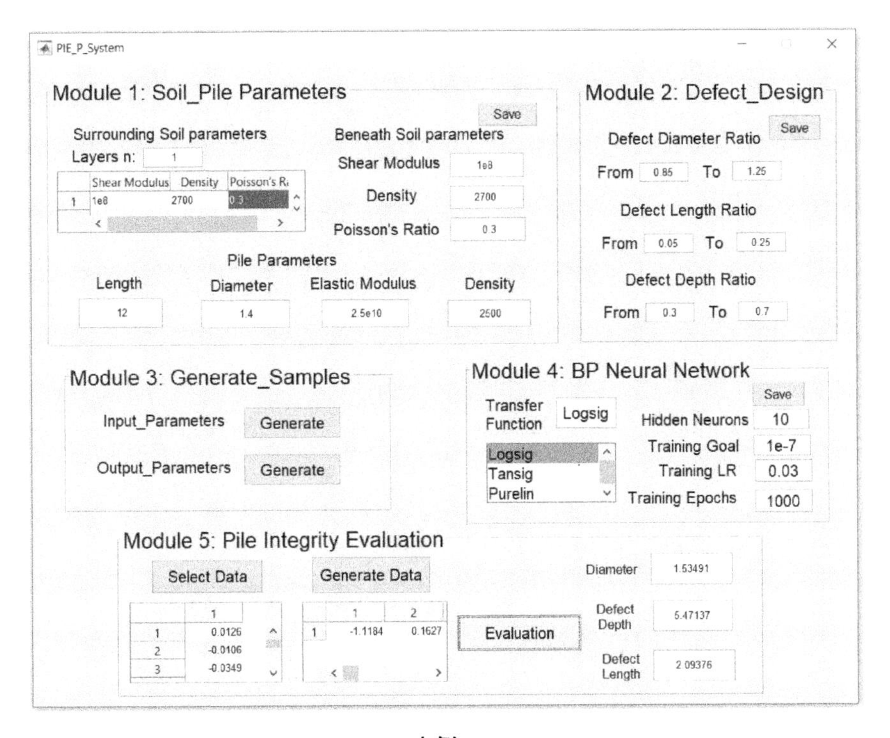
PIE_P_System
Module 1: Soil_Pile Parameters
Save
Surrounding Soil parameters
Layers n: 1
Shear Modulus Density Poisson's Ra
1 1e8 2700 0.3
Beneath Soil parameters
Shear Modulus 1e8
Density 2700
Poisson's Ratio 0.3
Pile Parameters
Length 12
Diameter 1.4
Elastic Modulus 2.5e10
Density 2500
Module 2: Defect_Design
Save
Defect Diameter Ratio
From 0.85 To 1.25
Defect Length Ratio
From 0.05 To 0.25
Defect Depth Ratio
From 0.3 To 0.7
Module 3: Generate_Samples
Input_Parameters Generate
Output_Parameters Generate
Module 4: BP Neural Network
Save
Transfer Function Logsig
Logsig
Tansig
Purelin
Hidden Neurons 10
Training Goal 1e-7
Training LR 0.03
Training Epochs 1000
Module 5: Pile Integrity Evaluation
Select Data
Generate Data
1 0.0126
2 -0.0106
3 -0.0349
1 -1.1184 0.1627
Evaluation
Diameter 1.53491
Defect Depth 5.47137
Defect Length 2.09376

实例-d